案例视频精讲系列

ANSYS Workbench 17.0 案例分析视频精讲

云杰漫步科技CAX教研室

张云杰 郝利剑 编著

電子工業出版社

Publishing House of Electronics Industry

北京 • BEIJING

内 容 简 介

本书针对使用 ANSYS Workbench 软件进行应用分析和计算的用户，依托 Workbench 17.0 软件的实用功能，以精选的案例为主线，介绍 Workbench 建立分析模型、建立有限元模型、模拟计算和后处理分析的全过程，重点介绍 Workbench 17.0 各模块功能及操作步骤，内容包括模型基础应用、机车轮轴结构静力学分析、轮轴模态分析、机架谐响应分析、桁架响应谱分析、轮轴过渡处疲劳分析、圈架变形结构非线性分析、轴盘动态接触分析、风机罩线性屈曲分析、方梁非线性屈曲分析、压气机动力学分析、冷却棒热学分析、电磁场分析、管道内流体力学分析和连接片结构优化分析等实用案例，同时结合案例介绍 Workbench 操作流程，以及复杂综合实例的演示。本书通过精选案例+视频精讲的方式，配有交互式多媒体教学资源，便于读者学习和理解。

本书结构严谨，内容翔实，知识全面，可读性强，案例专业性强，步骤明晰，是广大读者快速掌握 Workbench 的实用指导书，同时更适合作为职业培训学校和大专院校相关课程的指导教材，也可供相关领域的科研人员、企业研发人员，特别是从事应用计算的人员学习。

图书在版编目（CIP）数据

ANSYS Workbench 17.0 案例分析视频精讲 / 张云杰，郝利剑编著. —北京：电子工业出版社，2017.8
（案例视频精讲系列）
ISBN 978-7-121-32085-9

Ⅰ. ①A… Ⅱ. ①张… ②郝… Ⅲ. ①有限元分析—应用软件 Ⅳ. ①O241.82-39

中国版本图书馆 CIP 数据核字（2017）第 159573 号

策划编辑：许存权（QQ：76584717）
责任编辑：许存权　　特约编辑：谢忠玉 等
印　　刷：北京七彩京通数码快印有限公司
装　　订：北京七彩京通数码快印有限公司
出版发行：电子工业出版社
北京市海淀区万寿路173信箱 邮编 100036
开　　本：787×1 092 1/16 印张：29.25 字数：750 千字
版　　次：2017 年 8月第1版
印　　次：2023 年 9月第3次印刷
定　　价：79.00 元

凡所购买电子工业出版社图书有缺损问题，请向购买书店调换。若书店售缺，请与本社发行部联系，联系及邮购电话：（010）88254888，88258888。

质量投诉请发邮件至 zlts@phei.com.cn，盗版侵权举报请发邮件至 dbqq@phei.com.cn。

本书咨询联系方式：（010）88254484，xucq@phei.com.cn。

Preface/前 言

本书是“案例视频精讲系列”丛书中的一本，本套丛书是建立在云杰漫步科技 CAX 教研室与众多 CAE 软件和 CFD 软件公司长期密切合作的基础上，通过继承和发展了各公司内部培训方法，并吸收和细化了其在培训过程中客户需求的经典案例，从而推出的一套专业案例讲解教材。本书本着服务读者的理念，通过大量的经典实用案例对 Workbench 这个实用 CAE 软件的实际应用进行讲解，并配有案例视频讲解，使读者全面提升 Workbench 应用水平。

ANSYS Workbench 软件是 ANSYS 公司推出的有限元分析软件，主要构建协同仿真环境，解决企业产品研发过程中 CAE 软件的异构问题，是现代产品设计中的高级 CAE 工具之一。目前，ANSYS 公司推出了最新的 Workbench 17.0 版本，它更是集分析应用之大成，代表了当今 CAE 软件的技术巅峰。本书主要针对使用 ANSYS Workbench 软件进行应用分析和计算的广大用户，依托 Workbench 17.0 软件的实用功能，以精选的案例为主线，介绍 Workbench 建立分析模型、建立有限元模型、模拟计算和后处理分析的全过程，重点介绍 Workbench 17.0 各个模块功能及操作步骤，主要包括模型基础应用、机车轮轴结构静力学分析、轮轴模态分析、机架谐响应分析、桁架响应谱分析、轮轴过渡处疲劳分析、圈架变形结构非线性分析、轴盘动态接触分析、风机罩线性屈曲分析、方梁非线性屈曲分析、压气机动力学分析、冷却棒热学分析、电磁场分析、管道内流体力学分析和连接片结构优化分析等多个实用案例，同时结合案例介绍 Workbench 操作流程，以及复杂综合实例的演示。书中的每个范例都是作者独立设计分析的真实作品，每一章都提供了独立、完整的设计制作过程，每个操作步骤都有详细的文字说明和精美的图例展示。本书还通过精选案例+视频精讲的方式，配有交互式多媒体教学光盘，便于读者学习和理解。

笔者的 CAX 教研室长期从事 Workbench 的专业设计和教学，数年来承接了大量的项目，参与 Workbench 的教学和培训工作，积累了丰富的实践经验。本书就像一位专业设计师，将项目运作时的思路、流程、方法和技巧、操作步骤面对面地与读者交流，是广大读者快速掌握 Workbench 17.0 的自学实用指导书，同时更适合作为职业培训学校和大专院校计算机辅助设计课程的指导教材，也可供上述领域的科研人员、企业研发人员，特别是从事应用计算的人员学习参考。

本书还配有交互式多媒体教学演示光盘，将案例过程制作成多媒体视频进行讲解，由从教多年的专业讲师全程多媒体语音视频跟踪教学，以面对面的形式讲解，便于读者学习使用。同时光盘中还提供了所有实例的源文件，以便读者练习使用。关于多媒体教学光盘的使用方法，读者可以参看光盘根目录下的说明，本书光盘内容请到作者 QQ 群文件中下载（群号：37122921），或与责任编辑联系（QQ：76584717）。另外，本书还提供了网络的免费技术支持，欢迎读者在云杰漫步多媒体科技网上的技术论坛进行技术交流：http://www.yunjiework.com/bbs。论坛分为多个专业板块，可为读者提供实时的软件技术支持，解答读者问题。

本书由云杰漫步科技 CAX 教研室编著，参加编写工作的有张云杰、靳翔、尚蕾、张云静、郝利剑、贺安、郑晔、刁晓永、贺秀亭、乔建军、周益斌、马永健、朱怡然、马军、李筱琴等。书中的设计范例、多媒体光盘均由北京云杰漫步多媒体科技公司设计制作，同时感谢电子工业出版社的编辑和老师们的大力协助。

由于本书编写时间紧张，编写人员的水平有限，因此，书中可能还有不足之处，在此，编写人员对广大用户表示歉意，望广大用户不吝赐教，对书中的不足之处给予指正。

编著者

Contents/目 录

第1章

模型基础应用案例

本章导读

ANSYS Workbench 17.0 是 ANSYS 公司最新推出的工程仿真技术集成平台，新版本软件进行比较大的改进。新 ANSYS 软件的半导体和电子仿真解决方案更紧密集成；在流体套件中，ANSYS 继续保持其技术领先地位；此外，ANSYS 17.0 还大幅改进了前处理或设置仿真的工作；ANSYS 17.0 帮助软件工程师更加高效地完成嵌入式软件的开发、测试和认证工作；软件还改进了更高的保真度仿真和更出色的后处理等增强功能。

本章将使用案例演示 ANSYS Workbench 的一些基础知识，包括进行项目管理及文件管理等内容，了解 Workbench 的基本操作界面，如何使用 ANSYS Workbench 创建模型，以及在完成模型后进行求解和后处理。

学习要求	学习目标 / 知识点	了解	理解	应用	实践
	草图绘制		√	√	
	创建拉伸特征		√	√	√
	创建拉伸切除特征		√	√	√
	模型网格化		√	√	√
	前处理及后处理		√	√	√

1.1　建立分析模型案例——千斤顶建模

几何模型是进行有限元分析的基础，在工程项目进行有限元分析之前必须建立有效的几何模型，ANSYS Workbench 所用到的几何模型既可以通过其他的 CAD 软件导入，也可以采用 ANSYS Workbench 集成的 Design Modeler 平台进行几何建模。DM 生成 3D 几何体的过程与其他的 CAD 软件的建模过程类似，有拉伸、旋转、扫描等操作。

本案例要创建的千斤顶模型主要由拉伸命令创建，如图 1-1 所示。在创建模型的时候，首先明确草图所在的平面，如果没有合适的平面要进行创建。在进行拉伸的时候，在属性栏可以设置拉伸的高度和方向，以及其他属性。

图 1-1　千斤顶模型

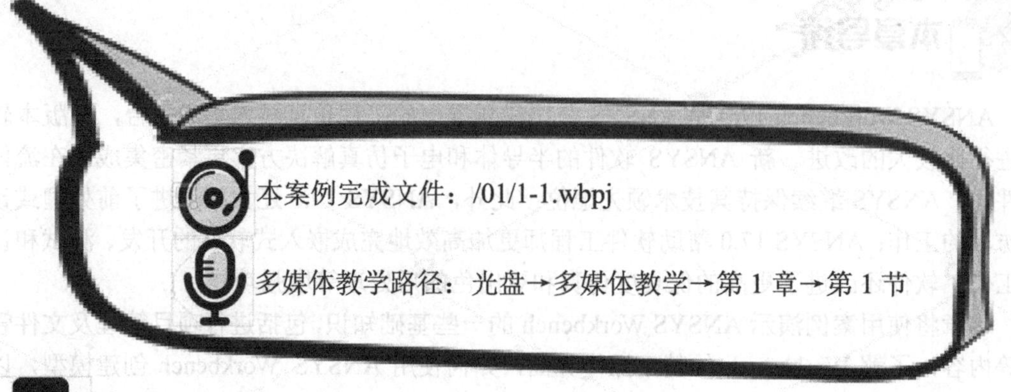

本案例完成文件：/01/1-1.wbpj
多媒体教学路径：光盘→多媒体教学→第 1 章→第 1 节

1.1.1　创建筒身

Step1 设置建模单位，如图 1-2 所示。

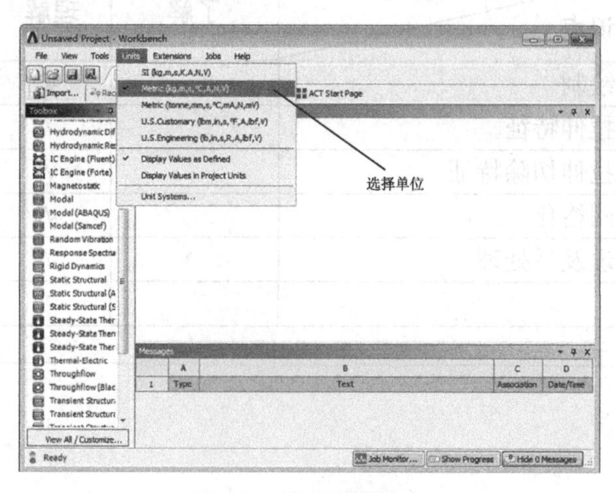

图 1-2　设置建模单位

首次启动 ANSYS Workbench 时会弹出 Getting Started 文本文件，将下面的复选框内的对勾掉，并关闭文本文件，这样在以后的启动过程将不再显示。

Step2 创建分析项目，如图 1-3 所示。

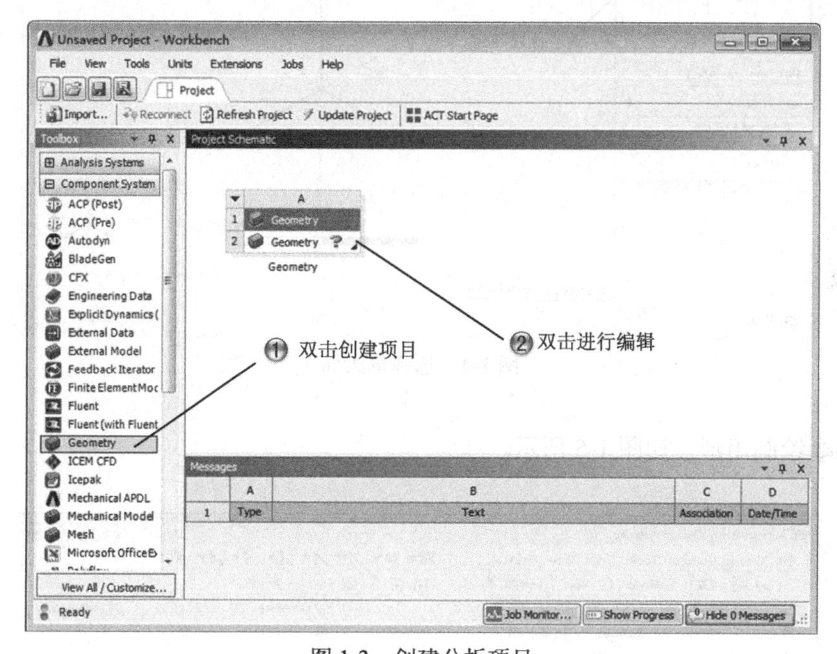

图 1-3　创建分析项目

项目管理区可以建立多个分析项目，每个项目均是以字母编排的（A、B、C 等），同时各项目之间也可建立相应的关联分析，譬如对同一模型进行不同的分析项目，这样它们即可共用同一个模型。

Step3 选择草绘面，如图 1-4 所示。

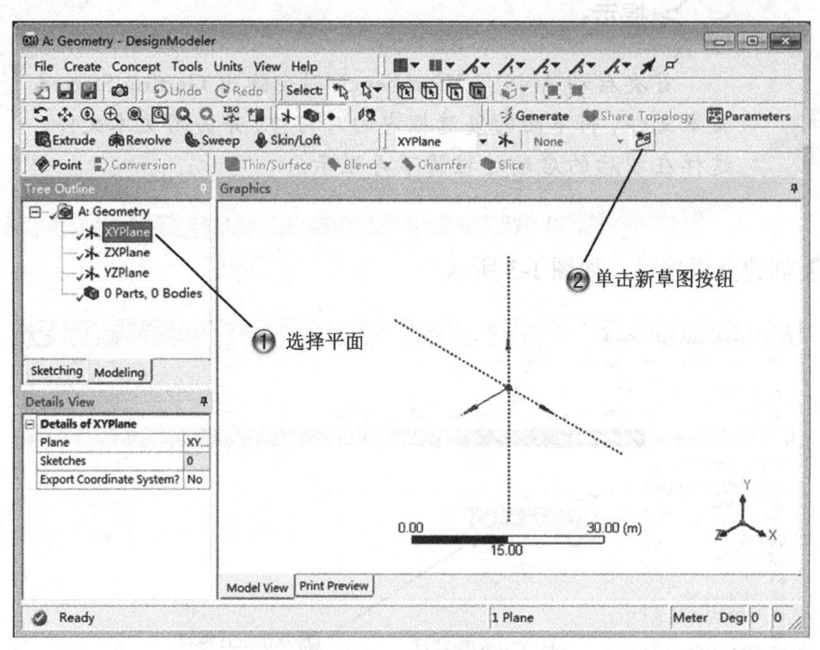

图 1-4　选择草绘面

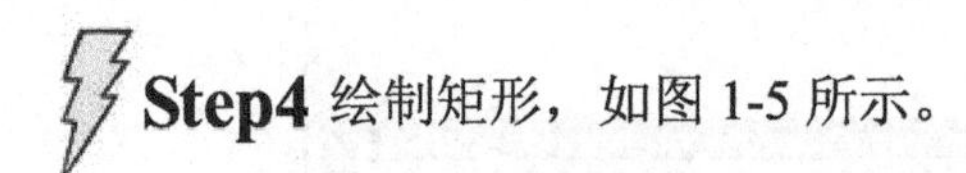

Step4 绘制矩形，如图 1-5 所示。

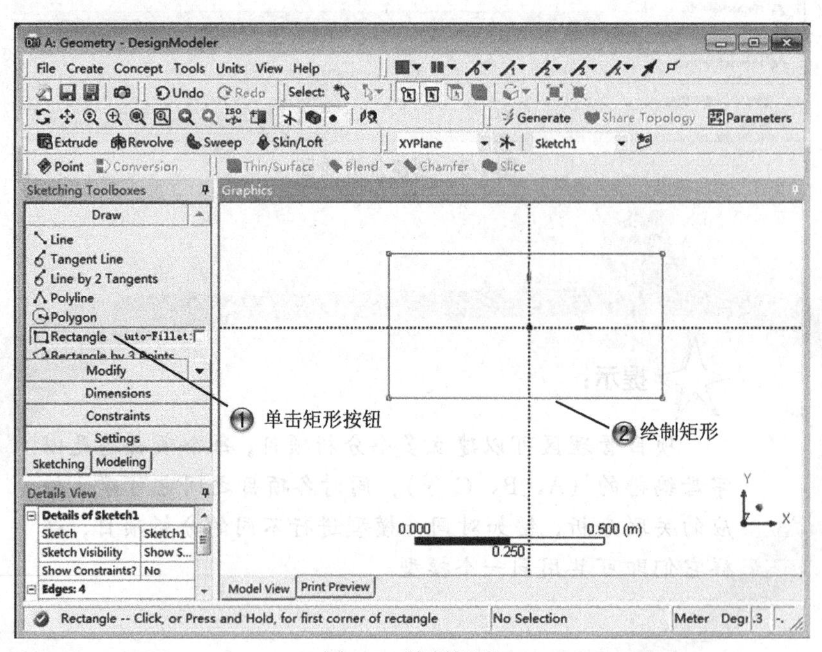

图 1-5　绘制矩形

Step5 设置矩形尺寸，如图 1-6 所示。

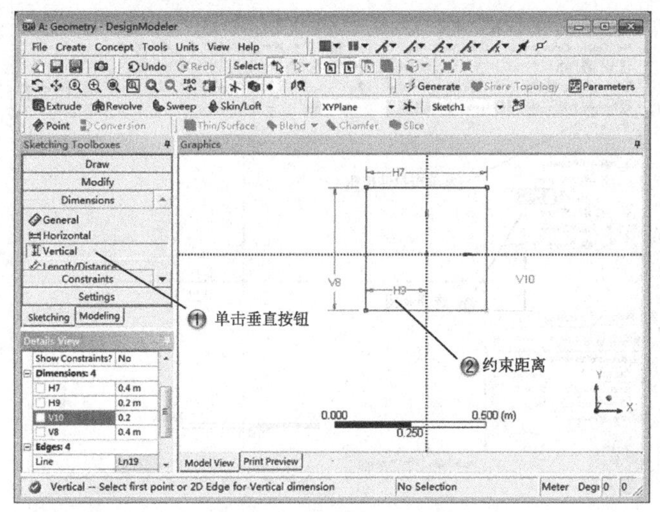

图 1-6 设置矩形尺寸

提示：

当创建或改变平面和草图时，单击【图形显示控制】工具栏中的【Look At Face/Plane/ Sketch】按钮时可以立即改变视图方向，使该平面、草图或选定的实体与视线垂直。

Step6 创建圆角，如图 1-7 所示。

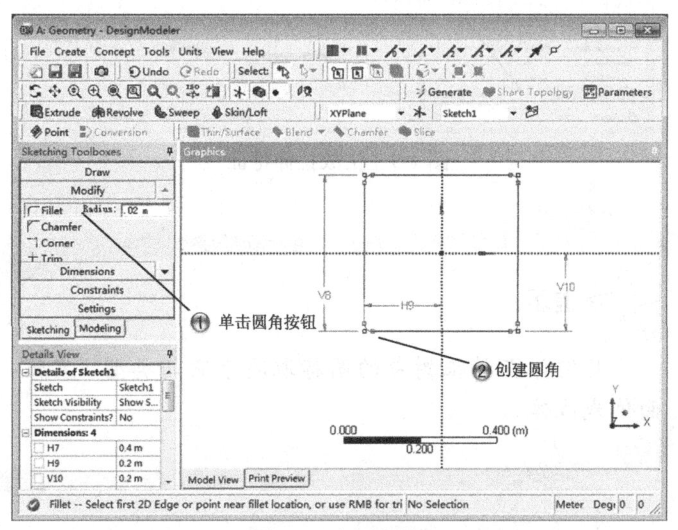

图 1-7 创建圆角

Step7 选择拉伸命令，如图 1-8 所示。

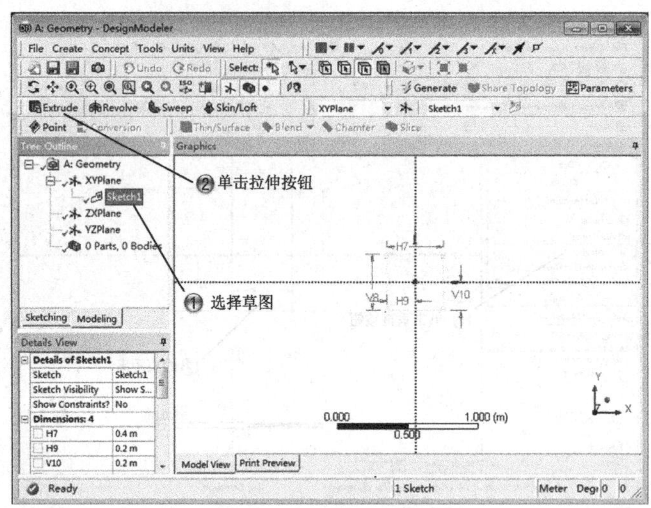

图 1-8　选择拉伸命令

Step8 生成拉伸特征，如图 1-9 所示。

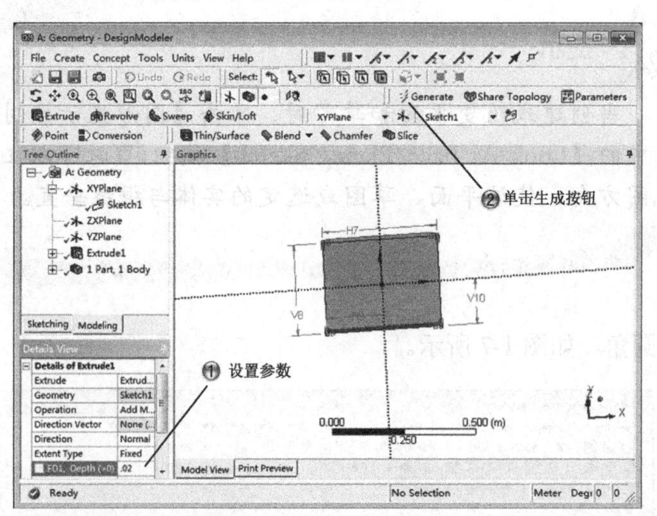

图 1-9　生成拉伸特征

提示：

几何体在特征树中的图标取决于它的类型（实体、表面体或线体）。

Step9 选择草绘面，如图 1-10 所示。

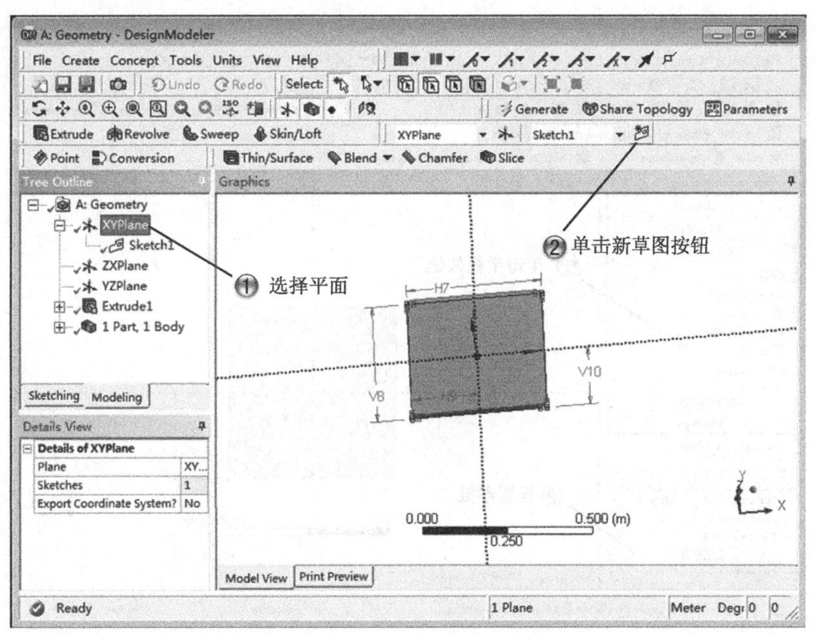

图 1-10　选择草绘面

Step10 绘制圆形，如图 1-11 所示。

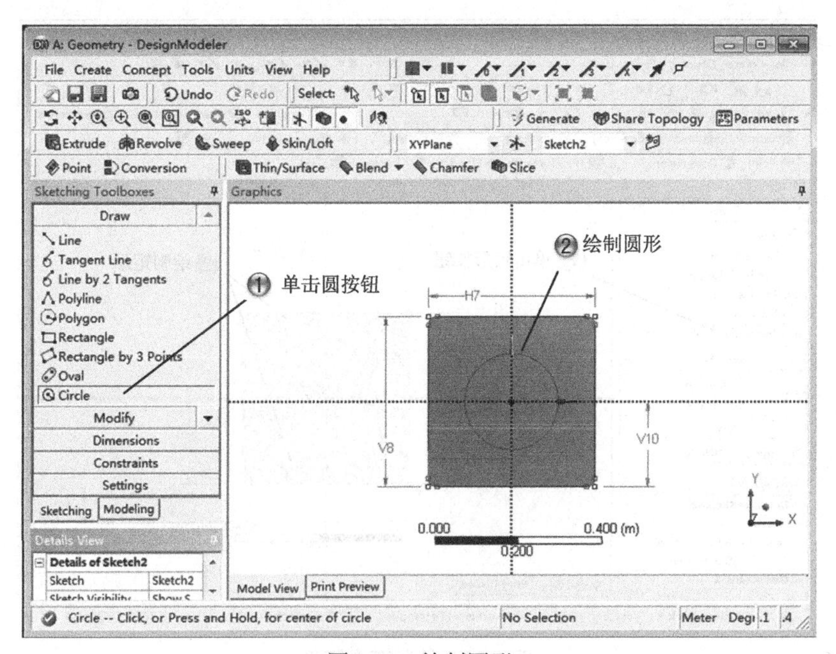

图 1-11　绘制圆形

Step11 设置圆形半径，如图 1-12 所示。

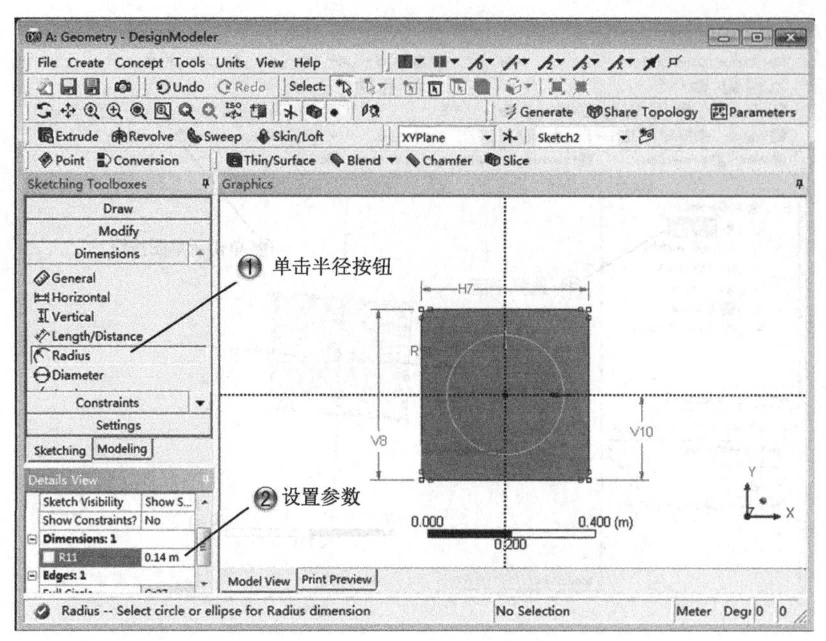

图 1-12　设置圆形半径

Step12 绘制两个矩形，如图 1-13 所示。

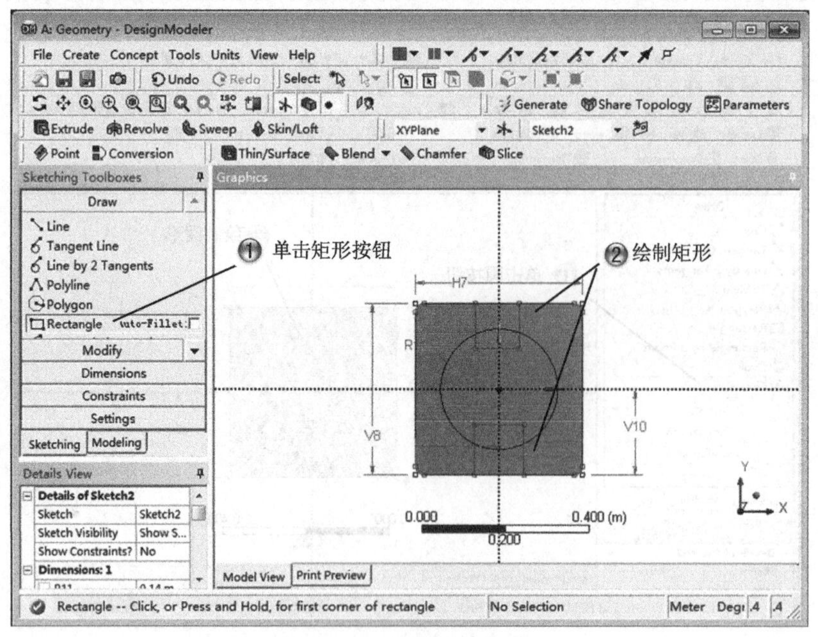

图 1-13　绘制两个矩形

Step13 设置矩形尺寸，如图 1-14 所示。

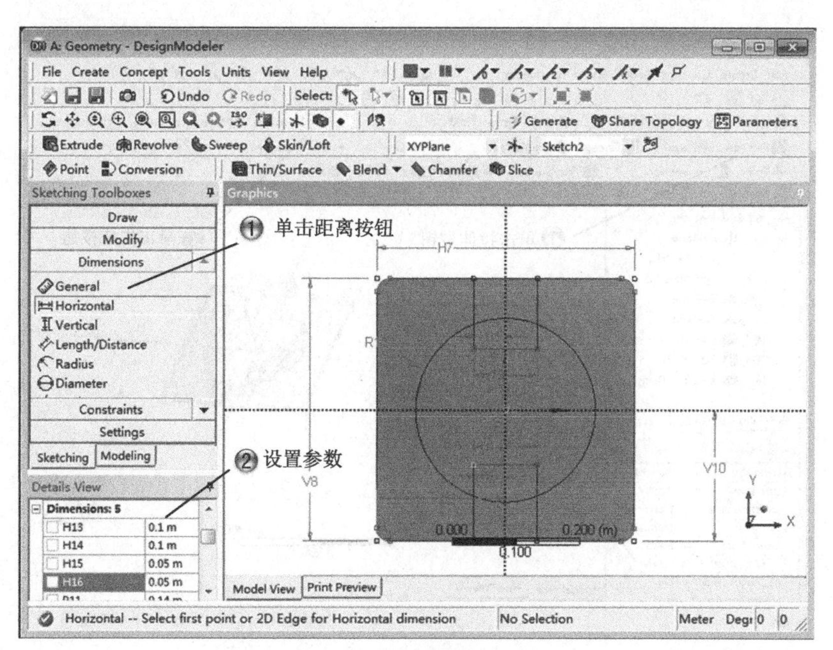

图 1-14 设置矩形尺寸

Step14 修剪草图，如图 1-15 所示。

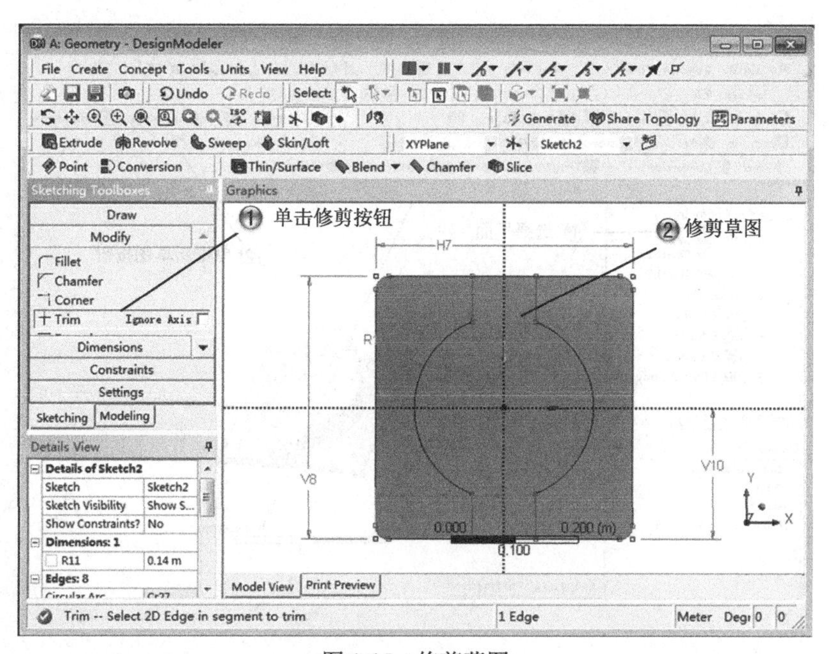

图 1-15 修剪草图

Step15 拉伸草图，如图 1-16 所示。

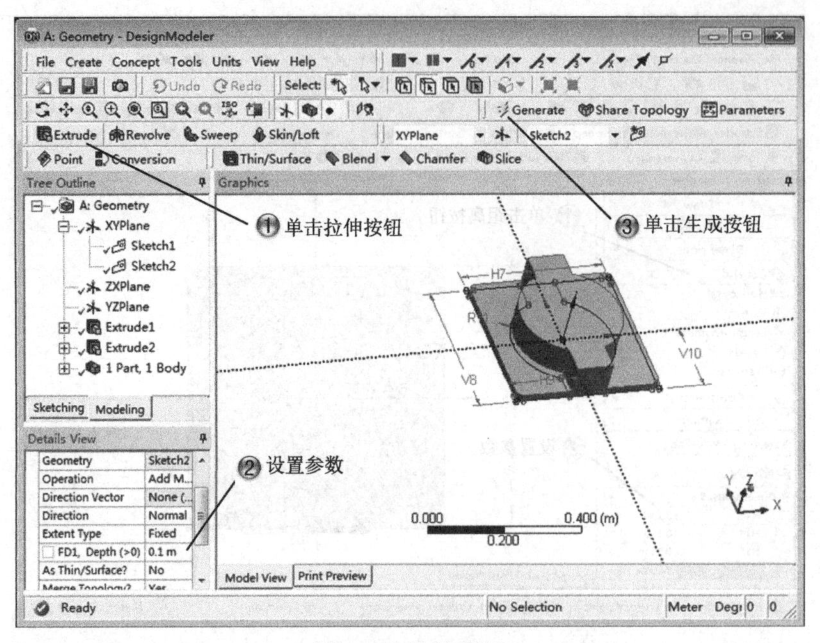

图 1-16　拉伸草图

Step16 选择草绘面，如图 1-17 所示。

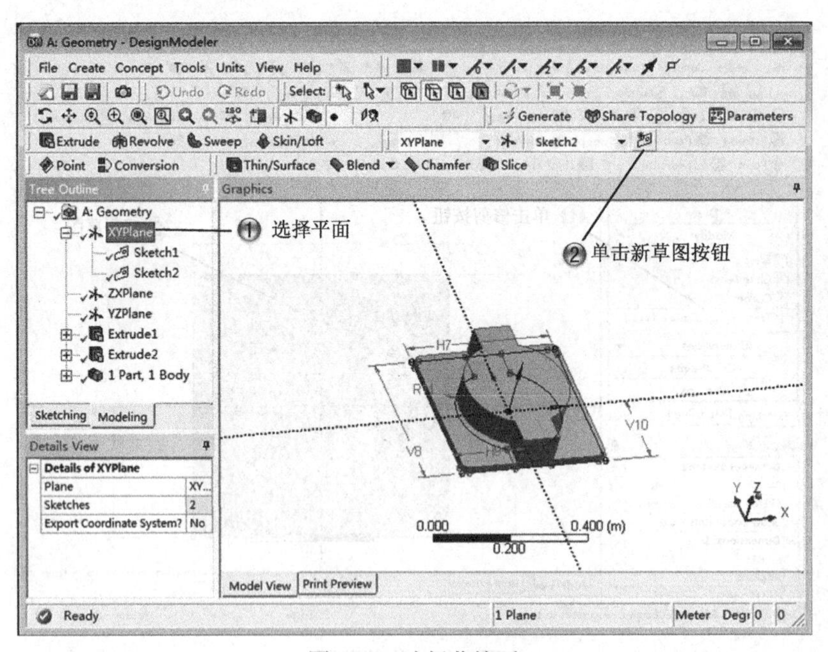

图 1-17　选择草绘面

Step17 绘制圆形，如图 1-18 所示。

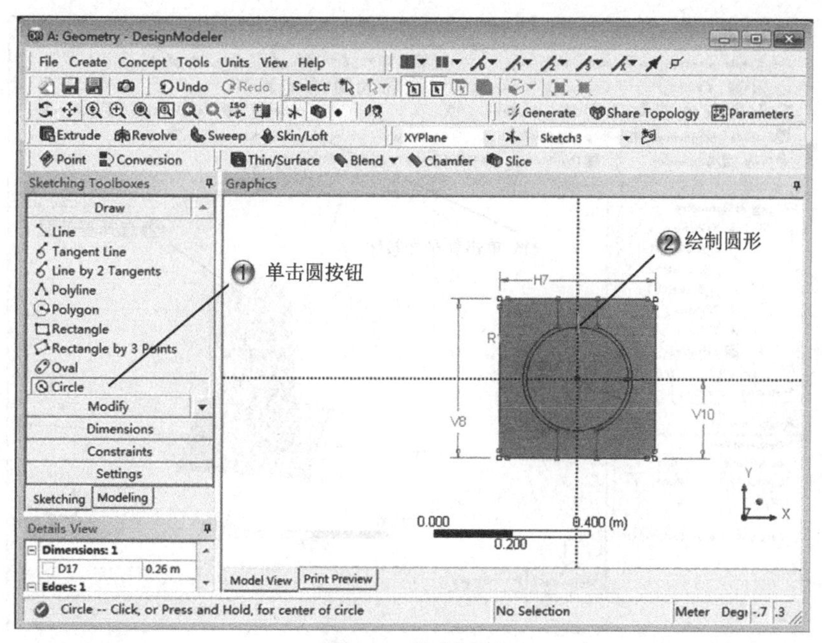

图 1-18 绘制圆形

Step18 拉伸草图，如图 1-19 所示。

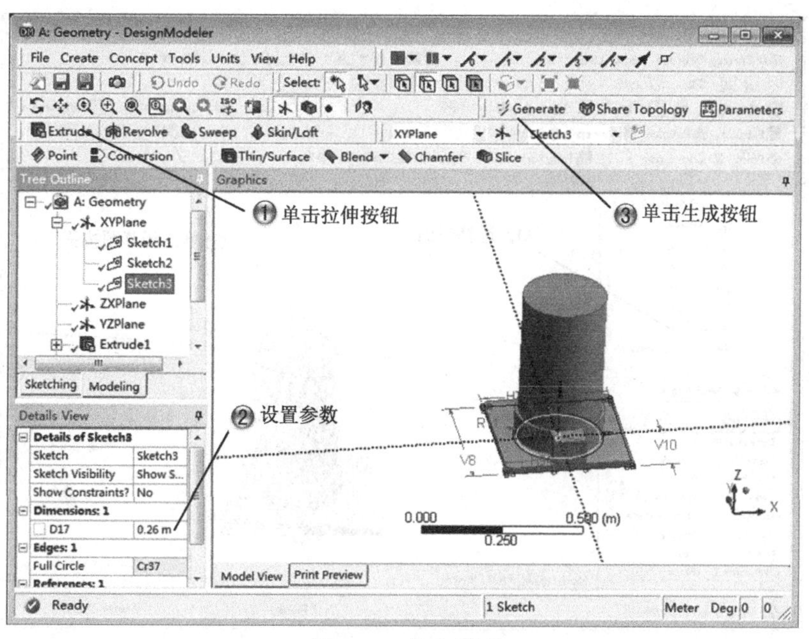

图 1-19 拉伸草图

Step19 创建平面，如图 1-20 所示。

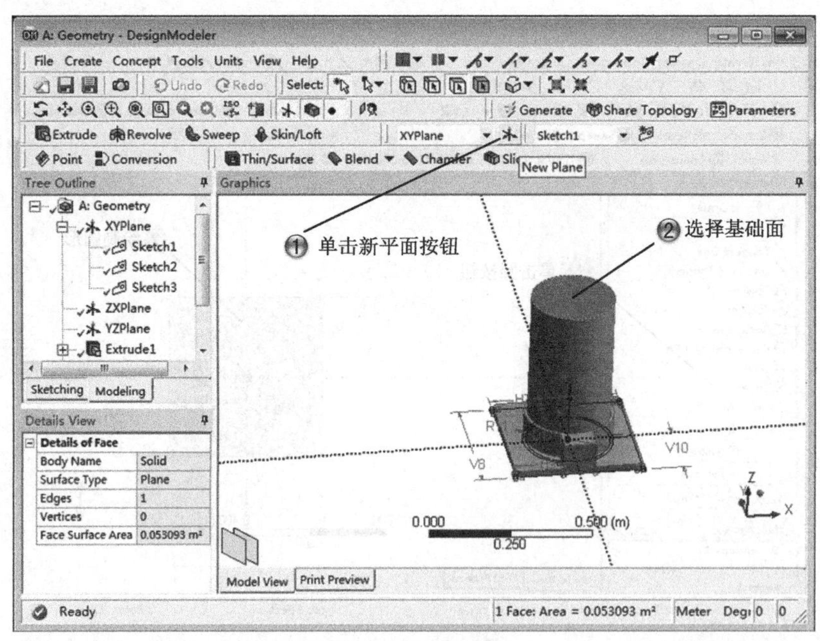

图 1-20　创建平面

Step20 选择草绘面，如图 1-21 所示。

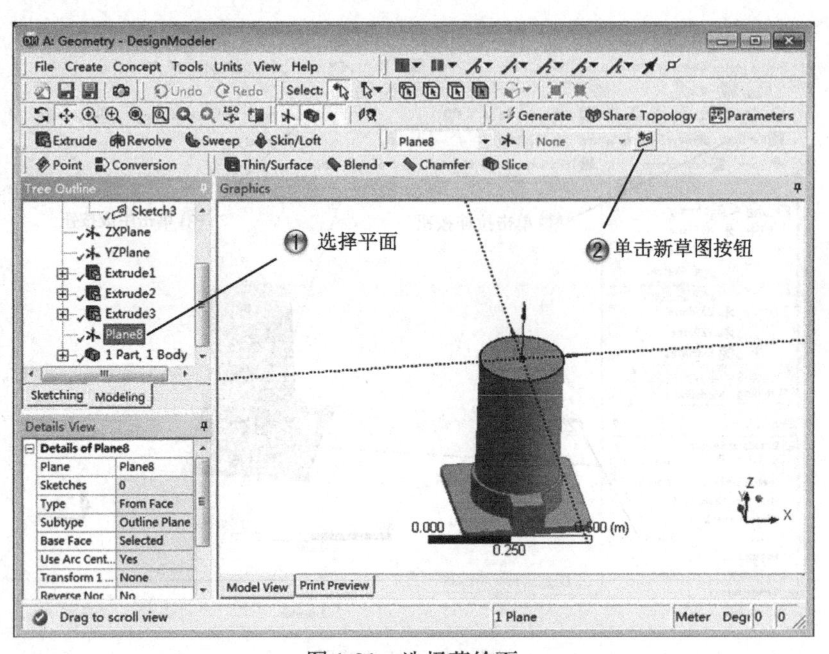

图 1-21　选择草绘面

Step21 绘制圆形，如图 1-22 所示。

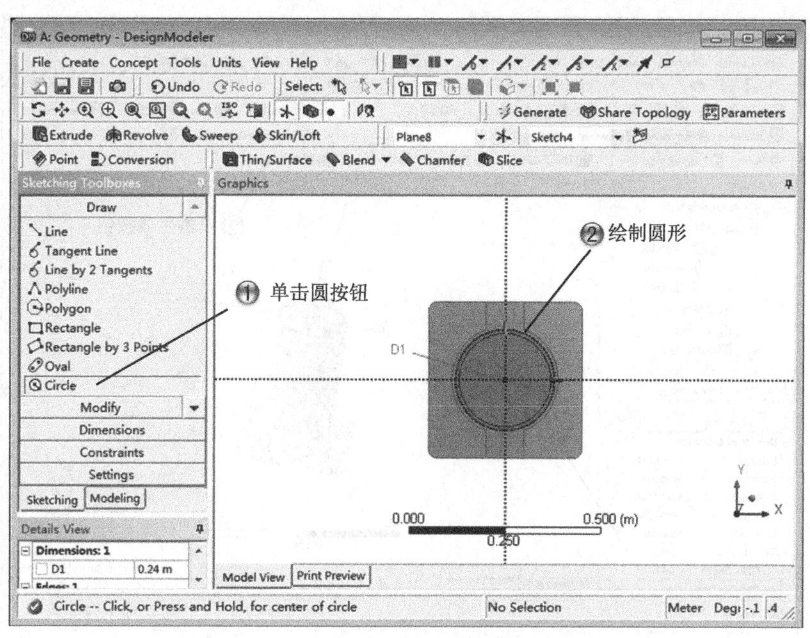

图 1-22　绘制圆形

Step22 拉伸草图，如图 1-23 所示。

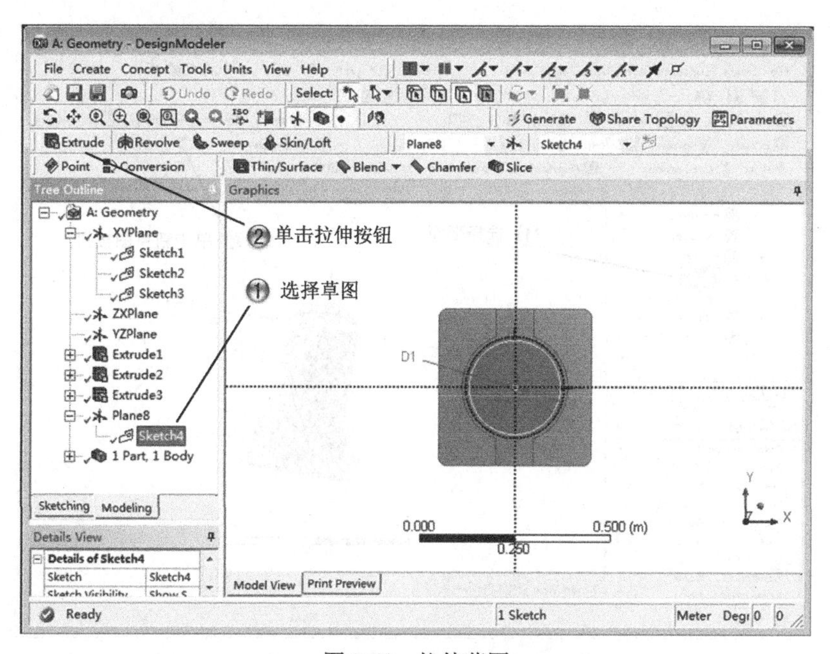

图 1-23　拉伸草图

Step23 设置拉伸参数，如图 1-24 所示。

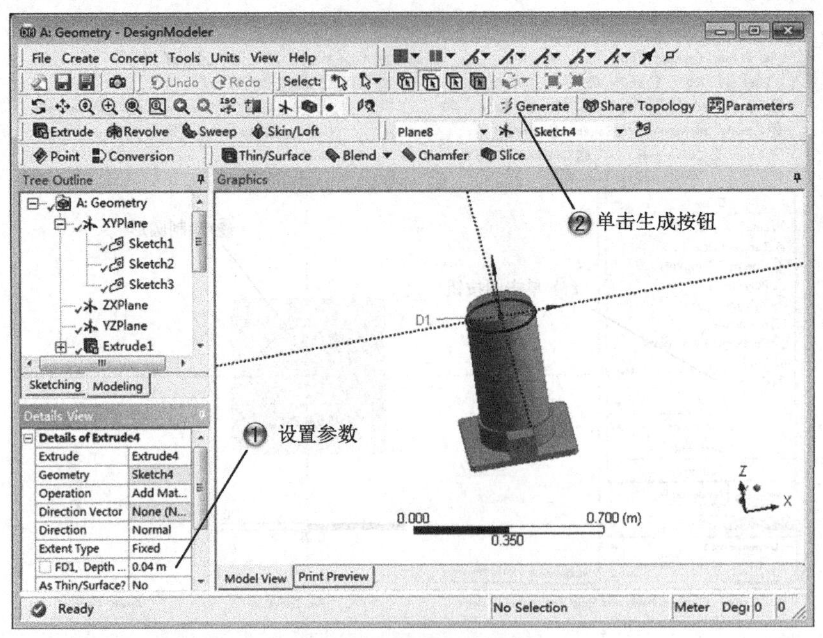

图 1-24　设置拉伸参数

Step24 选择草绘面，如图 1-25 所示。

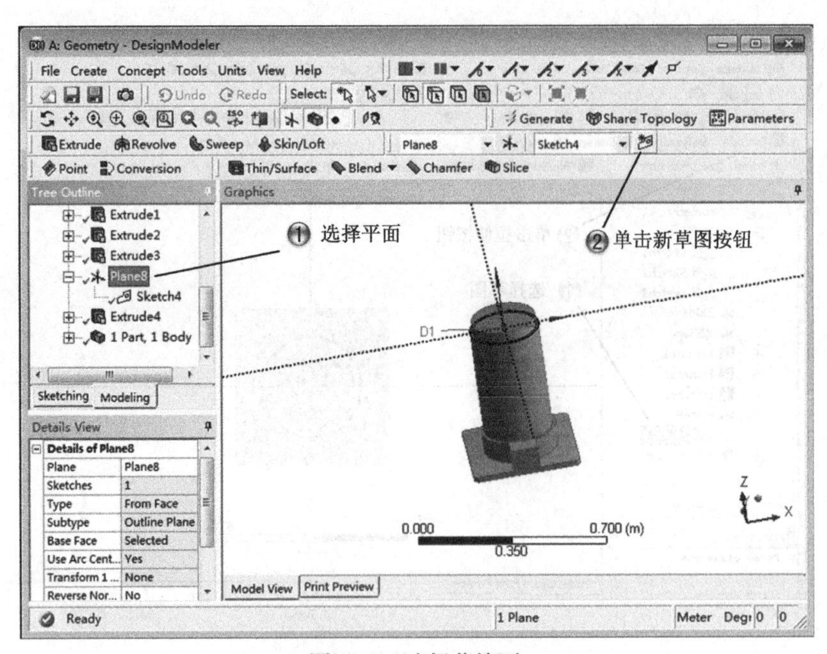

图 1-25　选择草绘面

Step25 绘制圆形，如图 1-26 所示。

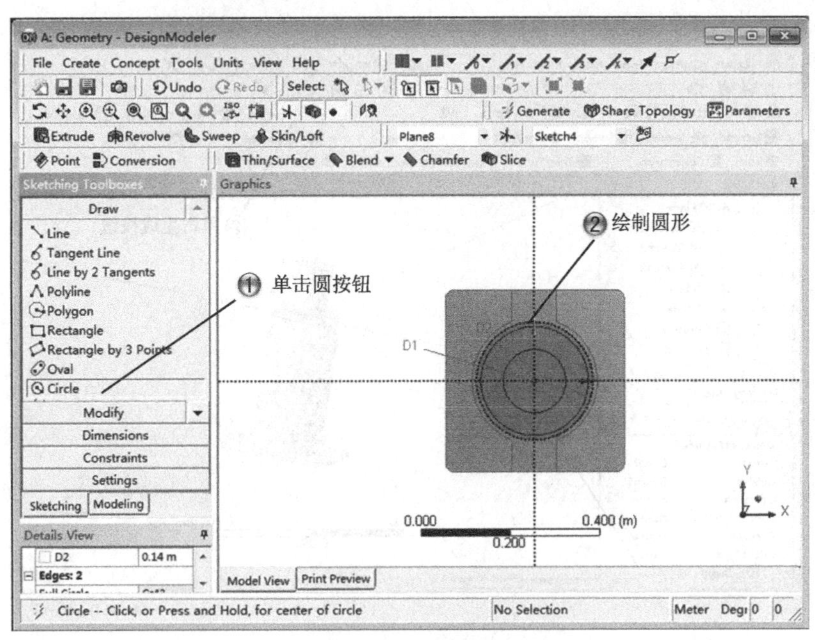

图 1-26　绘制圆形

Step26 拉伸草图，如图 1-27 所示。

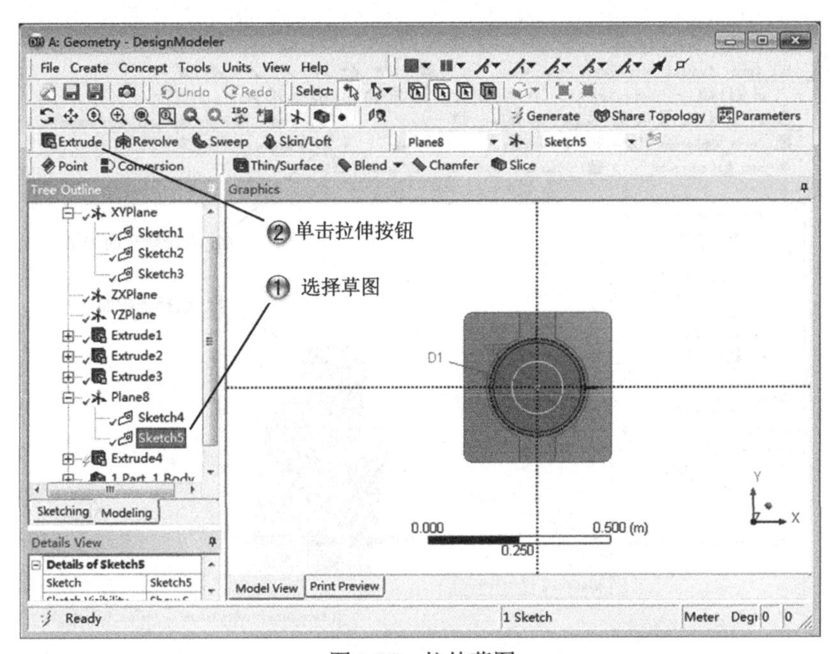

图 1-27　拉伸草图

Step27 设置拉伸参数，如图 1-28 所示。

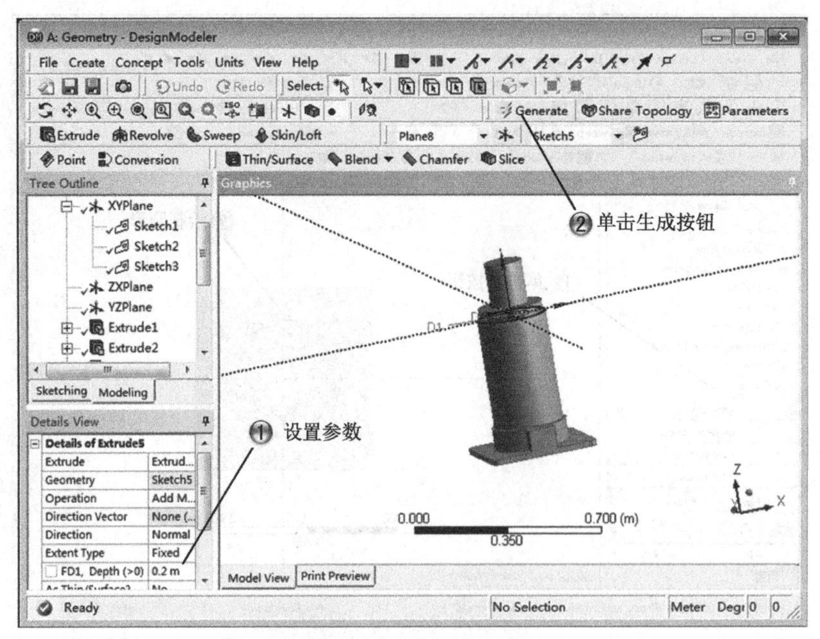

图 1-28　设置拉伸参数

Step28 创建平面，如图 1-29 所示。

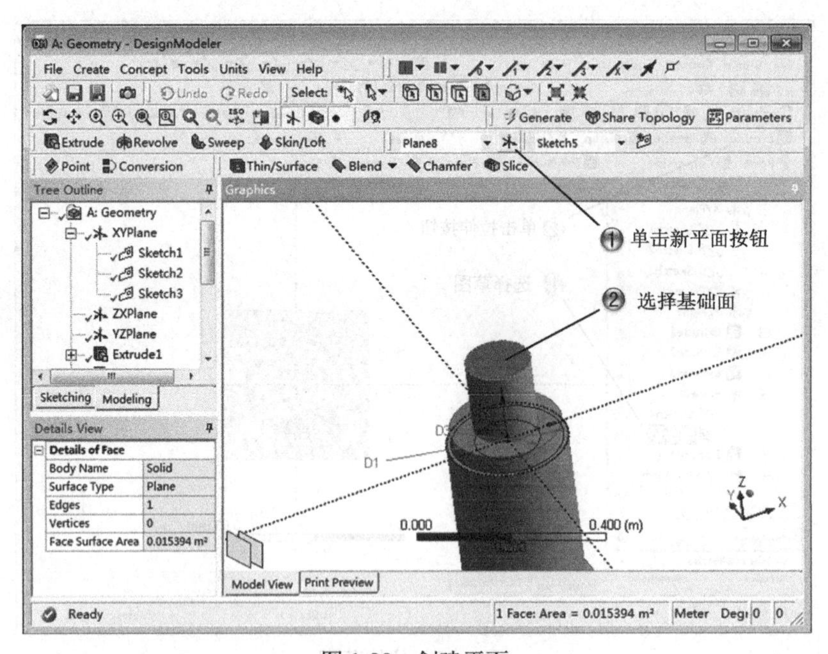

图 1-29　创建平面

Step29 选择草绘面，如图 1-30 所示。

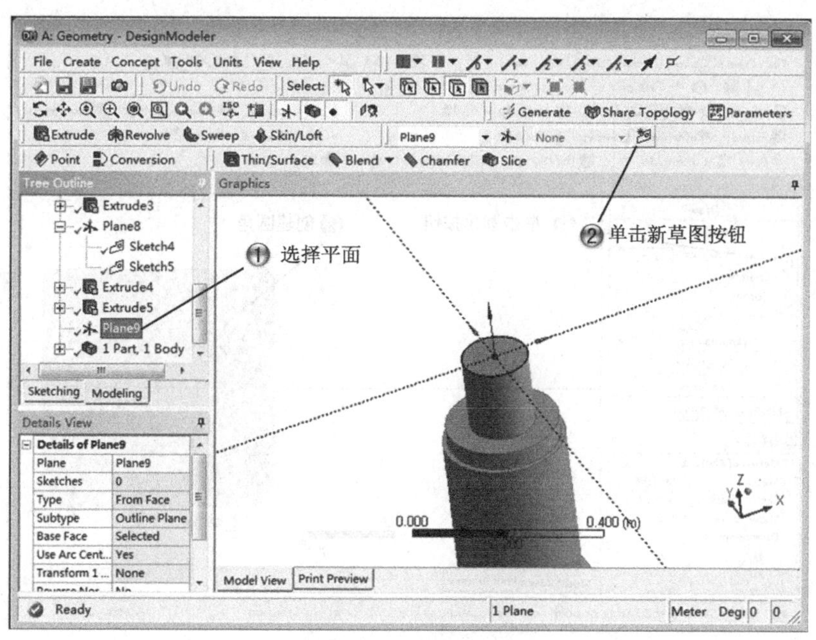

图 1-30 选择草绘面

Step30 绘制矩形，如图 1-31 所示。

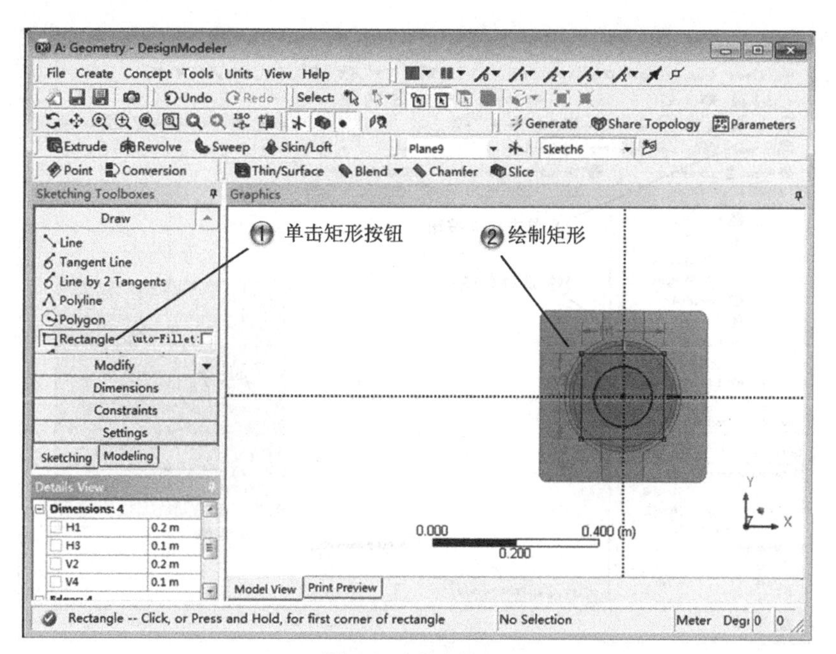

图 1-31 绘制矩形

Step31 创建圆角，如图 1-32 所示。

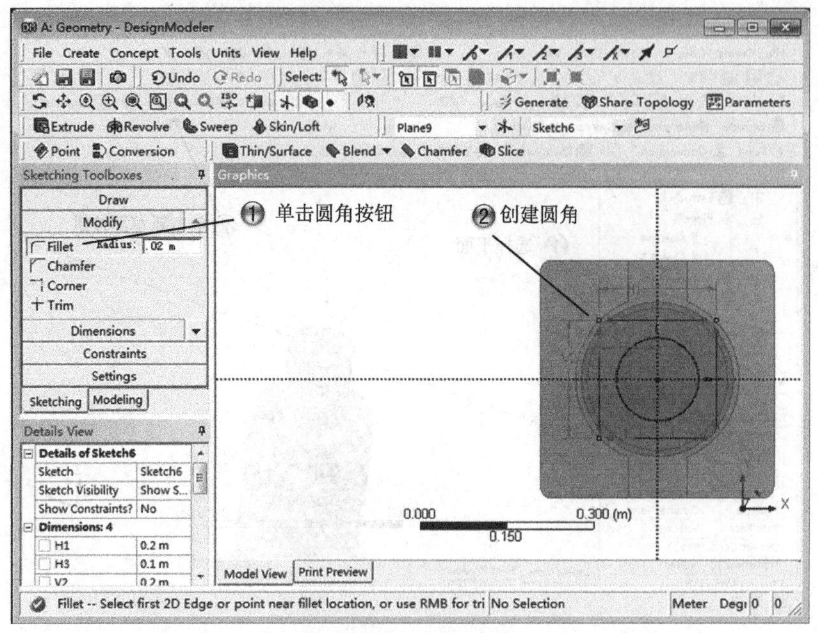

图 1-32 创建圆角

Step32 拉伸草图，如图 1-33 所示。

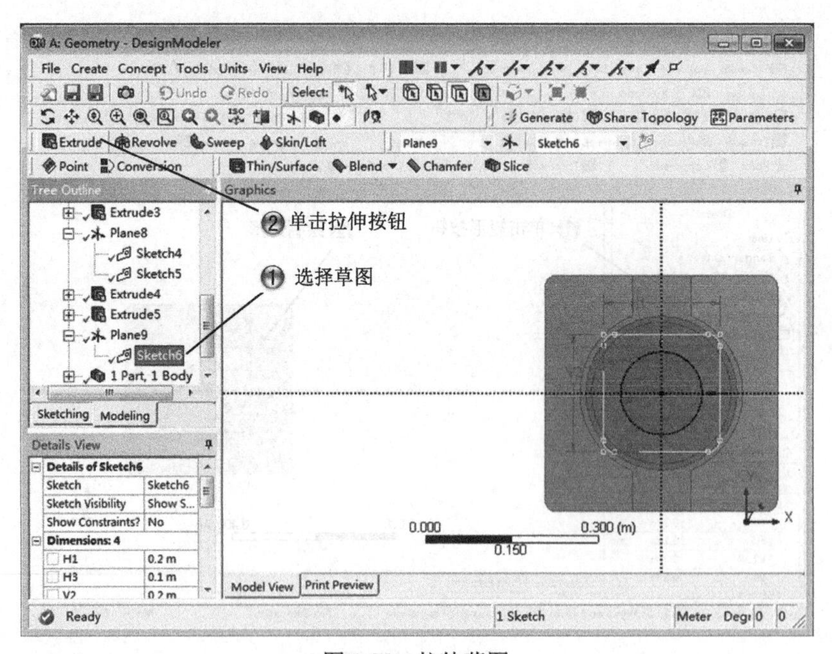

图 1-33 拉伸草图

Step33 设置拉伸参数，如图 1-34 所示。

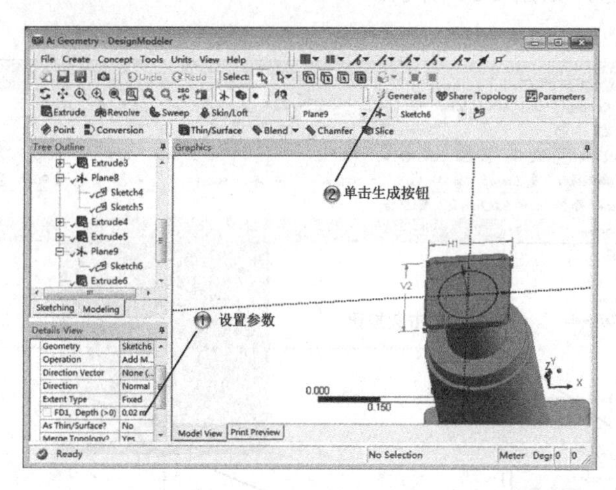

图 1-34　设置拉伸参数

提示：

如果要选择所有的体，可以在图形窗口中单击鼠标右键，在弹出的快捷菜单中选择【Select All（选择所有）】命令。

1.1.2　创建加压杆

Step1 选择草绘面，如图 1-35 所示。

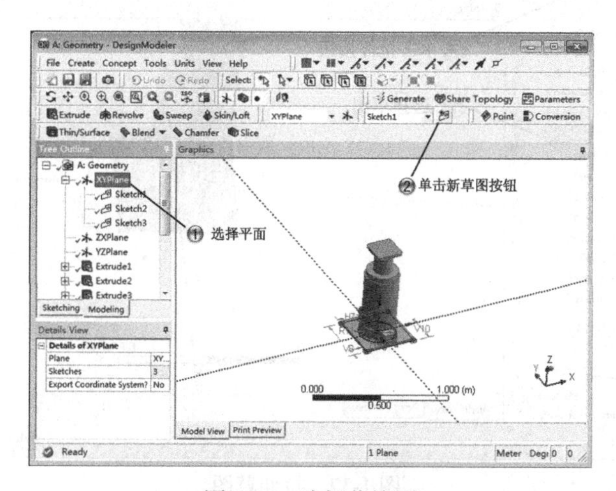

图 1-35　选择草绘面

Step2 绘制圆形，如图 1-36 所示。

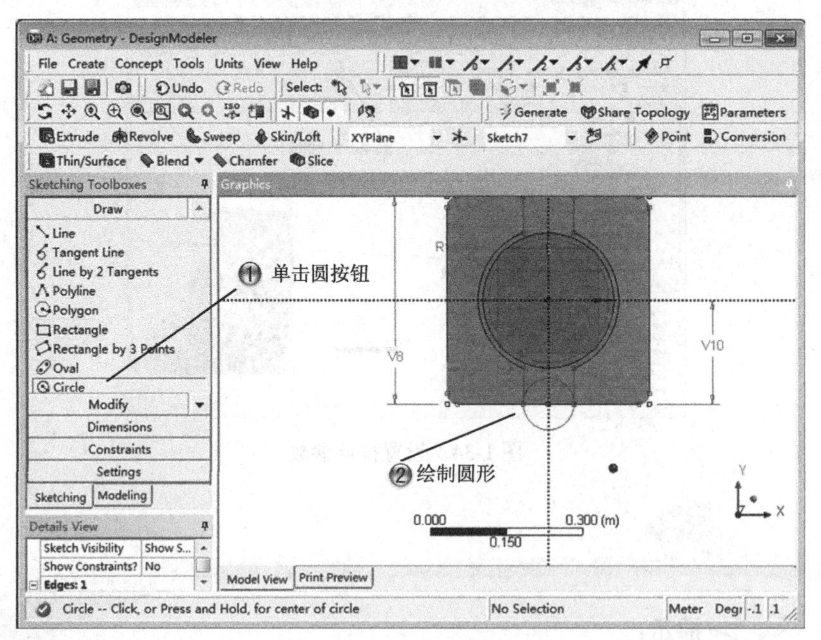

图 1-36　绘制圆形

Step3 拉伸草图，如图 1-37 所示。

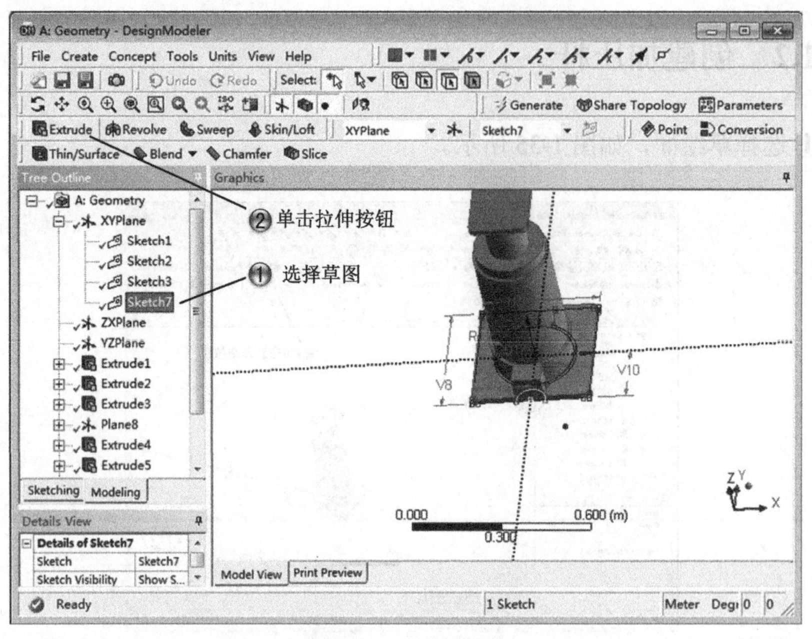

图 1-37　拉伸草图

Step4 设置拉伸参数，如图 1-38 所示。

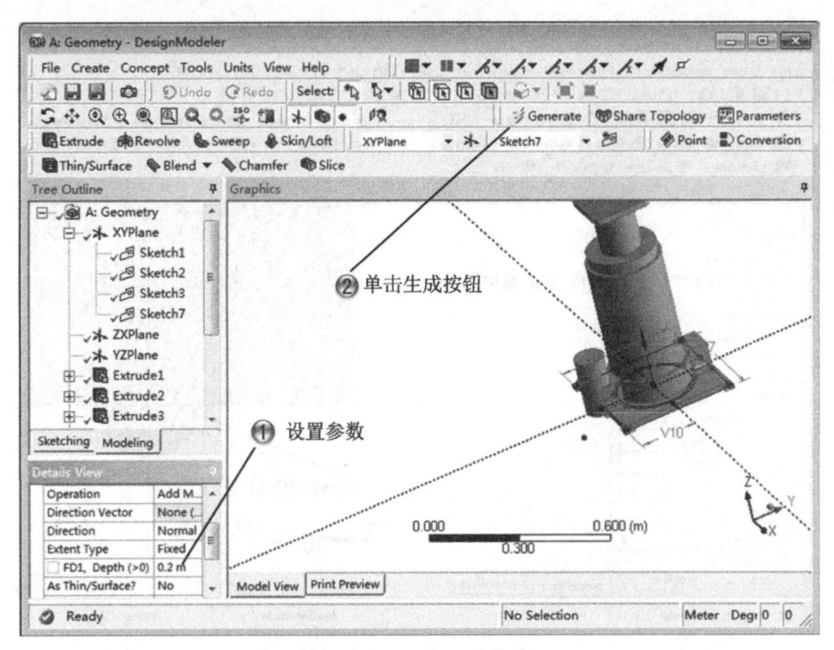

图 1-38　设置拉伸参数

Step5 选择草绘面，如图 1-39 所示。

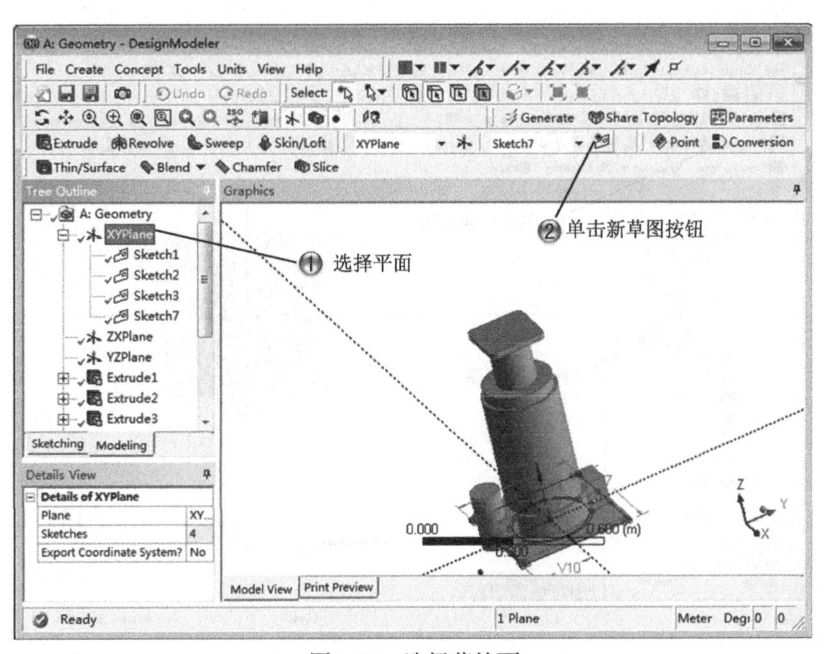

图 1-39　选择草绘面

Step6 绘制圆形，如图 1-40 所示。

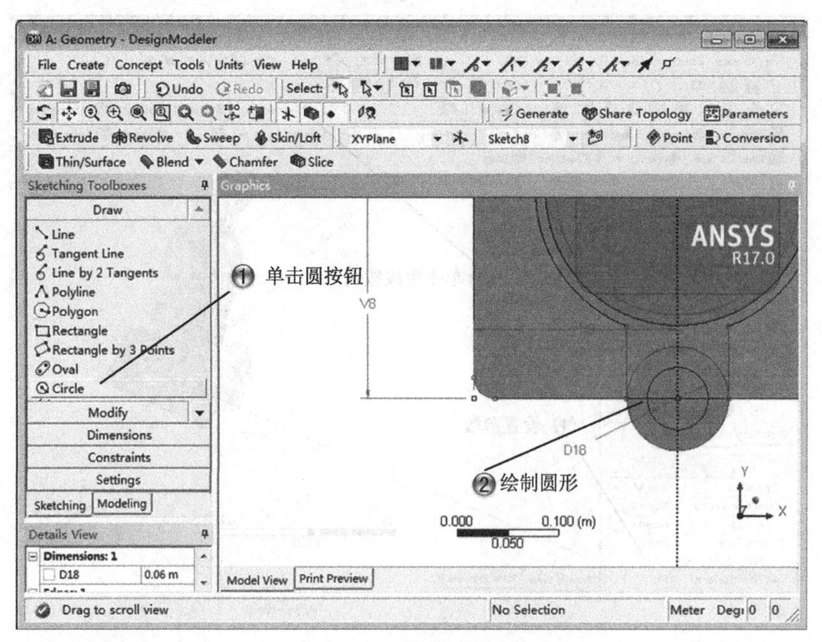

图 1-40　绘制圆形

Step7 拉伸草图，如图 1-41 所示。

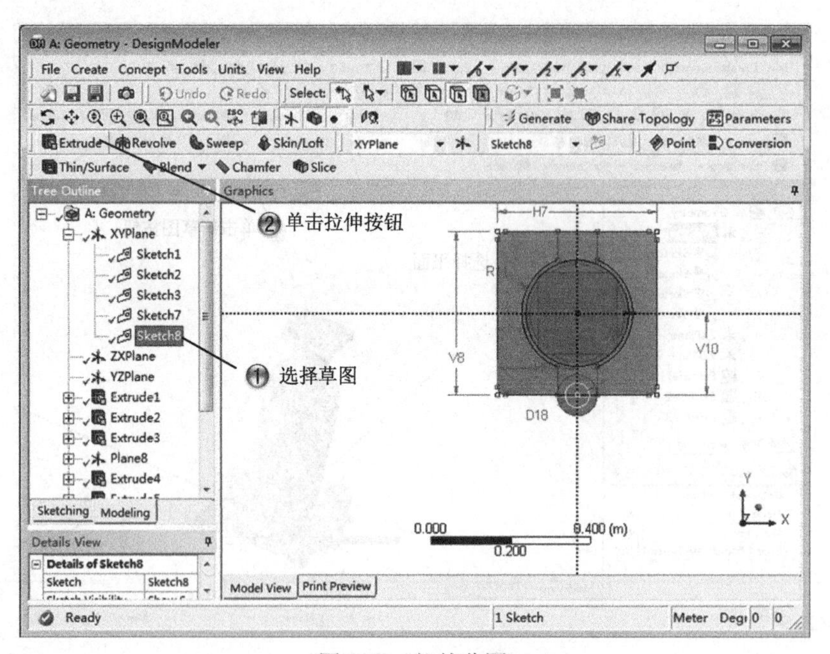

图 1-41　拉伸草图

Step8 设置拉伸参数，如图 1-42 所示。

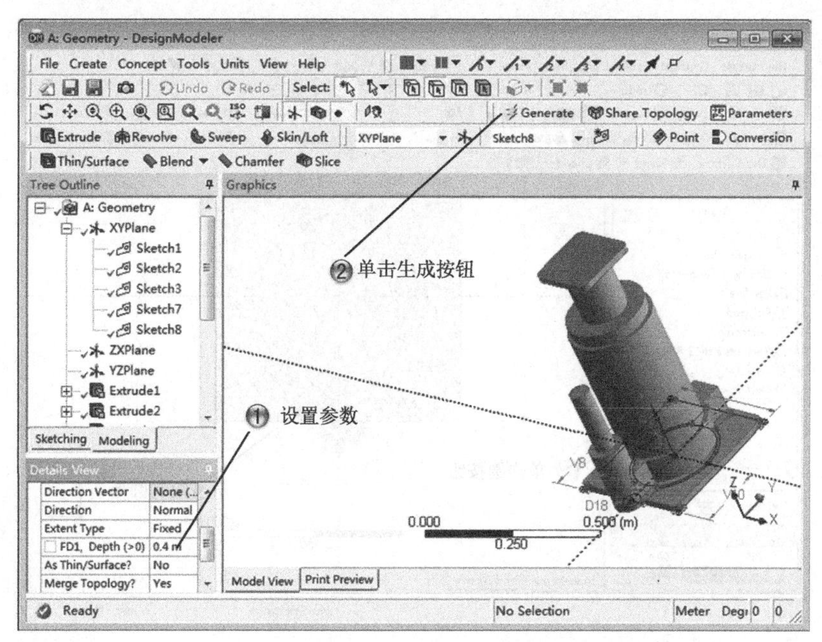

图 1-42　设置拉伸参数

Step9 选择草绘面，如图 1-43 所示。

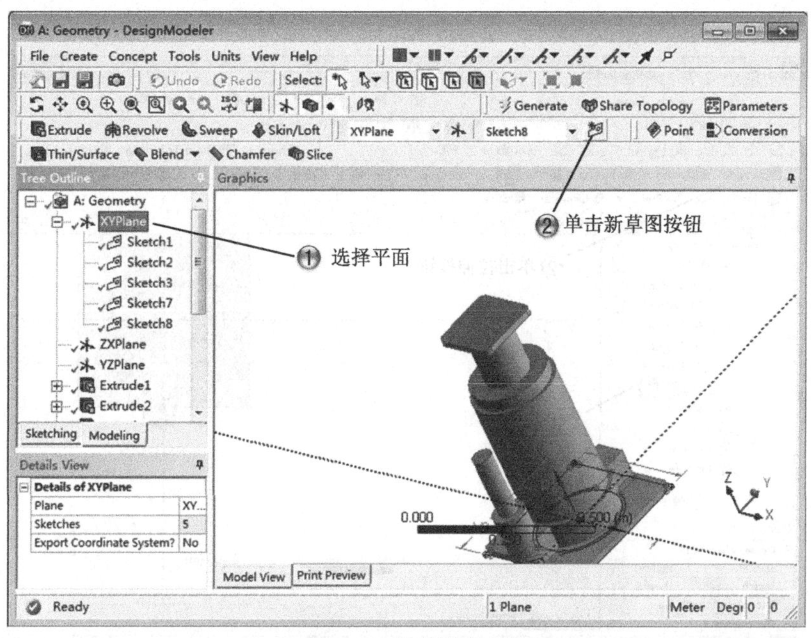

图 1-43　选择草绘面

Step10 绘制圆形，如图 1-44 所示。

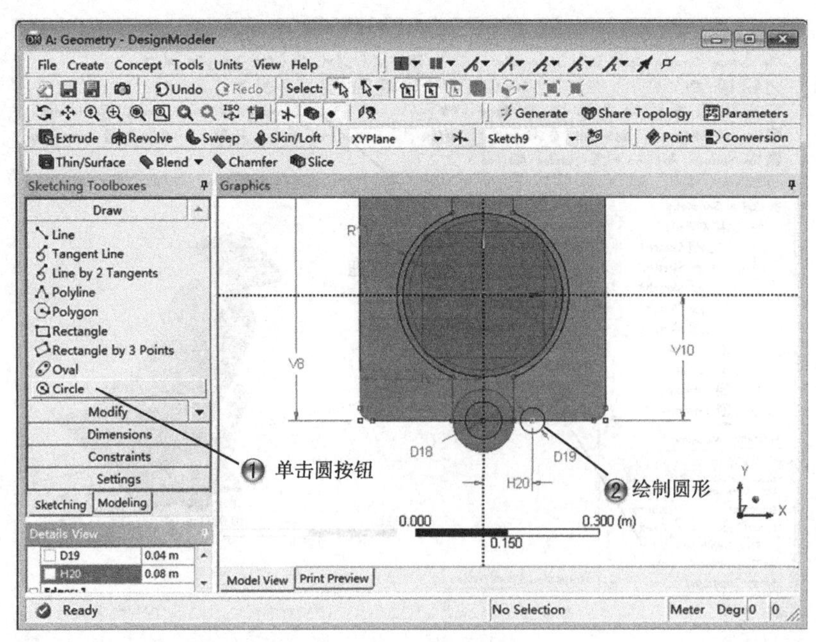

图 1-44　绘制圆形

Step11 拉伸草图，如图 1-45 所示。

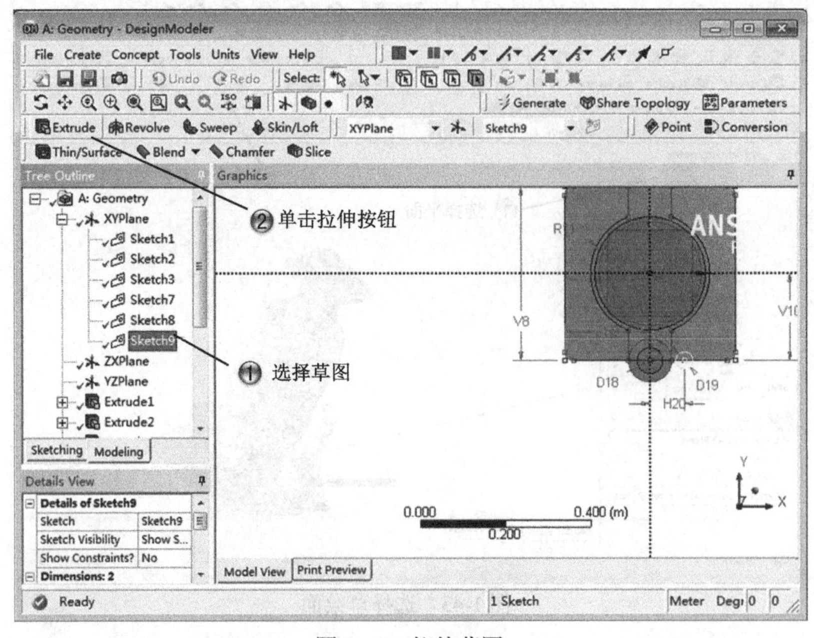

图 1-45　拉伸草图

Step12 设置拉伸参数，如图 1-46 所示。

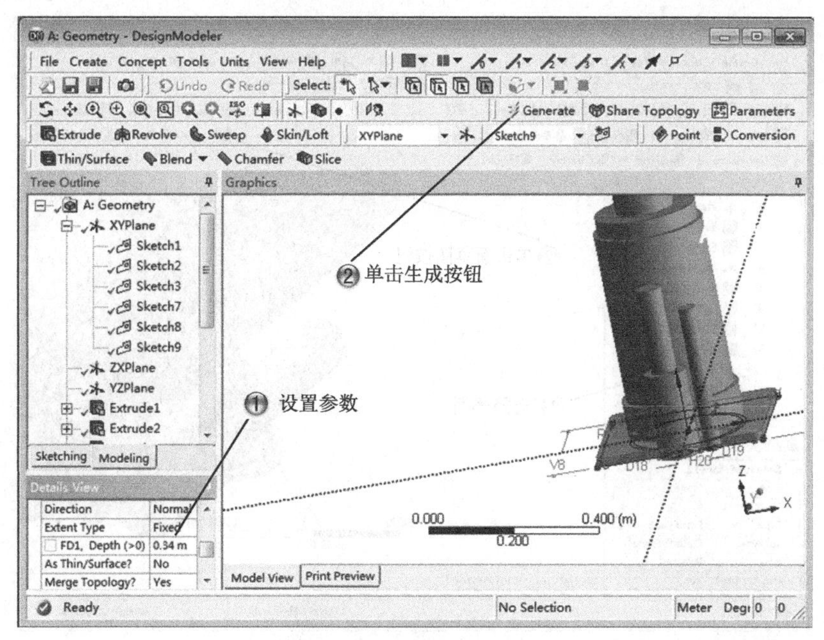

图 1-46　设置拉伸参数

Step13 创建平面，如图 1-47 所示。

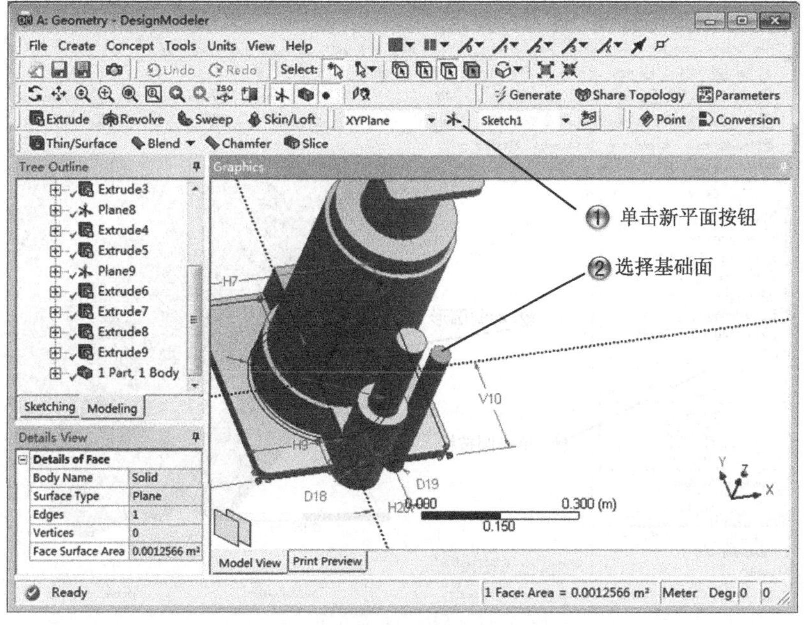

图 1-47　创建平面

Step14 选择草绘面，如图 1-48 所示。

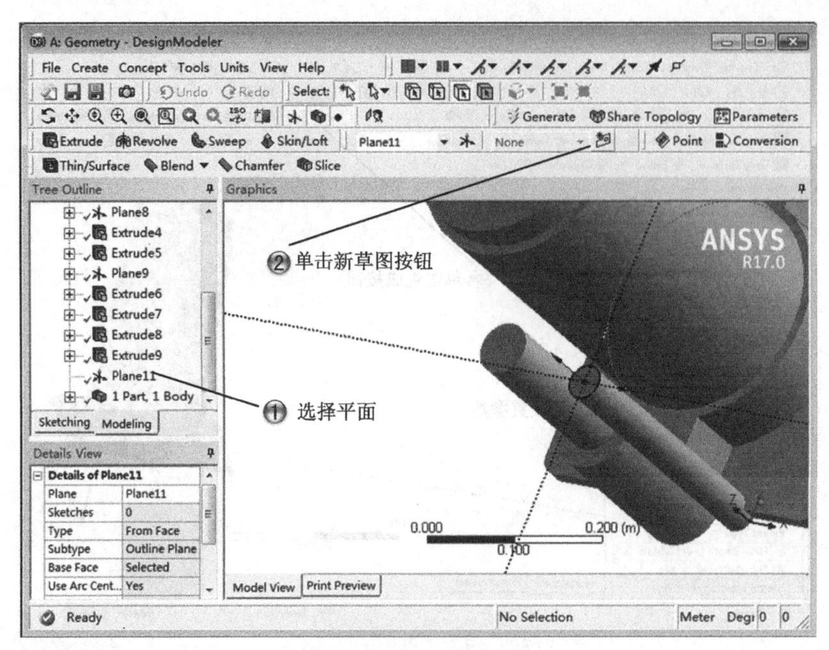

图 1-48　选择草绘面

Step15 绘制圆形，1-49 所示。

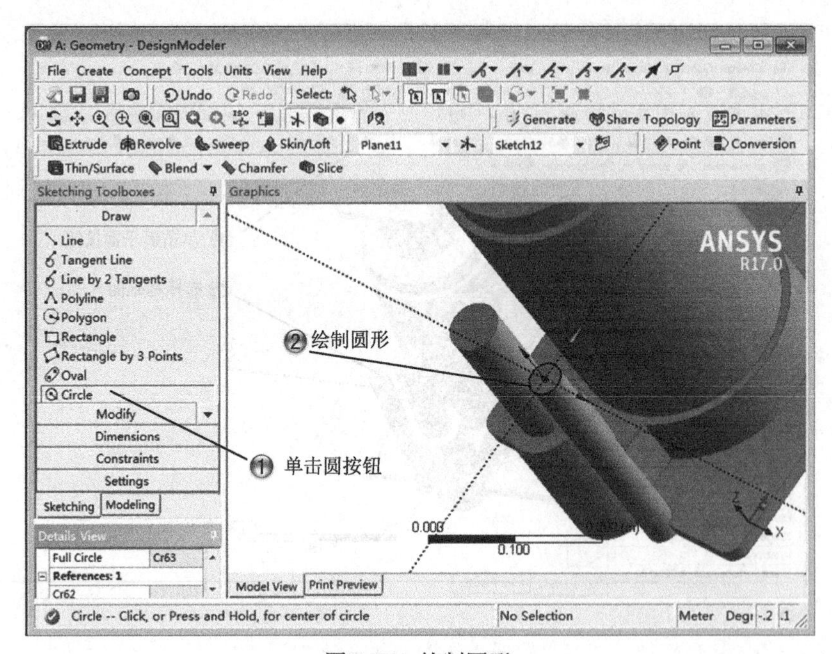

图 1-49　绘制圆形

Step16 创建平面，如图 1-50 所示。

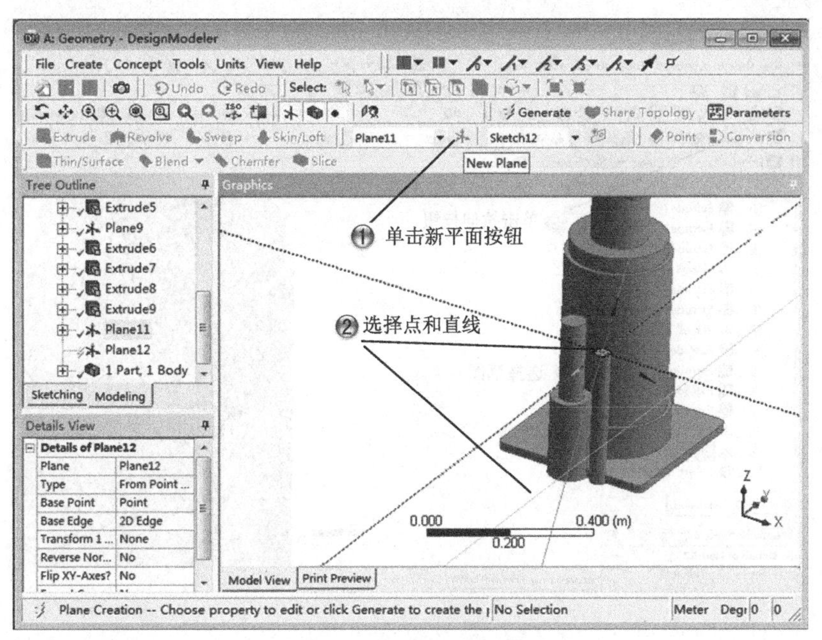

图 1-50 创建平面

Step17 绘制圆形，如图 1-51 所示。

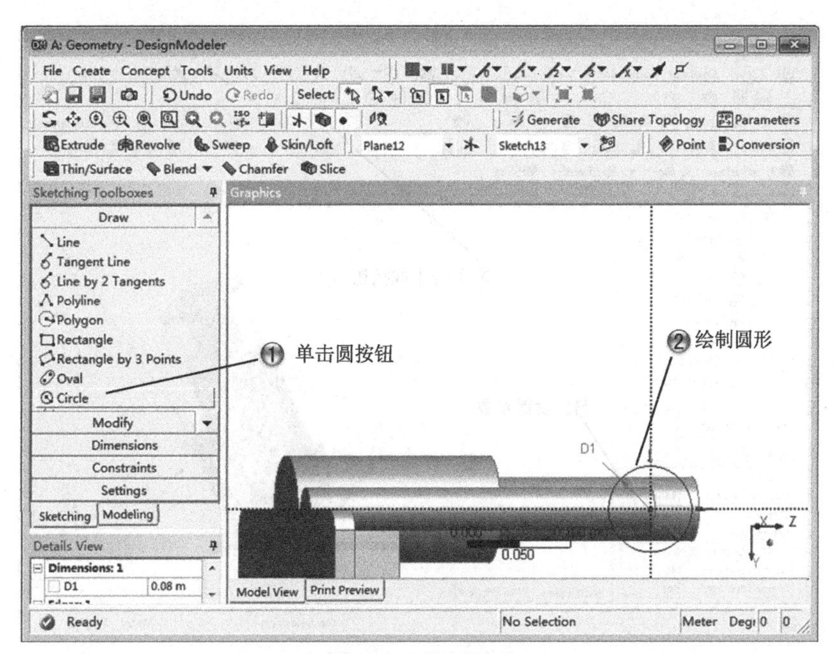

图 1-51 绘制圆形

Step18 拉伸草图，如图 1-52 所示。

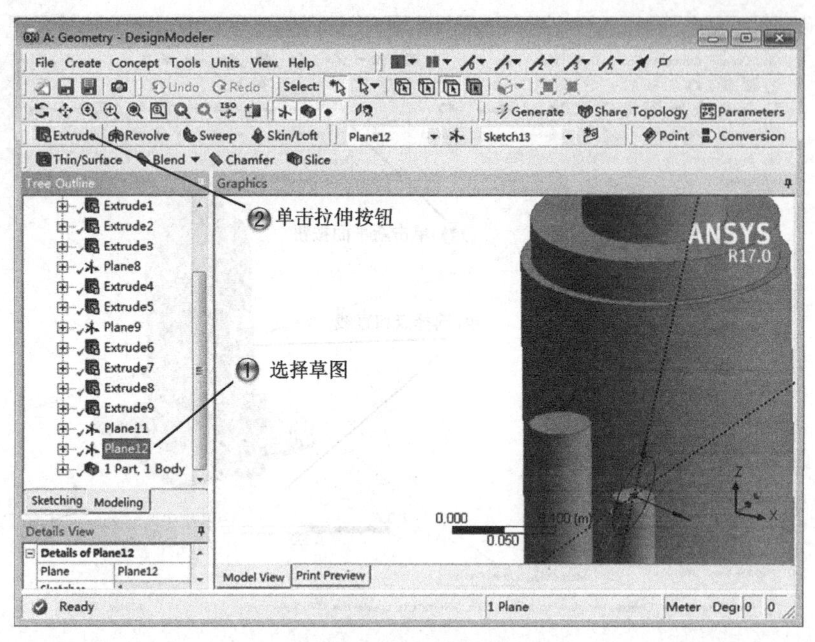

图 1-52　拉伸草图

Step19 设置拉伸参数，如图 1-53 所示。

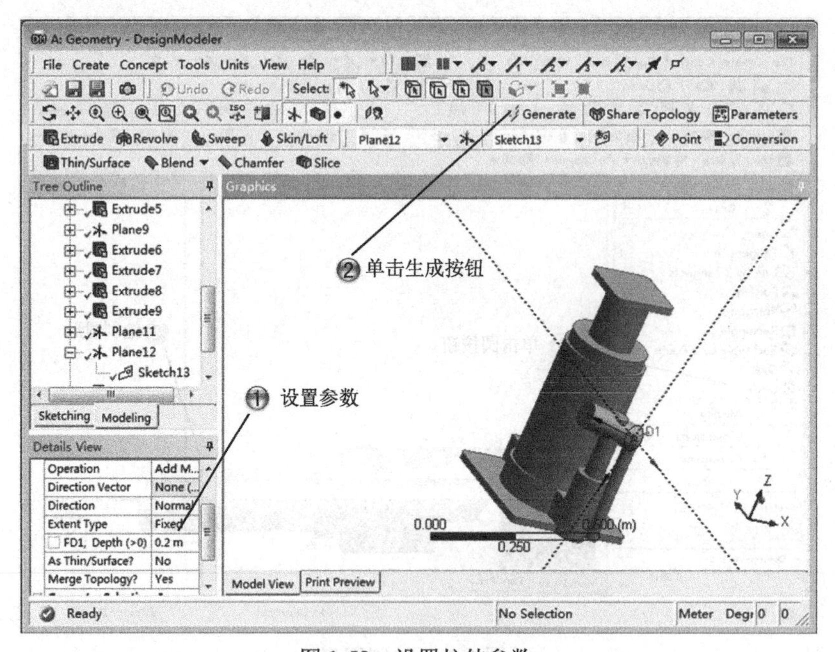

图 1-53　设置拉伸参数

Step20 选择草绘面，如图 1-54 所示。

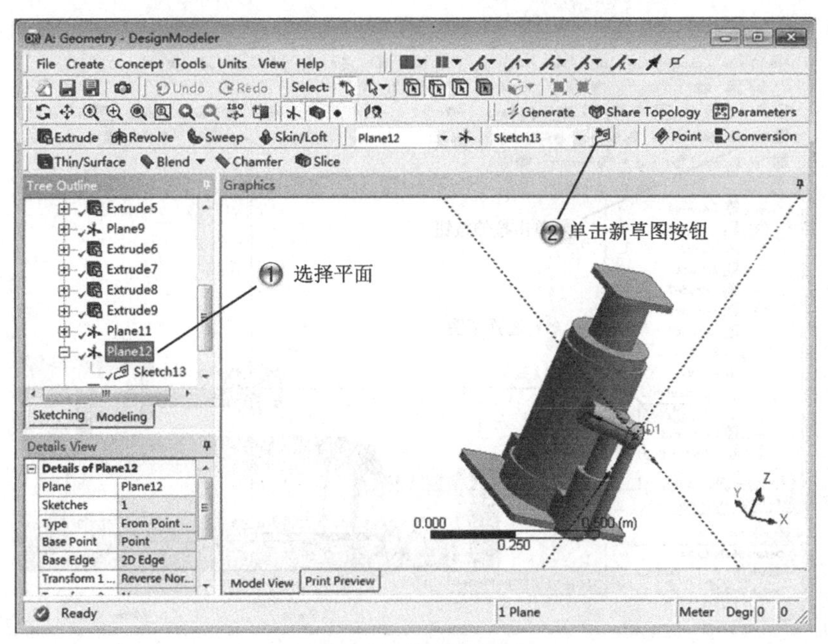

图 1-54 选择草绘面

Step21 绘制圆形，如图 1-55 所示。

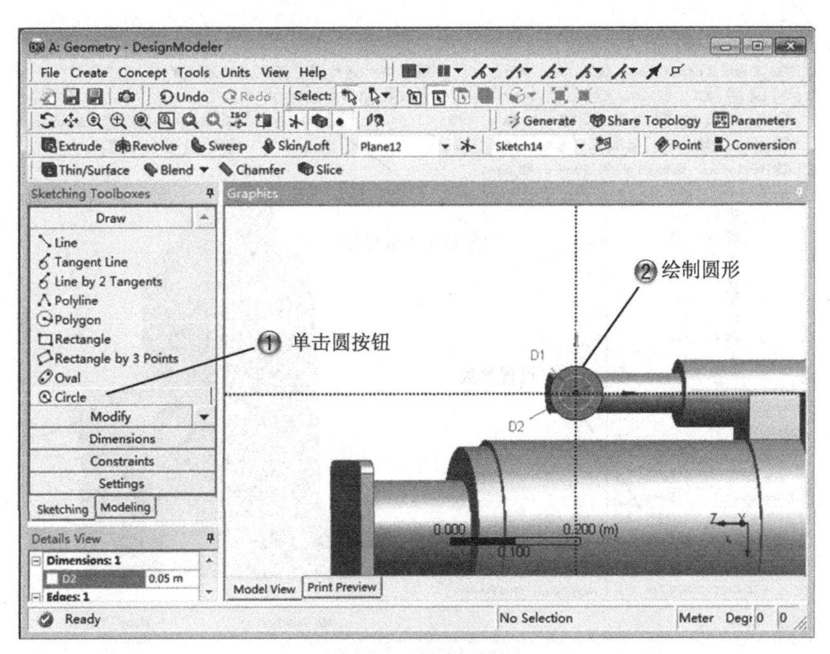

图 1-55 绘制圆形

Step22 拉伸草图，如图 1-56 所示。

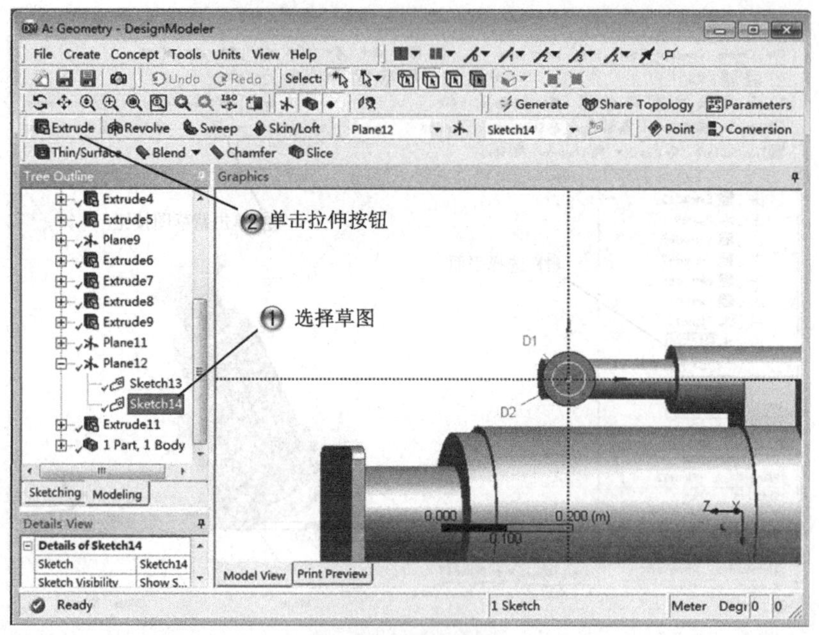

图 1-56 拉伸草图

Step23 设置拉伸切除参数，如图 1-57 所示。

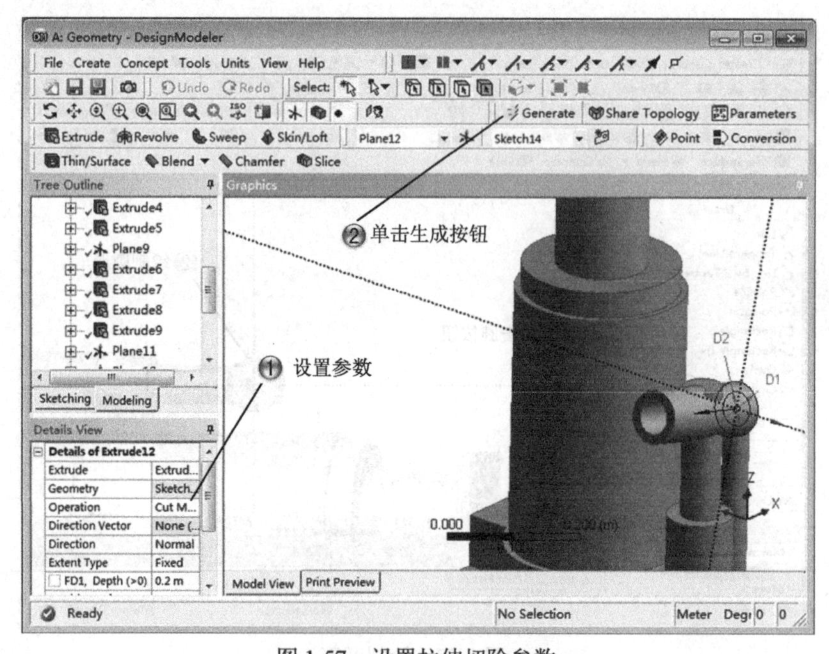

图 1-57 设置拉伸切除参数

Step24 完成管体模型，如图 1-58 所示。

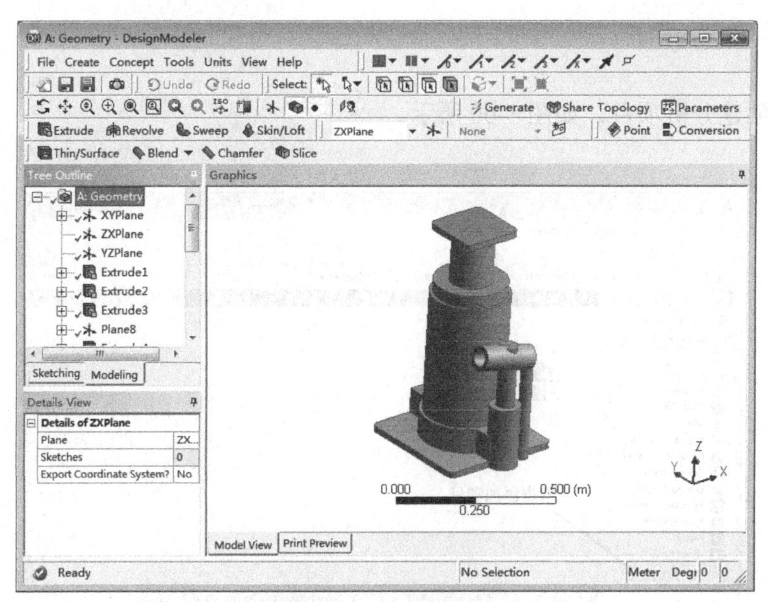

图 1-58　完成管体模型

1.2　建立分析模型案例——管体模型

本案例将通过一个管体零件的建模操作，帮助读者学习如何在 DM 中创建草图，并如何由草图生成几何体等，且介绍如何创建网格划分等操作。通过本案例的学习，读者可以基本掌握在 ANSYS Workbench 中的建模方法，如图 1-59 所示是网格化后的模型。

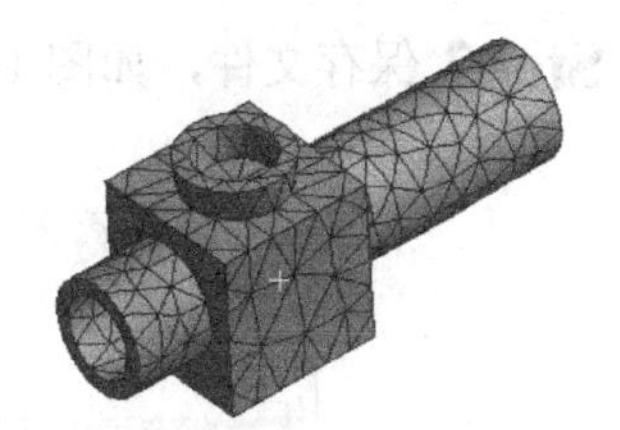

图 1-59　管体模型

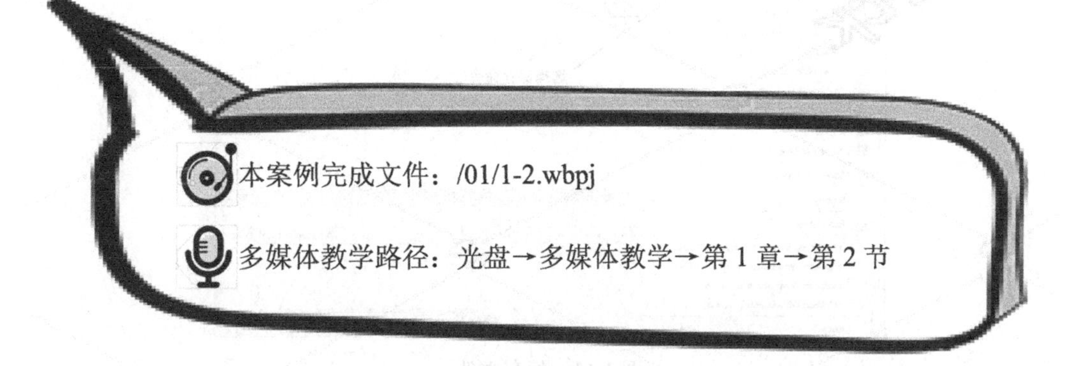

本案例完成文件：/01/1-2.wbpj
多媒体教学路径：光盘→多媒体教学→第 1 章→第 2 节

1.2.1 创建管体模型

Step1 创建分析项目，如图 1-60 所示。

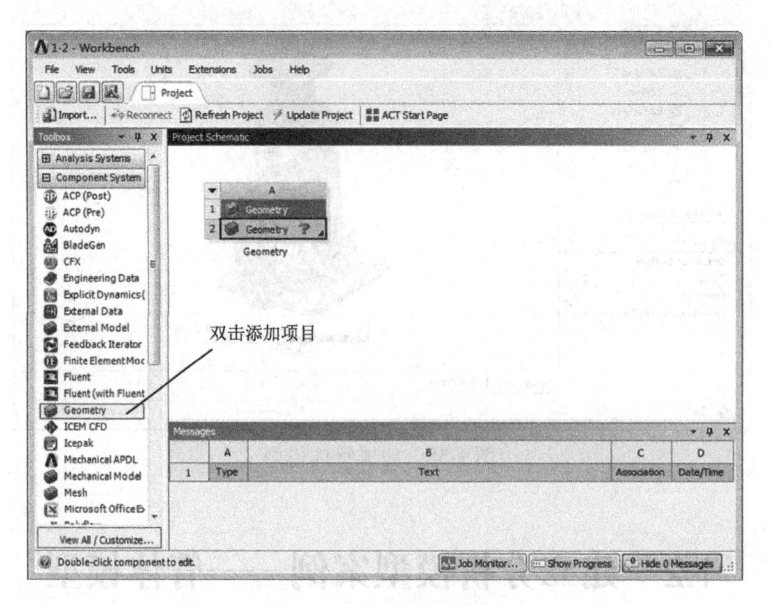

图 1-60　创建分析项目

Step2 保存文件，如图 1-61 所示。

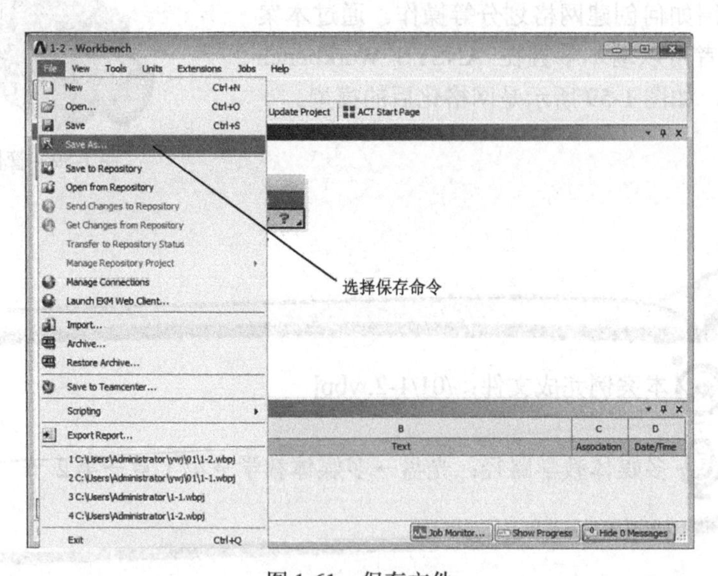

图 1-61　保存文件

Step3 设置文件名称，如图 1-62 所示。

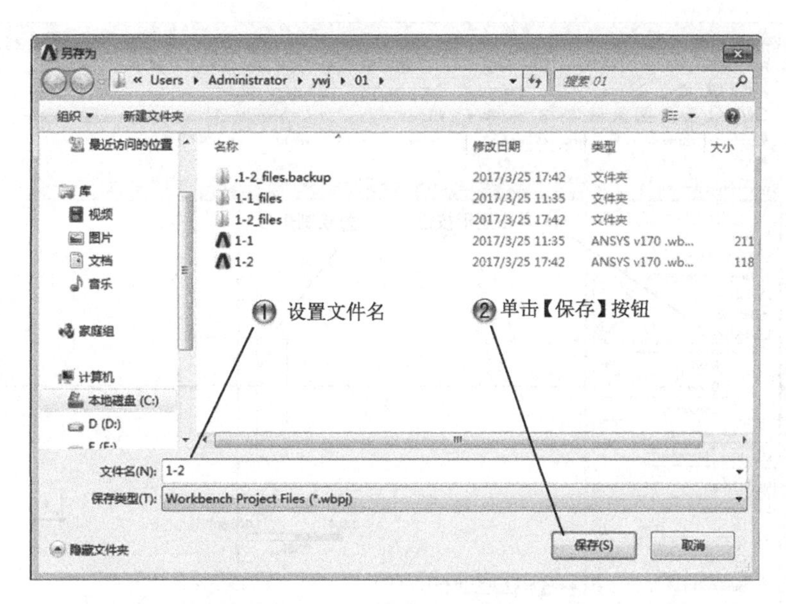

图 1-62　设置文件名称

Step4 选择草绘面，如图 1-63 所示。

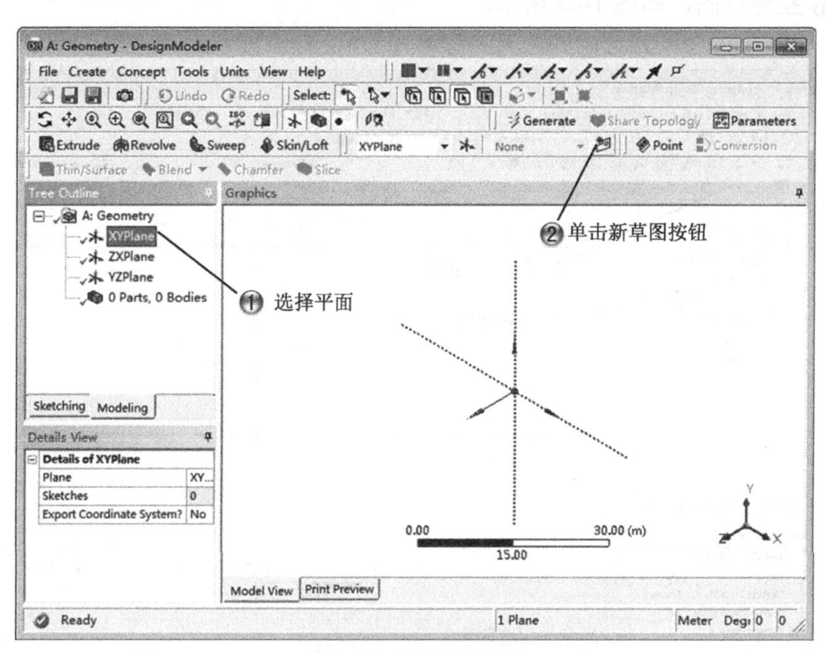

图 1-63　选择草绘面

Step5 绘制矩形，如图 1-64 所示。

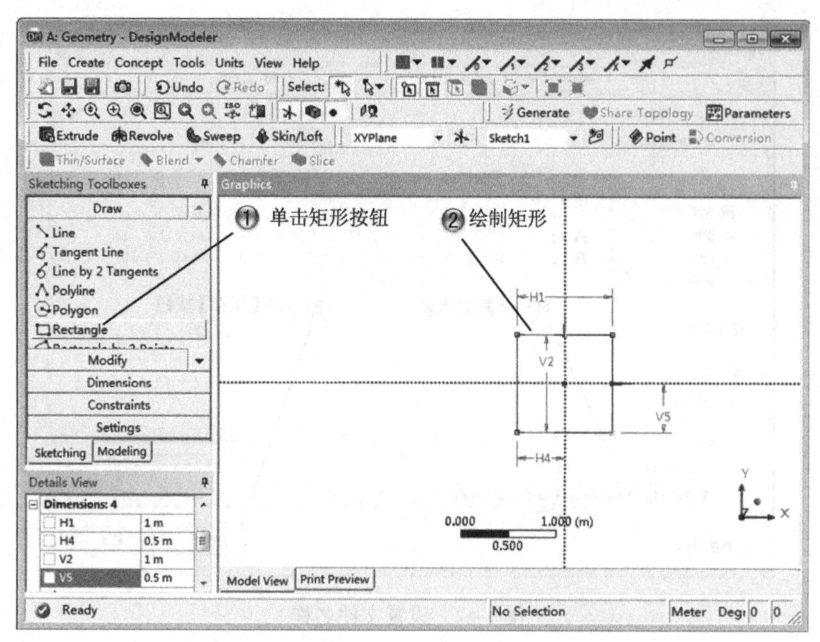

图 1-64　绘制矩形

Step6 拉伸草图，如图 1-65 所示。

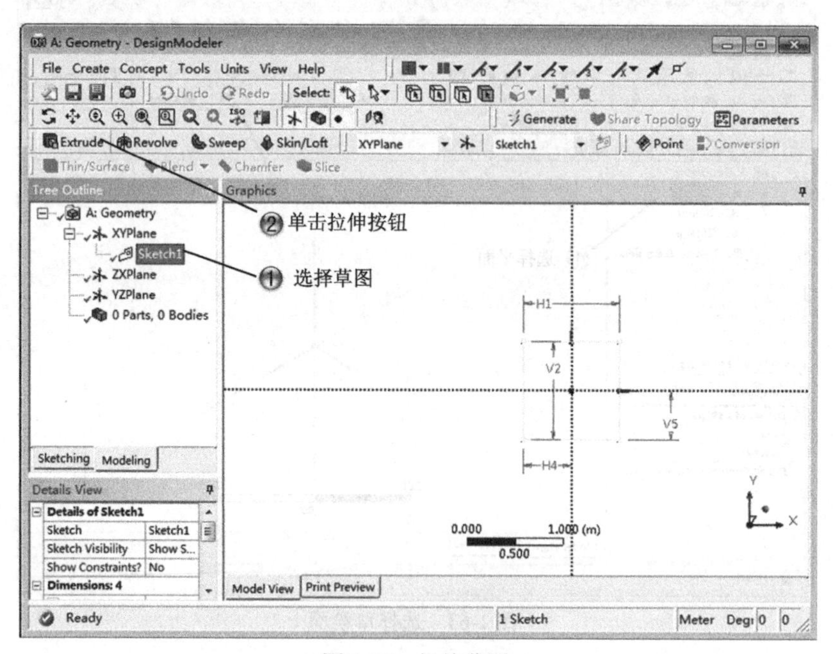

图 1-65　拉伸草图

Step7 设置拉伸参数，如图 1-66 所示。

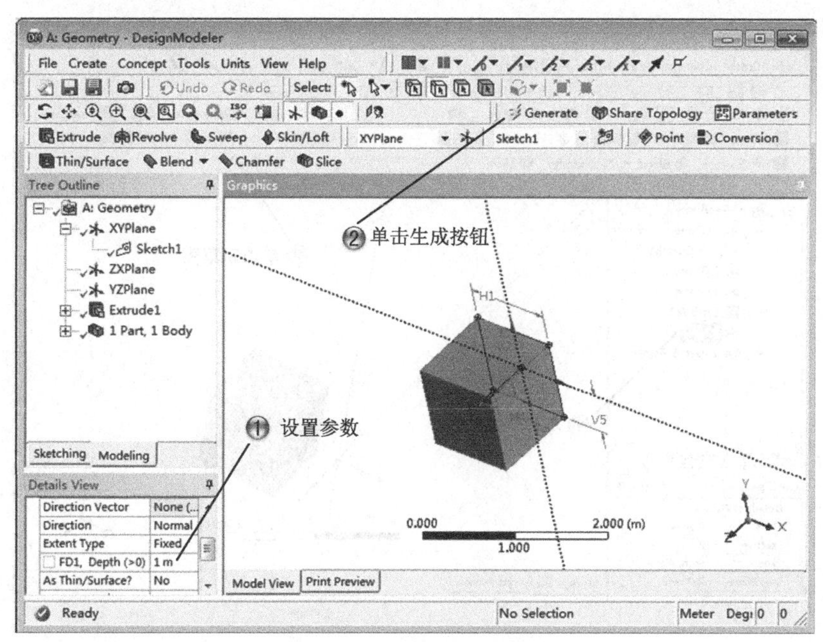

图 1-66 设置拉伸参数

Step8 创建平面，如图 1-67 所示。

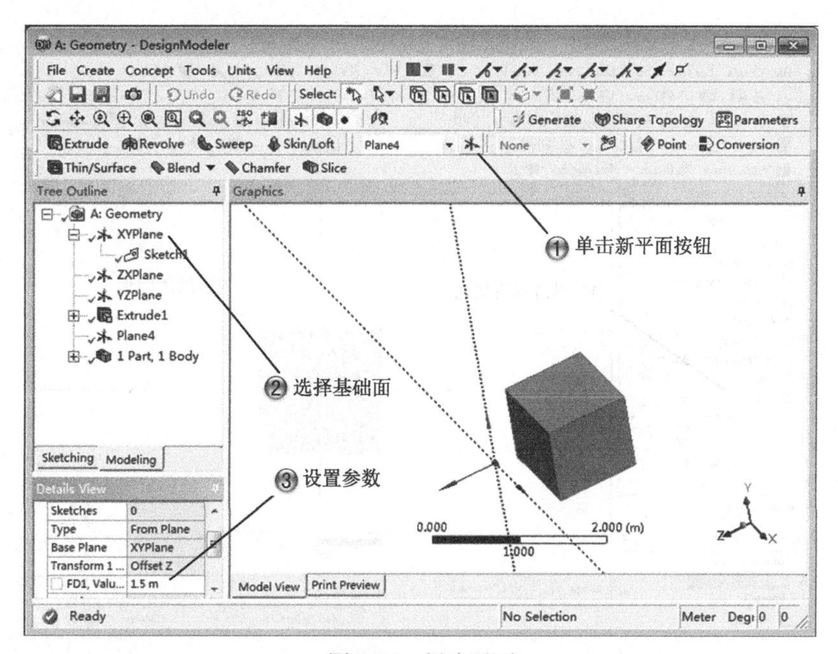

图 1-67 创建平面

Step9 选择草绘面，如图 1-68 所示。

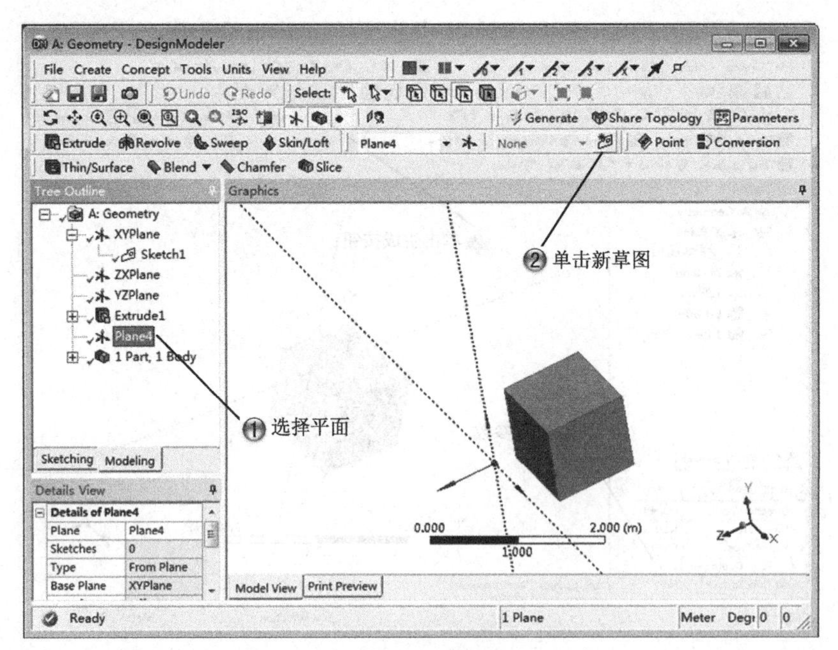

图 1-68　选择草绘面

Step10 绘制圆形，如图 1-69 所示。

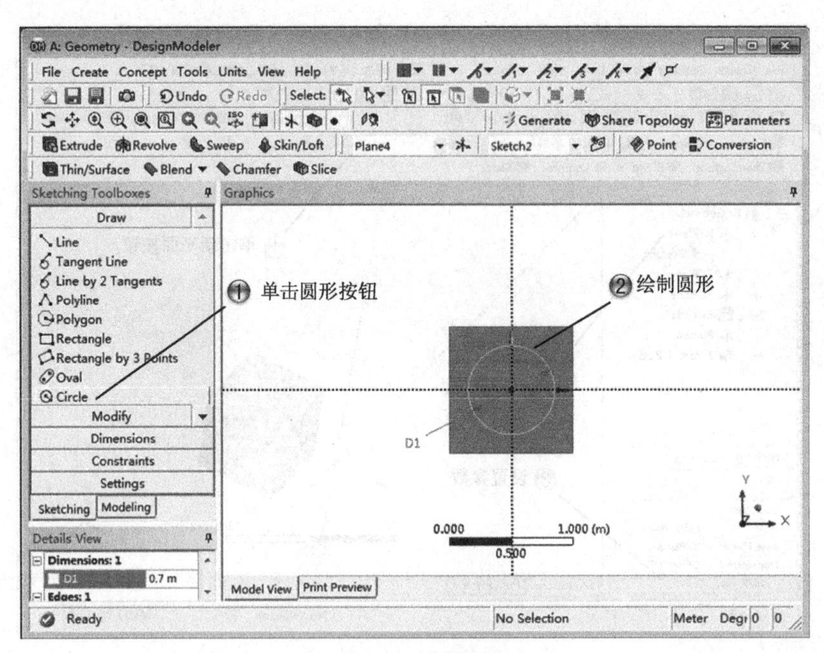

图 1-69　绘制圆形

Step11 拉伸草图，如图 1-70 所示。

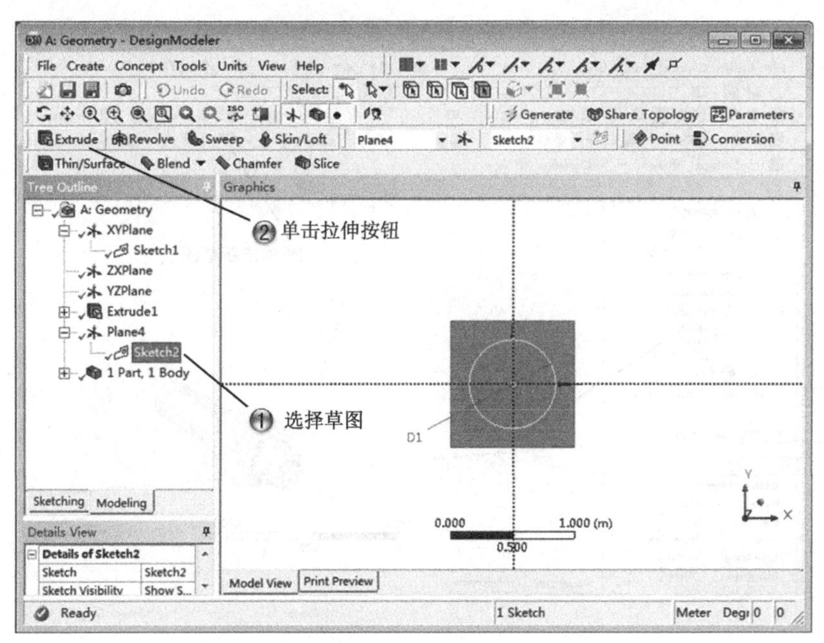

图 1-70　拉伸草图

Step12 设置拉伸参数，如图 1-71 所示。

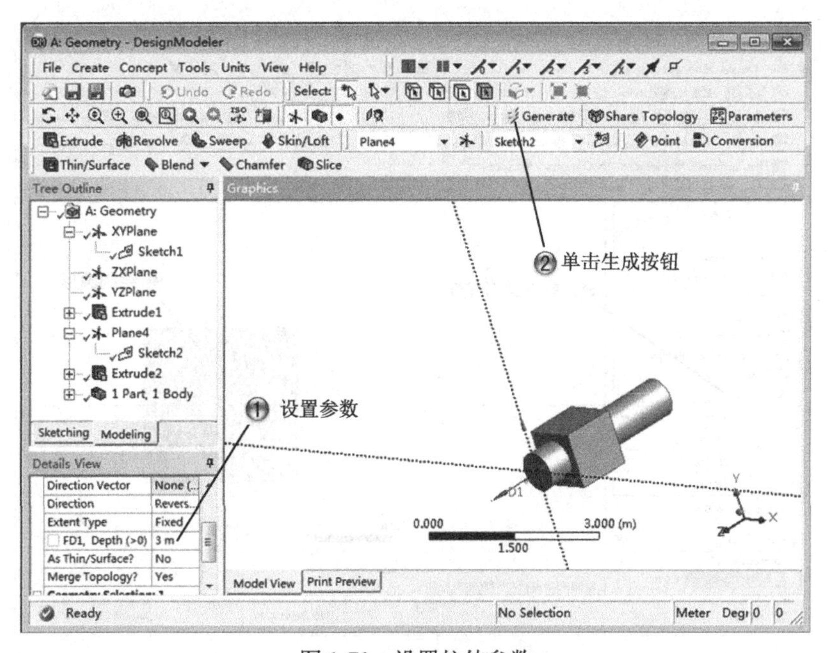

图 1-71　设置拉伸参数

Step13 选择草绘面，如图 1-72 所示。

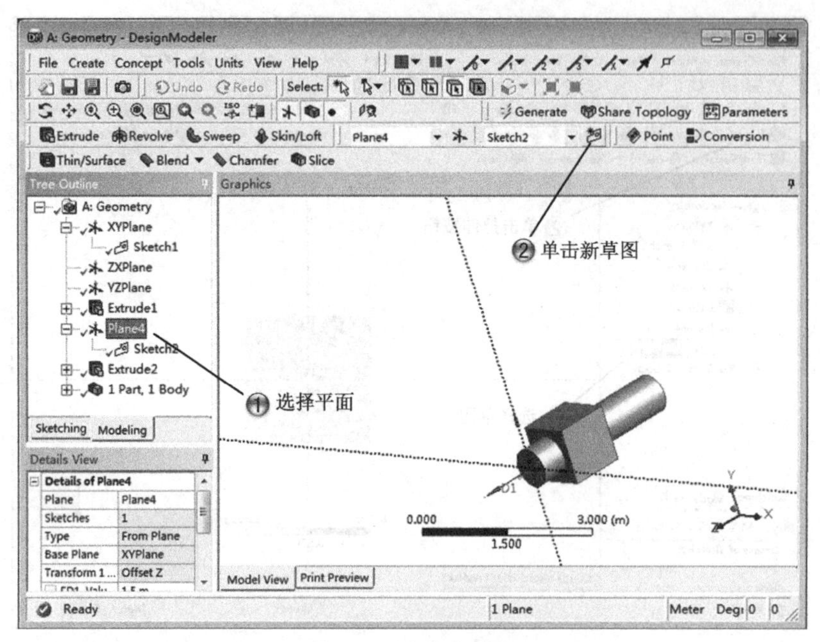

图 1-72　选择草绘面

Step14 绘制圆形，如图 1-73 所示。

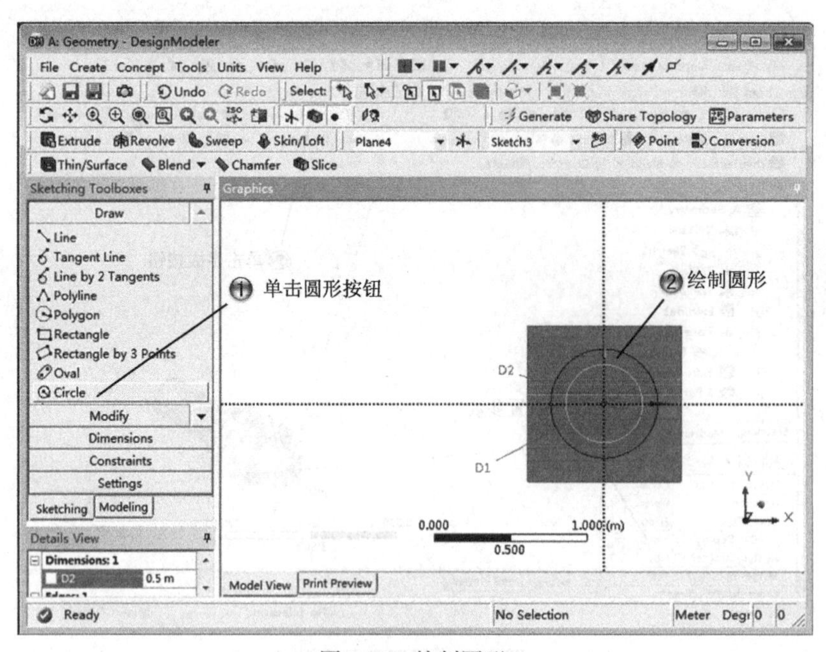

图 1-73　绘制圆形

Step15 拉伸草图，如图 1-74 所示。

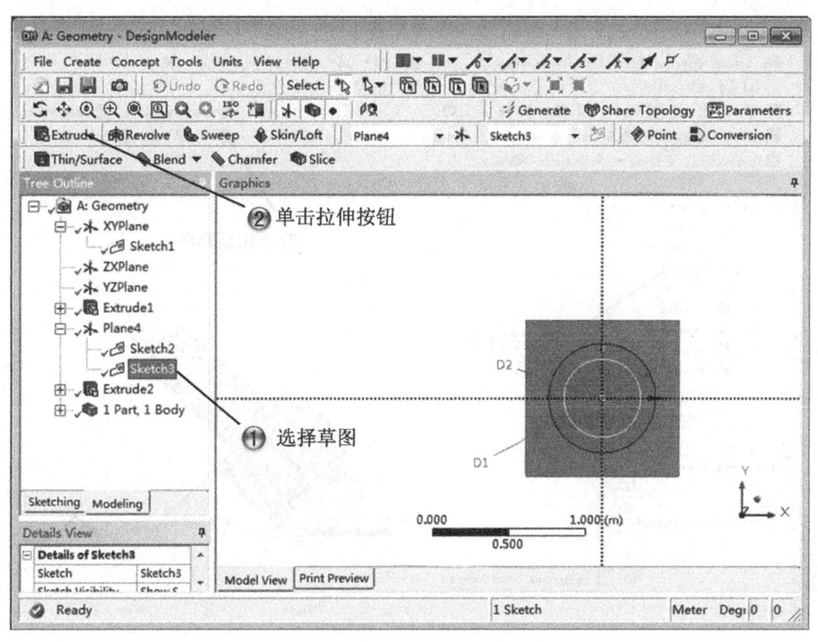

图 1-74　拉伸草图

Step16 设置拉伸参数，如图 1-75 所示。

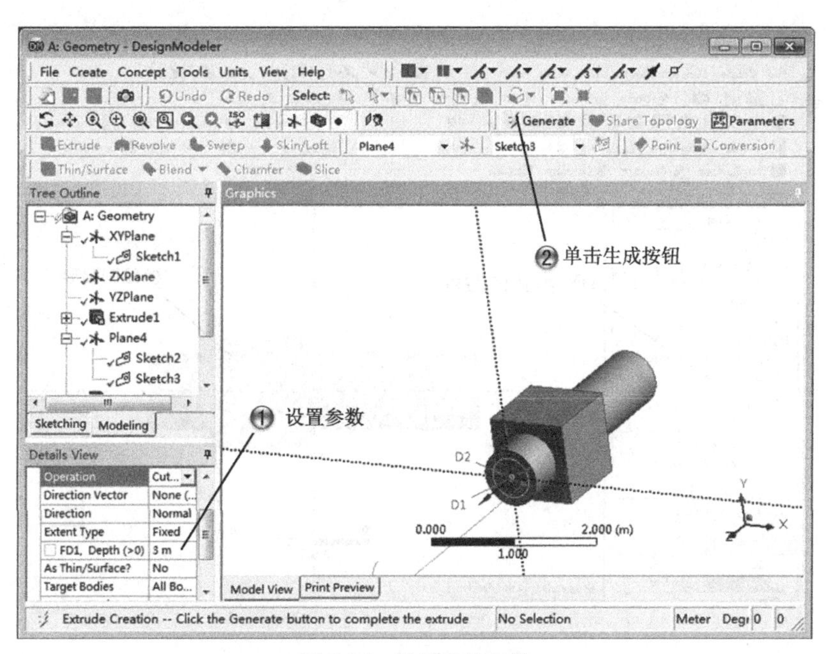

图 1-75　设置拉伸参数

Step17 选择草绘面，如图 1-76 所示。

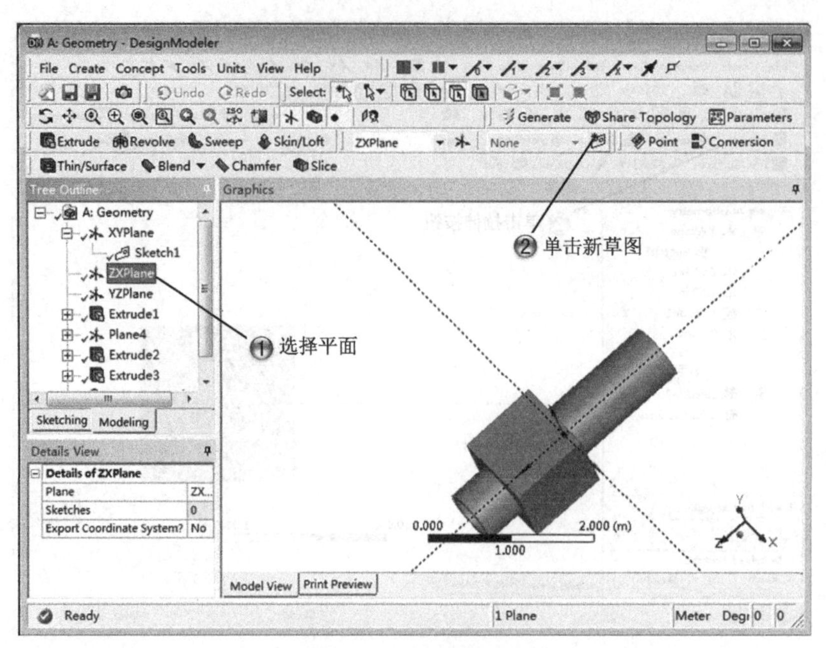

图 1-76　选择草绘面

Step18 绘制圆形，如图 1-77 所示。

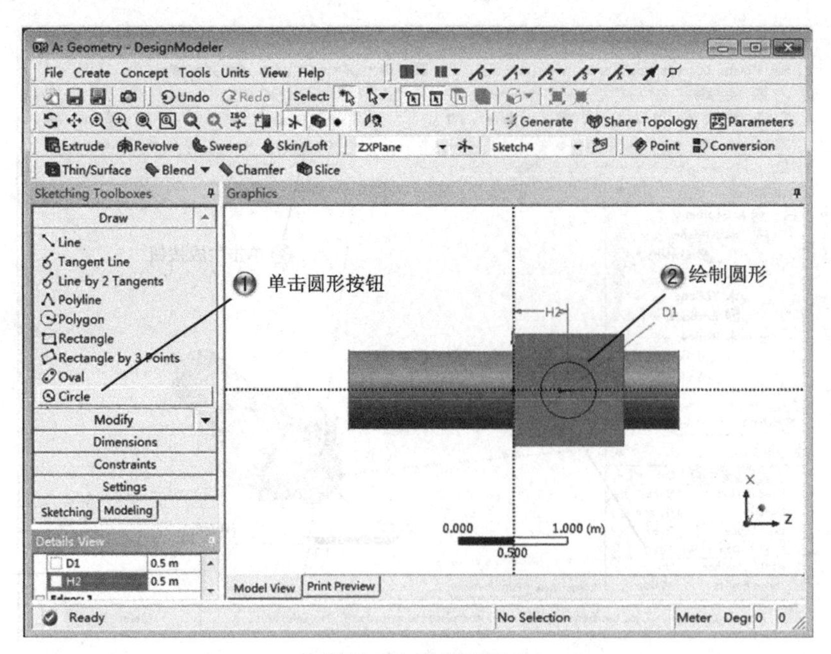

图 1-77　绘制圆形

Step19 创建平面，如图 1-78 所示。

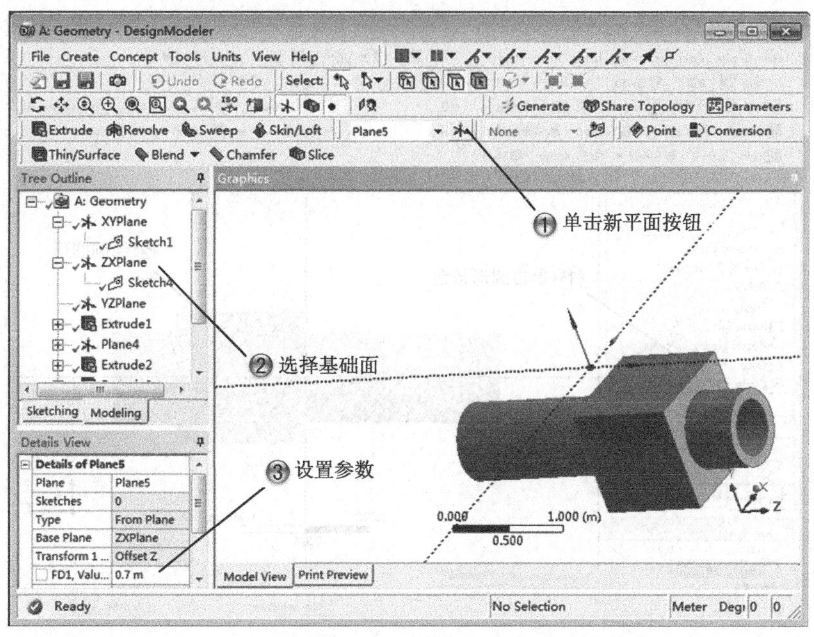

图 1-78　创建平面

Step20 选择草绘面，如图 1-79 所示。

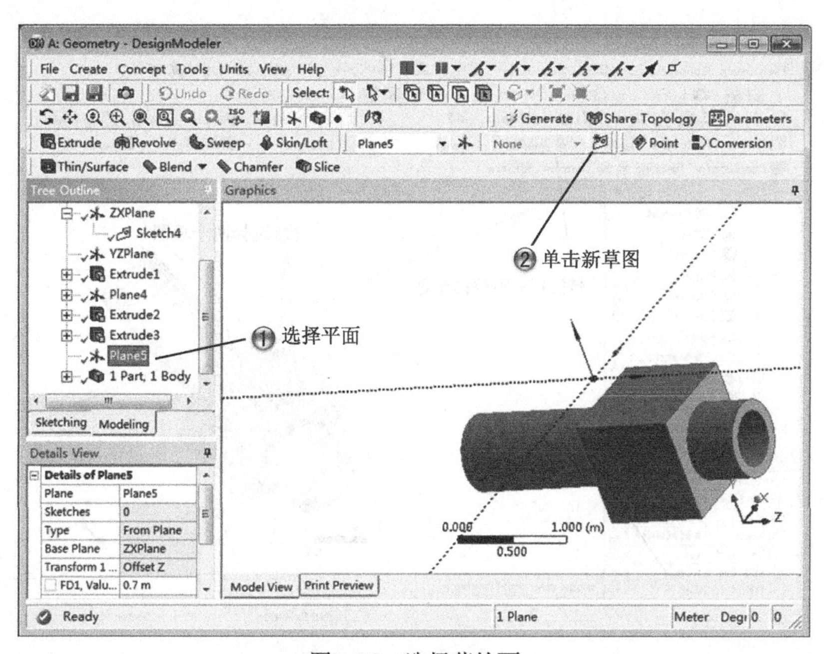

图 1-79　选择草绘面

Step21 绘制圆形，如图 1-80 所示。

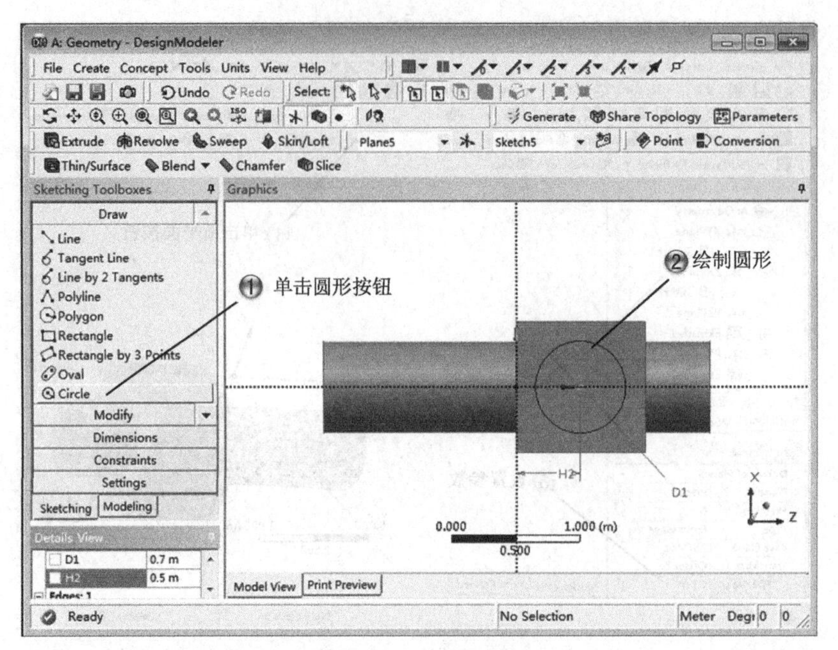

图 1-80　绘制圆形

Step22 创建放样特征，如图 1-81 所示。

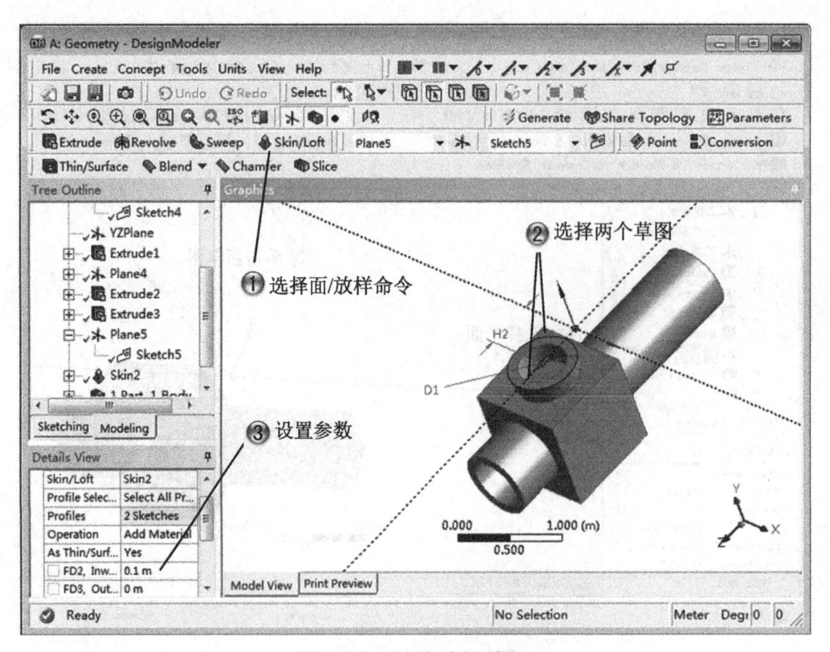

图 1-81　创建放样特征

Step23 保存文件，如图 1-82 所示。

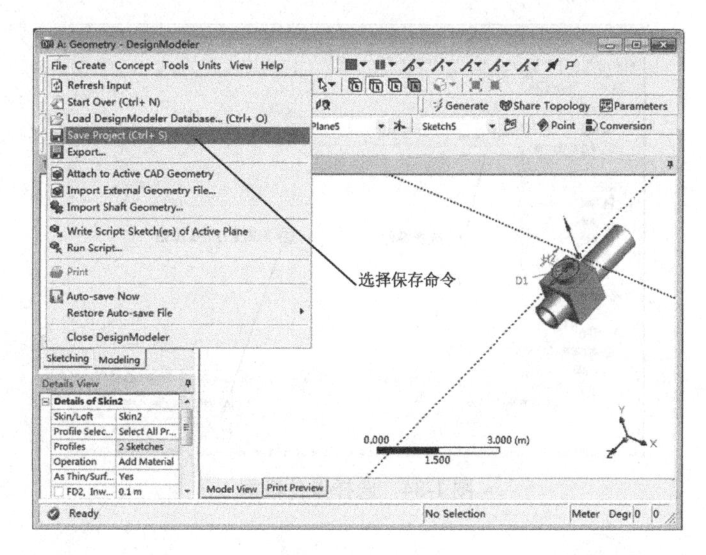

图 1-82　保存文件

1.2.2　网格划分

Step1 加载模型，如图 1-83 所示。

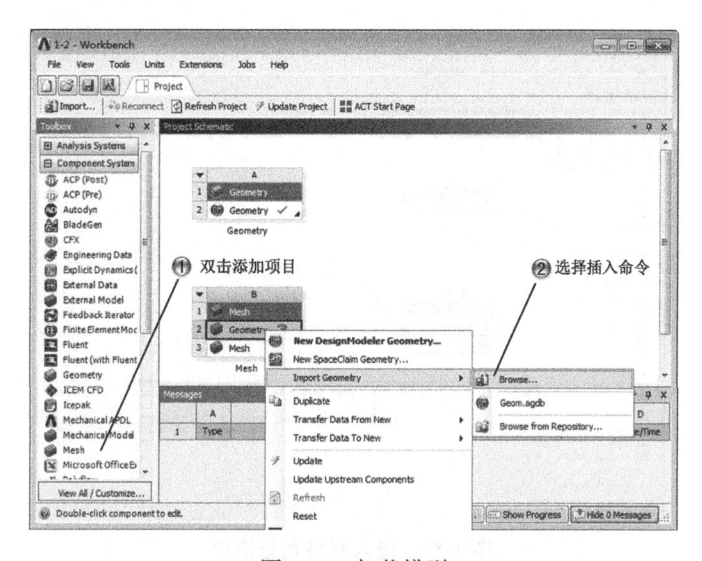

图 1-83　加载模型

Step2 选择零件模型，如图 1-84 所示。

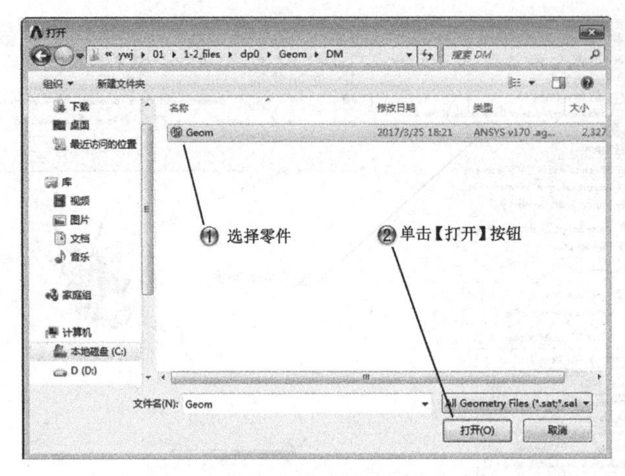

图 1-84 选择零件模型

提示：

DM 不仅能够从外部导入几何体，同时它也能向外输出几何体模型，选择【File】|【Export】菜单命令即可。

Step3 进入网格划分模块，如图 1-85 所示。

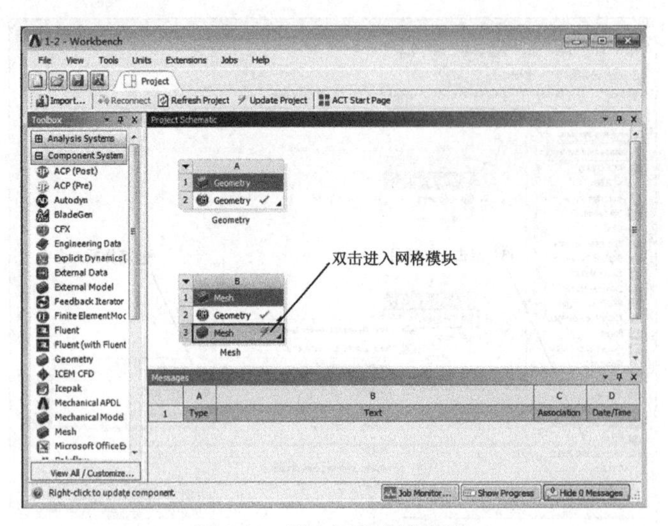

图 1-85 进入网格划分模块

Step4 设置分析类型，如图 1-86 所示。

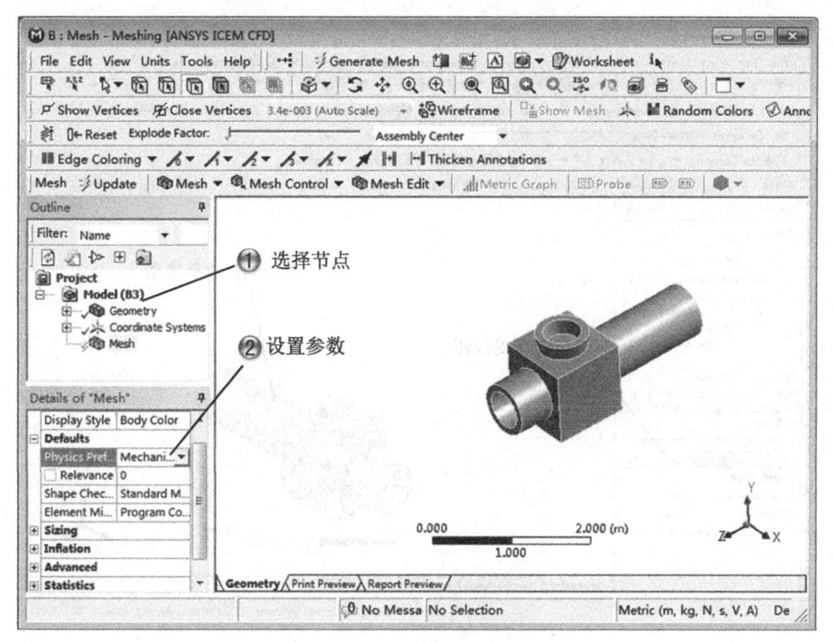

图 1-86　设置分析类型

Step5 添加网格控制，如图 1-87 所示。

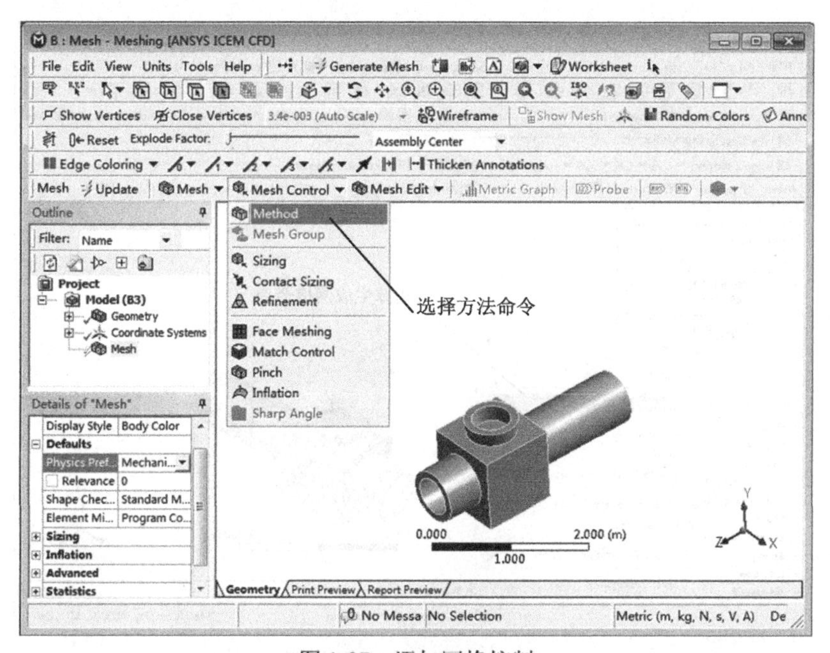

图 1-87　添加网格控制

Step6 选择模型，如图 1-88 所示。

图 1-88 选择模型

Step7 生成网格化模型，如图 1-89 所示。

图 1-89 生成网格化模型

Step8 完成的网格化模型，如图 1-90 所示。

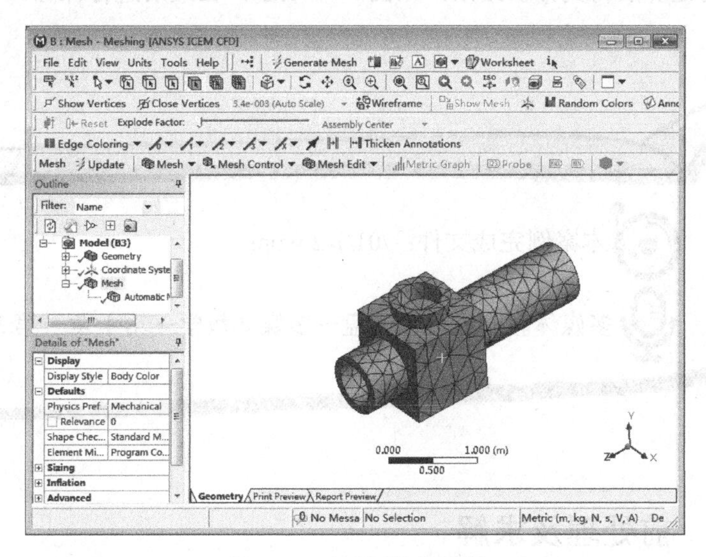

图 1-90　完成网格化模型

提示：

DM 目前只能识别由 CAD 软件导入部件的实体和面体，无法识别线体，故 Workbench 只能在 DM 中通过概念建模生成线体模型。

1.3　求解和后处理案例——模型分析处理

前处理是指创建实体模型以及有限元模型。它包括创建实体模型、定义单元属性、划分有限元网格、修正模型等几项内容。在加载模型后，继续设置模型的自由度 DOF、各种载荷、单元类型和选项、材质属性、温度等参数。在后处理阶段，一般分两种：通用后处理（POST1）用来观看整个模型在某一时刻的结果；时间历程后处理（POST26）用来观看模型在不同时间段或载荷步上的结

D: Static Structural
Total Deformation
Type: Total Deformation
Unit: m
Time: 1
2017/3/25 19:43

9.7697e-9 Max
8.6842e-9
7.5986e-9
6.5131e-9

图 1-91　模型分析结果

果，常用于处理瞬态分析和动力分析的结果。

本案例的模型由 1.2 节的管体模型加载而来，加载后首先设置模型参数，接着施加载荷和约束，进行运算后得到分析结果，如图 1-91 所示，在最后进行保存。

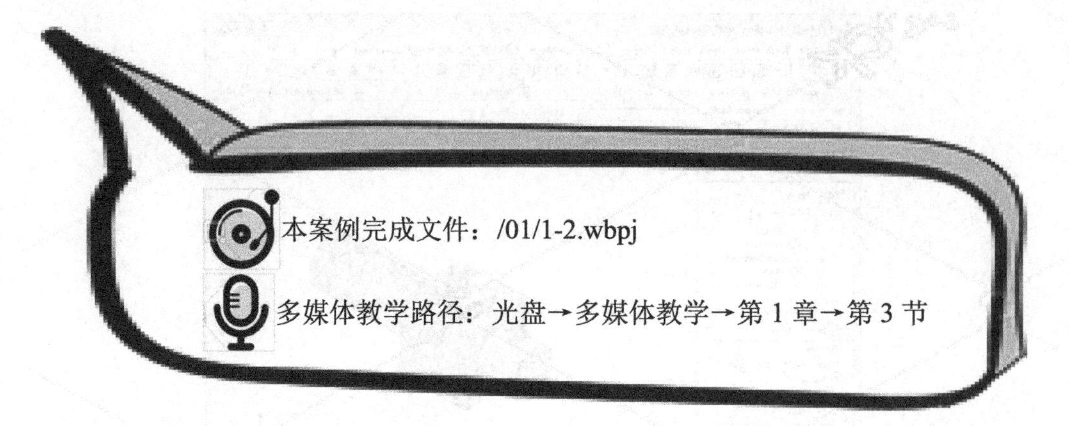

本案例完成文件：/01/1-2.wbpj
多媒体教学路径：光盘→多媒体教学→第 1 章→第 3 节

1.3.1 前处理及求解

Step1 插入分析模块，如图 1-92 所示。

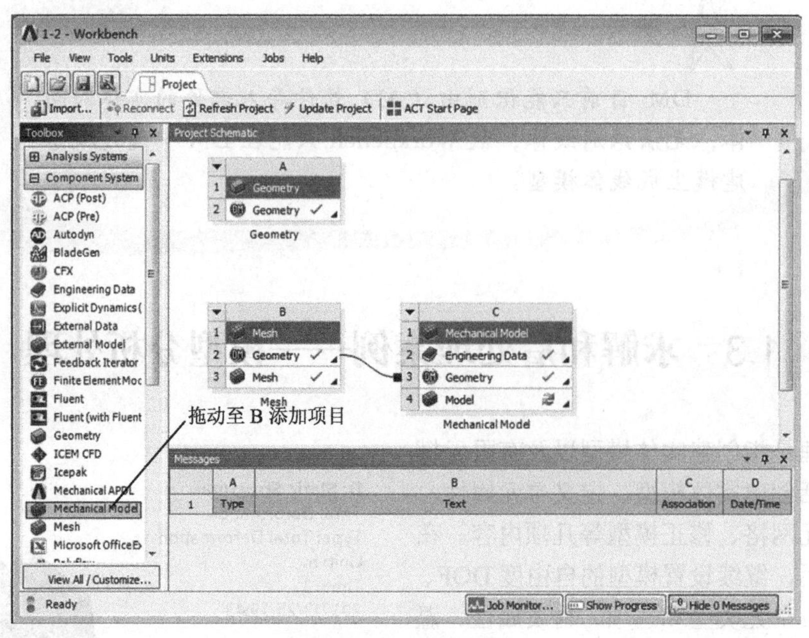

图 1-92　插入分析模块

Step2 进入材料设置模块，如图 1-93 所示。

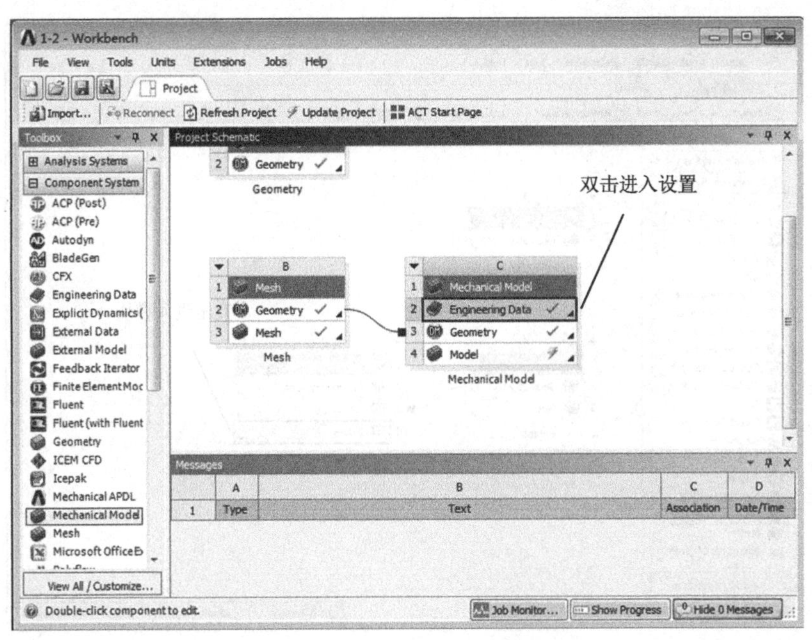

图 1-93　进入材料设置模块

Step3 设置材料参数，如图 1-94 所示。

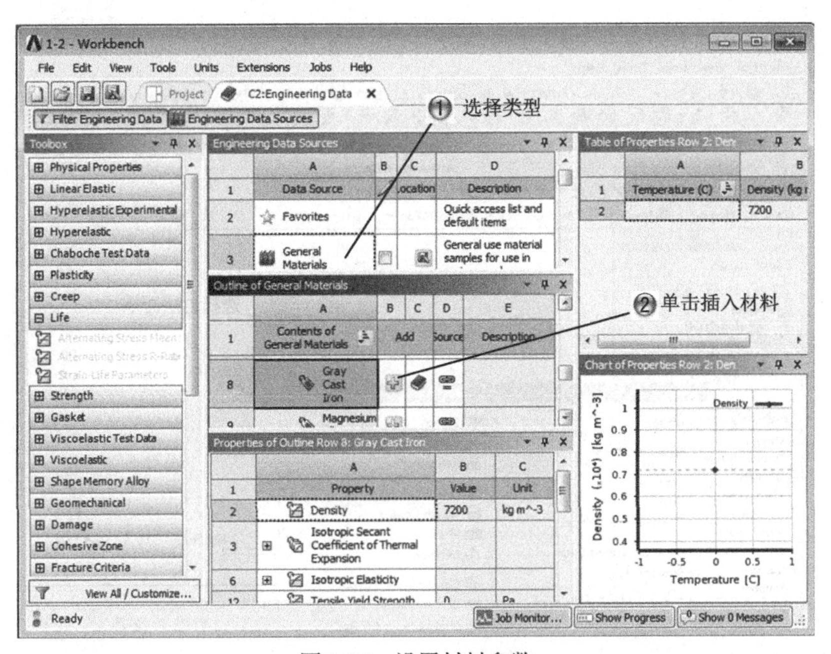

图 1-94　设置材料参数

Step4 进入分析模块，如图 1-95 所示。

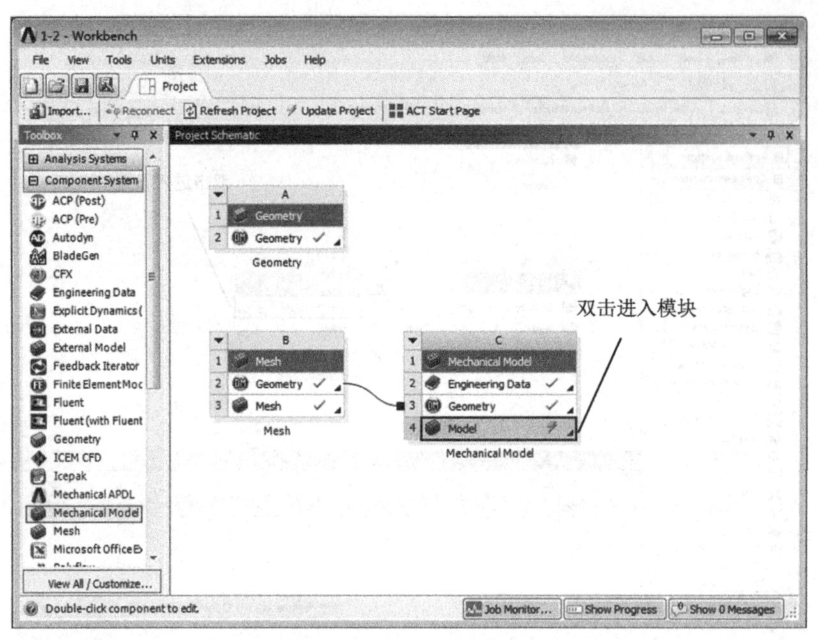

图 1-95　进入分析模块

Step5 设置网格参数，如图 1-96 所示。

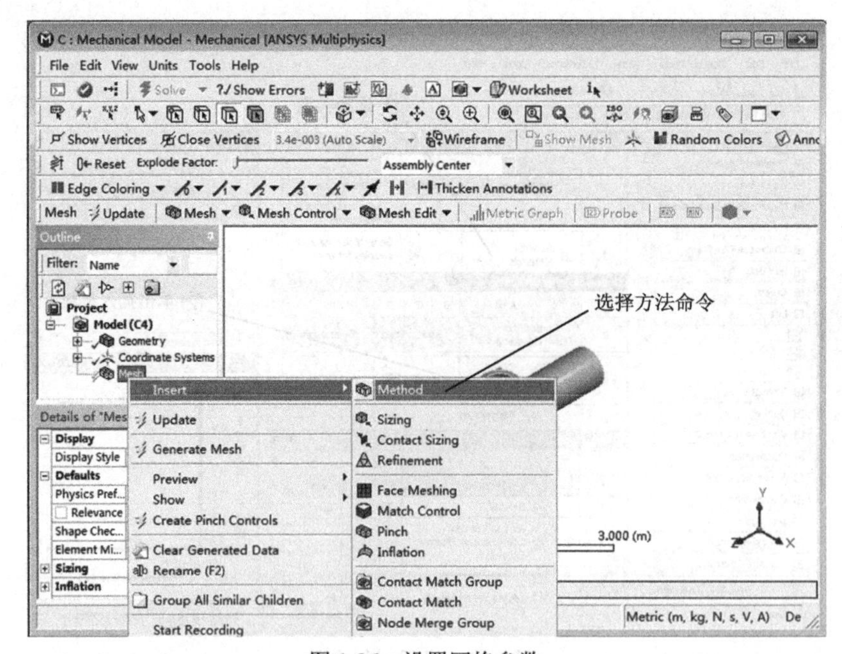

图 1-96　设置网格参数

Step6 生成网格模型，如图 1-97 所示。

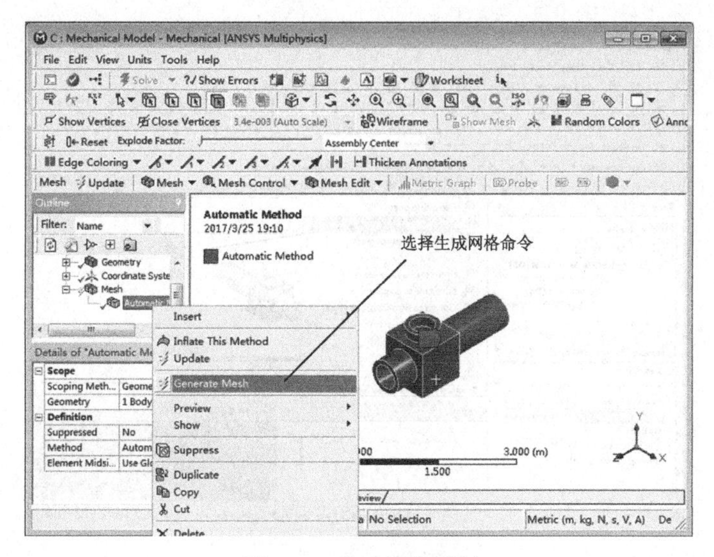

图 1-97　生成网格模型

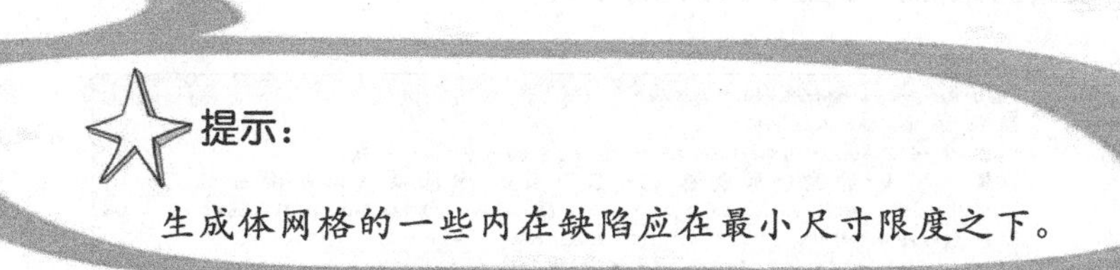

提示：

生成体网格的一些内在缺陷应在最小尺寸限度之下。

Step7 插入分析模块，如图 1-98 所示。

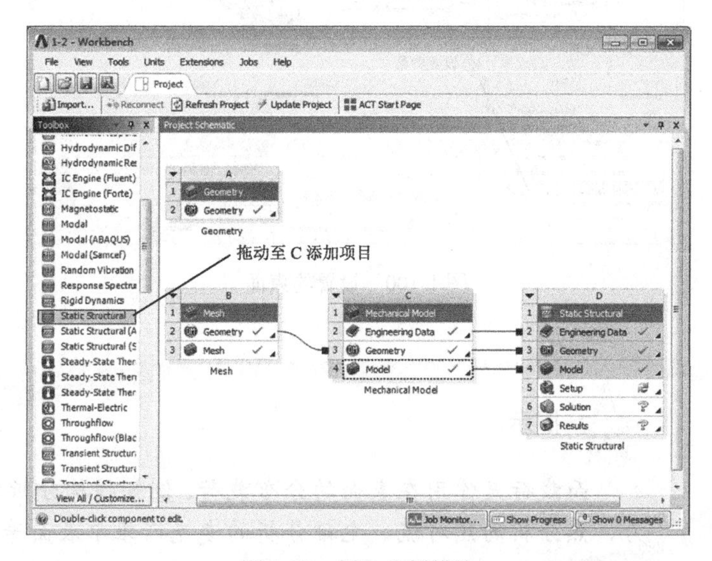

图 1-98　插入分析模块

Step8 施加位移约束，如图 1-99 所示。

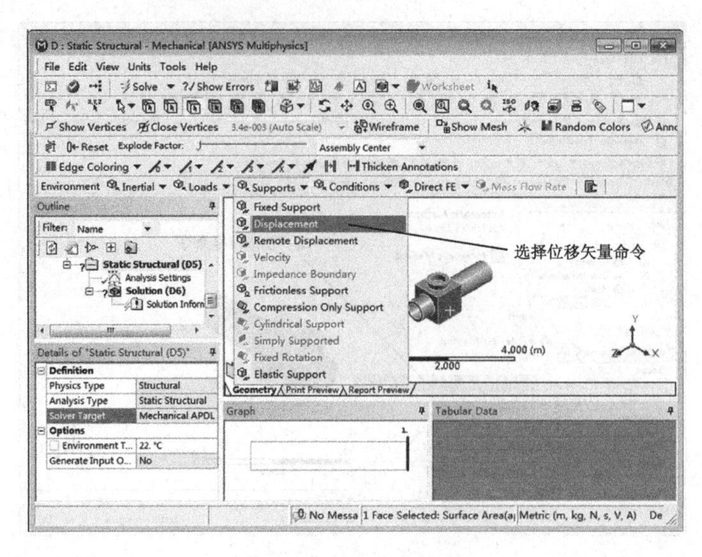

图 1-99　施加位移约束

Step9 设置约束面，如图 1-100 所示。

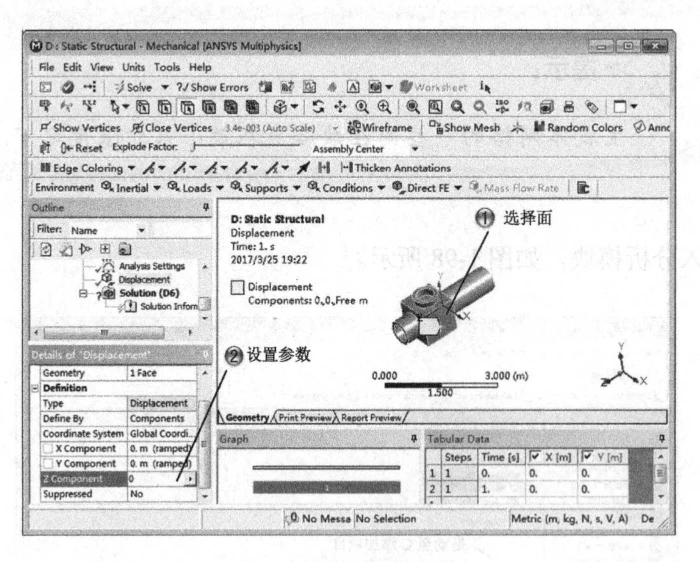

图 1-100　设置约束面

提示：

面载荷是作用在表面的分布载荷，例如结构分析的压力、热分析的热对流、电磁分析的麦克斯维尔表面等。

Step10 施加载荷约束，如图 1-101 所示。

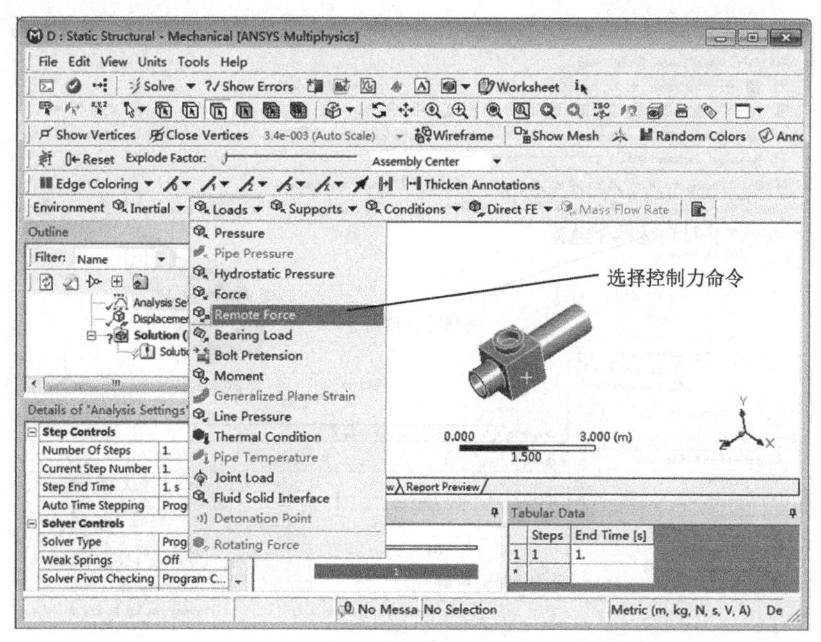

图 1-101　施加载荷约束

Step11 设置载荷面，如图 1-102 所示。

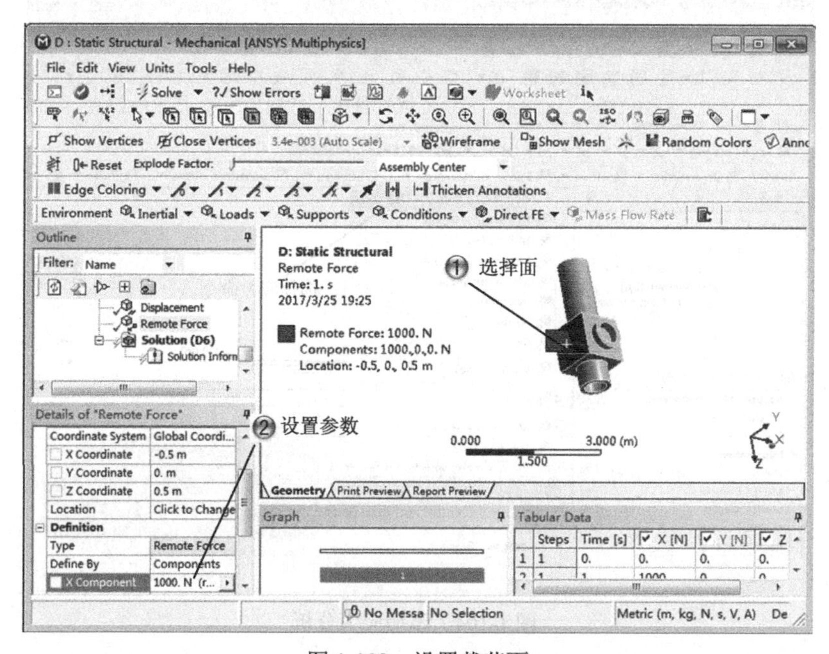

图 1-102　设置载荷面

Step12 添加总位移分析，如图 1-103 所示。

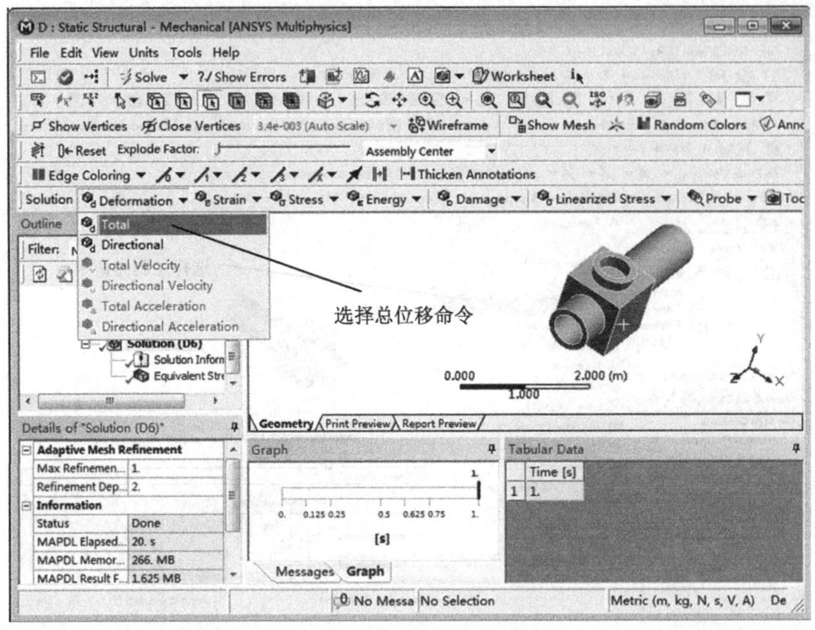

图 1-103　添加总位移分析

Step13 添加应力分析，如图 1-104 所示。

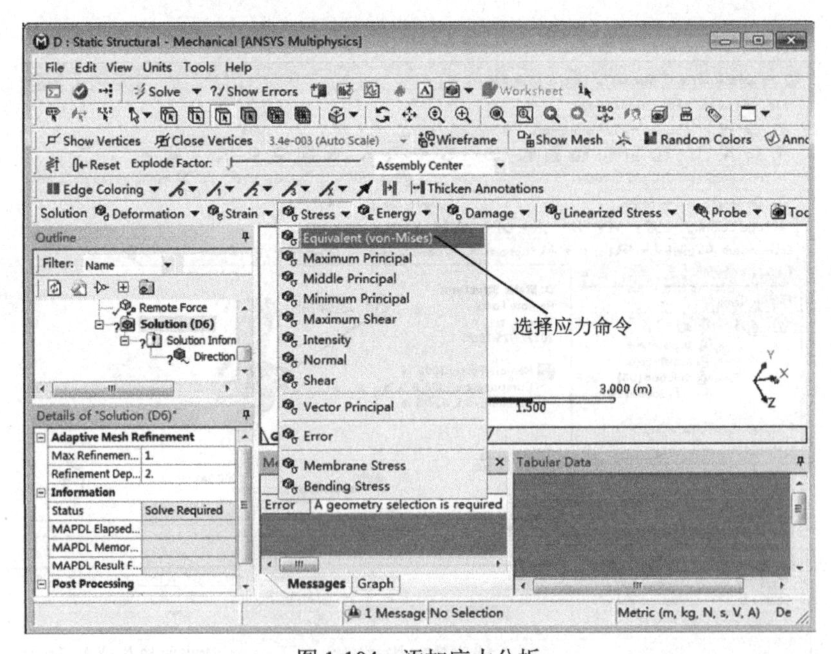

图 1-104　添加应力分析

Step14 生成分析结果，如图 1-105 所示。

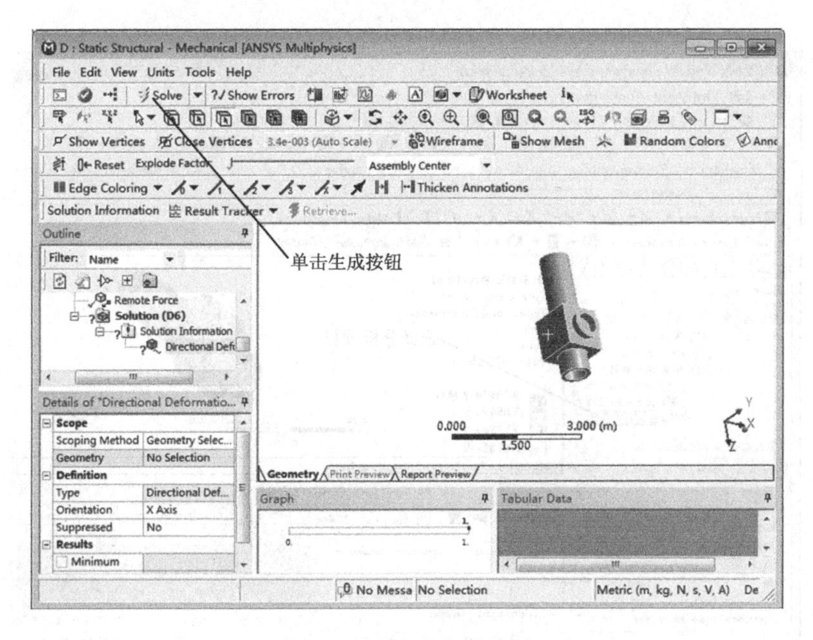

图 1-105　生成分析结果

1.3.2　模型后处理

Step1 查看应力分析结果，如图 1-106 所示。

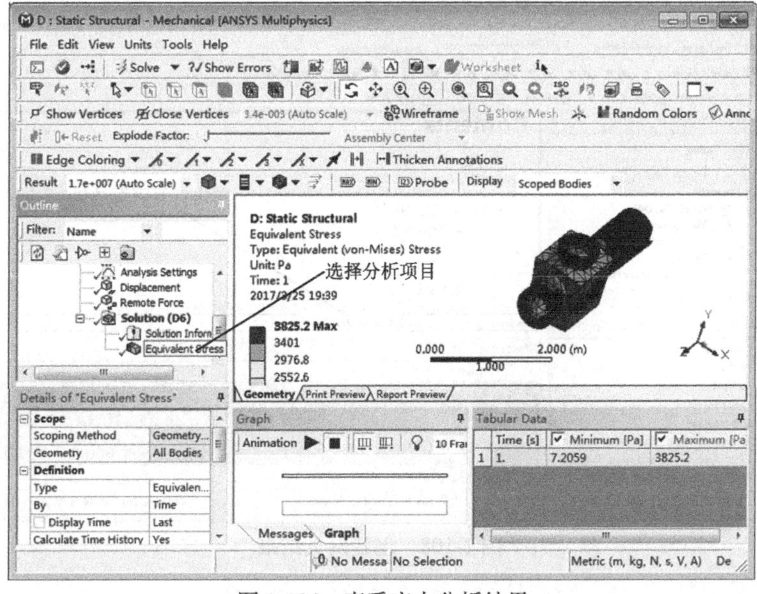

图 1-106　查看应力分析结果

Step2 查看总位移云图分析结果，如图 1-107 所示。

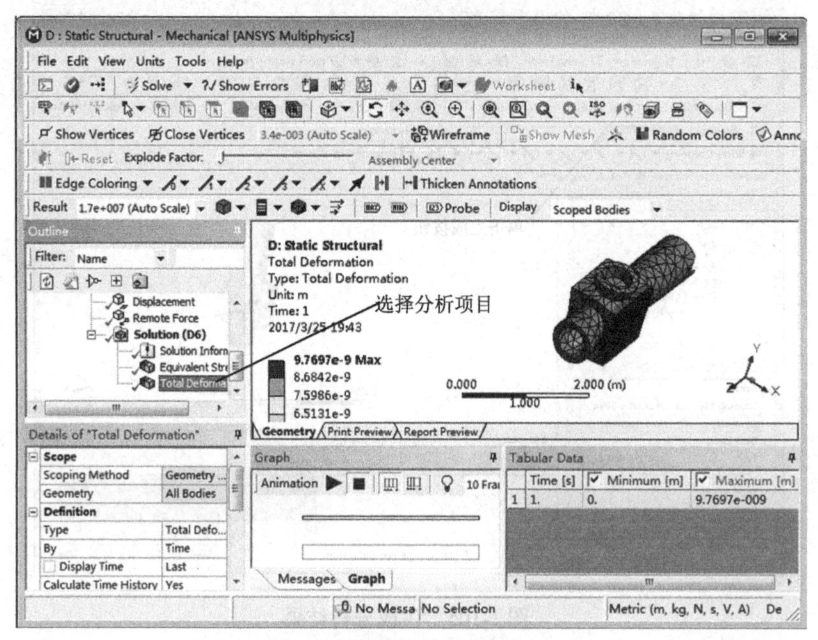

图 1-107　查看总位移云图分析结果

Step3 创建网页结果，如图 1-108 所示。

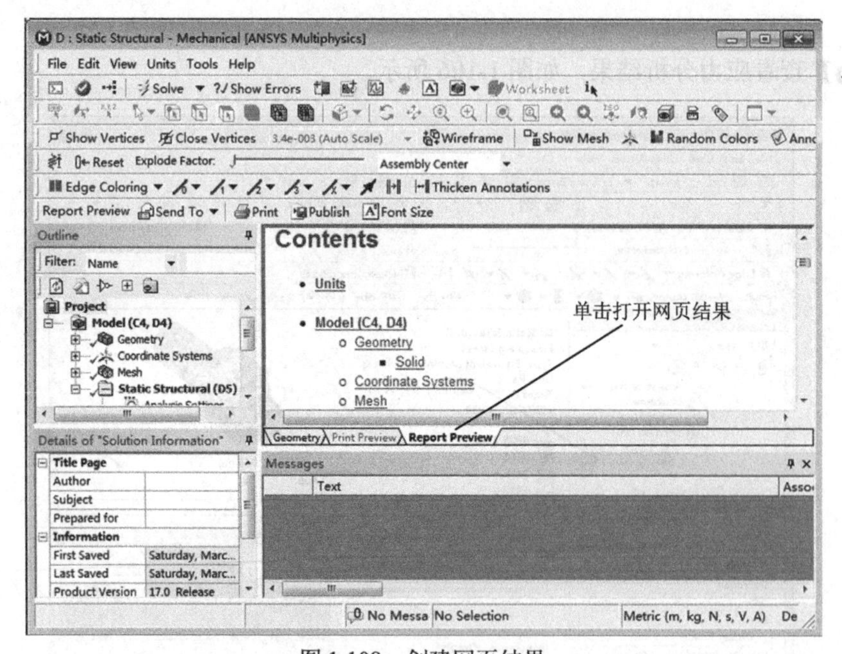

图 1-108　创建网页结果

Step4 保存文件，如图 1-109 所示。

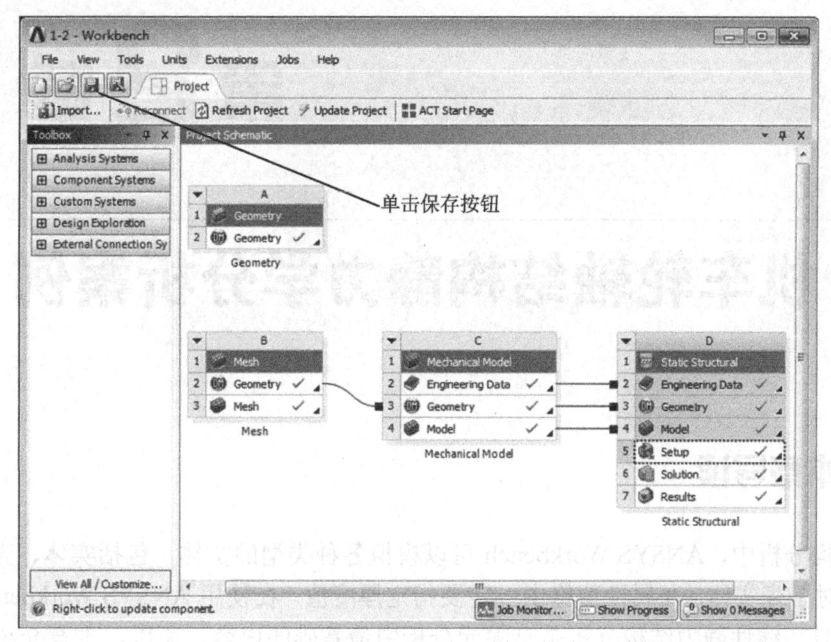

图 1-109　保存文件

提示：

ANSYS Workbench 构架的“项目视图”，是一个类似于流程图的图表，仿真项目中的各种任务以相互连接的图形化方式清晰地表达出来，用户可以方便地理解工程意图、数据关系和分析过程。

1.4　案例小结

本章主要讲解的是如何在ANSYS Workbench中建模，包括创建草图、拉伸几何体等，还介绍了如何导入外部CAD文件，以及如何进行网格划分和后处理等内容。通过本章给出的相关建模案例，读者能够更好地掌握建模知识。

第2章 机车轮轴结构静力学分析案例

本章导读

在结构分析中，ANSYS Workbench 可以模拟各种类型的实体，包括实体、壳体、梁和点。但是对于壳实体，在属性窗格中一定要指定厚度值。在使用 ANSYS Workbench 进行有限元分析时，线性静力结构分析是有限元分析中最基础的内容，所以，本章介绍的案例是后面章节的基础。

学习要求	学习目标 知识点	了解	理解	应用	实践
学习要求	轴零件的创建		√	√	√
	设置轴零件的受力点		√	√	√
	轮轴变形和应力校核		√	√	√

2.1 案例分析

2.1.1 知识链接

下面介绍一下 ANSYS Workbench 线性静力学分析，对于一个线性静态结构分析，位移{x}由下面的矩阵方程解出：

$$[K]\{x\}=\{F\}$$

式中，[K]是一个常量矩阵，它建立的假设条件为：假设是线弹性材料行为，使用小变形理论，可能包含一些非线性边界条件；{F}是静态加在模型上的，不考虑随时间变化的力，不包含惯性影响（质量、阻尼）。

在结构分析中，ANSYS Workbench 可以模拟各种类型的实体，包括实体、壳体、梁和点。但对于壳实体，在属性窗格中一定要指定厚度值。

在线性静态结构分析中需要给出弹性模量和泊松比，另外还要注意如下几点：

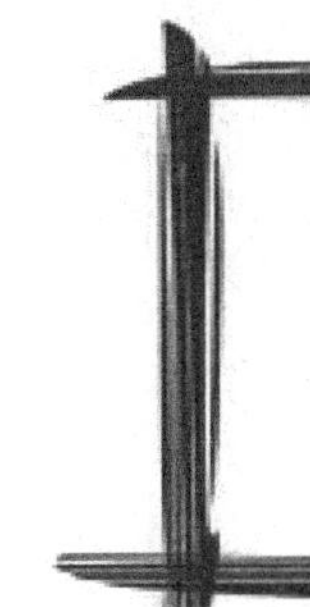

（1）所有的材料属性参数是通过 Engineering Date 输入的；
（2）当要分析的项目存在惯性时，需要给出材料密度；
（3）当施加了一个均匀的温度载荷时，需要给出热膨胀系数；
（4）要得到应力的结果，需要给出应力的极限；
（5）疲劳分析时需要定义疲劳属性。

2.1.2 设计思路

如图 2-1 所示，本章案例通过对机车轮轴结构进行应力分析，详细介绍 ANSYS 三维问题的分析过程。通过此案例可以了解使用 Mechanical 进行分析的基本过程。

本案例是为了分析机车轮轴在工作时发生的变形和产生的应力。机车轮轴在平行方向上不能发生运动，即不能发生沿轴向的位移；在垂直方向不能发生运动。在轮子的两个外表面分布有 *X* 方向上的压力，模拟实际载荷。

图 2-1　机车轮轴结构模型

2.2 建立分析模型

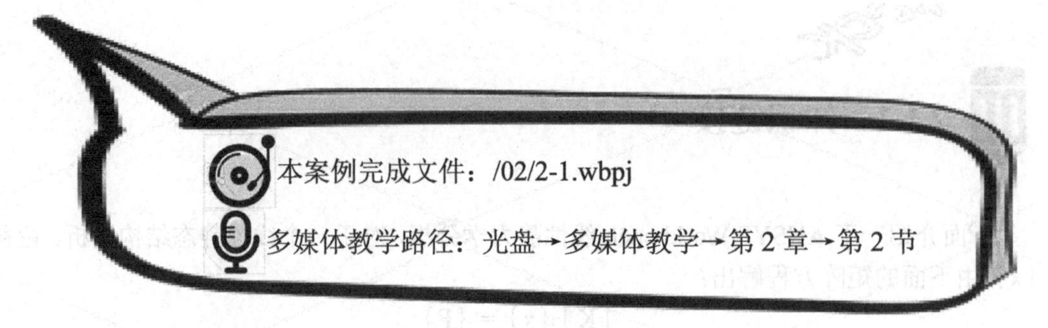

本案例完成文件：/02/2-1.wbpj
多媒体教学路径：光盘→多媒体教学→第 2 章→第 2 节

Step1 创建分析项目，如图 2-2 所示。

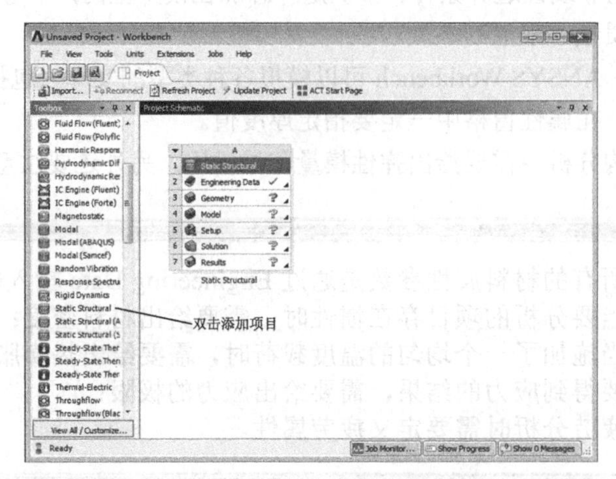

图 2-2 创建分析项目

Step2 进入零件设计界面，如图 2-3 所示。

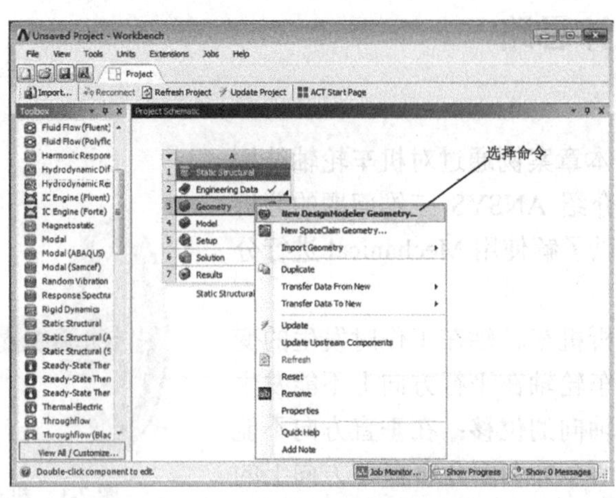

图 2-3 进入零件设计界面

Step3 选择草绘面，如图 2-4 所示。

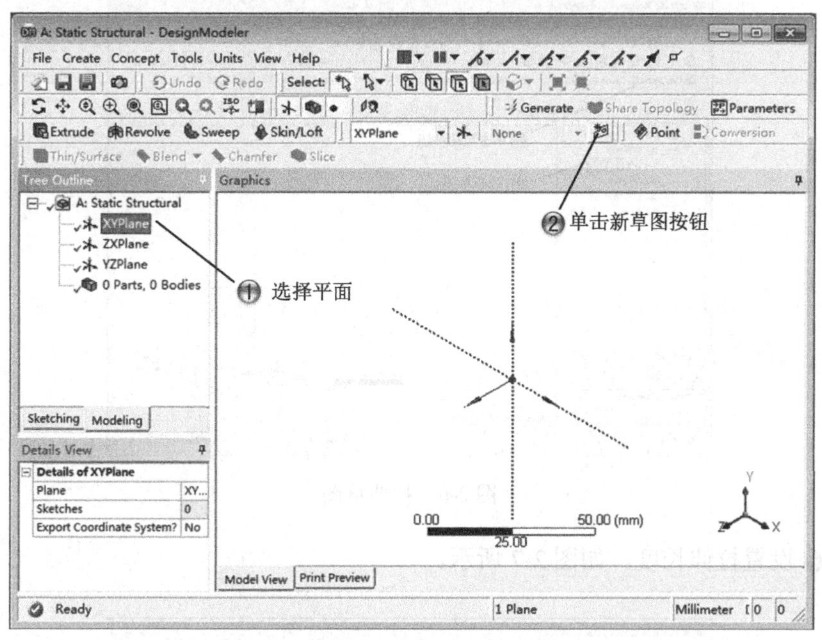

图 2-4　选择草绘面

Step4 绘制圆形，如图 2-5 所示。

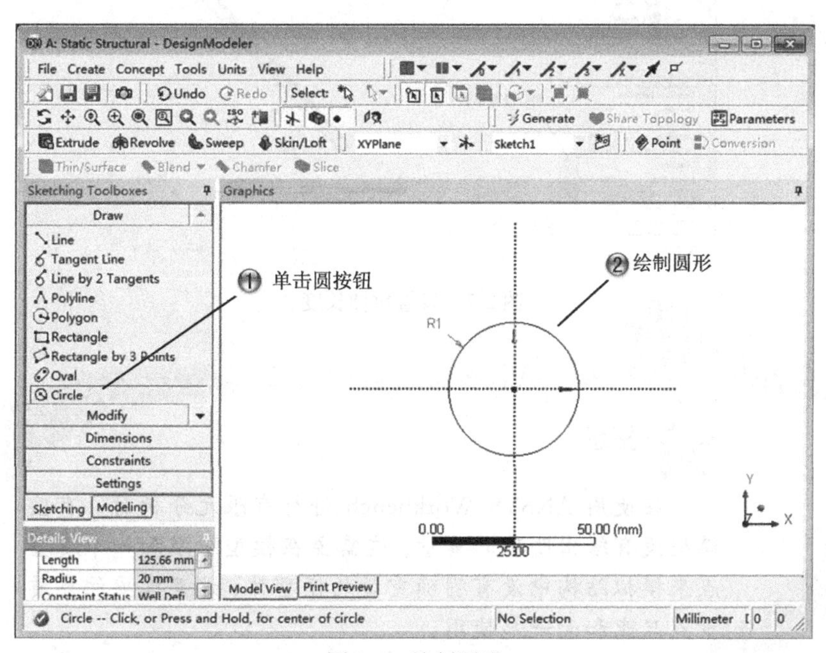

图 2-5　绘制圆形

Step5 拉伸草图，如图 2-6 所示。

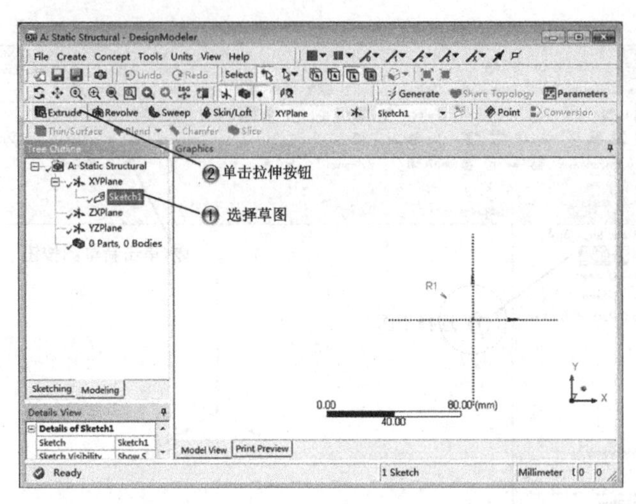

图 2-6　拉伸草图

Step6 设置拉伸长度，如图 2-7 所示。

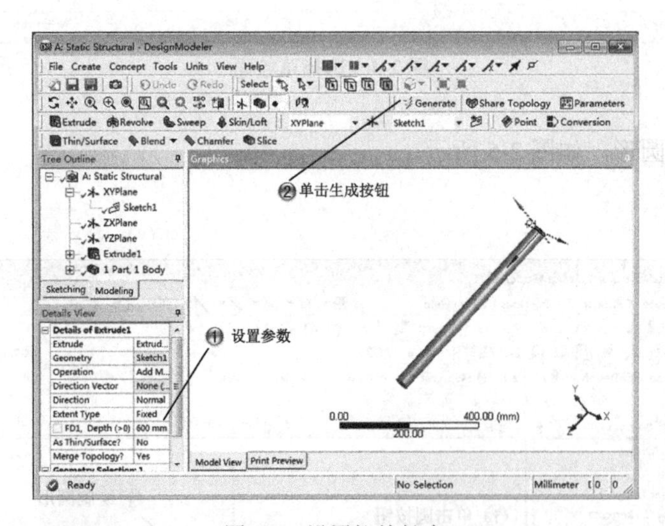

图 2-7　设置拉伸长度

在使用 ANSYS Workbench 进行有限元分析时，有些模型没有给出明确的重量，这需要在模型中添加一个质量点来模拟结构中没有明确重量的模型体，这里需要注意质量点只能和面一起使用。

Step7 创建新平面，如图 2-8 所示。

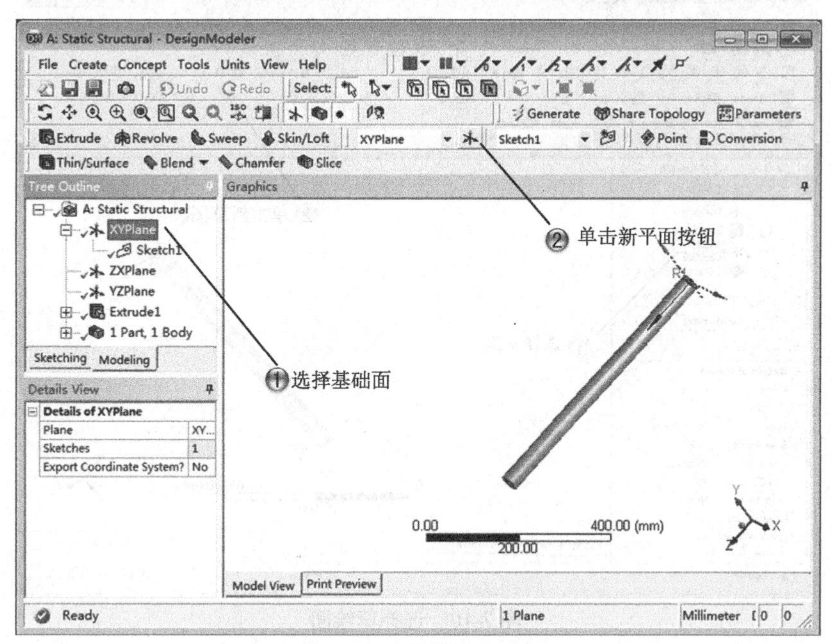

图 2-8　创建新平面

Step8 设置新平面参数，如图 2-9 所示。

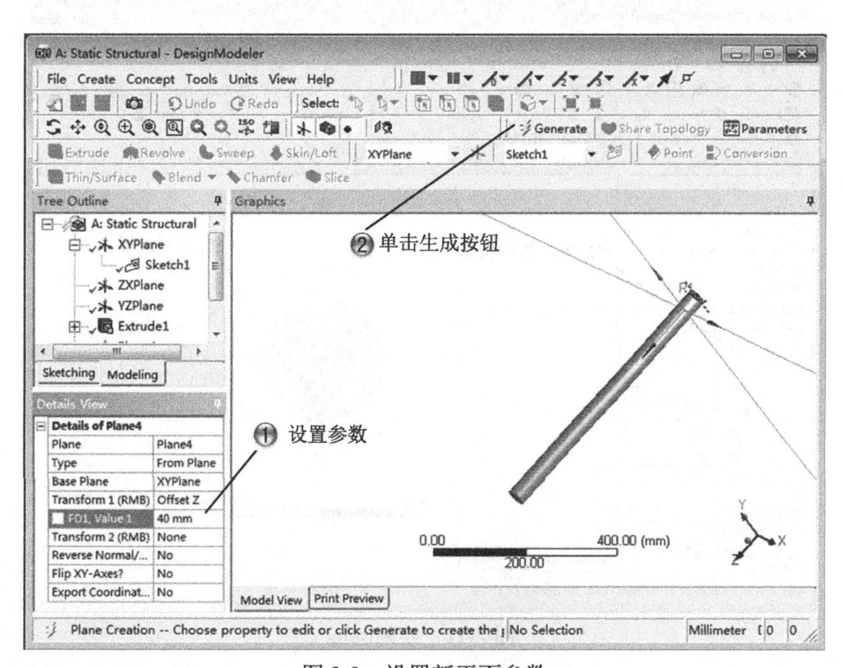

图 2-9　设置新平面参数

Step9 选择草绘面，如图 2-10 所示。

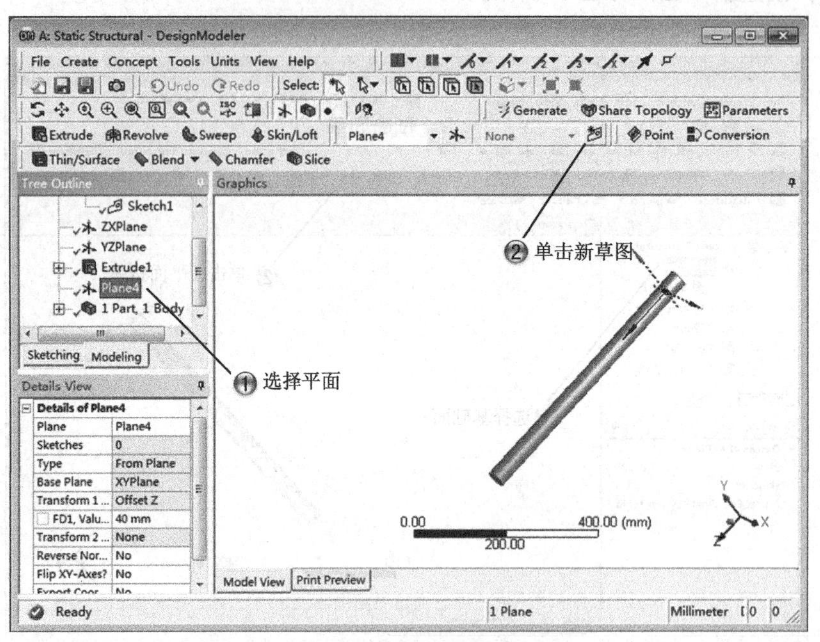

图 2-10　选择草绘面

Step10 绘制圆形，如图 2-11 所示。

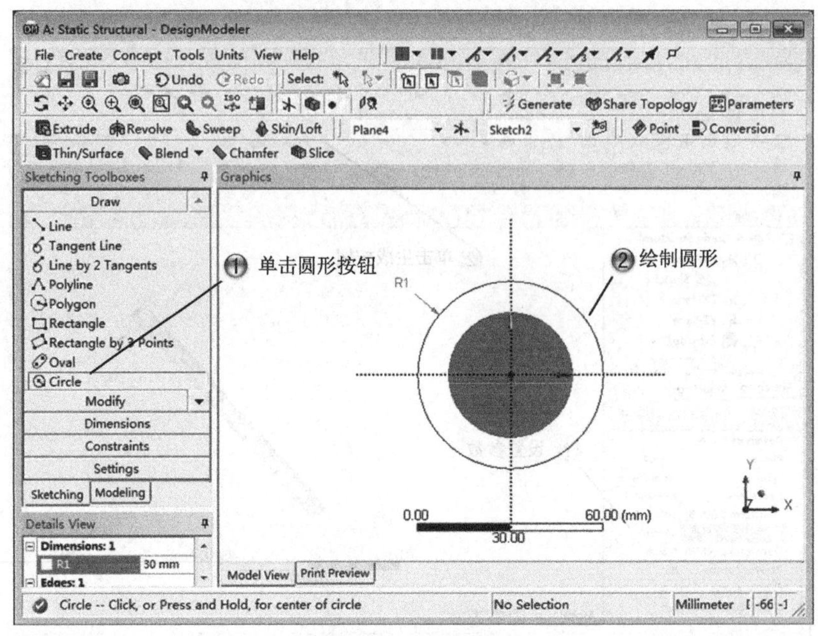

图 2-11　绘制圆形

Step11 拉伸草图，如图2-12所示。

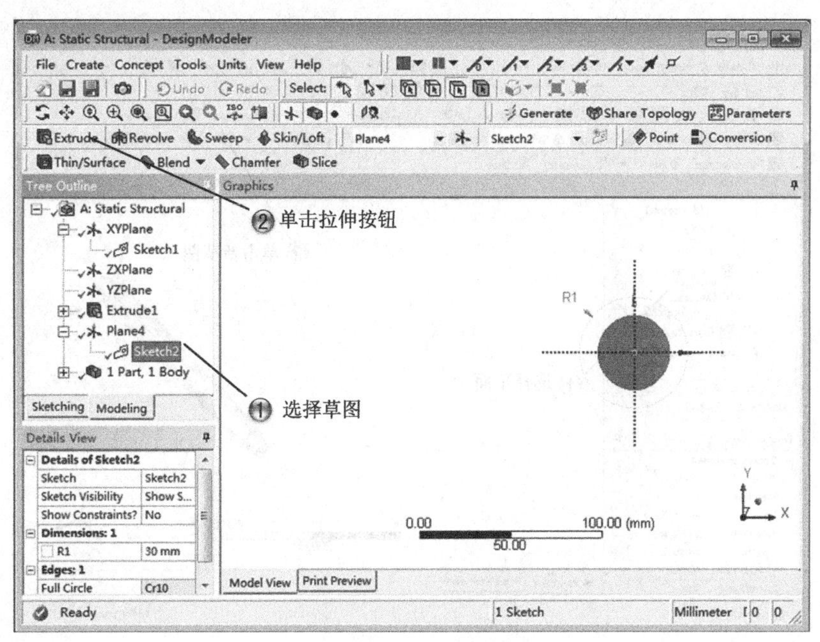

图2-12 拉伸草图

Step12 设置拉伸参数，如图2-13所示。

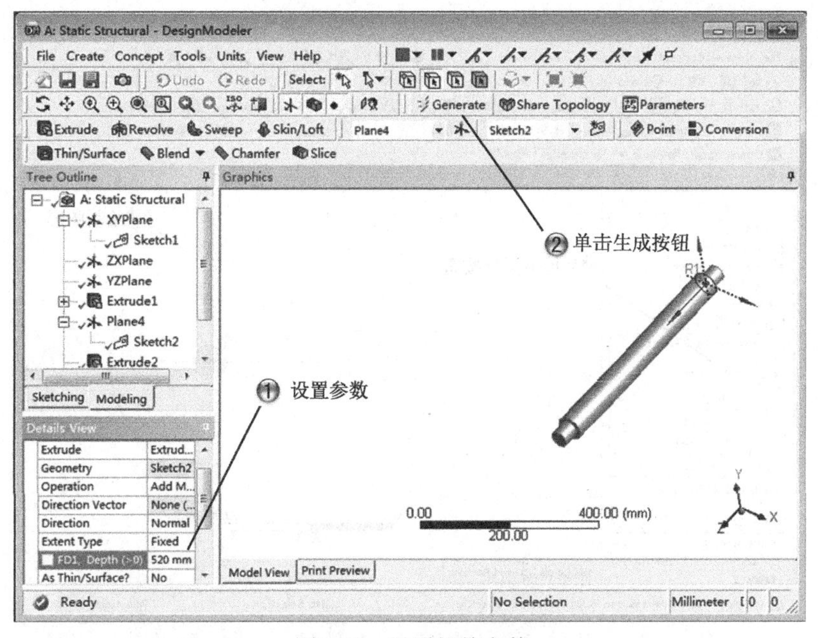

图2-13 设置拉伸参数

Step13 选择草绘面，如图 2-14 所示。

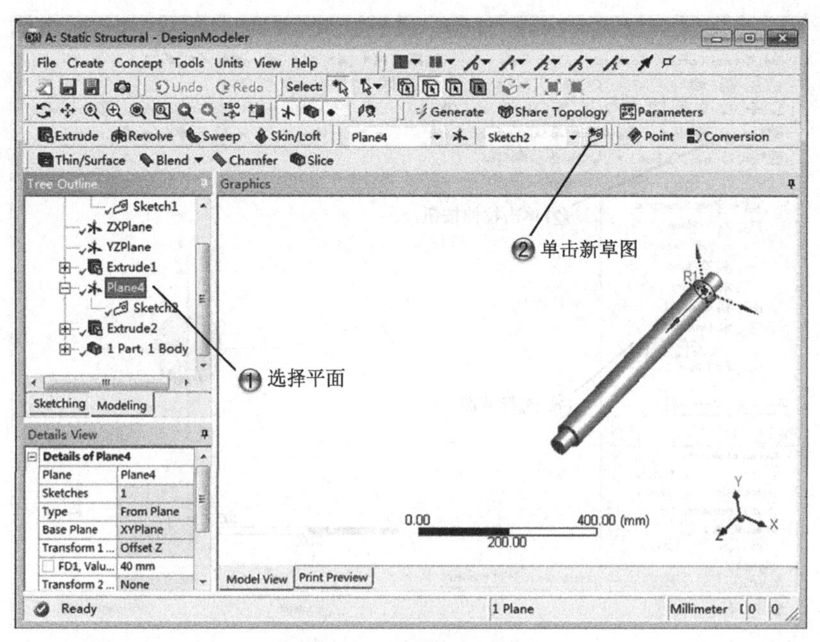

图 2-14　选择草绘面

Step14 绘制圆形，如图 2-15 所示。

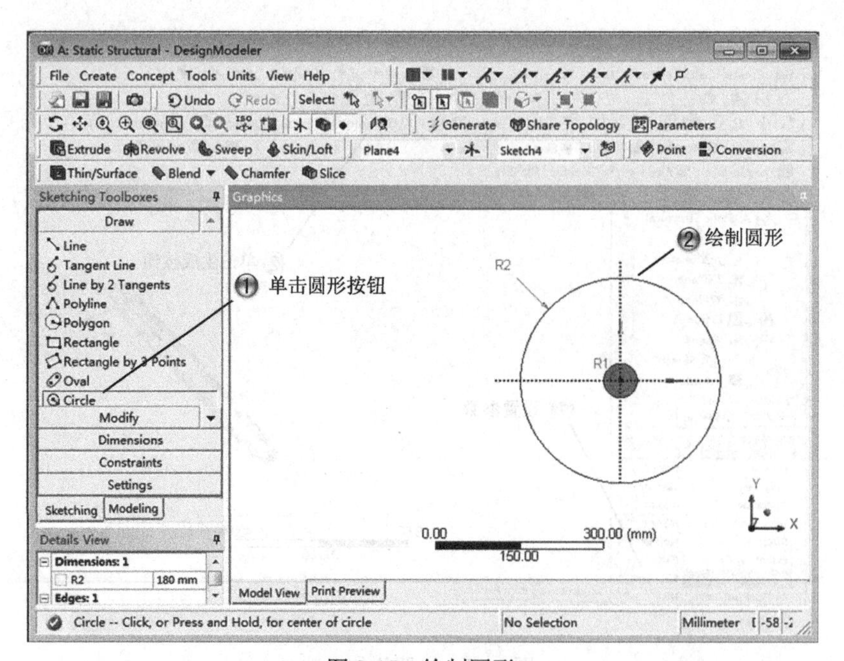

图 2-15　绘制圆形

Step15 拉伸草图，如图 2-16 所示。

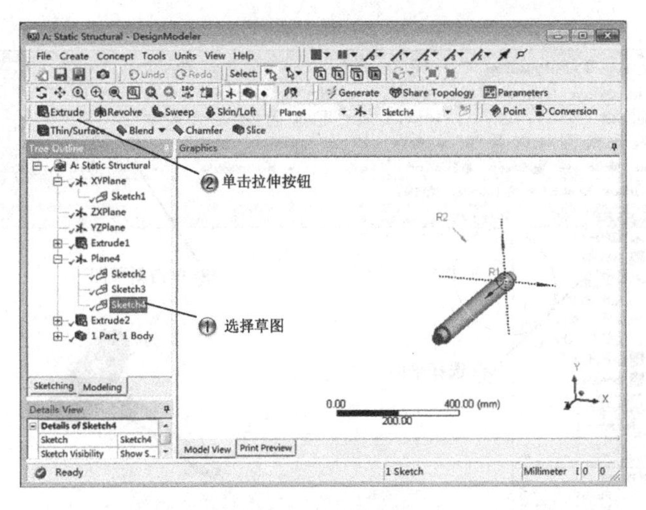

图 2-16　拉伸草图

Step16 设置拉伸参数，如图 2-17 所示。

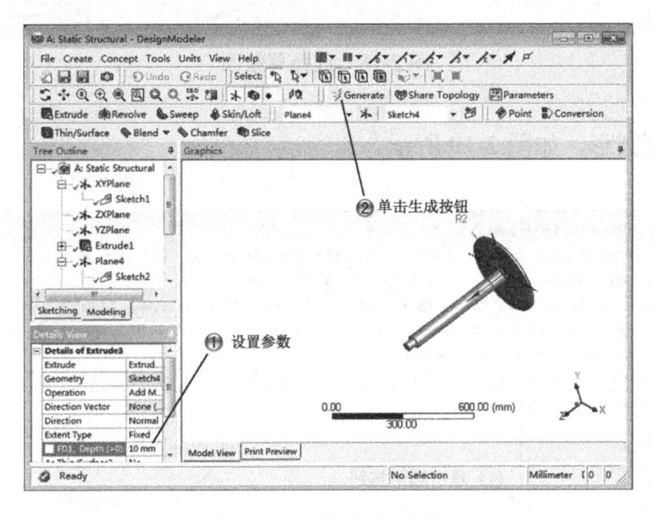

图 2-17　设置拉伸参数

提示：

这里生成的轴和圆盘模型并不是一体的，后面可以进行布尔加运算。

Step17 选择草绘面，如图 2-18 所示。

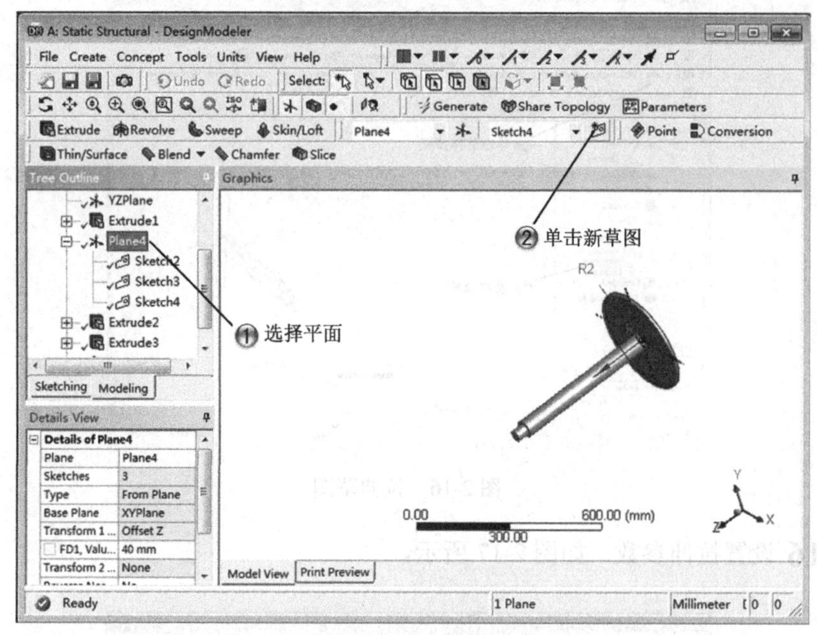

图 2-18　选择草绘面

Step18 绘制圆形，如图 2-19 所示。

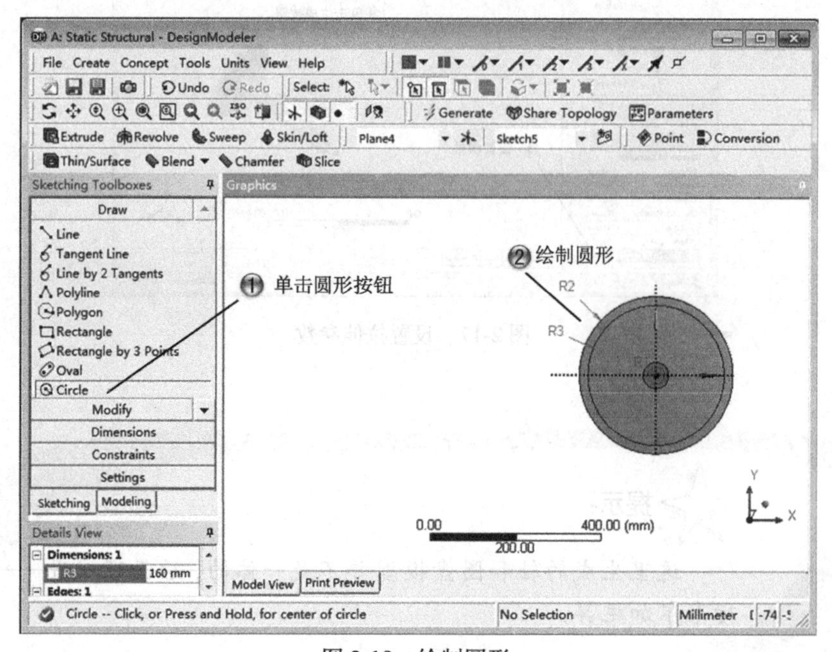

图 2-19　绘制圆形

Step19 拉伸草图，如图 2-20 所示。

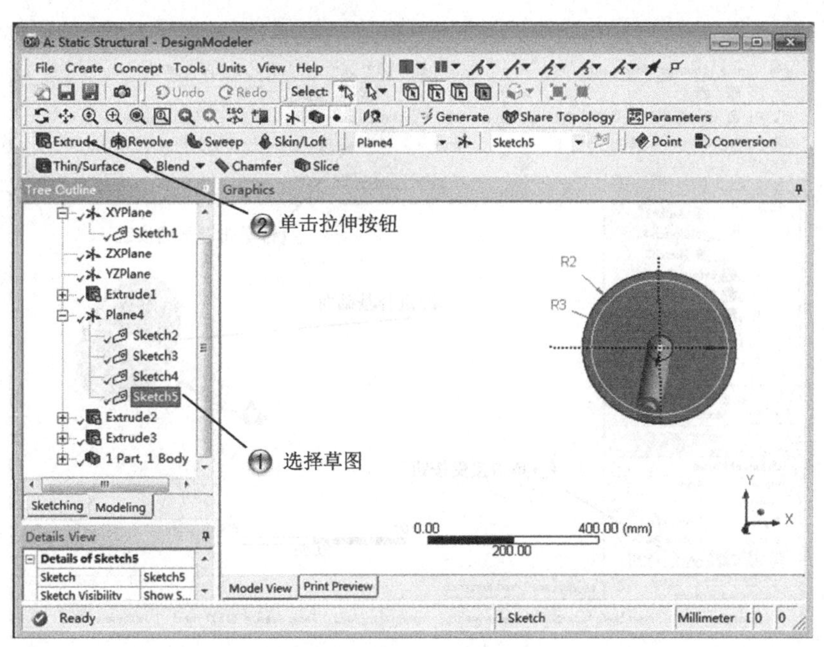

图 2-20　拉伸草图

Step20 设置拉伸参数，如图 2-21 所示。

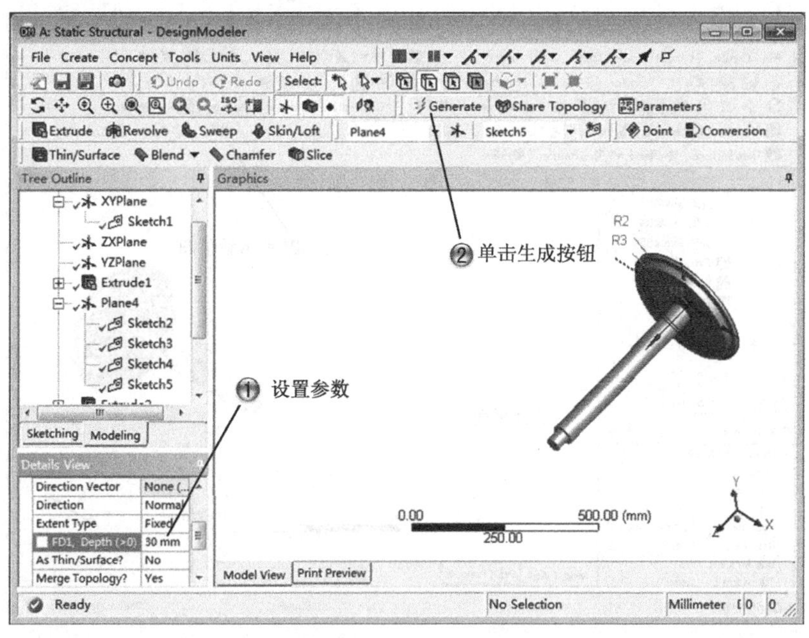

图 2-21　设置拉伸参数

Step21 创建新平面，如图 2-22 所示。

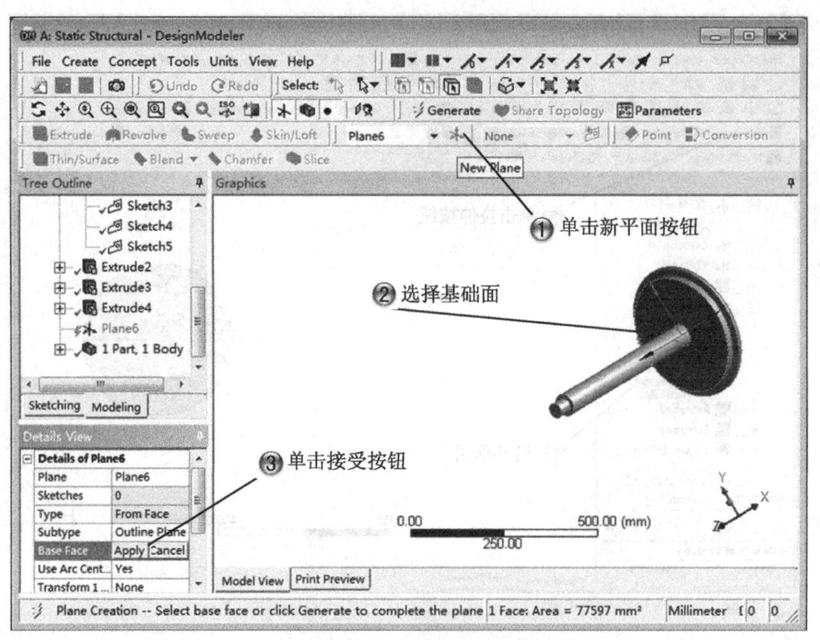

图 2-22　创建新平面

Step22 选择草绘面，如图 2-23 所示。

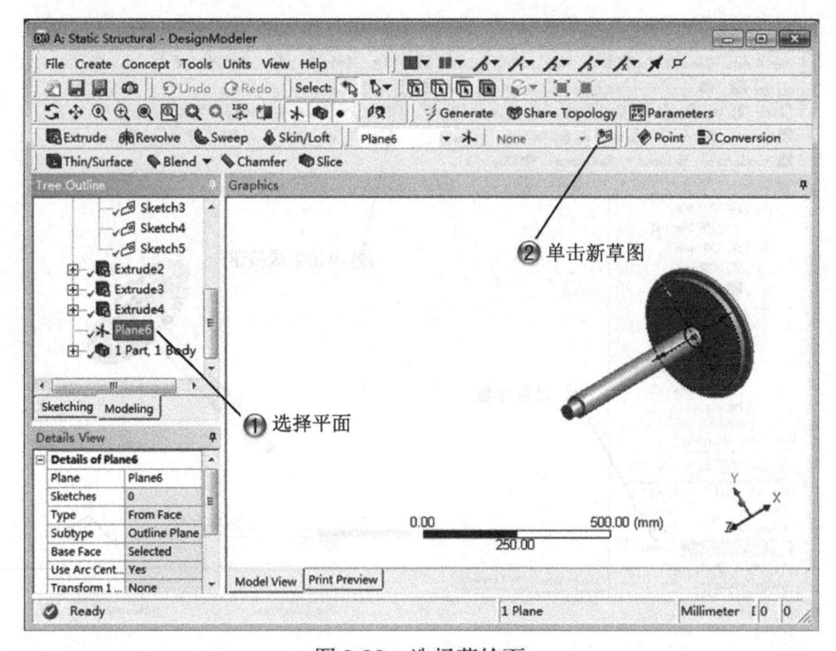

图 2-23　选择草绘面

Step23 绘制圆形，如图 2-24 所示。

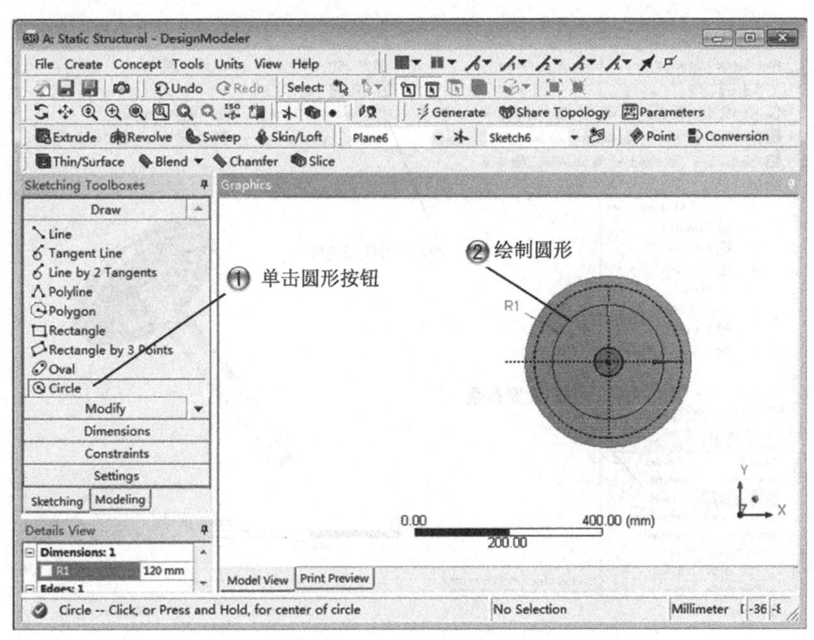

图 2-24 绘制圆形

Step24 拉伸草图，如图 2-25 所示。

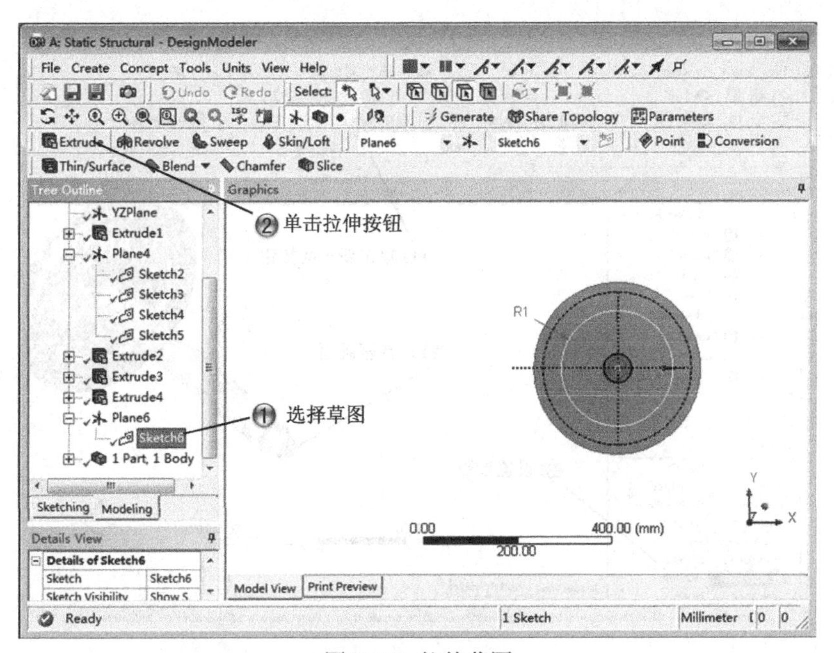

图 2-25 拉伸草图

Step25 设置拉伸切除参数，如图 2-26 所示。

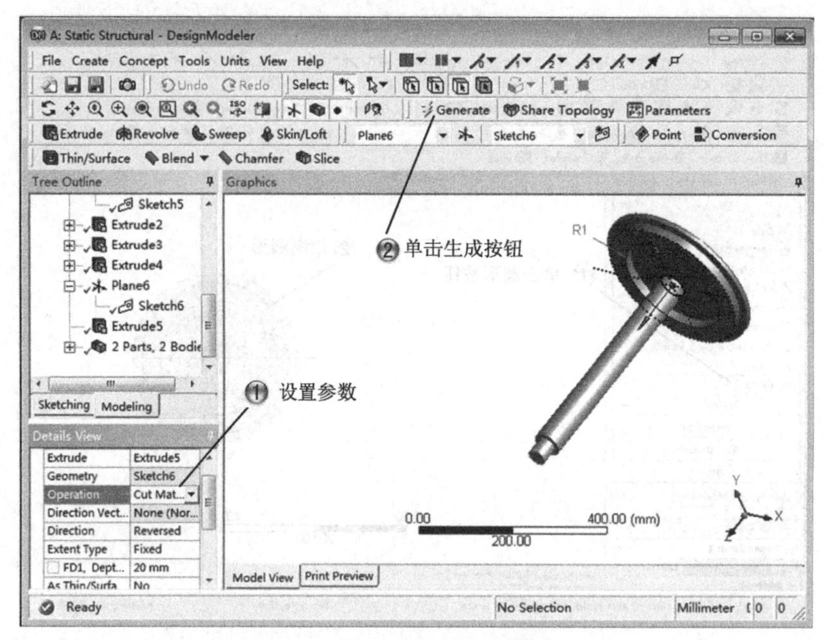

图 2-26　设置拉伸切除参数

Step26 创建新平面，如图 2-27 所示。

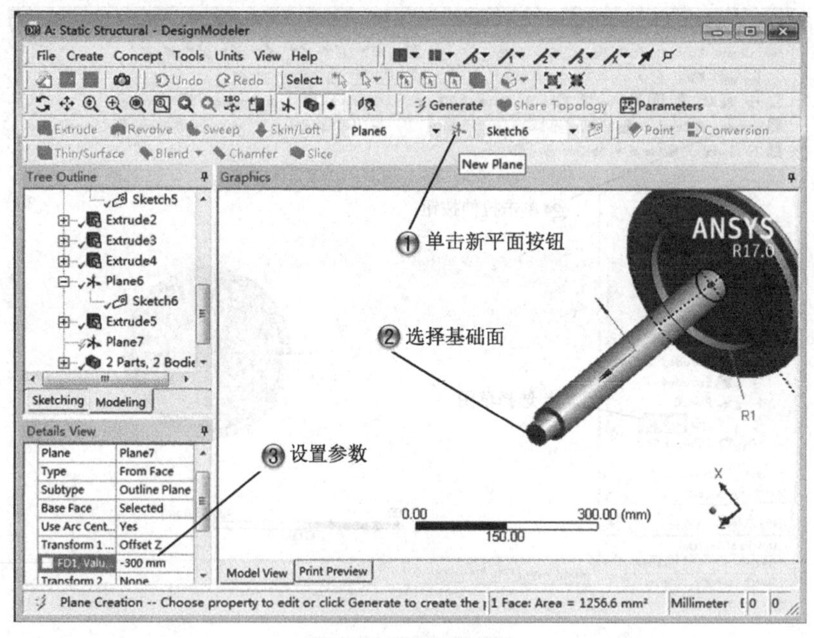

图 2-27　创建新平面

Step27 选择镜像命令，如图 2-28 所示。

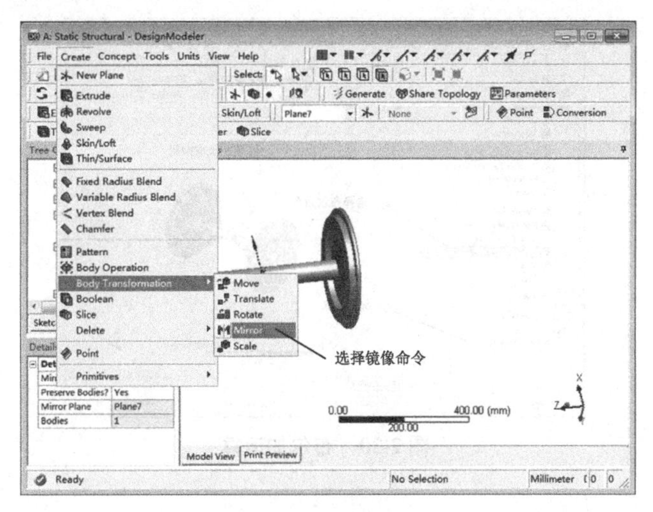

图 2-28　选择镜像命令

提示：

ANSYS 除了镜像，还有移动、复制、缩放等命令，与常规的 3D 设计软件类似。

Step28 镜像特征，如图 2-29 所示。

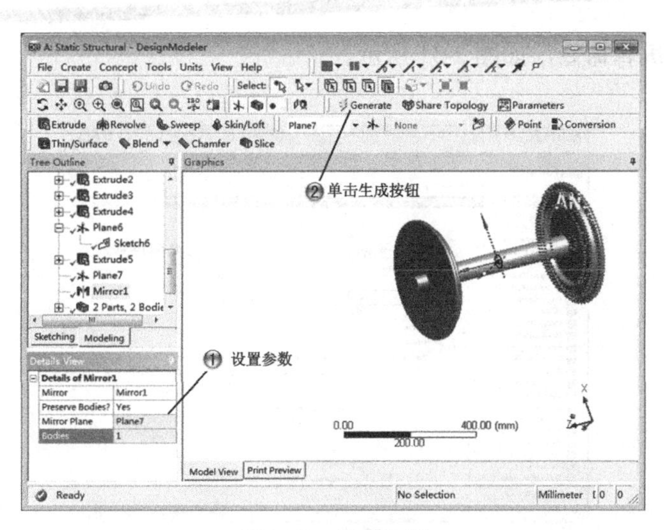

图 2-29　镜像特征

Step29 布尔加运算，如图 2-30 所示。

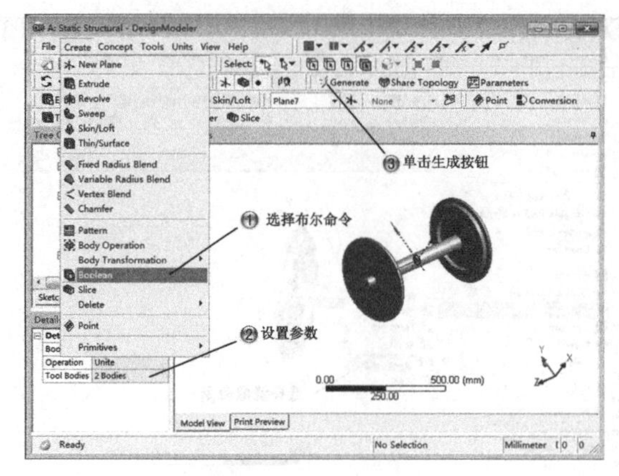

图 2-30　布尔加运算

2.3　建立有限元模型

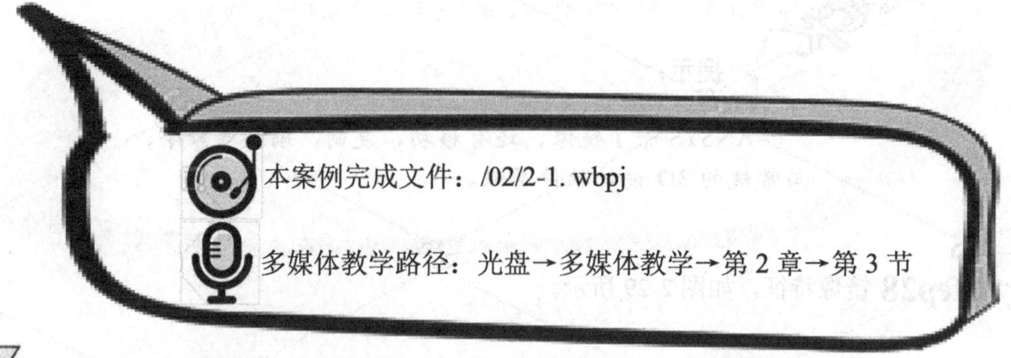

本案例完成文件：/02/2-1. wbpj

多媒体教学路径：光盘→多媒体教学→第 2 章→第 3 节

Step1 选择编辑命令，如图 2-31 所示。

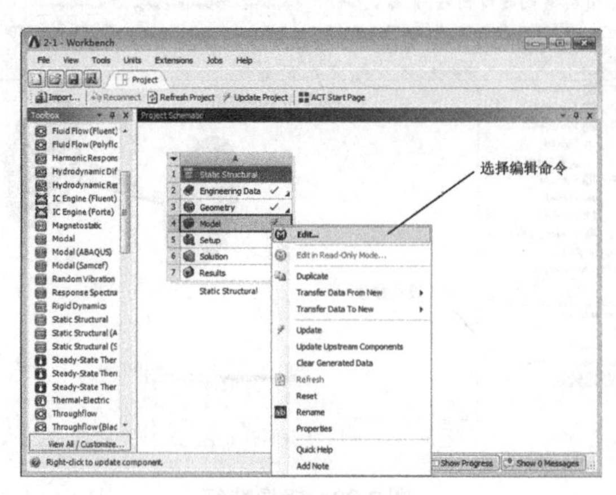

图 2-31　选择编辑命令

Step2 设置网格化参数，如图 2-32 所示。

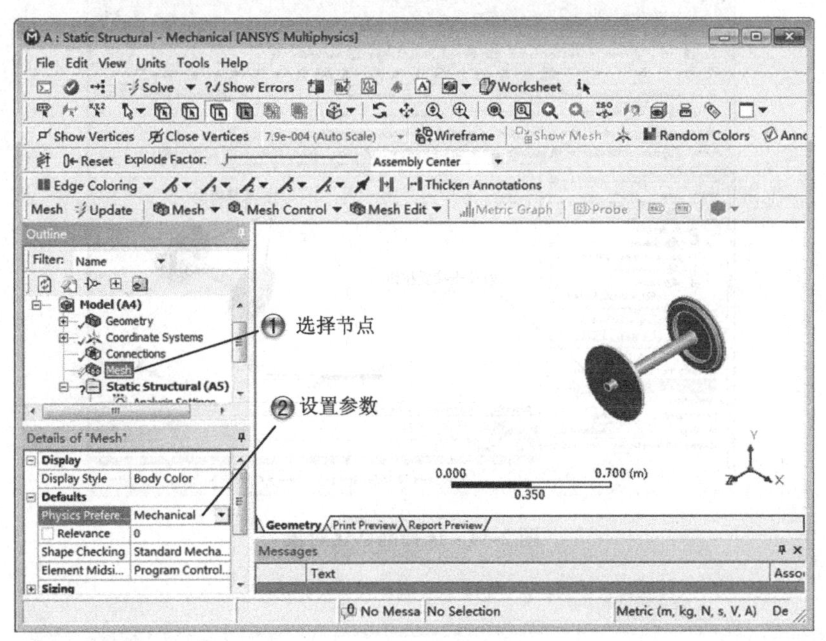

图 2-32　设置网格化参数

Step3 添加网格控制，如图 2-33 所示。

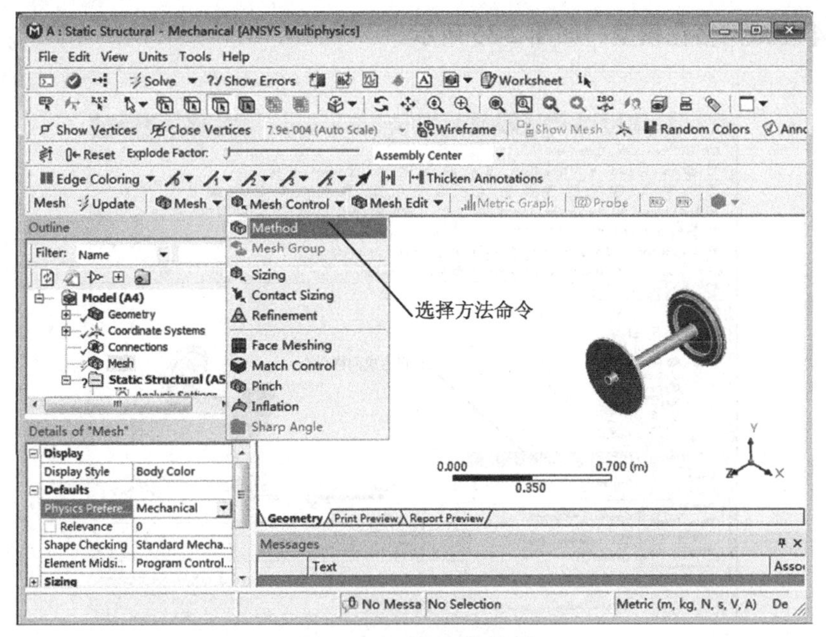

图 2-33　添加网格控制

Step4 选择网格化对象，如图 2-34 所示。

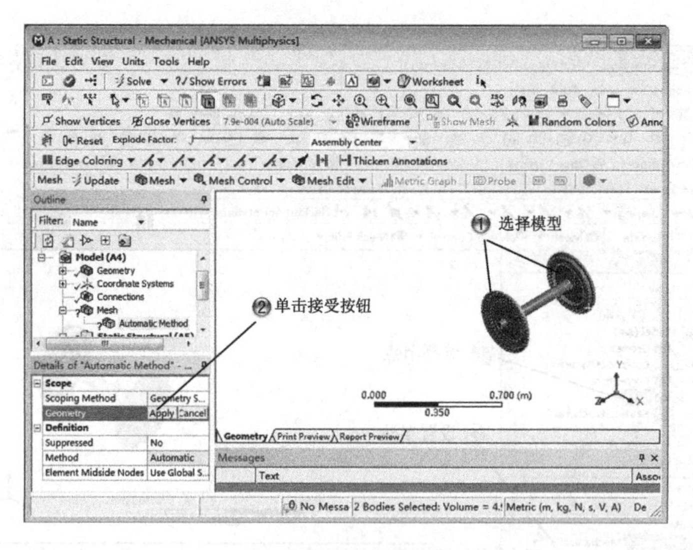

图 2-34　选择网格化对象

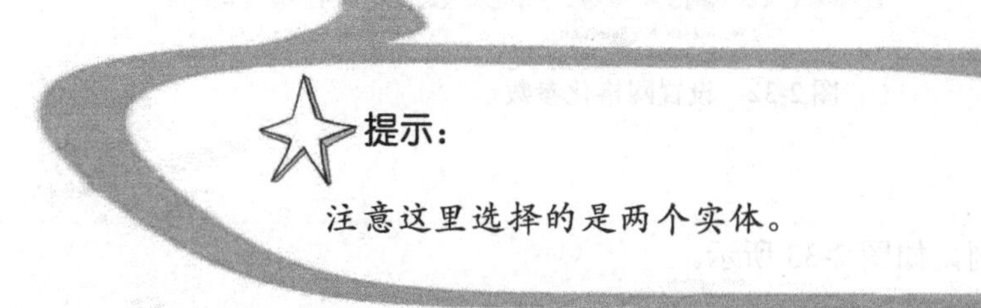

提示：

注意这里选择的是两个实体。

Step4 生成网格化模型，如图 2-35 所示。

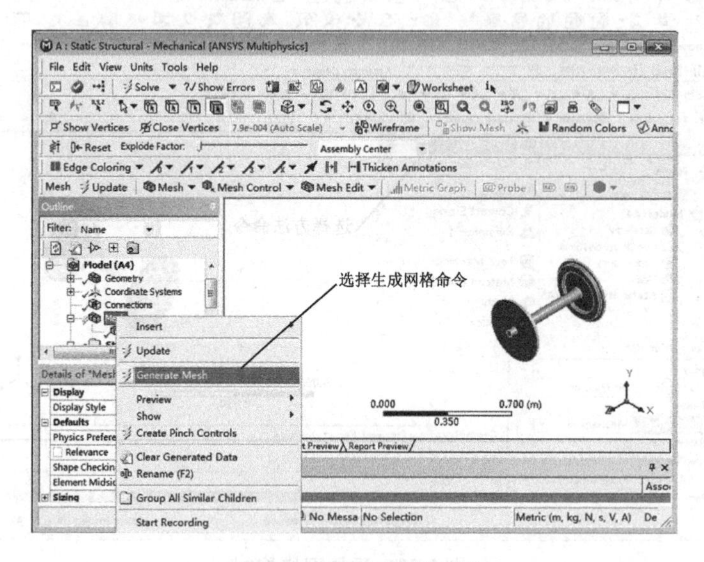

图 2-35　生成网格化模型

Step5 完成模型网格化，如图 2-36 所示。

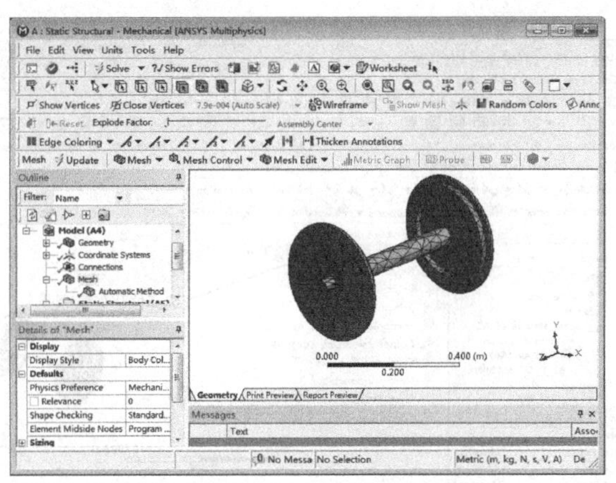

图 2-36　完成模型网格化

2.4　模型计算设置

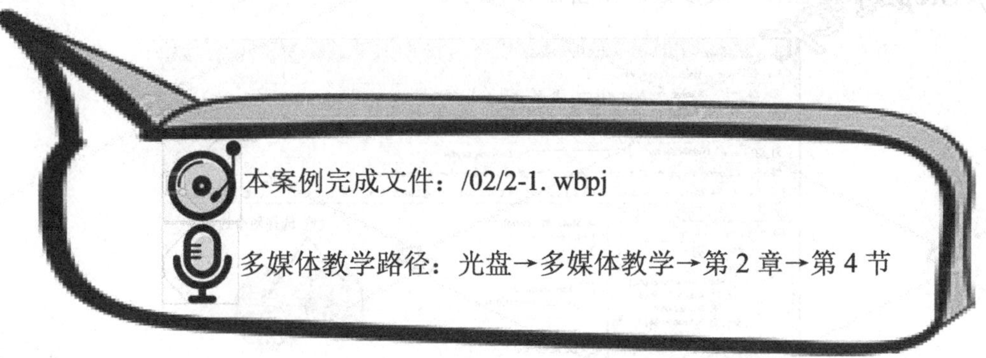

本案例完成文件：/02/2-1. wbpj
多媒体教学路径：光盘→多媒体教学→第 2 章→第 4 节

Step1 选择编辑命令，如图 2-37 所示。

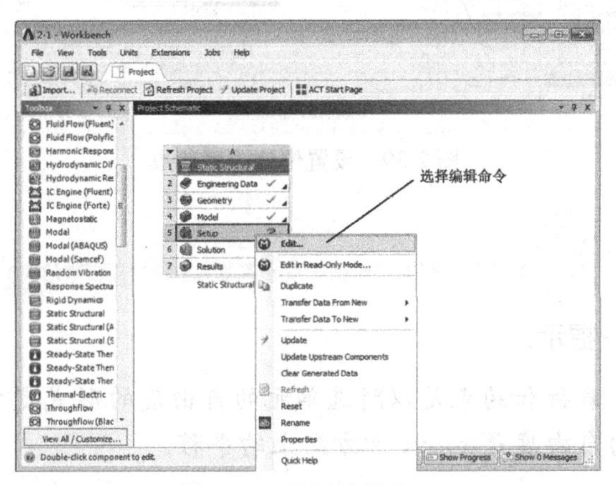

图 2-37　选择编辑命令

Step2 施加位移约束，如图 2-38 所示。

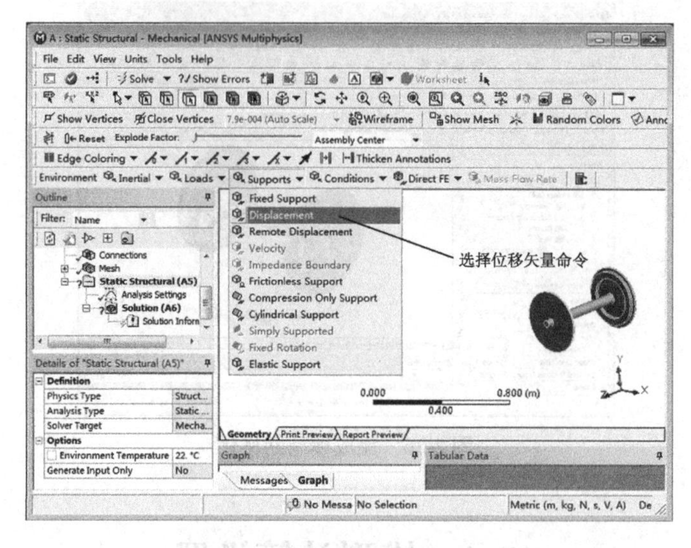

图 2-38　施加位移约束

Step3 设置位移约束参数，如图 2-39 所示。

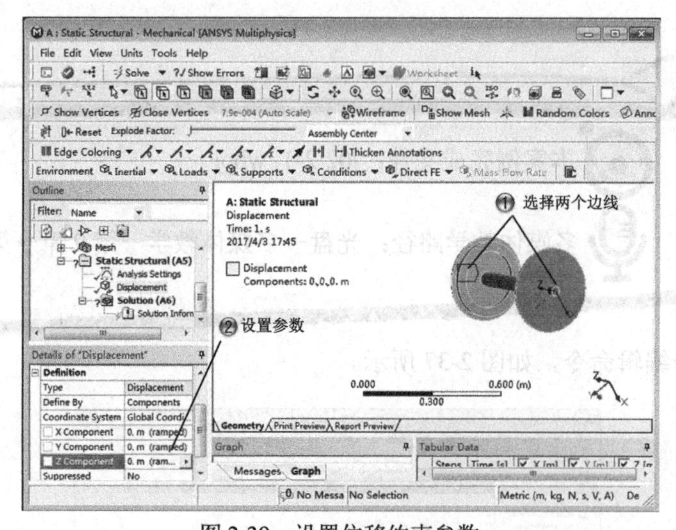

图 2-39　设置位移约束参数

提示：

载荷和约束是以所选单元的自由度的形式定义的，实体的自由度是 x、y、z 方向上的平移。

Step4 施加载荷约束，如图 2-40 所示。

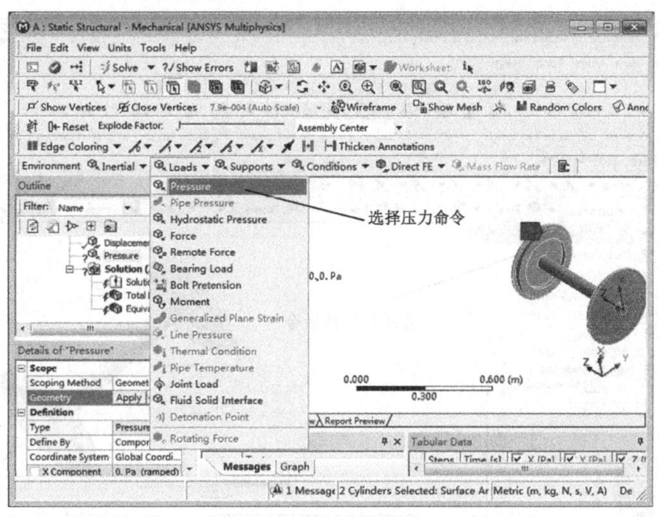

图 2-40　施加载荷约束

Step5 设置载荷参数，如图 2-41 所示。

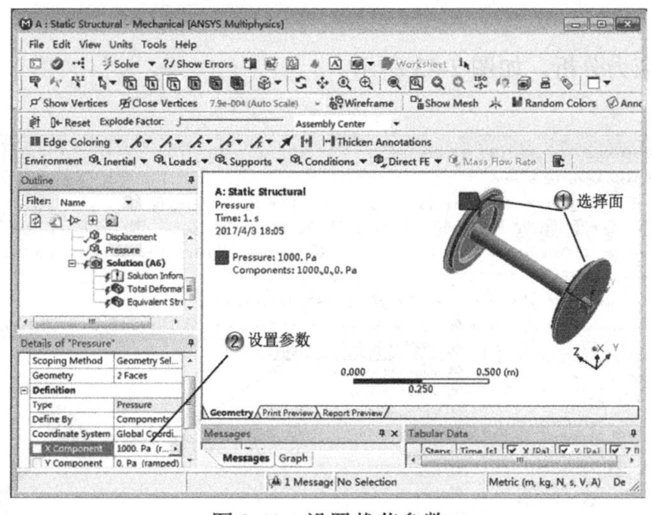

图 2-41　设置载荷参数

提示：

在均匀温度载荷条件下，不需要指定导热系数。想得到应力结果，需要给出应力极限。

Step6 添加总位移分析，如图 2-42 所示。

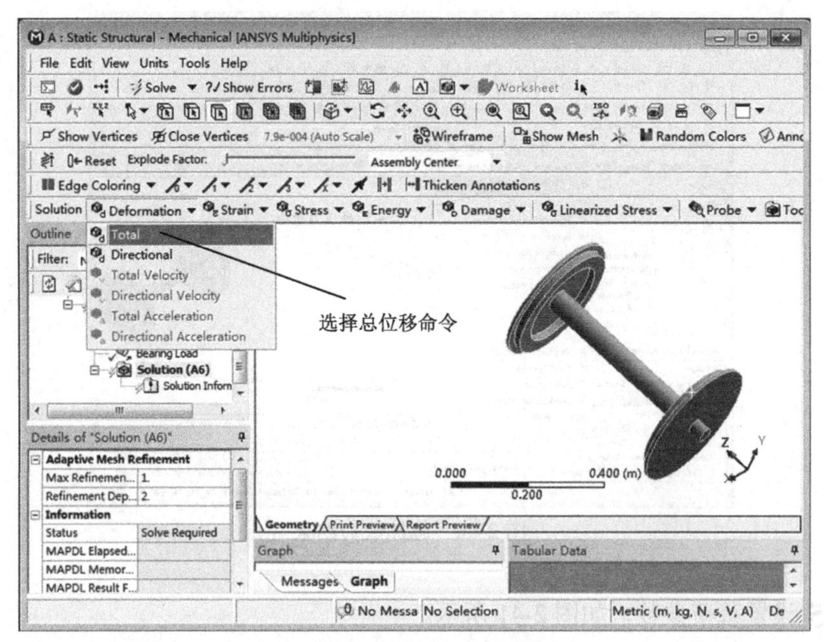

图 2-42　添加总位移分析

Step7 添加应力分析，如图 2-43 所示。

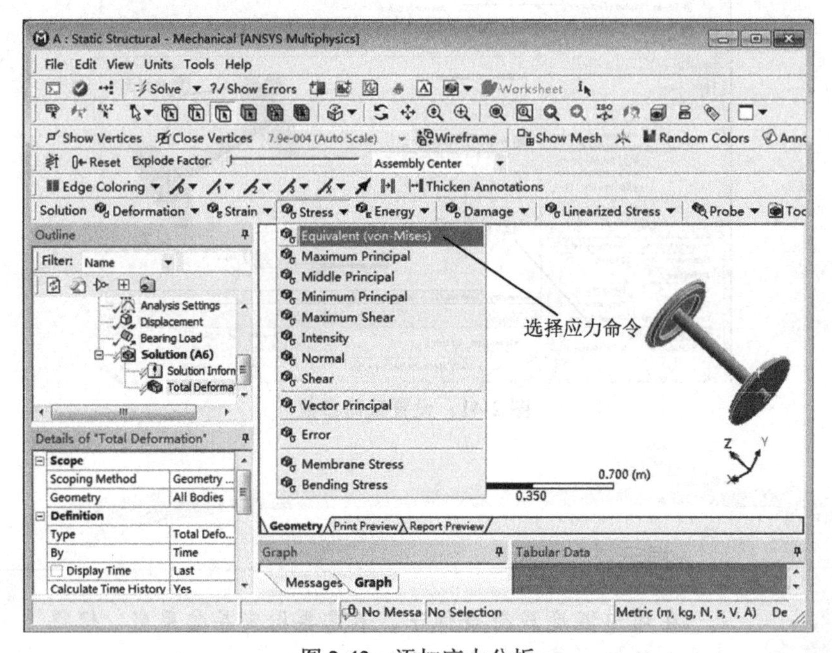

图 2-43　添加应力分析

Step8 生成分析结果，如图 2-44 所示。

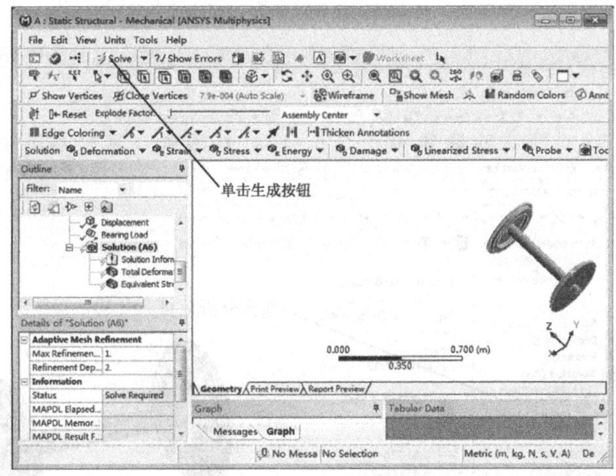

图 2-44　生成分析结果

2.5　结果后处理

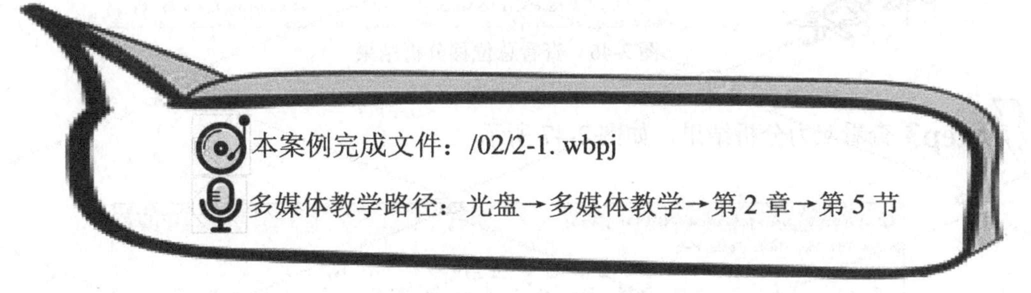

本案例完成文件：/02/2-1. wbpj
多媒体教学路径：光盘→多媒体教学→第 2 章→第 5 节

Step1 选择编辑命令，如图 2-45 所示。

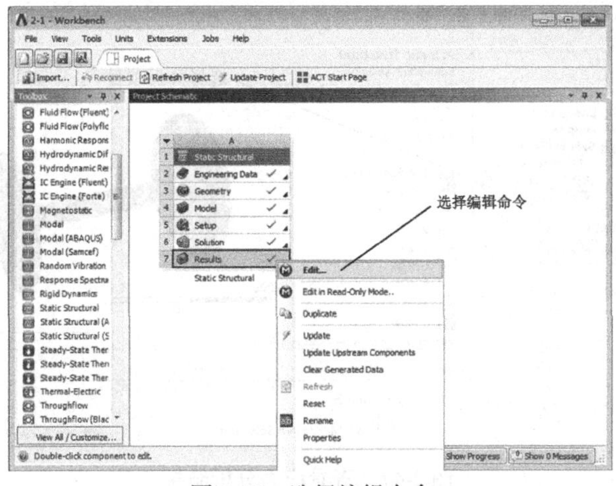

图 2-45　选择编辑命令

Step2 查看总位移分析结果，如图 2-46 所示。

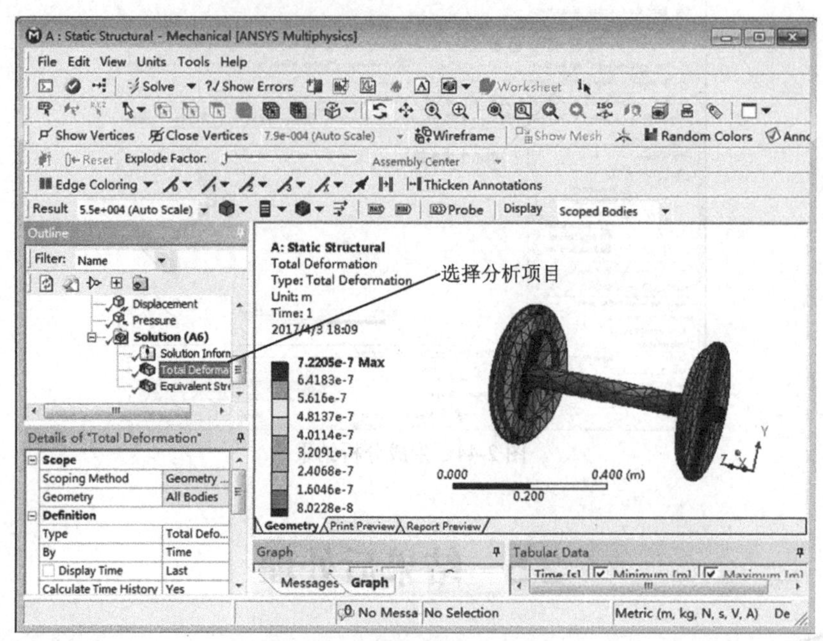

图 2-46 查看总位移分析结果

Step3 查看应力分析结果，如图 2-47 所示。

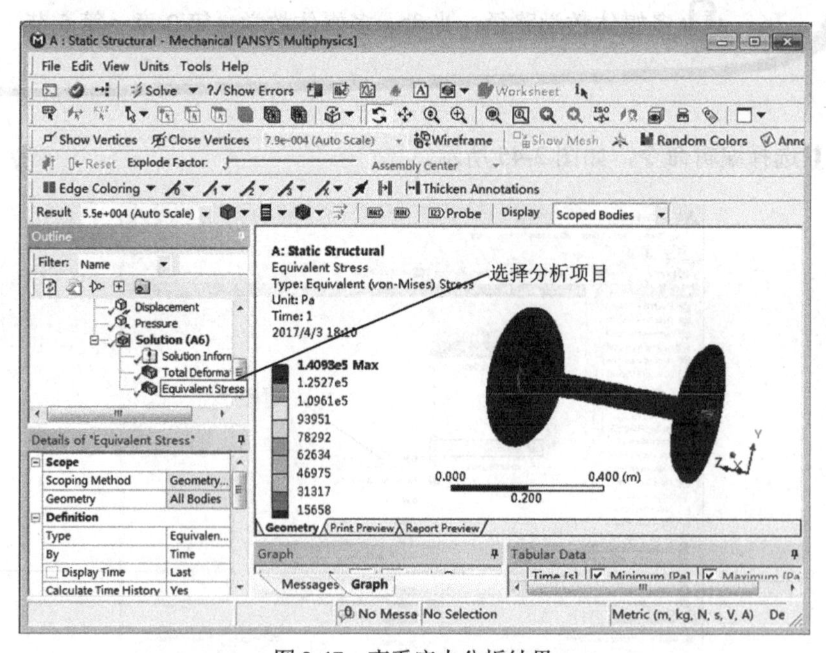

图 2-47 查看应力分析结果

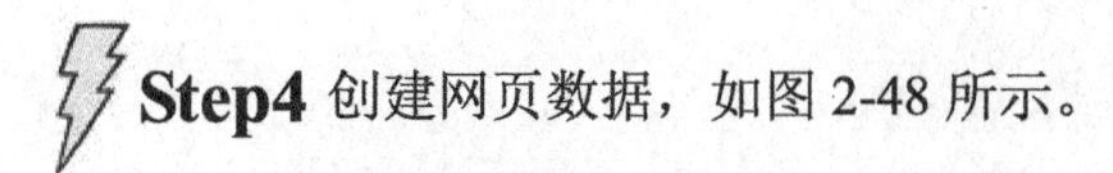

Step4 创建网页数据，如图 2-48 所示。

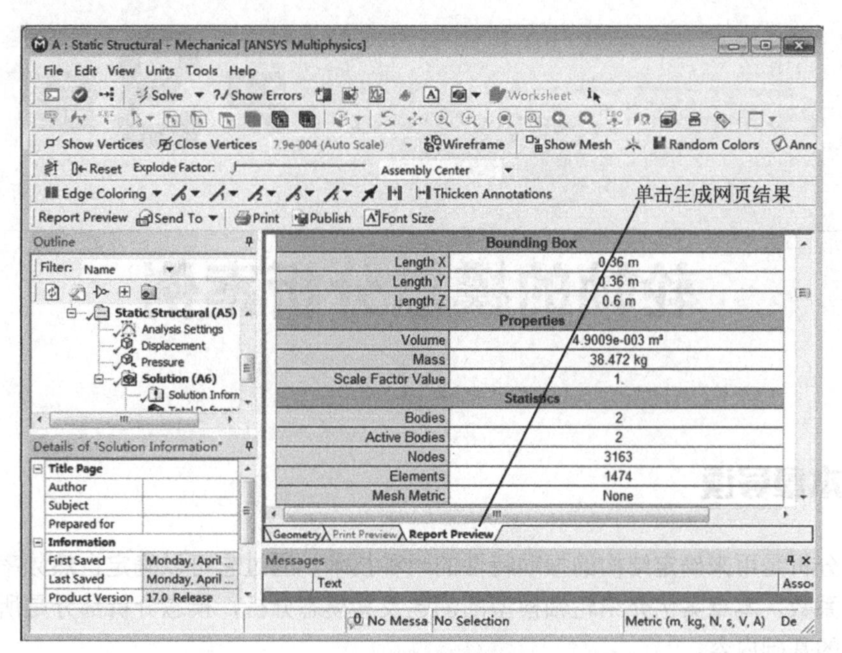

图 2-48　创建网页数据

2.6　案例小结

在 Mechanical 的后处理中，可以得到多种不同的结果，比如各个方向的变形及总变形、应力应变分量、主应力应变或者应力应变不变量、接触输出、支反力，读者可以结合轮轴的静力分析案例进行体会学习。

轮轴的模态分析案例

本章导读

模态分析是用来确定结构的振动特性的一种技术，通过它可以确定自然频率、振型和振型参与系数。本章案例介绍轮轴模型的创建及其模态分析，模态分析部分是所有动力学分析类型的基础内容。

学习要求	知识点 \ 学习目标	了解	理解	应用	实践
	模态分析方法		√	√	√
	模态系统分析步骤		√	√	√
	轮轴模态分析		√	√	√

3.1 案例分析

3.1.1 知识链接

模态分析的好处在于可以使结构设计避免共振或者以特定的频率进行振动，工程师从中可以认识到结构对不同类型的动力载荷是如何响应的，有助于在其他动力分析中估算求解控制参数。模态分析还是其他线性动力学分析的基础，如响应谱分析、谐响应分析、暂态分析等均需在模态分析的基础上进行。

模态系统分析的步骤如下。

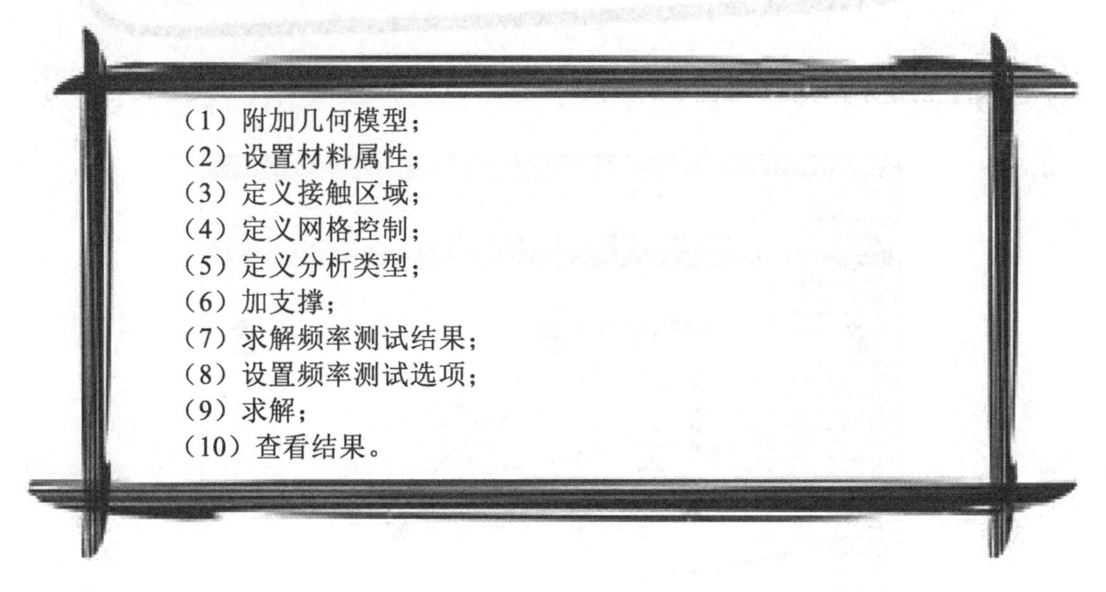

（1）附加几何模型；
（2）设置材料属性；
（3）定义接触区域；
（4）定义网格控制；
（5）定义分析类型；
（6）加支撑；
（7）求解频率测试结果；
（8）设置频率测试选项；
（9）求解；
（10）查看结果。

3.1.2 设计思路

本章案例的轮轴是一个旋转的模型，它被固定在一个工作频率为 1000Hz 的设备上，轮轴模型如图 3-1 所示。轮轴被安装在 6 个固定孔上；轮轴两端受到约束，但是没有转动摩擦；轮轴不允许出现径向位移，轴向和切向位移是允许的。

图 3-1 轮轴模型

3.2 建立分析模型

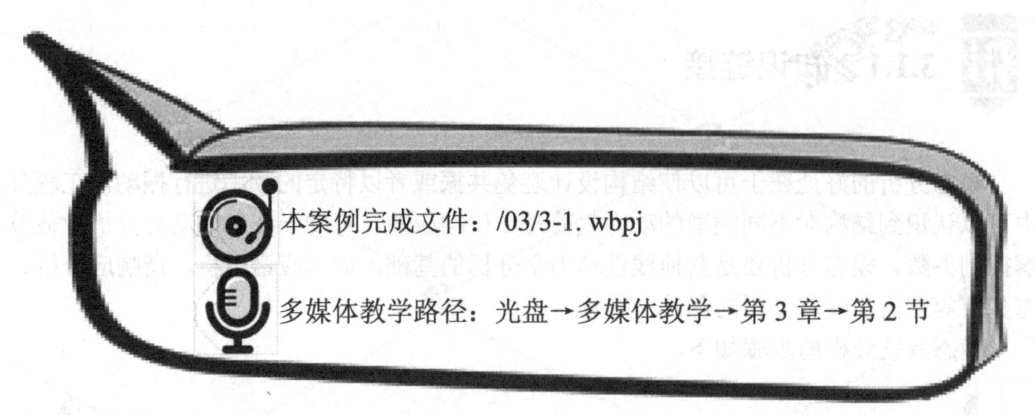

本案例完成文件：/03/3-1. wbpj
多媒体教学路径：光盘→多媒体教学→第 3 章→第 2 节

Step1 创建分析项目，如图 3-2 所示。

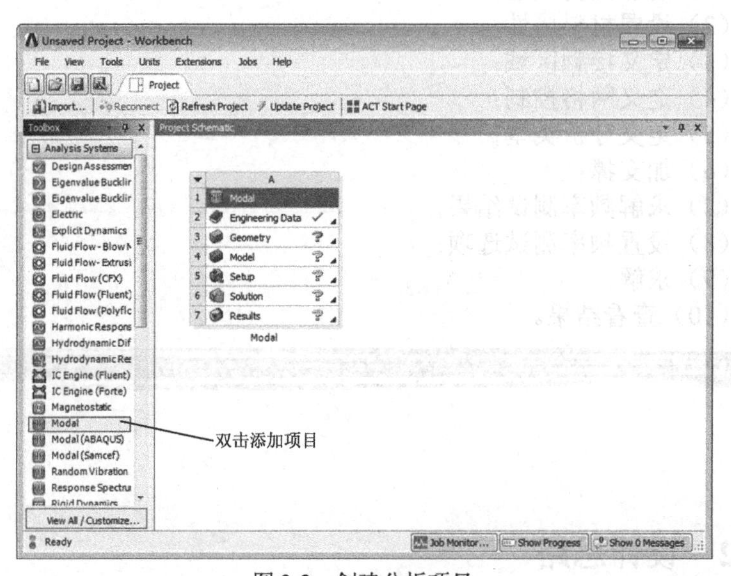

图 3-2 创建分析项目

求解通用运动方程有两种主要方法，即模态叠加法和直接积分法。

Step2 设置单位尺寸参数，如图 3-3 所示。

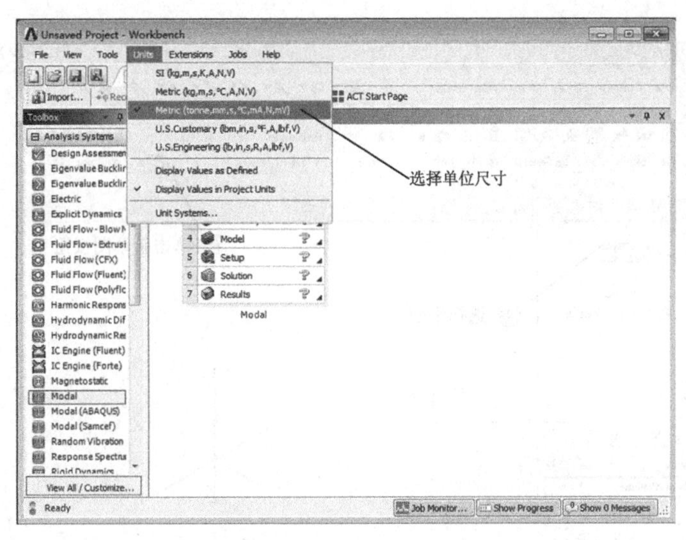

图 3-3　设置单位尺寸参数

Step3 进入零件设计界面，如图 3-4 所示。

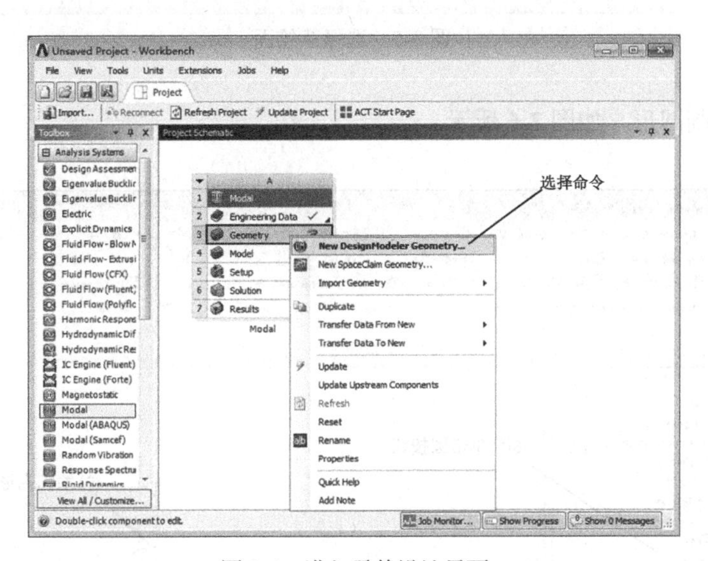

图 3-4　进入零件设计界面

提示：

模态叠加法是确定结构的固有频率和模态，乘以正则化坐标，然后加起来计算位节点的位移解。这种方法可以用来进行瞬态和谐响应分析。

Step4 选择草绘面，如图 3-5 所示。

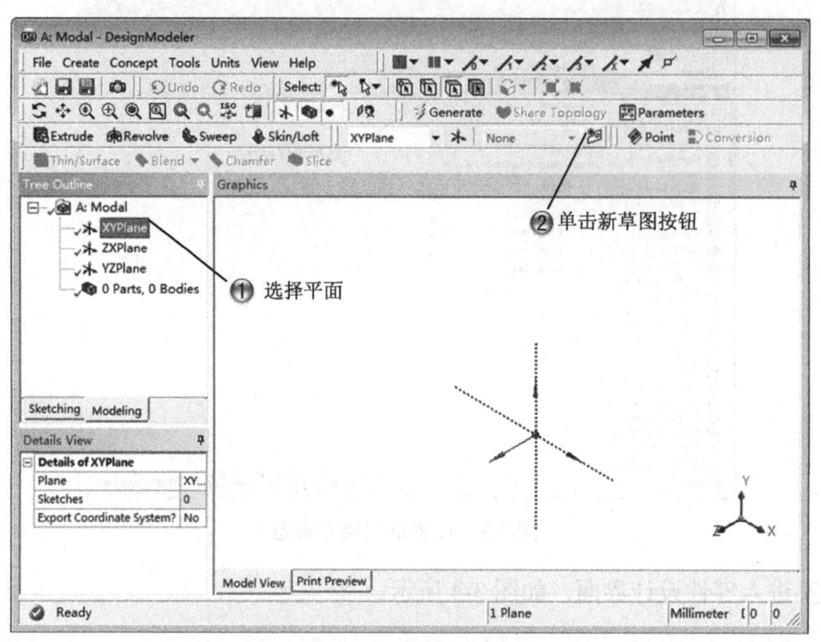

图 3-5 选择草绘面

Step5 绘制圆形，如图 3-6 所示。

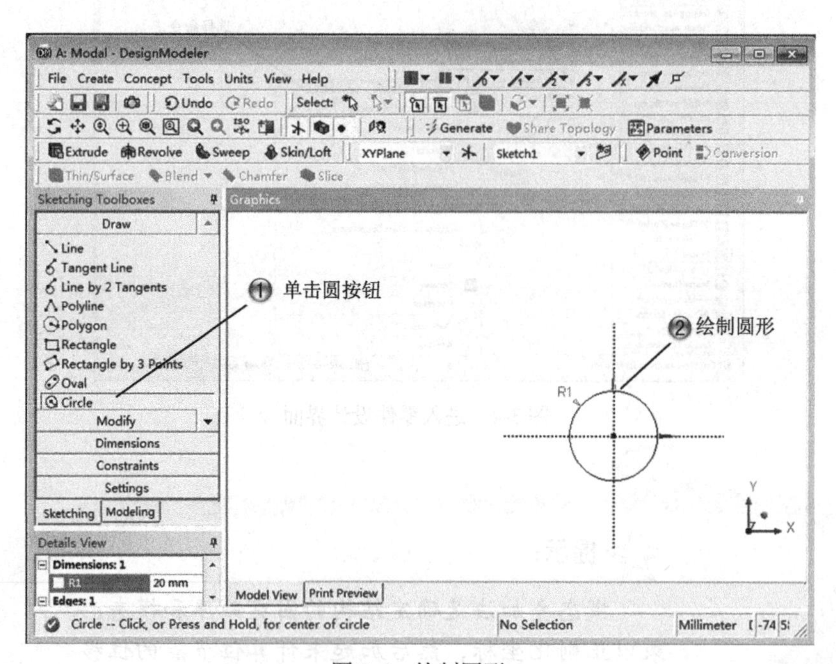

图 3-6 绘制圆形

Step6 拉伸草图，如图 3-7 所示。

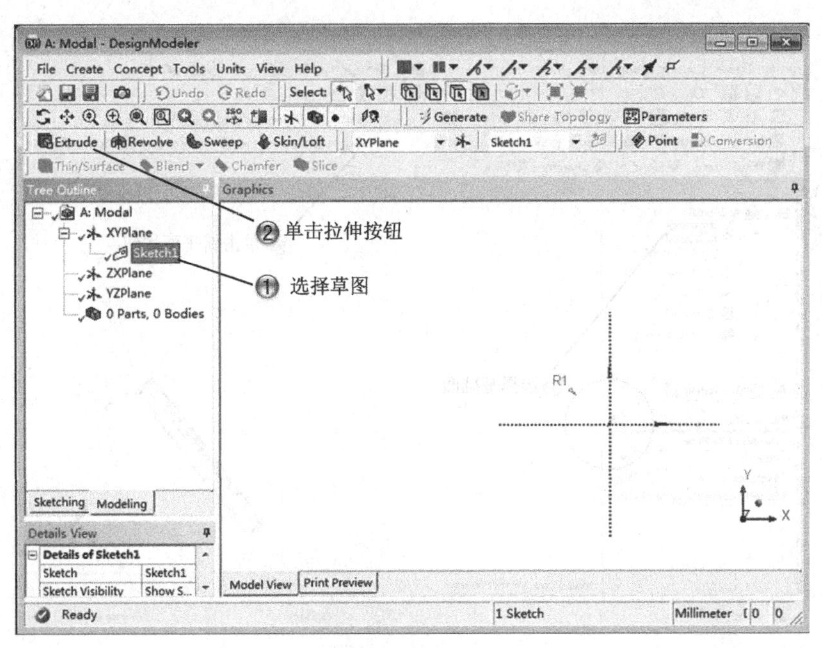

图 3-7　拉伸草图

Step7 设置拉伸参数，如图 3-8 所示。

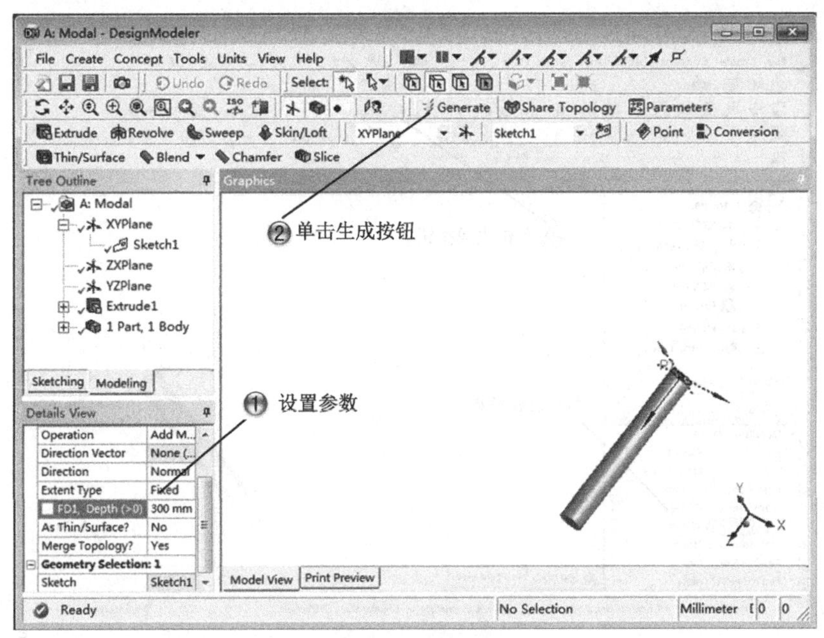

图 3-8　设置拉伸参数

Step8 新建平面，如图 3-9 所示。

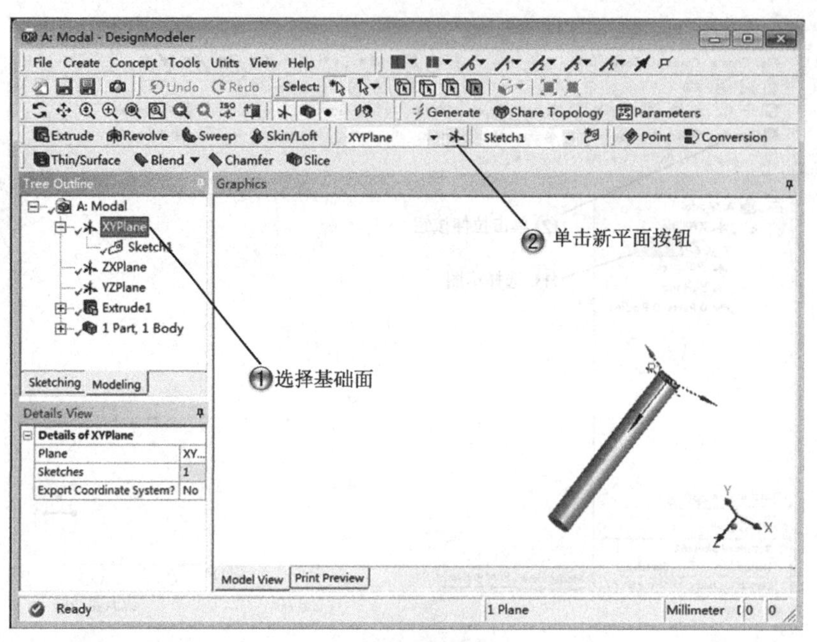

图 3-9　新建平面

Step9 设置新平面参数，如图 3-10 所示。

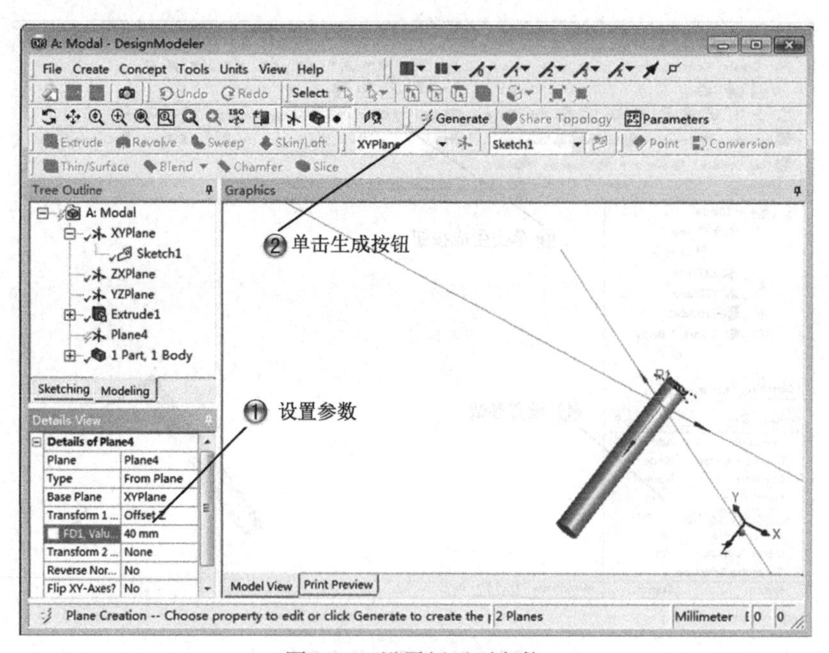

图 3-10　设置新平面参数

Step10 选择草绘面，如图 3-11 所示。

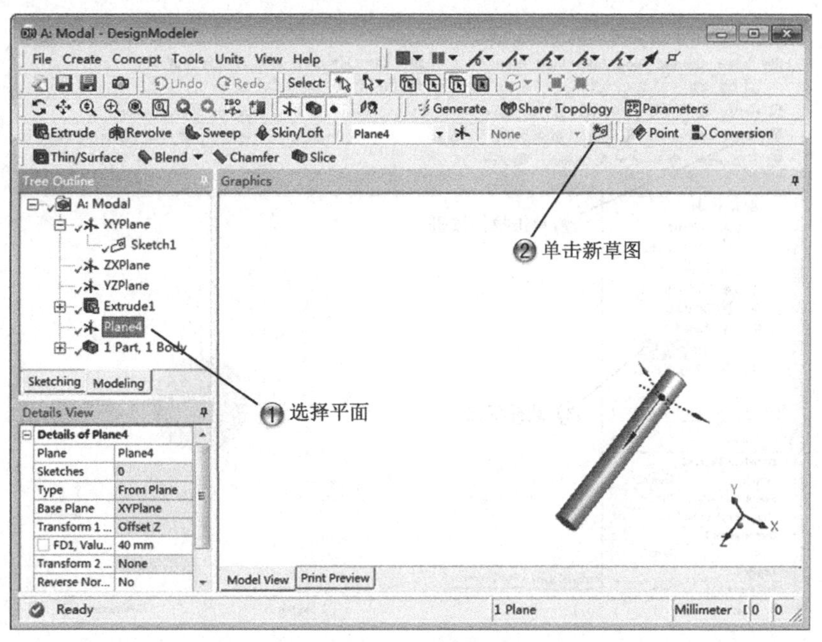

图 3-11　选择草绘面

Step11 绘制圆形，如图 3-12 所示。

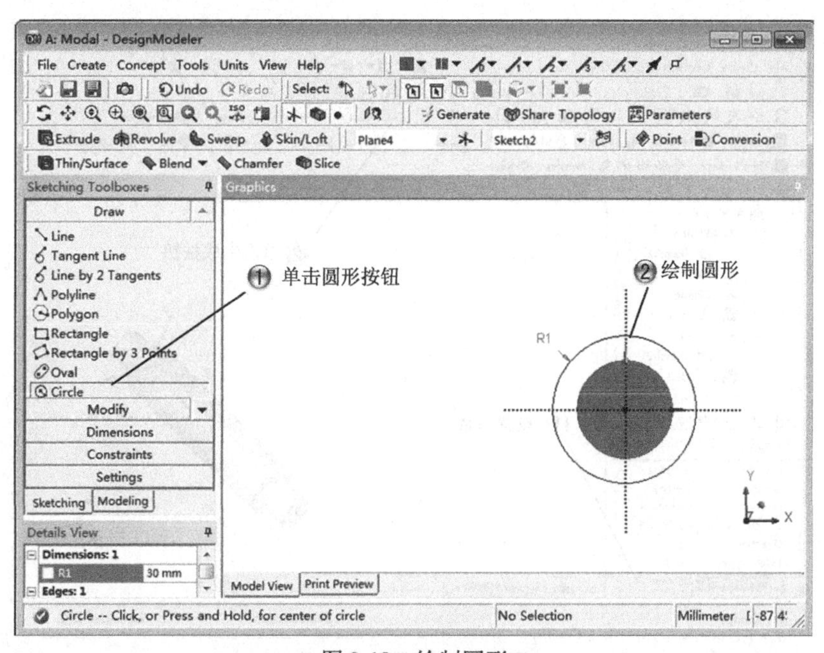

图 3-12　绘制圆形

Step12 拉伸圆形草图，如图 3-13 所示。

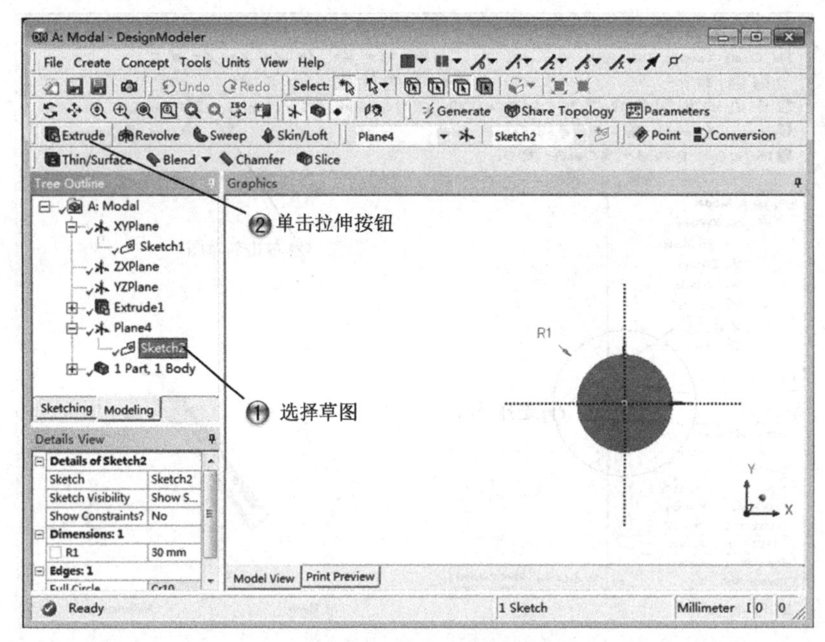

图 3-13 拉伸圆形草图

Step13 设置拉伸参数，如图 3-14 所示。

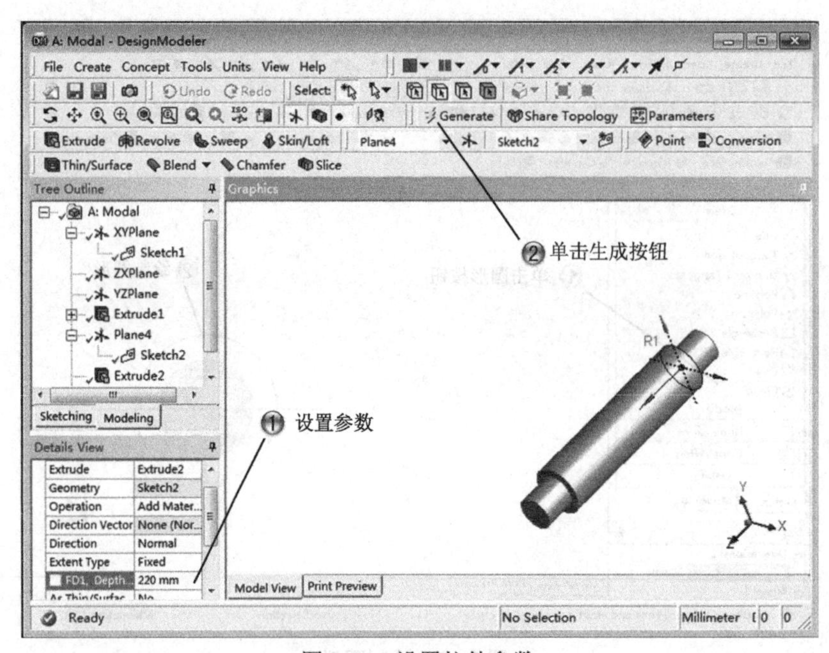

图 3-14 设置拉伸参数

Step14 选择草绘面，如图 3-15 所示。

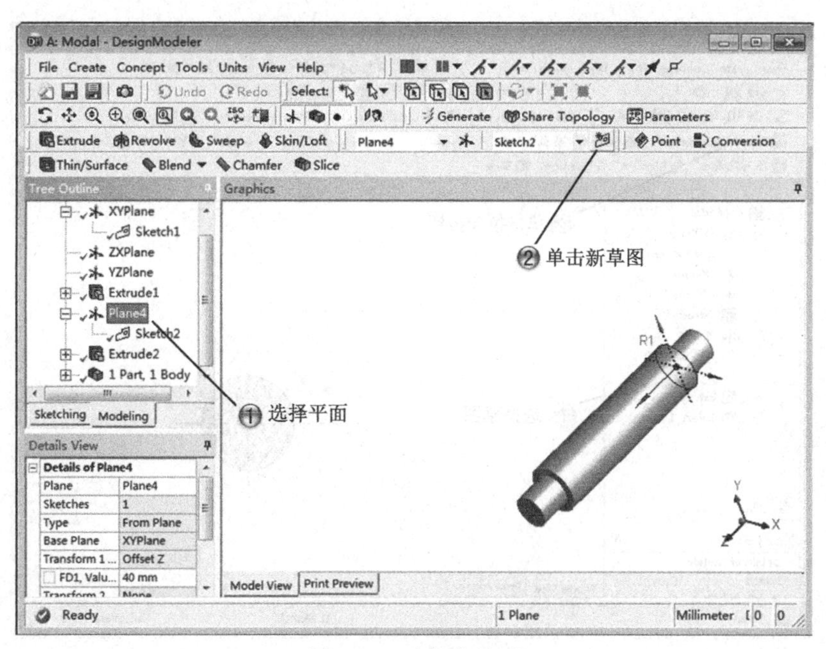

图 3-15　选择草绘面

Step15 绘制圆形，如图 3-16 所示。

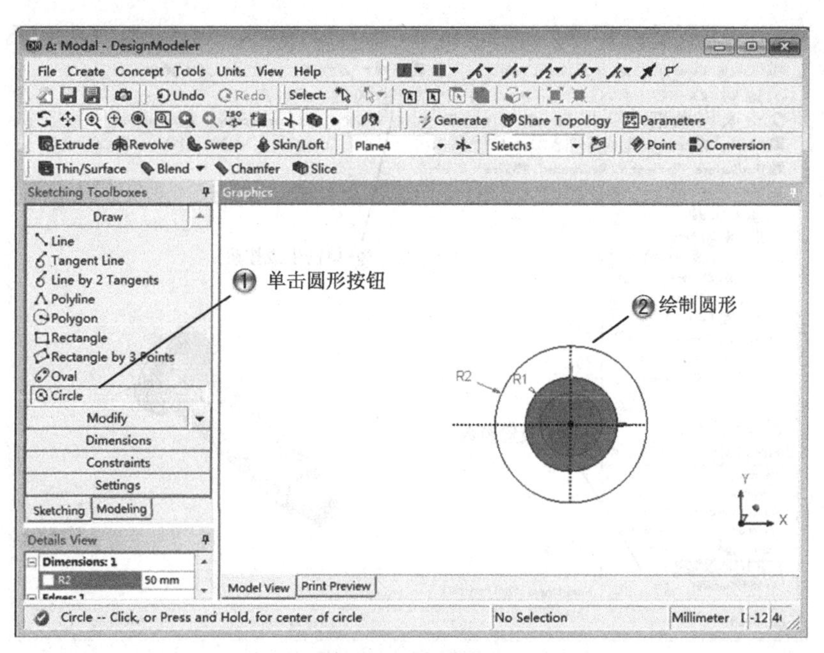

图 3-16　绘制圆形

Step16 拉伸圆形草图，如图 3-17 所示。

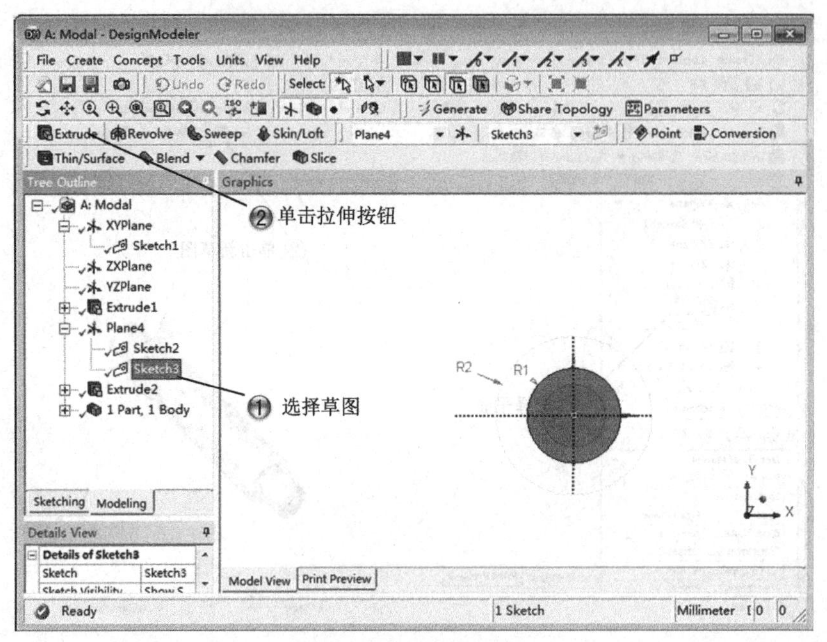

图 3-17 拉伸圆形草图

Step17 设置拉伸参数，如图 3-18 所示。

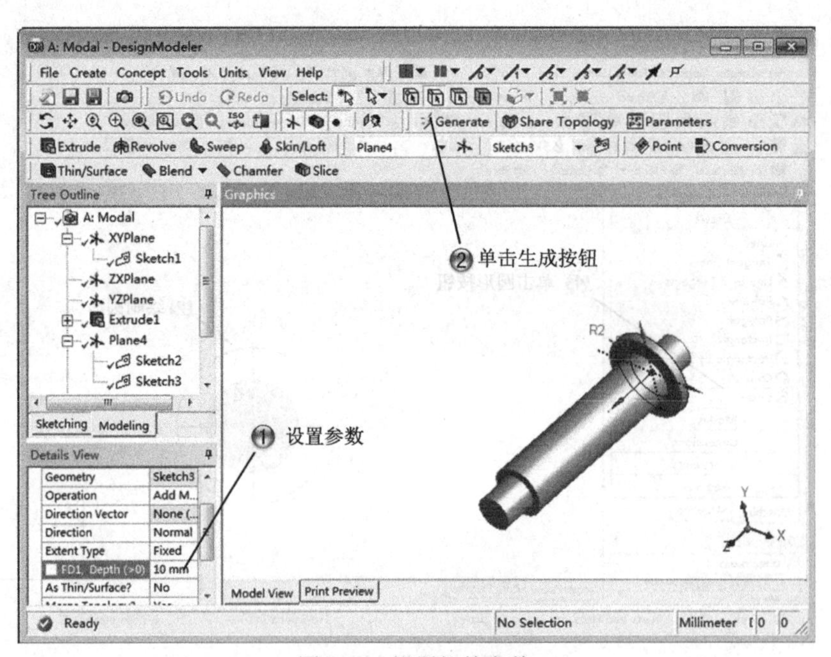

图 3-18 设置拉伸参数

Step18 选择草绘面，如图 3-19 所示。

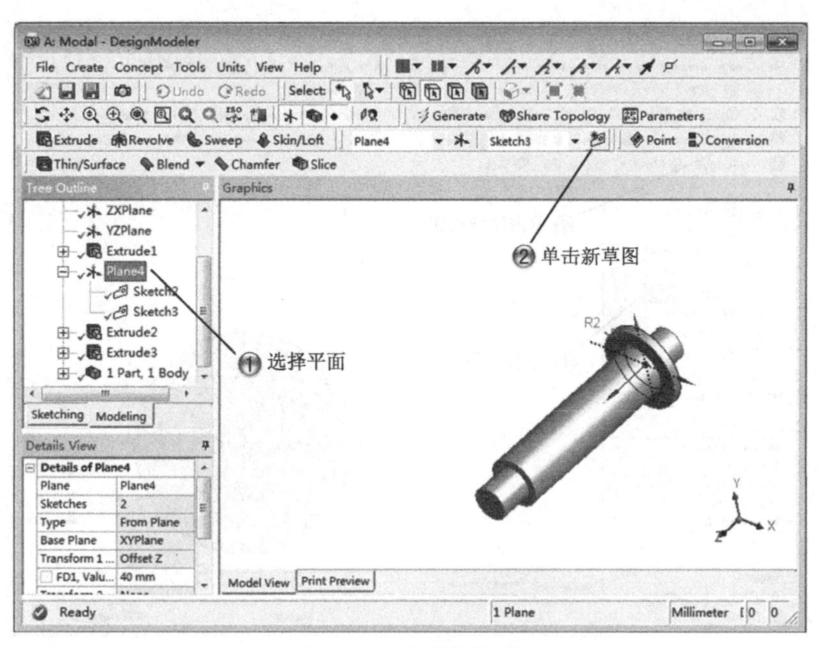

图 3-19　选择草绘面

Step19 绘制小圆，如图 3-20 所示。

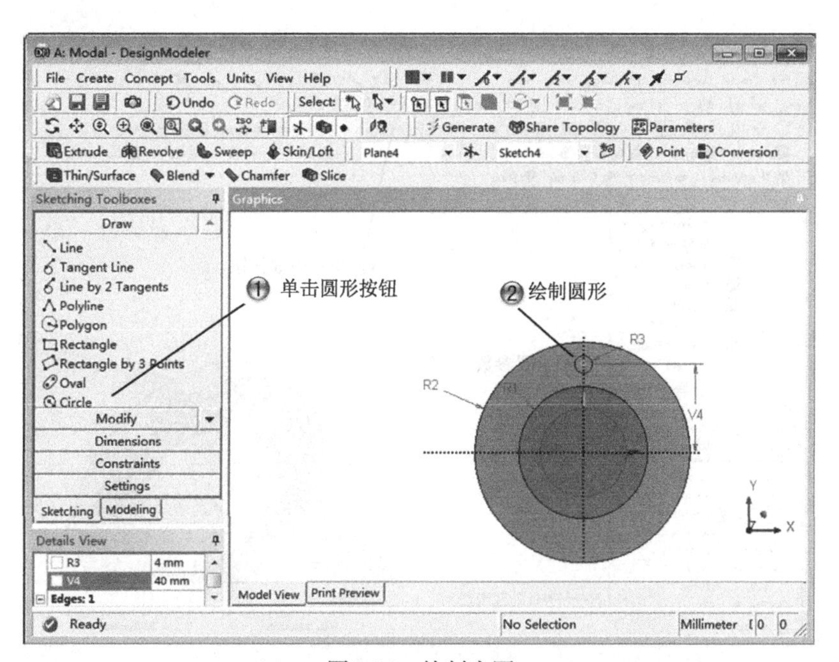

图 3-20　绘制小圆

Step20 拉伸圆形草图，如图 3-21 所示。

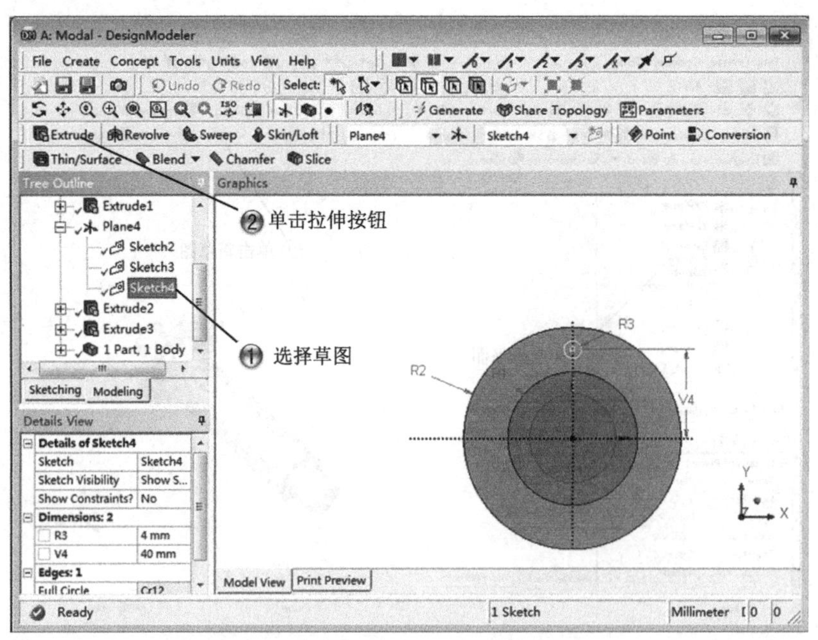

图 3-21　拉伸圆形草图

Step21 设置拉伸参数，如图 3-22 所示。

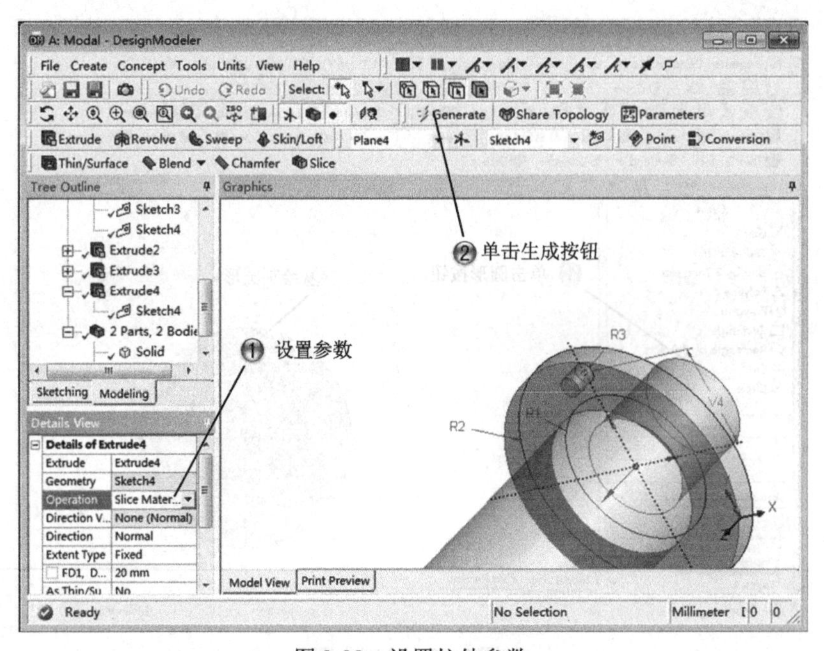

图 3-22　设置拉伸参数

Step22 选择阵列命令，如图 3-23 所示。

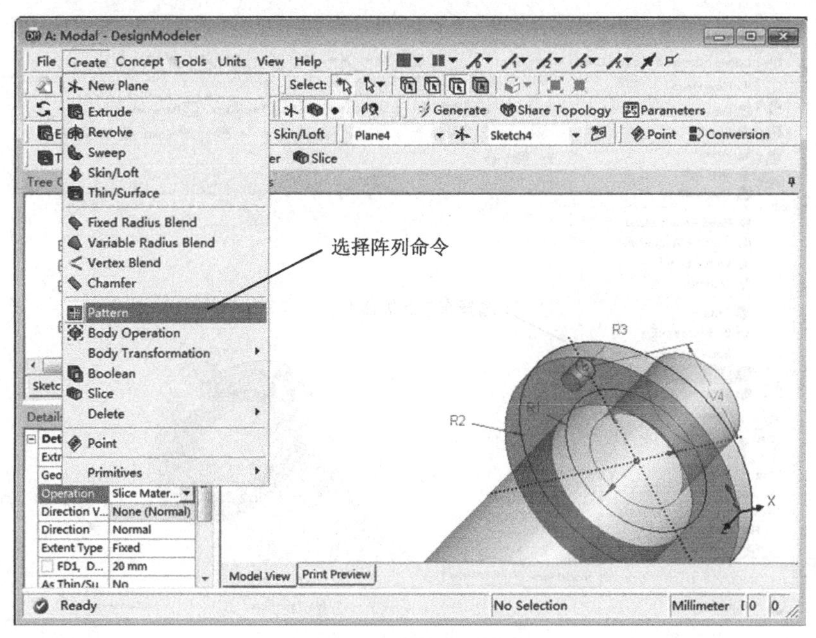

图 3-23　选择阵列命令

Step23 设置阵列参数，如图 3-24 所示。

图 3-24　设置阵列参数

Step24 选择布尔运算命令，如图 3-25 所示。

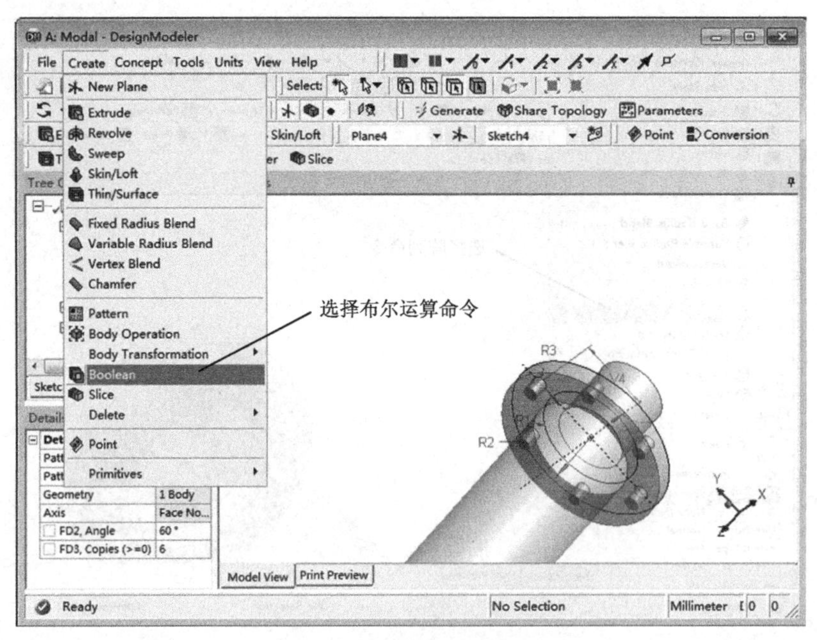

图 3-25　选择布尔运算命令

Step25 布尔减运算，如图 3-26 所示。

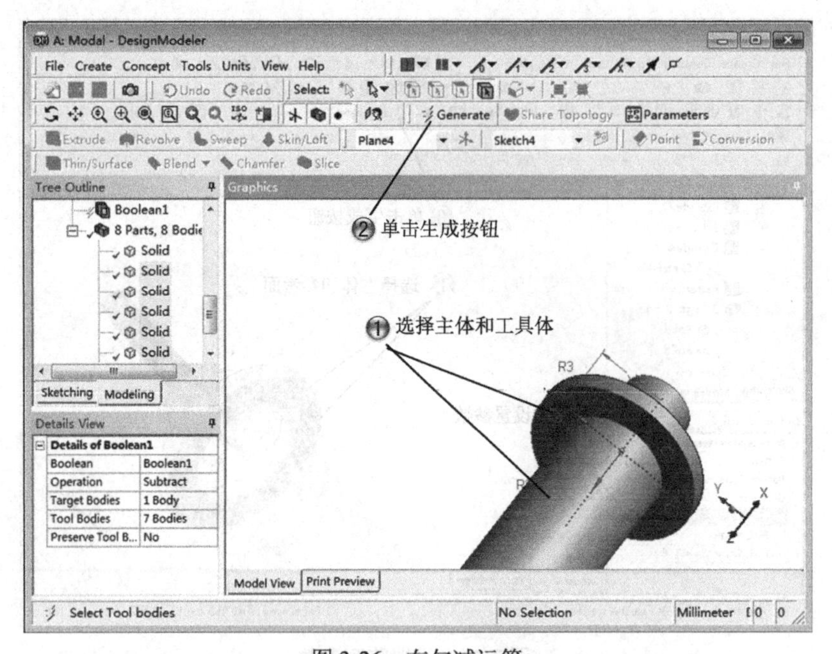

图 3-26　布尔减运算

Step26 创建两个圆角，如图 3-27 所示。

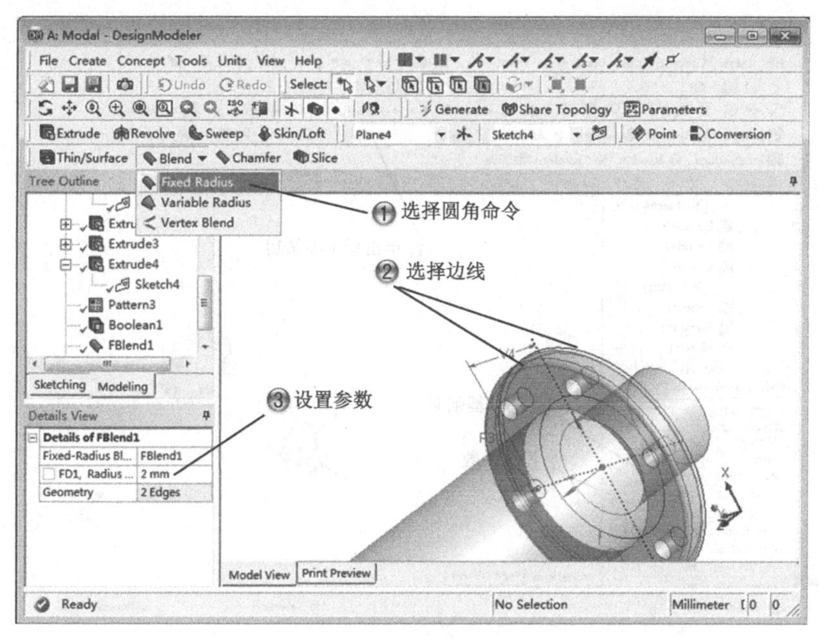

图 3-27　创建两个圆角

Step27 创建过渡圆角，如图 3-28 所示。

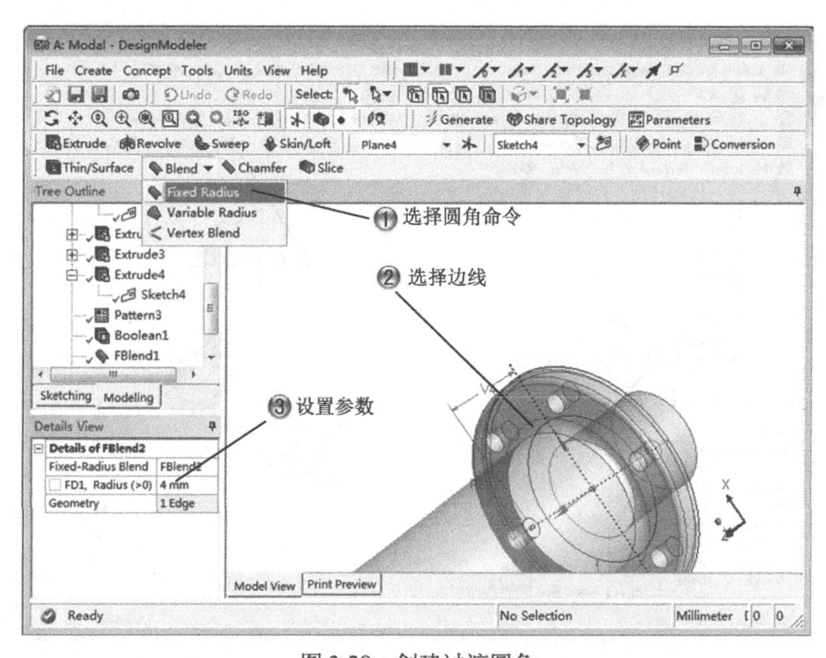

图 3-28　创建过渡圆角

Step28 创建新平面，如图 3-29 所示。

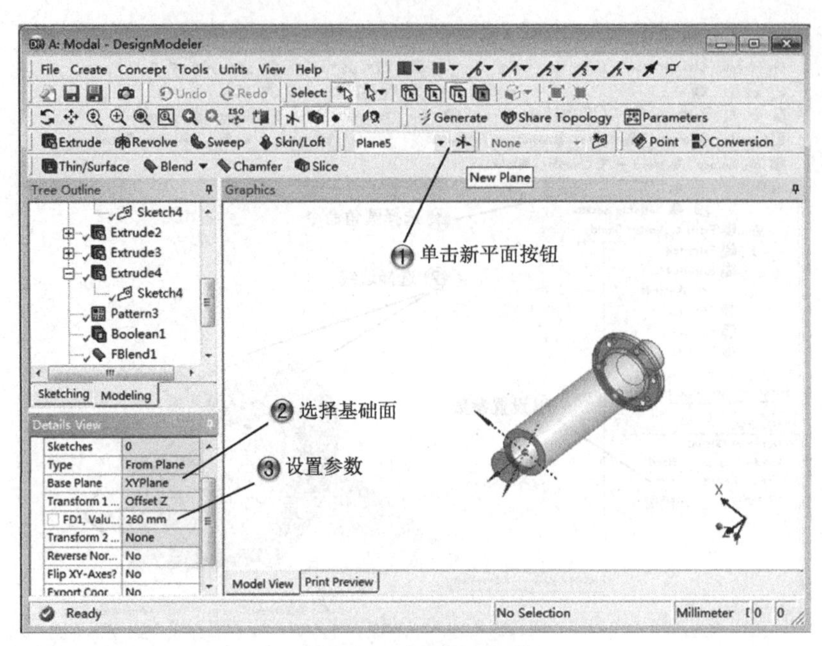

图 3-29　创建新平面

Step29 选择草绘面，如图 3-30 所示。

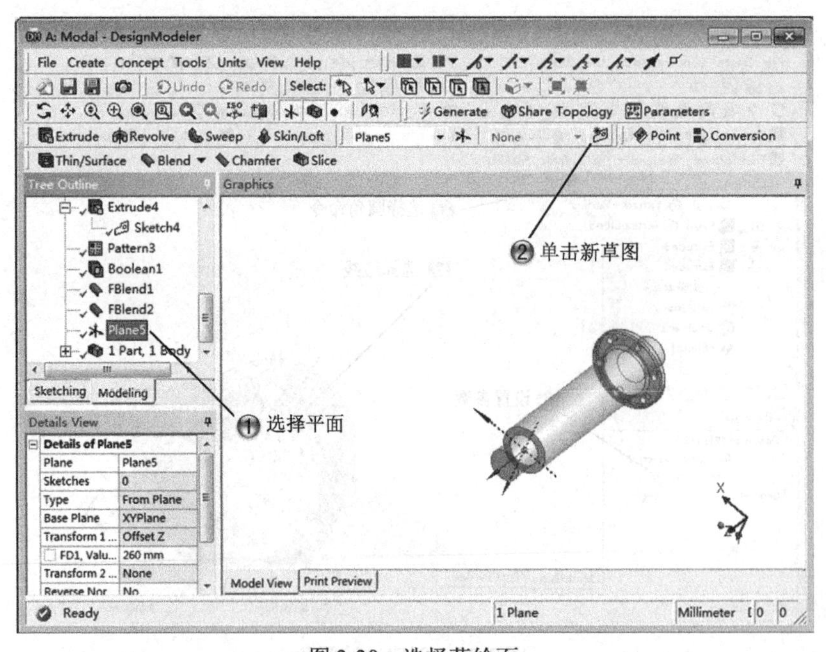

图 3-30　选择草绘面

Step30 绘制圆形，如图 3-31 所示。

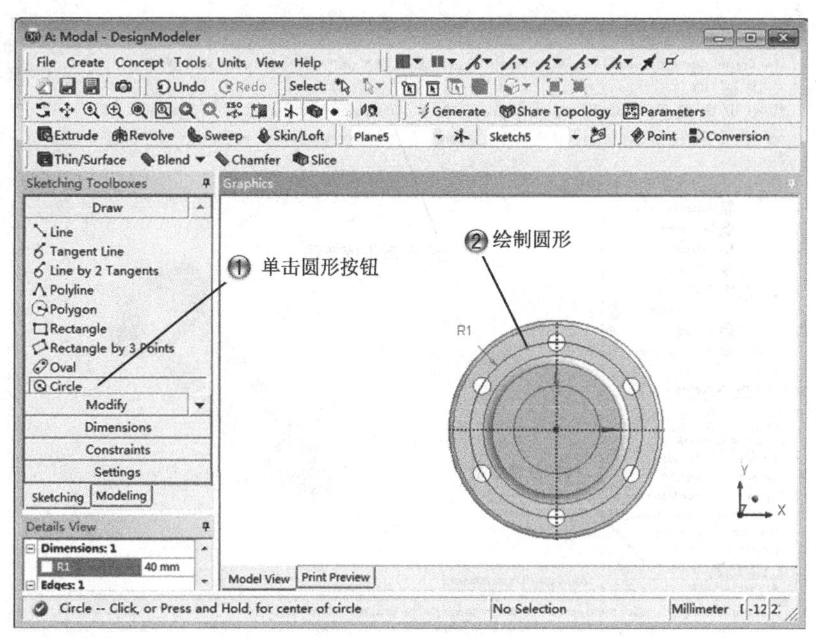

图 3-31　绘制圆形

Step31 拉伸草图，如图 3-32 所示。

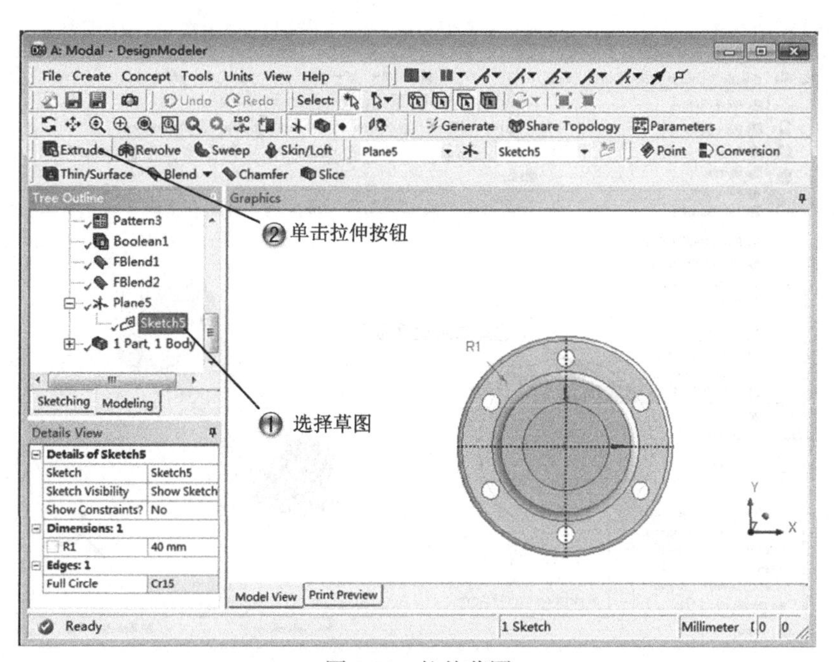

图 3-32　拉伸草图

Step32 设置拉伸参数，如图 3-33 所示。

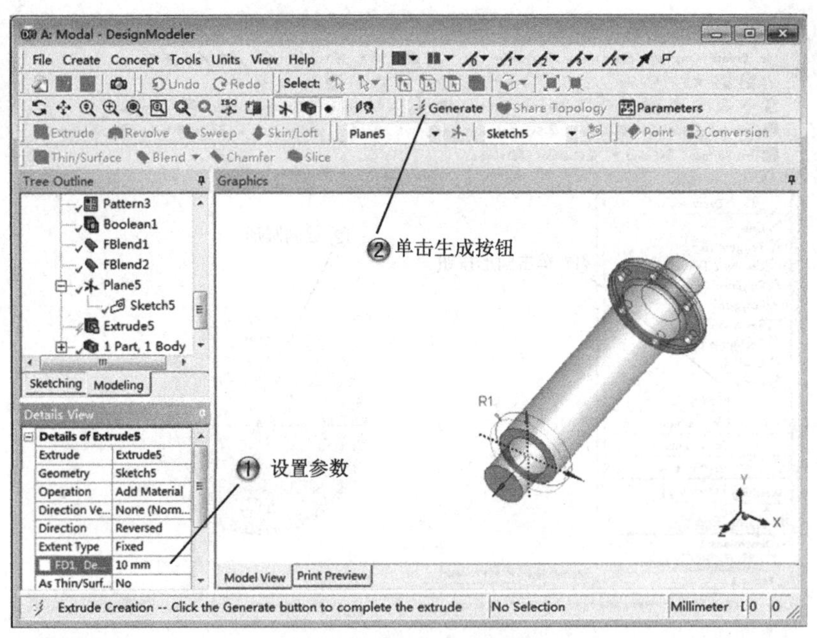

图 3-33　设置拉伸参数

Step33 选择布尔运算命令，如图 3-34 所示。

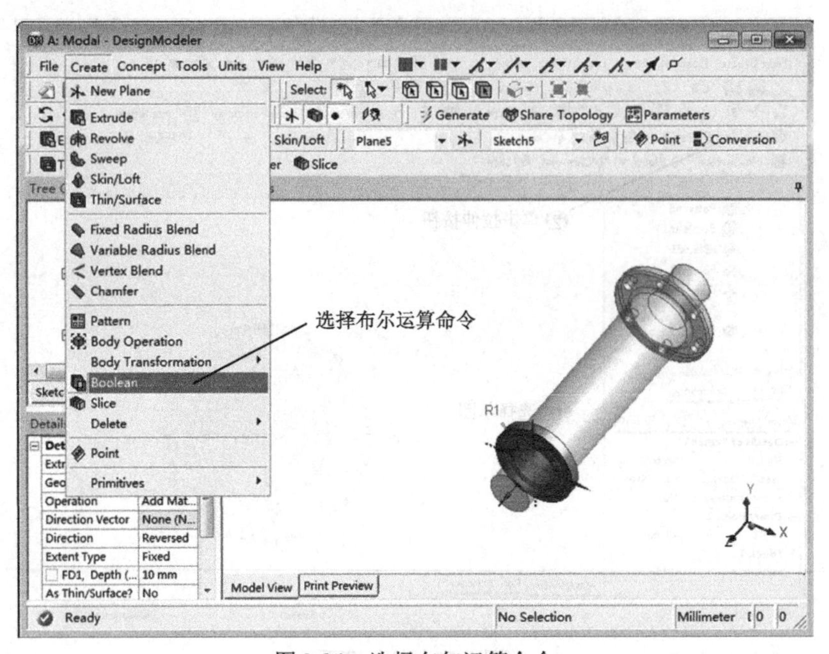

图 3-34　选择布尔运算命令

Step34 布尔加运算，如图 3-35 所示。

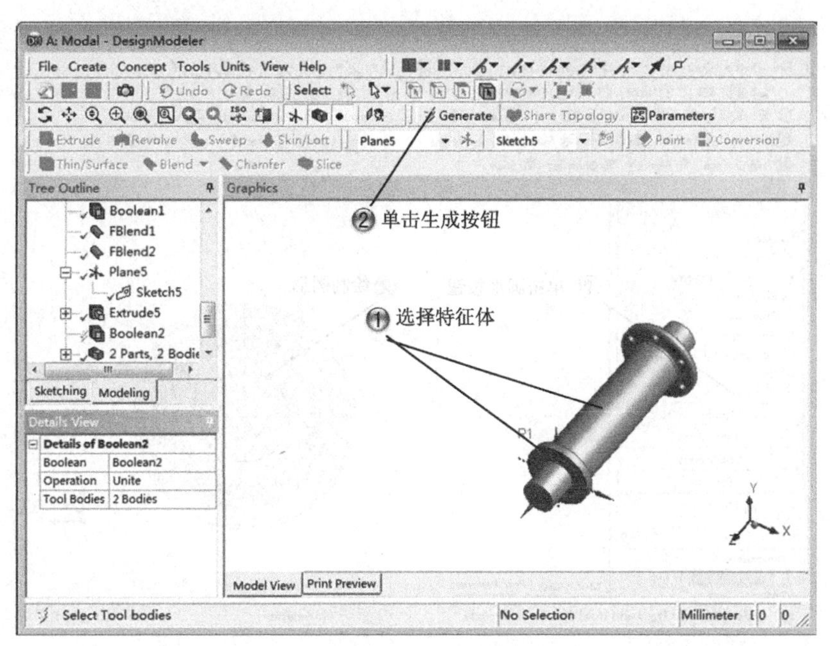

图 3-35　布尔加运算

Step35 选择草绘面，如图 3-36 所示。

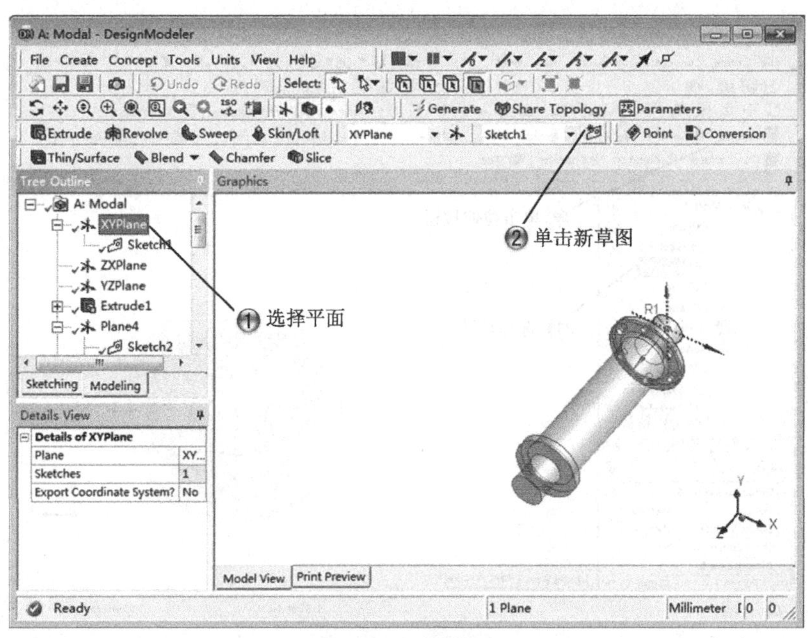

图 3-36　选择草绘面

Step36 绘制圆形，如图 3-37 所示。

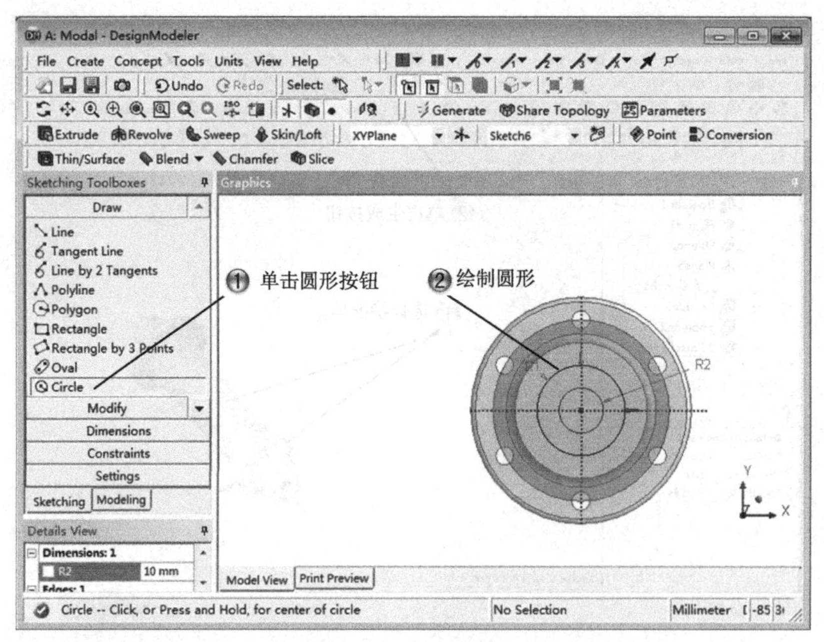

图 3-37　绘制圆形

Step37 拉伸圆形草图，如图 3-38 所示。

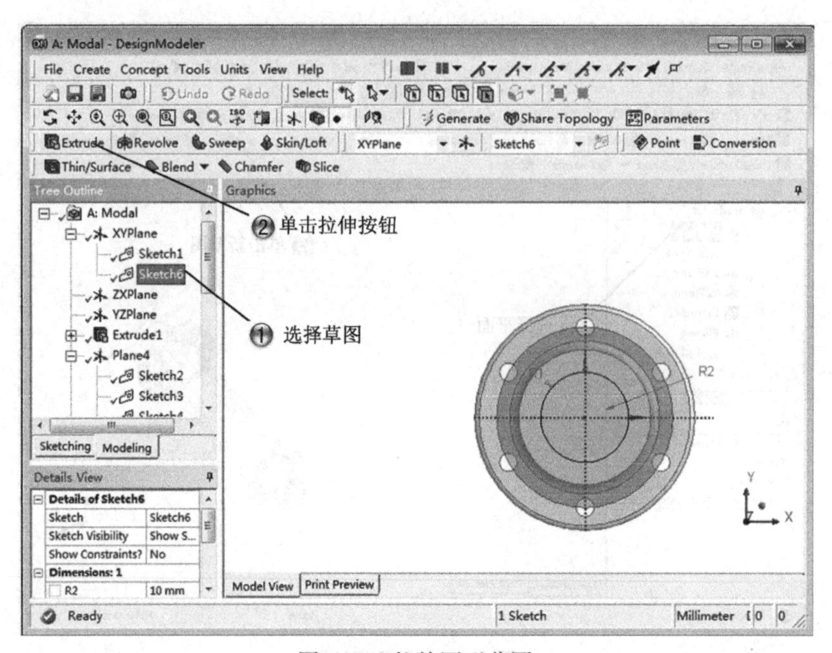

图 3-38　拉伸圆形草图

Step38 设置拉伸参数，如图 3-39 所示。

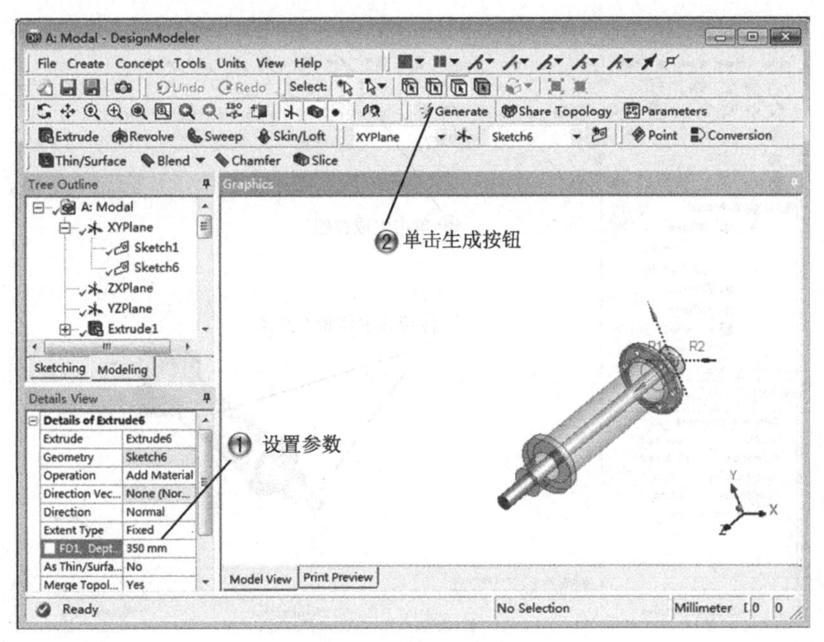

图 3-39 设置拉伸参数

Step39 选择布尔运算命令，如图 3-40 所示。

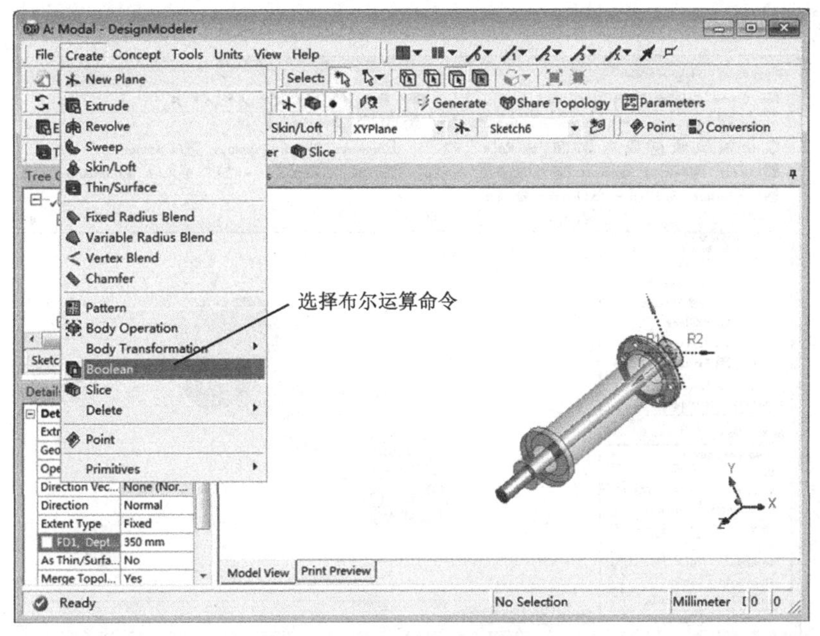

图 3-40 选择布尔运算命令

Step40 布尔减运算，如图 3-41 所示。

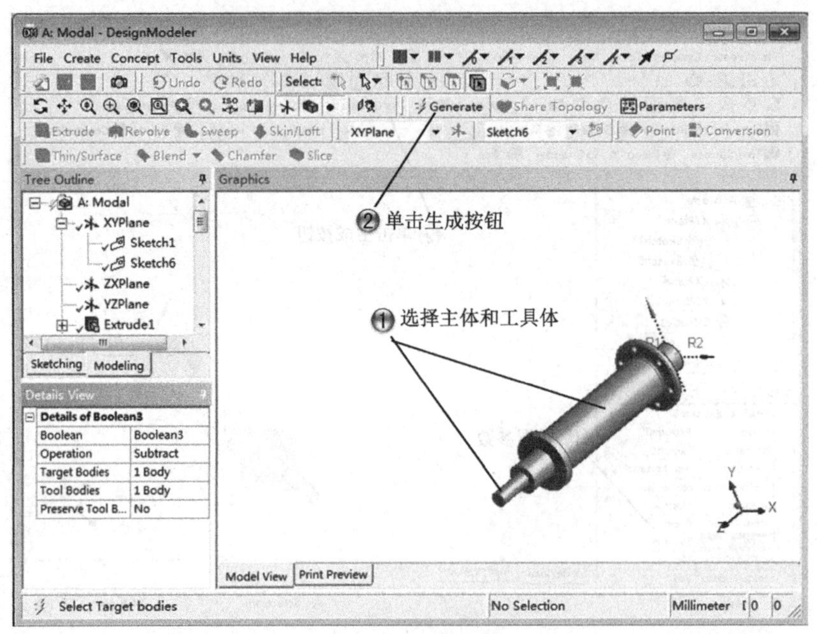

图 3-41　布尔减运算

Step41 完成轮轴模型，如图 3-42 所示。

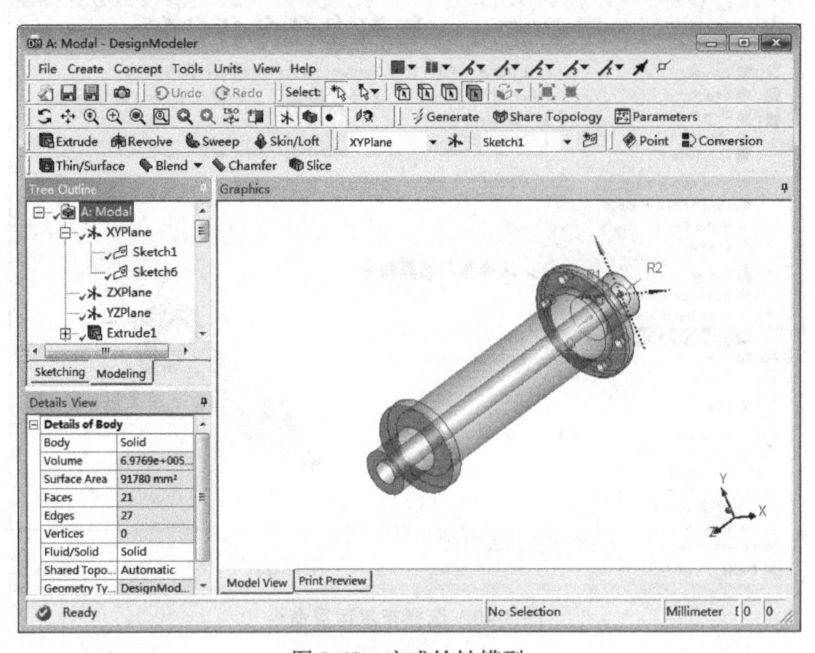

图 3-42　完成轮轴模型

3.3 建立有限元模型

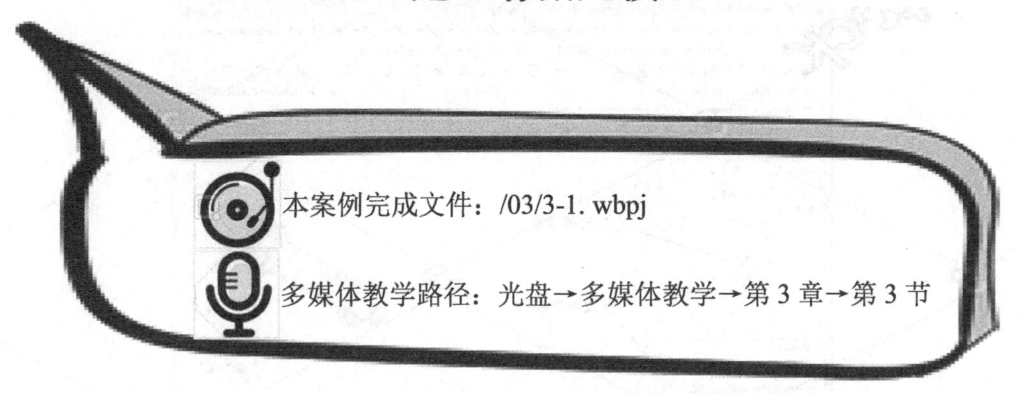

本案例完成文件：/03/3-1. wbpj

多媒体教学路径：光盘→多媒体教学→第 3 章→第 3 节

Step1 选择编辑命令，如图 3-43 所示。

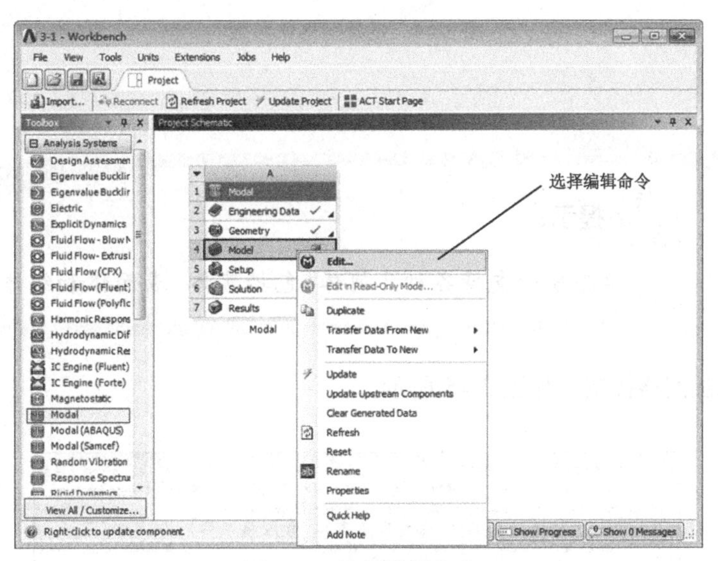

图 3-43 选择编辑命令

提示：

假如没有或者只存在部分的约束，刚体模态将被检测。这些模态将处于 0Hz 附近。与静态结构分析不同，模态分析并不要求禁止刚体运动。

Step2 设置网格化参数，如图 3-44 所示。

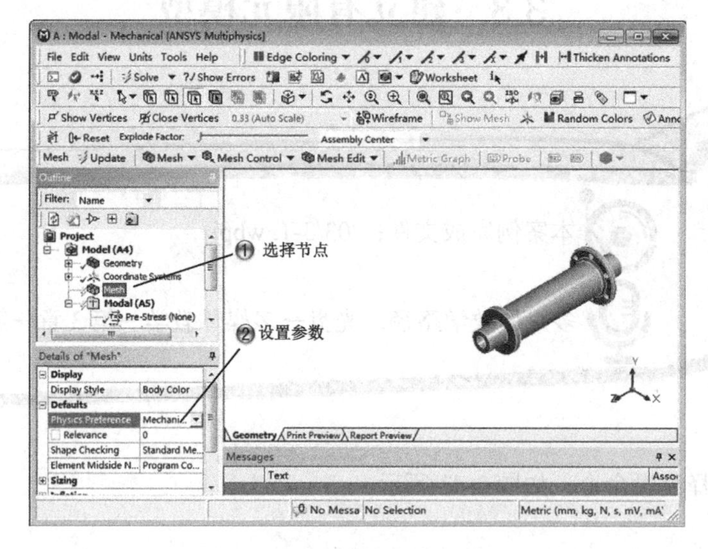

图 3-44　设置网格化参数

提示：

模态分析支持各种几何体：包括实体、表面体和线体。

Step3 添加网格控制，如图 3-45 所示。

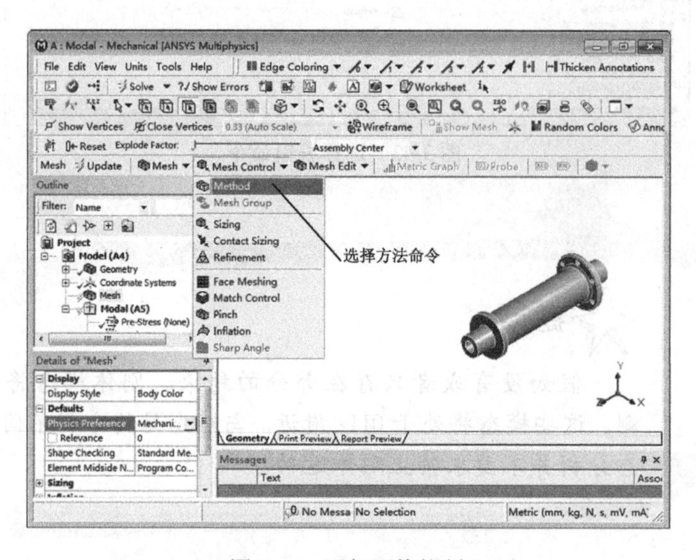

图 3-45　添加网格控制

Step4 选择网格化对象，如图 3-46 所示。

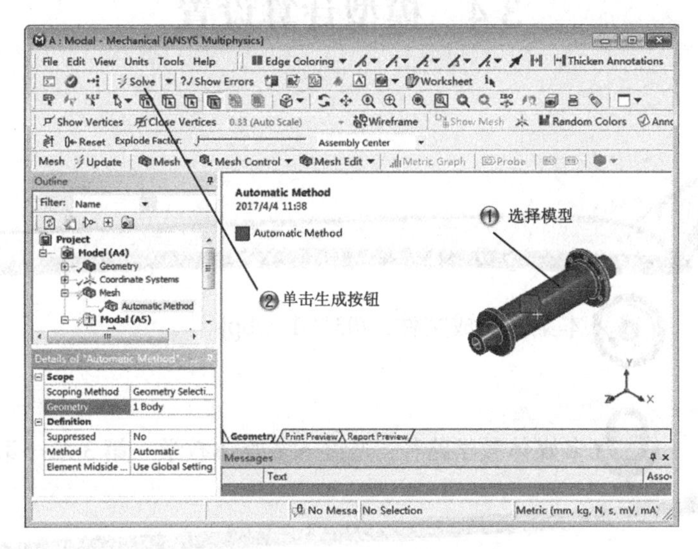

图 3-46　选择网格化对象

提示：

在材料属性设置中、弹性模量、泊松比和密度的值是必须要有的。

Step5 完成网格化，如图 3-47 所示。

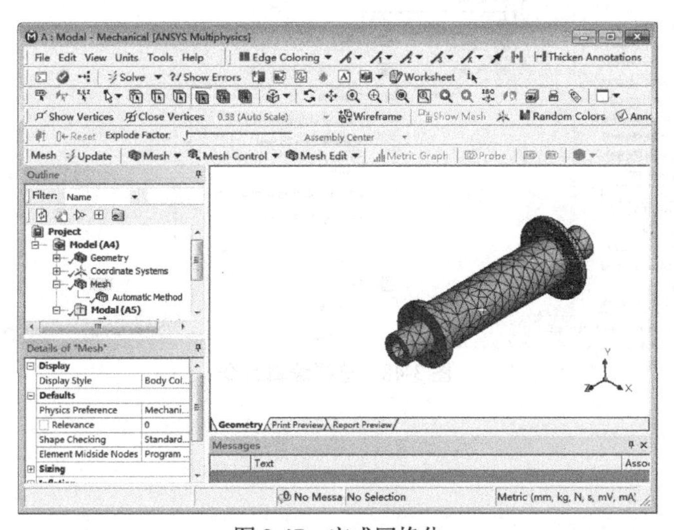

图 3-47　完成网格化

3.4 模型计算设置

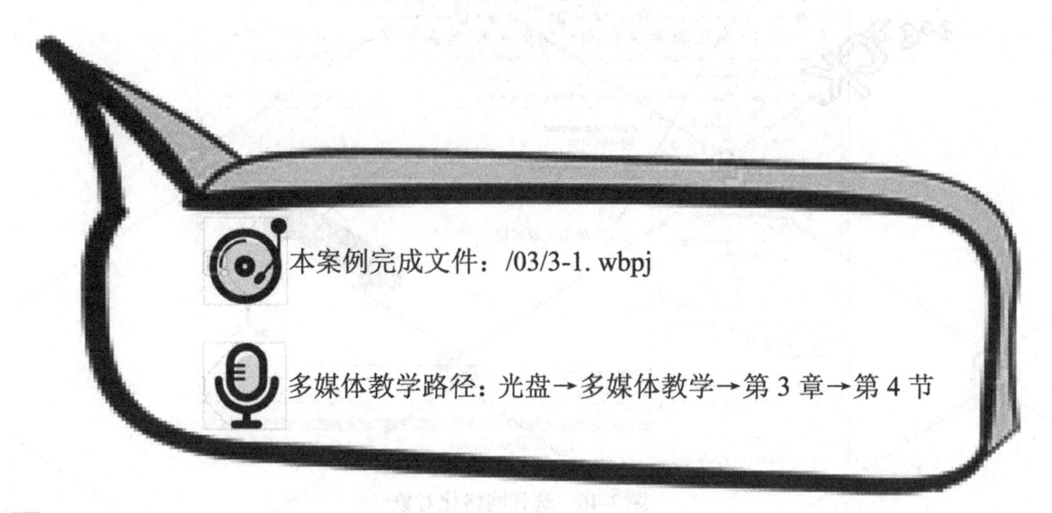

本案例完成文件：/03/3-1. wbpj
多媒体教学路径：光盘→多媒体教学→第 3 章→第 4 节

Step1 选择编辑命令，如图 3-48 所示。

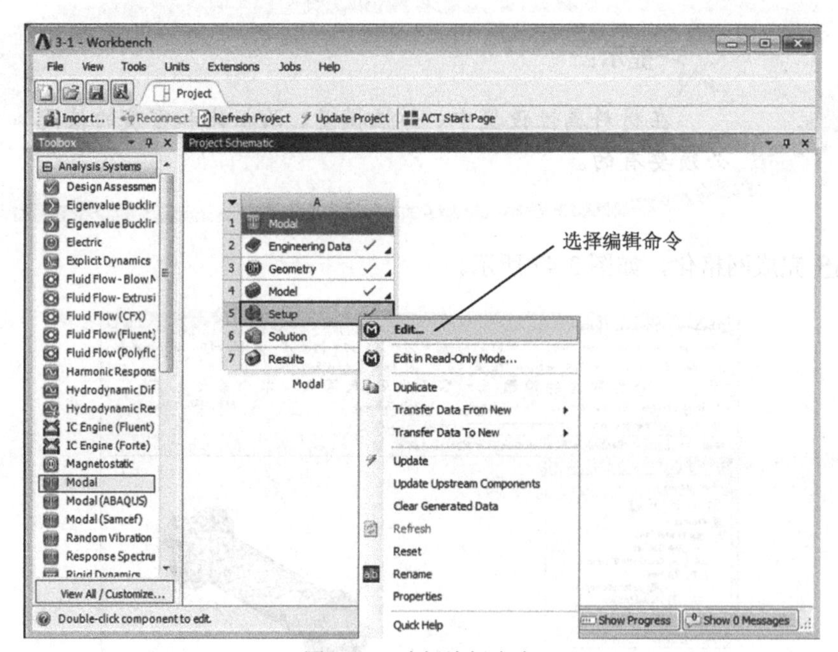

图 3-48 选择编辑命令

Step2 添加位移约束，如图 3-49 所示。

图 3-49　添加位移约束

Step3 选择约束面，如图 3-50 所示。

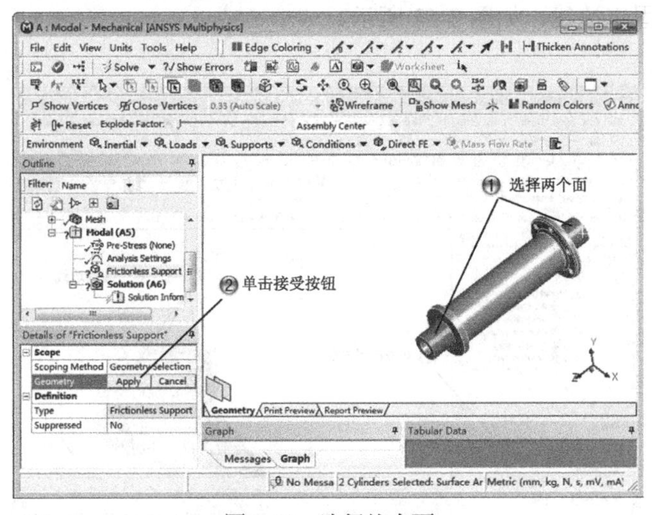

图 3-50　选择约束面

提示：

模态分析可能存在接触。由于模态分析是纯粹的线性分析，所以采用的接触不同于线性分析中的接触类型。

Step4 添加固定约束，如图 3-51 所示。

图 3-51 添加固定约束

Step5 选择固定边线，如图 3-52 所示。

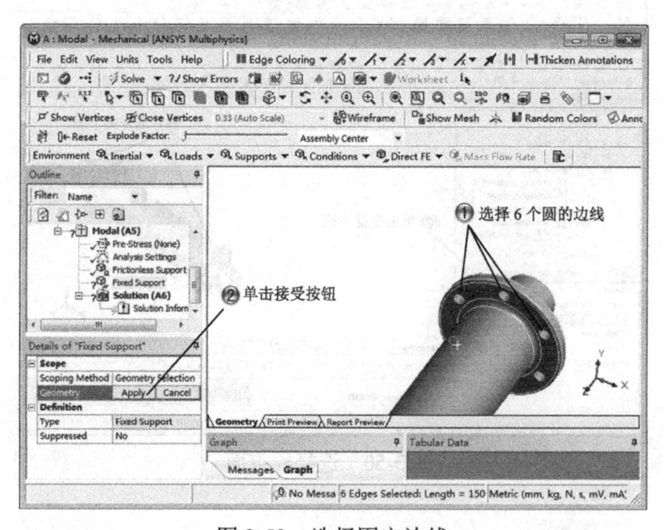

图 3-52 选择固定边线

提示：

在进行模态分析时，结构和热载荷无法在模态中存在。

Step6 求解运算，如图 3-53 所示。

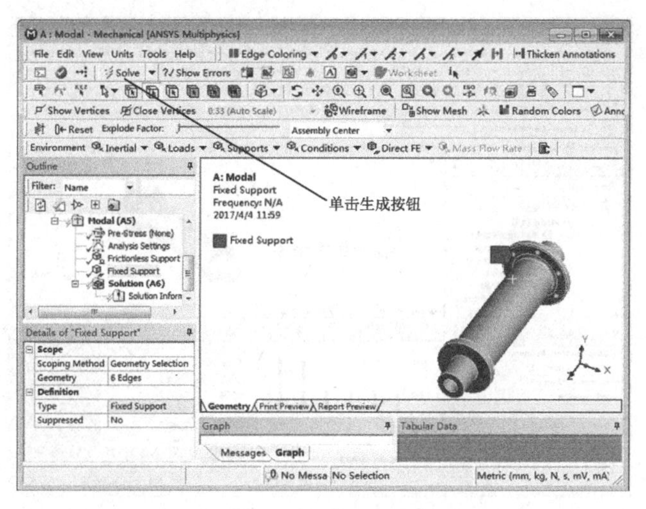

图 3-53　求解运算

3.5　结果后处理

本案例完成文件：/03/3-1. wbpj

多媒体教学路径：光盘→多媒体教学→第 3 章→第 5 节

Step1 选择编辑命令，如图 3-54 所示。

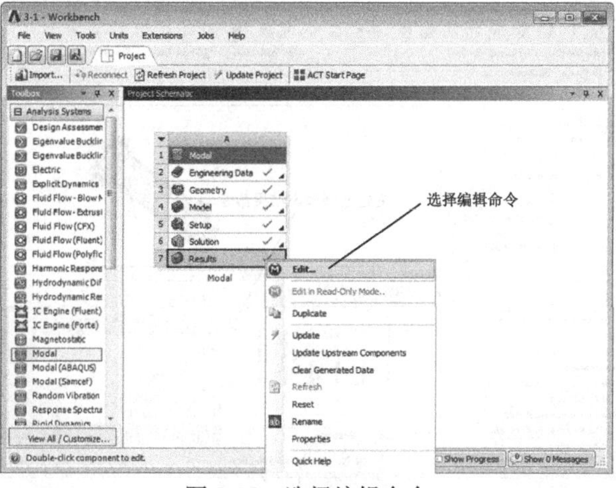

图 3-54　选择编辑命令

Step2 选择所有模态，如图 3-55 所示。

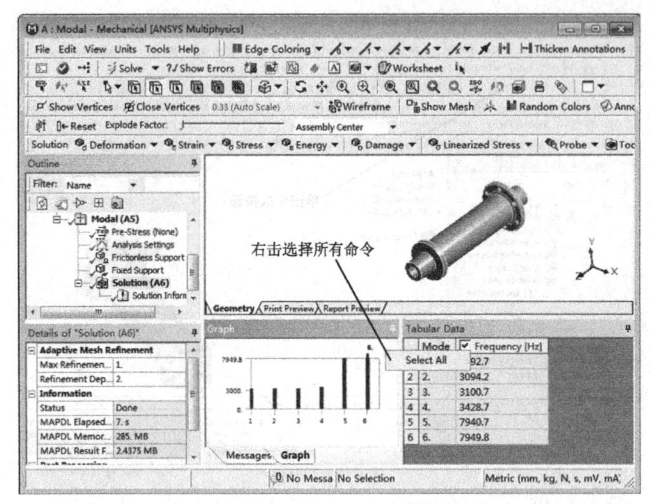

图 3-55　选择所有模态

提示：

边界条件对于模态分析来说，是很重要的。因为它们能影响零件的振型和固有频率。因此需要仔细考虑模型是如何被约束的。

Step3 计算并显示模态结果，如图 3-56 所示。

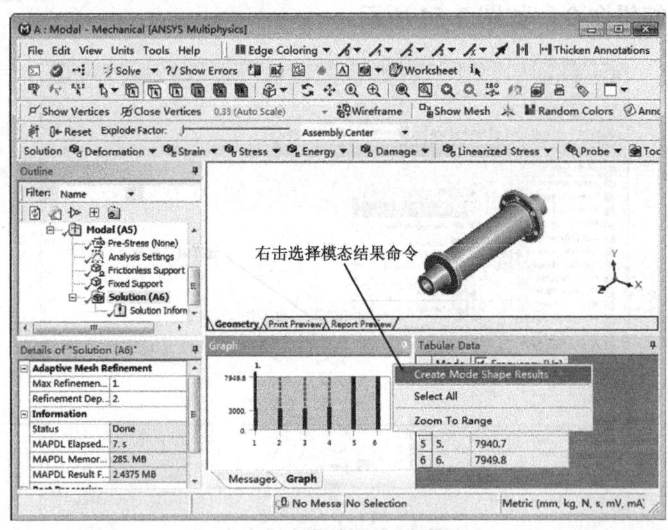

图 3-56　计算并显示模态结果

Step4 总变形分析结果 1，如图 3-57 所示。

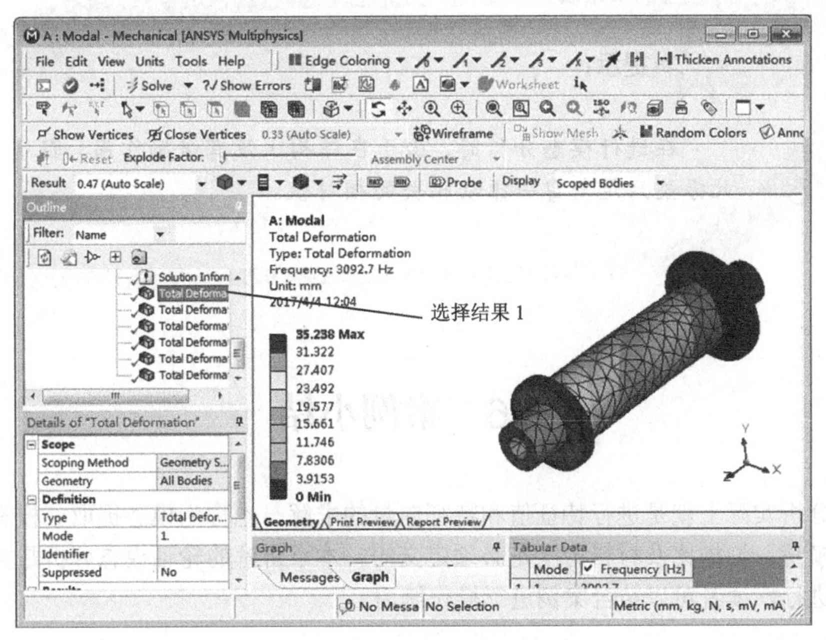

图 3-57　总变形分析结果 1

Step5 总变形分析结果 2，如图 3-58 所示。

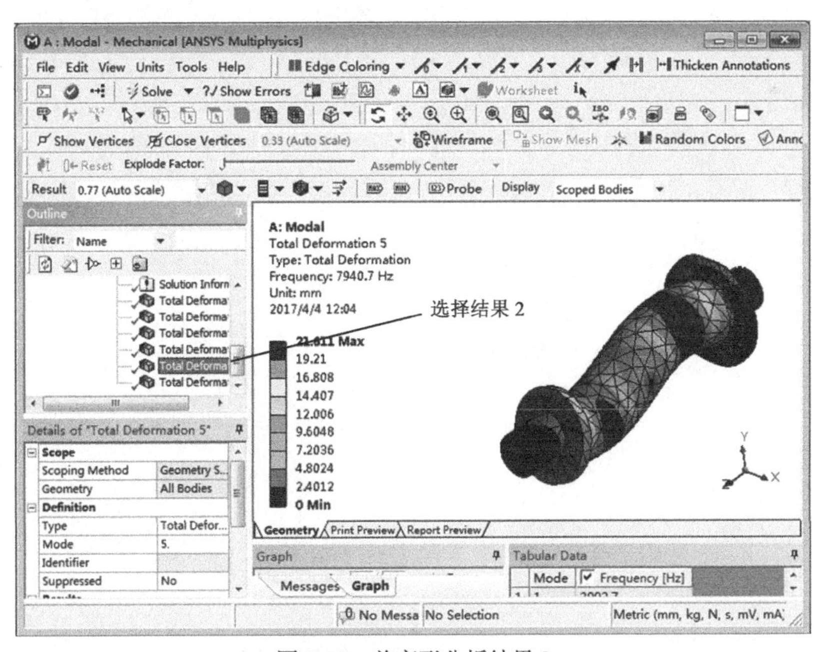

图 3-58　总变形分析结果 2

提示：

在进行模态分析时，由于在结构上没有激励作用，因此振型只是与自由振动相关的相对值。

3.6 案例小结

模态分析实际上就是进行特征值和特征向量的求解，也称为模态提取。模态分析中材料的弹性模量、泊松比及材料密度是必须定义的。本章讲解的轮轴模态分析是按照常规方法和顺序进行，读者可以结合案例进行操作练习。

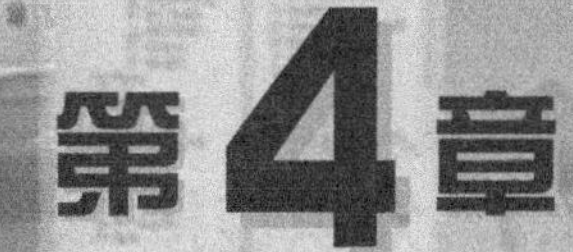

第4章 机架的谐响应分析案例

本章导读

谐响应分析（Harmonic Analysis）是用于确定线性结构，在承受随已知按正弦（简谐）规律变化的载荷时稳态响应的一种技术。谐响应分析的目的是计算出结构在几种频率下的响应并得到一些响应值对频率的曲线，这样就可以预测结构的持续动力学特征，从而验证其设计能否成功地克服共振、疲劳及其他受迫振动引起的有害效果。

本章的机架模型是一个典型的空间结构，经常要进行的分析就是谐响应分析，以验证其共振属性。

学习要求	知识点 \ 学习目标	了解	理解	应用	实践
	谐响应分析的概念		√		
	谐响应分析步骤		√	√	√
	机架的谐响应设置		√	√	√

4.1 案例分析

4.1.1 知识链接

谐响应分析可以进行计算结构的稳态受迫振动，其中在谐响应分析中不考虑发生在激励开始时的瞬态振动。谐响应分析属于线性分析，所有非线性的特征在计算时都将被忽略，但分析时可以有预应力的结构，比如琴弦等。输入载荷可以是已知幅位和频率的力、压力和位移，输出值包括节点位移也可以是导出的值，如应力、应变等。在程序内部，谐响应计算有两种方法，即完全法和模态叠加法。

谐响应分析与静力分析的过程非常相似，进行谐响应分析的步骤如下。

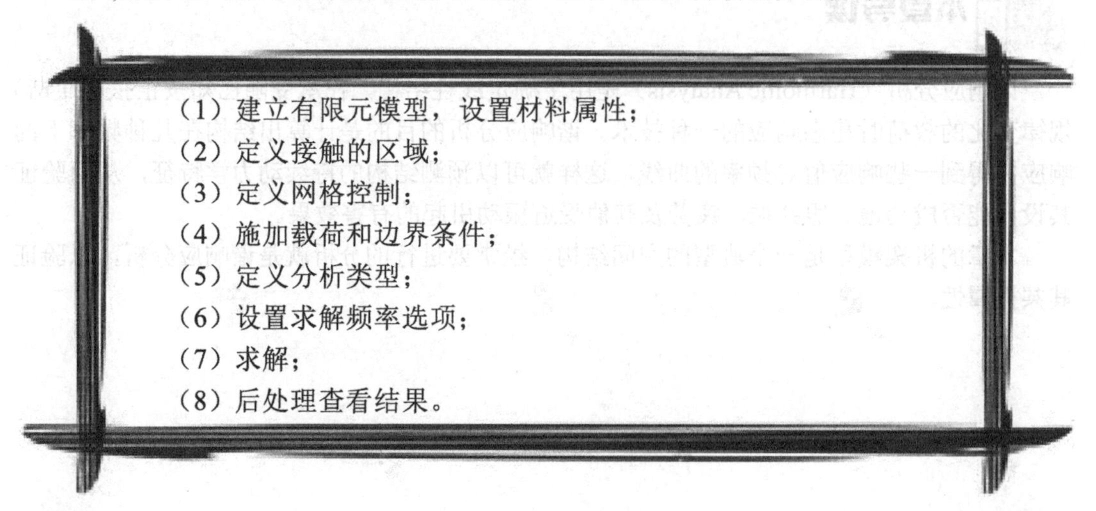

（1）建立有限元模型，设置材料属性；
（2）定义接触的区域；
（3）定义网格控制；
（4）施加载荷和边界条件；
（5）定义分析类型；
（6）设置求解频率选项；
（7）求解；
（8）后处理查看结果。

4.1.2 设计思路

本案例是求解在两个谐波下固定机架的谐响应，机架模型如图 4-1 所示。在本案例中使用力来代表旋转的机器，作用面位于机架长度的三分之一处，机器旋转的速率 300RPM 到 1800RPM，机架的材料为钢材。

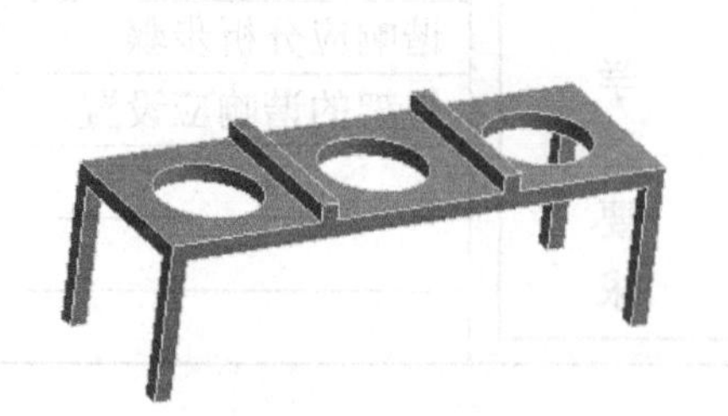

图 4-1　机架模型

4.2 建立分析模型

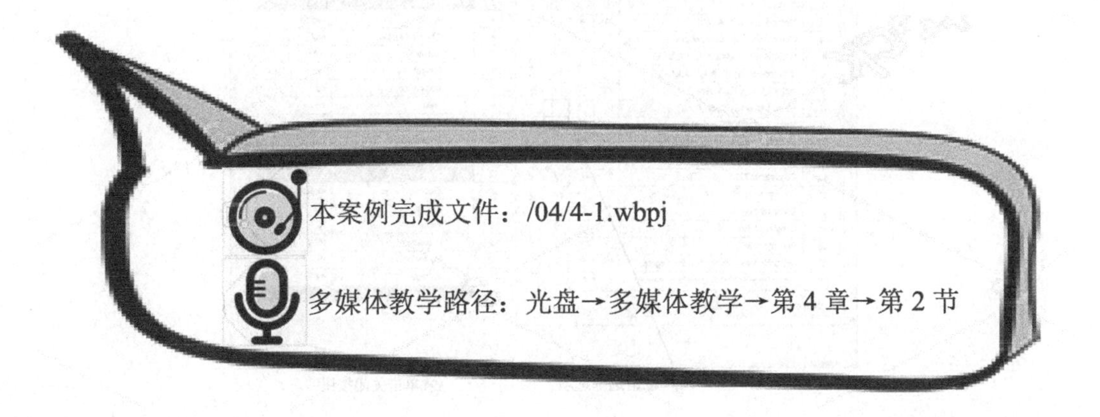

本案例完成文件：/04/4-1.wbpj
多媒体教学路径：光盘→多媒体教学→第 4 章→第 2 节

Step1 设置尺寸单位，如图 4-2 所示。

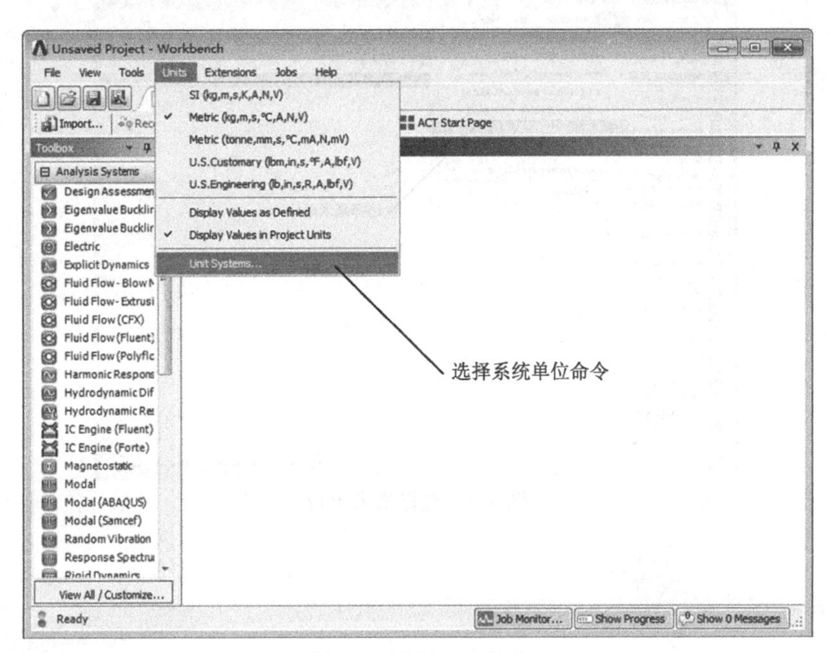

图 4-2　设置尺寸单位

Step2 取消选择选项 8，如图 4-3 所示。

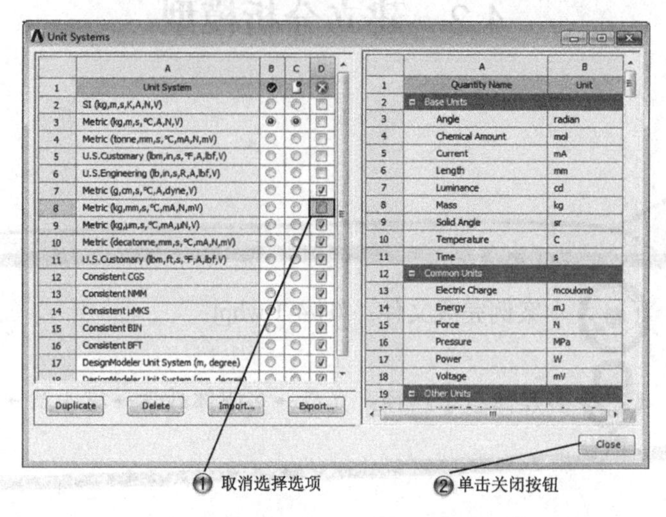

图 4-3　取消选择选项 8

Step3 选择毫米单位，如图 4-4 所示。

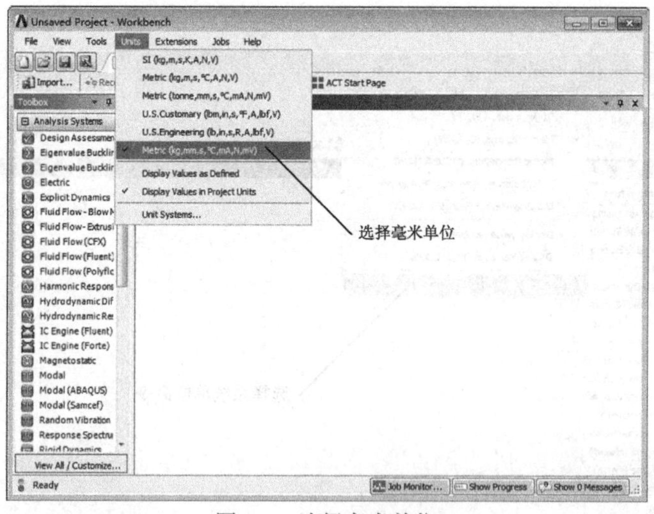

图 4-4　选择毫米单位

提示：

求解谐响应分析运动分为完全法和模态叠加法两种。完全法是一种简单的方法，使用完全结构矩阵，允许存在非对称矩阵。

Step4 创建分析项目，如图 4-5 所示。

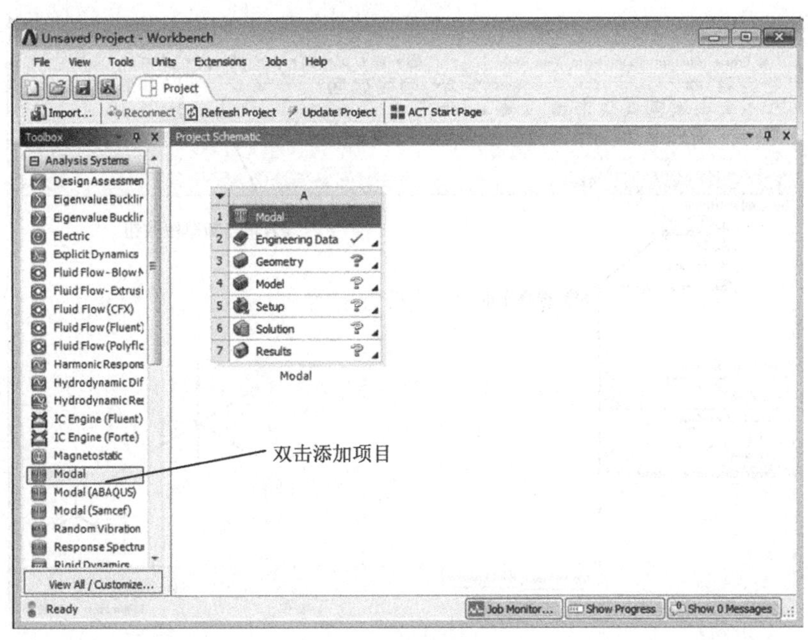

图 4-5　创建分析项目

Step5 进入零件设计界面，如图 4-6 所示。

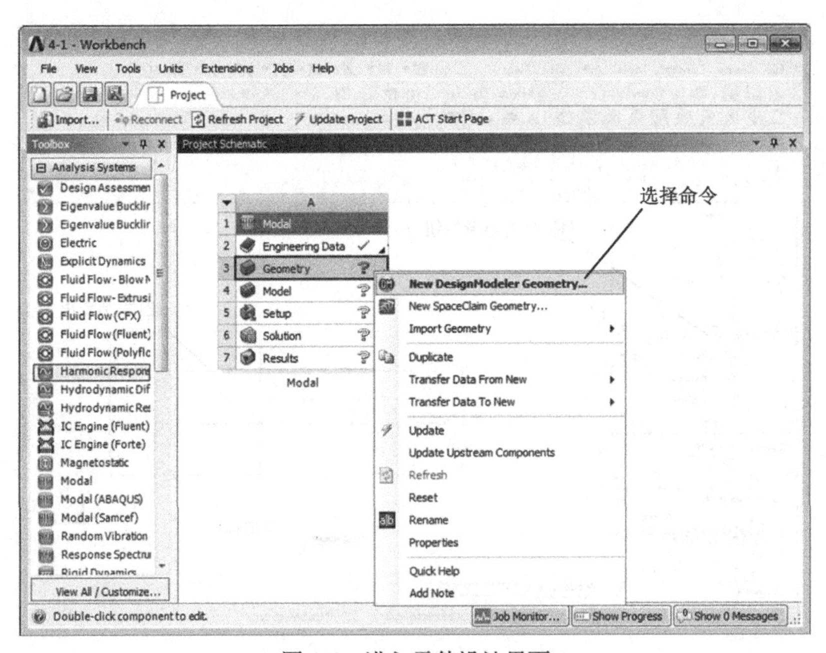

图 4-6　进入零件设计界面

Step6 选择草绘面，如图 4-7 所示。

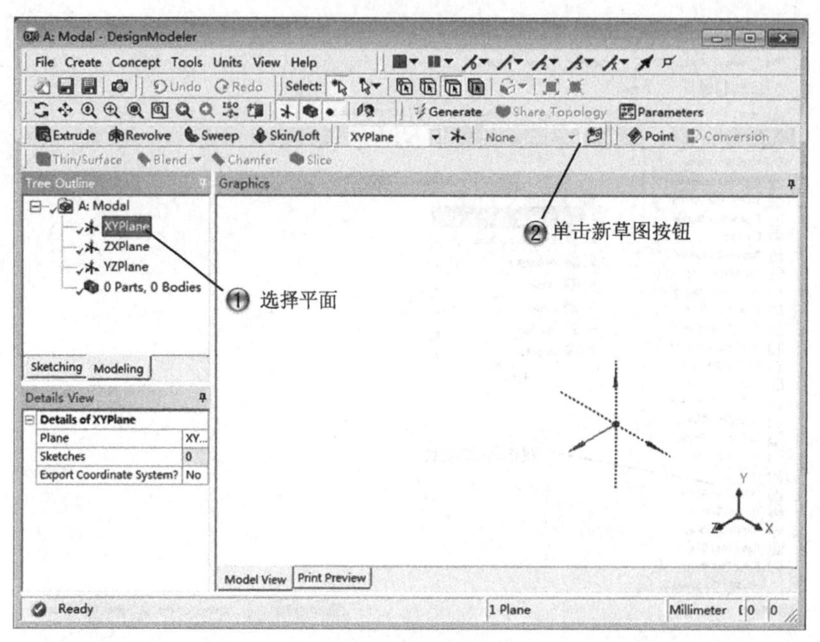

图 4-7　选择草绘面

Step7 绘制矩形，如图 4-8 所示。

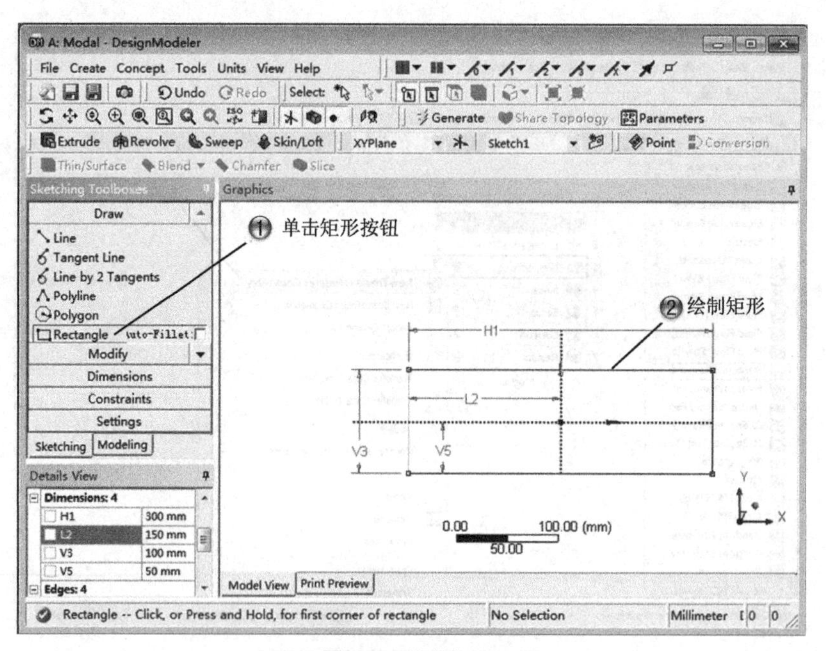

图 4-8　绘制矩形

Step8 拉伸矩形草图，如图 4-9 所示。

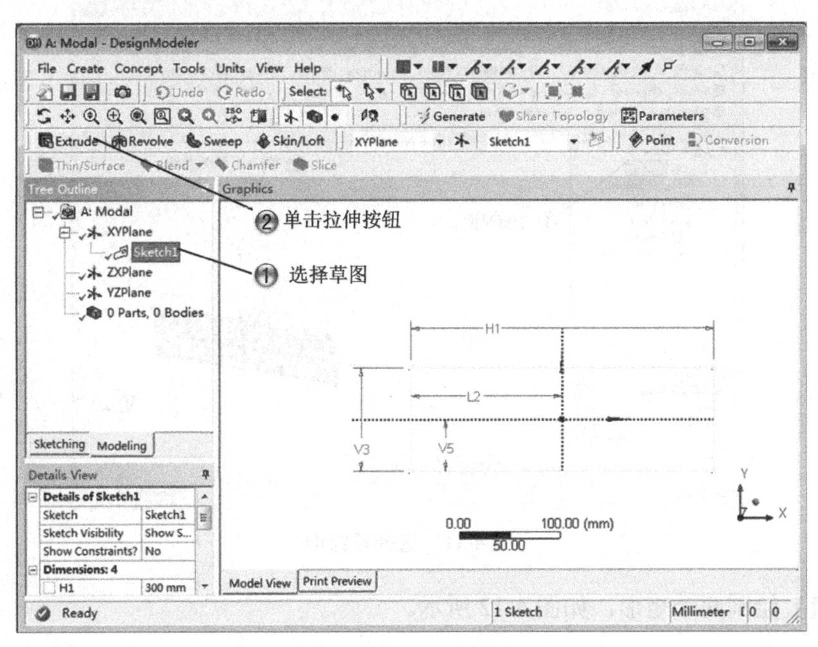

图 4-9　拉伸矩形草图

Step9 设置拉伸参数，如图 4-10 所示。

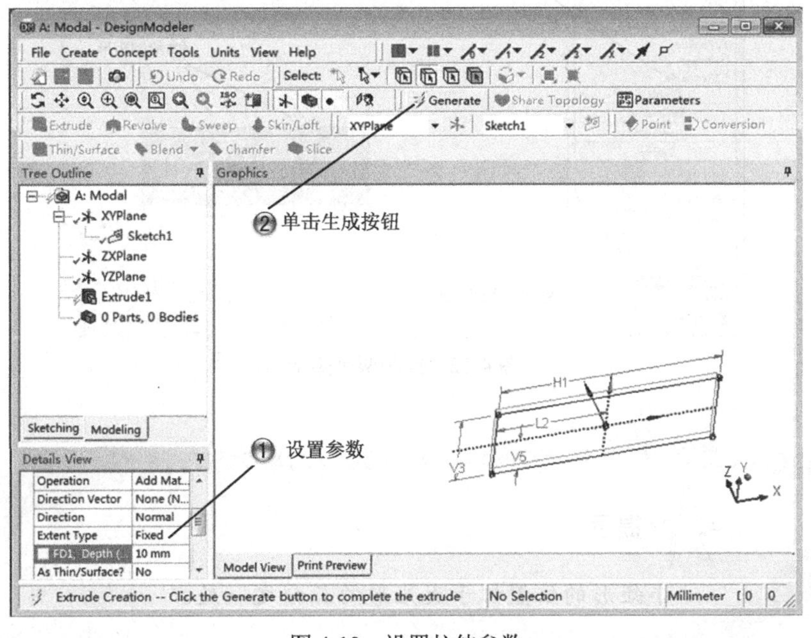

图 4-10　设置拉伸参数

Step10 选择草绘面，如图 4-11 所示。

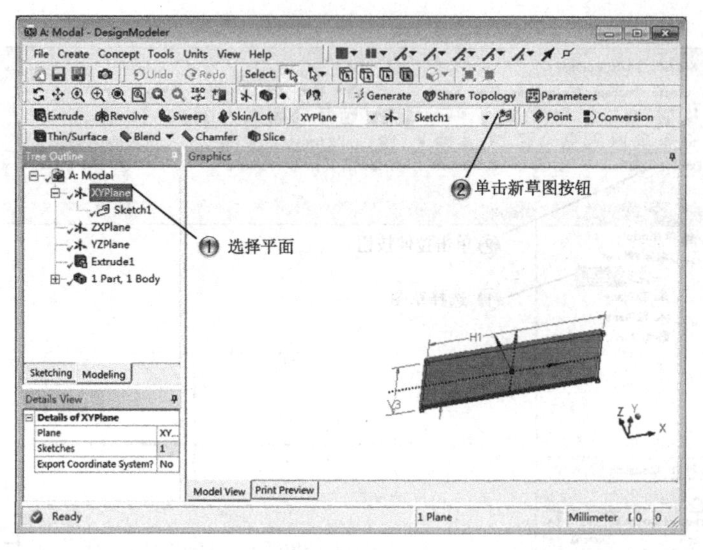

图 4-11　选择草绘面

Step11 绘制两个矩形，如图 4-12 所示。

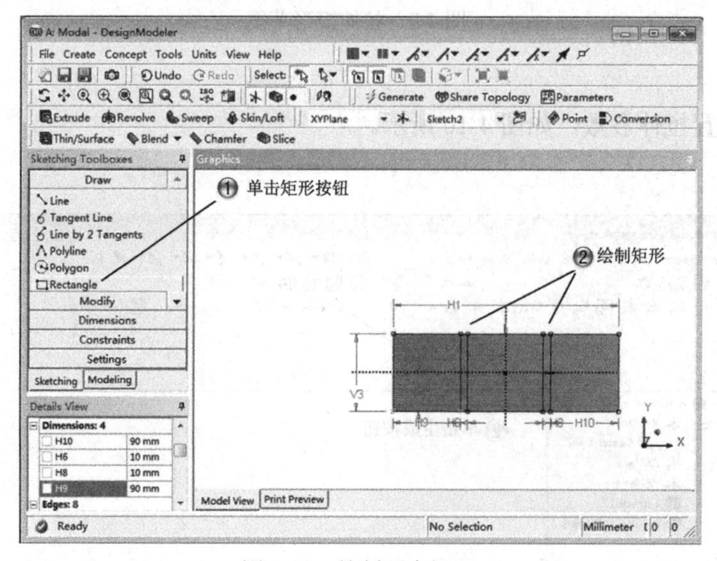

图 4-12　绘制两个矩形

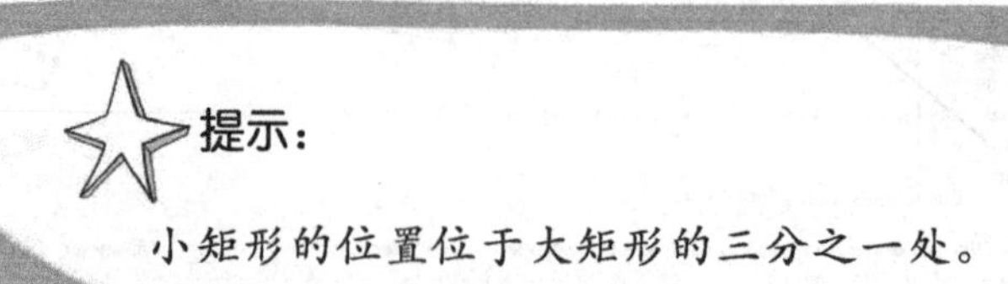

提示：

小矩形的位置位于大矩形的三分之一处。

Step12 拉伸矩形草图，如图 4-13 所示。

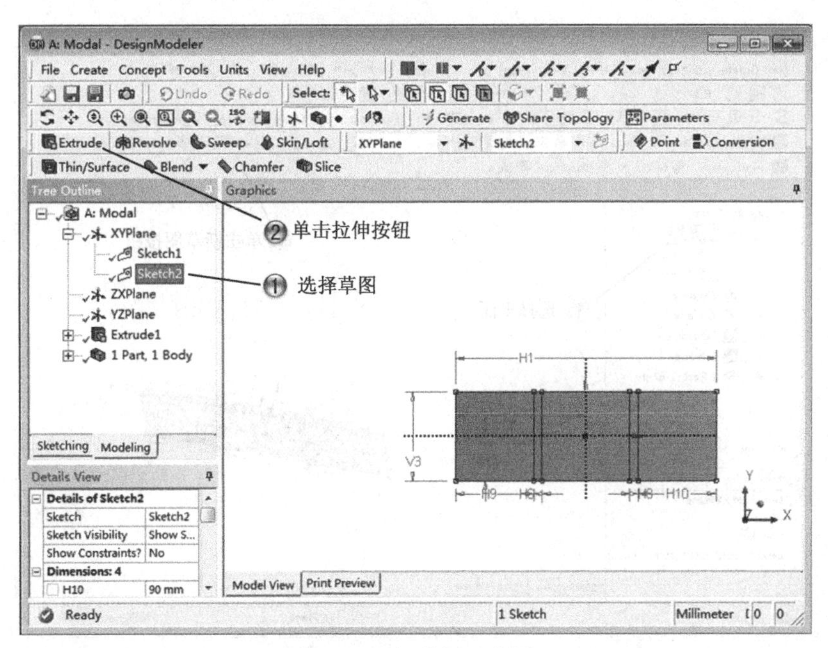

图 4-13　拉伸矩形草图

Step13 设置拉伸参数，如图 4-14 所示。

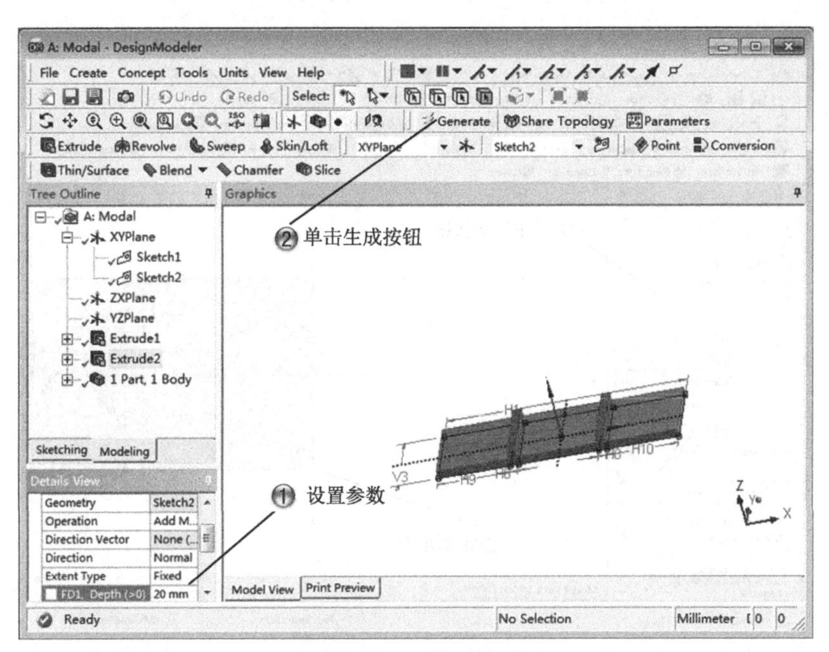

图 4-14　设置拉伸参数

Step14 选择草绘面，如图 4-15 所示。

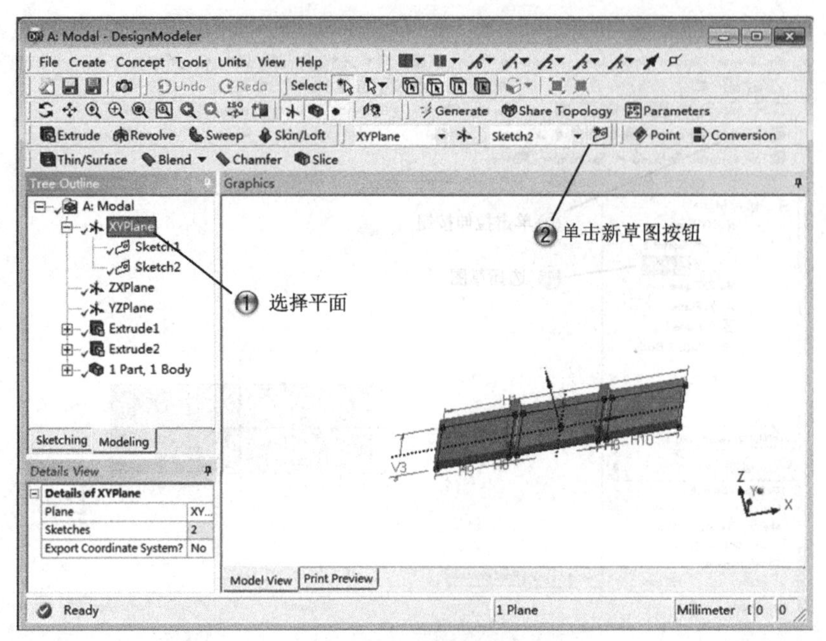

图 4-15　选择草绘面

Step15 绘制小矩形，如图 4-16 所示。

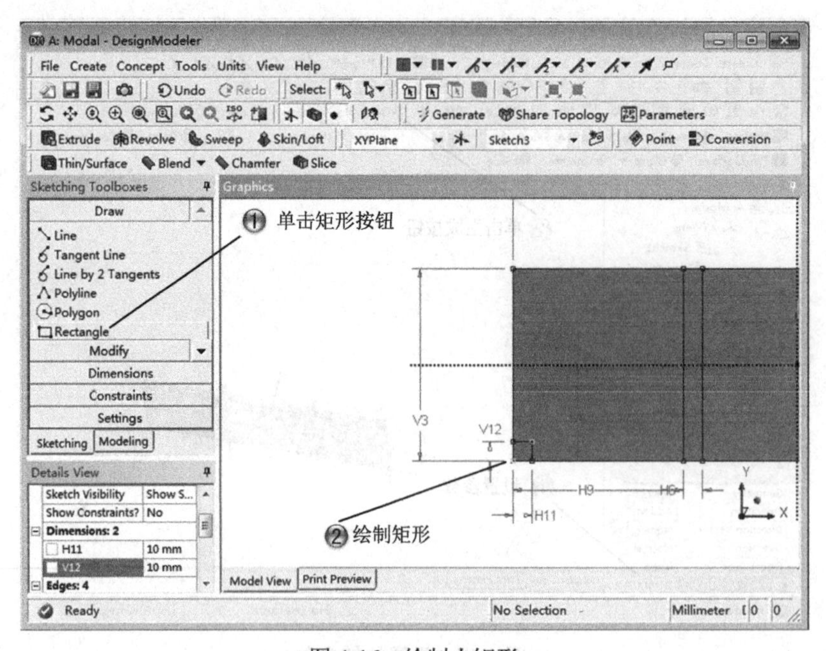

图 4-16　绘制小矩形

Step16 复制矩形，如图 4-17 所示。

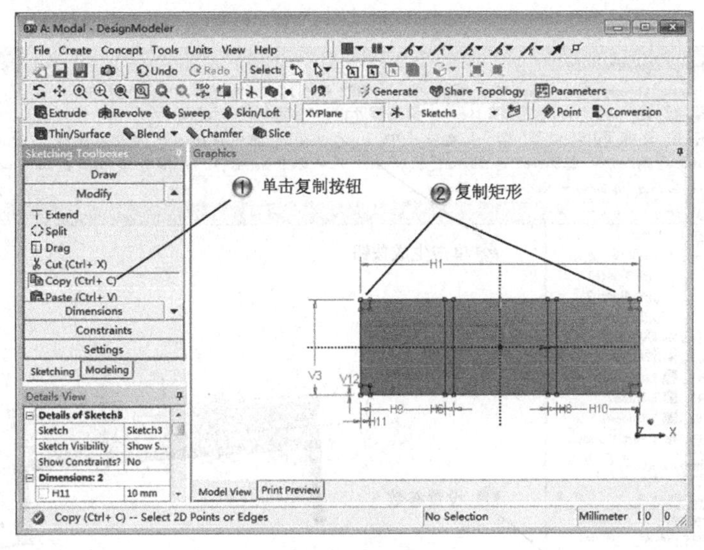

图 4-17　复制矩形

提示：

除了复制草图，也可以在创建拉伸特征后使用阵列命令创建方柱。

Step17 拉伸草图，如图 4-18 所示。

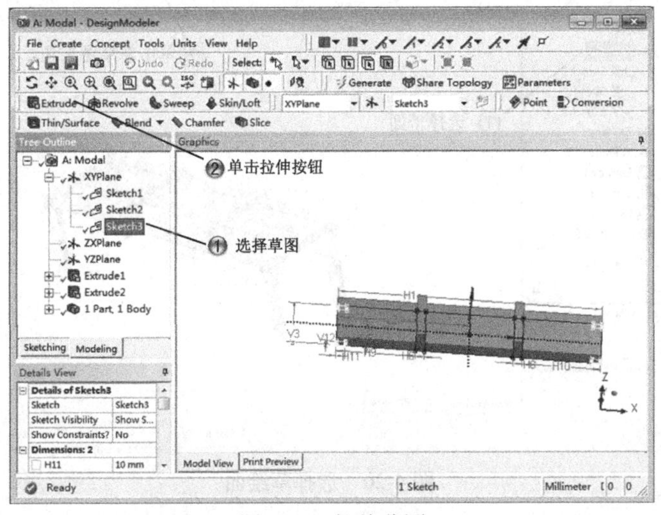

图 4-18　拉伸草图

Step18 设置拉伸参数，如图 4-19 所示。

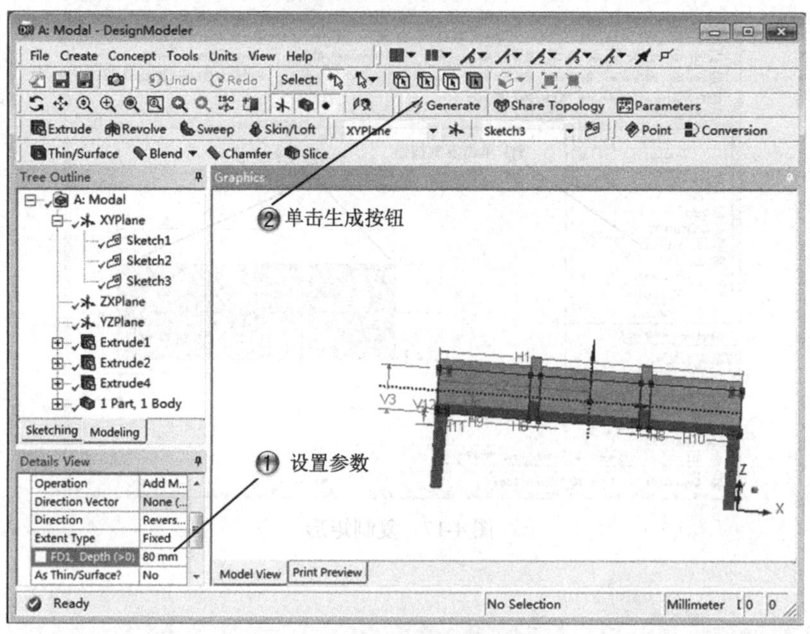

图 4-19　设置拉伸参数

Step19 选择草绘面，如图 4-20 所示。

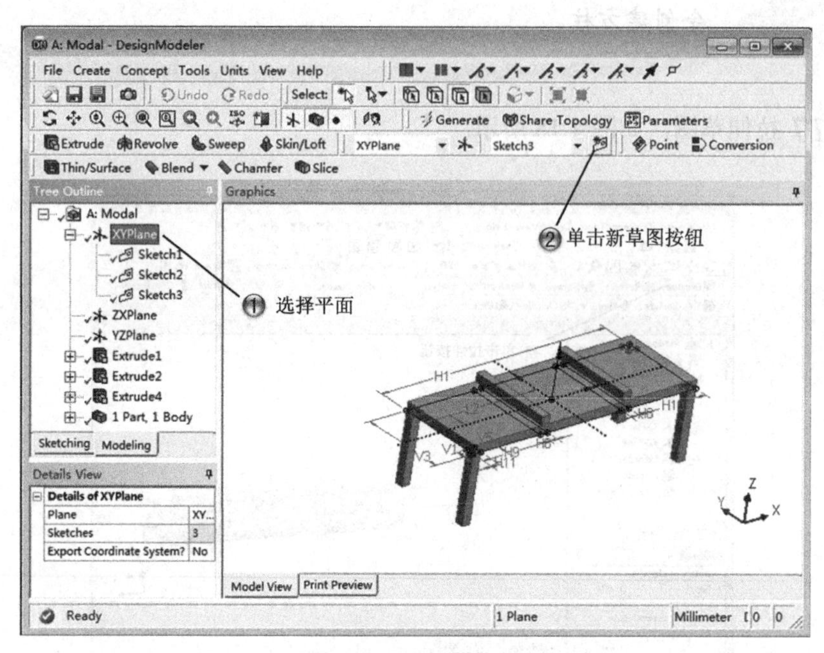

图 4-20　选择草绘面

Step20 绘制圆形，如图 4-21 所示。

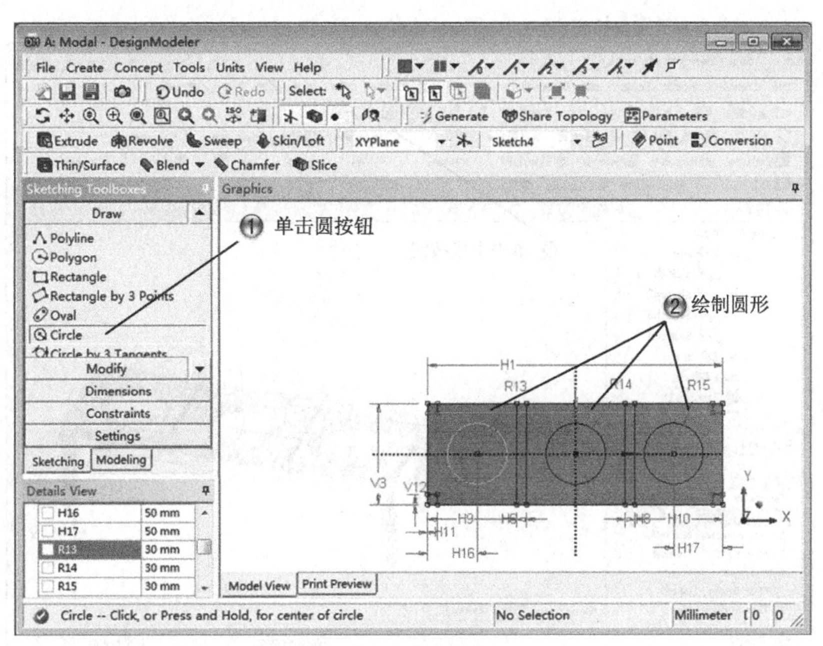

图 4-21　绘制圆形

Step21 拉伸圆形草图，如图 4-22 所示。

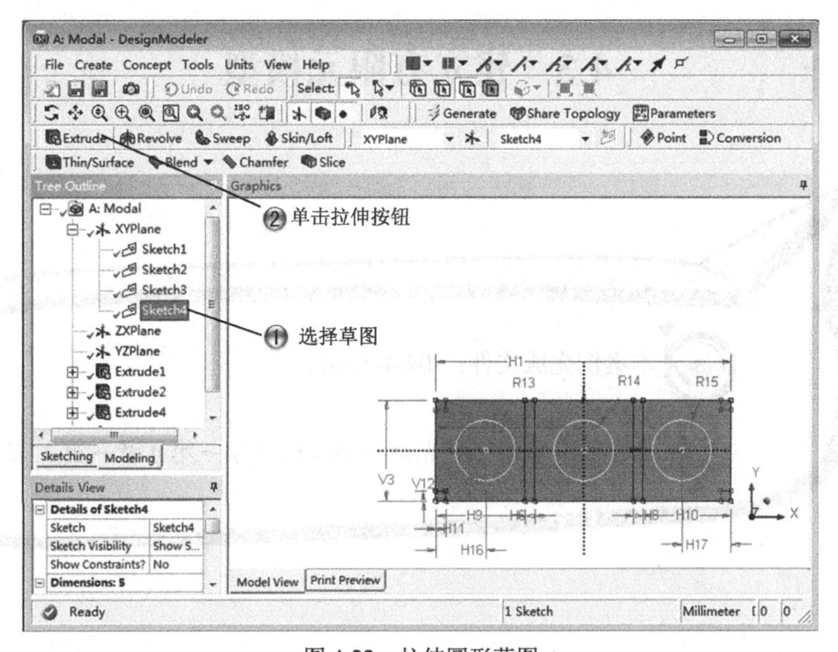

图 4-22　拉伸圆形草图

Step22 设置拉伸切除参数，如图 4-23 所示。

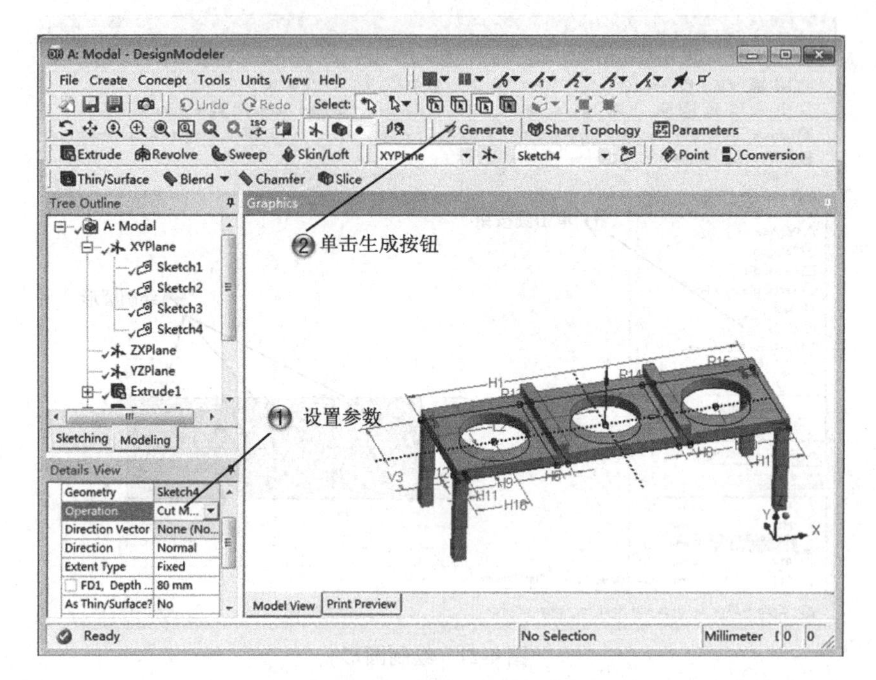

图 4-23　设置拉伸切除参数

4.3　建立有限元模型

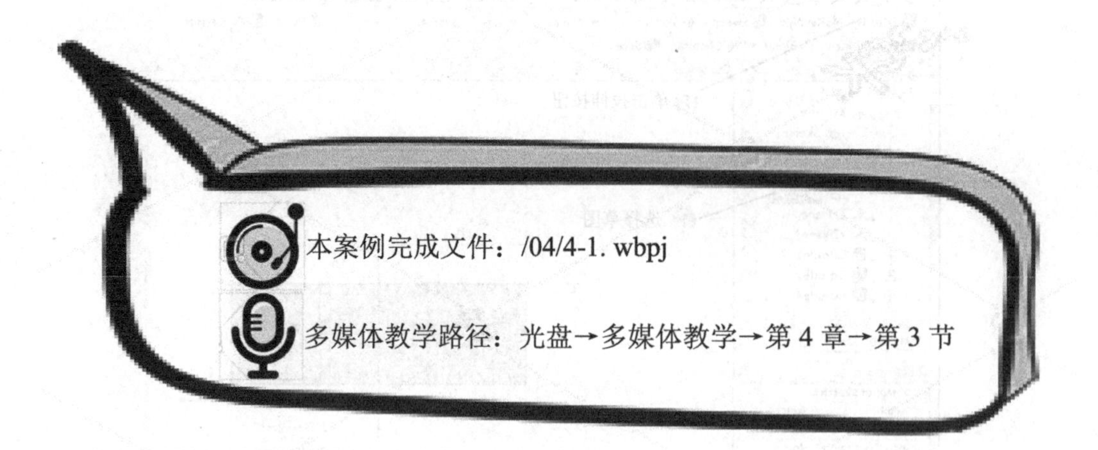

本案例完成文件：/04/4-1. wbpj
多媒体教学路径：光盘→多媒体教学→第 4 章→第 3 节

Step1 选择编辑命令，如图 4-24 所示。

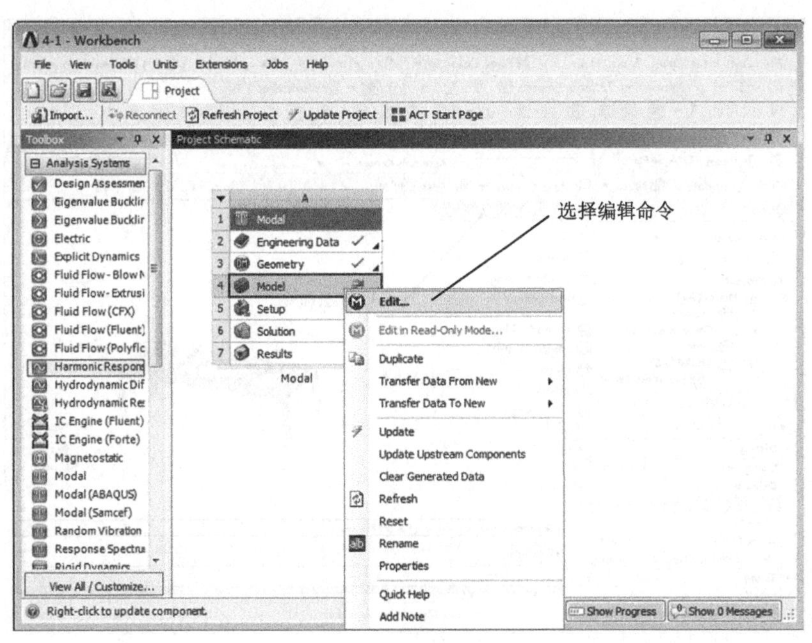

图 4-24　选择编辑命令

Step2 设置网格化参数，如图 4-25 所示。

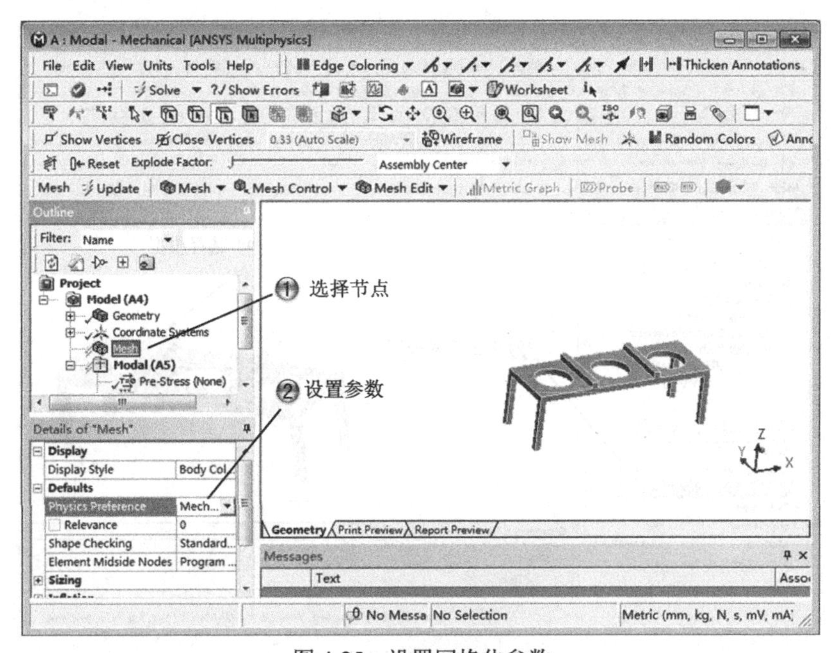

图 4-25　设置网格化参数

Step3 添加网格控制，如图 4-26 所示。

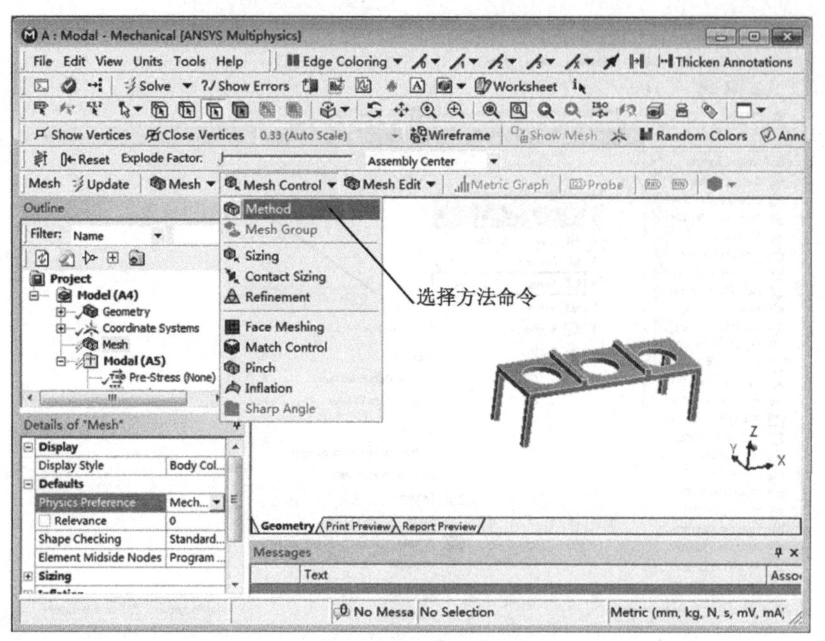

图 4-26　添加网格控制

Step4 选择网格化对象，如图 4-27 所示。

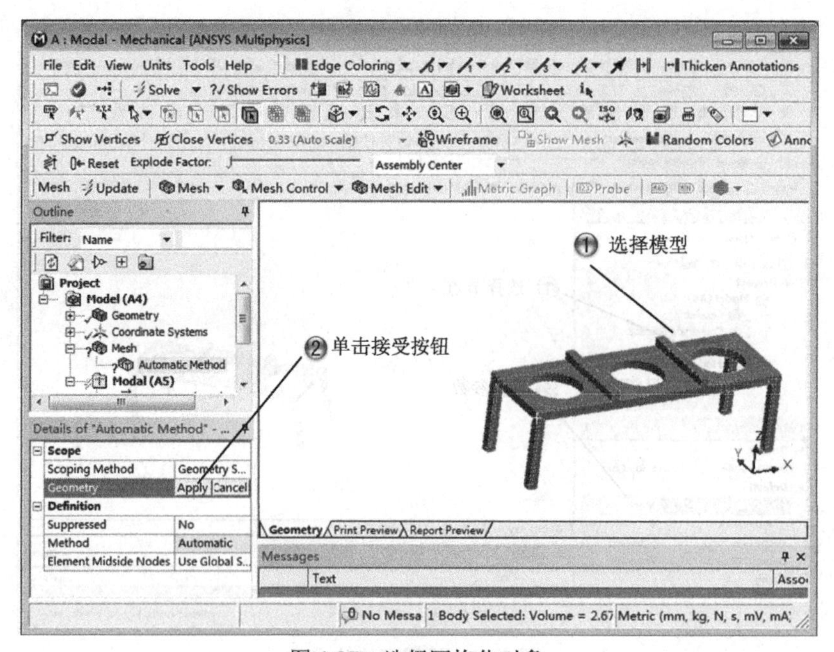

图 4-27　选择网格化对象

Step5 运算求解，如图 4-28 所示。

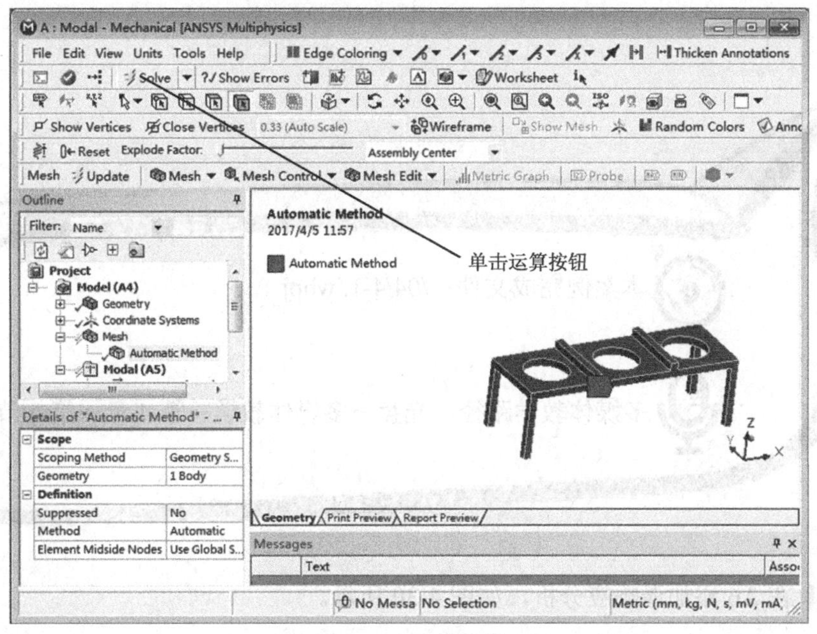

图 4-28　运算求解

Step6 完成网格化，如图 4-29 所示。

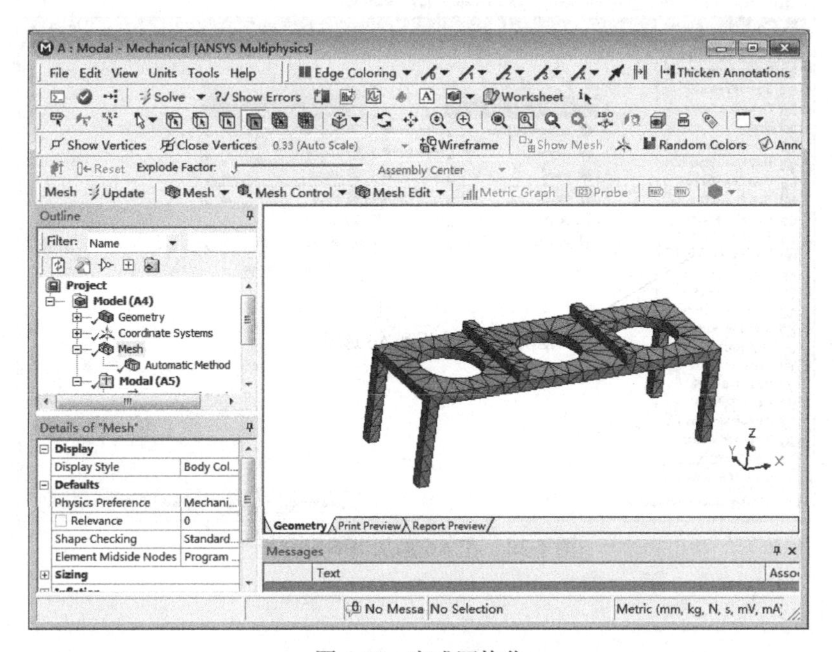

图 4-29　完成网格化

4.4 模型计算设置

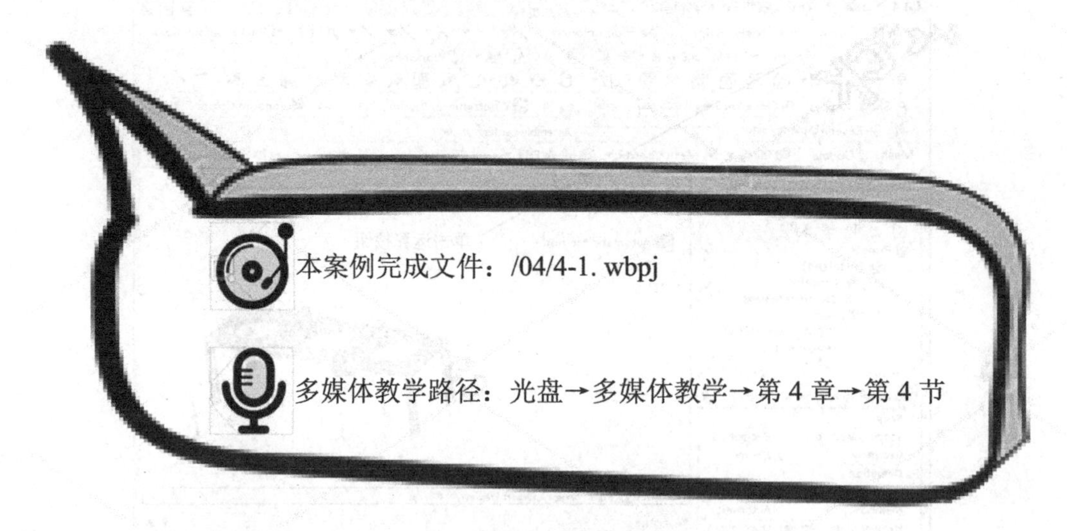

本案例完成文件：/04/4-1. wbpj
多媒体教学路径：光盘→多媒体教学→第 4 章→第 4 节

Step1 在 A6 添加谐响应分析，如图 4-30 所示。

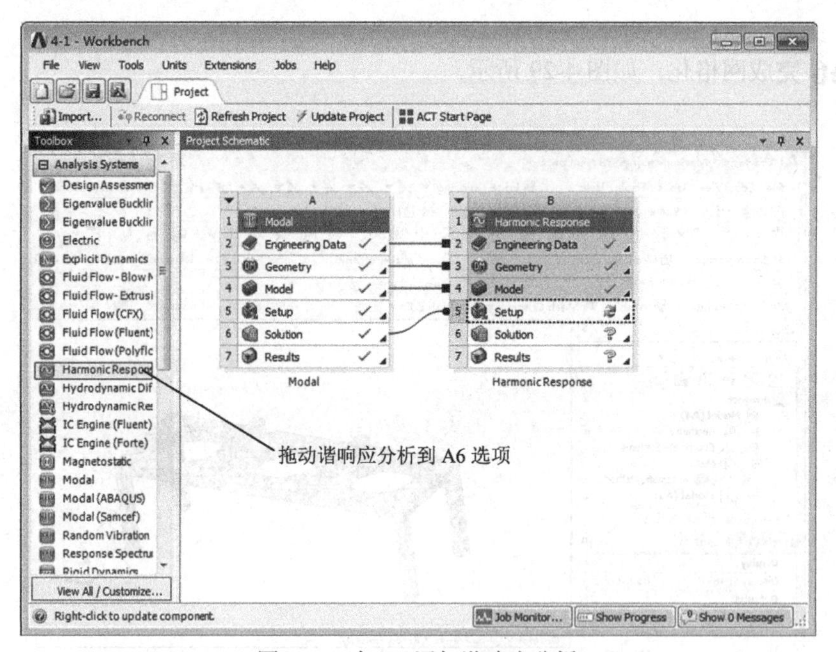

图 4-30 在 A6 添加谐响应分析

Step2 选择编辑命令，如图 4-31 所示。

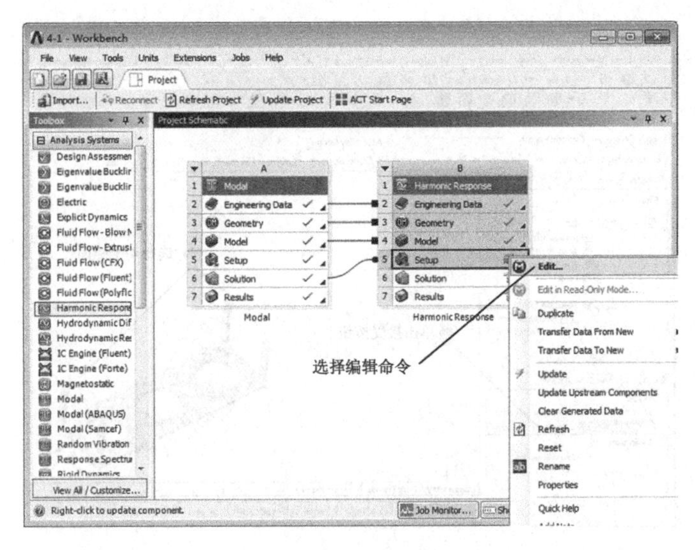

图 4-31　选择编辑命令

提示：

在谐响应分析中，输入载荷可以是已知幅值和频率的力、压力和位移，所有的结构载荷均有相同的激励频率。

Step3 移动约束条件，如图 4-32 所示。

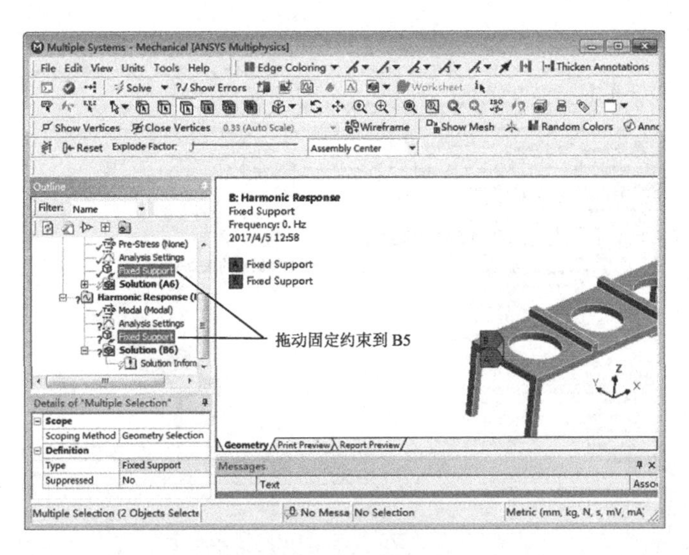

图 4-32　移动约束条件

Step4 修改约束条件，如图 4-33 所示。

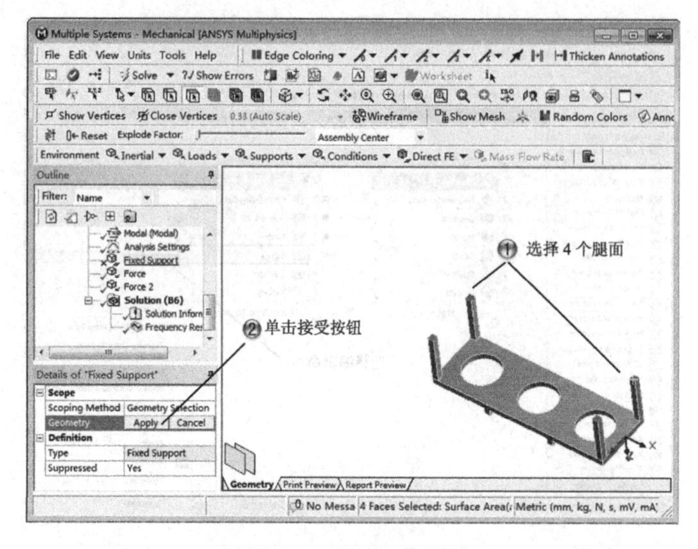

图 4-33　修改约束条件

提示：

Mechanical 中不支持的载荷有：重力载荷、热载荷、旋转速度载荷和螺栓预紧力载荷。

Step5 添加力 1，如图 4-34 所示。

图 4-34　添加力 1

Step6 选择放置面，如图 4-35 所示。

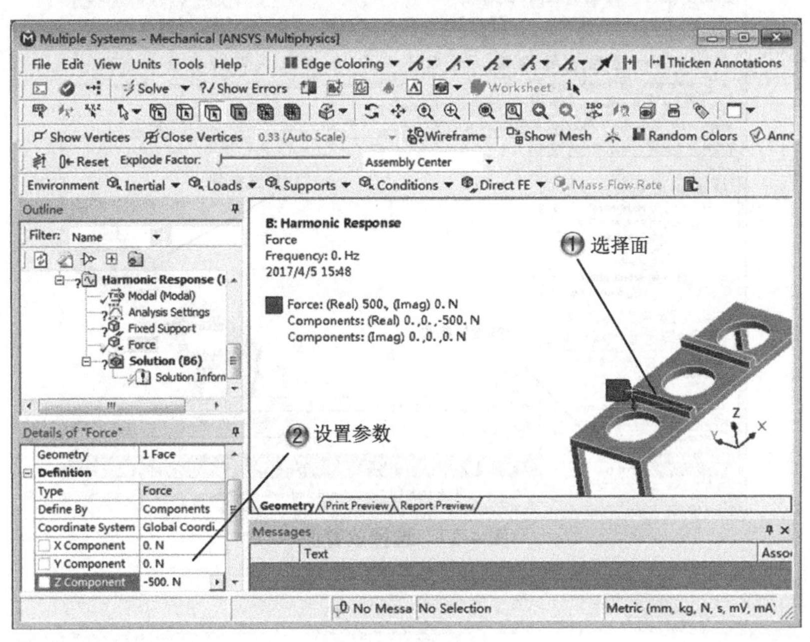

图 4-35　选择放置面

Step7 添加力 2，如图 4-36 所示。

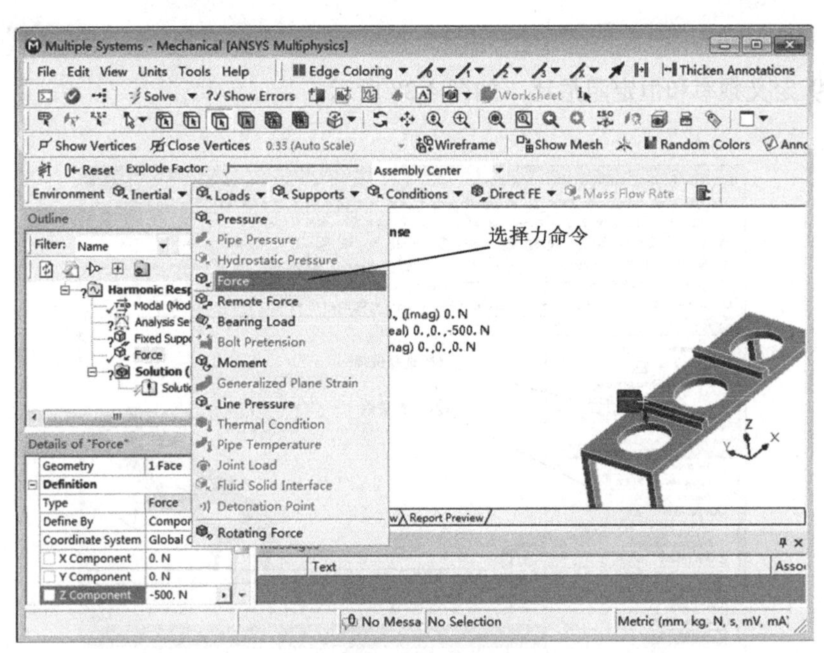

图 4-36　添加力 2

Step8 选择放置面，如图 4-37 所示。

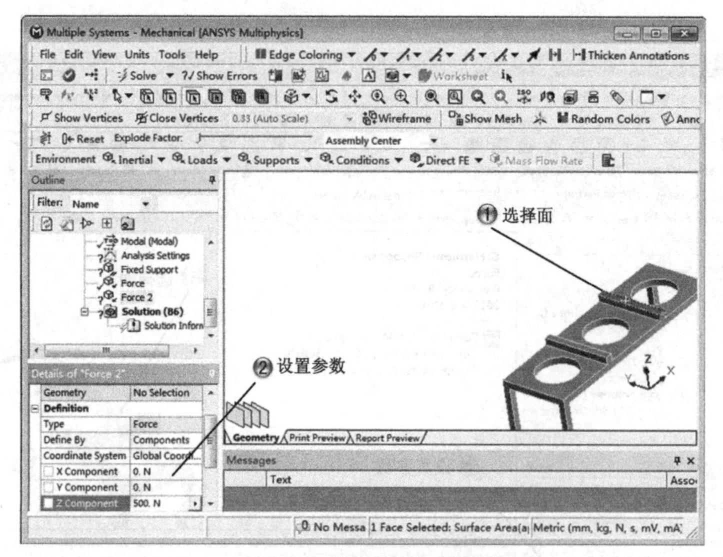

图 4-37　选择放置面

提示：

在加载载荷时要确定载荷的幅值、相位移及频率。

Step9 定义频率和恒定阻尼比，如图 4-38 所示。

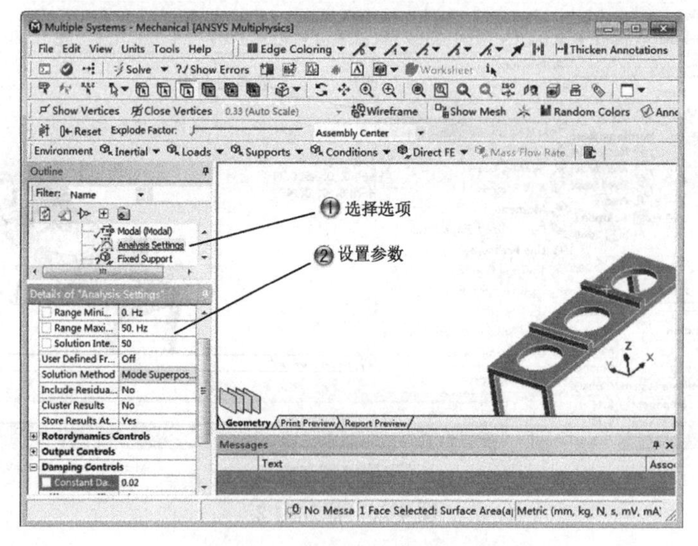

图 4-38　定义频率和恒定阻尼比

Step10 创建谐响应分析，如图 4-39 所示。

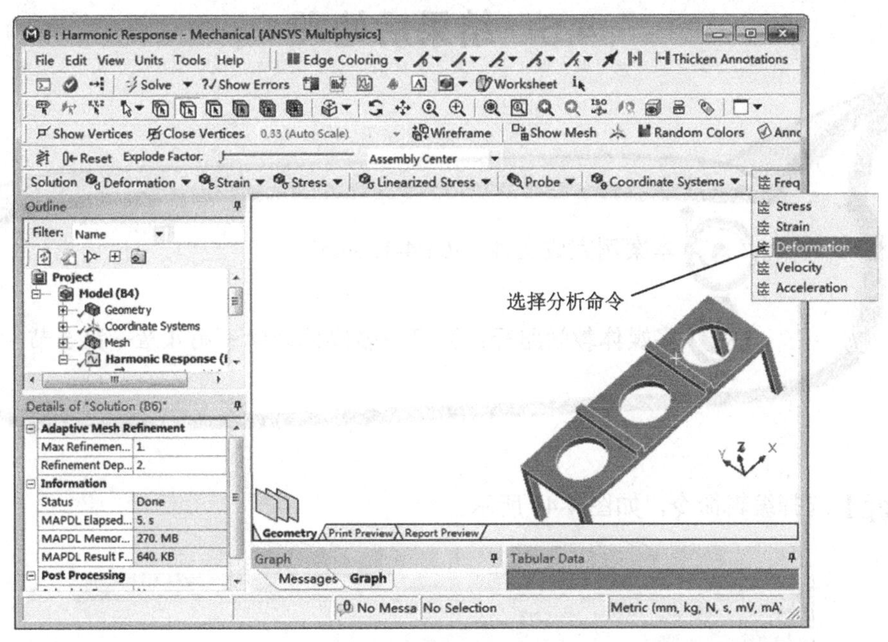

图 4-39　创建谐响应分析

Step11 选择模型并设置方向，如图 4-40 所示。

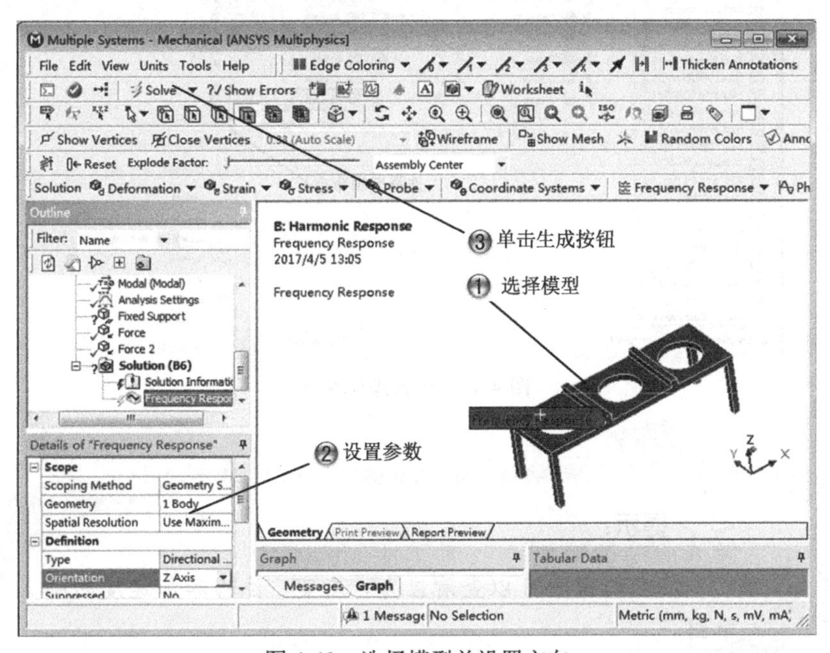

图 4-40　选择模型并设置方向

4.5 结果后处理

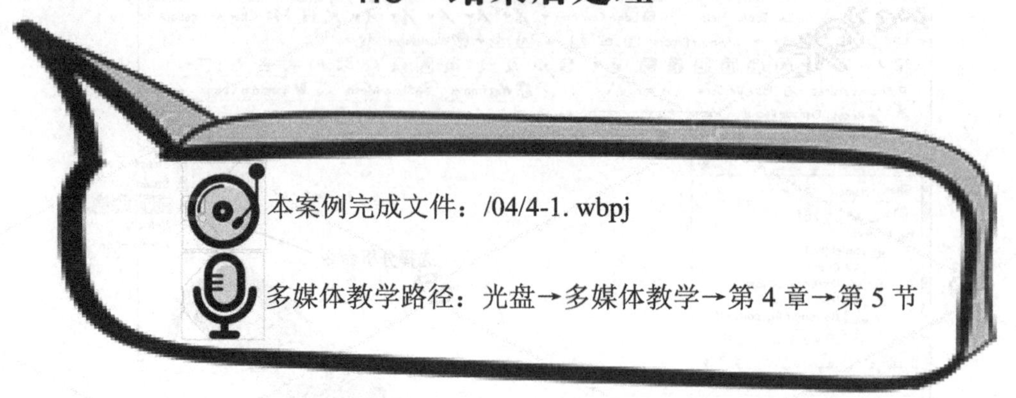

本案例完成文件：/04/4-1. wbpj

多媒体教学路径：光盘→多媒体教学→第 4 章→第 5 节

Step1 选择编辑命令，如图 4-41 所示。

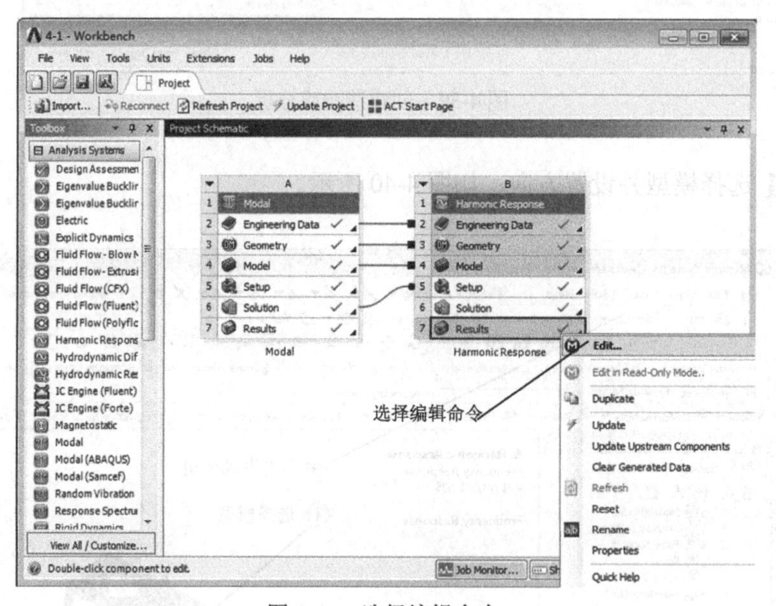

图 4-41　选择编辑命令

提示：

在后处理中可以查看应力、应变、位移和加速度的频率图。

Step2 模态分析结果 1，如图 4-42 所示。

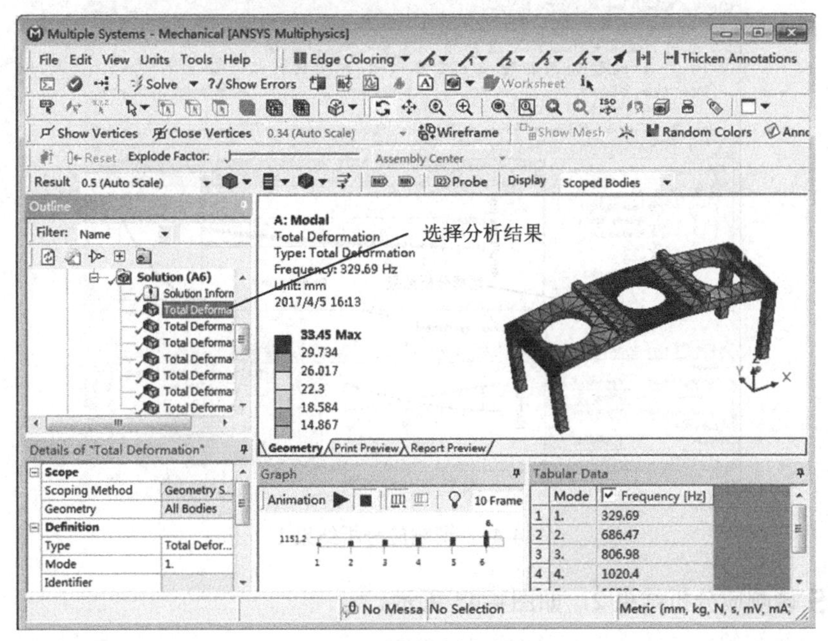

图 4-42　模态分析结果 1

Step3 模态分析结果 2，如图 4-43 所示。

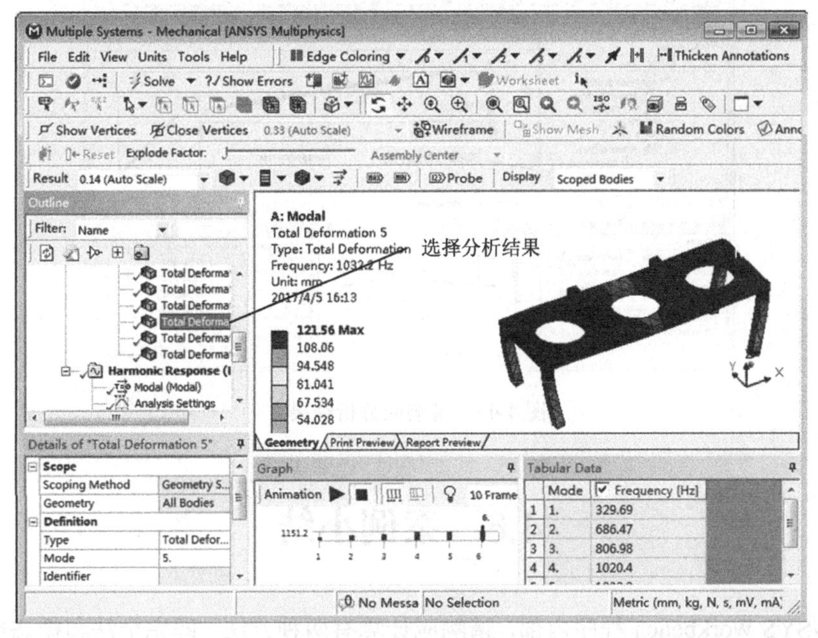

图 4-43　模态分析结果 2

Step4 谐响应分析结果 1，如图 4-44 所示。

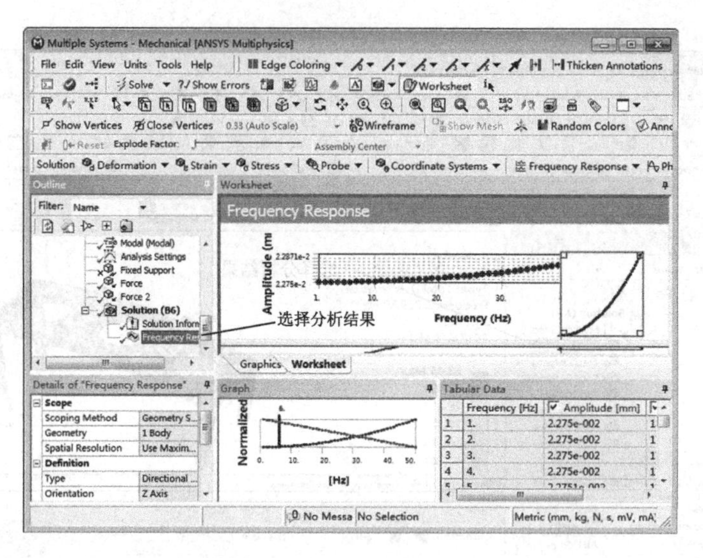

图 4-44 谐响应分析结果 1

Step5 谐响应分析结果 2，如图 4-45 所示。

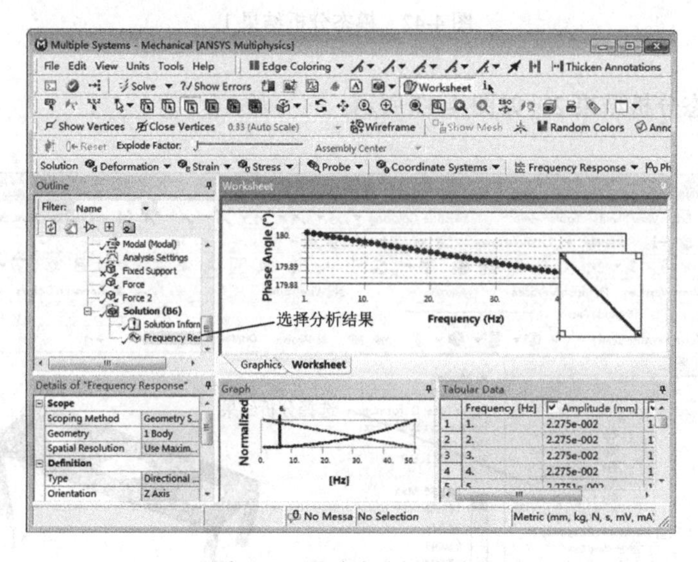

图 4-45 谐响应分析结果 2

4.6 案例小结

在 ANSYS Workbench 程序内部，谐响应计算有两种方法，即完全法和模态叠加法。输入载荷可以是已知幅值和频率的力、压力和位移，输出值包括节点位移，也可以是导出的值，如应力、应变等，本章介绍的机架谐响应分析属于完全法。

第5章

桁架的响应谱分析案例

本章导读

响应谱分析（Response-Spectrum Analysis）是分析计算某种结构受到瞬间载荷作用时产生的最大响应，可以认为这是快速进行接近瞬态分析的一种替代解决方案。响应谱分析的类型有两种，即单点谱分析与多点谱分析。

本章的桁架模型是一种常见的框架结构，通常会分析其响应谱，以应对地震等的影响。

学习要求	学习目标 知识点	了解	理解	应用	实践
	响应谱分析概念		√		
	响应谱分析过程		√	√	√
	桁架响应谱分析		√	√	√

5.1 案例分析

5.1.1 知识链接

响应谱分析是一种将模态分析的结构与一个已知的谱联系起来，计算模型的位移和应力的分析技术。它主要应用于时间历程分析，以便确定结构对随机载荷或随时间变化载荷（如地震、海洋波浪、喷气发动机、火箭发动机振动等）的动力响应情况。进行响应谱分析之前，要知道先进行模态分析后方可进行响应谱分析。

响应谱的分析步骤如下。

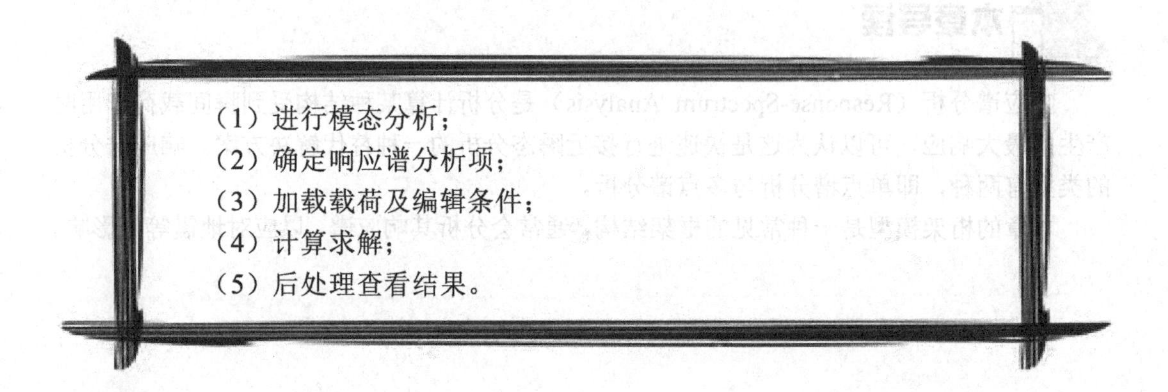

（1）进行模态分析；
（2）确定响应谱分析项；
（3）加载载荷及编辑条件；
（4）计算求解；
（5）后处理查看结果。

5.1.2 设计思路

本章案例的桁架模型，如图 5-1 所示。该模型主要包含框架部分以及每一层之间的加强筋部分。现在要计算该桁架在地震作用下的响应。已知桁架的截面是 10mm×10mm 的矩形梁，所有材料均使用默认的钢材。

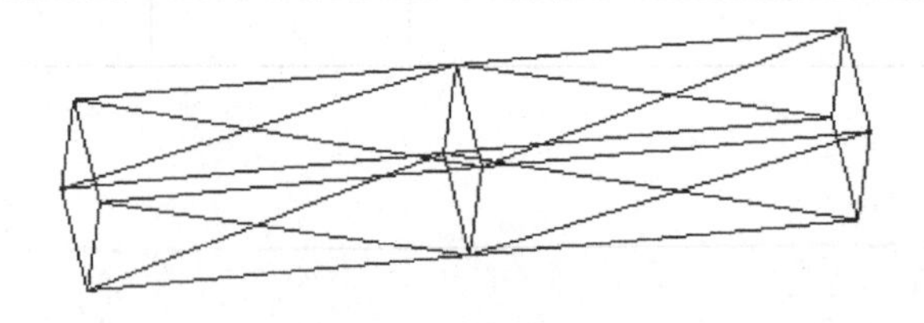

图 5-1 桁架模型

5.2 建立分析模型

本案例完成文件：/05/5-1.wbpj
多媒体教学路径：光盘→多媒体教学→第 5 章→第 2 节

Step1 选择毫米单位，如图 5-2 所示。

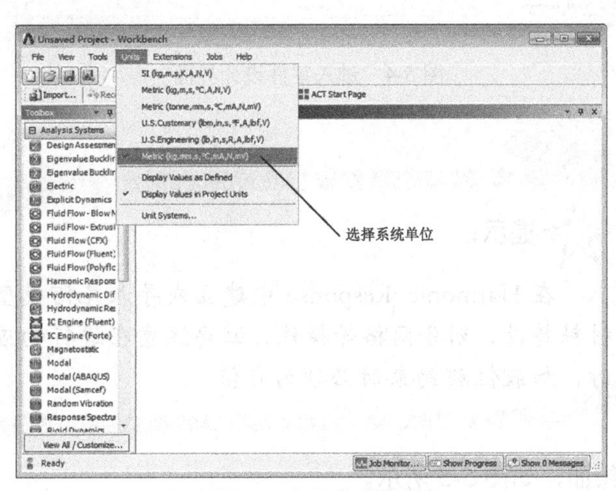

图 5-2　选择毫米单位

Step2 创建分析项目，如图 5-3 所示。

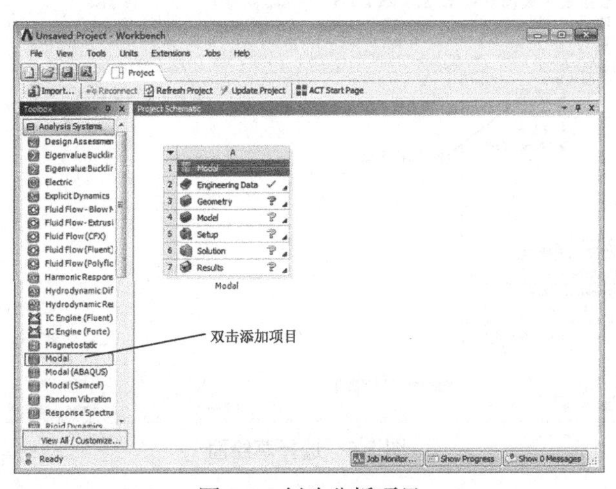

图 5-3　创建分析项目

Step3 进入零件设计界面，如图 5-4 所示。

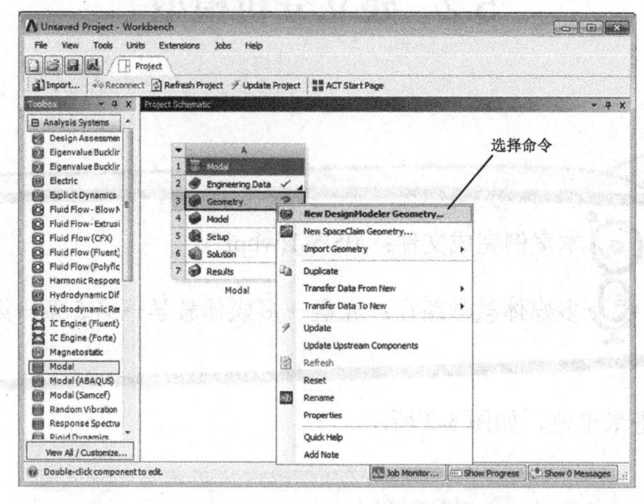

图 5-4　进入零件设计界面

提示：

在 Harmonic Response 中建立或导入几何模型、设置材料特性、划分网格等操作，但要注意在进行响应谱分析时，加载位移约束时必须为 0 值。

Step4 选择草绘面，如图 5-5 所示。

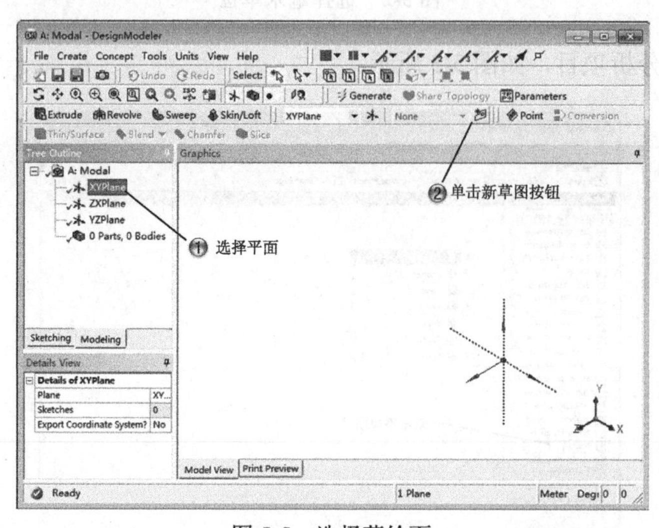

图 5-5　选择草绘面

Step5 绘制矩形，如图 5-6 所示。

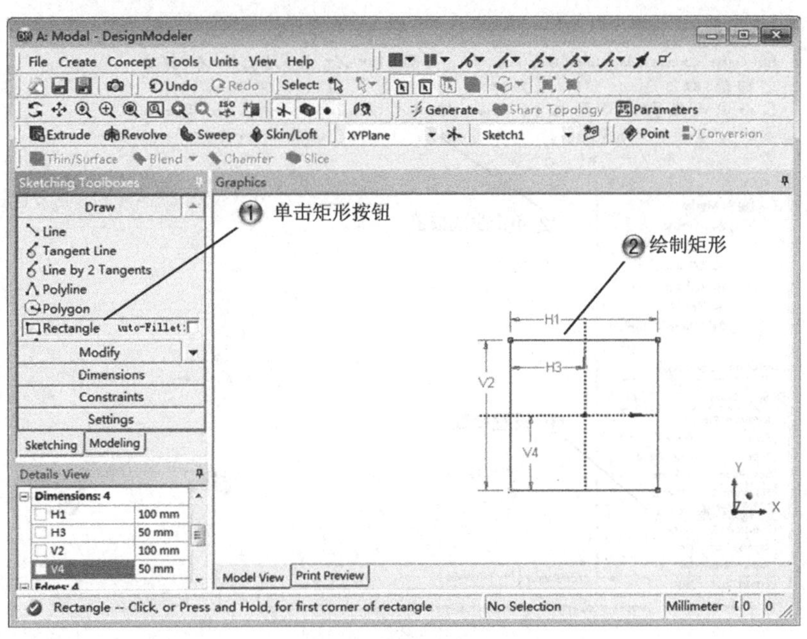

图 5-6　绘制矩形

Step6 创建新平面，如图 5-7 所示。

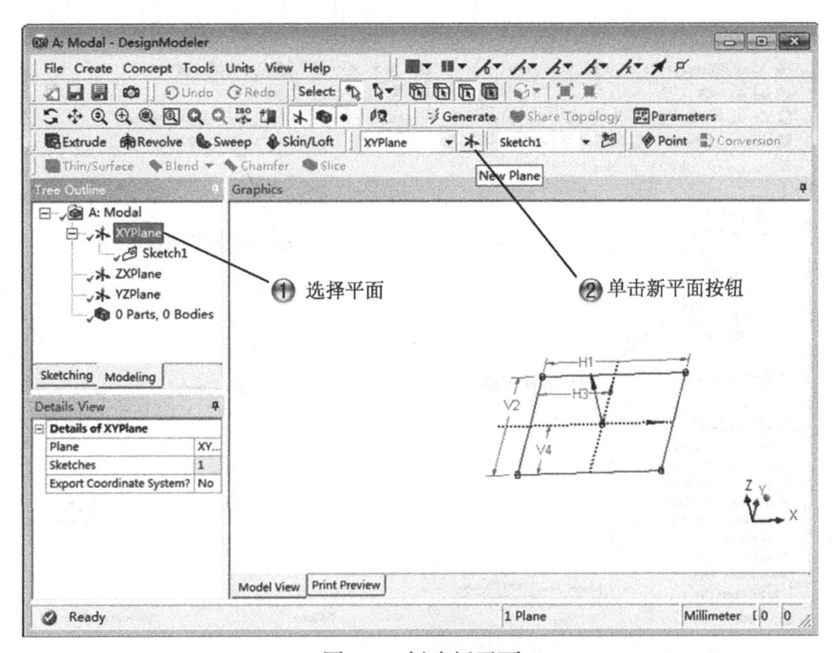

图 5-7　创建新平面

Step7 设置平面的参数，如图 5-8 所示。

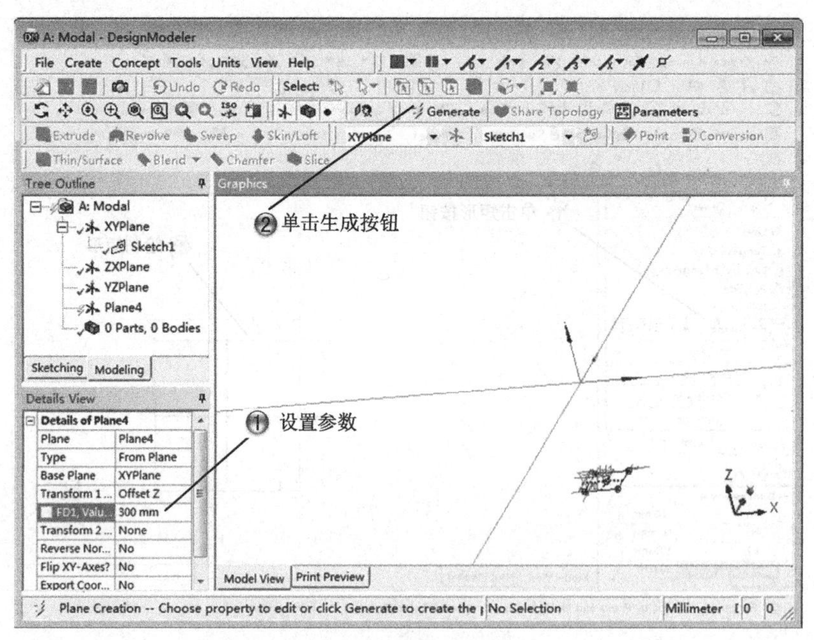

图 5-8　设置平面的参数

Step8 选择草绘面，如图 5-9 所示。

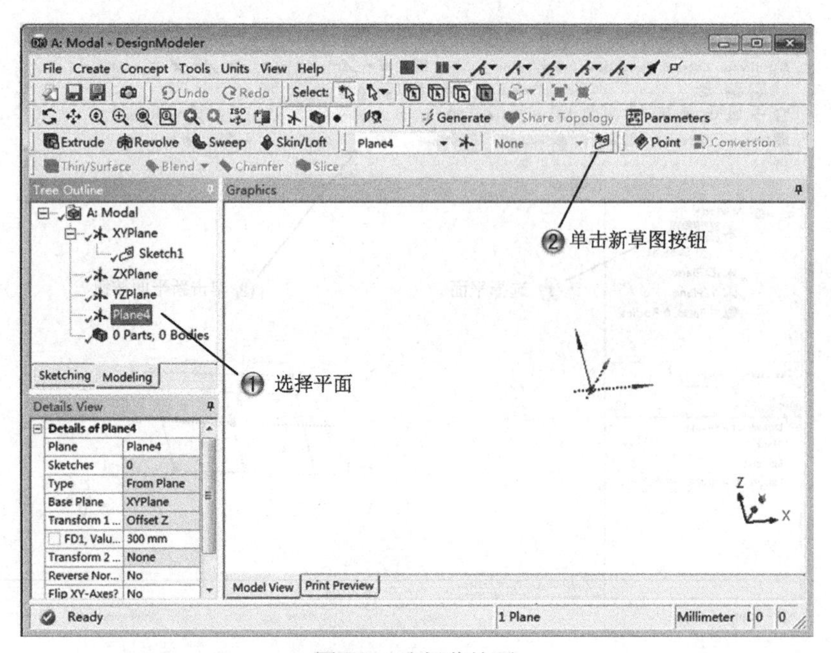

图 5-9　选择草绘面

Step9 绘制矩形，如图 5-10 所示。

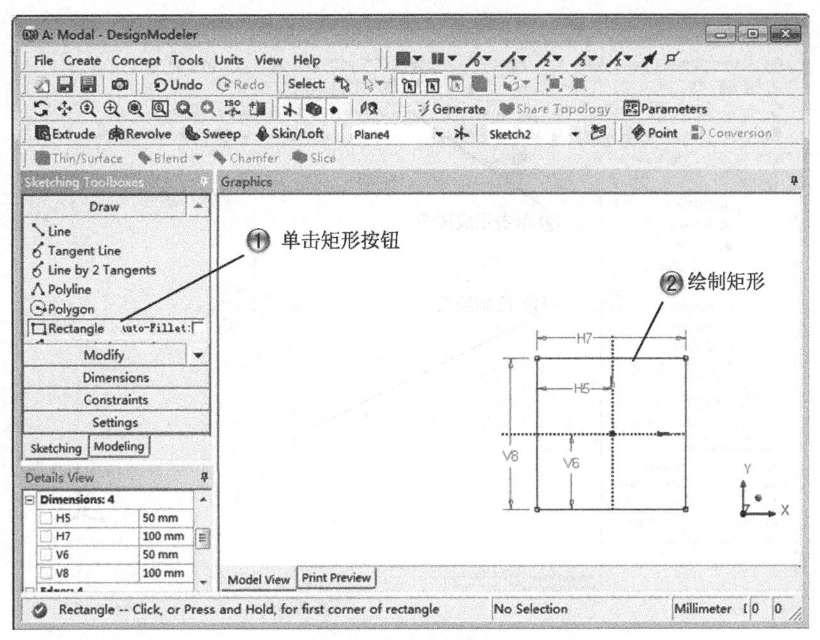

图 5-10 绘制矩形

Step10 选择 3D 线条命令，如图 5-11 所示。

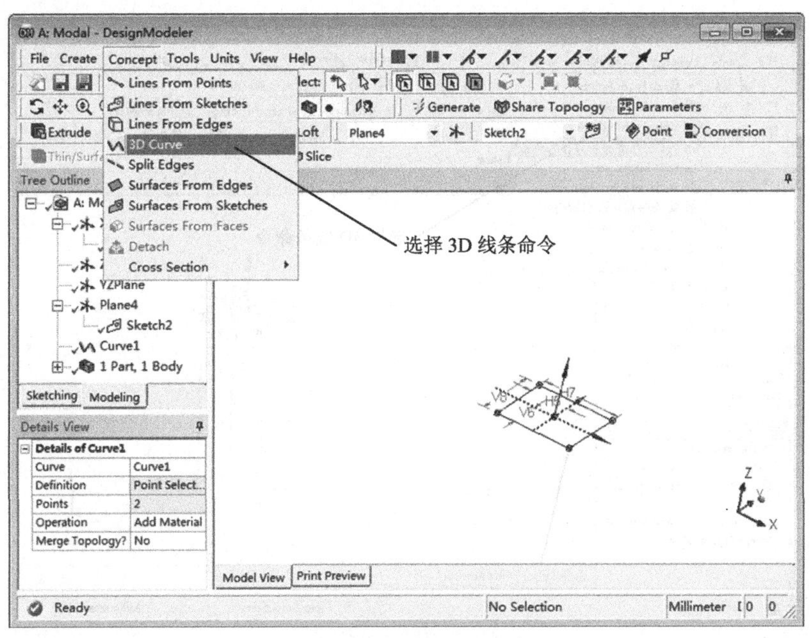

图 5-11 选择 3D 线条命令

Step11 创建 4 个线条，如图 5-12 所示。

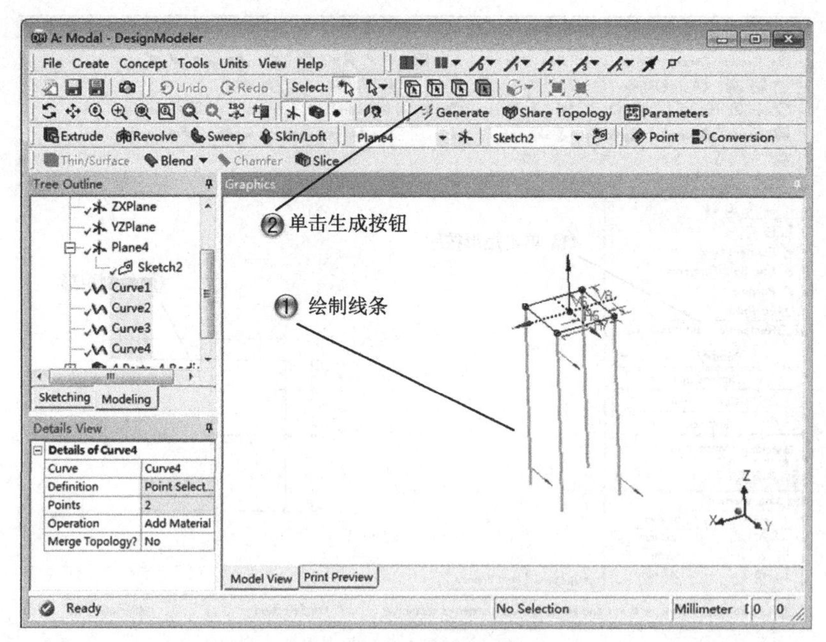

图 5-12　创建 4 个线条

Step12 选择 3D 线条命令，如图 5-13 所示。

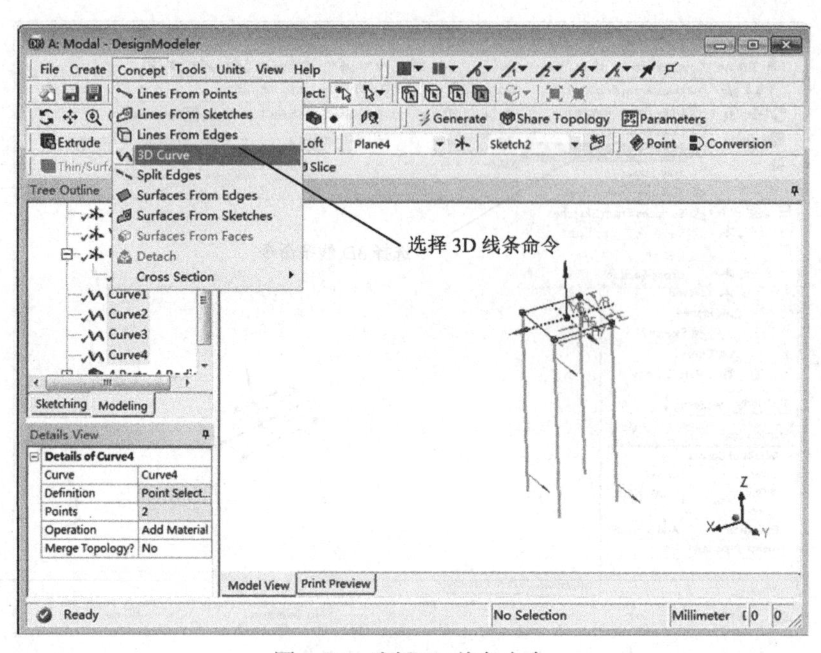

图 5-13　选择 3D 线条命令

Step13 创建 4 个斜线条，如图 5-14 所示。

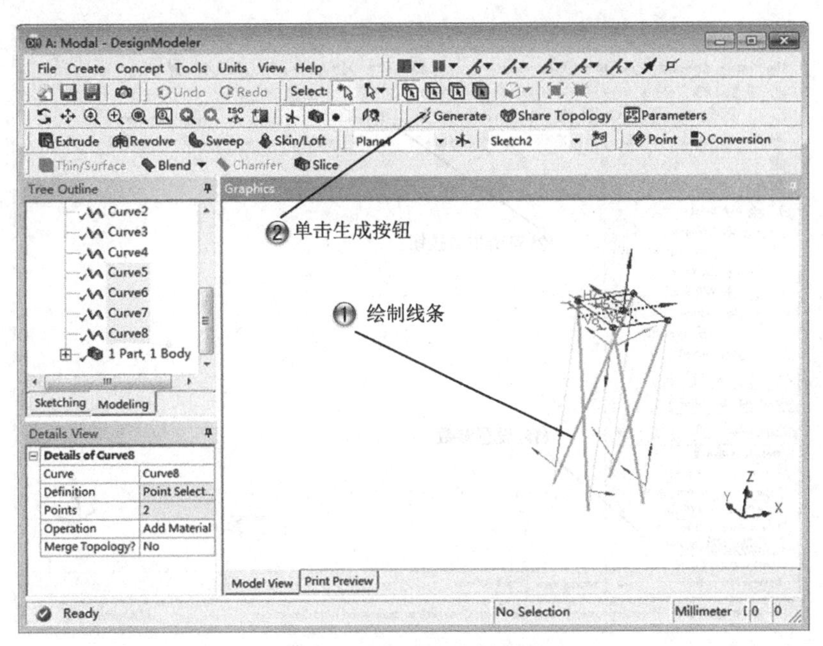

图 5-14　创建 4 个斜线条

Step14 创建新平面，如图 5-15 所示。

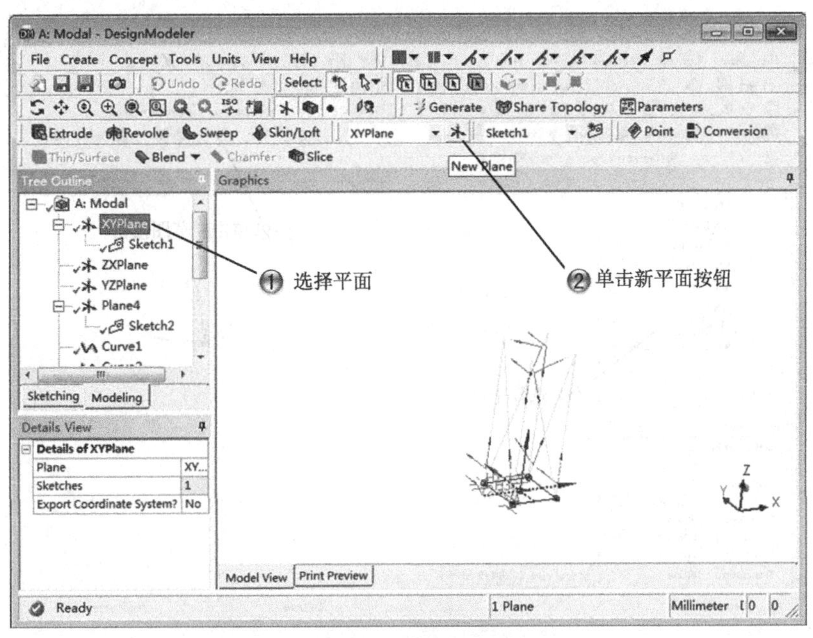

图 5-15　创建新平面

Step15 设置平面参数，如图 5-16 所示。

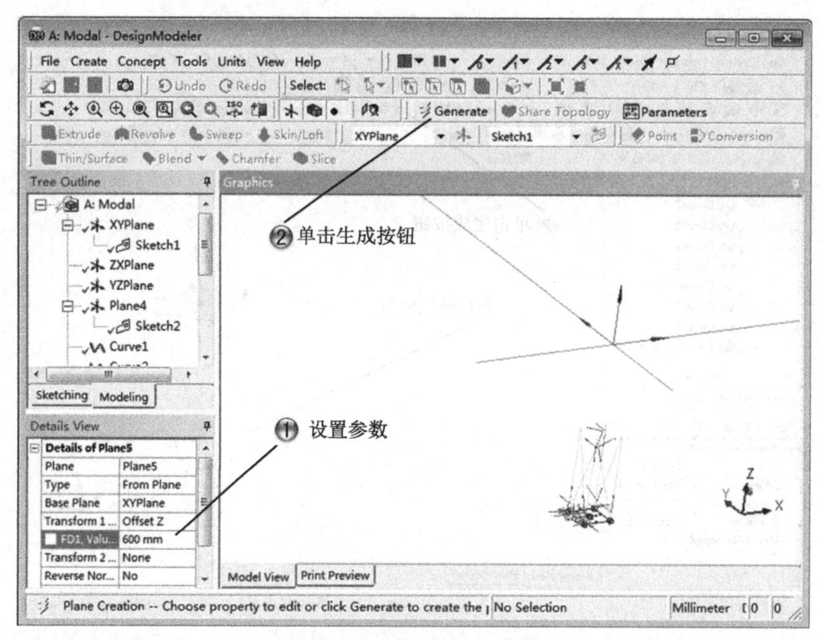

图 5-16　设置平面参数

Step16 选择草绘面，如图 5-17 所示。

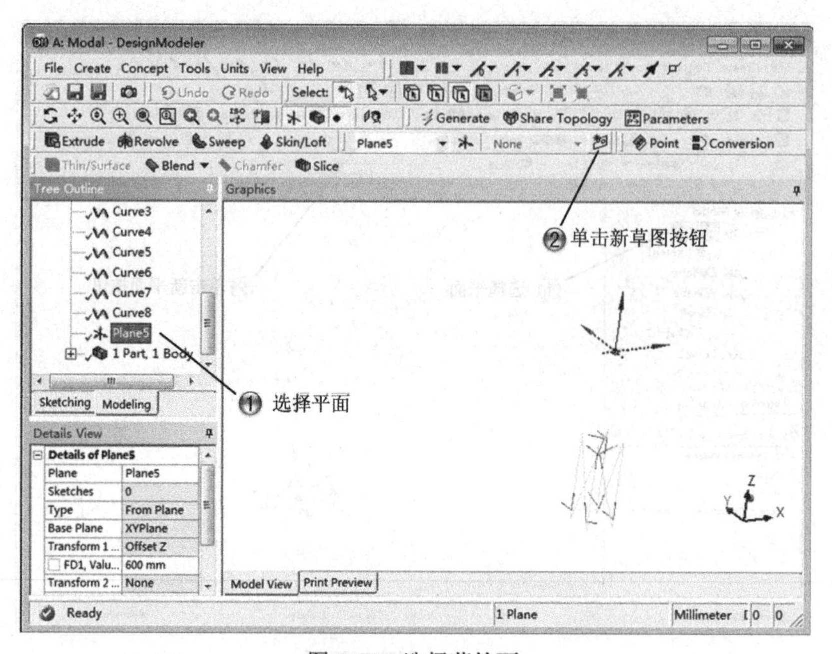

图 5-17　选择草绘面

Step17 绘制矩形，如图5-18所示。

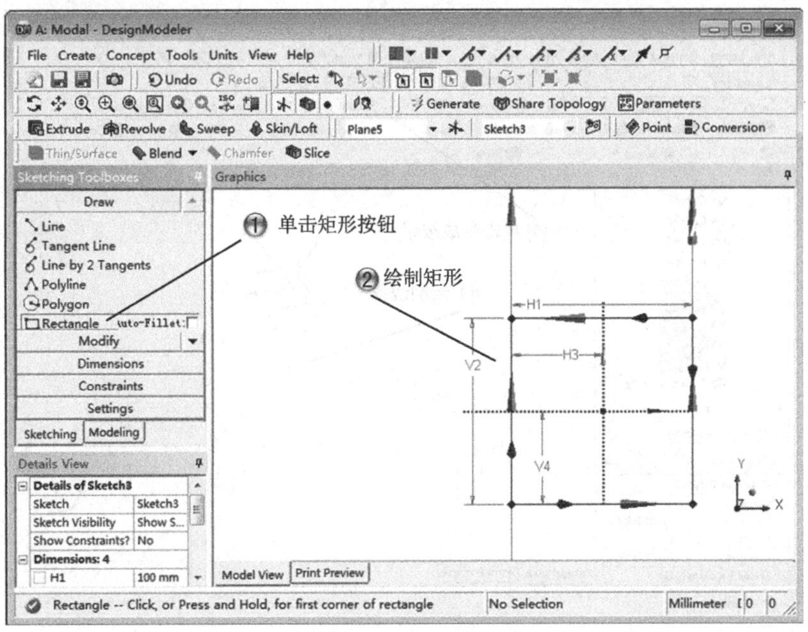

图5-18　绘制矩形

Step18 选择3D线条命令，如图5-19所示。

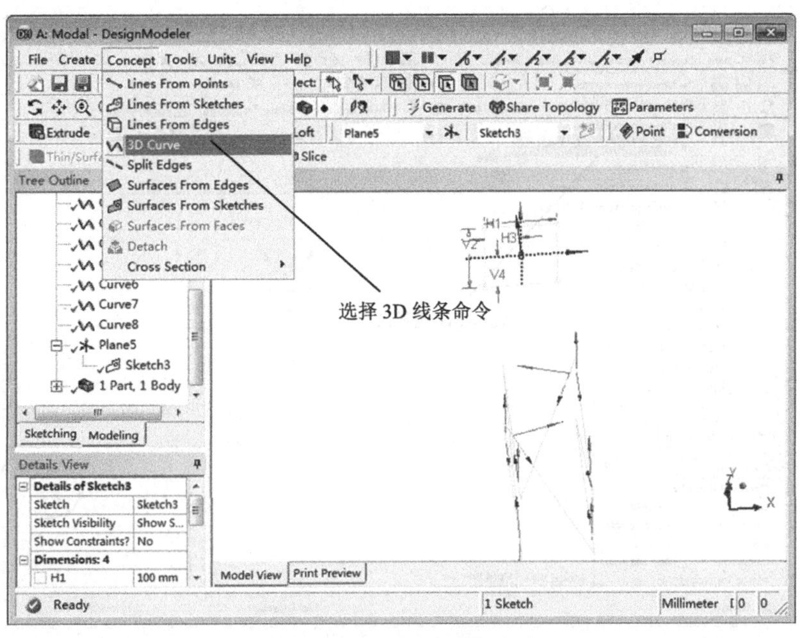

图5-19　选择3D线条命令

Step19 绘制 4 个线条，如图 5-20 所示。

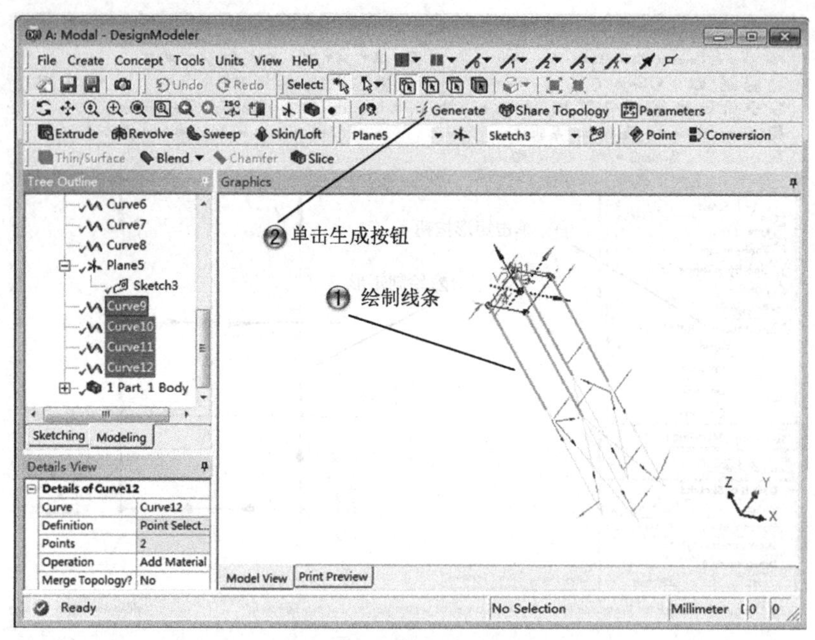

图 5-20　绘制 4 个线条

Step20 选择 3D 线条命令，如图 5-21 所示。

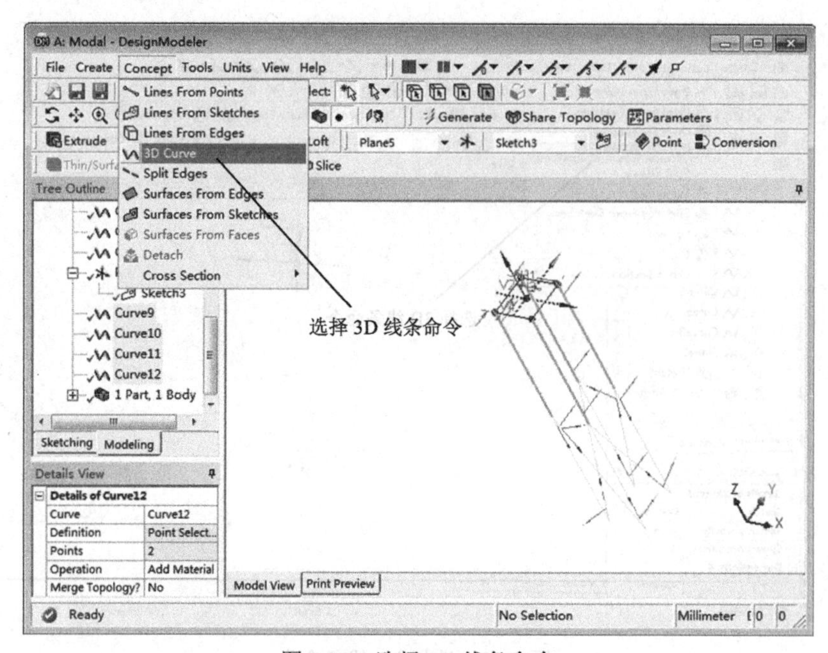

图 5-21　选择 3D 线条命令

Step21 绘制 4 条斜线，如图 5-22 所示。

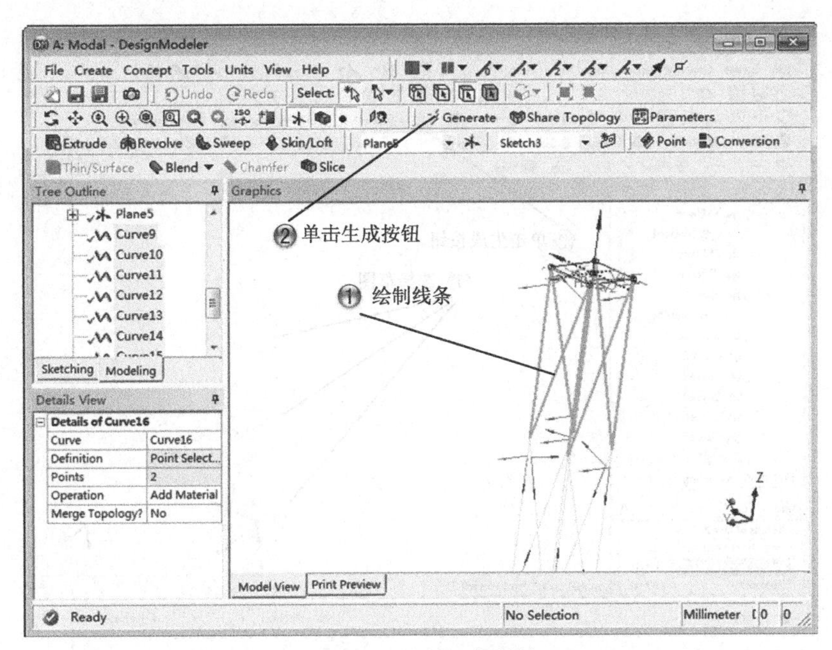

图 5-22 绘制 4 条斜线

Step22 选择草图生成线命令，如图 5-23 所示。

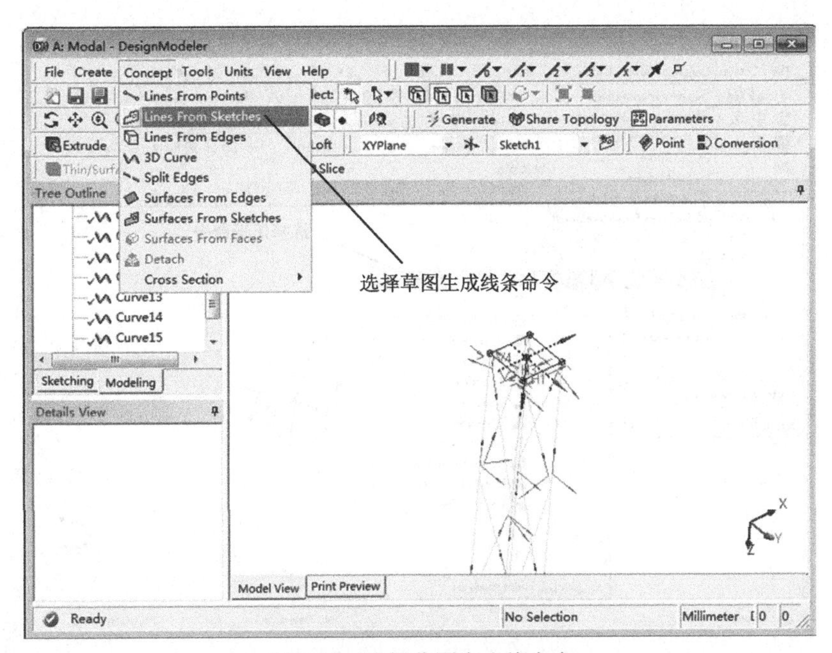

图 5-23 选择草图生成线命令

Step23 选择草图，如图 5-24 所示。

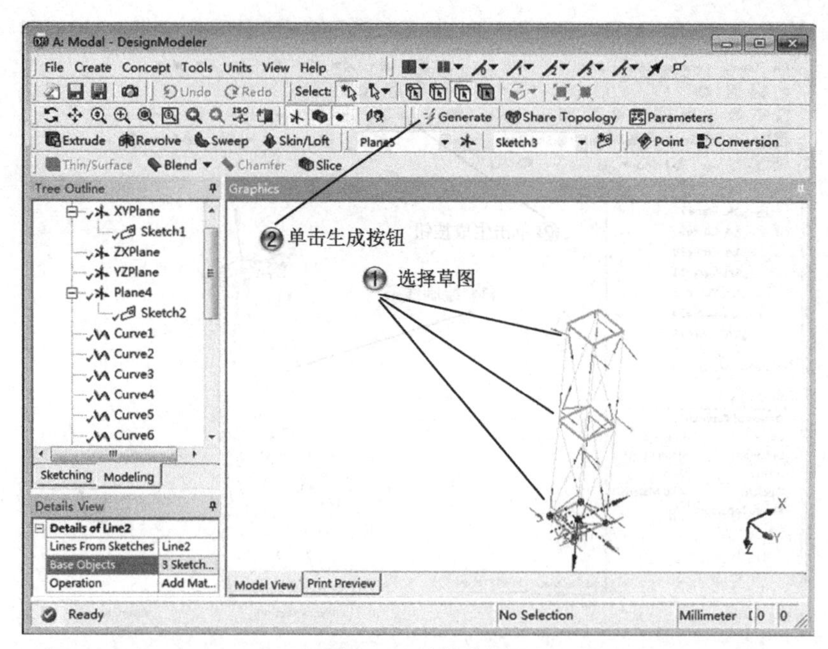

图 5-24 选择草图

Step24 选择矩形命令，如图 5-25 所示。

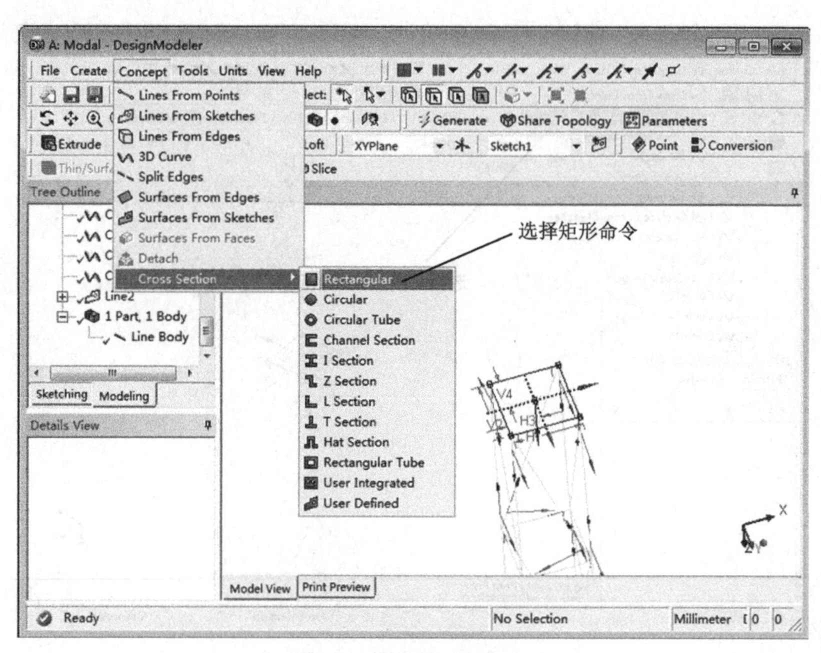

图 5-25 选择矩形命令

Step25 绘制矩形，如图 5-26 所示。

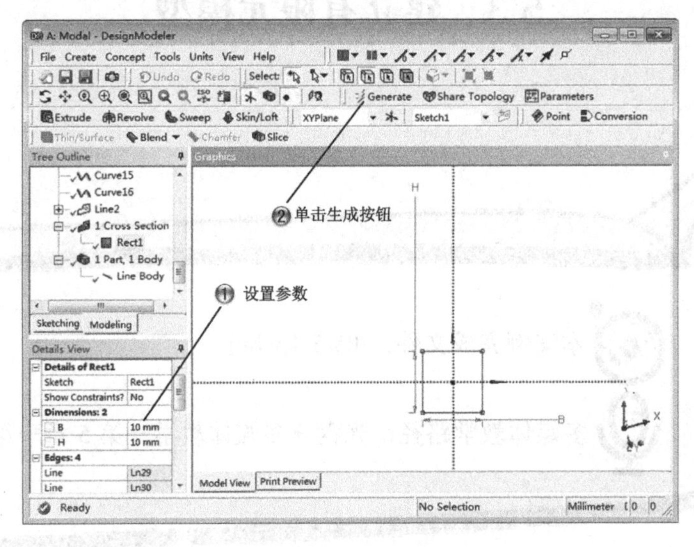

图 5-26　绘制矩形

提示：

这里创建矩形，是为了给线条模型添加 10mm×10mm 的矩形梁。

Step26 设置线体的截面草图，如图 5-27 所示。

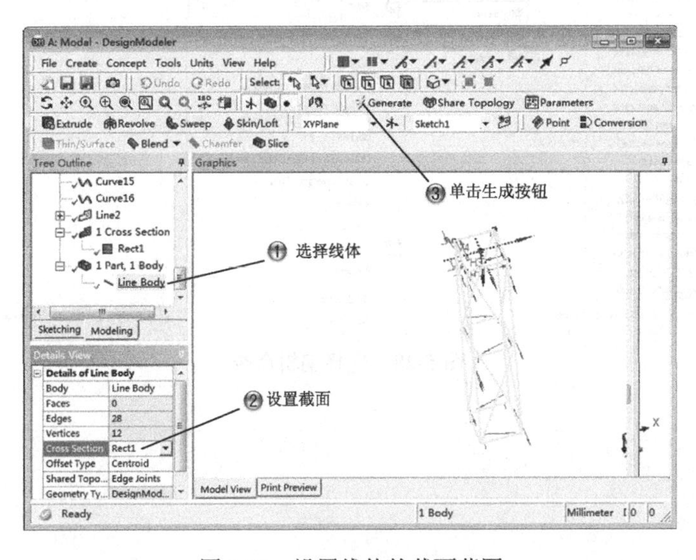

图 5-27　设置线体的截面草图

5.3 建立有限元模型

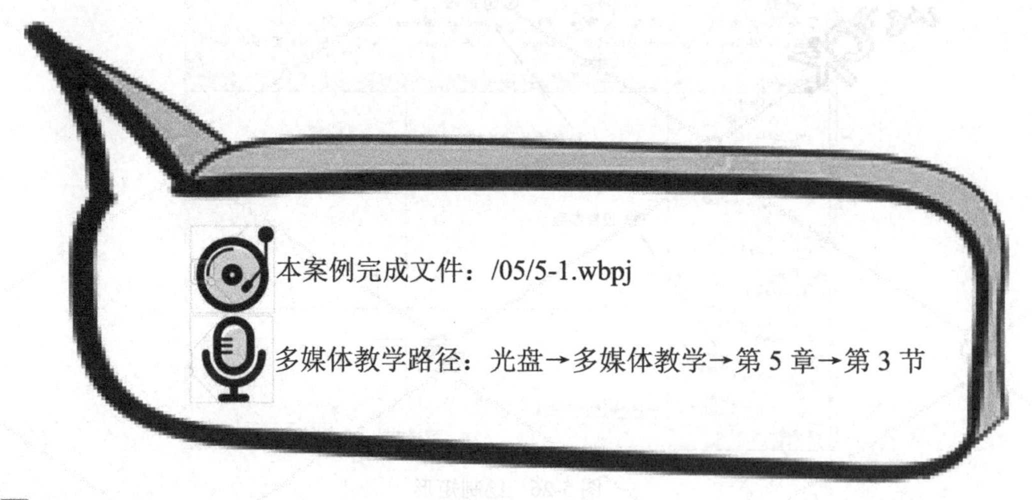

本案例完成文件：/05/5-1.wbpj
多媒体教学路径：光盘→多媒体教学→第 5 章→第 3 节

Step1 选择编辑命令，如图 5-28 所示。

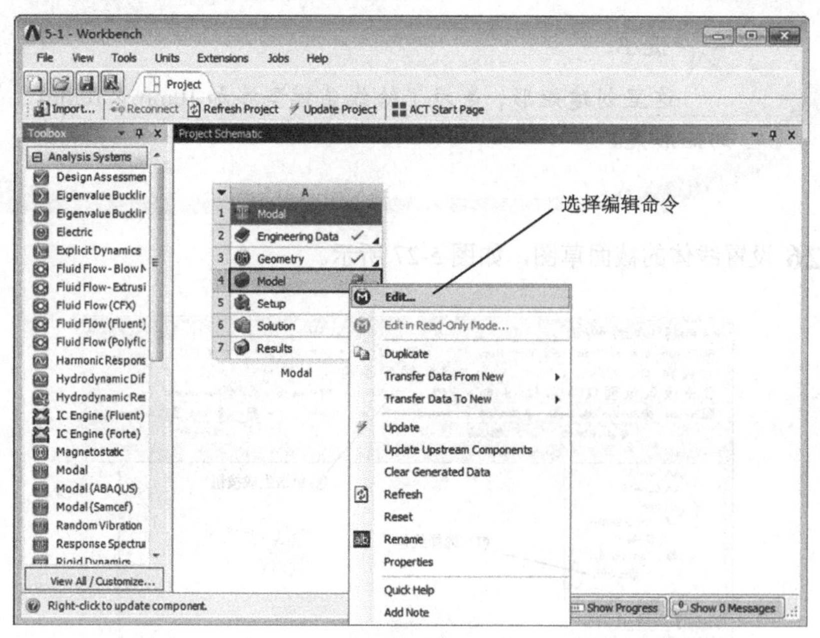

图 5-28　选择编辑命令

Step2 设置网格化参数，如图 5-29 所示。

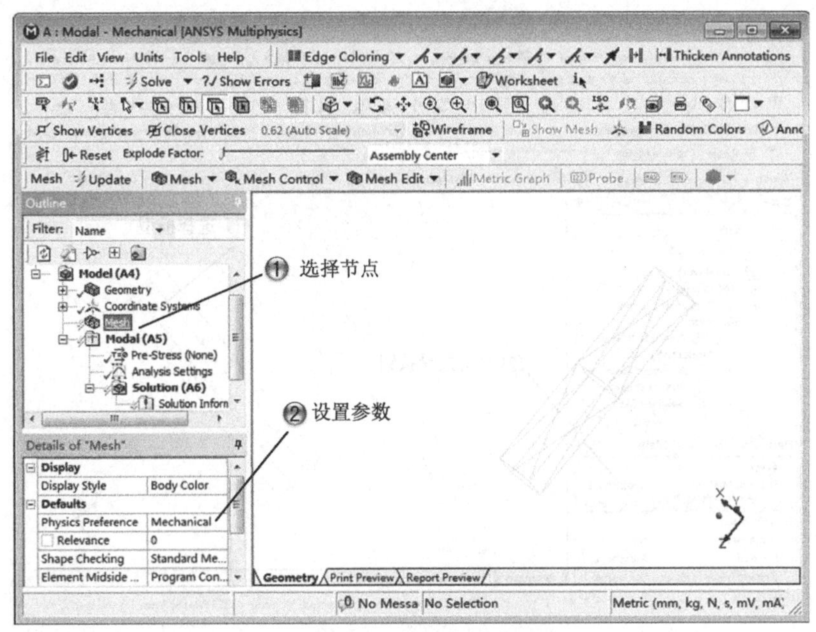

图 5-29 设置网格化参数

Step3 添加网格控制，如图 5-30 所示。

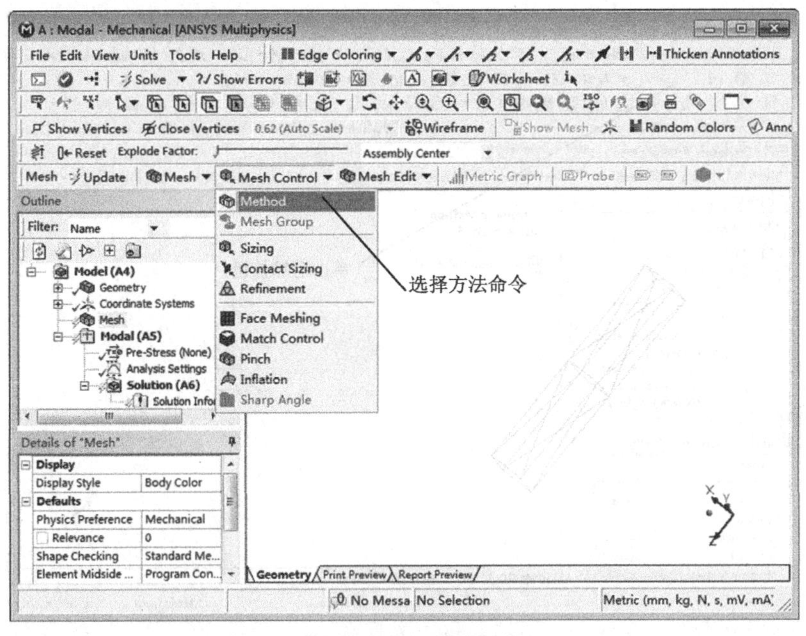

图 5-30 添加网格控制

Step4 选择网格化对象，如图 5-31 所示。

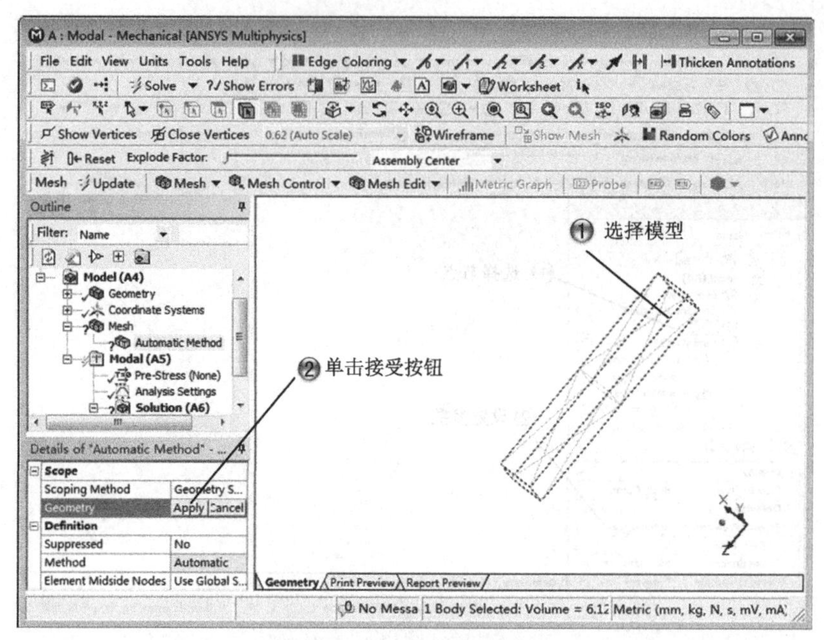

图 5-31　选择网格化对象

Step5 运算求解，如图 5-32 所示。

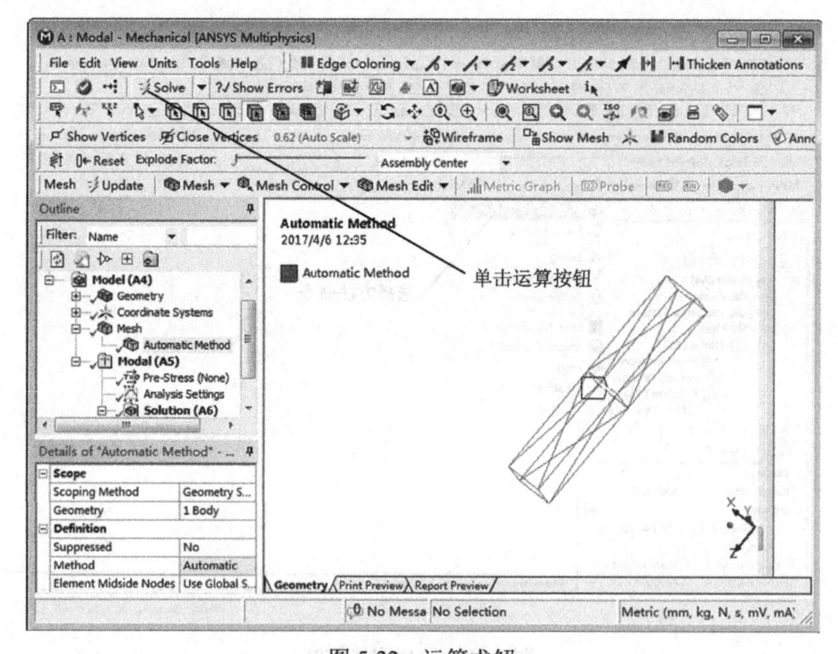

图 5-32　运算求解

5.4 模型计算设置

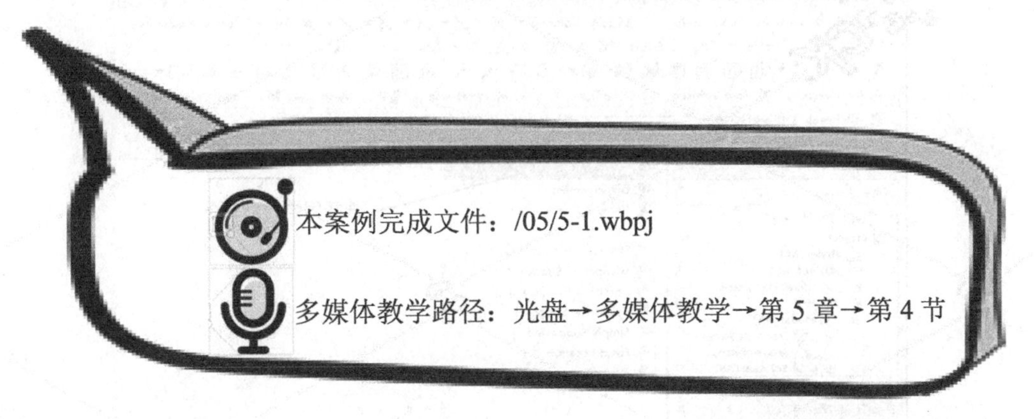

本案例完成文件：/05/5-1.wbpj

多媒体教学路径：光盘→多媒体教学→第 5 章→第 4 节

Step1 选择编辑命令，如图 5-33 所示。

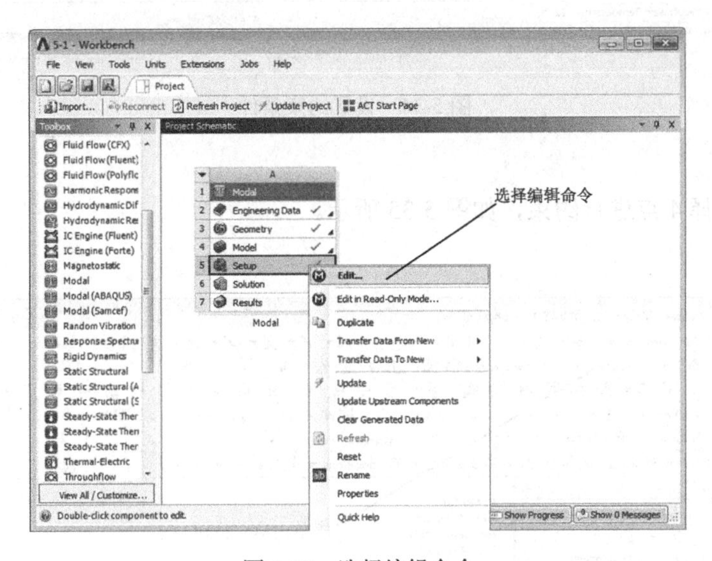

图 5-33 选择编辑命令

提示：

当模态计算结束后，用户一般要查看一下前几阶固有频率值和振型，再进行响应谱分析的设置。

Step2 设置约束条件，如图 5-34 所示。

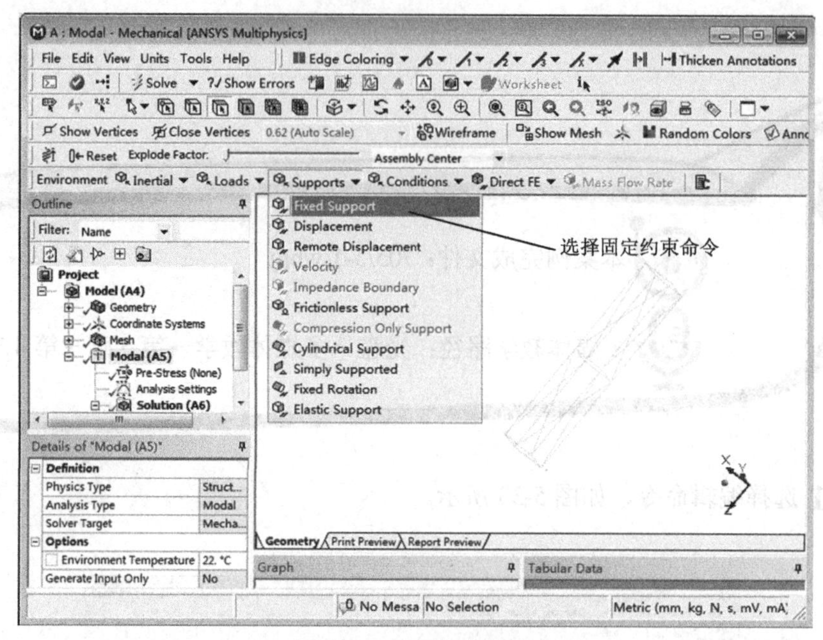

图 5-34　设置约束条件

Step3 选择 4 点进行约束，如图 5-35 所示。

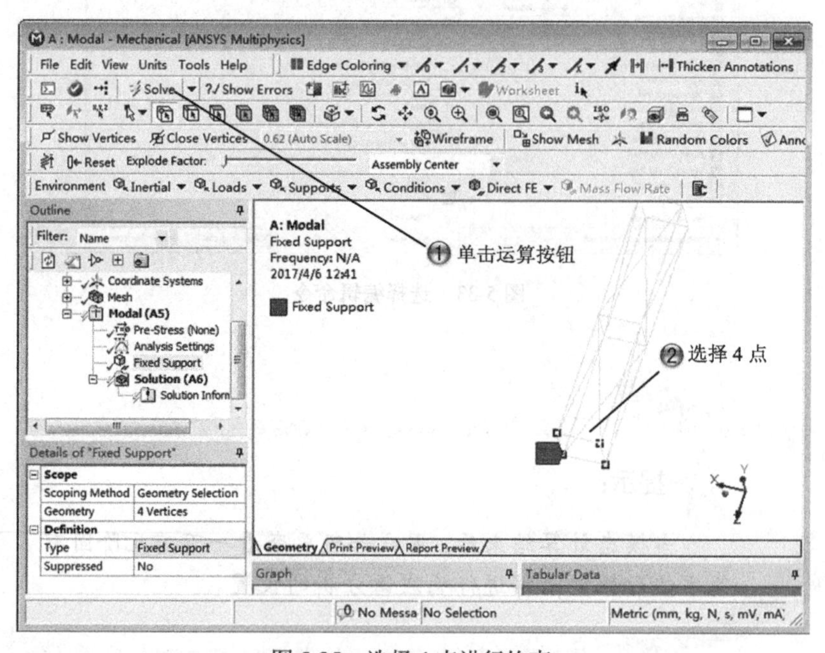

图 5-35　选择 4 点进行约束

Step4 选择所有对象，如图 5-36 所示。

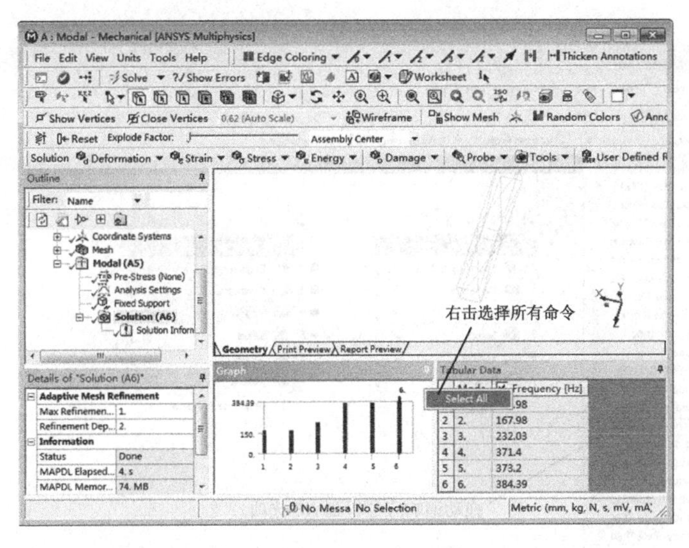

图 5-36　选择所有对象

Step5 创建模型结果并求解，如图 5-37 所示。

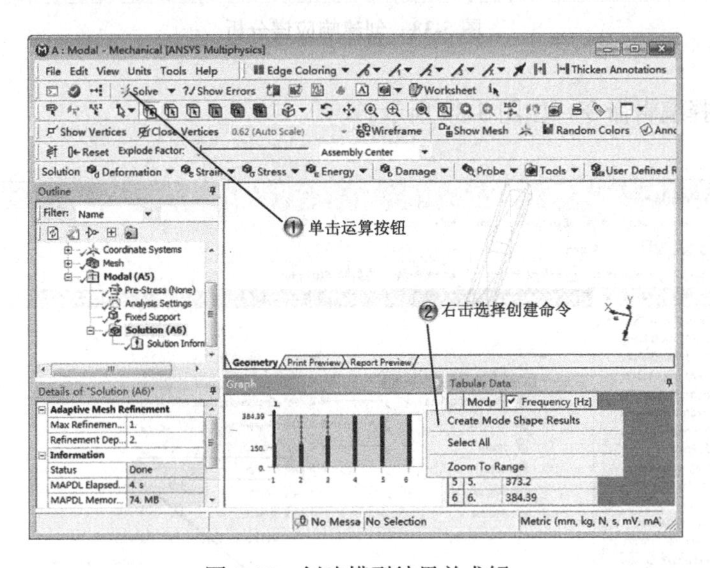

图 5-37　创建模型结果并求解

先进行模态分析后，方可进行响应谱分析。

Step6 创建响应谱分析，如图 5-38 所示。

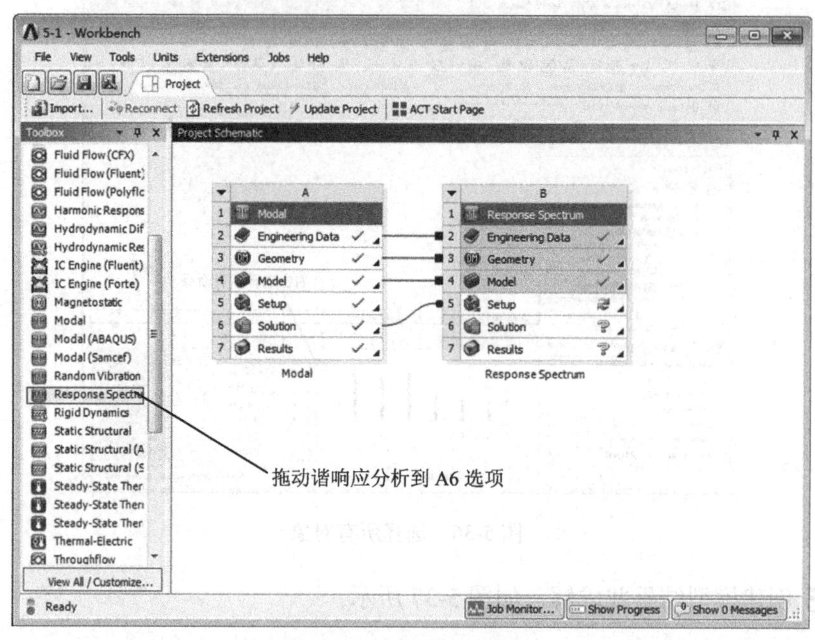

图 5-38 创建响应谱分析

Step7 选择编辑命令，如图 5-39 所示。

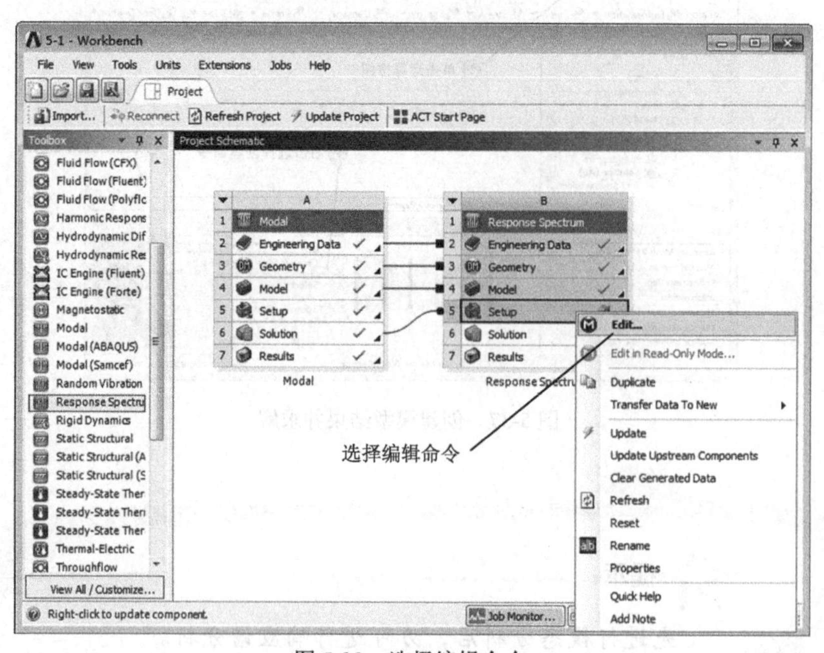

图 5-39 选择编辑命令

Step8 创建功率谱位移，如图 5-40 所示。

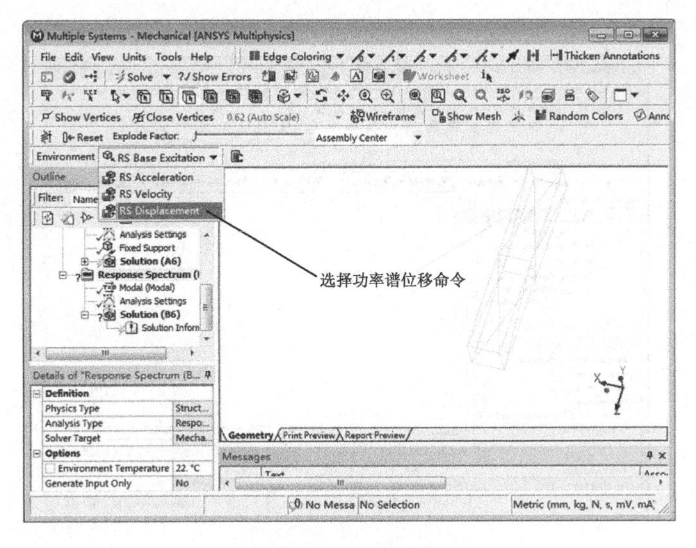

图 5-40　创建功率谱位移

Step9 输入震型参数，如图 5-41 所示。

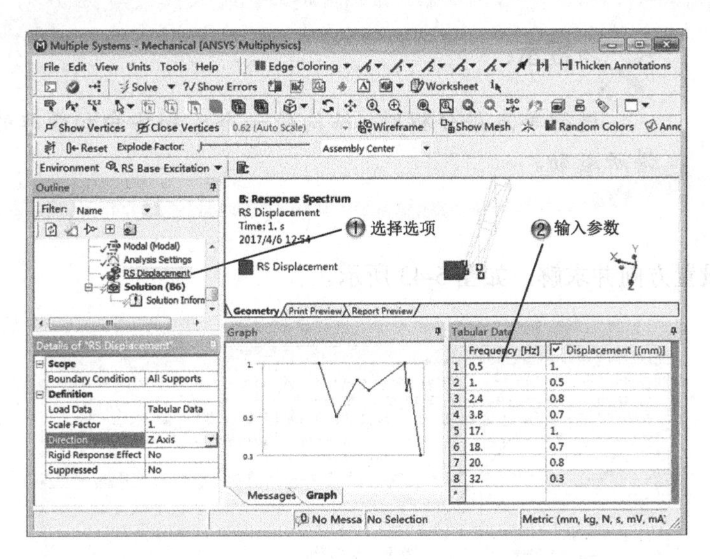

图 5-41　输入震型参数

提示：

响应谱分析模型的结构必须是线性，具有连续刚度和质量的结构。

Step10 添加方向位移求解项，如图 5-42 所示。

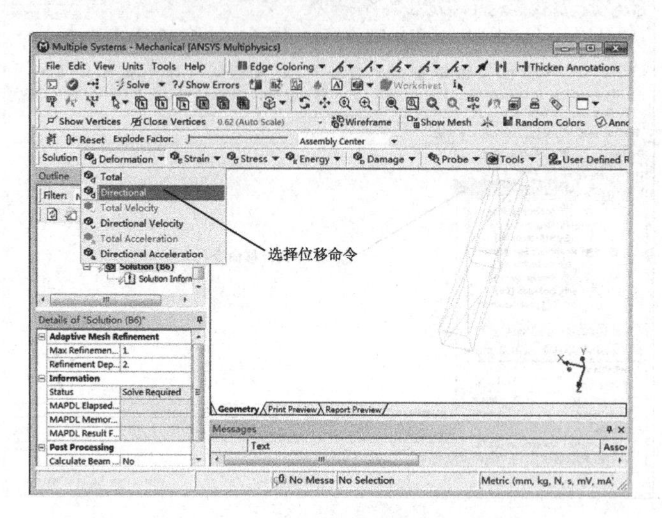

图 5-42 添加方向位移求解项

提示：

进行单点谱分析时，结构受一个已知方向和频率的频谱所激励。

Step11 设置方向并求解，如图 5-43 所示。

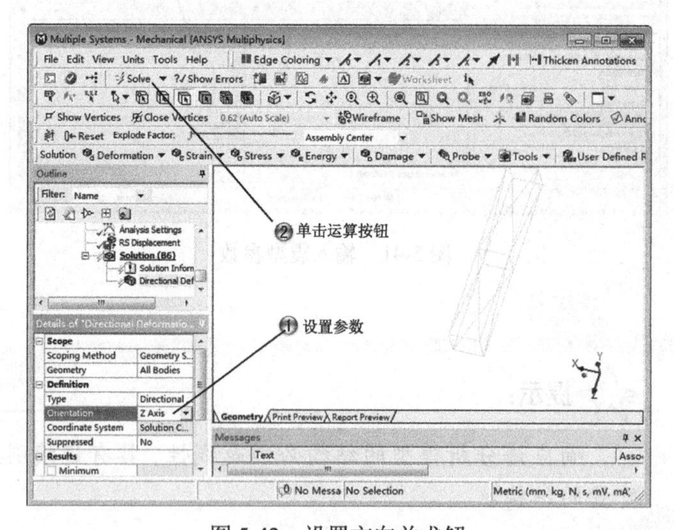

图 5-43 设置方向并求解

提示：

进行多点谱分析时结构可以被多个（最多 20 个）不同位置的频谱所激励。

5.5　结果后处理

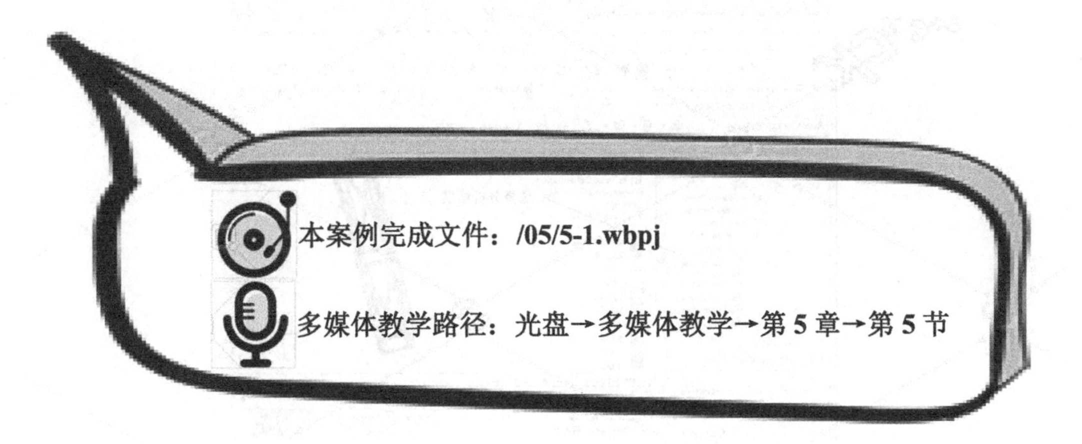

本案例完成文件：/05/5-1.wbpj
多媒体教学路径：光盘→多媒体教学→第 5 章→第 5 节

Step1 选择编辑命令，如图 5-44 所示。

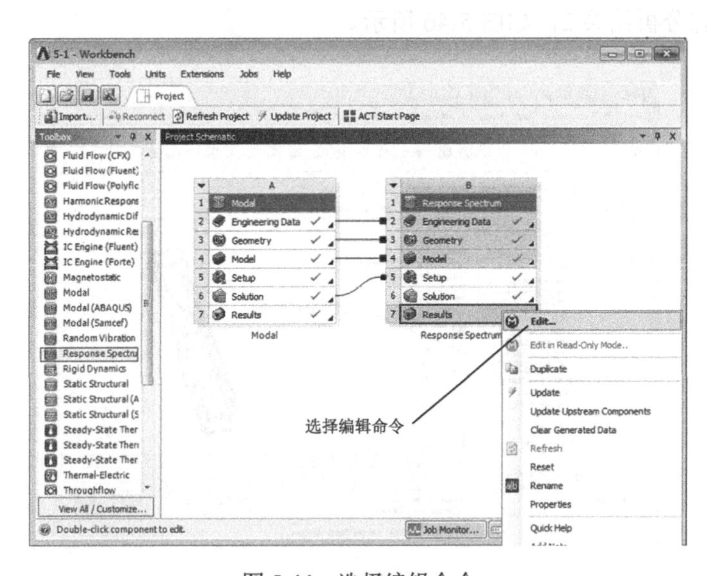

图 5-44　选择编辑命令

提示：

计算结束后，在响应谱分析的后处理中可以得到方向位移、速度、加速度、应力（正应加）、切应力、等效应力和应变（正应变、切应变）的数值。

Step2 模态分析结果 1，如图 5-45 所示。

图 5-45　模态分析结果 1

Step3 模态分析结果 2，如图 5-46 所示。

图 5-46　模态分析结果 2

Step4 响应谱分析结果，如图 5-47 所示。

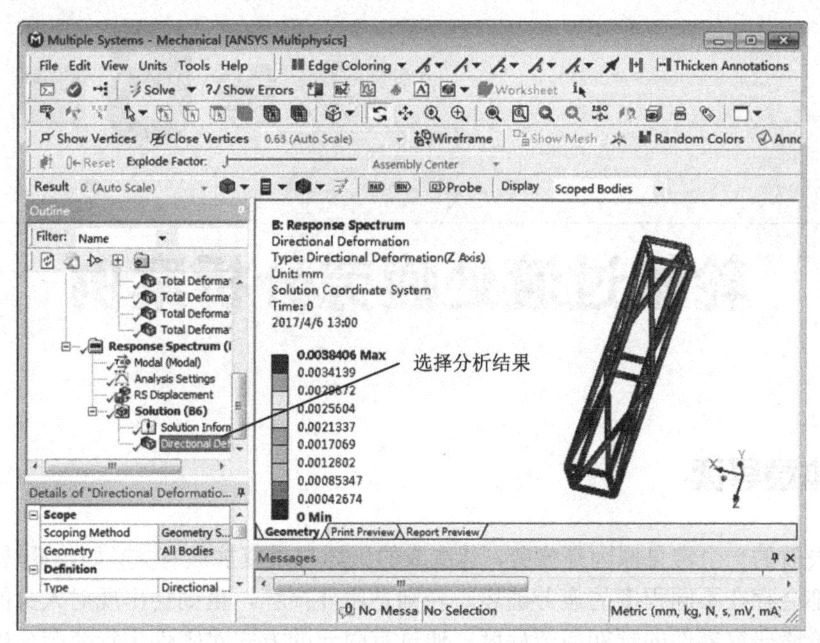

图 5-47　响应谱分析结果

5.6　案例小结

本章介绍的桁架模型是一种框架结构，分析计算的是在 Z 方向上，地震位移响应谱作用下整个结构的响应情况。先创建模态分析，之后才能进行响应谱的分析，读者需要结合实际的震型参数进行设置。

轮轴过渡处疲劳分析案例

结构失效的一个常见原因是疲劳，其造成的破坏与重复加载有关，如长期转动的齿轮、叶轮等，都会存在不同程度的疲劳破坏，轻则是零件损坏，重则会出现对人身的伤害，为了在设计阶段研究零件的预期疲劳程度，通过有限元的方式对零件进行疲劳分析。本章主要介绍 ANSYS Workbench 软件的疲劳分析使用方法，讲解疲劳分析的计算过程。

学习要求	学习目标 / 知识点	了解	理解	应用	实践
	Fatigue Tool 疲劳分析		√	√	√
	学习疲劳分析的方法和过程		√	√	√
	轮轴的疲劳分析		√	√	√

6.1 案例分析

6.1.1 知识链接

疲劳失效是一种常见的失效形式，它具有以下几种要素。

1. 恒定振幅载荷

疲劳是由于重复加载引起的，当最大和最小的应力水平恒定时，称为恒定振幅载荷，否则称为变化振幅载荷或非恒定振幅载荷。

2. 成比例载荷

载荷可以是比例载荷，也可以非比例载荷。比例载荷，是指主应力的比例是恒定的，并且主应力的削减不随时间变化，这实质意味着由于载荷的增加或反作用造成的响应很容易得到计算。相反，非比例载荷没有隐含各应力之间相互的关系。

3. 应力定义

考虑在最大最小应力值作用下的比例载荷、恒定振幅的情况。

4. 应力-寿命曲线

载荷与疲劳失效的关系，采用的是应力-寿命曲线或 S-N 曲线来表示。

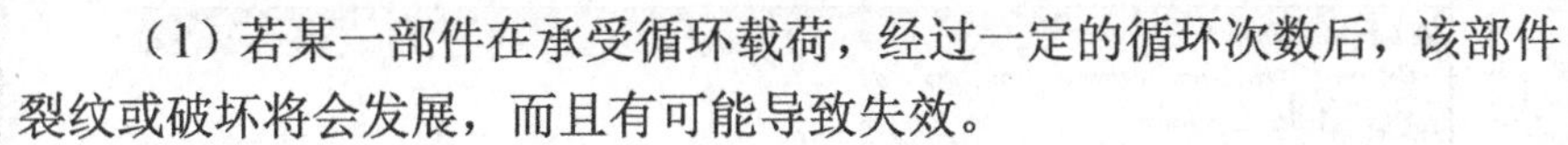

（1）若某一部件在承受循环载荷，经过一定的循环次数后，该部件裂纹或破坏将会发展，而且有可能导致失效。

（2）如果同一个部件作用在更高的载荷下，导致失效的载荷循环次数将减少。

（3）应力-寿命曲线或 S-N 曲线，展示出应力幅与失效循环次数的关系。

6.1.2 设计思路

疲劳通常分为两类：高周疲劳和低周疲劳。高周疲劳是当载荷的循环次数高（如 10^4～10^9）的情况下产生的，因此应力通常要比材料的极限张度低，应力疲劳用于高周疲劳计算；低周疲劳是在循环次数相对较低时发生的，塑性变形常常伴随低周疲劳。

图 6-1　轮轴模型

本章案例介绍轮轴模型的疲劳分析，模型如图 6-1 所示。轮轴的一端固定，一端受到一个 1N/mm 的力偶，分析轮轴过渡处的疲劳分布，以验证其安全性能。

6.2 建立分析模型

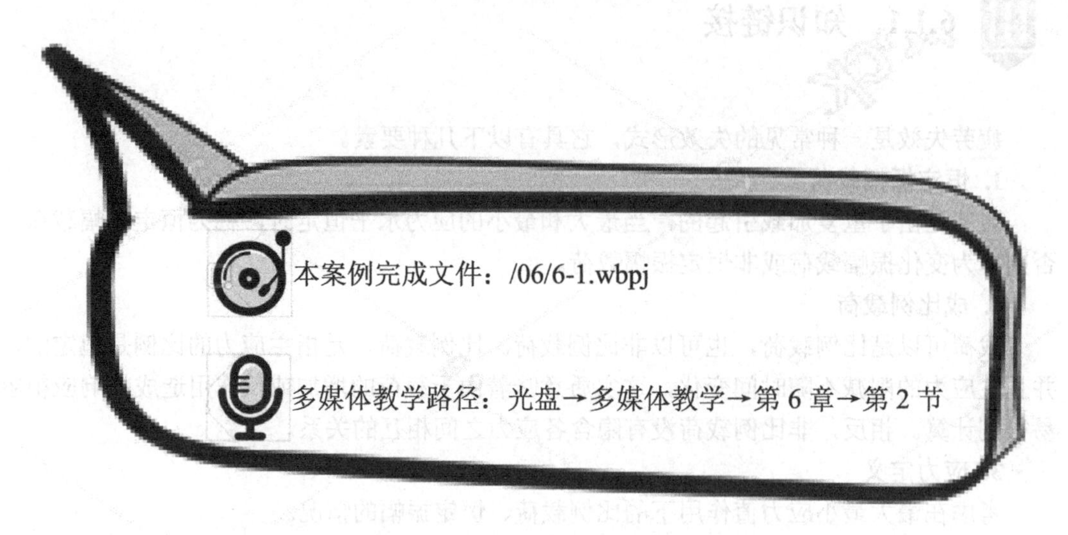

本案例完成文件：/06/6-1.wbpj
多媒体教学路径：光盘→多媒体教学→第 6 章→第 2 节

Step1 创建新分析项目，如图 6-2 所示。

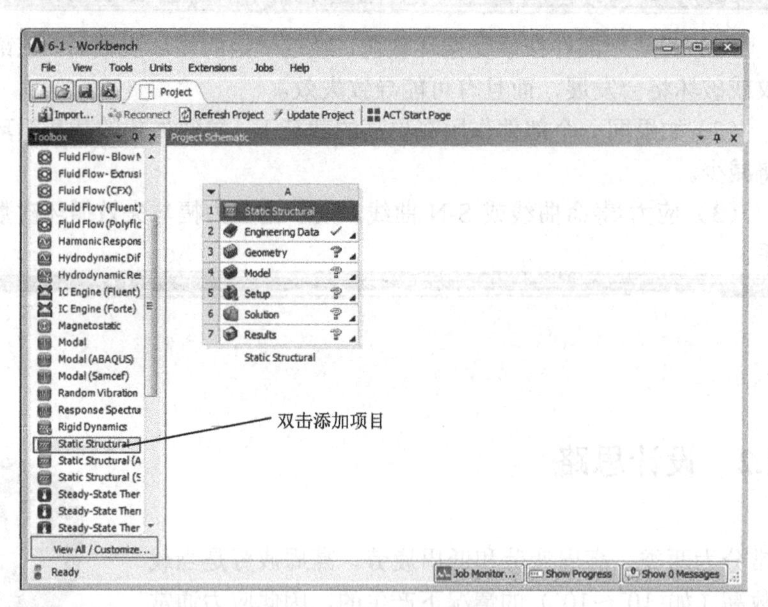

图 6-2　创建新分析项目

Step2 进入零件设计界面，如图 6-3 所示。

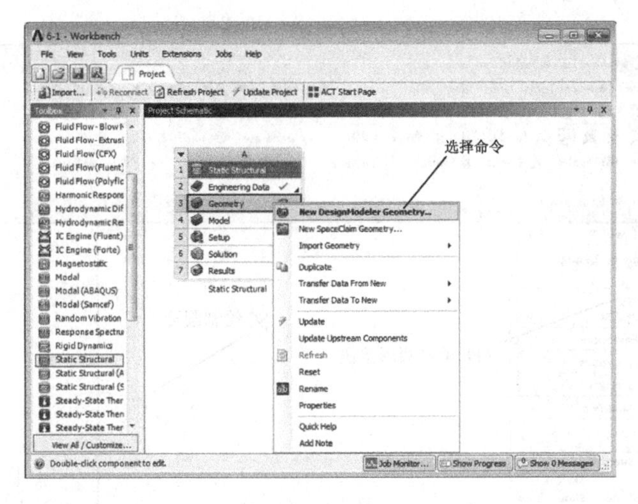

图 6-3　进入零件设计界面

提示：

轮轴模型要先创建轮子，再创建轴部分，需要分析的是过渡处。

Step3 选择草绘面，如图 6-4 所示。

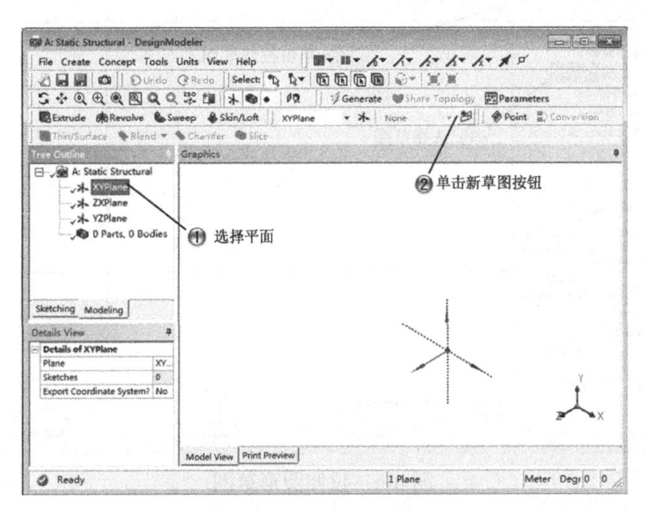

图 6-4　选择草绘面

Step4 绘制圆形，如图 6-5 所示。

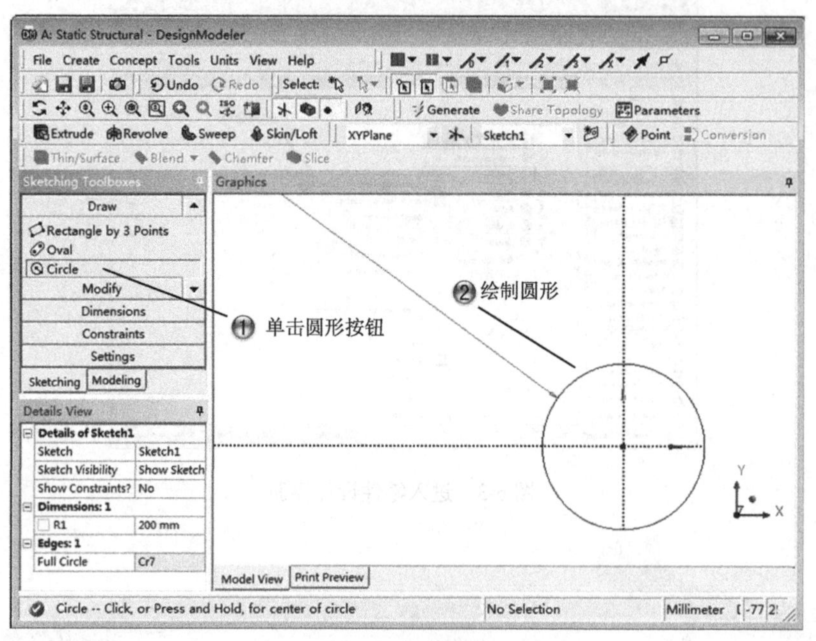

图 6-5 绘制圆形

Step5 拉伸圆形草图，如图 6-6 所示。

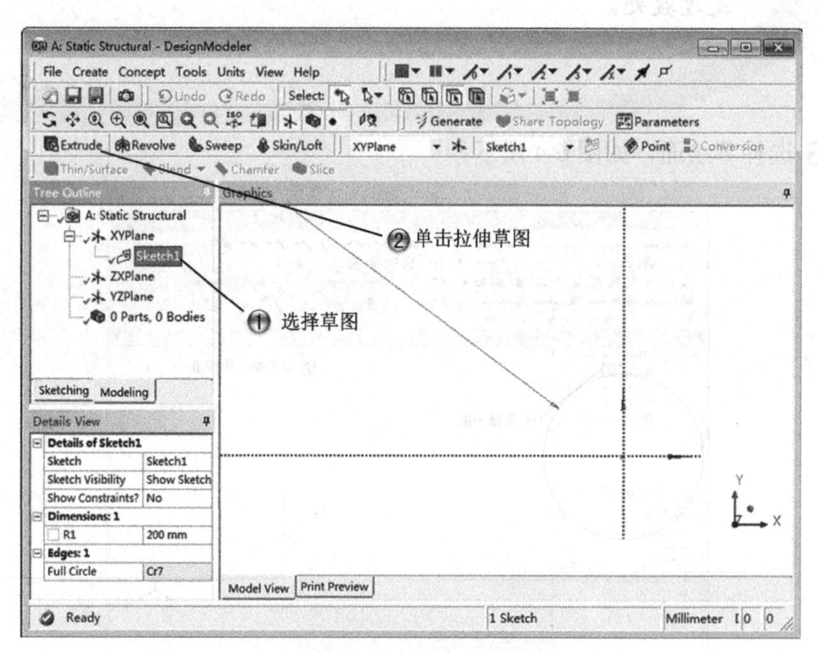

图 6-6 拉伸圆形草图

Step6 设置拉伸参数，如图 6-7 所示。

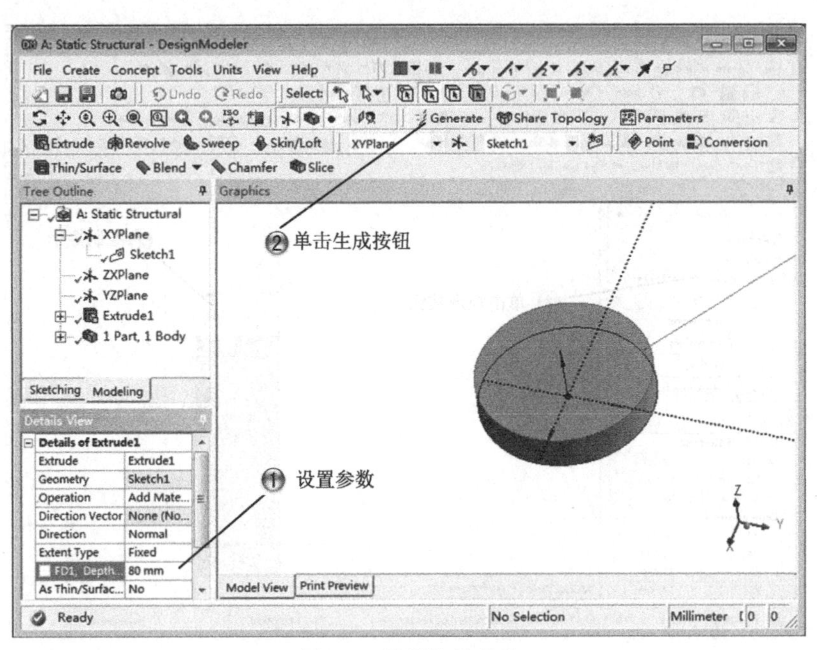

图 6-7　设置拉伸参数

Step7 选择草绘面，如图 6-8 所示。

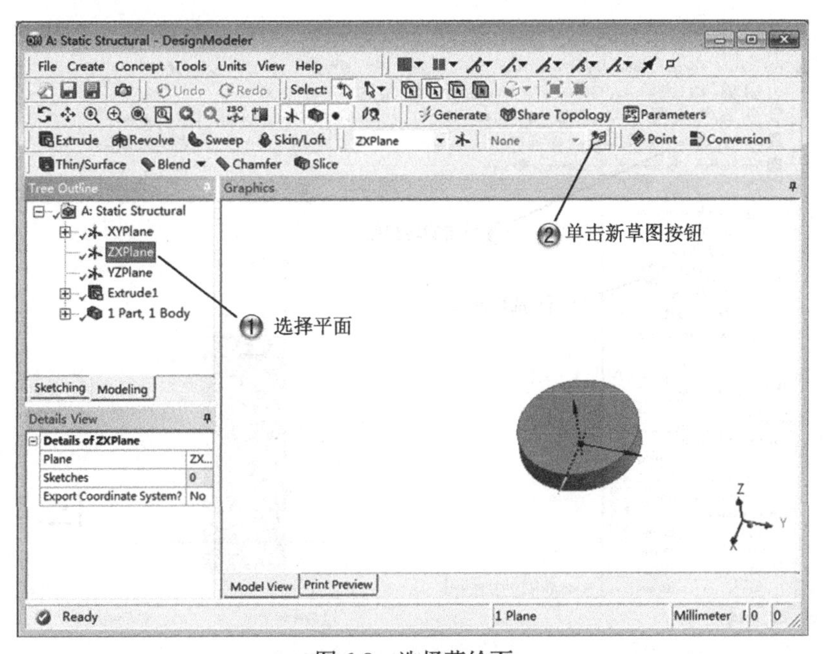

图 6-8　选择草绘面

Step8 绘制矩形，如图 6-9 所示。

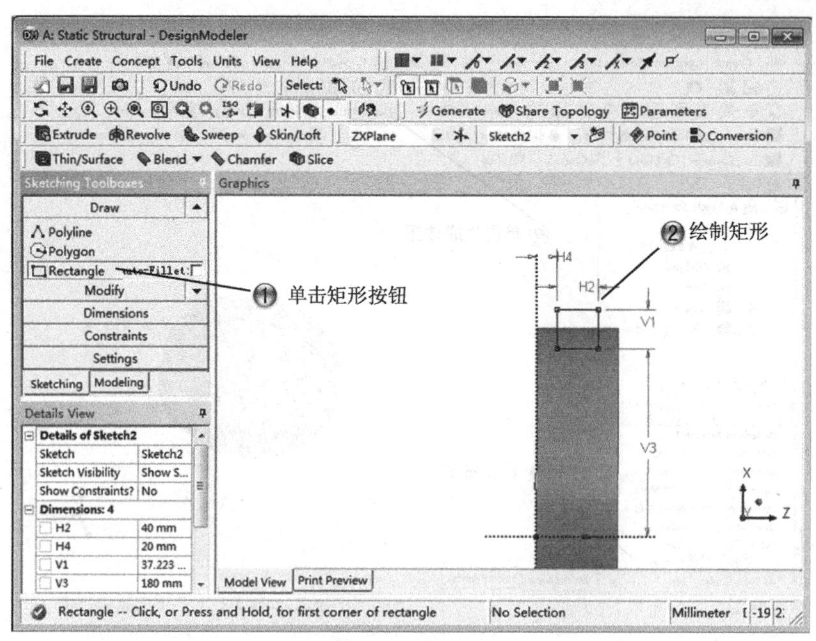

图 6-9　绘制矩形

Step9 旋转矩形草图，如图 6-10 所示。

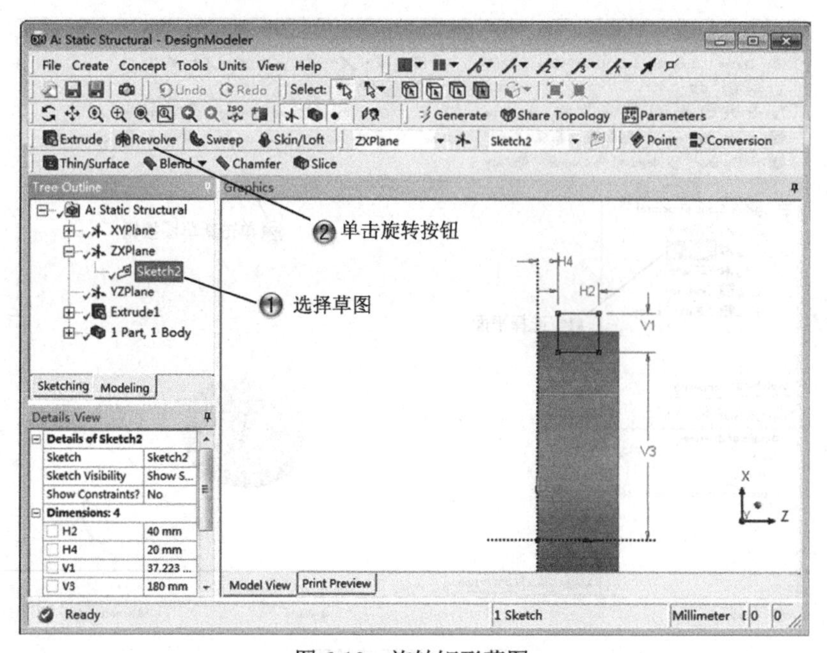

图 6-10　旋转矩形草图

Step10 设置旋转参数，如图6-11所示。

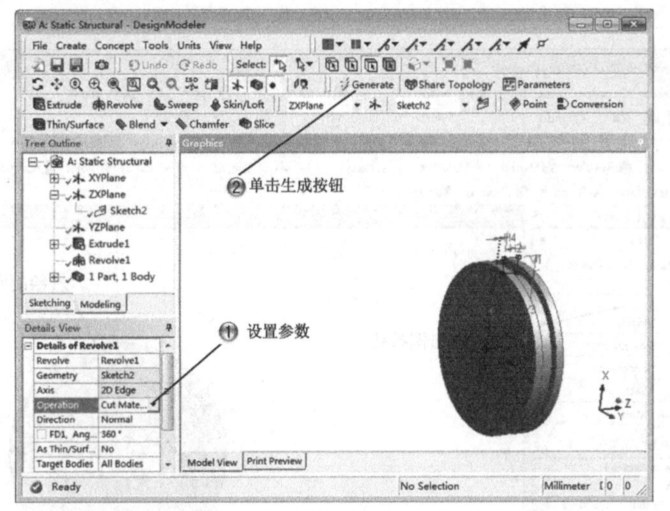

图6-11 设置旋转参数

提示：

若某一部件在承受循环载荷，经过一定的循环次数后，该部件裂纹或破坏将会发展，且有可能导致失效。

Step11 选择草绘面，如图6-12所示。

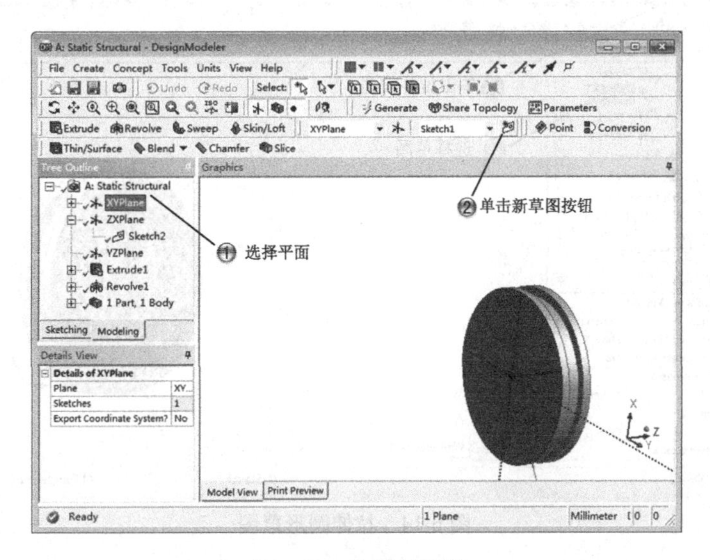

图6-12 选择草绘面

Step12 绘制圆形，如图 6-13 所示。

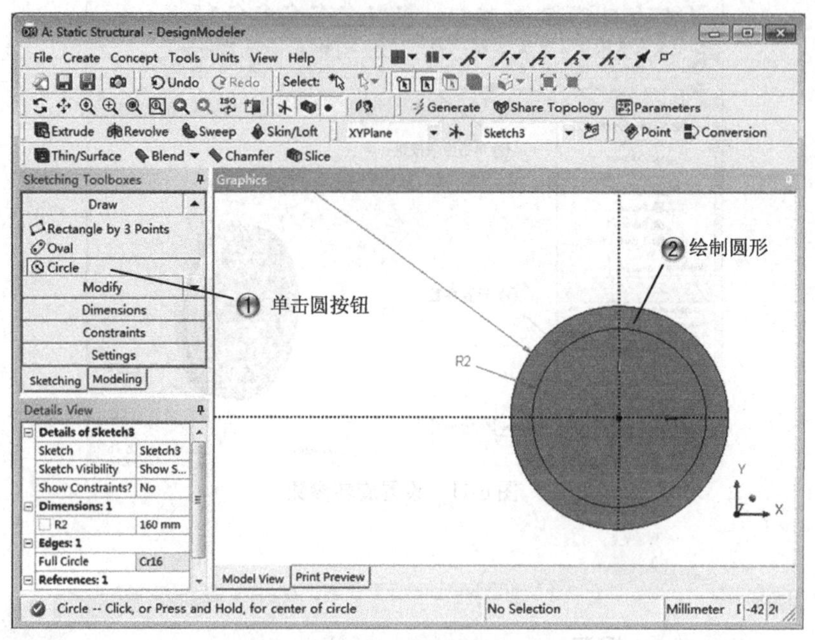

图 6-13 绘制圆形

Step13 拉伸圆形草图，如图 6-14 所示。

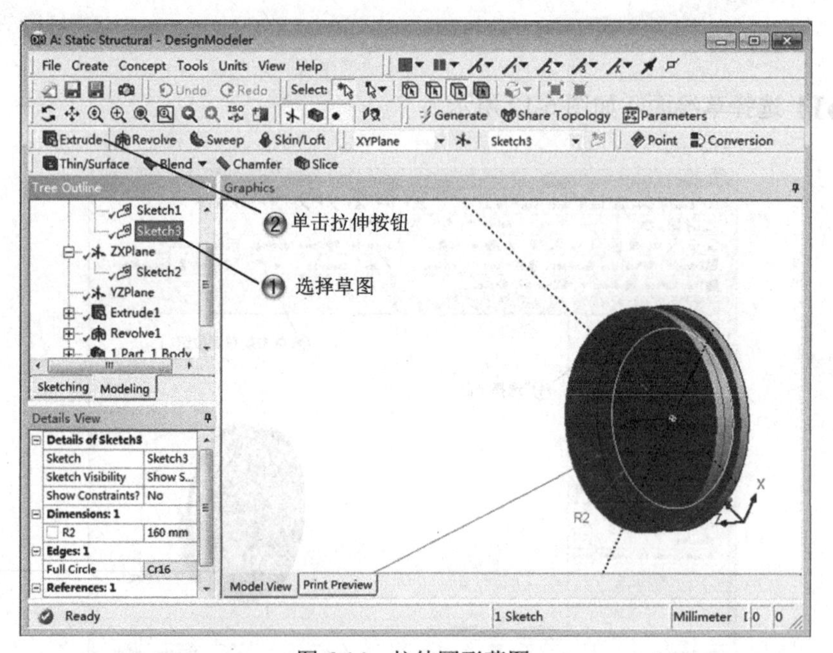

图 6-14 拉伸圆形草图

Step14 设置拉伸切除参数，如图 6-15 所示。

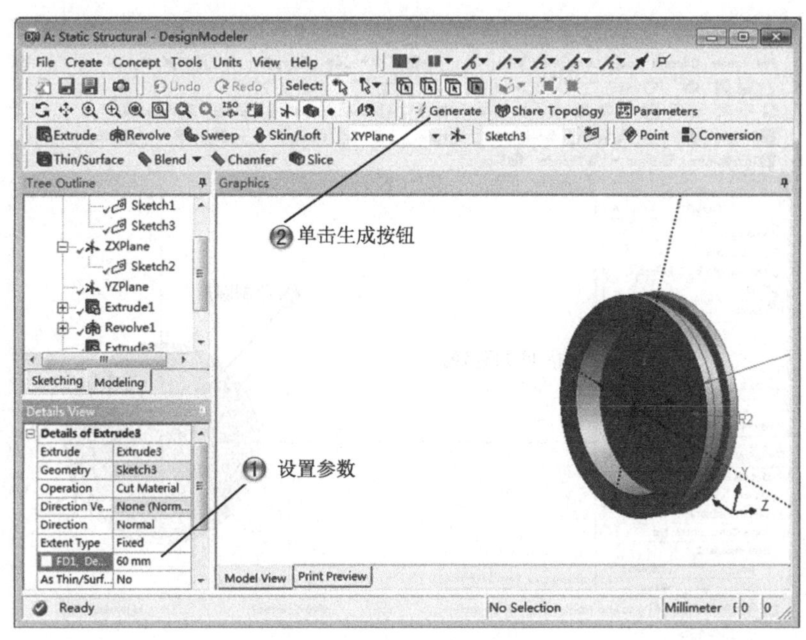

图 6-15　设置拉伸切除参数

Step15 选择草绘面，如图 6-16 所示。

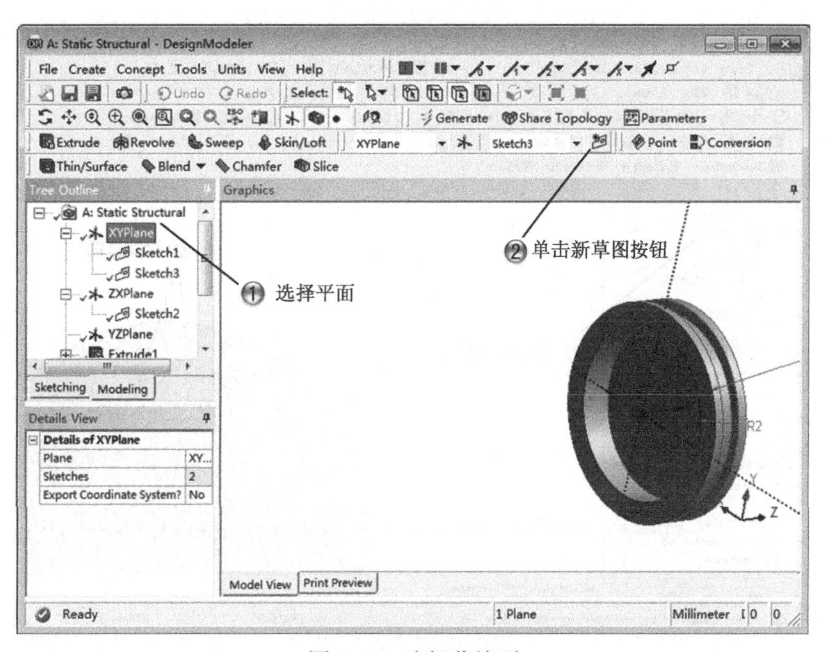

图 6-16　选择草绘面

Step16 绘制圆形，如图 6-17 所示。

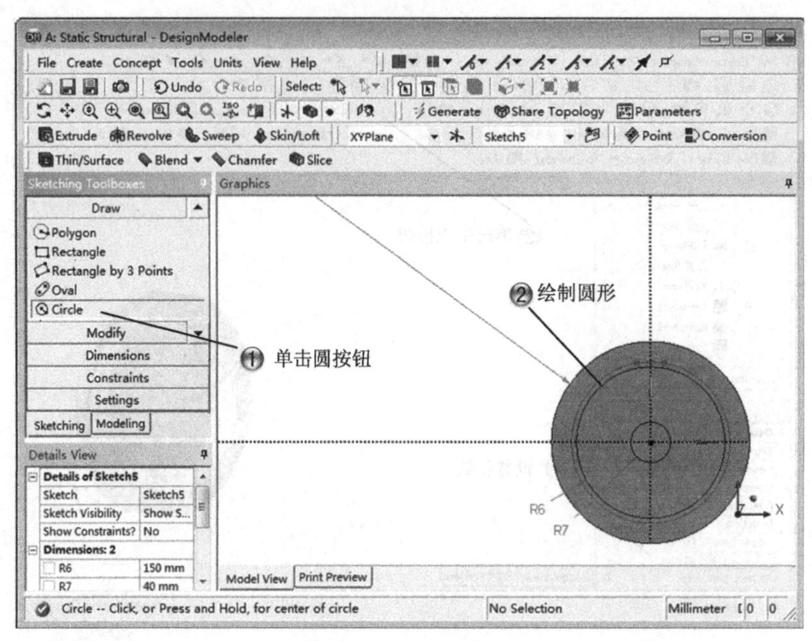

图 6-17 绘制圆形

Step17 绘制直线，如图 6-18 所示。

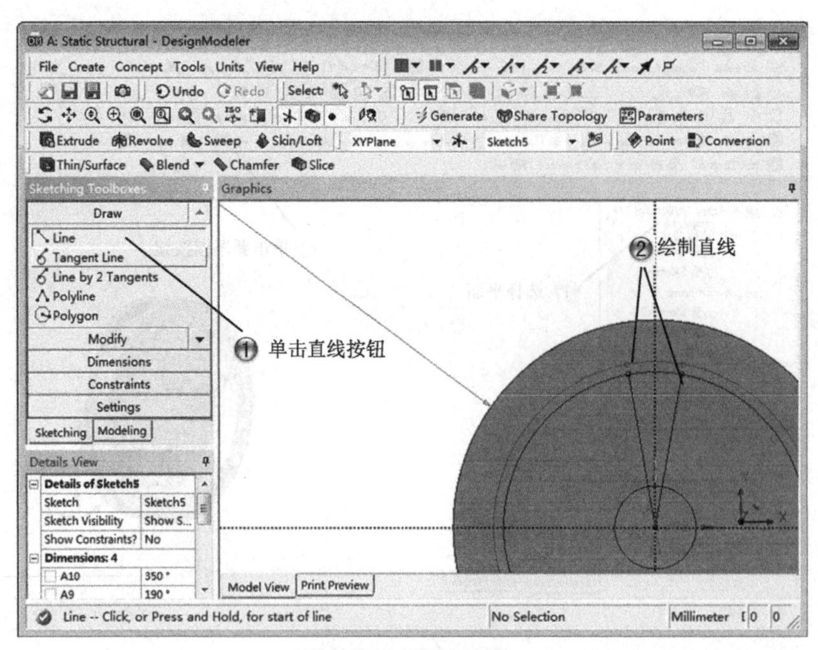

图 6-18 绘制直线

Step18 修剪草图，如图 6-19 所示。

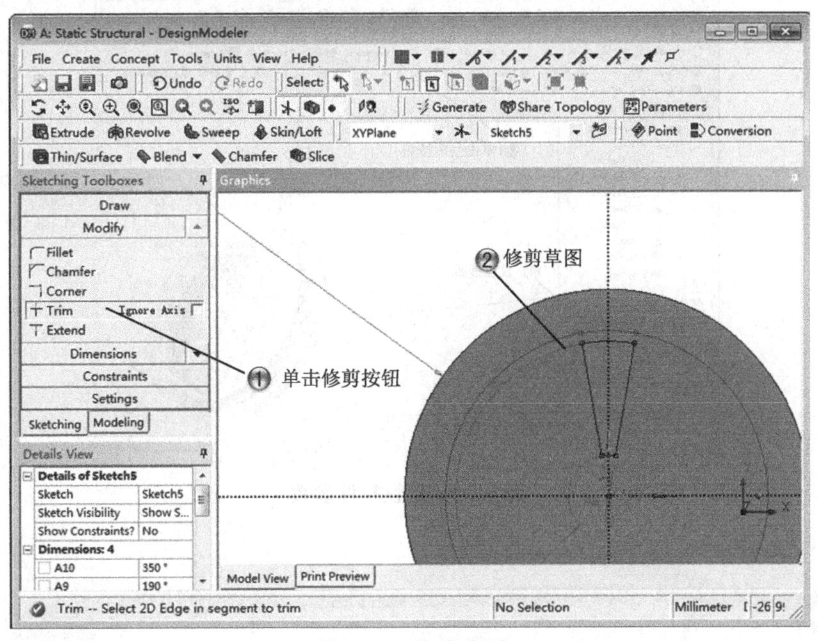

图 6-19　修剪草图

Step19 拉伸草图，如图 6-20 所示。

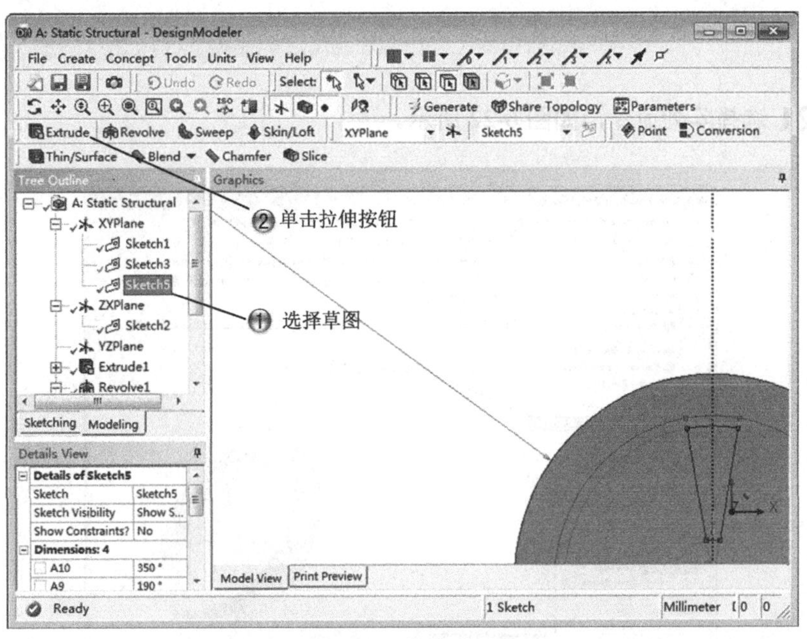

图 6-20　拉伸草图

Step20 设置拉伸参数，如图 6-21 所示。

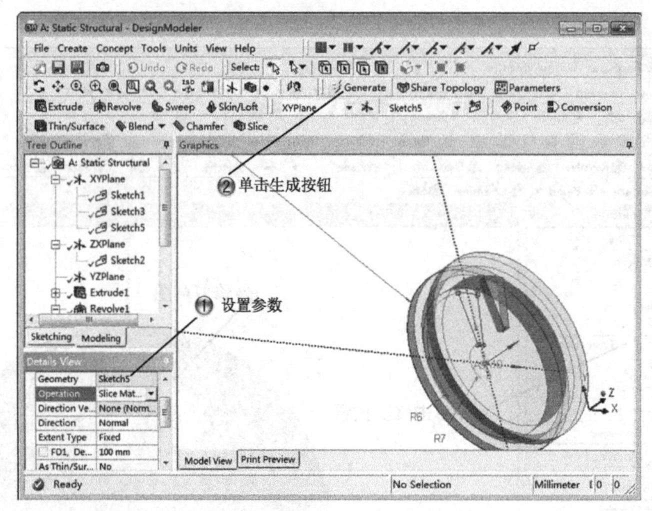

图 6-21　设置拉伸参数

提示：

这里创建的拉伸特征是独立体，和前面创建的特征没有相加属性。

Step21 选择阵列命令，如图 6-22 所示。

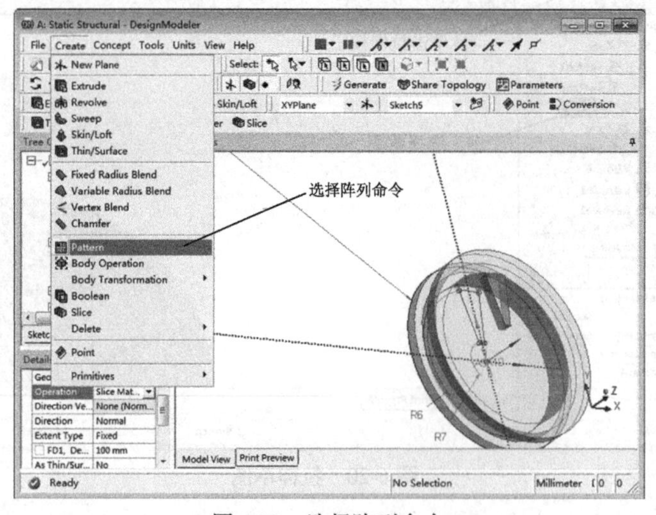

图 6-22　选择阵列命令

Step22 设置阵列参数，如图 6-23 所示。

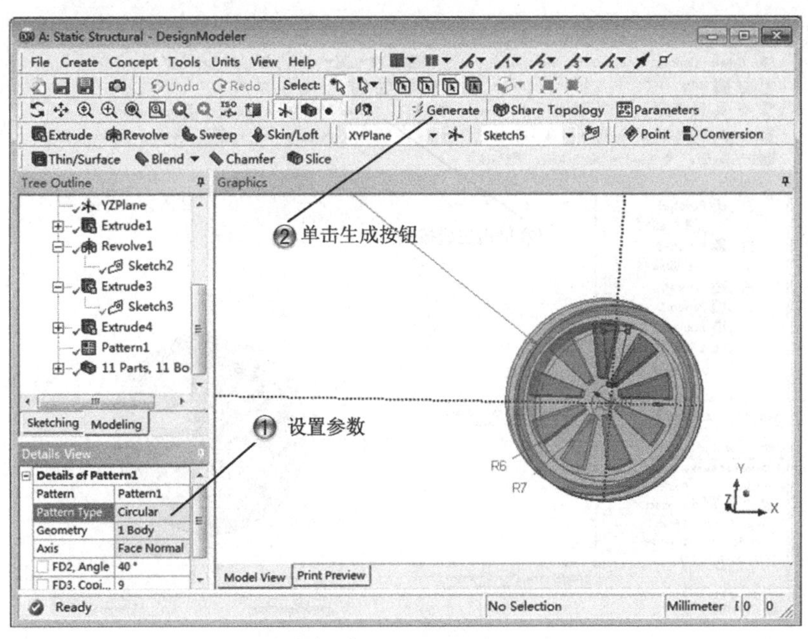

图 6-23　设置阵列参数

Step23 选择布尔命令，如图 6-24 所示。

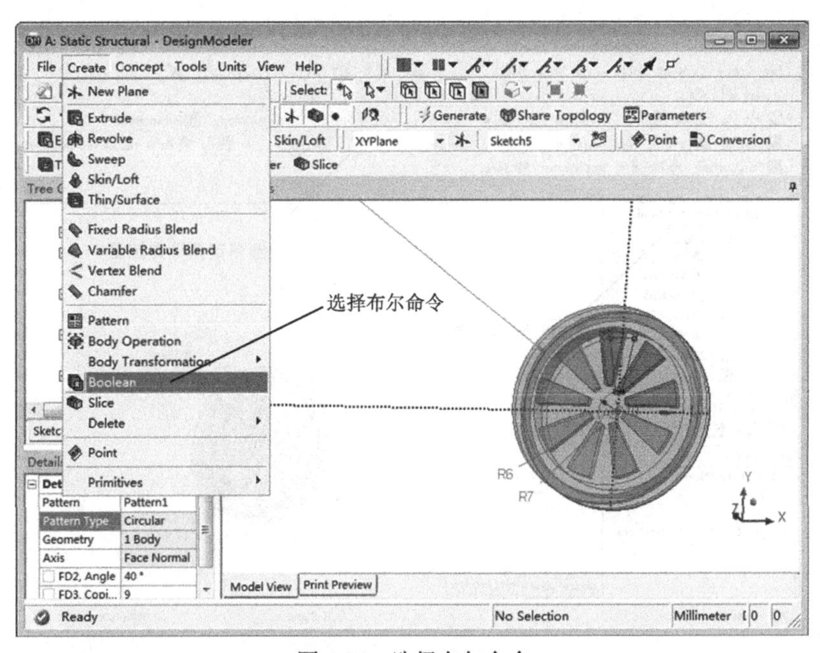

图 6-24　选择布尔命令

Step24 创建布尔减操作，如图 6-25 所示。

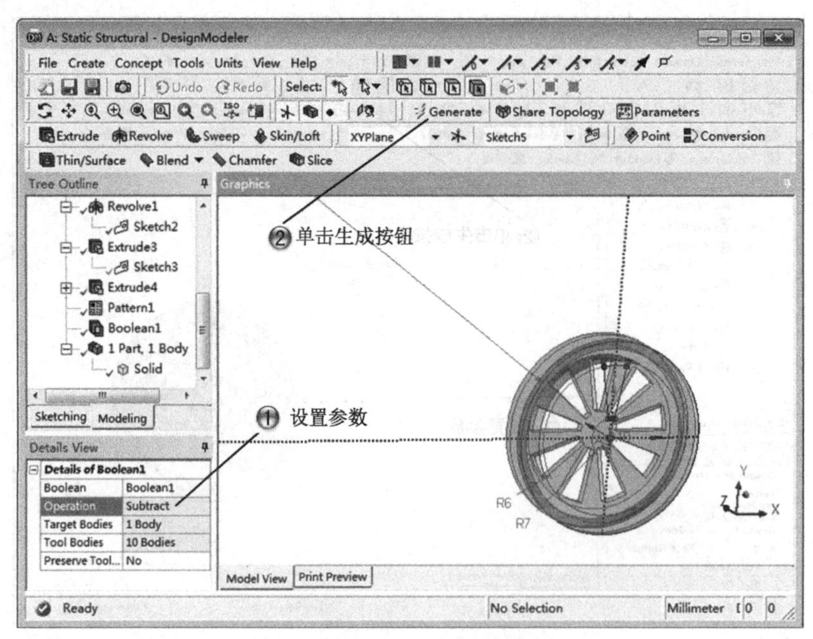

图 6-25　创建布尔减操作

Step25 新建平面，如图 6-26 所示。

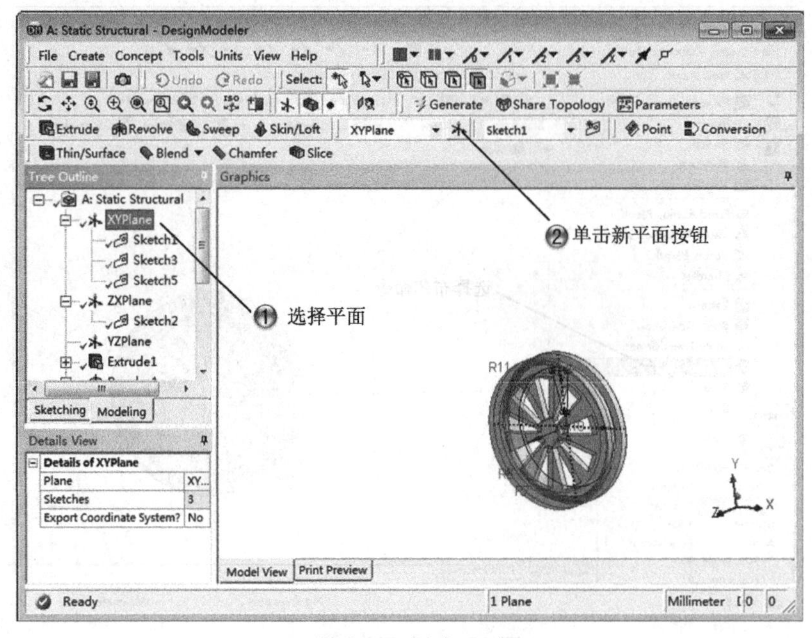

图 6-26　新建平面

Step26 设置新平面的参数，如图 6-27 所示。

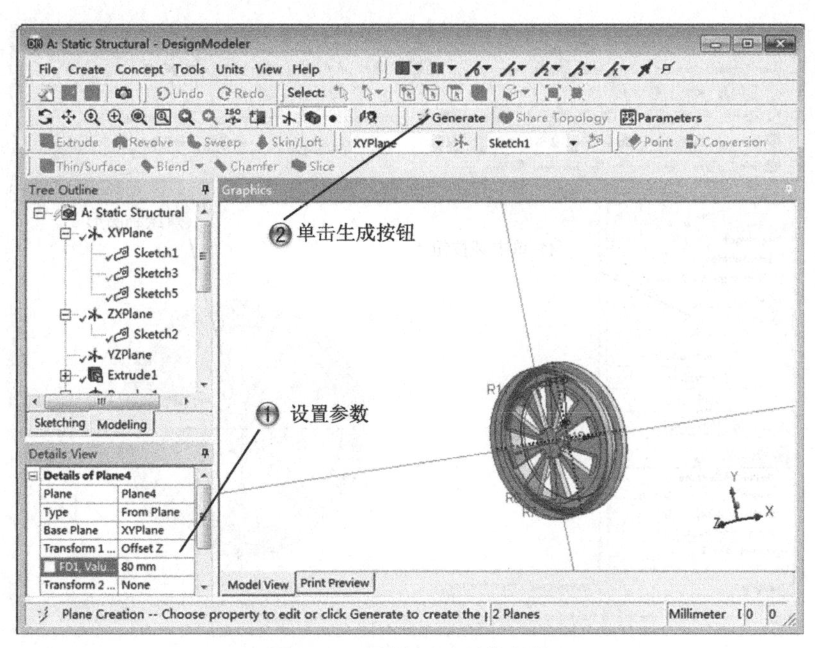

图 6-27 设置新平面的参数

Step27 选择草绘面，如图 6-28 所示。

图 6-28 选择草绘面

Step28 绘制圆形，如图 6-29 所示。

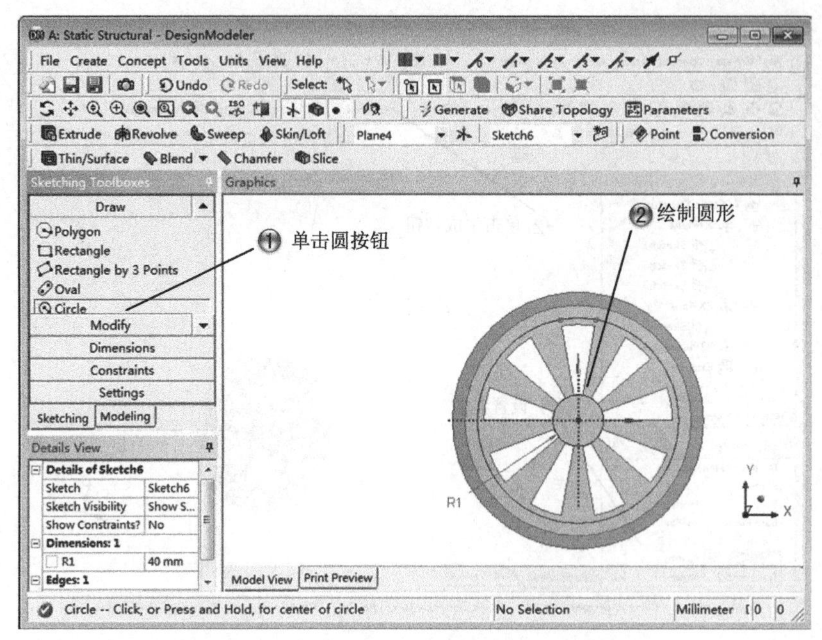

图 6-29　绘制圆形

Step29 创建新平面，如图 6-30 所示。

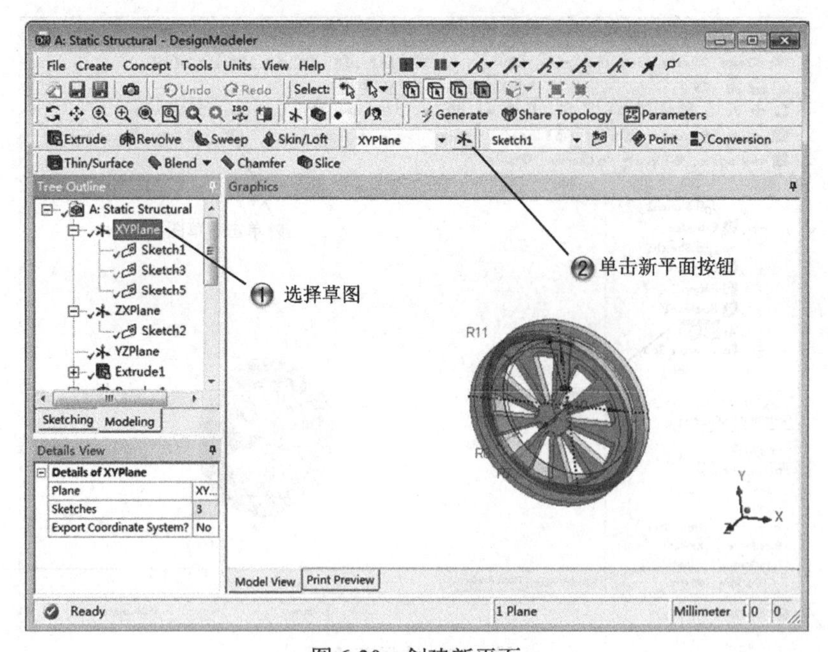

图 6-30　创建新平面

Step30 设置新平面的参数，如图 6-31 所示。

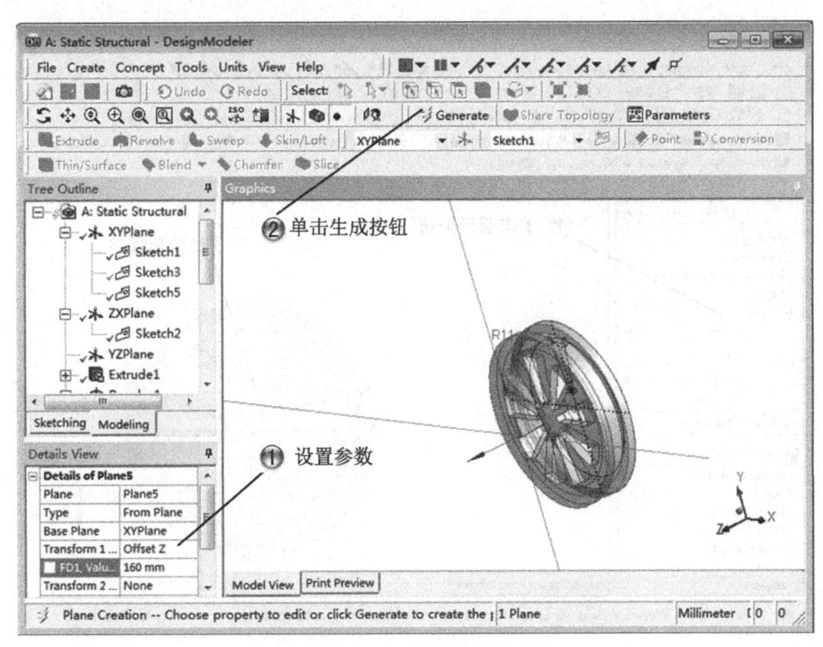

图 6-31　设置新平面的参数

Step31 选择草绘面，如图 6-32 所示。

图 6-32　选择草绘面

Step32 绘制圆形，如图 6-33 所示。

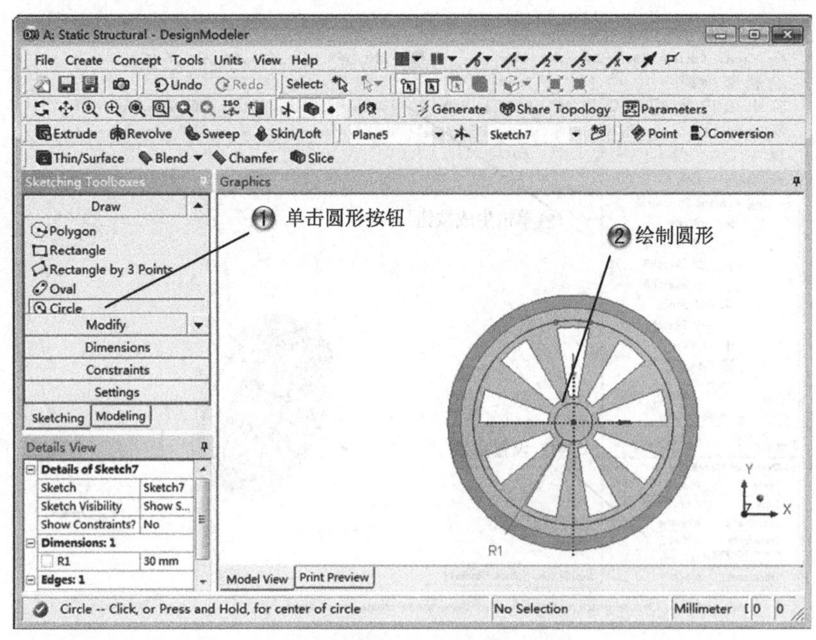

图 6-33　绘制圆形

Step33 创建放样特征，如图 6-34 所示。

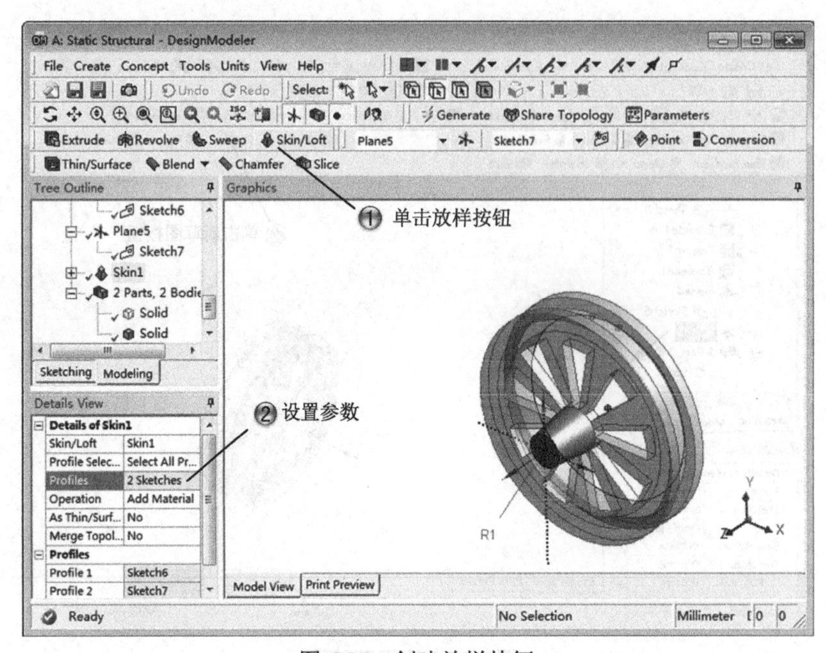

图 6-34　创建放样特征

Step34 拉伸草图 7，如图 6-35 所示。

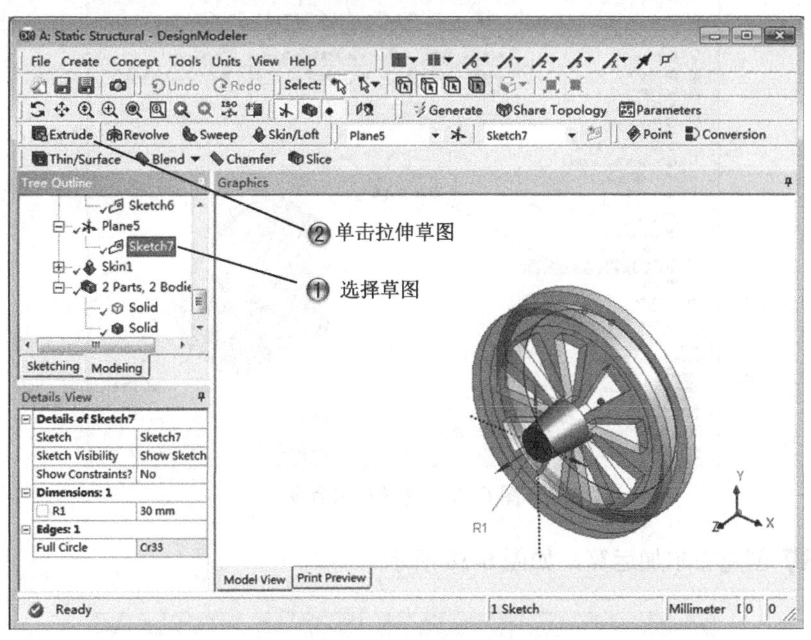

图 6-35　拉伸草图 7

Step35 设置拉伸参数，如图 6-36 所示。

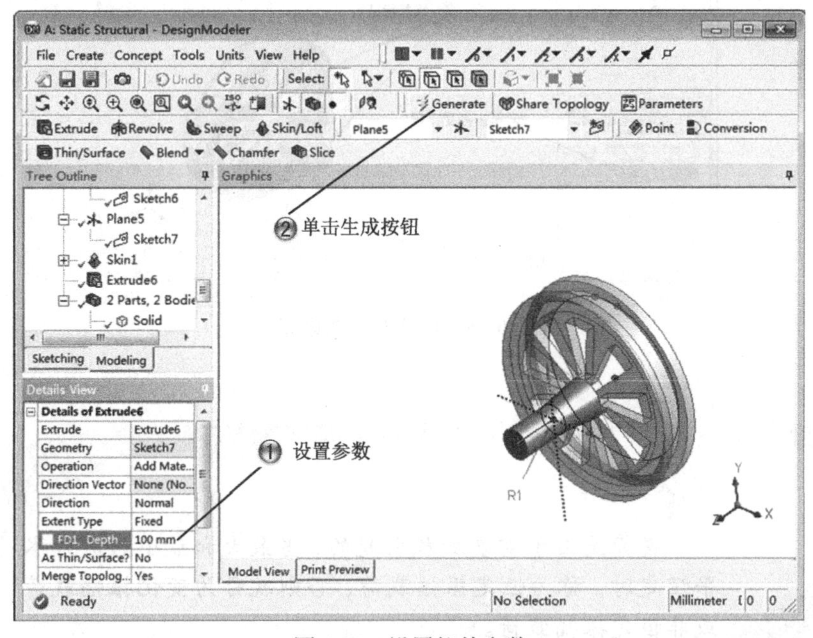

图 6-36　设置拉伸参数

Step36 选择布尔命令，如图 6-37 所示。

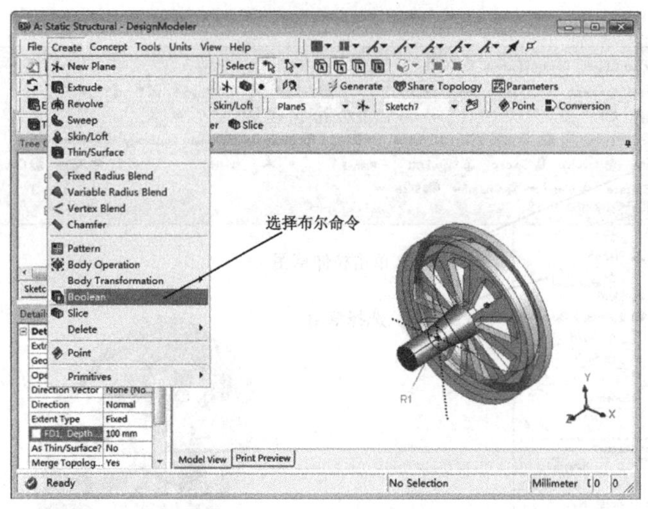

图 6-37　选择布尔命令

Step37 创建布尔加运算，如图 6-38 所示。

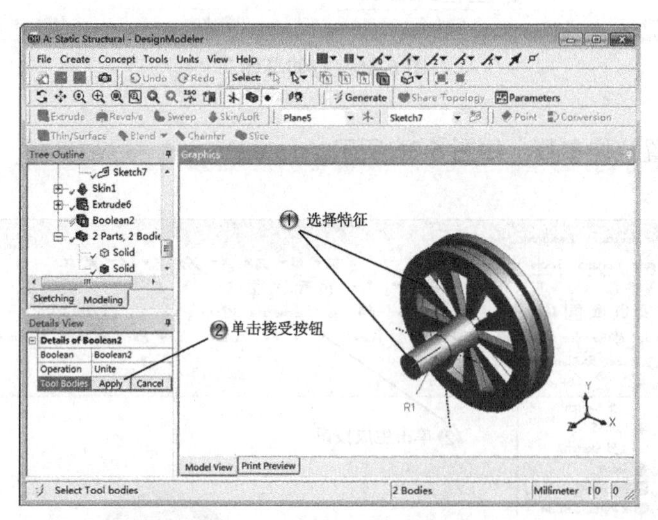

图 6-38　创建布尔加运算

提示：

疲劳是由于重复加载引起的，当最大和最小的应力水平恒定时，称为恒定振幅载荷，否则就称为变化振幅载荷或非恒定振幅载荷。

6.3 建立有限元模型

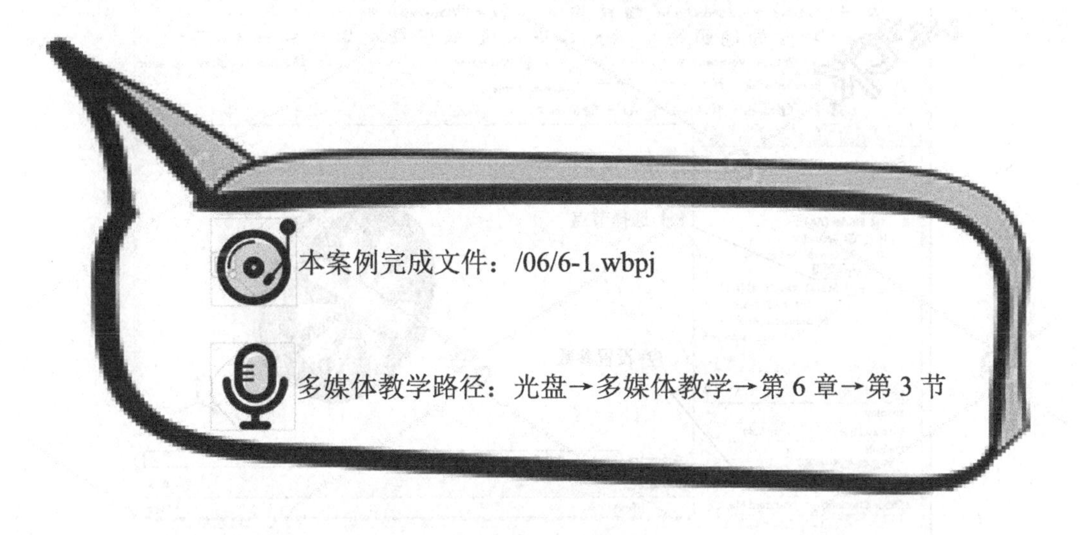

本案例完成文件：/06/6-1.wbpj
多媒体教学路径：光盘→多媒体教学→第 6 章→第 3 节

Step1 选择编辑命令，如图 6-39 所示。

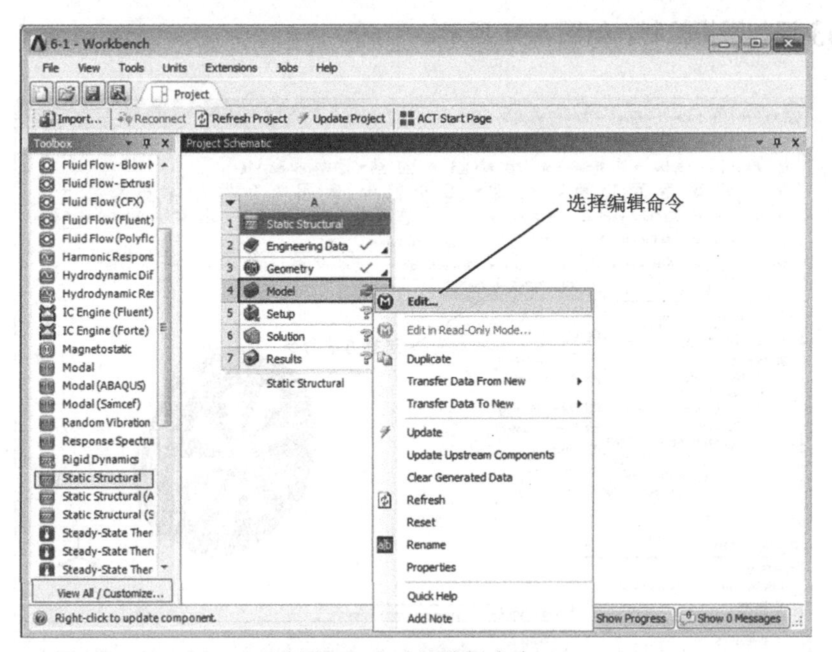

图 6-39　选择编辑命令

Step2 设置网格化参数，如图 6-40 所示。

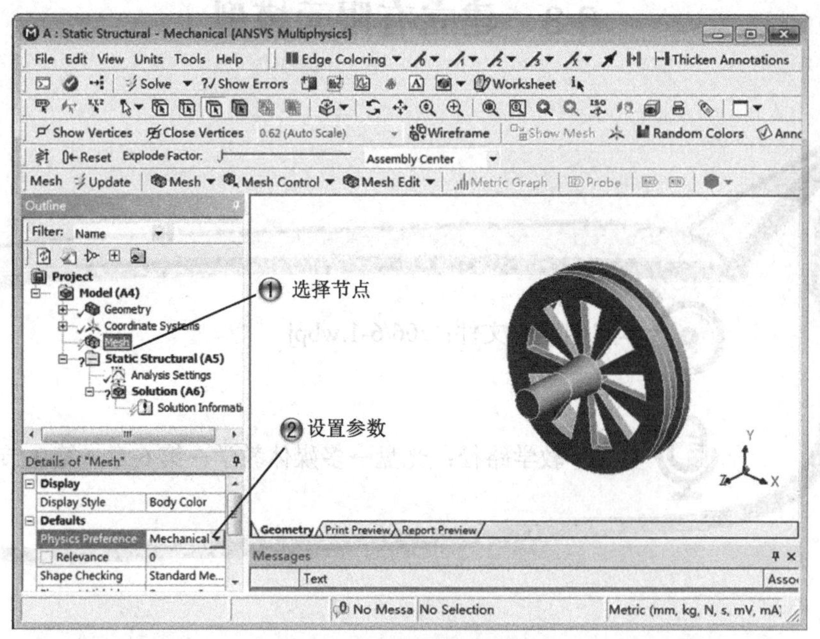

图 6-40 设置网格化参数

Step3 添加网格控制，如图 6-41 所示。

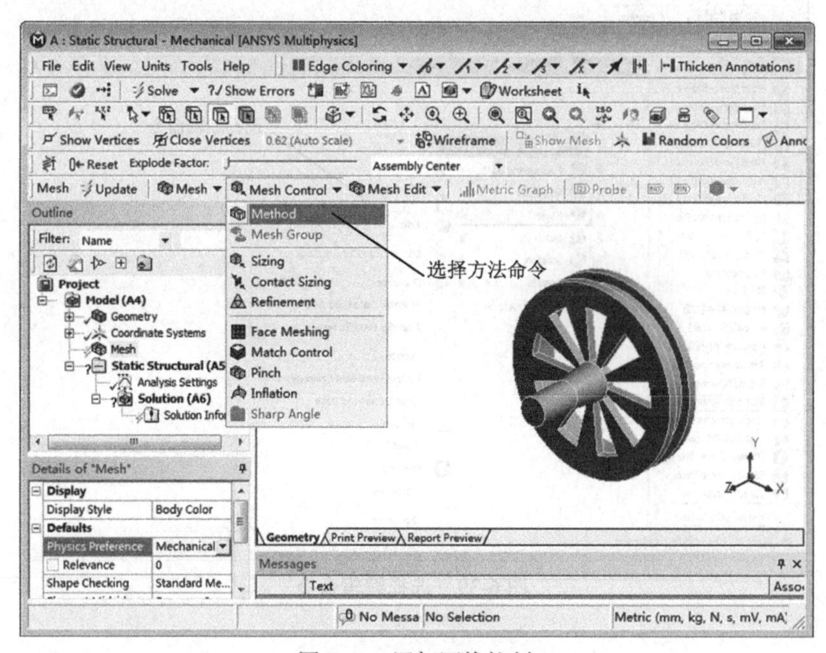

图 6-41 添加网格控制

Step4 选择网格化对象，如图 6-42 所示。

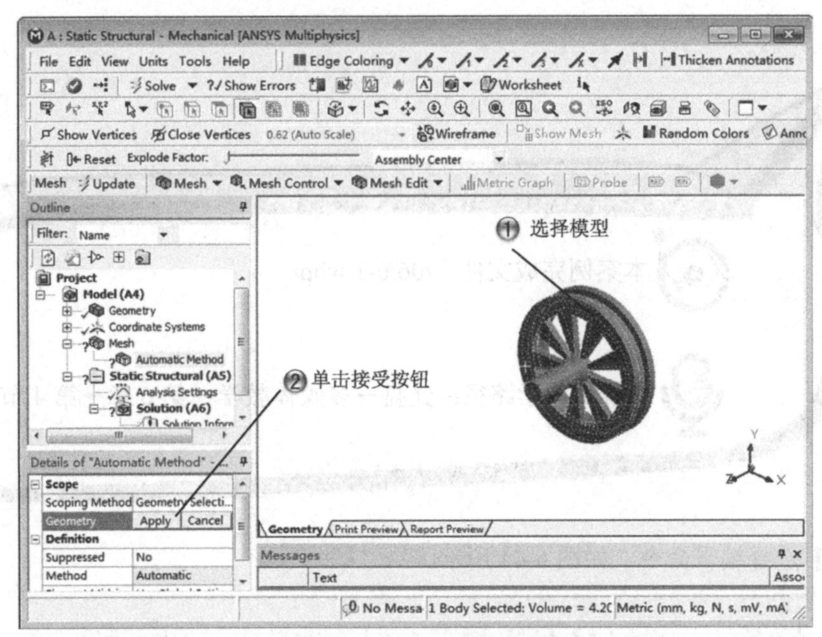

图 6-42　选择网格化对象

Step5 运算求解，如图 6-43 所示。

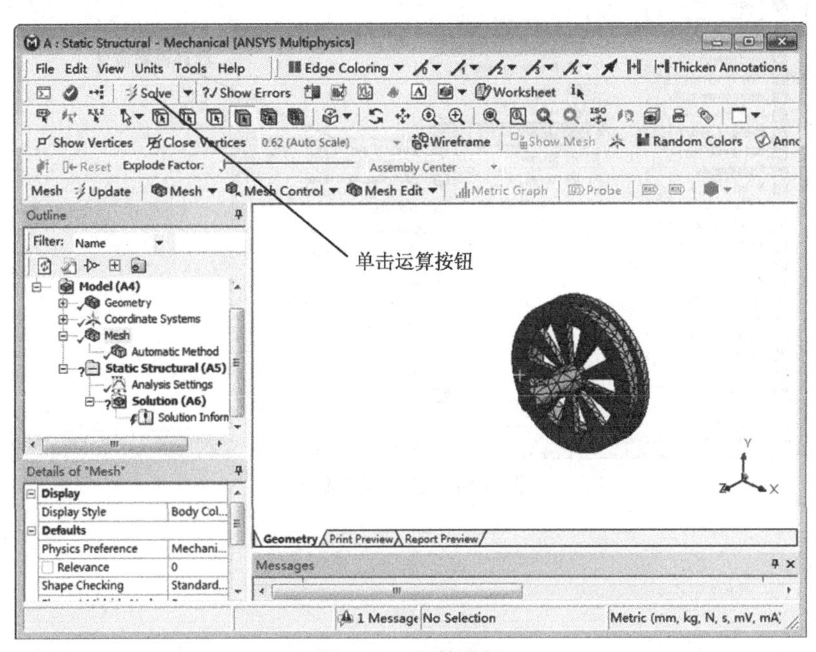

图 6-43　运算求解

6.4　模型计算设置

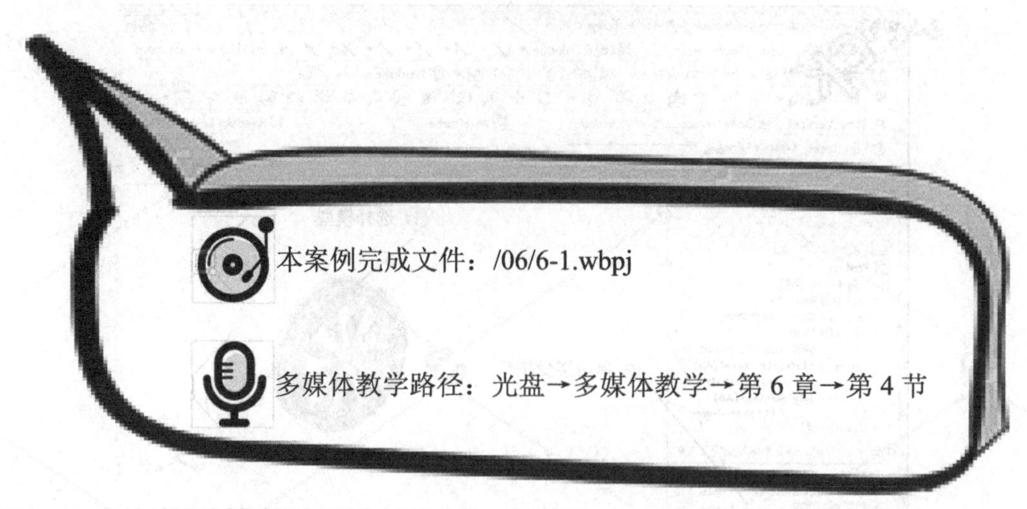

本案例完成文件：/06/6-1.wbpj
多媒体教学路径：光盘→多媒体教学→第 6 章→第 4 节

Step1 选择编辑命令，如图 6-44 所示。

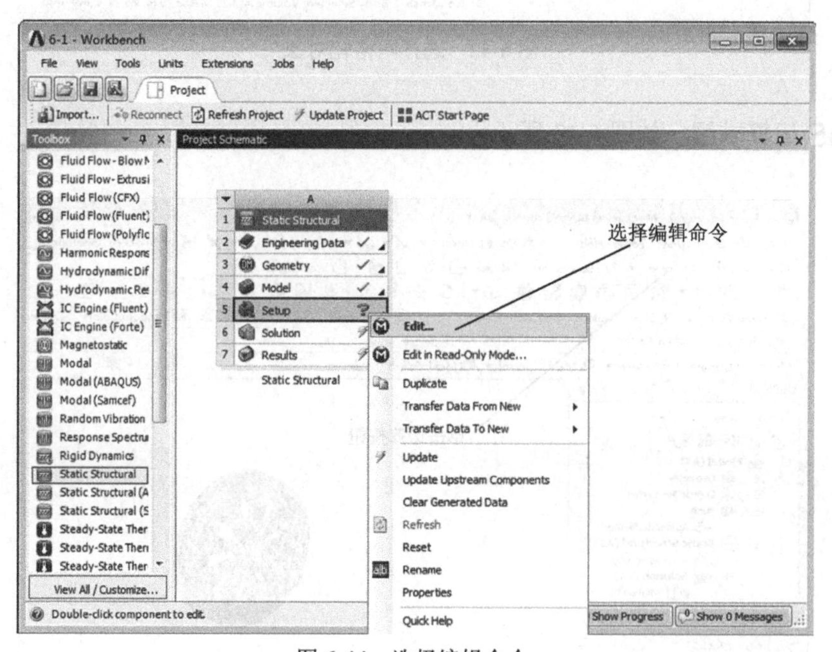

图 6-44　选择编辑命令

Step2 添加固定约束，如图 6-45 所示。

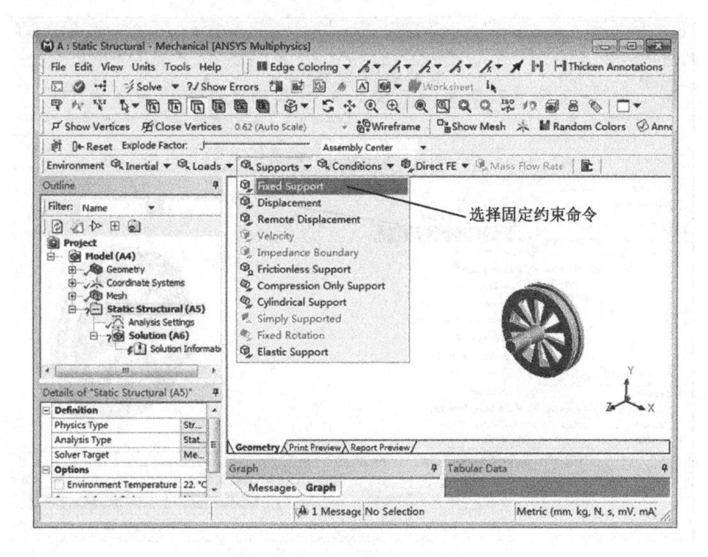

图 6-45 添加固定约束

提示：

当施加的是大小相等且方向相反的载荷时，发生的是对称循环载荷。

Step3 选择固定面，如图 6-46 所示。

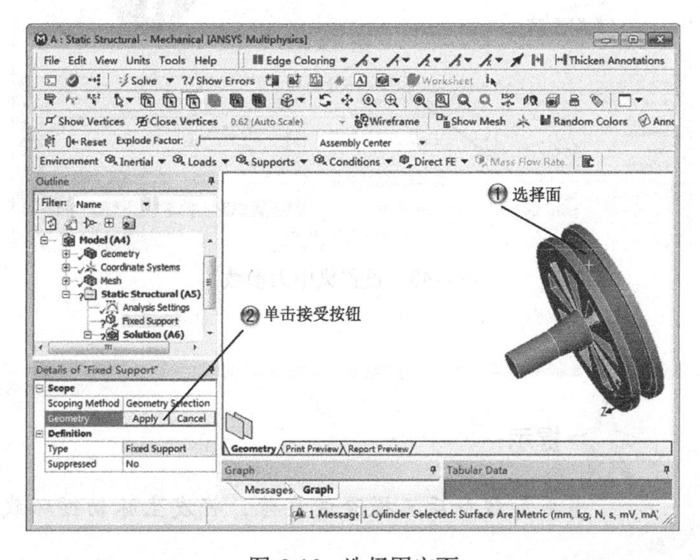

图 6-46 选择固定面

Step4 施加集中力，如图 6-47 所示。

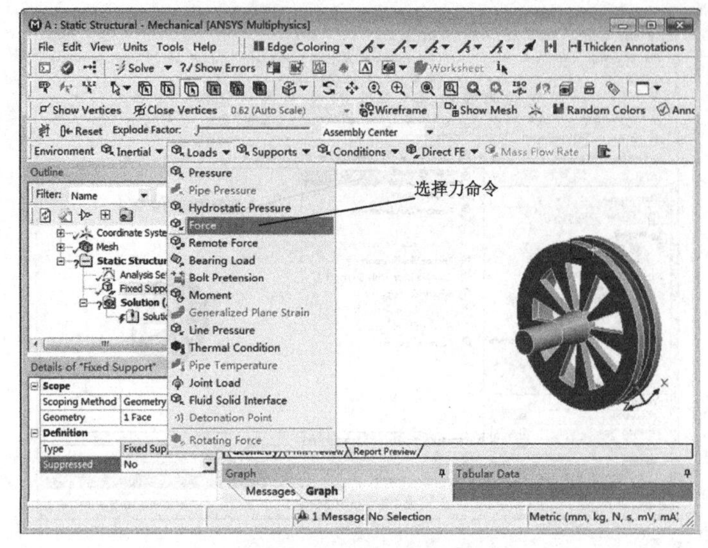

图 6-47　施加集中力

Step5 设置集中力参数，如图 6-48 所示。

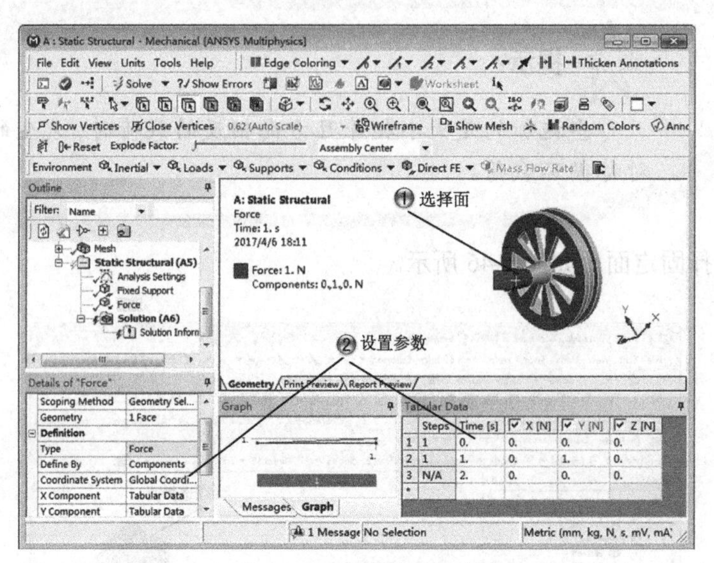

	Steps	Time [s]	X [N]	Y [N]	Z [N]
1	1	0.	0.	0.	0.
2	1	1.	0.	1.	0.
3	N/A	2.	0.	0.	0.
*					

图 6-48　设置集中力参数

提示：

当施加载荷后又撤除该载荷，将发生脉动循环载荷。

Step6 添加力矩，如图 6-49 所示。

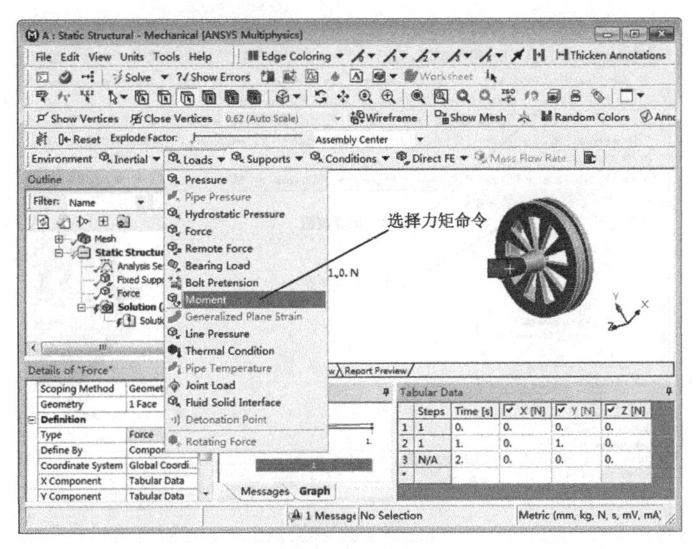

图 6-49　添加力矩

Step7 设置力矩参数，如图 6-50 所示。

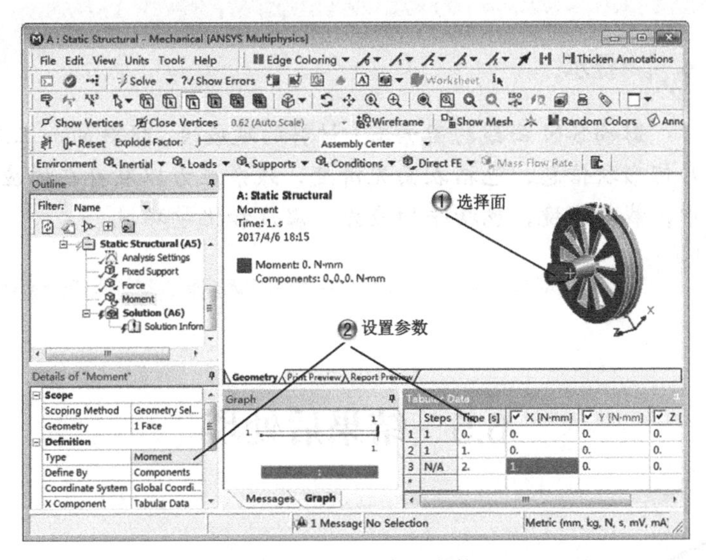

图 6-50　设置力矩参数

提示：

载荷与疲劳失效的关系，采用的是应力-寿命曲线或 S-N 曲线来表示。

Step8 添加总位移并运算，如图 6-51 所示。

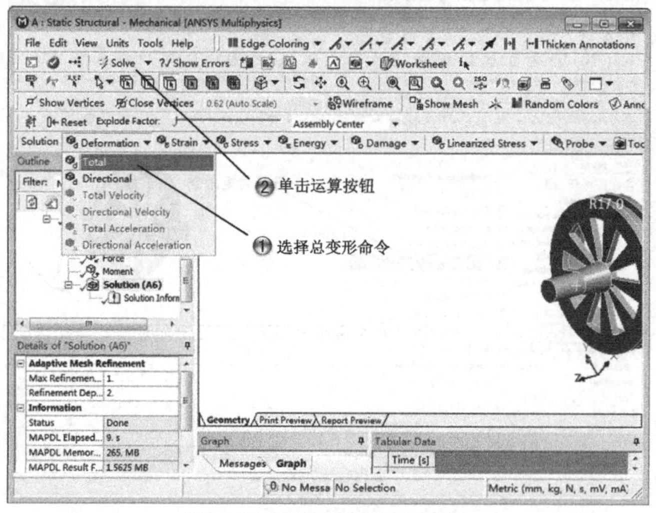

图 6-51　添加总位移并运算

提示：

影响 S-N 曲线的因素有：材料的延展性，材料的加工工艺，几何形状信息，包括表面光滑度、残余应力以及存在的应力集中，载荷环境，包括平均应力、温度和化学环境。

6.5　结果后处理

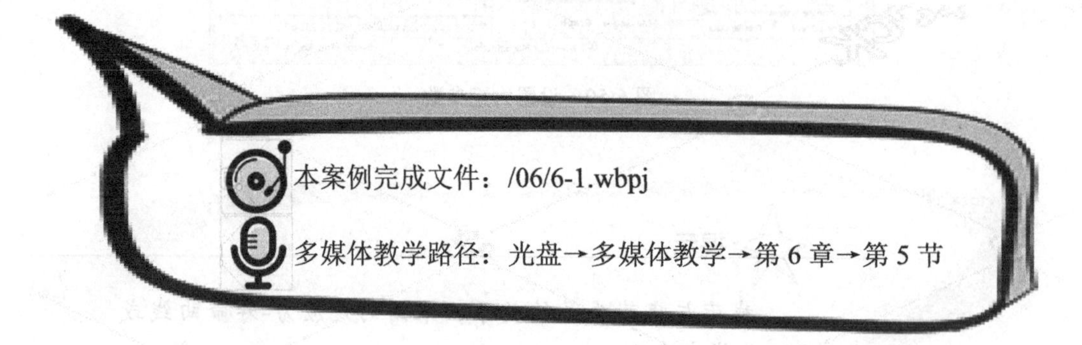

本案例完成文件：/06/6-1.wbpj

多媒体教学路径：光盘→多媒体教学→第 6 章→第 5 节

Step1 选择编辑命令，如图 6-52 所示。

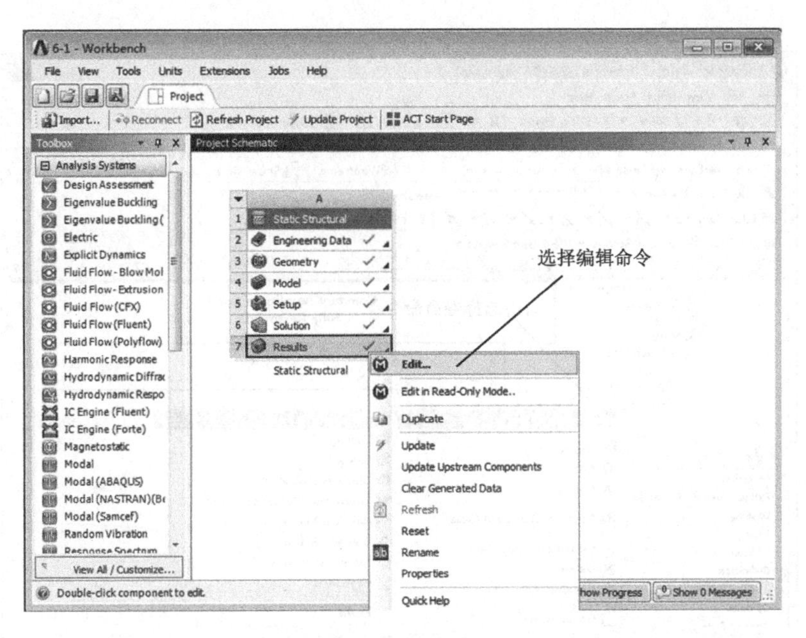

图 6-52　选择编辑命令

Step2 插入疲劳分析，如图 6-53 所示。

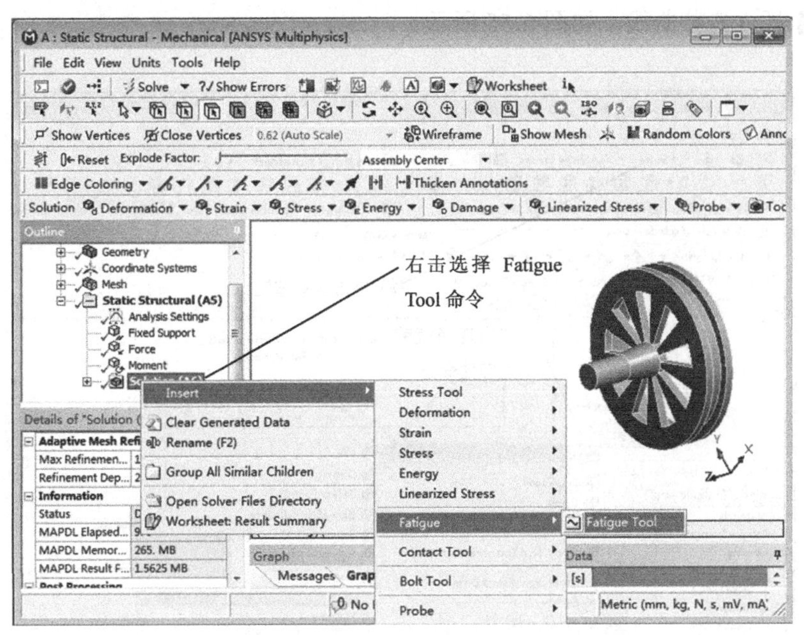

图 6-53　插入疲劳分析

Step3 插入寿命曲线，如图 6-54 所示。

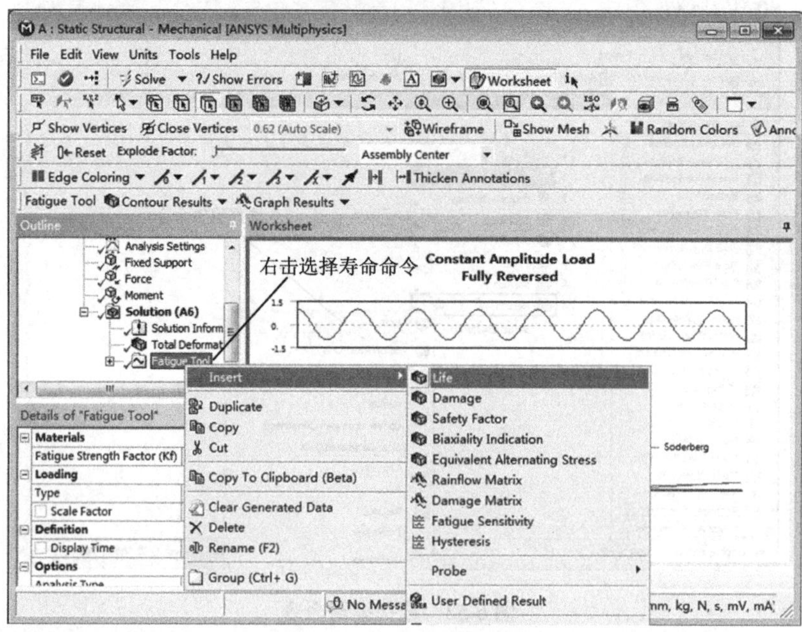

图 6-54　插入寿命曲线

Step4 插入疲劳曲线，如图 6-55 所示。

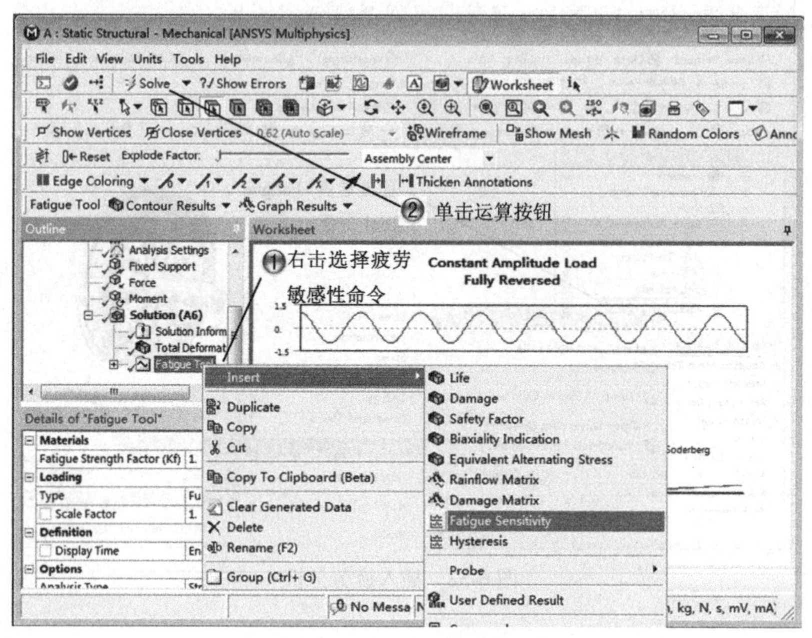

图 6-55　插入疲劳曲线

Step5 查看总变形分析结果，如图 6-56 所示。

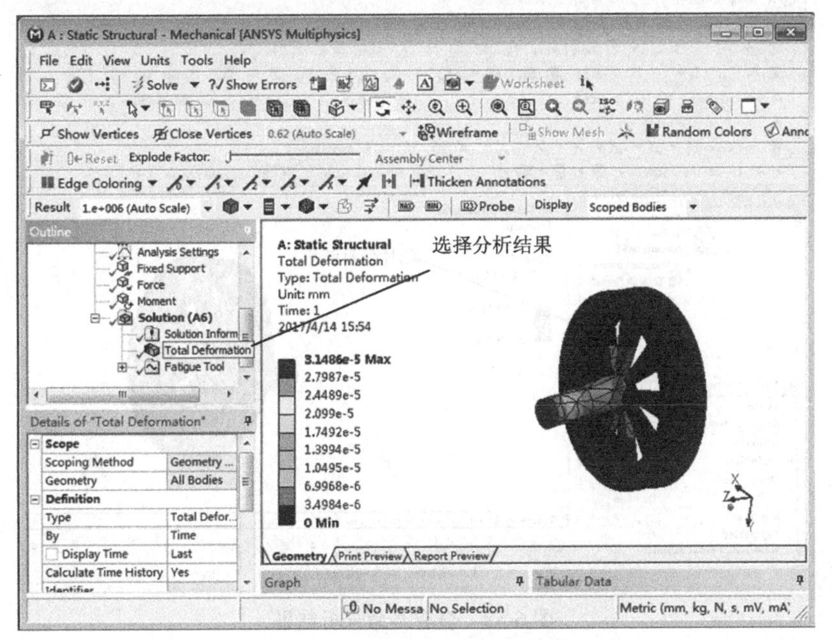

图 6-56　查看总变形分析结果

Step6 查看疲劳曲线，如图 6-57 所示。

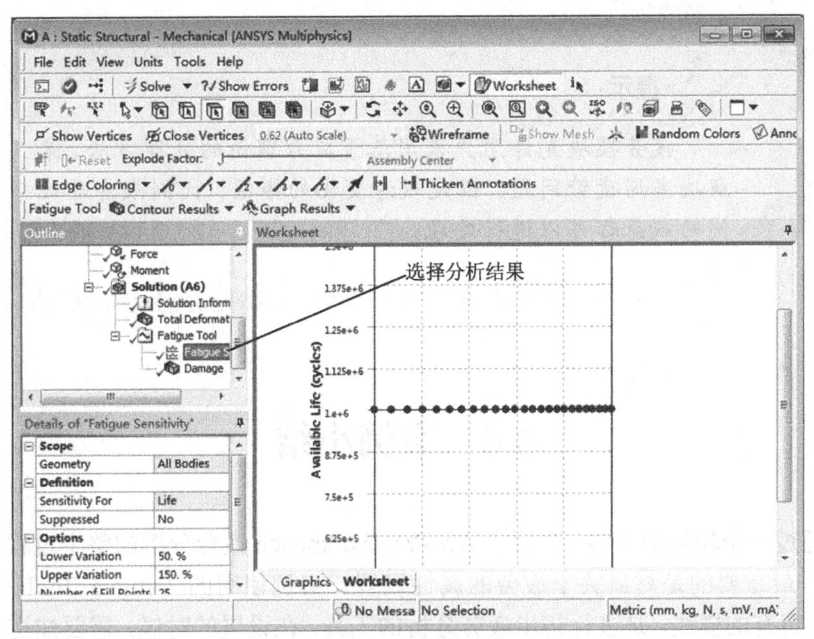

图 6-57　查看疲劳曲线

Step7 查看寿命分析结果，如图 6-58 所示。

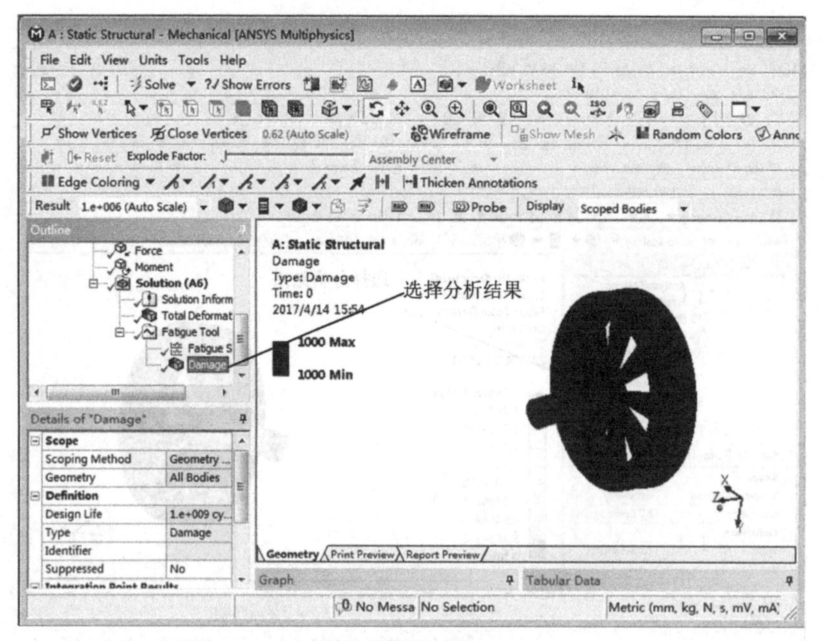

图 6-58　查看寿命分析结果

疲劳模块允许用户采用基于应力理论的处理方法，来解决高周疲劳问题。恒定或者变化的振幅，比例或者非比例的载荷都可以进行处理。

6.6　案例小结

本章通过一个轮轴的案例，介绍了 ANSYS Workbench 疲劳分析的整个过程，在疲劳分析过程中，最重要的是材料关于疲劳的属性设置。案例使用的 Fatigue Tool 分析模块是 Workbench 特有的模块，是进行初步疲劳分析的工具，在设置的时候，需要知道材料的 S-N 曲线。

第7章 圈架变形结构非线性分析案例

本章导读

前面几章介绍的许多内容都属于线性问题。然而，在实际生活当中，许多结构的力和位移并不是线性关系，这样的结构为非线性问题。其力与位移关系就是本章要研究的结构非线性问题。

通过本章案例的学习，可以完整地掌握 ANSYS Workbench 结构非线性的基础及接触非线性的功能和应用方法

学习要求	知识点 \ 学习目标	了解	理解	应用	实践
	非线性分析理论		√		
	结构非线性的一般过程		√	√	
	接触非线性结构		√	√	
	圈架变形的结构非线性分析		√	√	√

7.1　案例分析

7.1.1　知识链接

引起结构非线性变化的原因很多，它们可以被分成 3 种主要类型：状态变化（包括接触）；几何非线性；材料非线性。

一种近似的非线性求解是将载荷分成一系列的载荷增量。可以在几个载荷步内或者在一个载荷步的几个子步内施加载荷增量。在每一个增量的求解完成后，继续进行下一个载荷，增量之前程序调整刚度矩阵以反映结构刚度的非线性变化。不过，纯粹的增量近似不可避免地随着每一个载荷增量积累误差，导致结果最终失去平衡。所以 ANSYS 程序通过使用牛顿-拉普森平衡迭代解决这种问题。

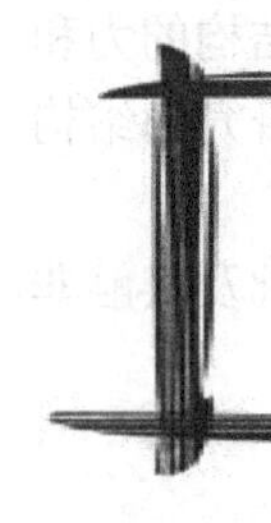

（1）进行网格划分时需考虑大变形的情况。
（2）考虑非线性材料大变形的单元技术选项。
（3）考虑大变形下的加载和边界条件的限制。

7.1.2　设计思路

在日常生活中，会经常遇到结构非线性问题。例如，一个木架上放置重物，随着时间的迁移它将越来越下垂；汽车轮胎和路面间的接触将随货物重量而变化，这些都属于非线性结构的基本特征。

本章的案例为圈架上放置一个半圆物体，两者为刚性接触。研究他们之间的接触刚度，圈架模型如图 7-1 所示。为了分析的方便，在本案例中为了提高分析效率，取实际模型的截面，建立的模型为二维模型，在分析时将上面的模型固定，力加载于圈架模型的底部。

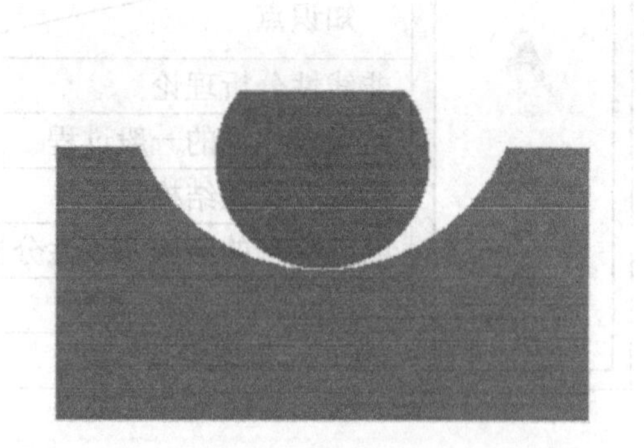

图 7-1　圈架模型

7.2 建立分析模型

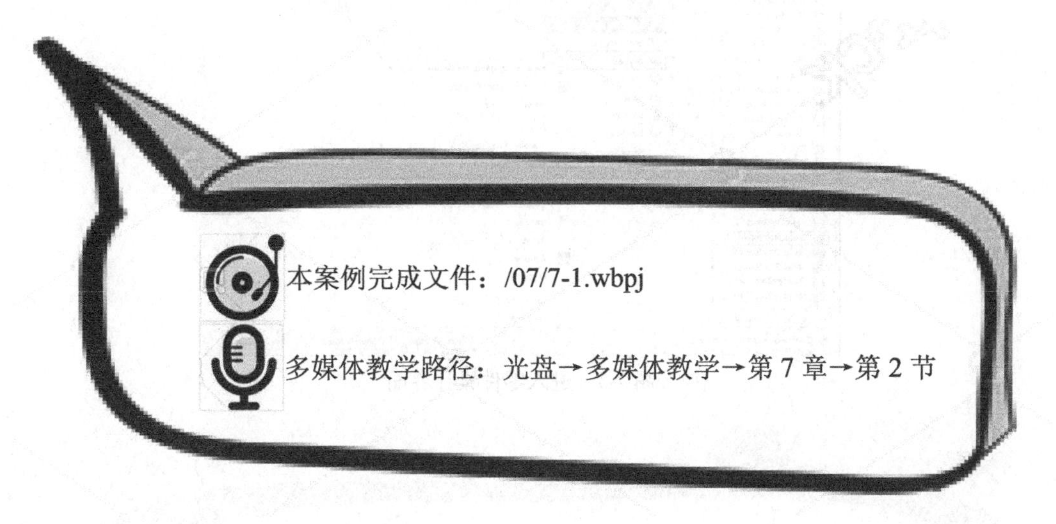

本案例完成文件：/07/7-1.wbpj
多媒体教学路径：光盘→多媒体教学→第 7 章→第 2 节

Step1 创建分析项目，如图 7-2 所示。

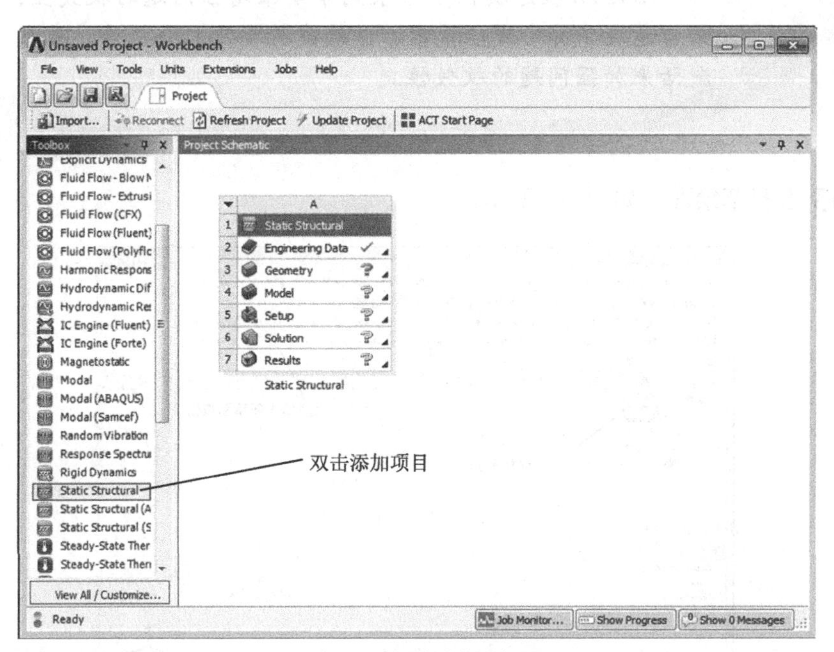

图 7-2 创建分析项目

Step2 进入零件设计界面，如图 7-3 所示。

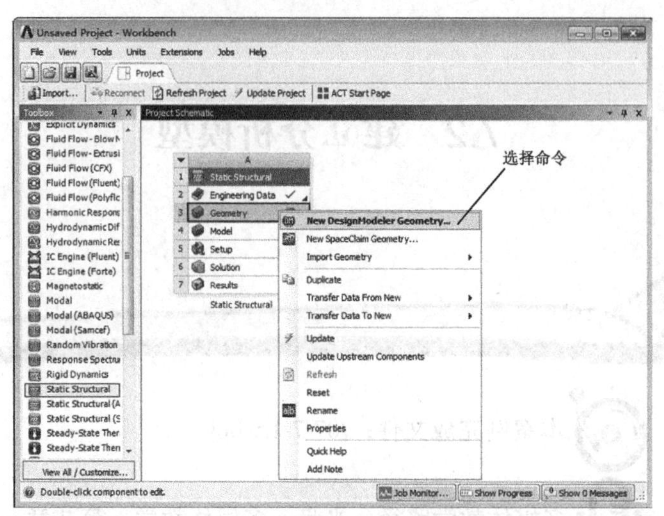

图 7-3　进入零件设计界面

提示：

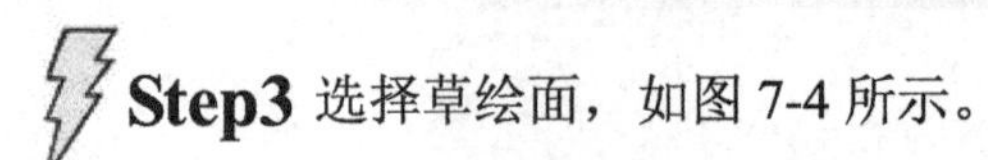

ANSYS 程序提供了一系列命令来增强问题的收敛性，如自适应下降，线性搜索，自动载荷步及二分法等，可被激活来加强问题的收敛性。

Step3 选择草绘面，如图 7-4 所示。

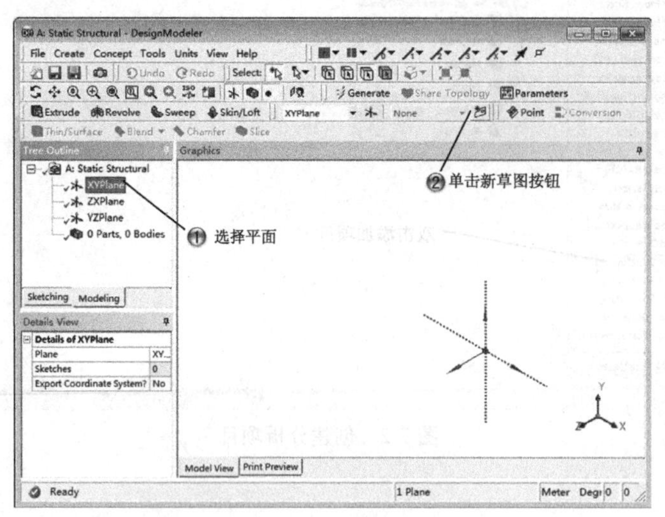

图 7-4　选择草绘面

Step4 绘制矩形，如图 7-5 所示。

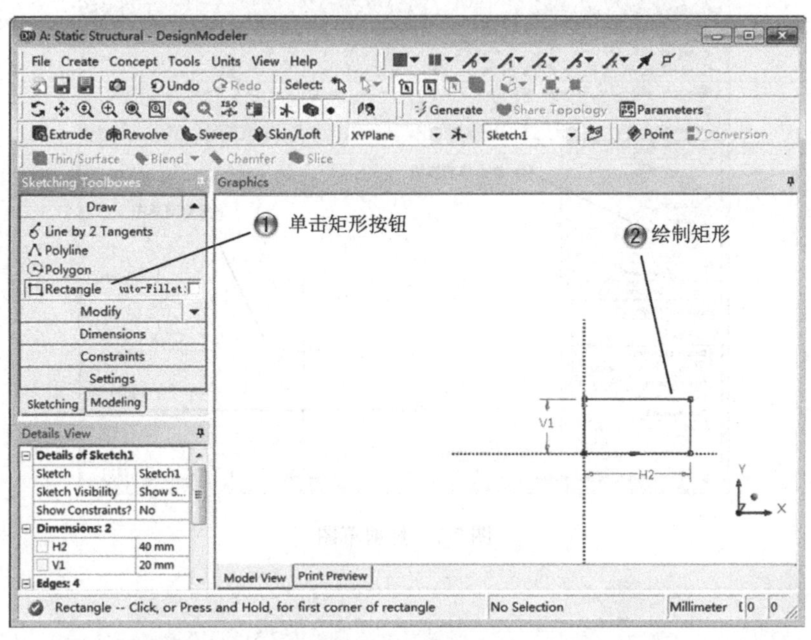

图 7-5 绘制矩形

Step5 绘制圆形，如图 7-6 所示。

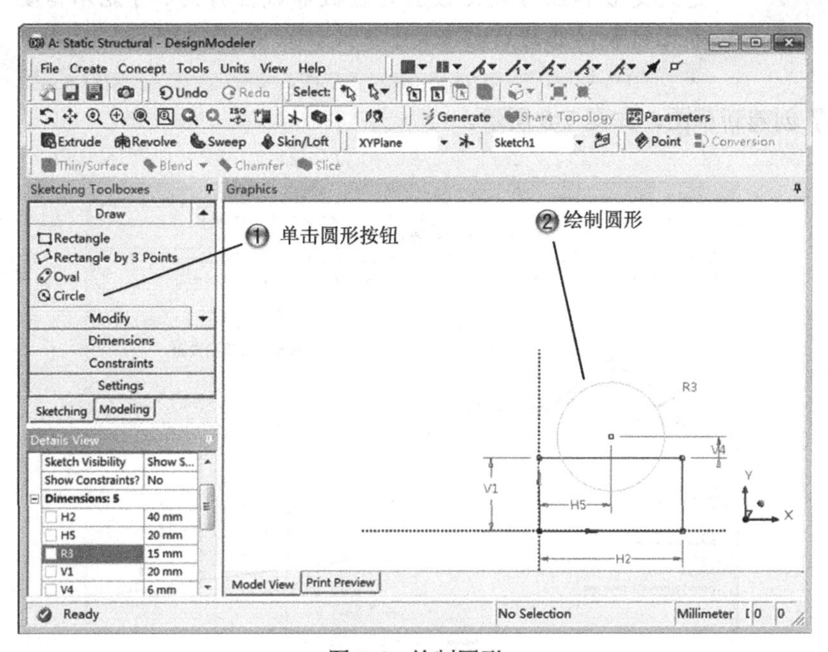

图 7-6 绘制圆形

Step6 修剪草图，如图 7-7 所示。

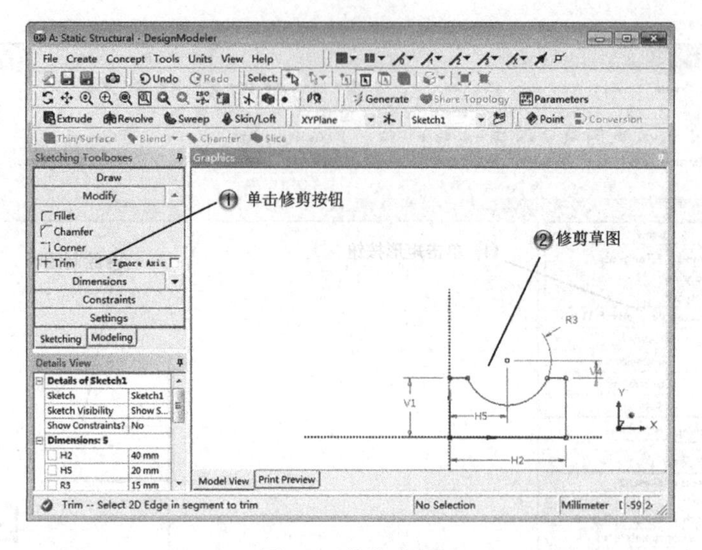

图 7-7 修剪草图

提示：

建立非线性模型与线性模型的差别不是很大。只是承受大变形和应力硬化效应的轻微非线性行为，可能不需要对几何和网格进行修正。

Step7 创建新草图，如图 7-8 所示。

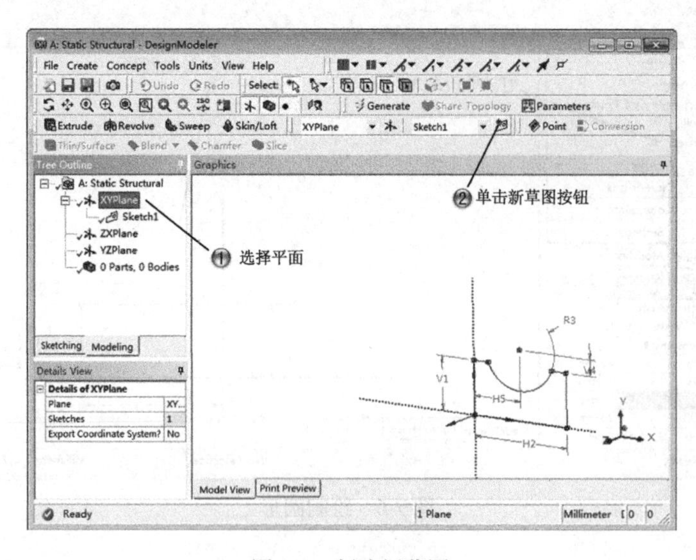

图 7-8 创建新草图

Step8 绘制圆形，如图 7-9 所示。

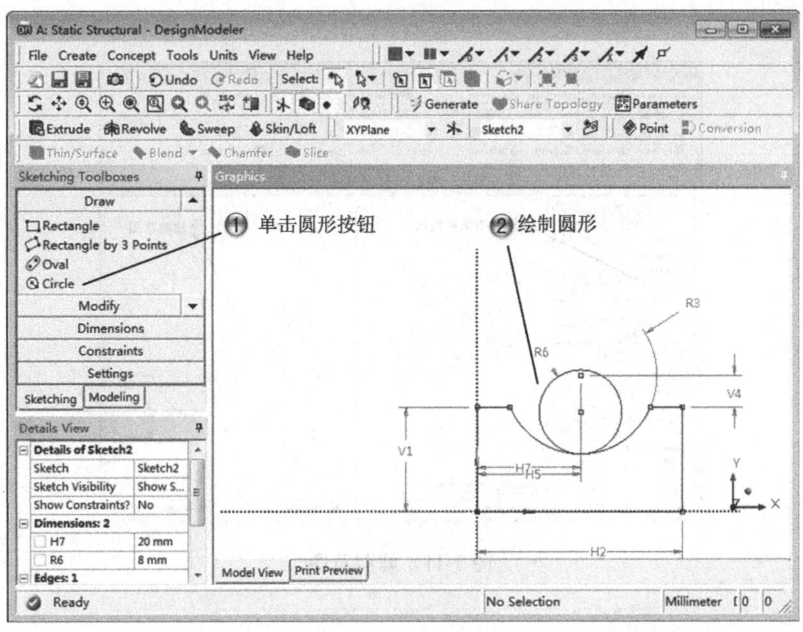

图 7-9　绘制圆形

Step9 绘制直线，如图 7-10 所示。

图 7-10　绘制直线

Step10 修剪草图，如图 7-11 所示。

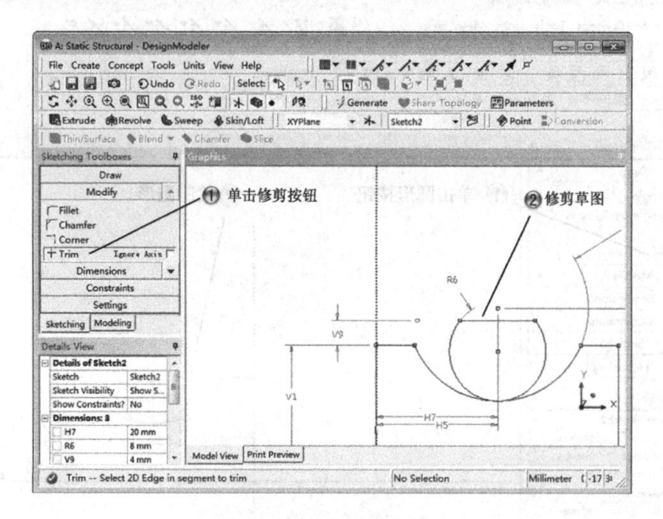

图 7-11　修剪草图

提示：

非线性瞬态过程的分析与线性静态或准静态分析类似：以步进增量加载，程序在每一步中进行平衡迭代。

Step11 创建面，如图 7-12 所示。

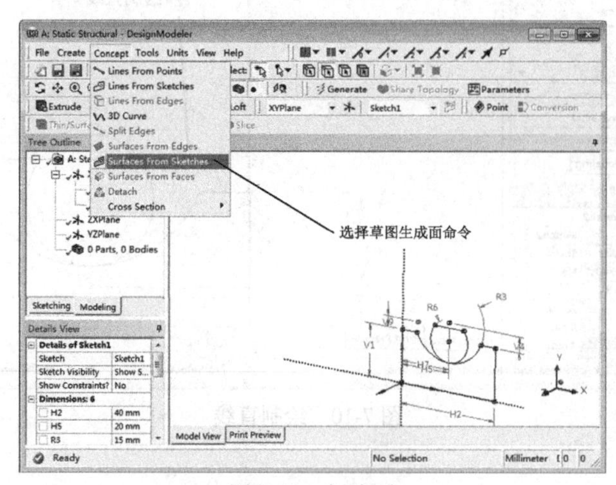

图 7-12　创建面

Step12 选择草图 1，如图 7-13 所示。

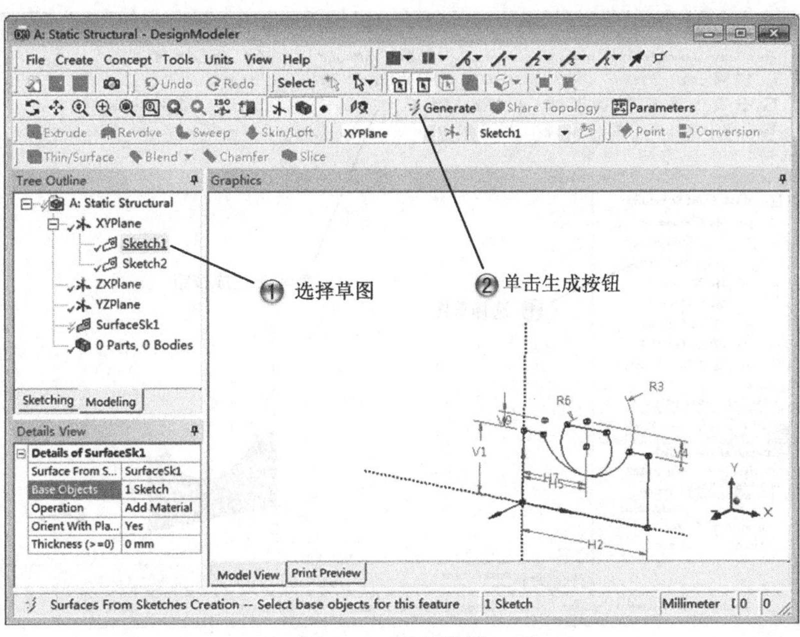

图 7-13 选择草图 1

Step13 创建面，如图 7-14 所示。

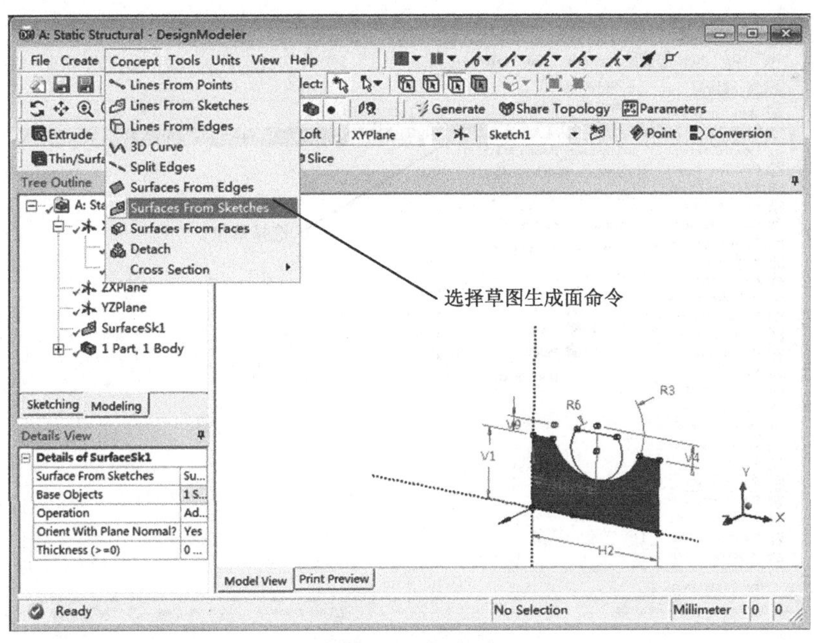

图 7-14 创建面

Step14 选择草图 2，如图 7-15 所示。

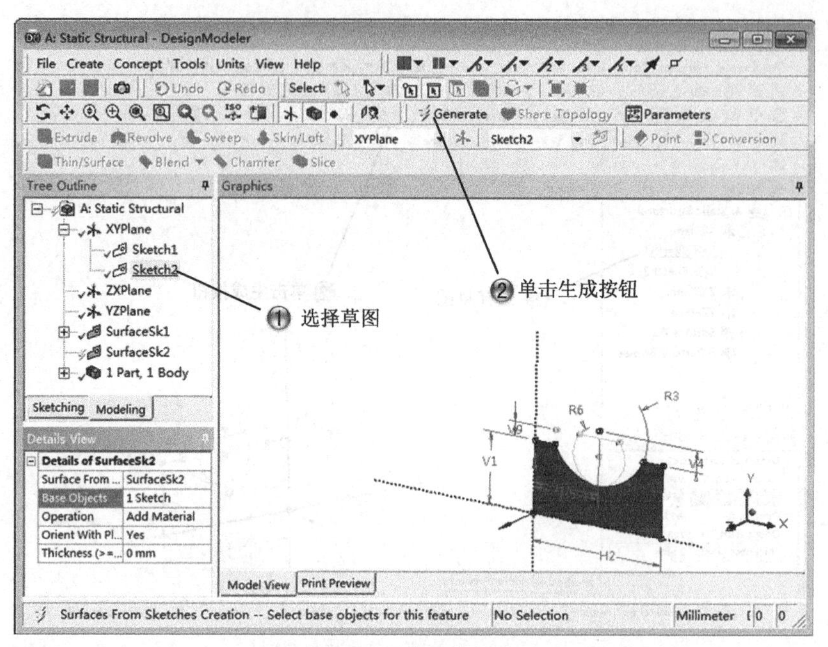

图 7-15　选择草图 2

Step15 设置系统单位，如图 7-16 所示。

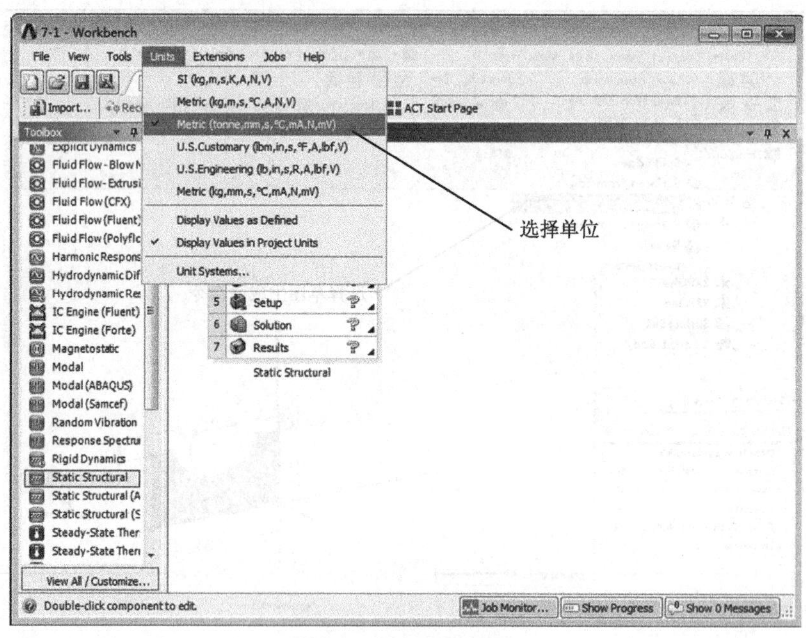

图 7-16　设置系统单位

Step16 修改几何体属性，如图 7-17 所示。

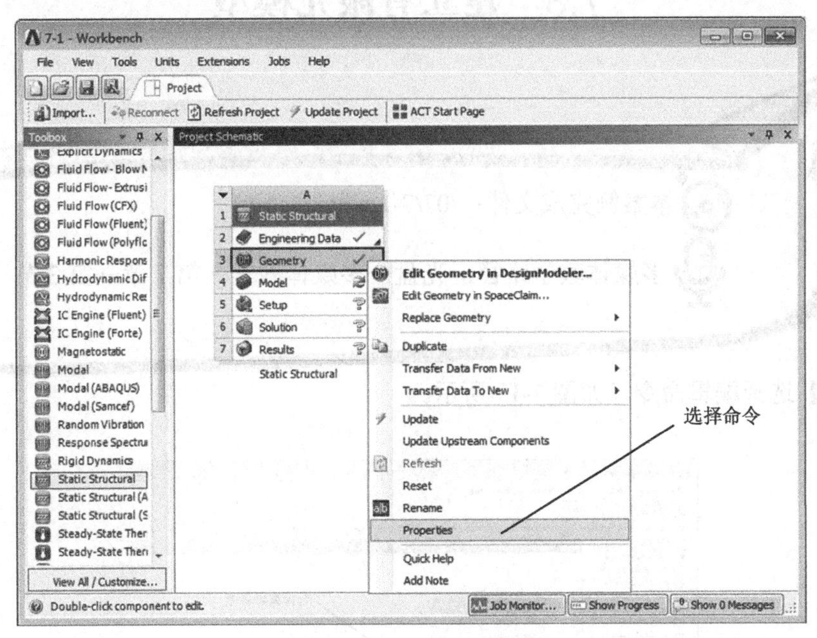

图 7-17　修改几何体属性

Step17 设置 2D 类型，如图 7-18 所示。

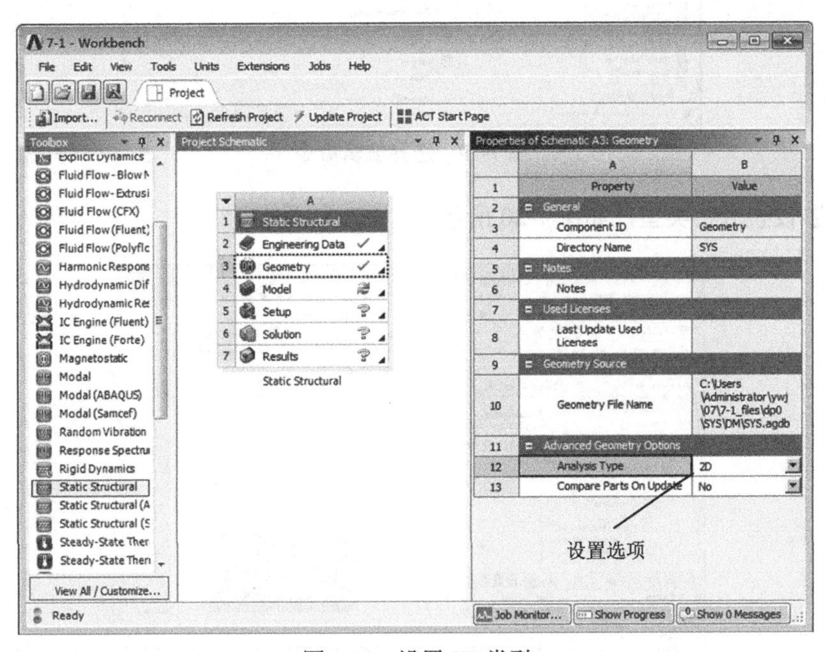

图 7-18　设置 2D 类型

7.3 建立有限元模型

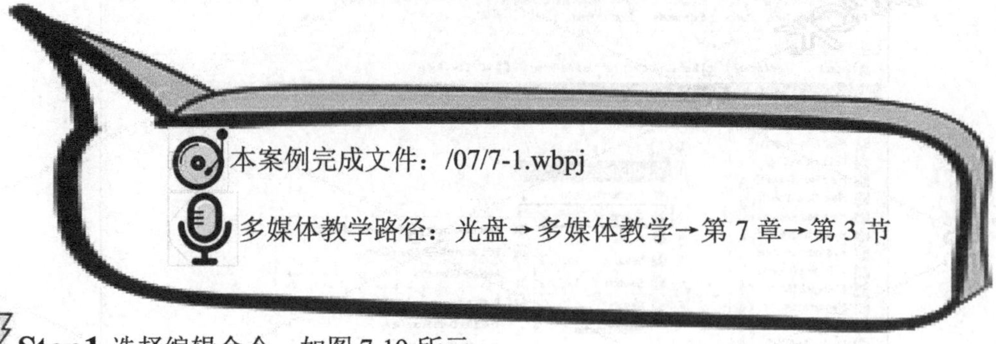

本案例完成文件：/07/7-1.wbpj
多媒体教学路径：光盘→多媒体教学→第 7 章→第 3 节

Step1 选择编辑命令，如图 7-19 所示。

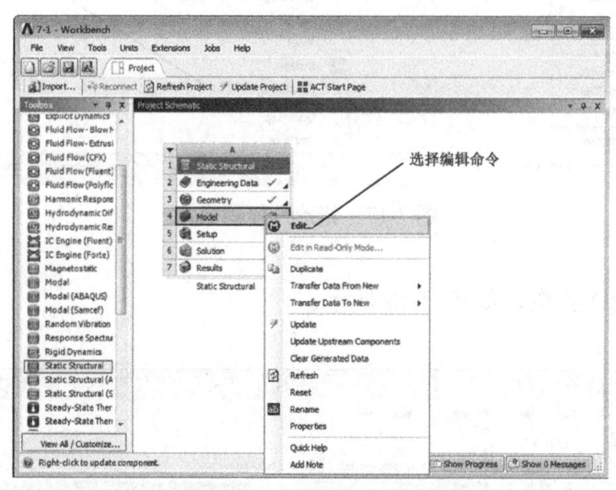

图 7-19　选择编辑命令

Step2 设置分析类型，如图 7-20 所示。

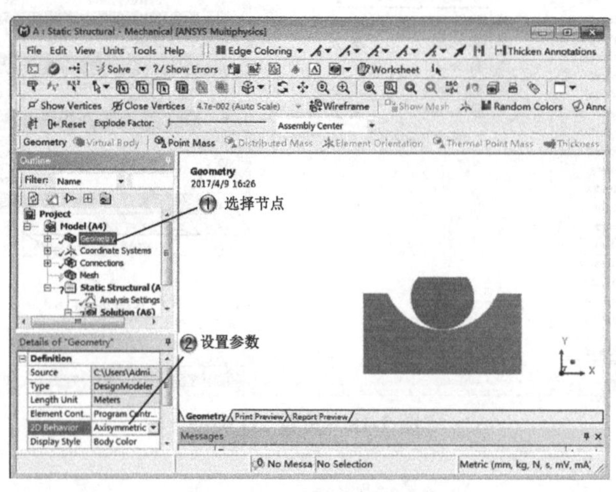

图 7-20　设置分析类型

Step3 修改面的名称，如图 7-21 所示。

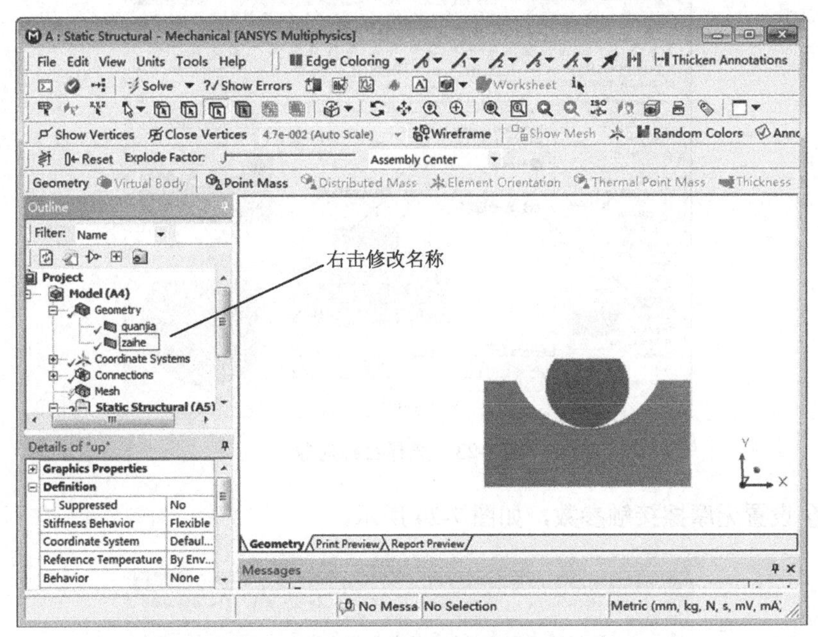

图 7-21 修改面的名称

Step4 选择接触对象，如图 7-22 所示。

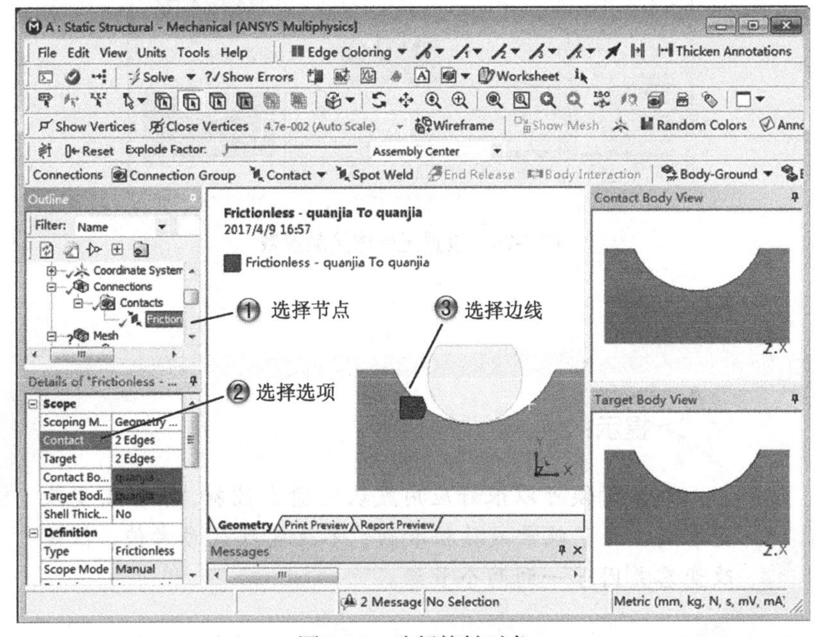

图 7-22 选择接触对象

Step5 选择目标对象，如图 7-23 所示。

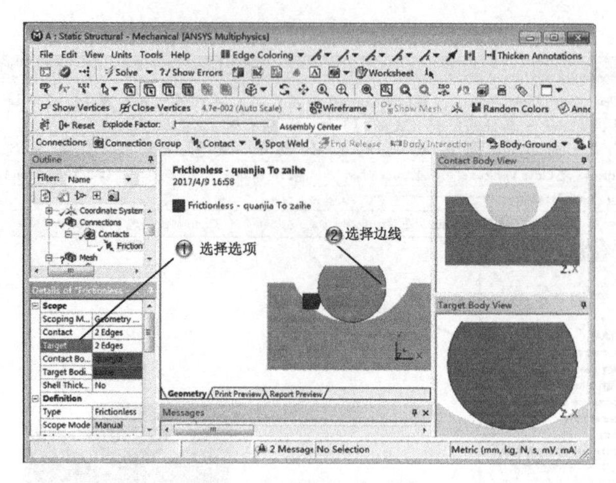

图 7-23　选择目标对象

Step6 设置无摩擦接触参数，如图 7-24 所示。

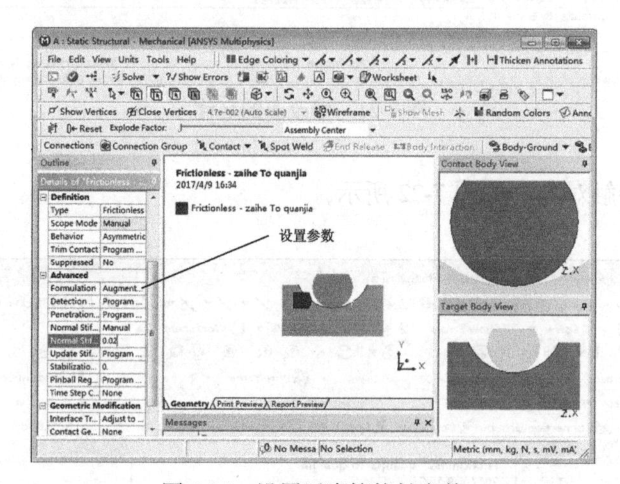

图 7-24　设置无摩擦接触参数

提示：

大多时候可以很好应用默认的输出控制，很少需要改变准则。为了收紧或放松准则，不改变默认参考值，但是改变容差因子一到两个量级。

Step7 设置网格化参数，如图 7-25 所示。

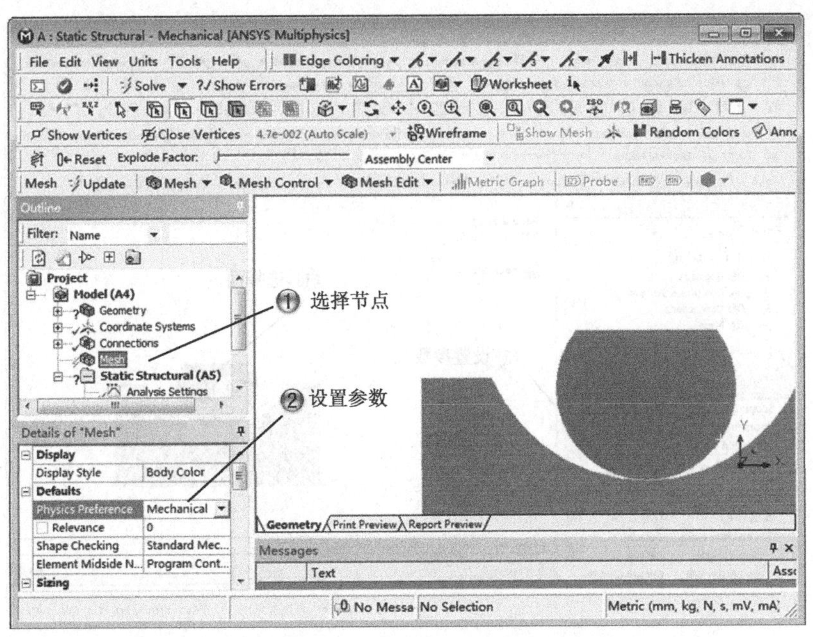

图 7-25 设置网格化参数

Step8 设置载荷尺寸，如图 7-26 所示。

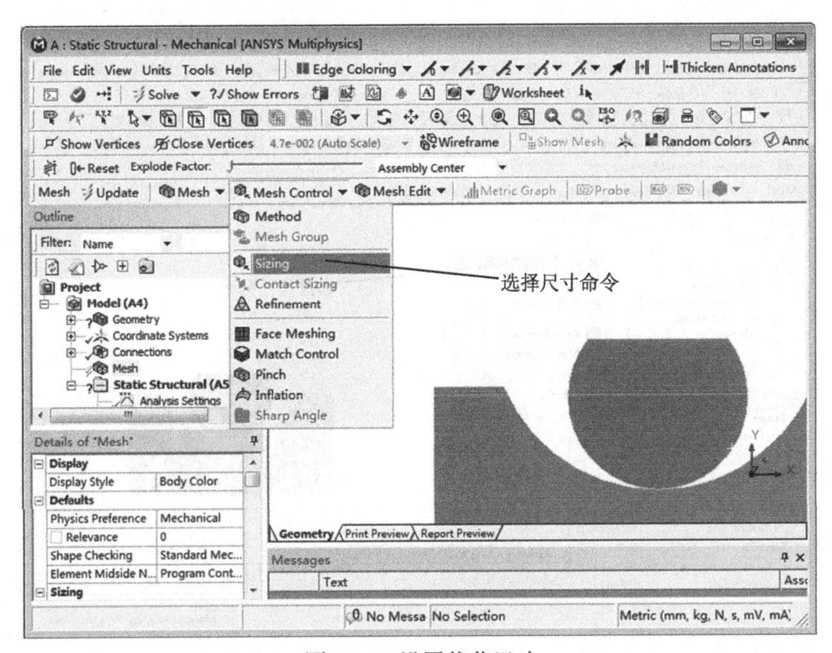

图 7-26 设置载荷尺寸

Step9 设置参数尺寸，如图 7-27 所示。

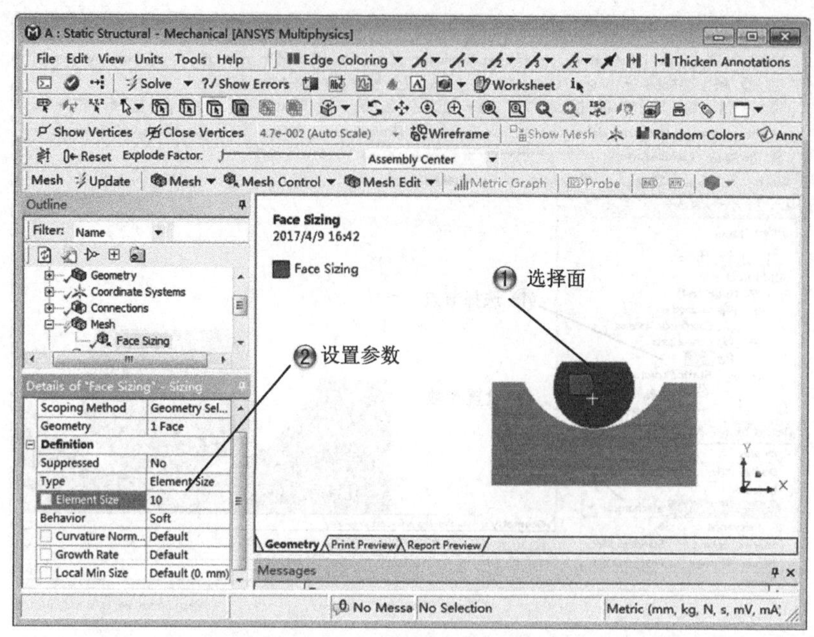

图 7-27 设置参数尺寸

Step10 设置载荷尺寸，如图 7-28 所示。

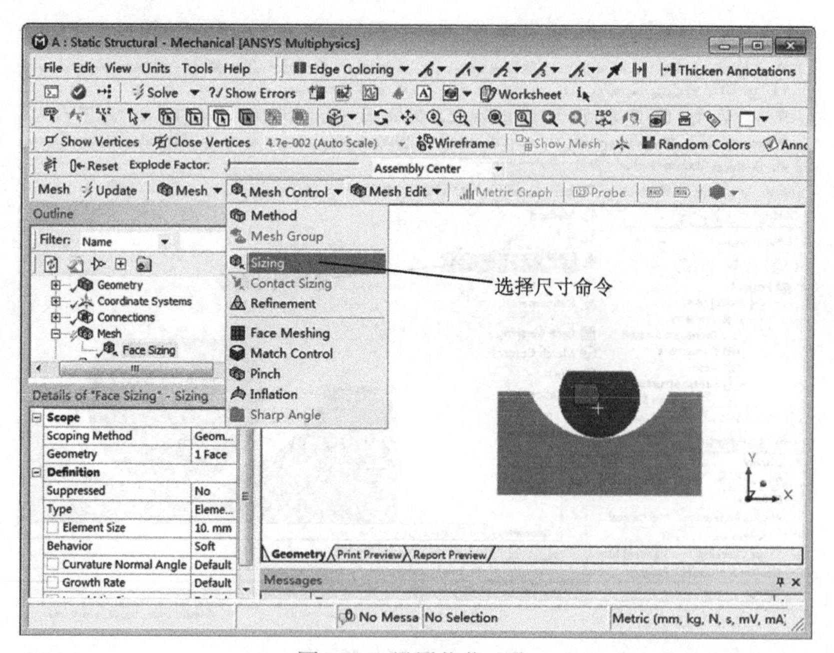

图 7-28 设置载荷尺寸

Step11 设置硬接触参数，如图 7-29 所示。

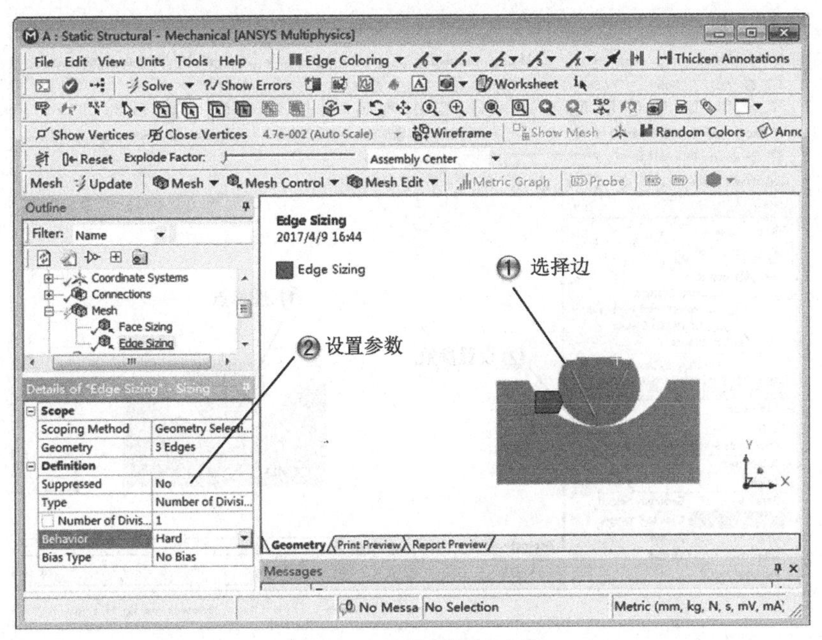

图 7-29　设置硬接触参数

Step12 设置坐标系，如图 7-30 所示。

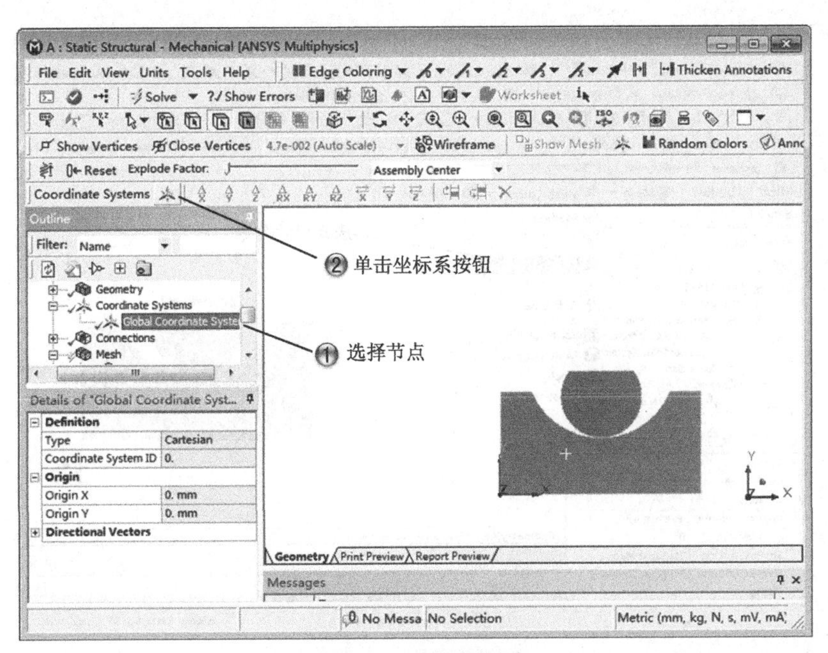

图 7-30　设置坐标系

Step13 选择坐标系的点，如图 7-31 所示。

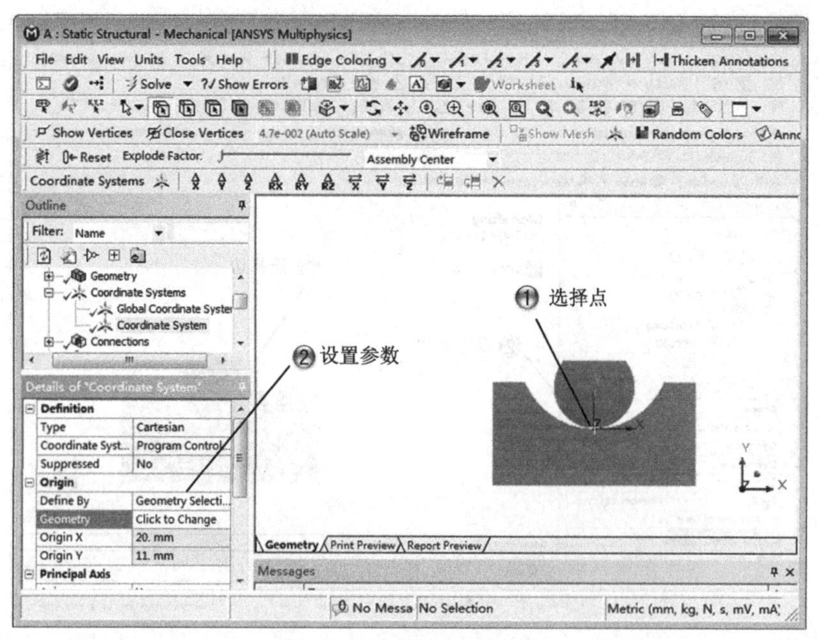

图 7-31　选择坐标系的点

Step14 设置目标尺寸，如图 7-32 所示。

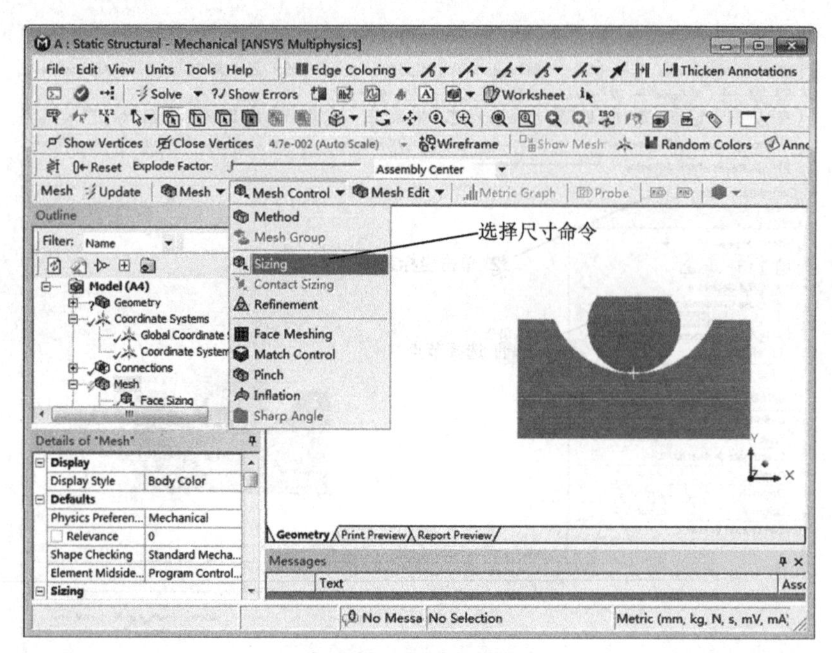

图 7-32　设置目标尺寸

Step15 设置目标尺寸参数，如图 7-33 所示。

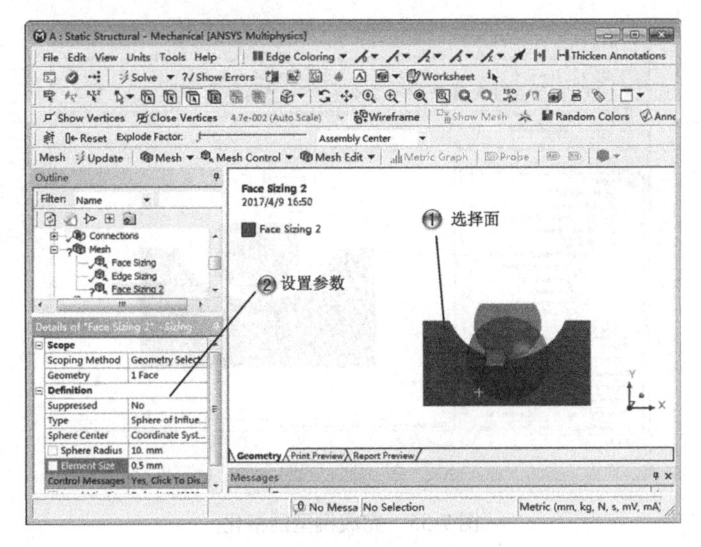

图 7-33　设置目标尺寸参数

Step16 网格运算，如图 7-34 所示。

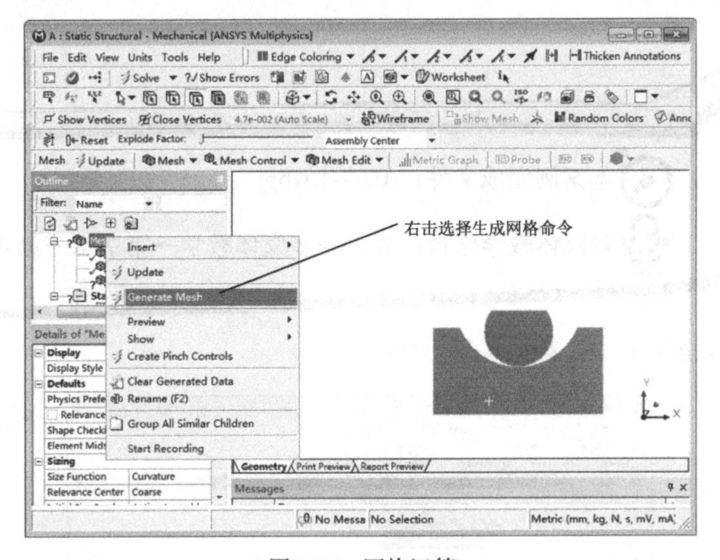

图 7-34　网格运算

提示：

进行网格划分时需考虑大变形的情况。

Step17 完成模型网格化，如图 7-35 所示。

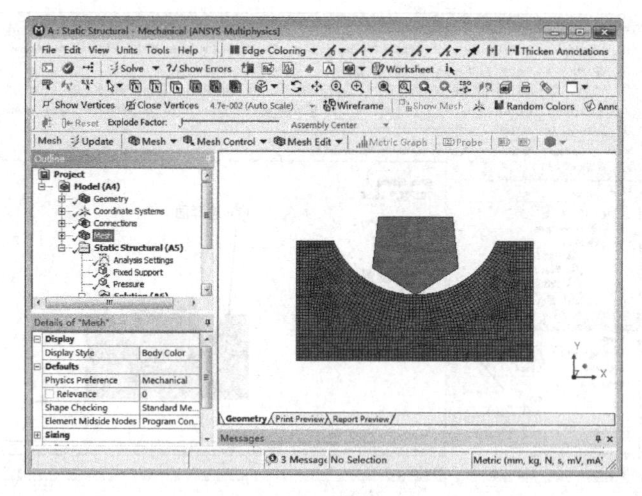

图 7-35　完成模型网格化

7.4　模型计算设置

本案例完成文件：/07/7-1.wbpj
多媒体教学路径：光盘→多媒体教学→第 7 章→第 4 节

Step1 选择编辑命令，如图 7-36 所示。

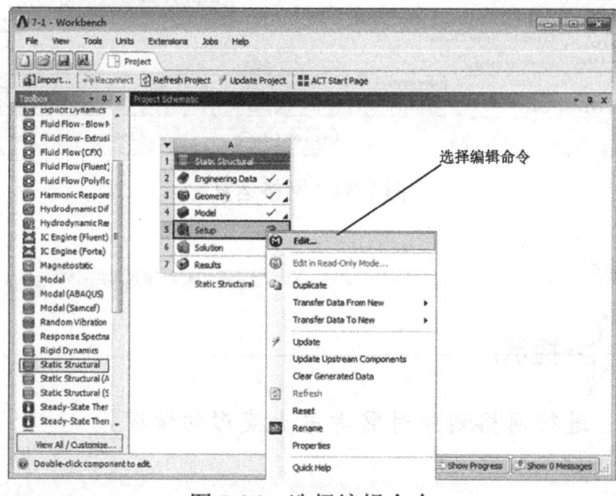

图 7-36　选择编辑命令

Step2 分析设置，如图 7-37 所示。

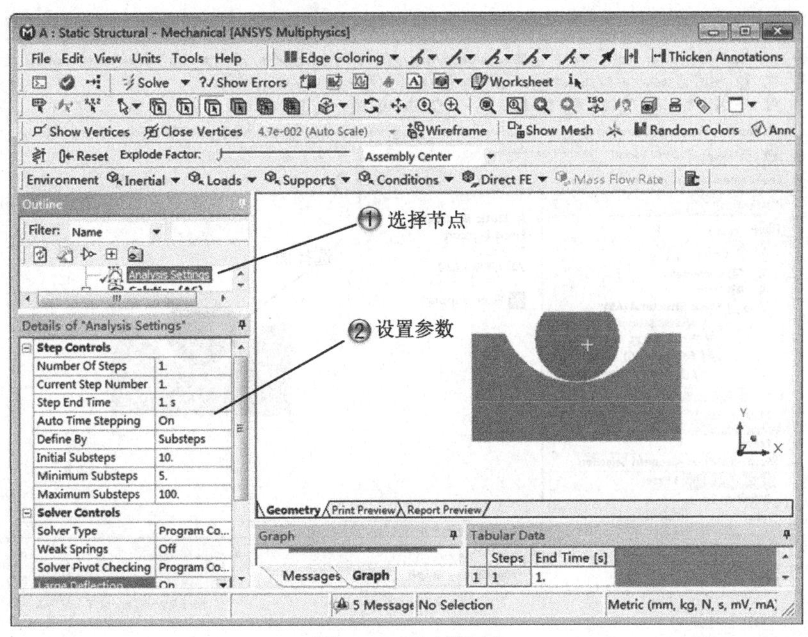

图 7-37　分析设置

Step3 添加固定约束，如图 7-38 所示。

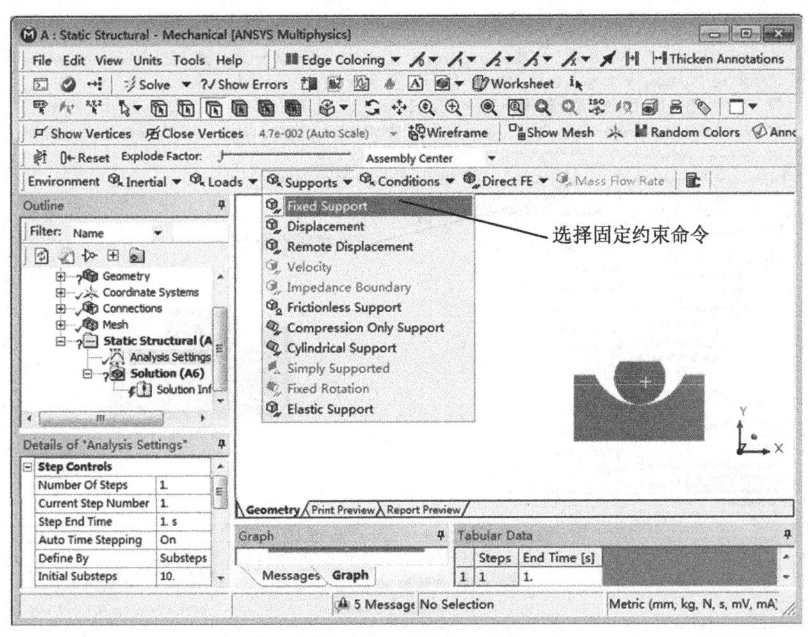

图 7-38　添加固定约束

Step4 选择固定面，如图 7-39 所示。

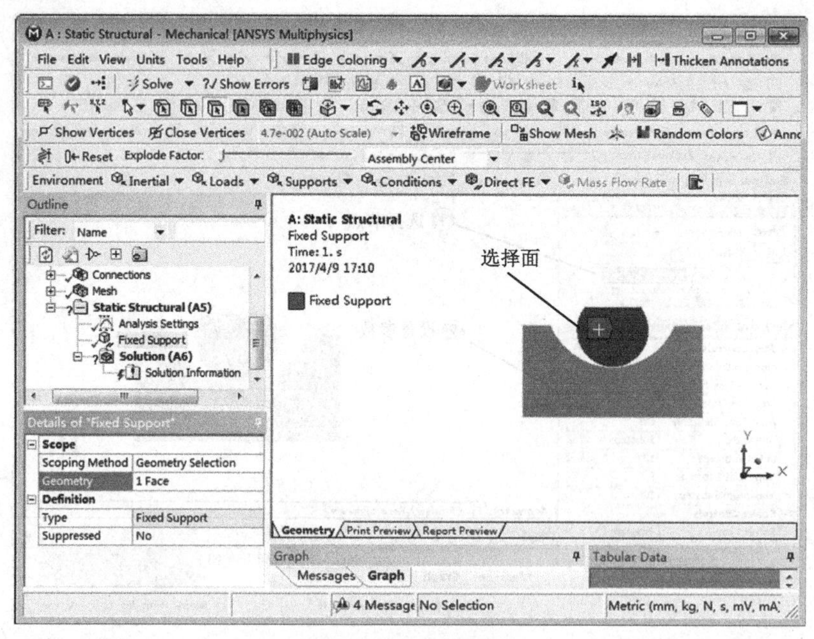

图 7-39　选择固定面

Step5 添加压力约束，如图 7-40 所示。

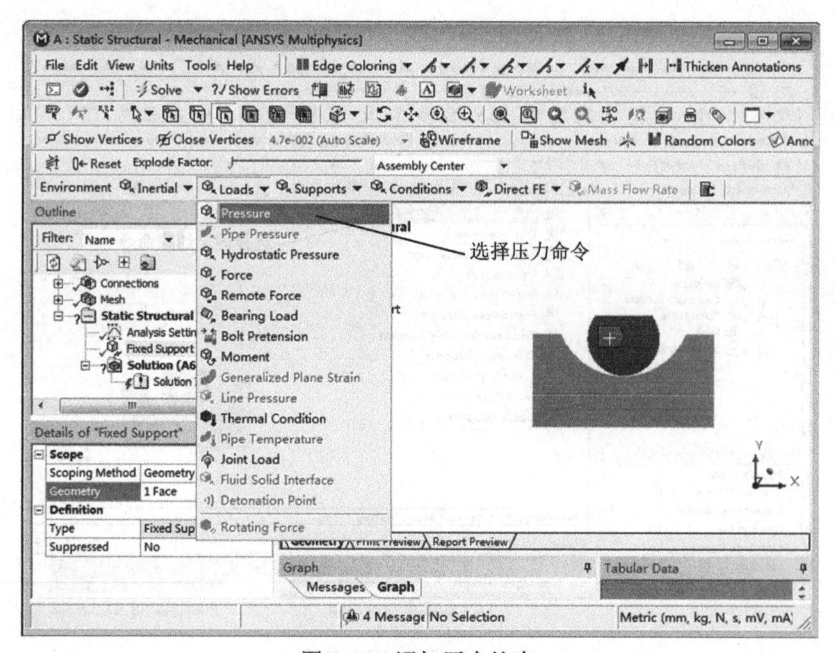

图 7-40　添加压力约束

Step6 选择边线，如图 7-41 所示。

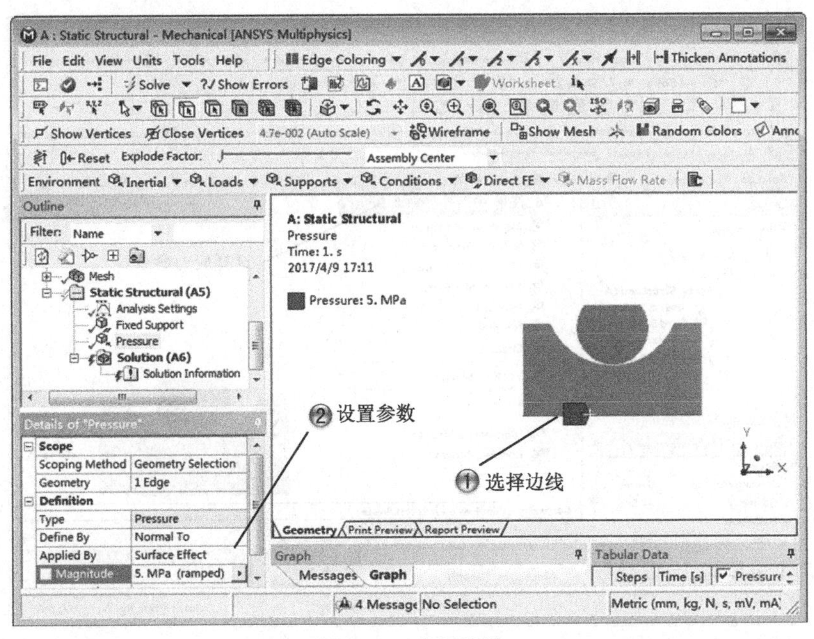

图 7-41　选择边线

Step7 添加总位移分析，如图 7-42 所示。

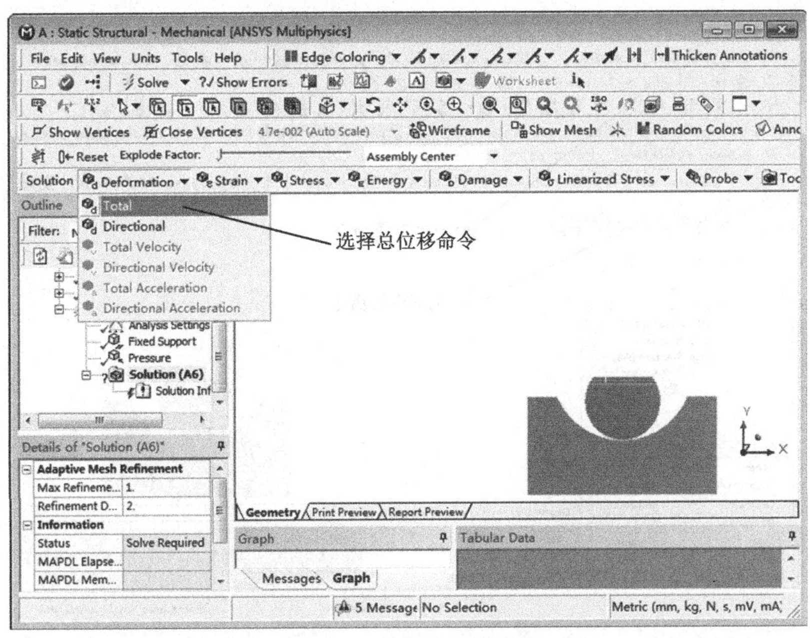

图 7-42　添加总位移分析

Step8 添加总应力分析，如图 7-43 所示。

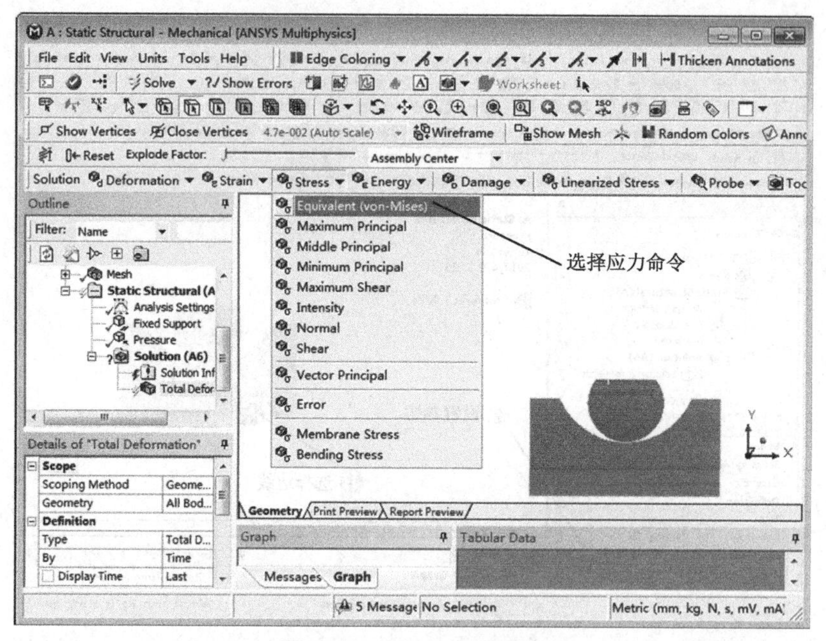

图 7-43　添加总应力分析

Step9 添加定向变形求解并运算，如图 7-44 所示。

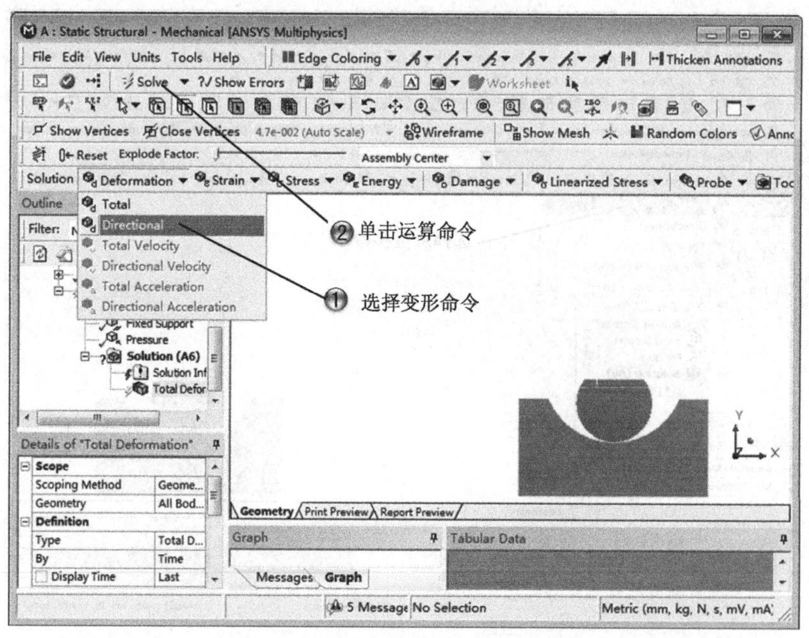

图 7-44　添加定向变形求解并运算

7.5 结果后处理

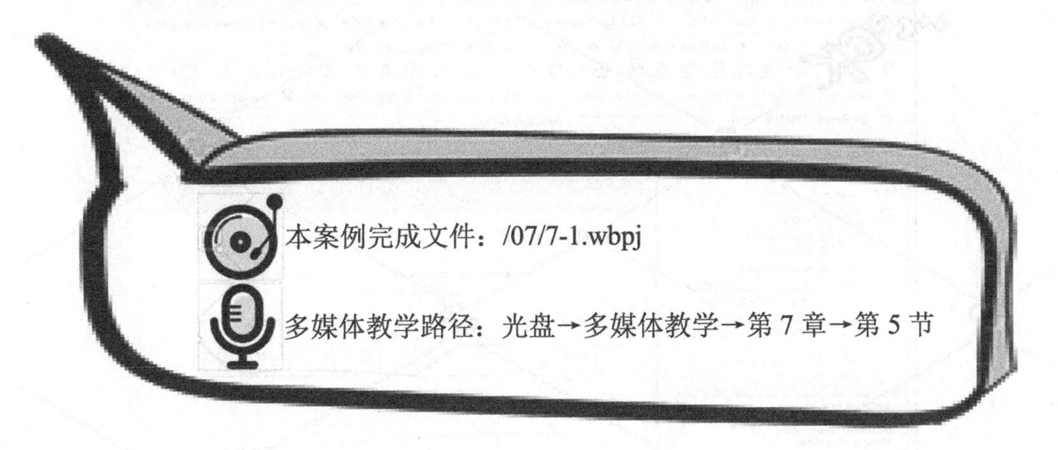

本案例完成文件：/07/7-1.wbpj

多媒体教学路径：光盘→多媒体教学→第7章→第5节

Step1 选择编辑命令，如图7-45所示。

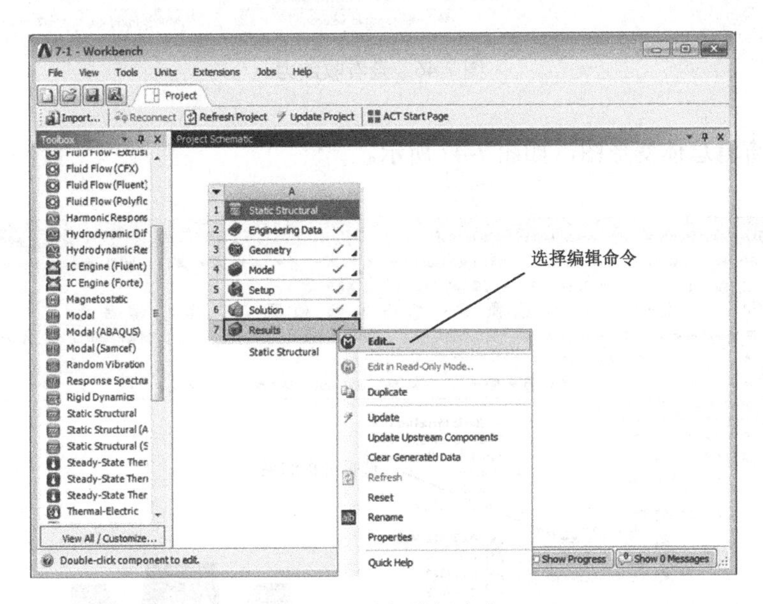

图7-45 选择编辑命令

提示：

在大变形分析中不修正节点坐标系方向。因此计算出的位移在最初的方向上输出。

Step2 查看收敛力，如图 7-46 所示。

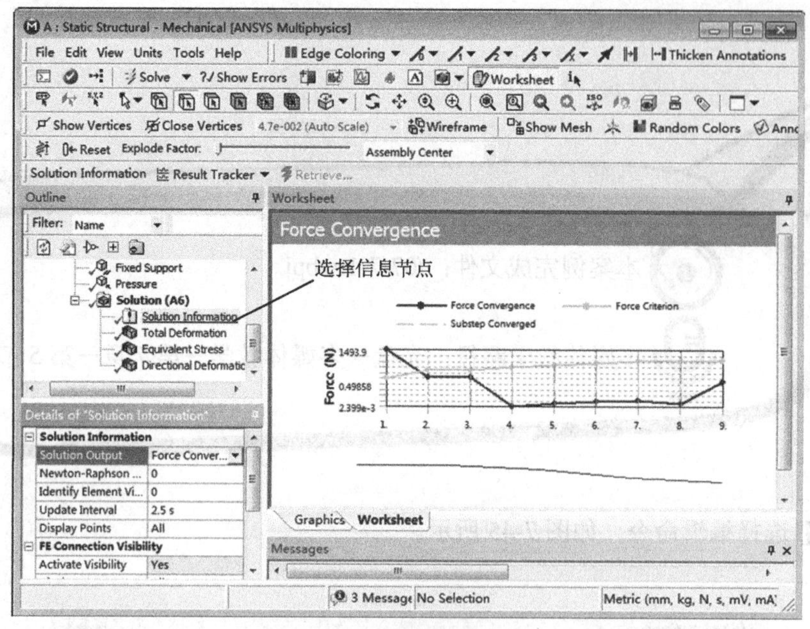

图 7-46 查看收敛力

Step3 查看总体变形图，如图 7-47 所示。

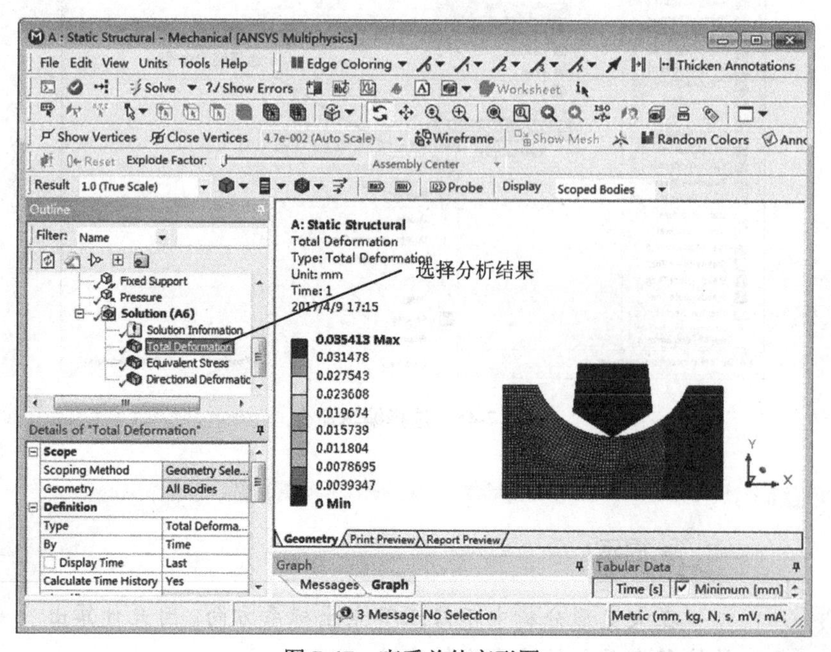

图 7-47 查看总体变形图

Step4 查看总体应变图，如图 7-48 所示。

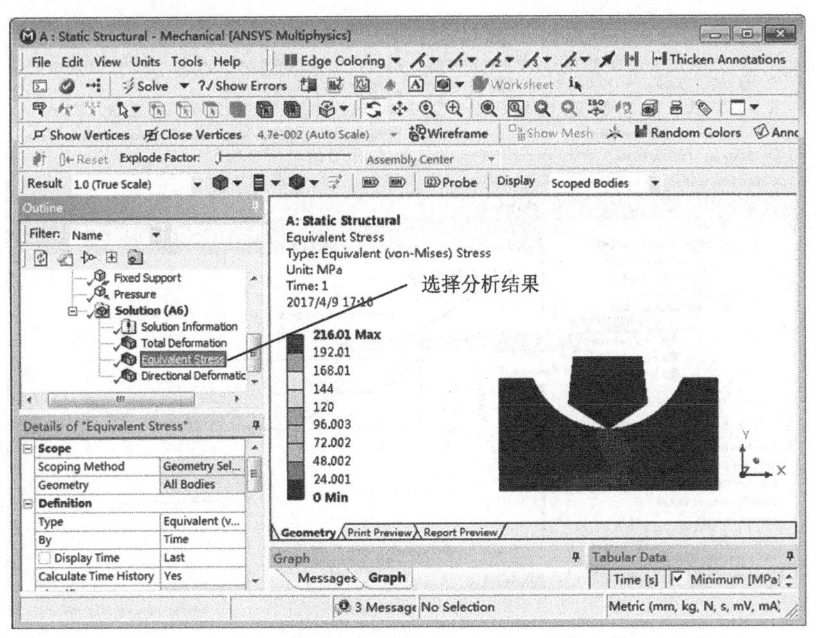

图 7-48　查看总体应变图

Step5 查看定向应变图，如图 7-49 所示。

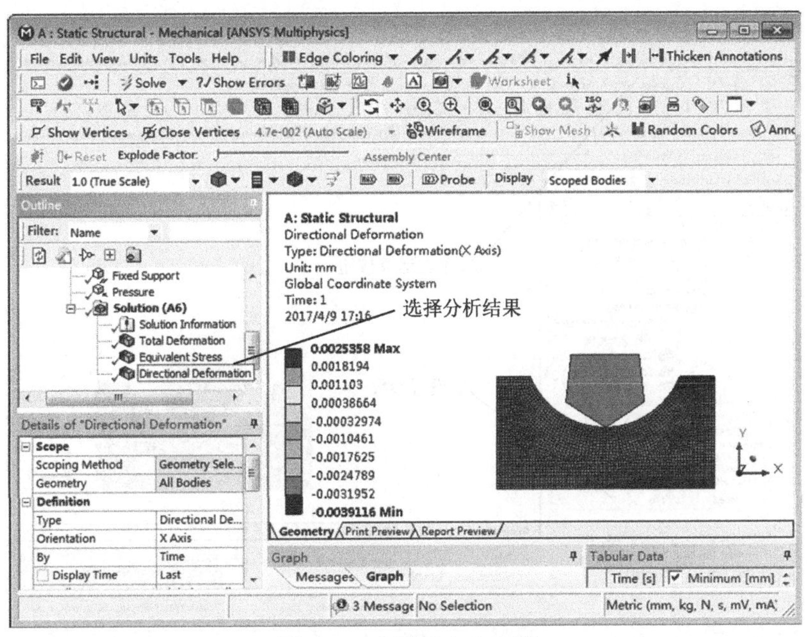

图 7-49　查看定向应变图

Step6 添加接触压力，如图 7-50 所示。

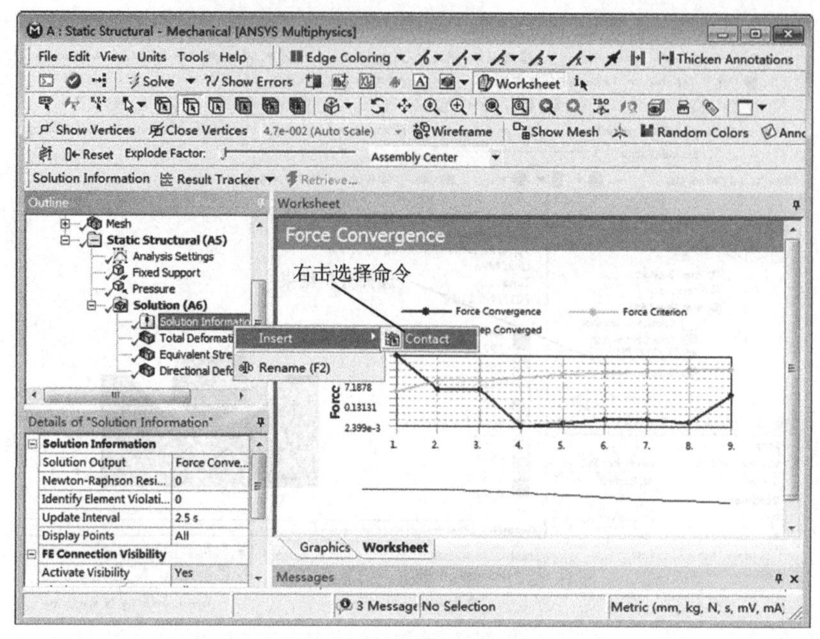

图 7-50　添加接触压力

Step7 设置压力参数，如图 7-51 所示。

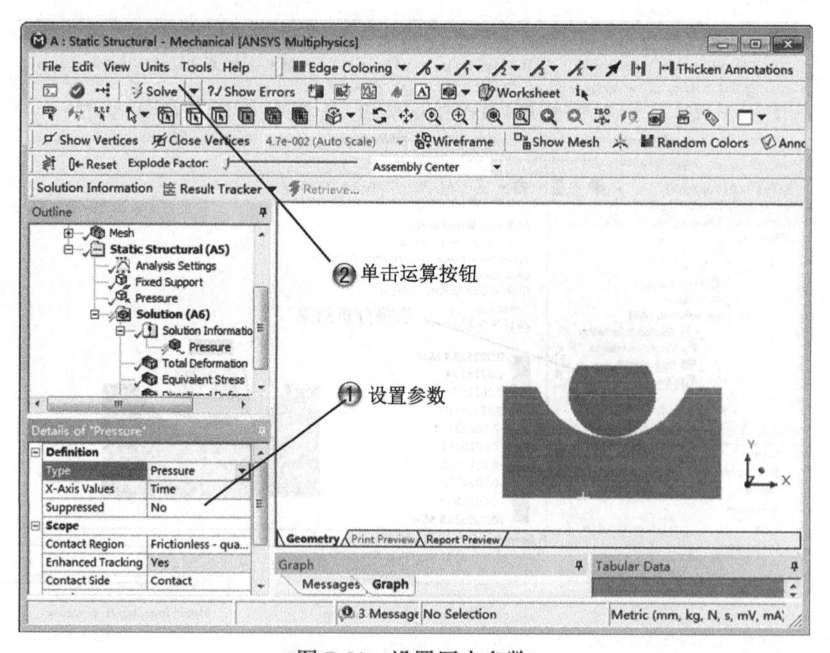

图 7-51　设置压力参数

Step8 查看接触压力，如图7-52所示。

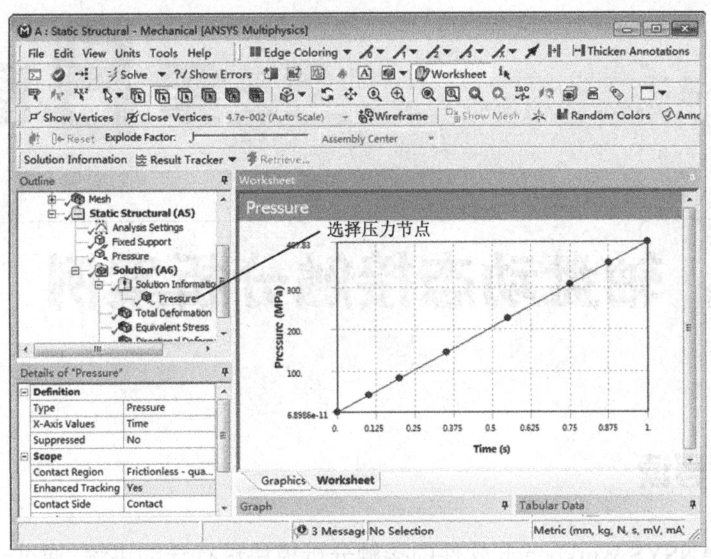

图7-52　查看接触压力

提示：

接触非线性问题需要的计算时间将大大增加，所以学习有效的接触参数设置、理解接触问题的特征和建立合理的模型都可以达到缩短分析计算时间的目的。

7.6　案例小结

结构非线性分析是分析接触模型的，接触是一种很普遍的非线性行为，接触是状态变化非线性类型中一个特殊而重要的子集。本章案例研究的接触属于刚性接触，即它们的材料都是钢材类，如果是橡胶等材料就属于弹性材料，在设置材料参数时添加材料即可。

轴盘动态接触分析案例

本章将对 ANSYS Workbench 软件的接触分析模块进行详细讲解。通过一个轴盘案例对接触分析的一般步骤进行详细讲解，包括几何建模、材料赋予、网格设置与划分、边界条件的设定，后处理操作等步骤。

学习要求	学习目标 知识点	了解	理解	应用	实践
	接触分析和其他分析的不同点		√		
	接触分析的应用场合		√		
	轴盘动态接触分析的过程		√	√	√

8.1 案例分析

8.1.1 知识链接

两个独立表面相互接触并相切，称之为接触。一般物理意义上，接触的表面包含如下特征：不同的物体表面不会渗透；可传递法向压缩力和切向摩擦力；通常不传递法向拉伸力，即可自由分离和互相移动。从物理意义上说，接触体间不相互渗透，所以，程序必须建立两表面间的相互关系以阻止分析中的相互渗透。程序阻止渗透称为强制接触协调性。

在实际中，接触体间不互相渗透。因此程序必须建立两表面间的相互关系以阻止分析中的相互穿透。在程序中来阻止渗透，称为强制接触协调性。Workbench Mechanical 中提供了几种不同接触公式来在接触界面强调协调性。

如果一个在目标面上的节点处于这个球体内，Workbench Mechanical 应用程序就会认为它“接近”接触，而且会更加密切地监测它与接触探测点的关系（即什么时候及接触是否已经建立）。而在球体以外目标面上的节点相对于特定的接触探测点不会受到密切监测。

8.1.2 设计思路

接触是由于状态发生改变的非线性，系统的刚度取决于接触状态，即取决于实体之间是接触或者分离。

本节案例介绍 ANSYS Workbench 的接触分析功能，需要计算轴盘零件在基座上滑动时，对基座的作用力大小。学习的目的是熟练掌握 ANSYS Workbench 接触设置及求解的方法及过程，轴盘零件模型如图 8-1 所示。

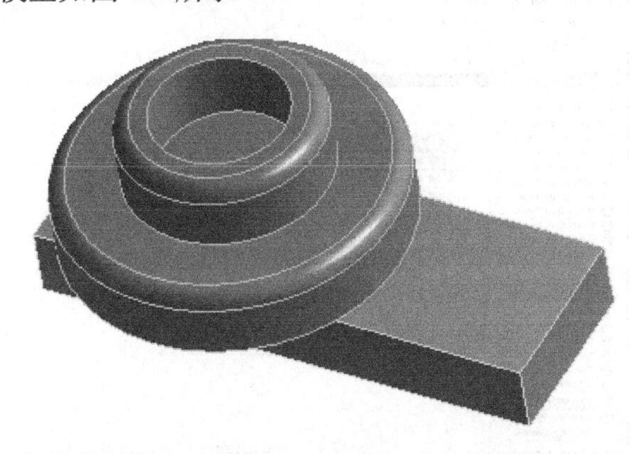

图 8-1　轴盘模型

8.2 建立分析模型

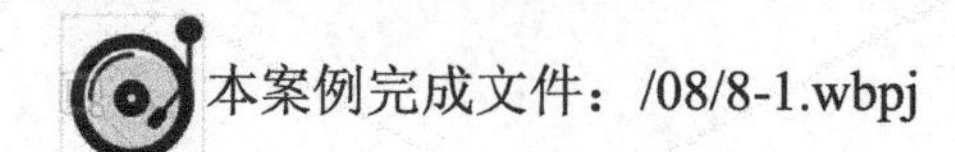

本案例完成文件：/08/8-1.wbpj

多媒体教学路径：光盘→多媒体教学→第 8 章→第 2 节

Step1 创建分析项目，如图 8-2 所示。

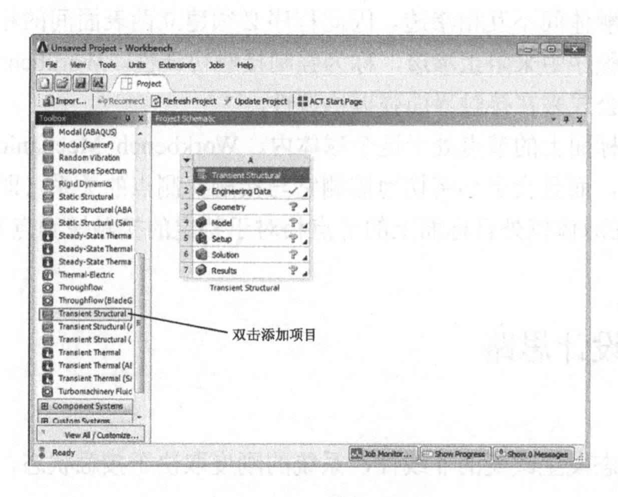

图 8-2 创建分析项目

Step2 选择编辑命令，如图 8-3 所示。

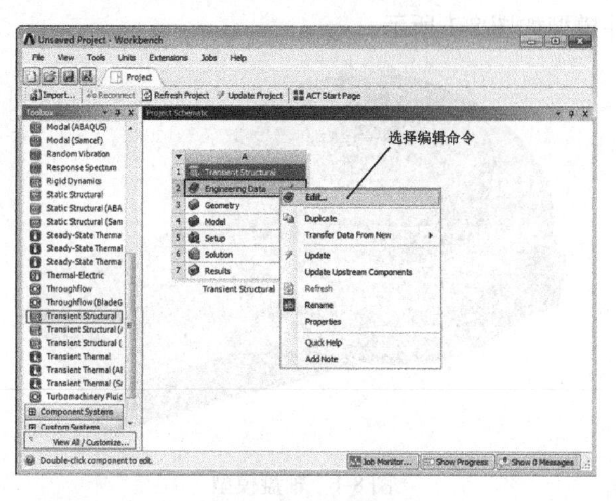

图 8-3 选择编辑命令

Step3 选择数据库命令，如图 8-4 所示。

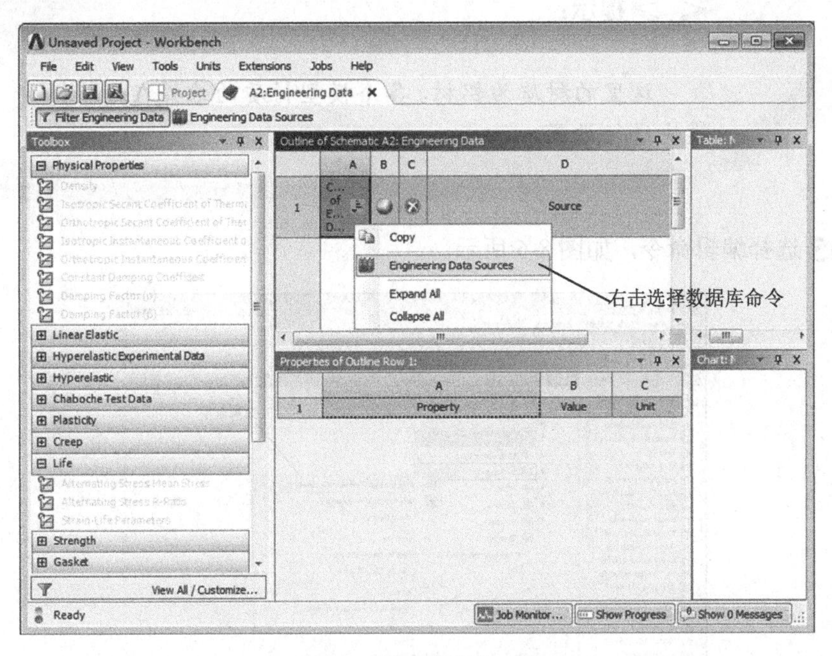

图 8-4 选择数据库命令

Step4 添加材质，如图 8-5 所示。

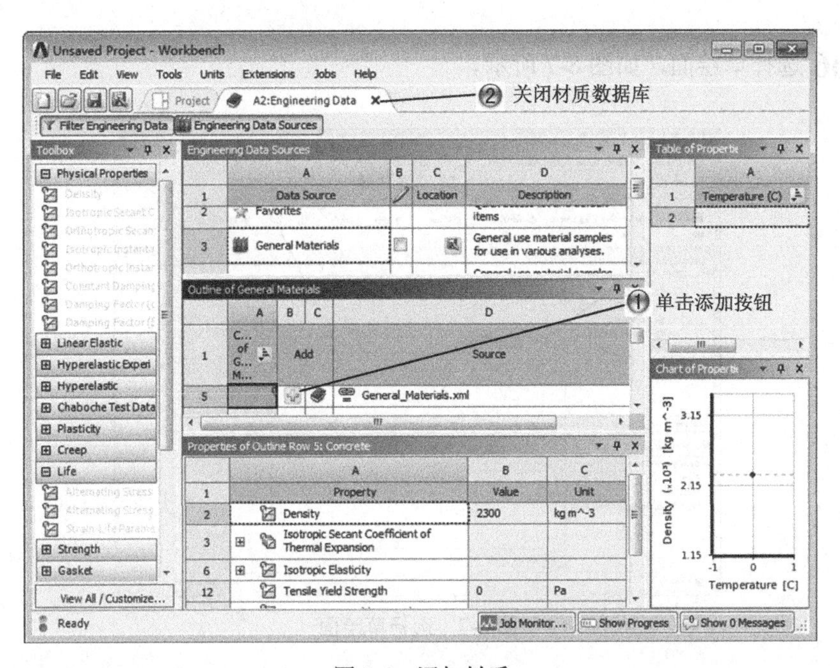

图 8-5 添加材质

这里的材质为铝材。各个模型材质的选择在分析模块进行设置。

Step5 选择编辑命令，如图 8-6 所示。

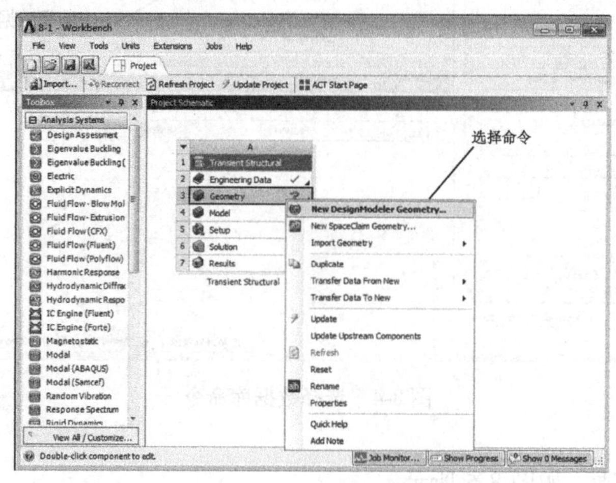

图 8-6　选择编辑命令

Step6 选择草绘面，如图 8-7 所示。

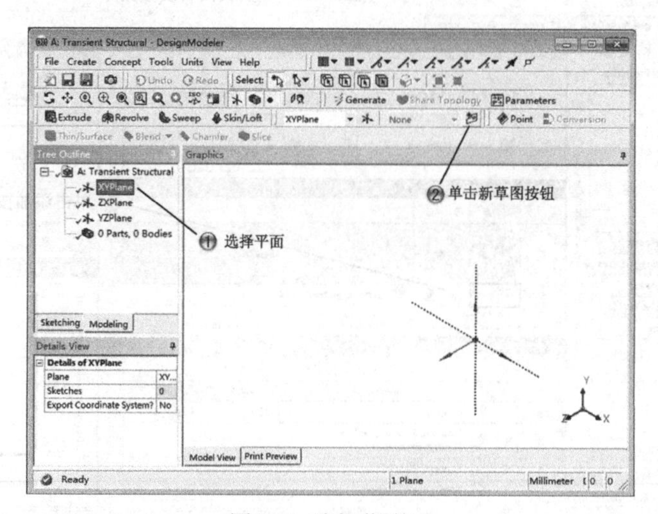

图 8-7　选择草绘面

Step7 绘制矩形，如图 8-8 所示。

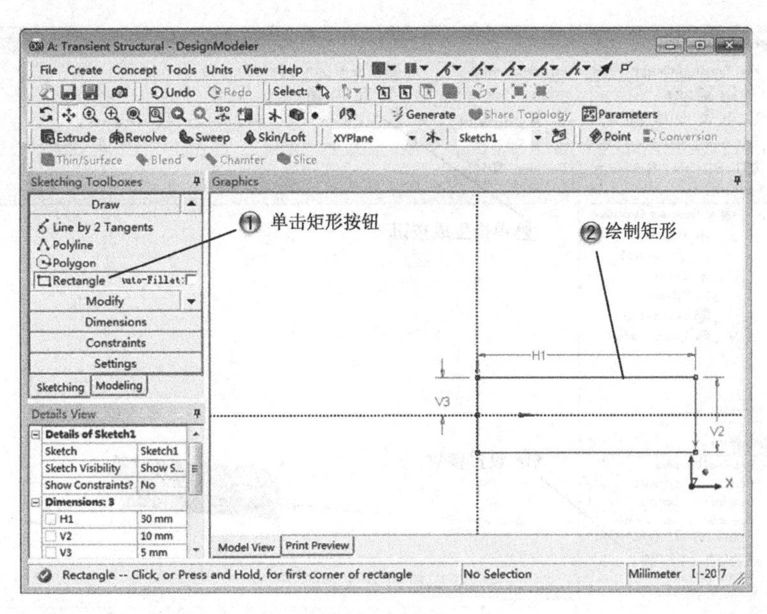

图 8-8　绘制矩形

Step8 拉伸草图，如图 8-9 所示。

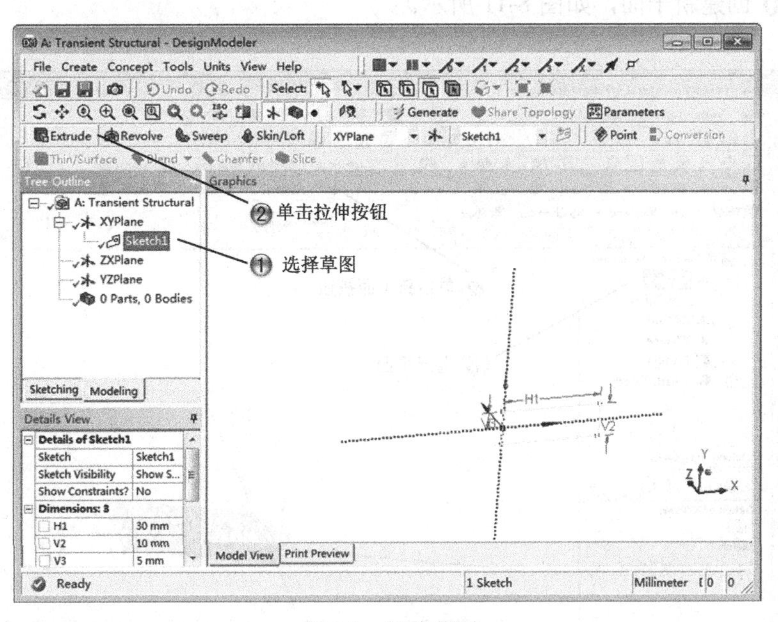

图 8-9　拉伸草图

Step9 设置拉伸参数，如图 8-10 所示。

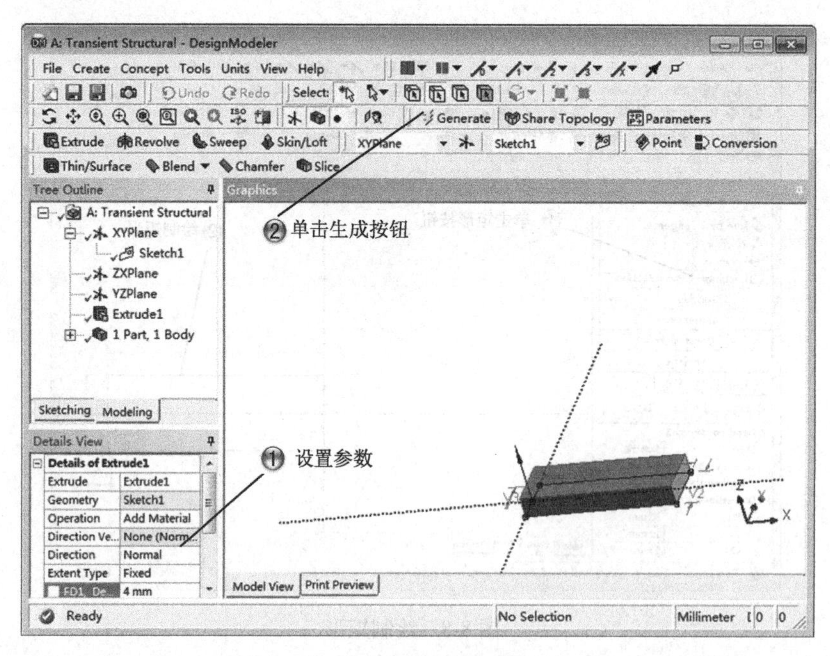

图 8-10　设置拉伸参数

Step10 创建新平面，如图 8-11 所示。

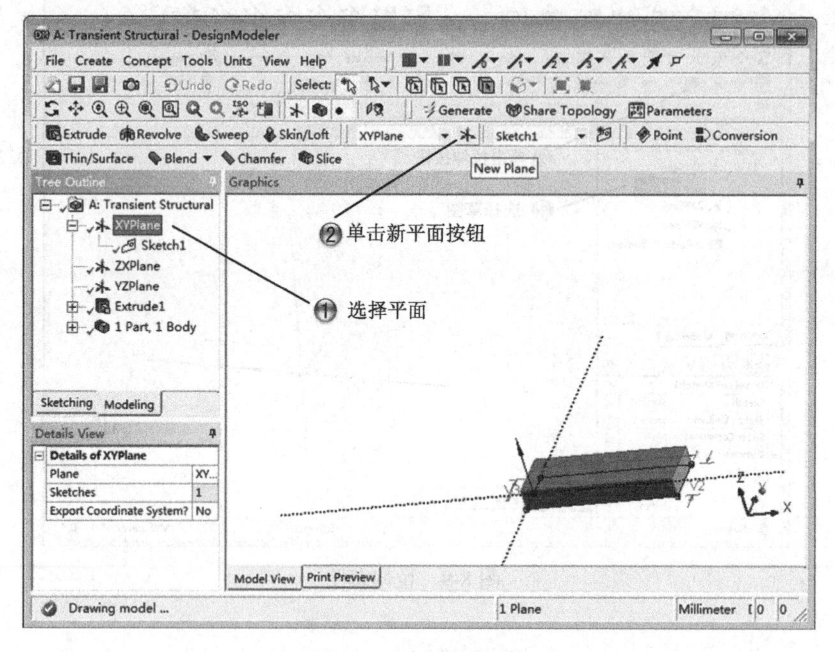

图 8-11　创建新平面

Step11 设置新平面参数，如图 8-12 所示。

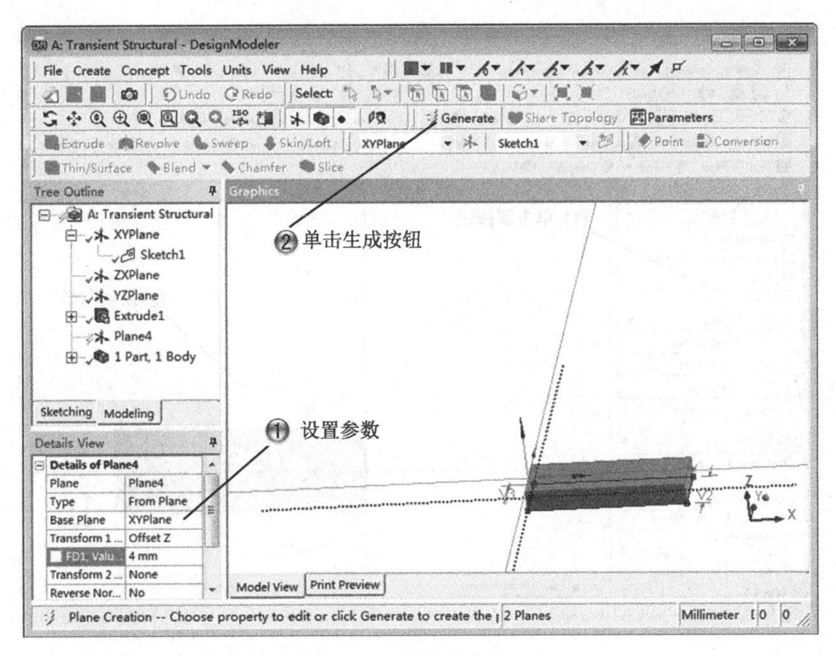

图 8-12　设置新平面参数

Step12 选择草绘面，如图 8-13 所示。

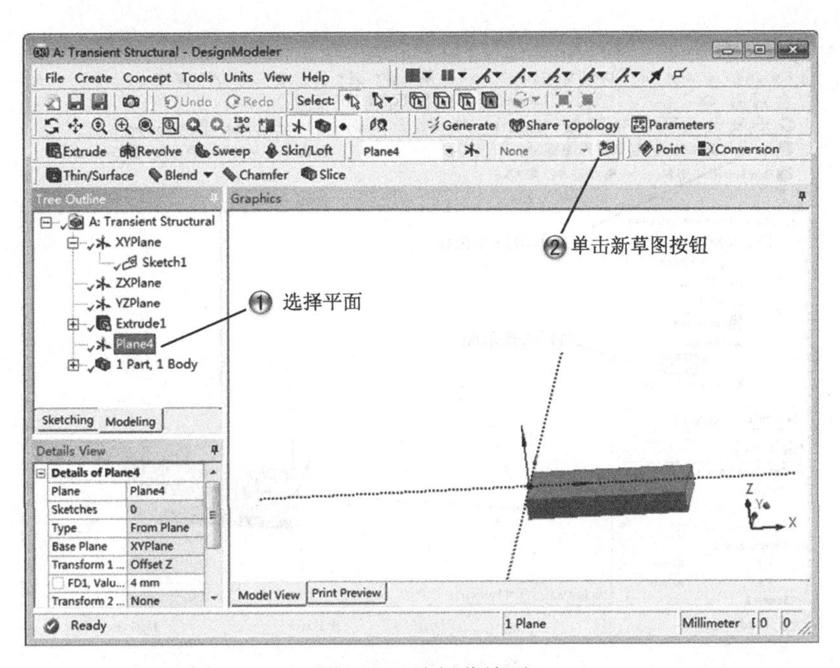

图 8-13　选择草绘面

Step13 绘制圆形，如图 8-14 所示。

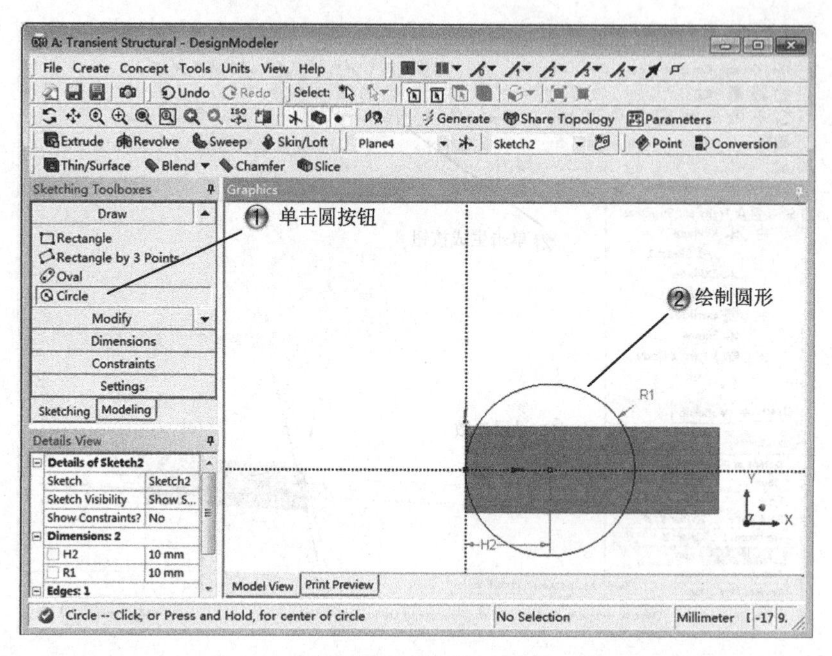

图 8-14 绘制圆形

Step14 拉伸草图，如图 8-15 所示。

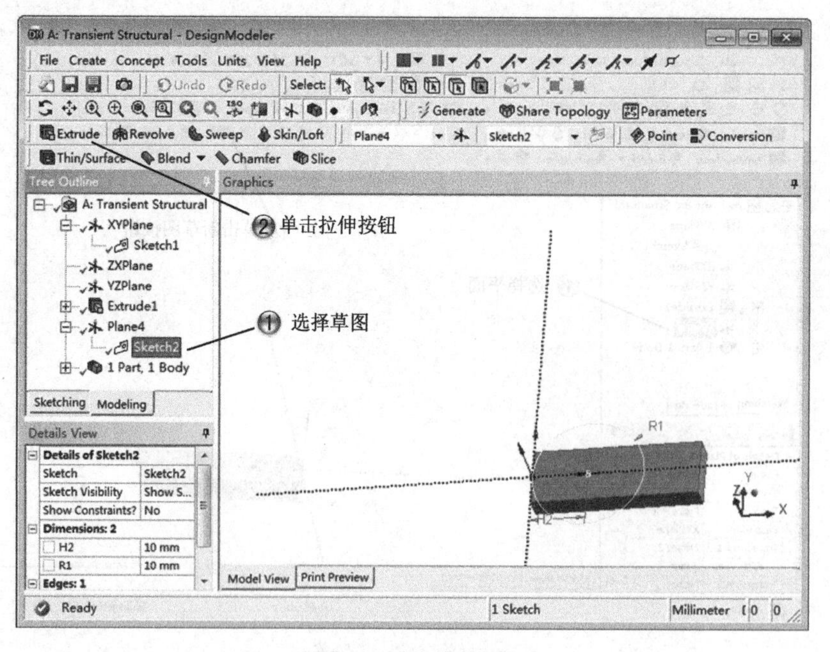

图 8-15 拉伸草图

Step15 设置拉伸参数，如图 8-16 所示。

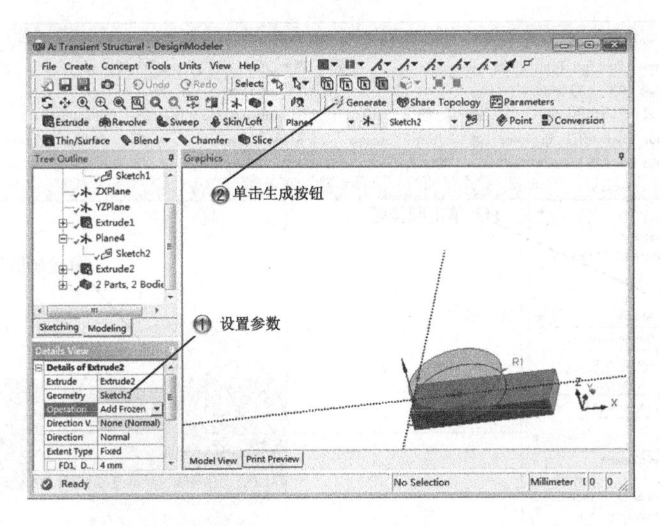

图 8-16 设置拉伸参数

提示：

轴盘和基座是两个连接，因此他们是相接触而不是一体的。

Step16 选择草绘面，如图 8-17 所示。

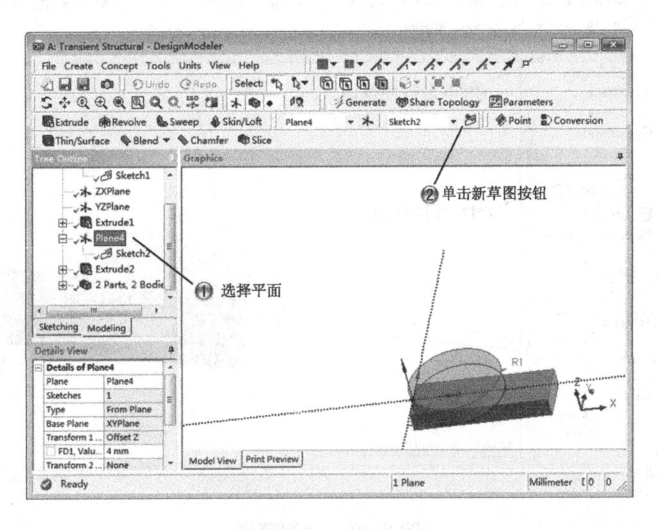

图 8-17 选择草绘面

Step17 绘制圆形，如图 8-18 所示。

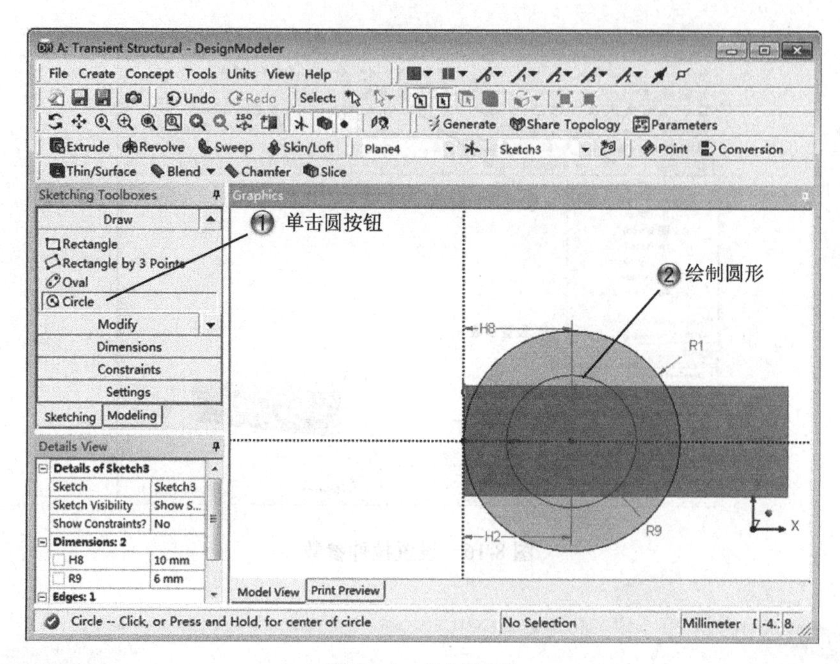

图 8-18　绘制圆形

Step18 拉伸草图，如图 8-19 所示。

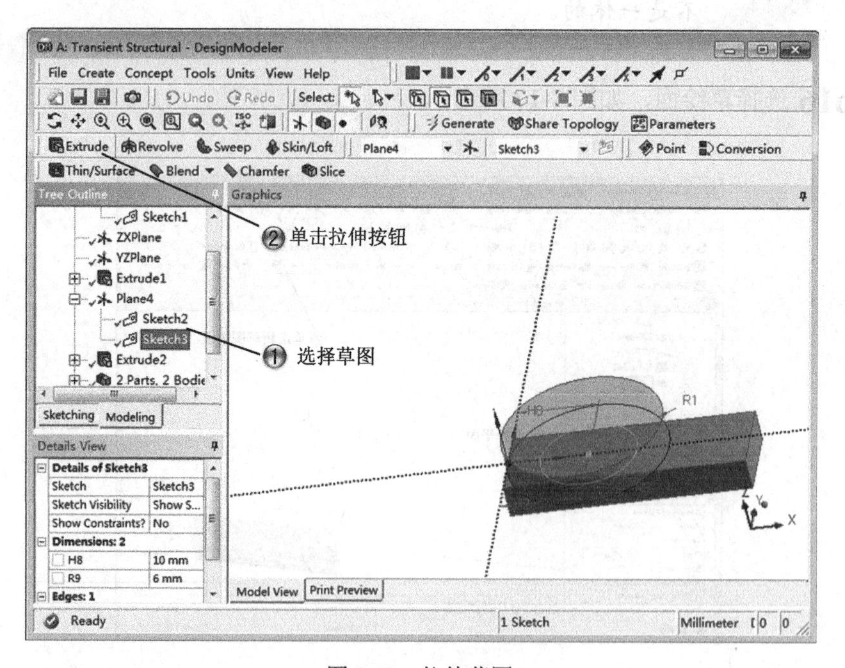

图 8-19　拉伸草图

Step19 设置拉伸参数，如图 8-20 所示。

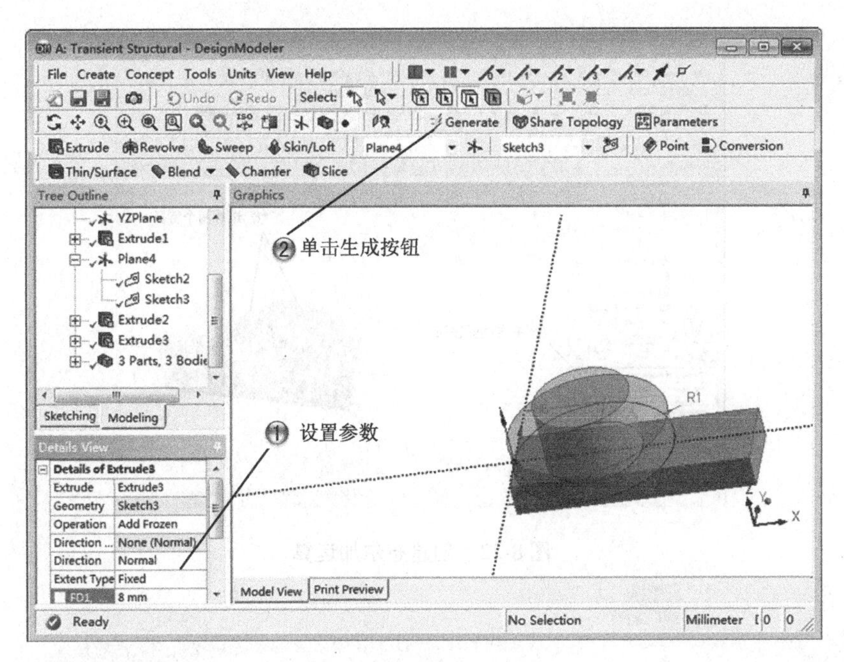

图 8-20　设置拉伸参数

Step20 选择布尔命令，如图 8-21 所示。

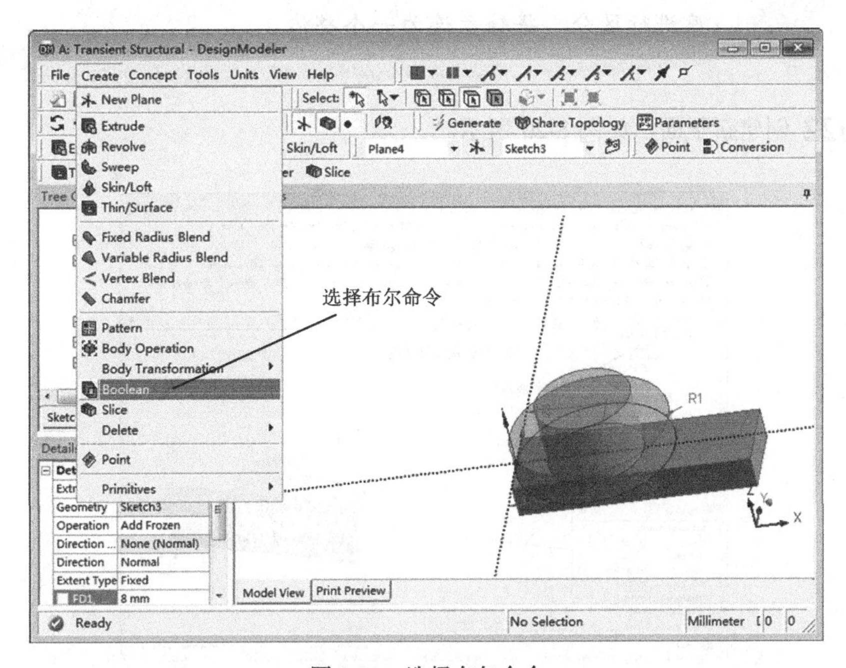

图 8-21　选择布尔命令

Step21 创建布尔加运算，如图 8-22 所示。

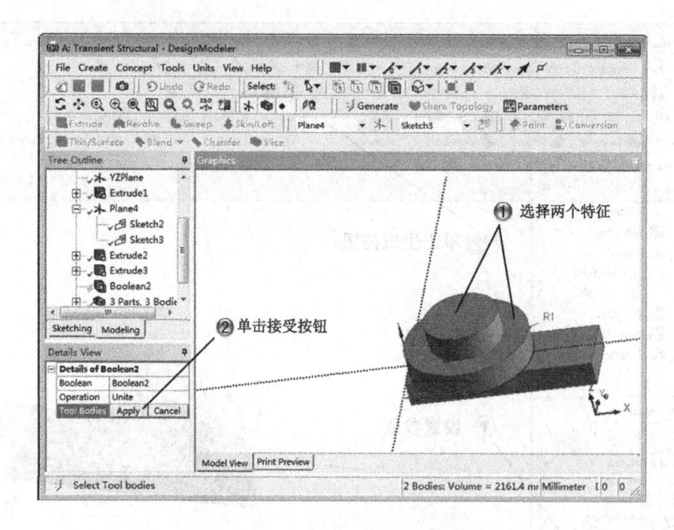

图 8-22　创建布尔加运算

提示：

轴盘是一个整体零件，这里运用布尔运算是和基座进行区分，将轴盘连为一个整体。

Step22 创建新平面，如图 8-23 所示。

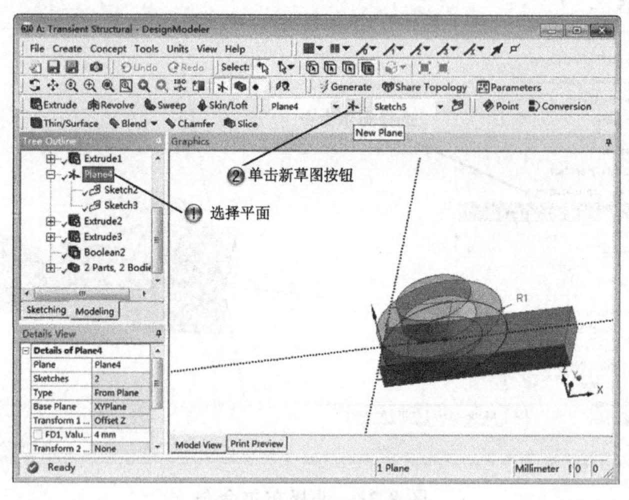

图 8-23　创建新平面

Step23 设置新平面的参数，如图 8-24 所示。

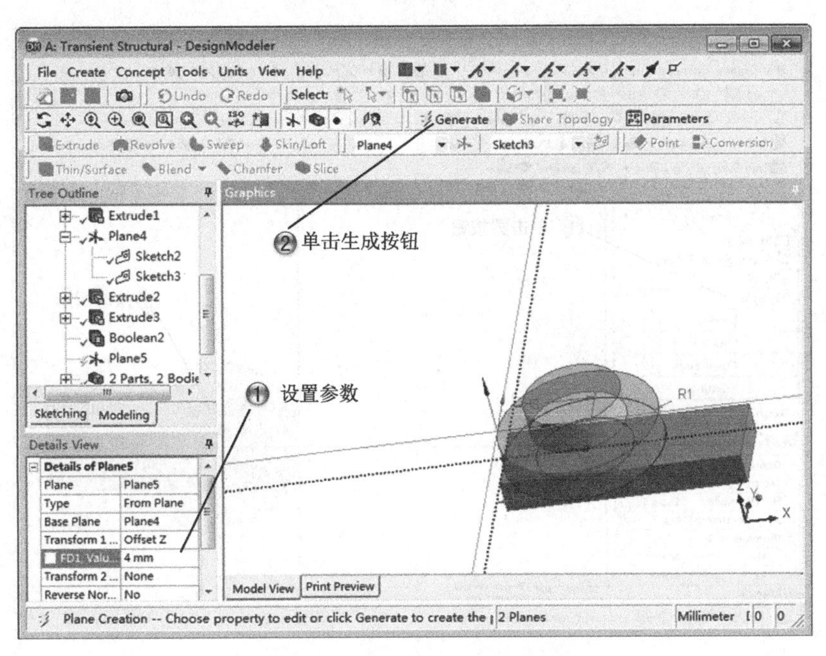

图 8-24　设置新平面的参数

Step24 选择草绘面，如图 8-25 所示。

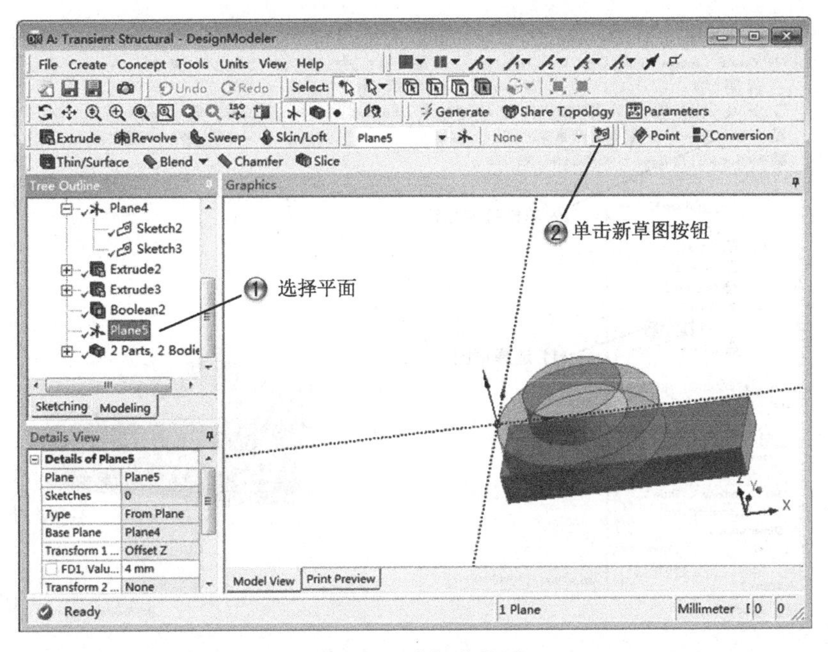

图 8-25　选择草绘面

Step25 绘制圆形，如图 8-26 所示。

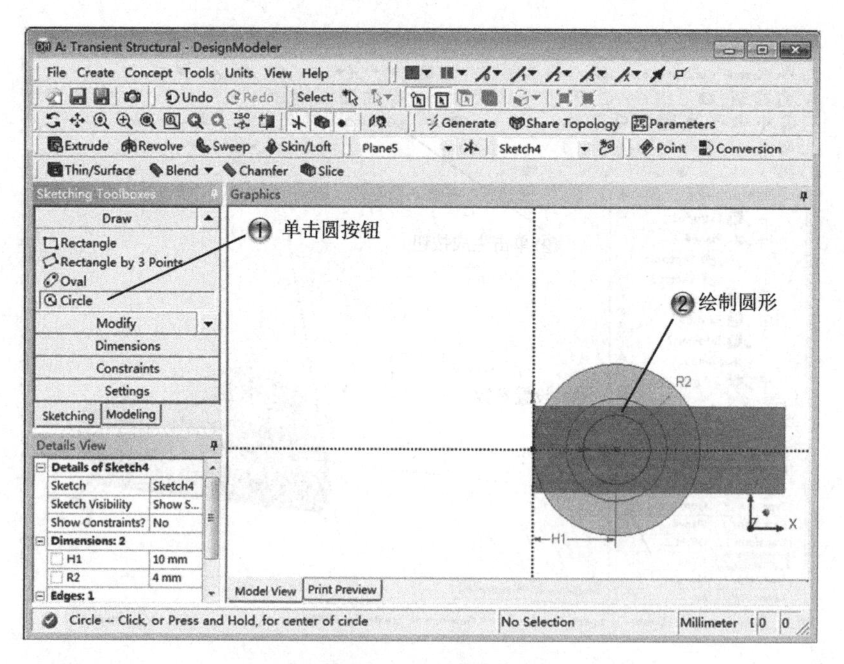

图 8-26　绘制圆形

Step26 拉伸草图，如图 8-27 所示。

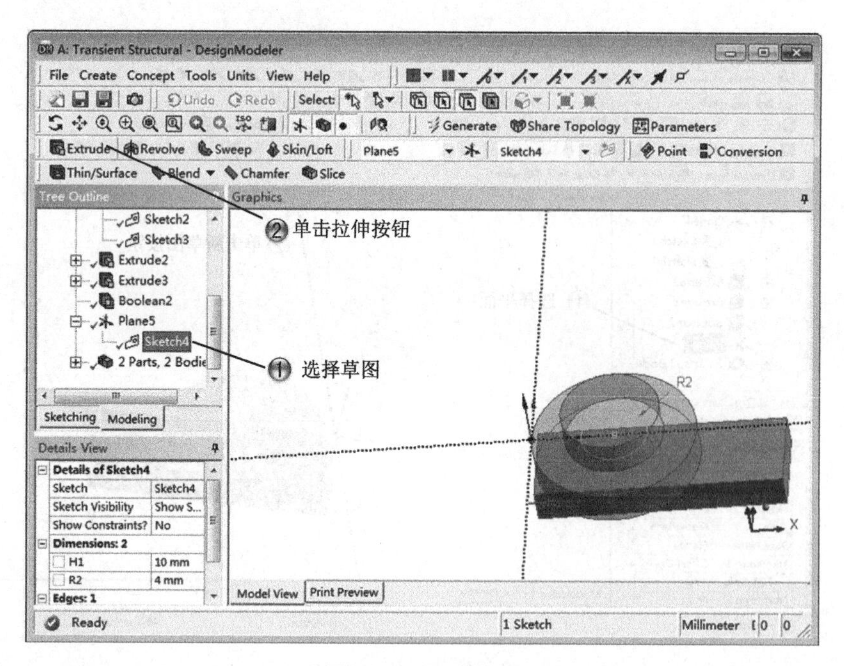

图 8-27　拉伸草图

Step27 设置拉伸参数，如图 8-28 所示。

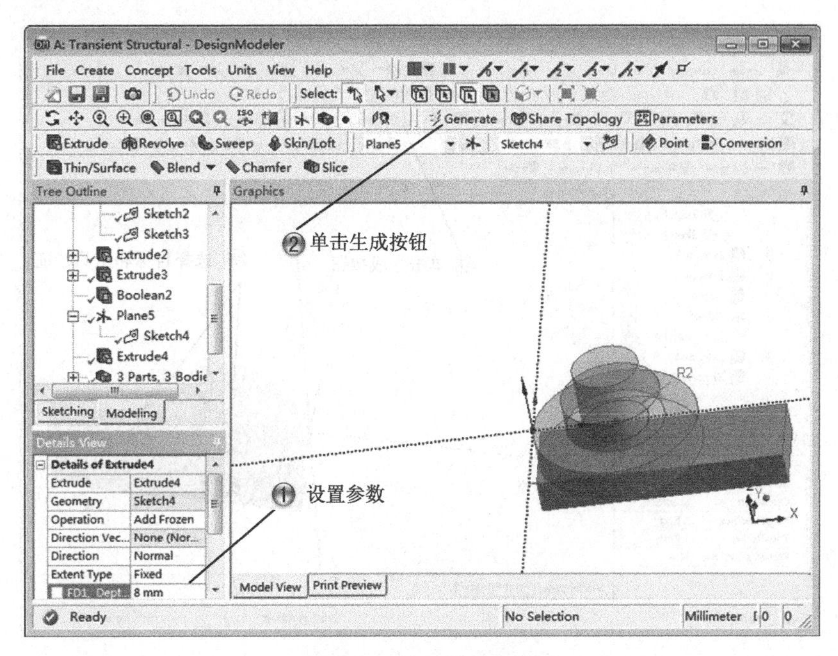

图 8-28　设置拉伸参数

Step28 选择布尔命令，如图 8-29 所示。

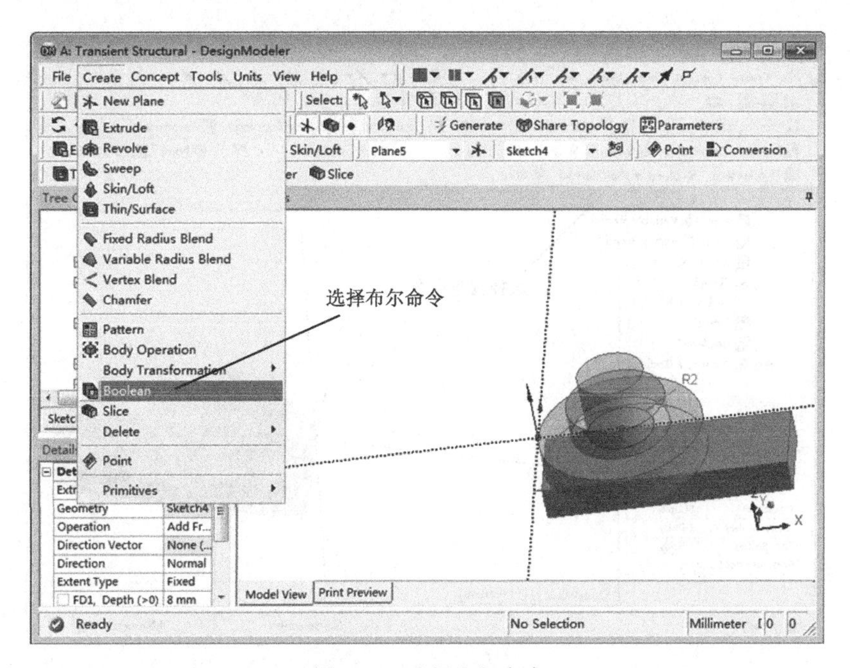

图 8-29　选择布尔命令

Step29 创建布尔减运算，如图 8-30 所示。

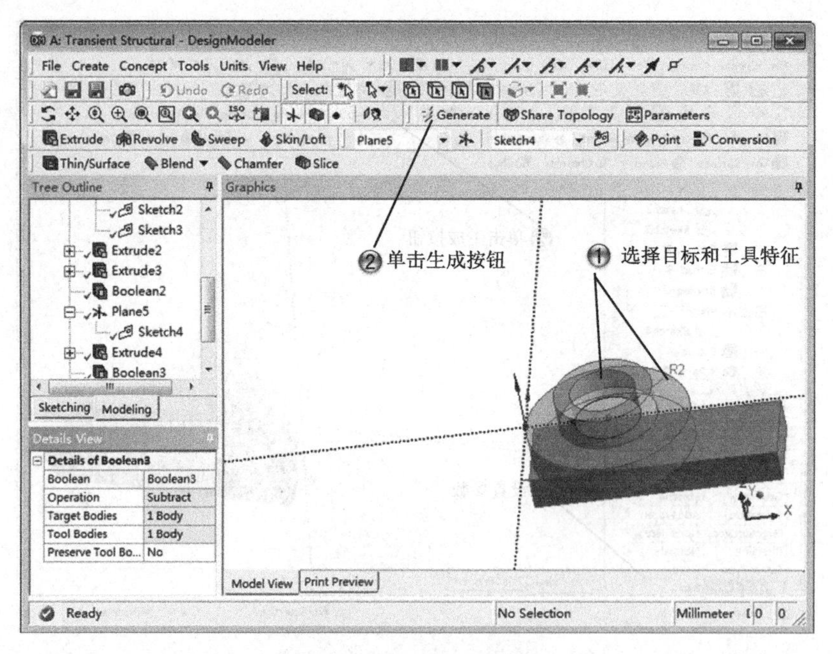

图 8-30 创建布尔减运算

Step30 选择圆角命令，如图 8-31 所示。

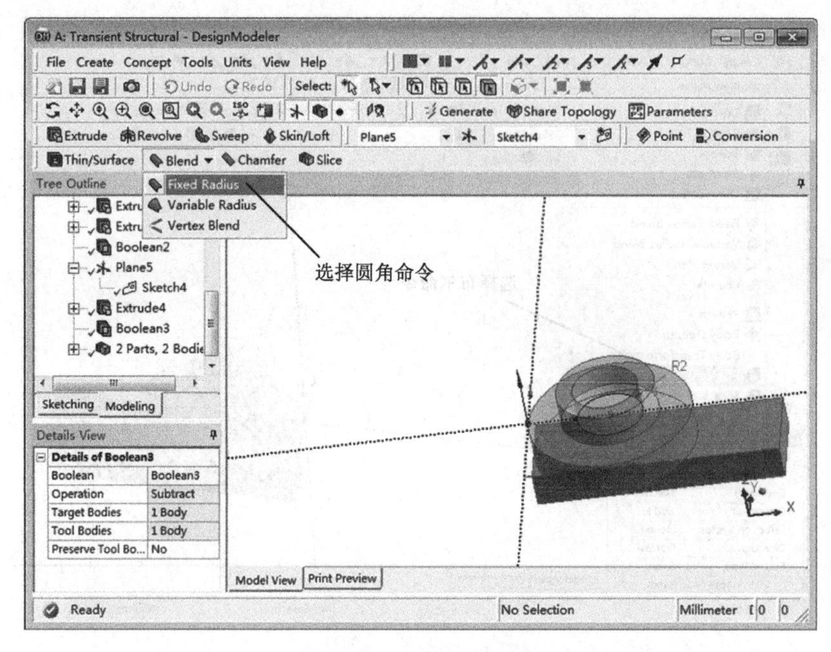

图 8-31 选择圆角命令

Step31 设置圆角参数，如图 8-32 所示。

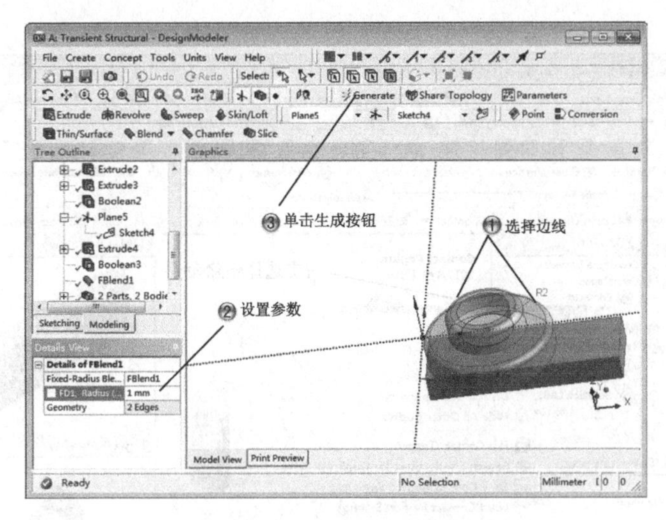

图 8-32 设置圆角参数

8.3 建立有限元模型

本案例完成文件：/08/8-1.wbpj

多媒体教学路径：光盘→多媒体教学→第 8 章→第 3 节

Step1 选择编辑命令，如图 8-33 所示。

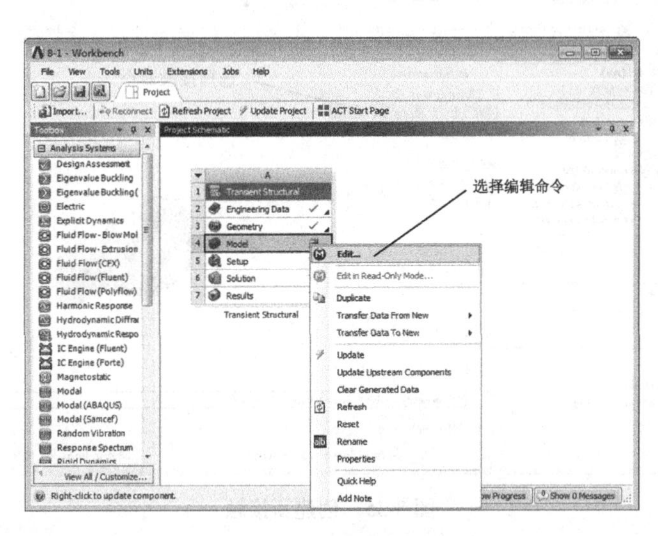

图 8-33 选择编辑命令

Step2 删除接触关系，如图 8-34 所示。

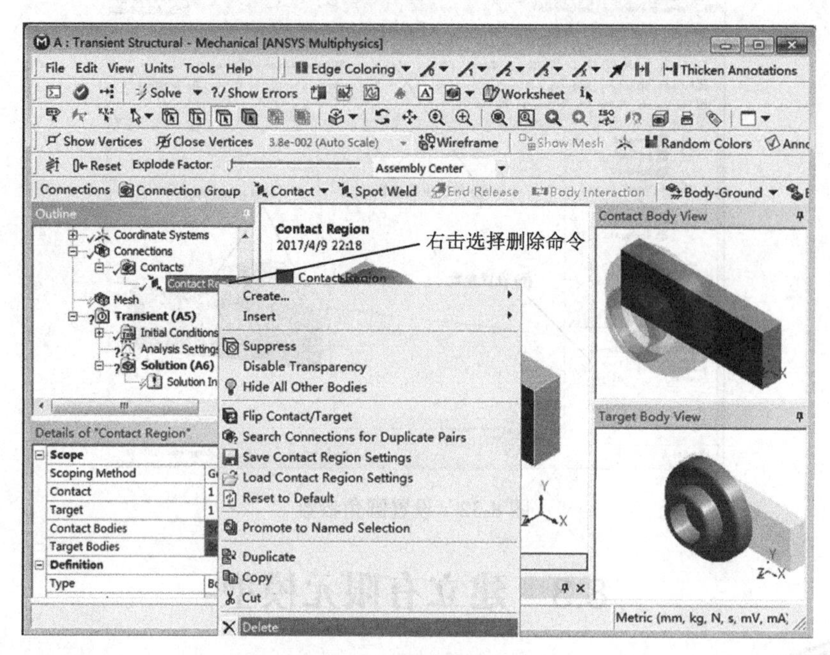

图 8-34　删除接触关系

Step3 创建新接触，如图 8-35 所示。

图 8-35　创建新接触

Step4 选择接触面，如图 8-36 所示。

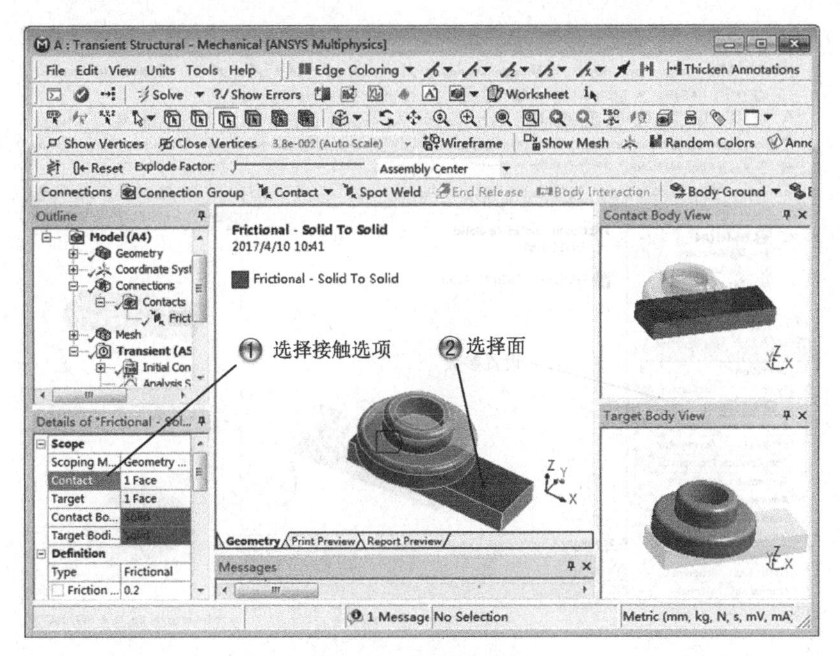

图 8-36　选择接触面

Step5 选择目标面，如图 8-37 所示。

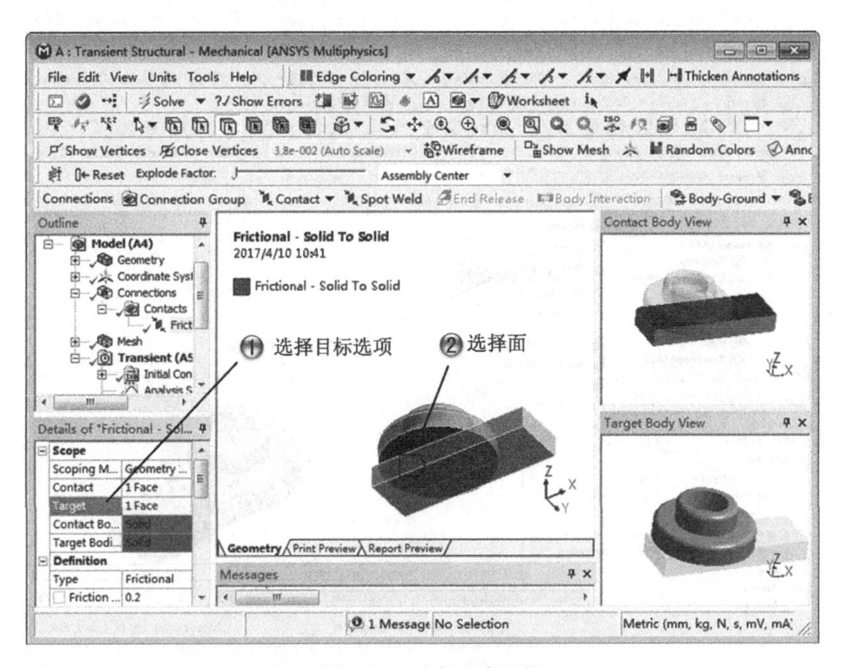

图 8-37　选择目标面

Step6 设置摩擦系数，如图 8-38 所示。

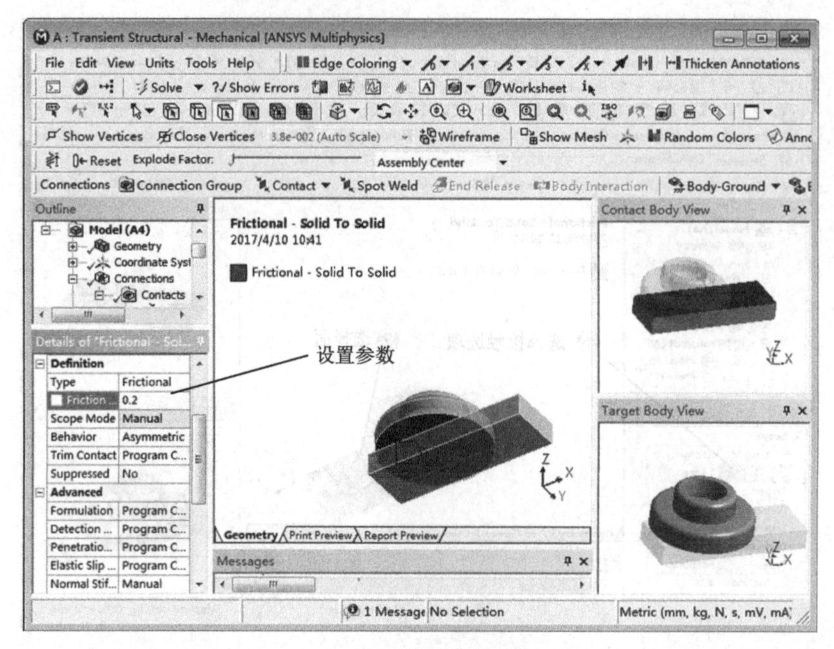

图 8-38　设置摩擦系数

Step7 选择尺寸命令，如图 8-39 所示。

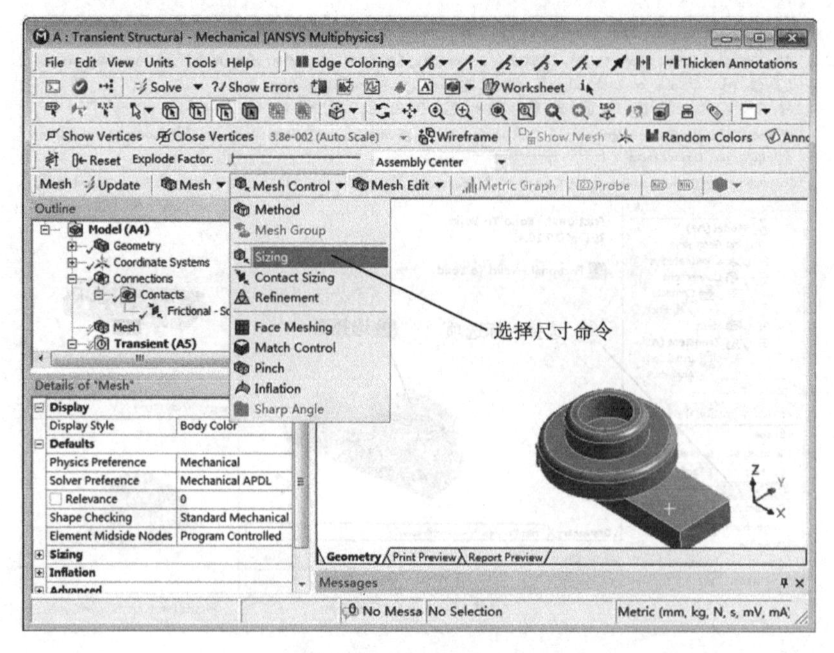

图 8-39　选择尺寸命令

Step8 设置轴盘参数，如图 8-40 所示。

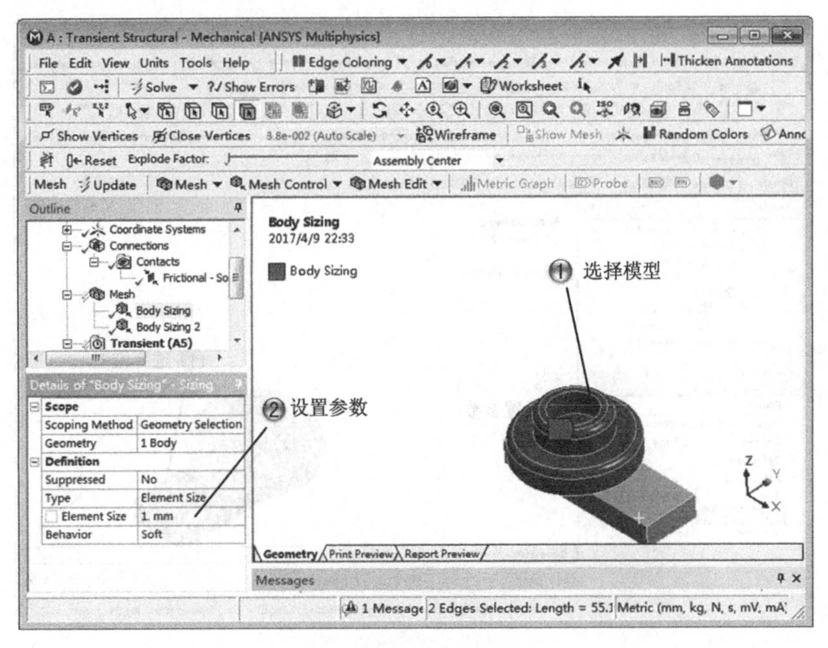

图 8-40　设置轴盘参数

Step9 选择尺寸命令，如图 8-41 所示。

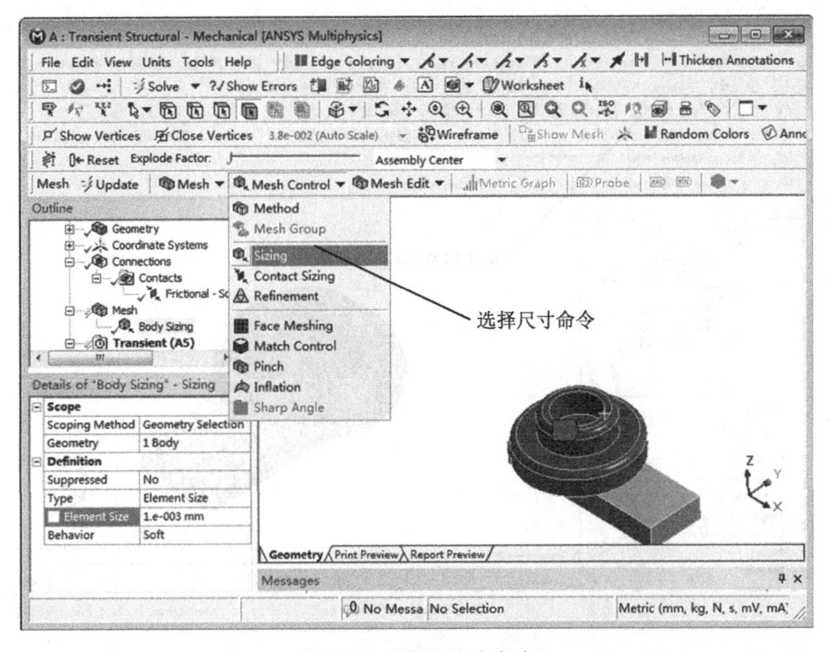

图 8-41　选择尺寸命令

Step10 设置基座参数，如图 8-42 所示。

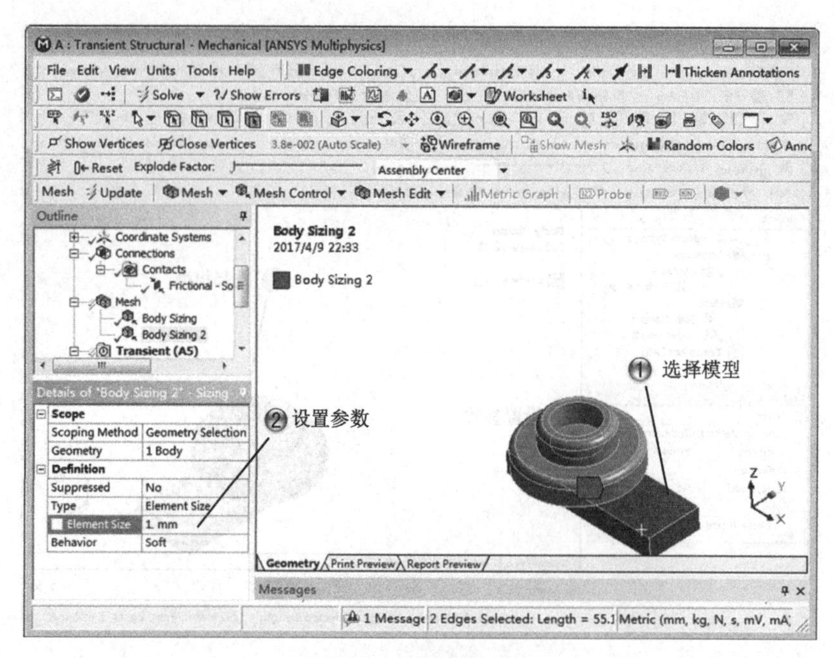

图 8-42　设置基座参数

Step11 完成模型网格化，如图 8-43 所示。

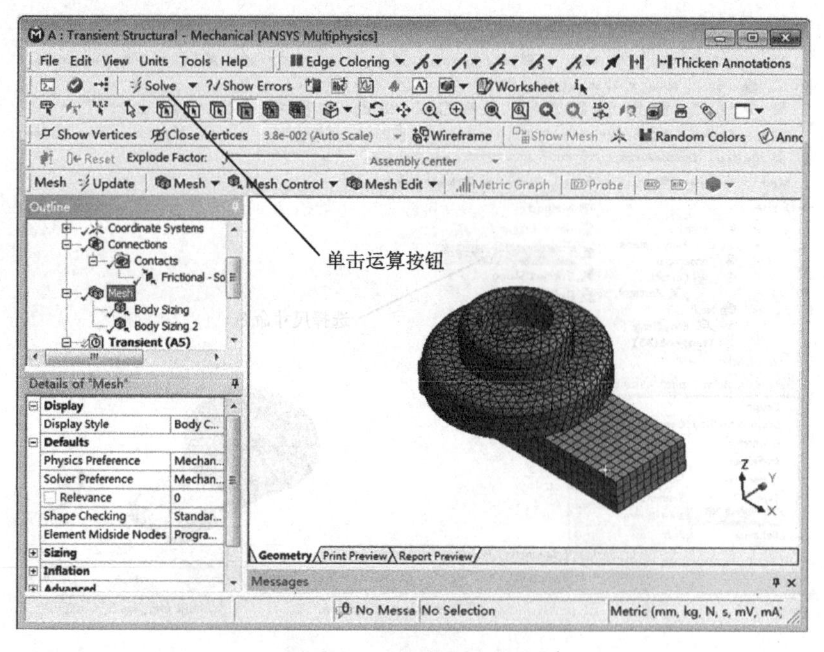

图 8-43　完成模型网格化

提示：

节点探测在处理边接触时会稍微好一些，但是，通过局部网格细化，积分点探测也会达到同样的效果。

8.4 模型计算设置

本案例完成文件：/08/8-1.wbpj

多媒体教学路径：光盘→多媒体教学→第 8 章→第 4 节

Step1 选择编辑命令，如图 8-44 所示。

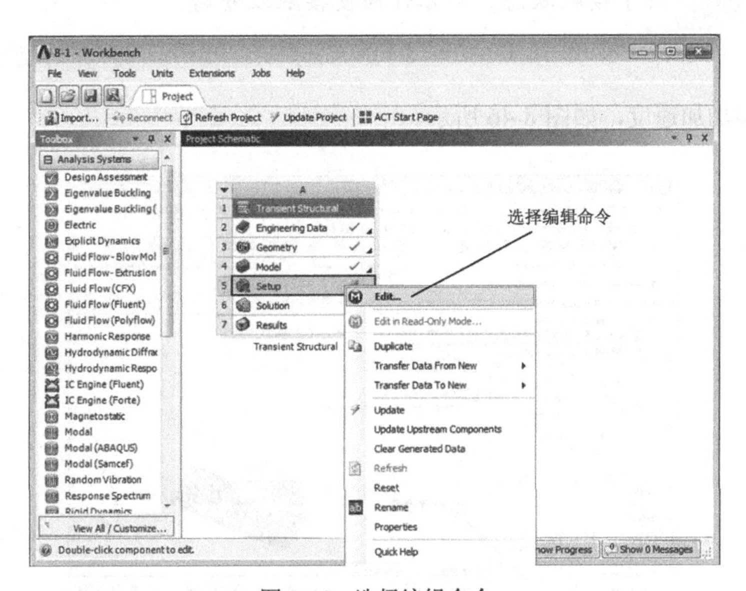

图 8-44 选择编辑命令

Step2 设置时间系数，如图 8-45 所示。

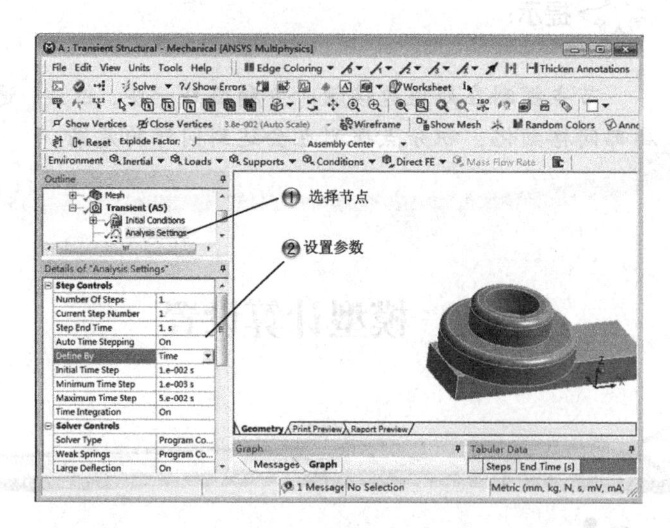

图 8-45　设置时间系数

提示：

接触是状态改变非线性。也就是说，系统刚度取决于接触状态，即零件间使接触或分离。

Step3 添加加速度，如图 8-46 所示。

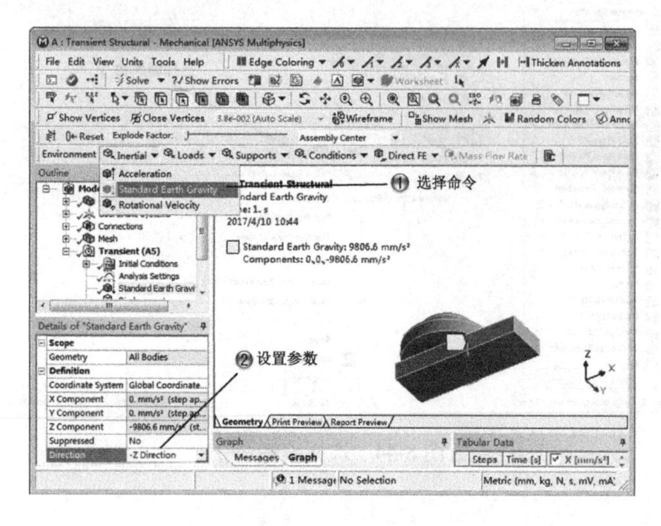

图 8-46　添加加速度

Step4 创建位移约束，如图 8-47 所示。

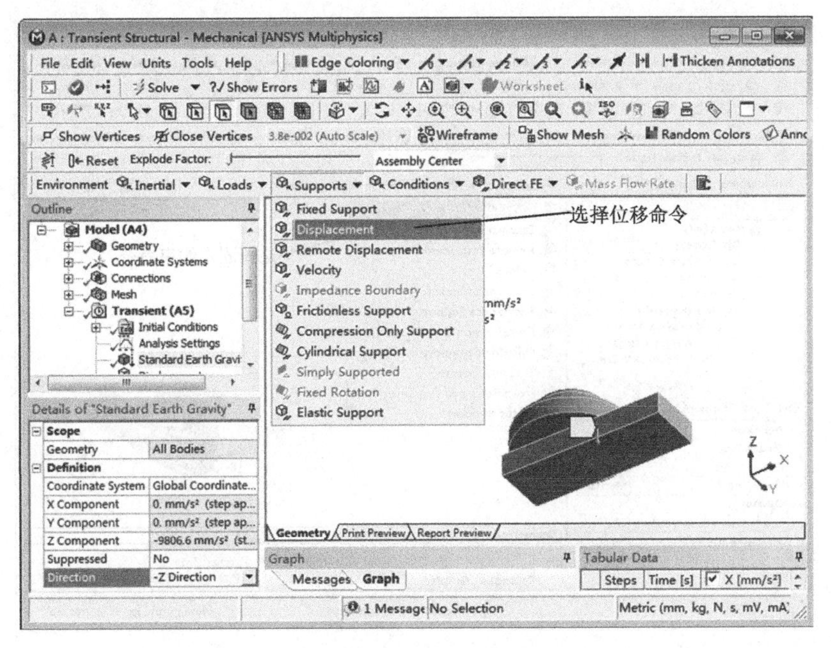

图 8-47 创建位移约束

Step5 设置 X 轴参数，如图 8-48 所示。

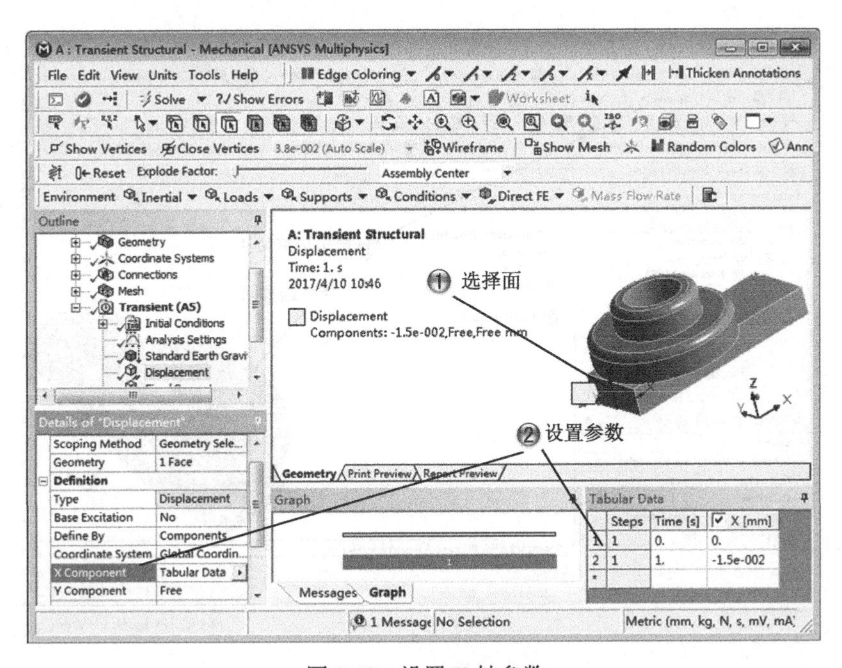

图 8-48 设置 X 轴参数

Step6 添加固定约束，如图 8-49 所示。

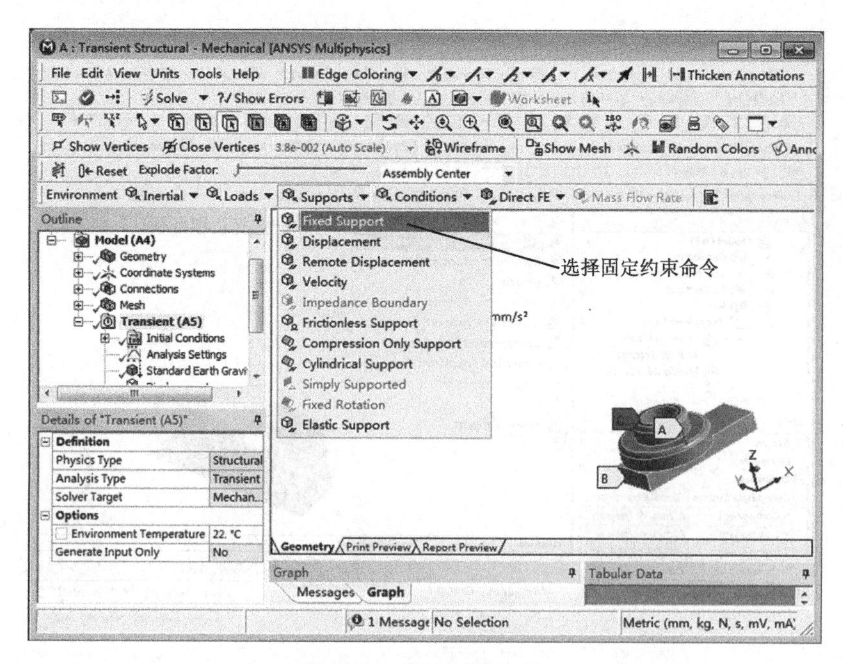

图 8-49　添加固定约束

Step7 选择固定面，如图 8-50 所示。

图 8-50　选择固定面

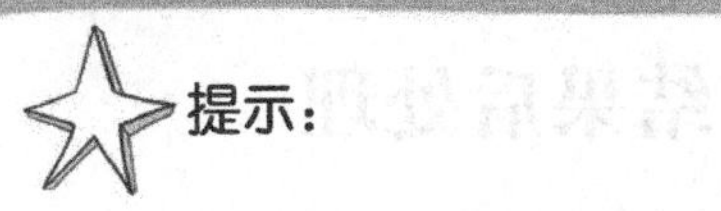

提示：

Workbench Mechanical 提供了几种不同的接触公式，对非线性实体表面接触，一般使用罚函数或增强拉格朗日公式。

Step8 创建总变形分析，如图 8-51 所示。

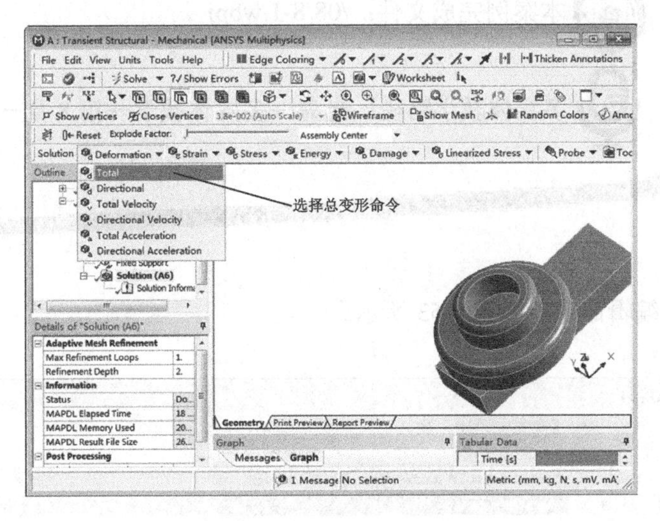

图 8-51　创建总变形分析

Step9 创建应力分析并运算，如图 8-52 所示。

图 8-52　创建应力分析并运算

8.5 结果后处理

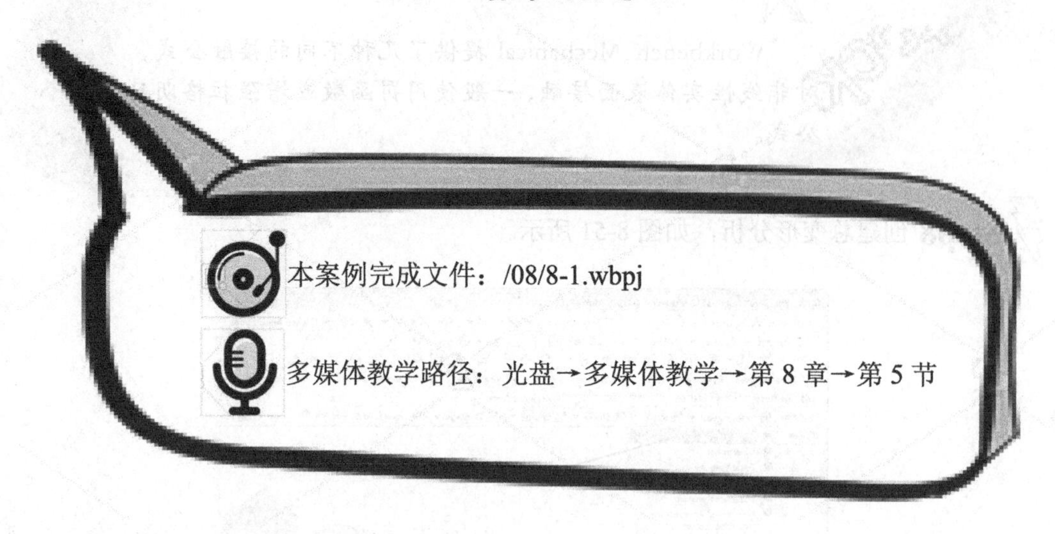

本案例完成文件：/08/8-1.wbpj
多媒体教学路径：光盘→多媒体教学→第 8 章→第 5 节

Step1 选择编辑命令，如图 8-53 所示。

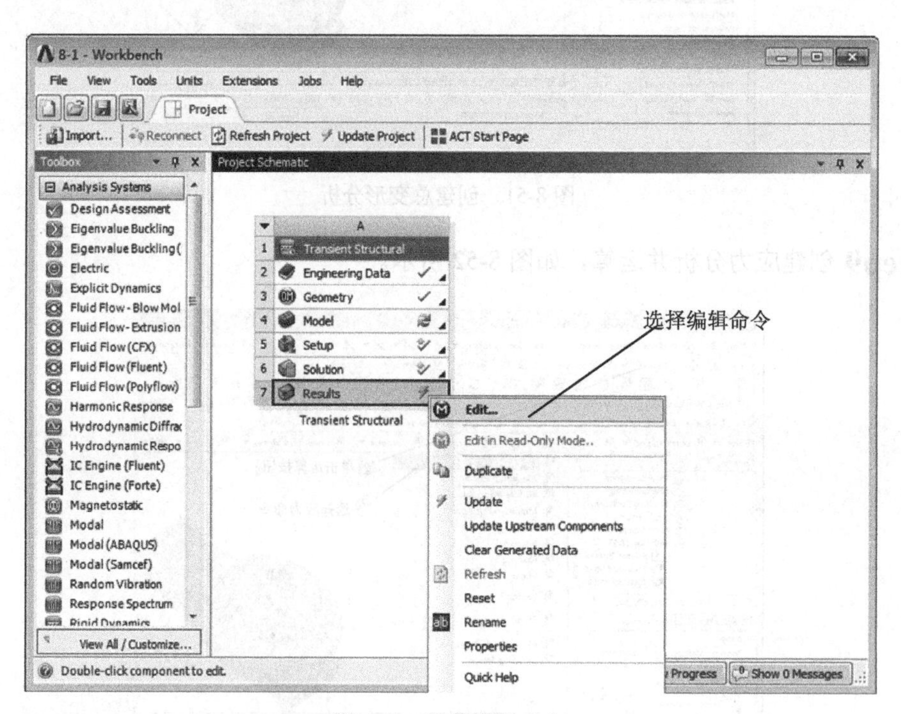

图 8-53　选择编辑命令

Step2 查看总变形结果，如图 8-54 所示。

图 8-54　查看总变形结果

Step3 查看应力结果，如图 8-55 所示。

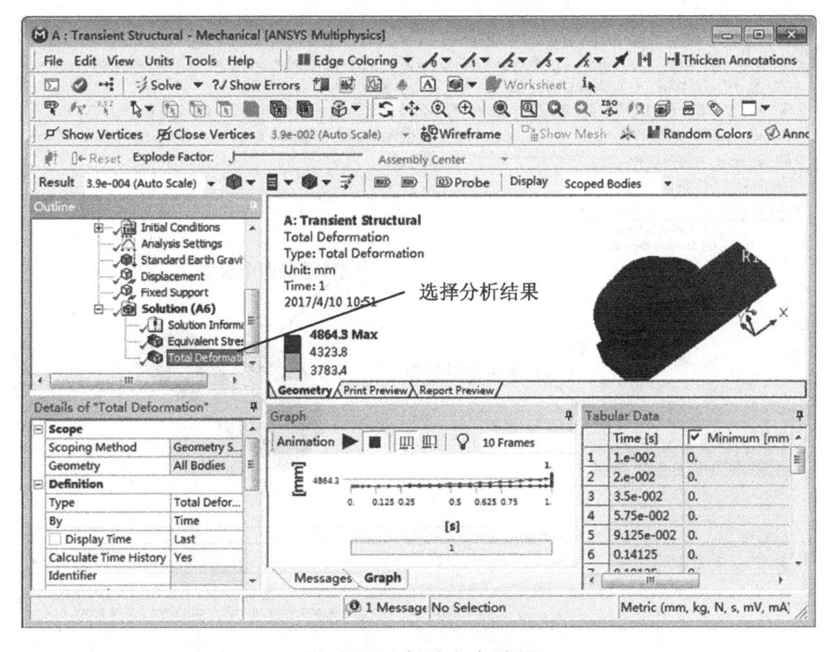

图 8-55　查看应力结果

Step4 添加接触工具，如图 8-56 所示。

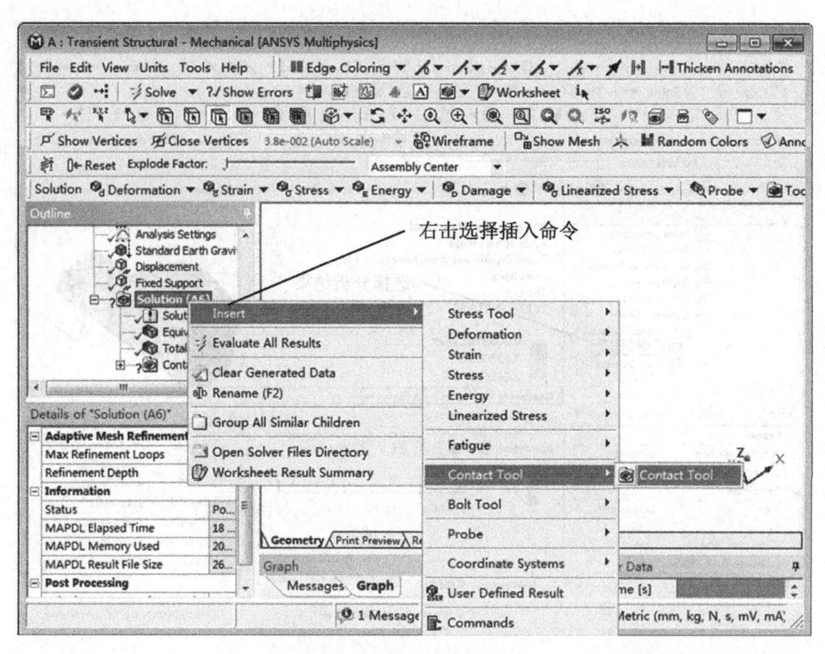

图 8-56　添加接触工具

Step5 选择两个特征，如图 8-57 所示。

图 8-57　选择两个特征

Step6 插入摩擦分析，如图 8-58 所示。

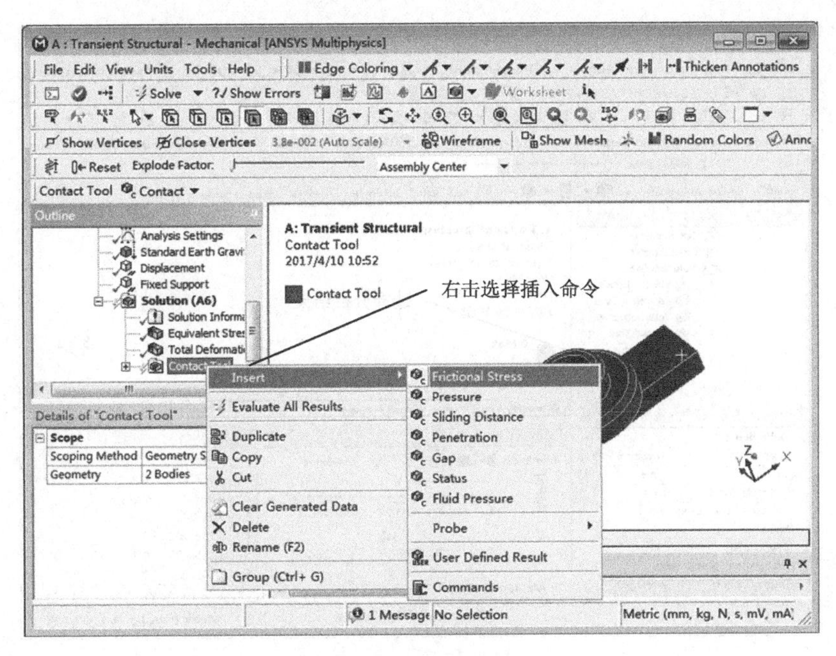

图 8-58　插入摩擦分析

Step7 摩擦应力分析结果 1，如图 8-59 所示。

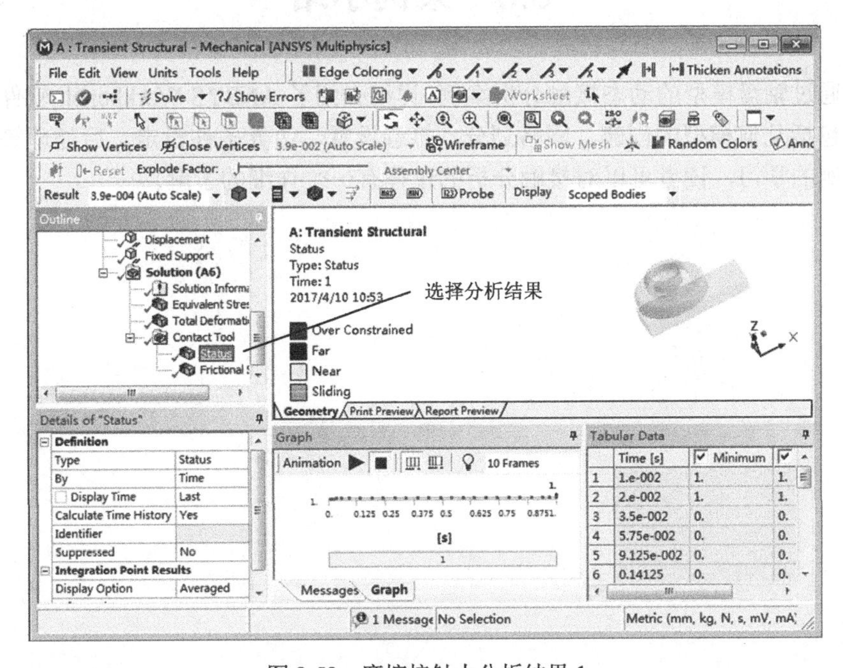

图 8-59　摩擦接触力分析结果 1

Step8 摩擦应力分析结果 2，如图 8-60 所示。

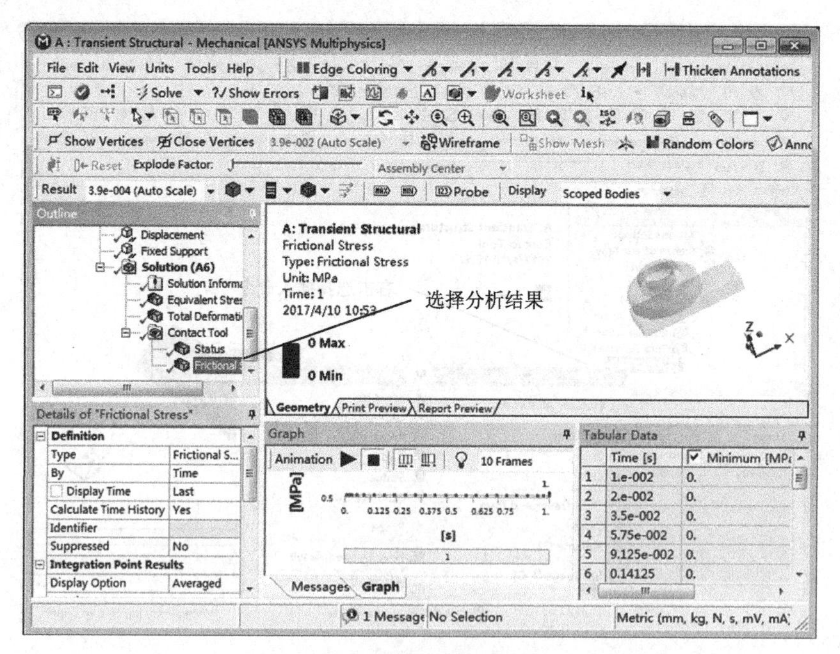

图 8-60　摩擦接触力分析结果 2

8.6　案例小结

本章通过轴盘模型的动态接触分析案例，详细介绍了 ANSYS Workbench 软件的接触分析功能，包括几何模型的创建、网格划分、接触设置、边界条件设定、后处理等操作。通过本章案例的学习，读者可以对接触分析的过程有一个详细的了解。

第9章

风机罩线性屈曲分析案例

本章导读

在实际生产中，许多结构都需要进行结构稳定性计算，如细长柱、压缩部件、真空容器等。这些结构件在不稳定（屈曲）开始时，在原载荷作用下，在垂直载荷方向上的微小位移会使得结构有一个很大的改变。本章案例研究的这种情况就是屈曲分析，分析风机罩模型在均布压力下的特征值屈曲分析。

学习要求 知识点 \ 学习目标	了解	理解	应用	实践
屈曲分析的概念		√		
屈曲分析的步骤		√	√	
风机罩线性屈曲分析		√	√	√

9.1 案例分析

9.1.1 知识链接

在线性屈曲分析中，需要评价许多结构的稳定性。在薄柱、压缩部件和真空罐的例子中，稳定性是重要的。在失稳（屈曲）的结构，负载基本上没有变化（超出一个小负载扰动）会有一个非常大的变化位移。

特征值或线性屈曲分析预测理想线弹性结构的理论屈曲强度。此方法相当于教科书上线弹性屈曲分析的方法。用欧拉行列式求解特征值屈曲会与经典的欧拉公式解向一致。缺陷和非线性行为使现实结构无法与它们的理论弹性屈曲强度一致。线性屈曲一般会得出不保守的结果。但线性屈曲也会得出无法解释的问题：非弹性的利料响应、非线性作用、不属于建模的结构缺陷（凹陷等）。

要进行屈曲分析，至少应有一个导致屈曲的结构载荷，以适用于模型。而且模型也必须至少要施加一个能够引起结构屈曲的载荷。另外所有的结构载荷都要乘上载荷系数来决定屈曲载荷，因此在进行屈曲分析的情况下是不支持不成比例或常值的载荷。在进行屈曲分析时，不推荐只有压缩的载荷，如果在模型中没有刚体的位移，则结构可以是全约束的。

屈曲分析的步骤如下。

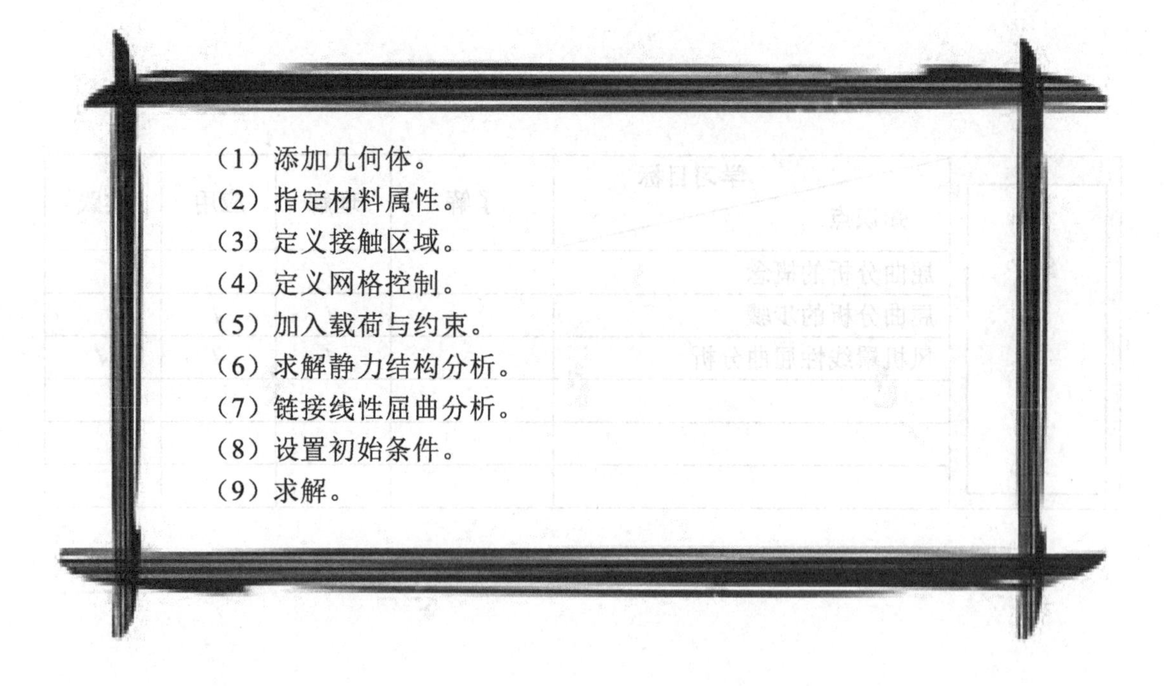

（1）添加几何体。
（2）指定材料属性。
（3）定义接触区域。
（4）定义网格控制。
（5）加入载荷与约束。
（6）求解静力结构分析。
（7）链接线性屈曲分析。
（8）设置初始条件。
（9）求解。

9.1.2 设计思路

屈曲分析是用来分析结构稳定性的技术，结构稳定性涉及两个概念：临界载荷和极限载荷。研究屈曲分析之前，先要了解什么是失稳和极限载荷。所谓失稳临界载荷是结构在理论上的失稳载荷。极限载荷是结构在实际工作环境中的失稳载荷，在实际结构中，载荷很难达到临界载荷，因为扰动和非线性行为，结构在低于临界载荷时通常就会变得不稳定，这个失稳载荷称为极限载荷。

本章案例是一个风机罩模型，如图 9-1 所示。其一端固定，一端受到 10MPa 的均布压力，进行特征值屈曲分析，并计算其临界屈曲载荷及屈曲模态。首先创建风机罩模型，之后进行网格化，按照默认设置创建网格即可，之后设置边界条件和压力，并进行计算。

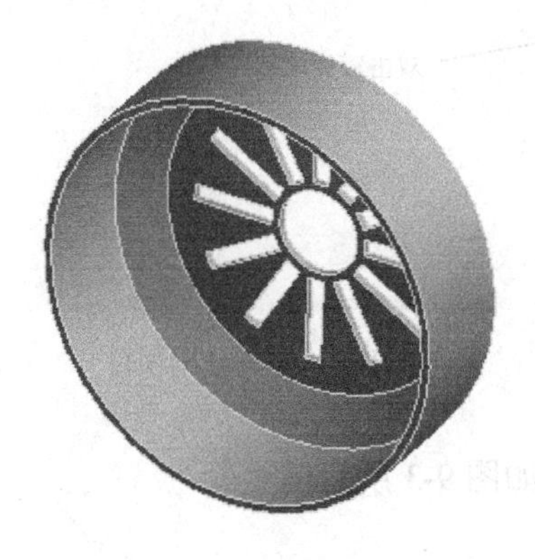

图 9-1　风机罩模型

9.2 建立分析模型

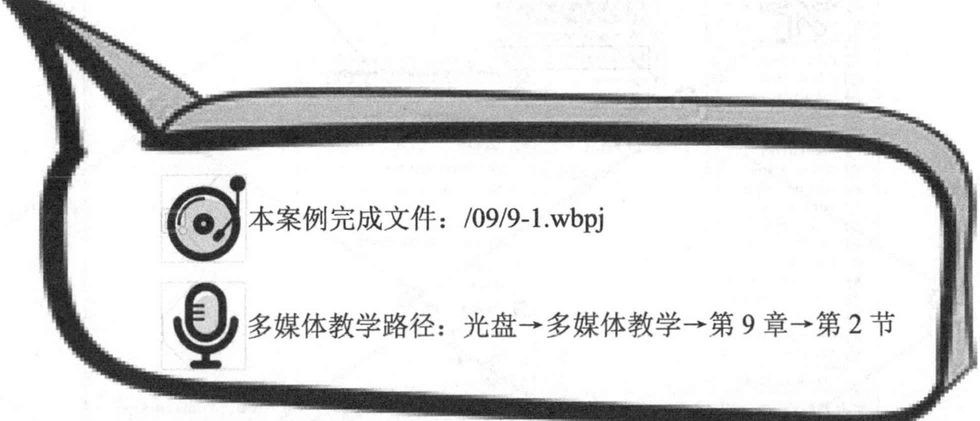

本案例完成文件：/09/9-1.wbpj
多媒体教学路径：光盘→多媒体教学→第 9 章→第 2 节

Step1 创建分析项目，如图 9-2 所示。

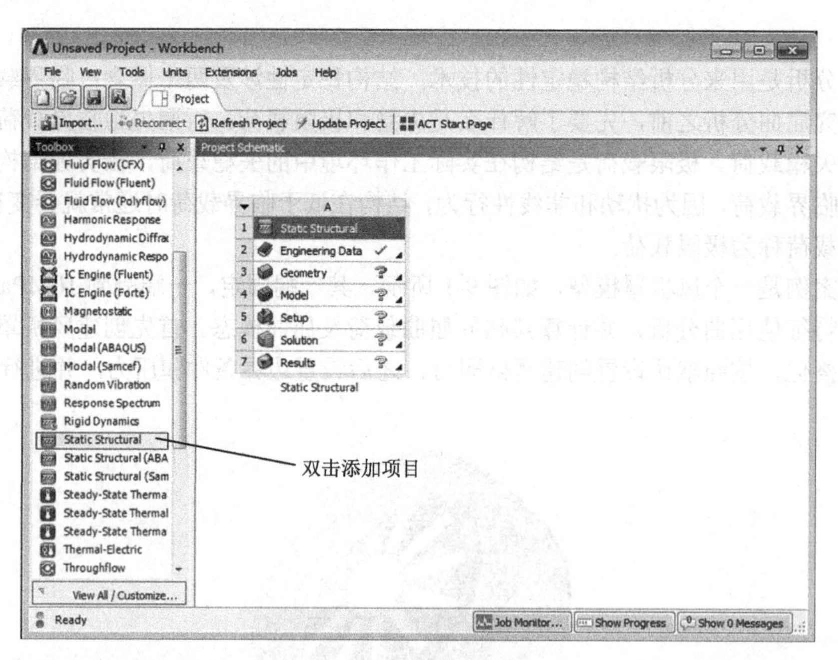

图 9-2　创建分析项目

Step2 进入设计界面，如图 9-3 所示。

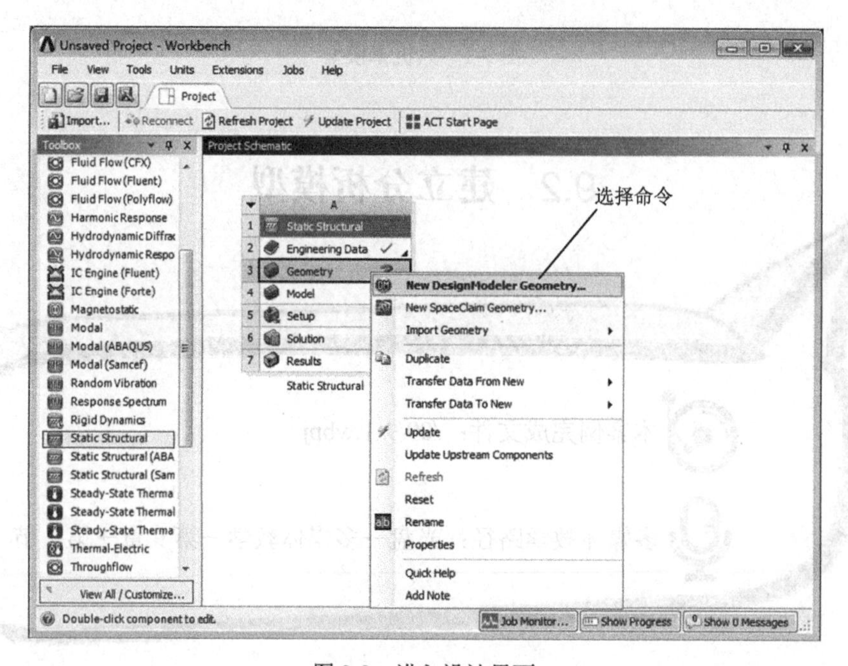

图 9-3　进入设计界面

Step3 选择草绘面，如图 9-4 所示。

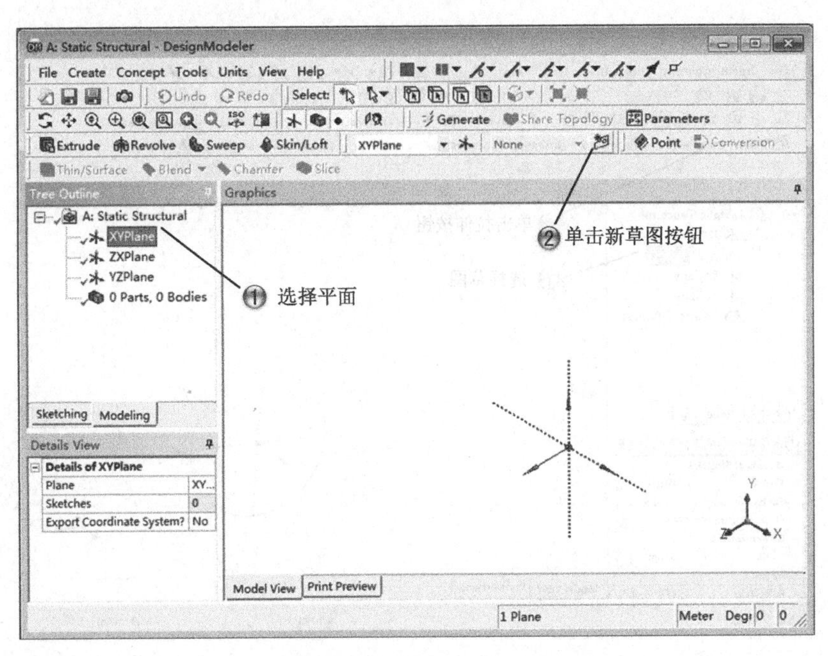

图 9-4 选择草绘面

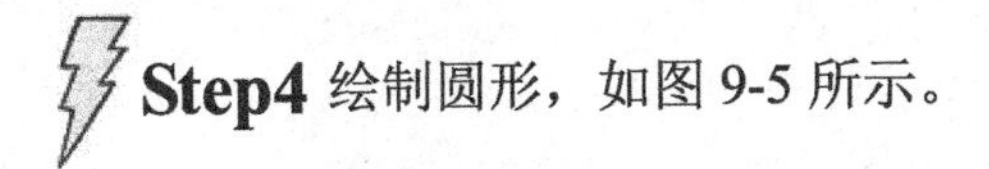

Step4 绘制圆形，如图 9-5 所示。

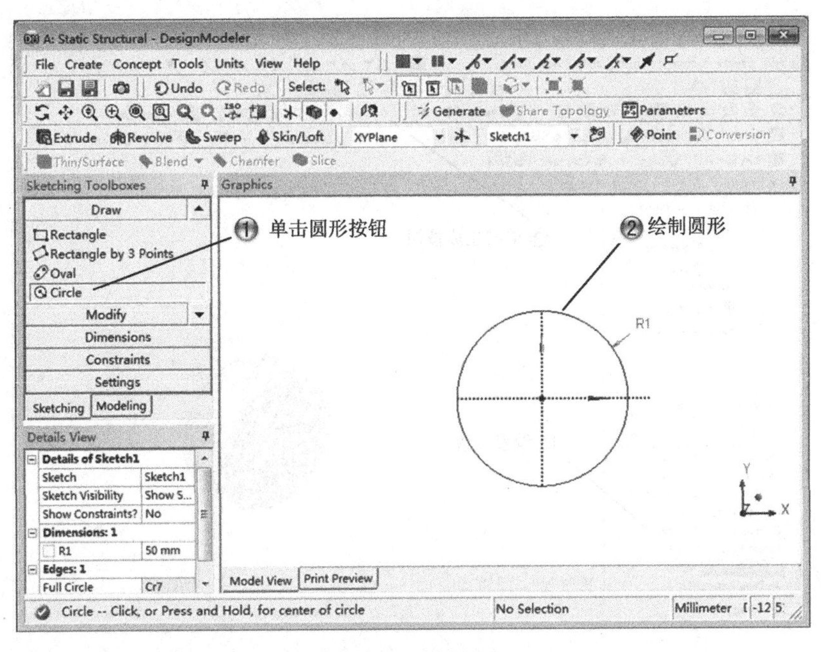

图 9-5 绘制圆形

Step5 拉伸草图，如图 9-6 所示。

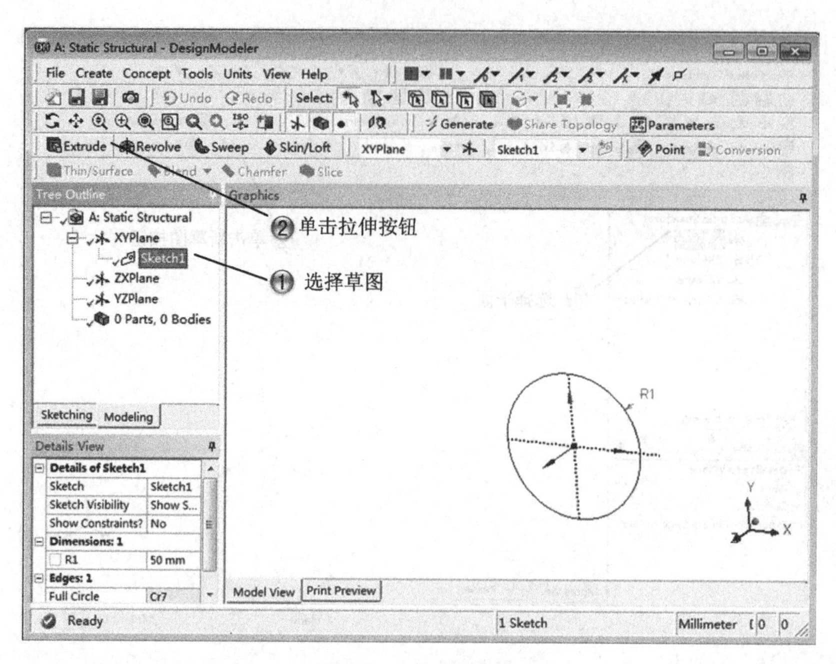

图 9-6　拉伸草图

Step6 设置拉伸参数，如图 9-7 所示。

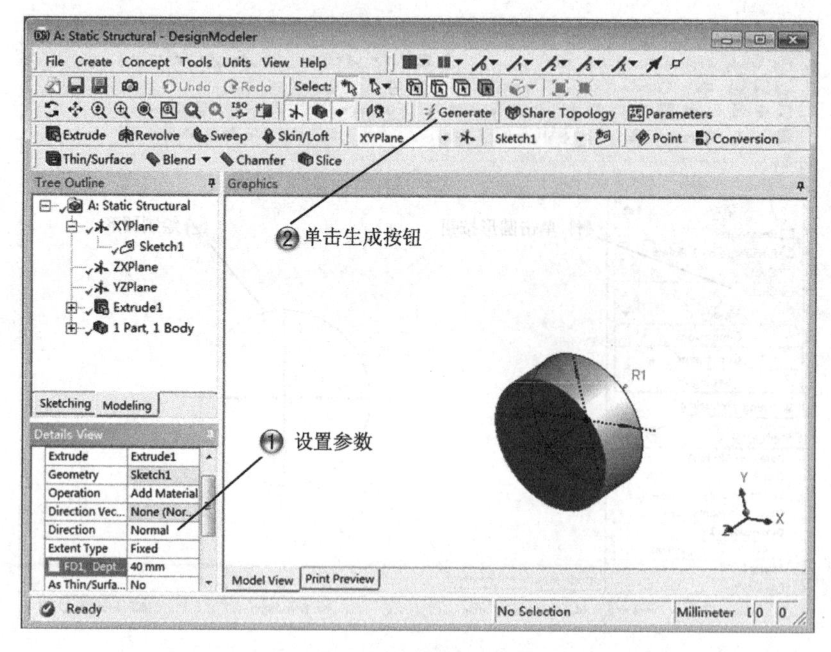

图 9-7　设置拉伸参数

Step7 选择倒角命令，如图 9-8 所示。

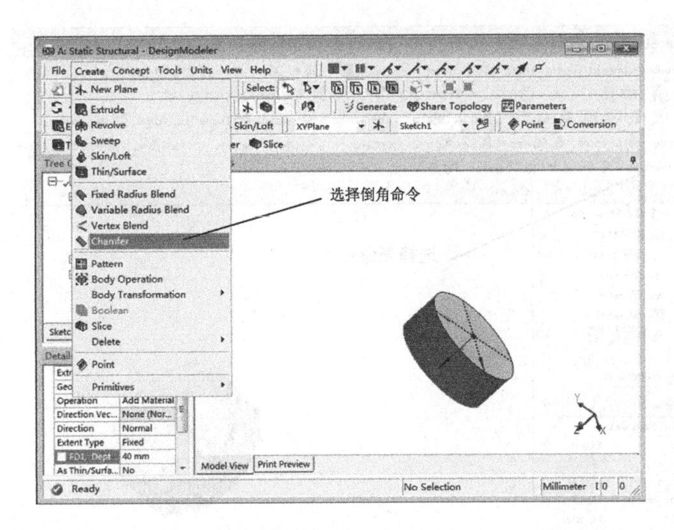

图 9-8　选择倒角命令

提示：

倒角命令也可以对面进行操作。

Step8 设置倒角参数，如图 9-9 所示。

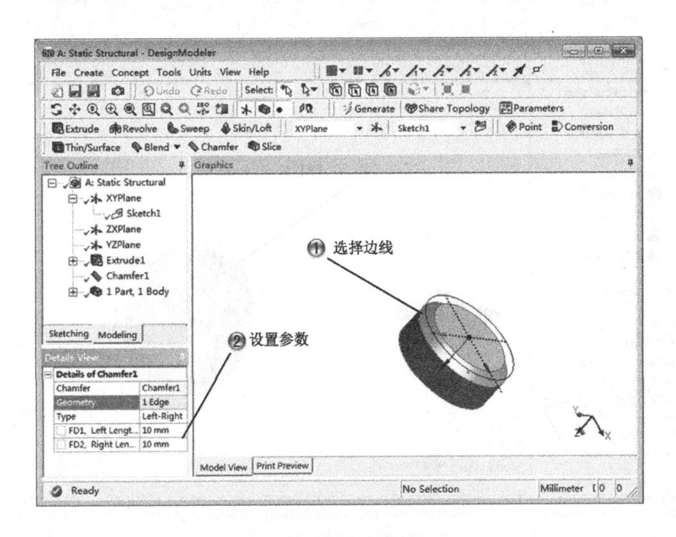

图 9-9　设置倒角参数

Step9 选择抽壳命令，如图 9-10 所示。

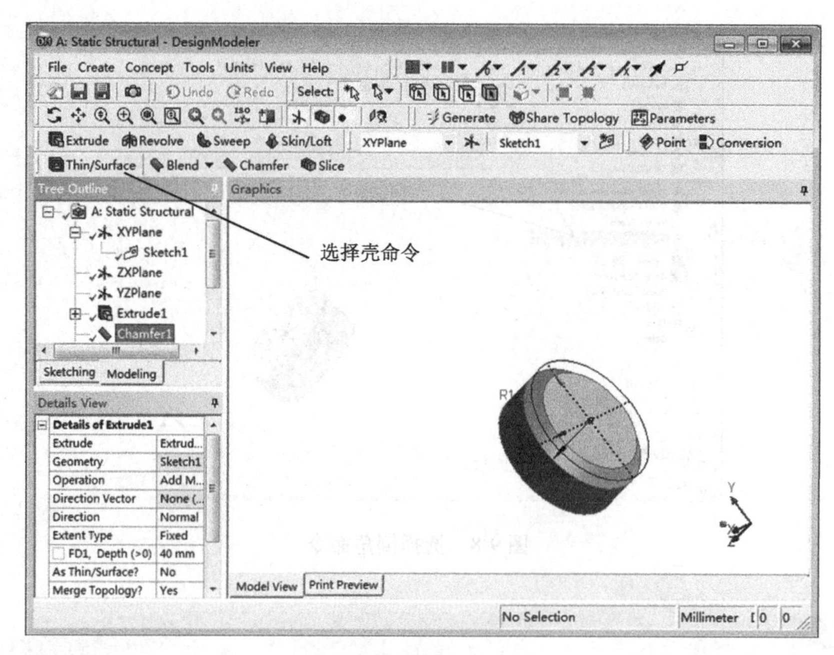

图 9-10　选择抽壳命令

Step10 设置抽壳参数，如图 9-11 所示。

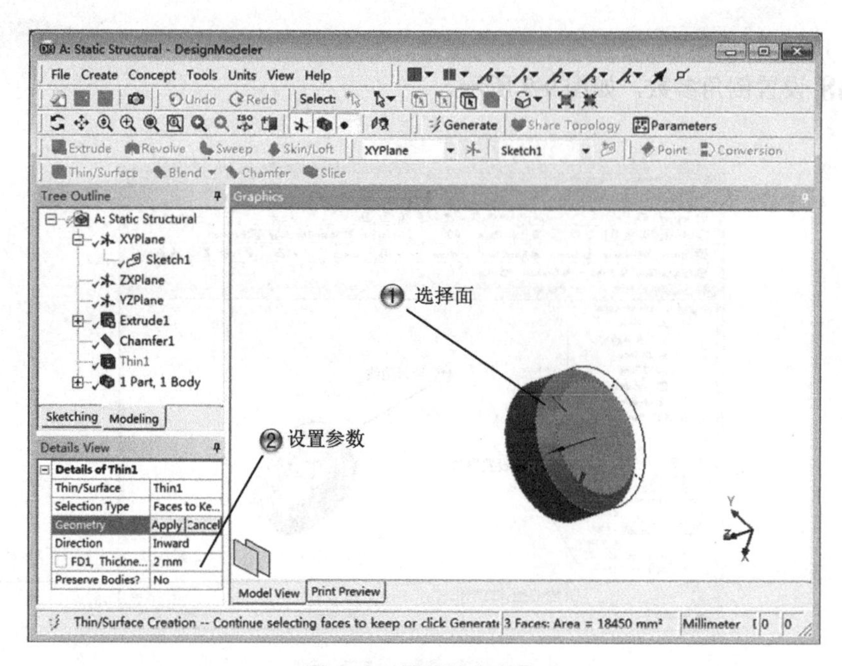

图 9-11　设置抽壳参数

提示：

抽壳命令选择的面是保留面。FD1 的值是壳体厚度。

Step11 选择草绘面，如图 9-12 所示。

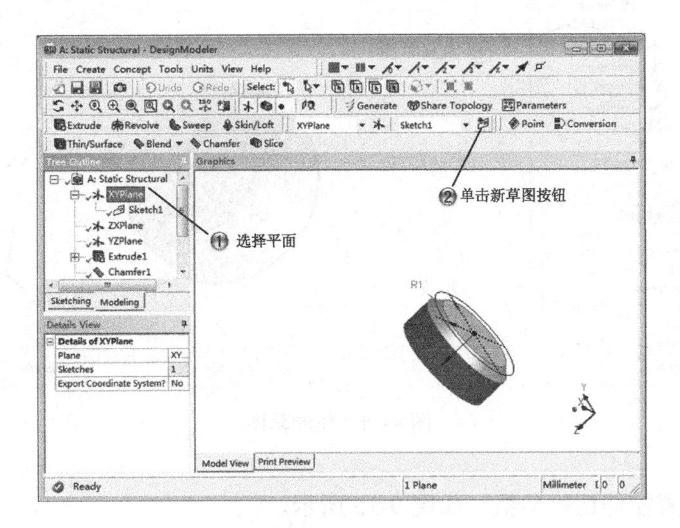

图 9-12　选择草绘面

Step12 绘制圆形，如图 9-13 所示。

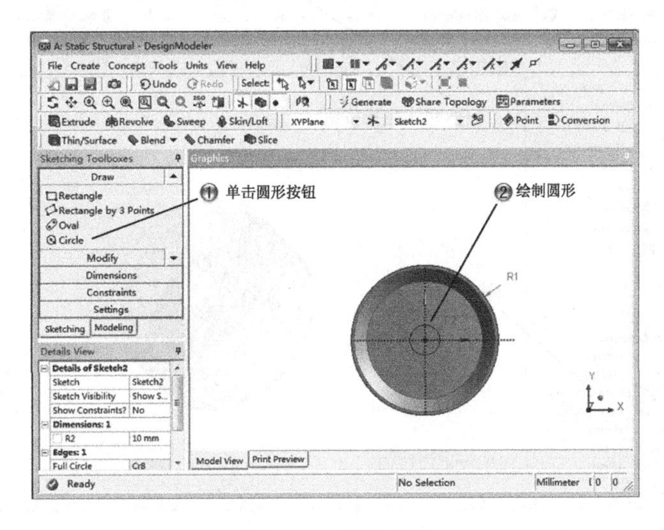

图 9-13　绘制圆形

Step13 拉伸草图，如图 9-14 所示。

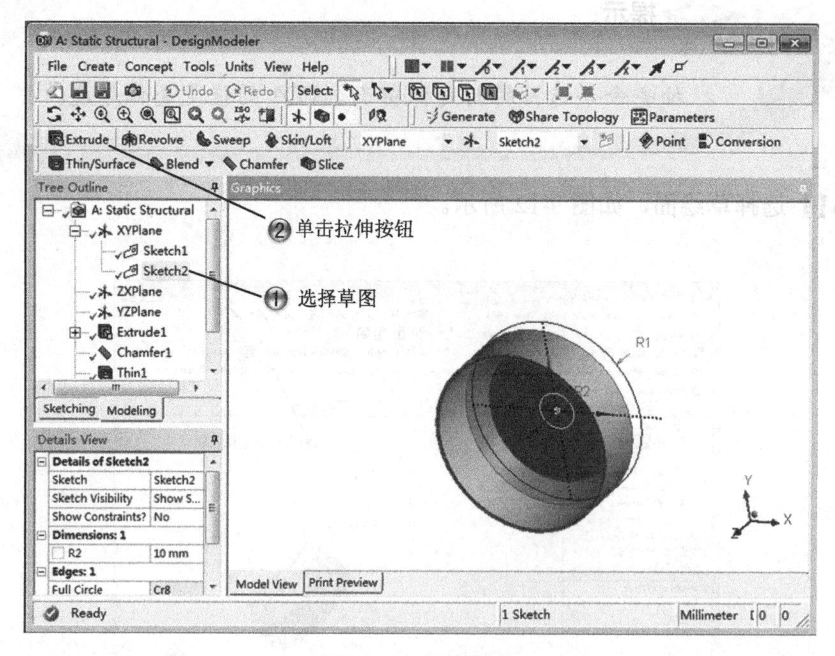

图 9-14 拉伸草图

Step14 设置拉伸切除参数，如图 9-15 所示。

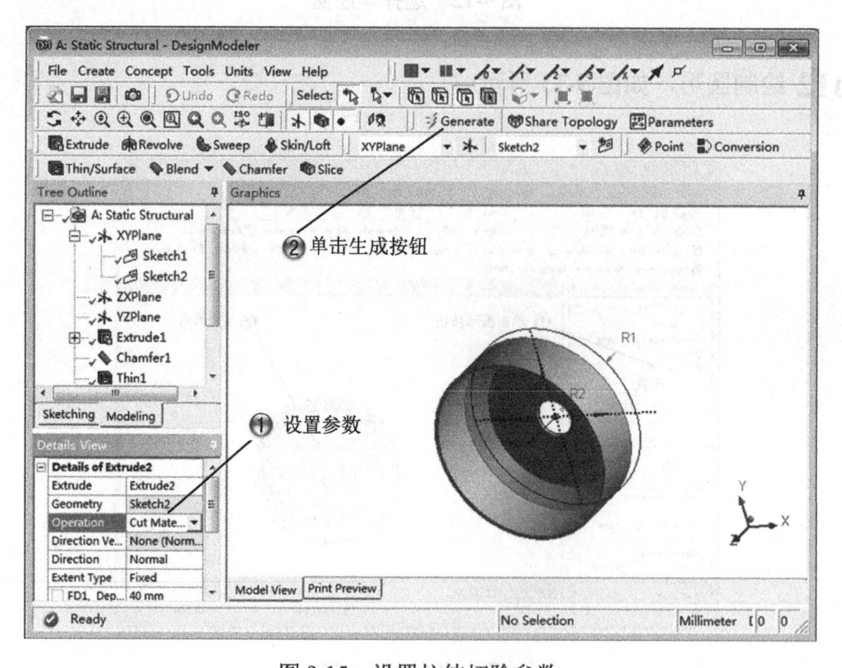

图 9-15 设置拉伸切除参数

Step15 选择草绘面，如图 9-16 所示。

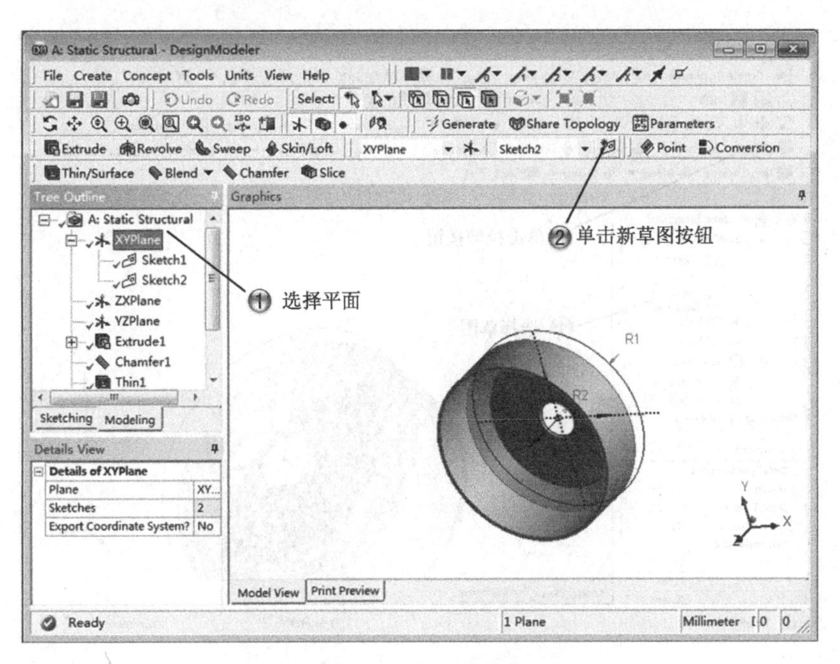

图 9-16　选择草绘面

Step16 绘制矩形，如图 9-17 所示。

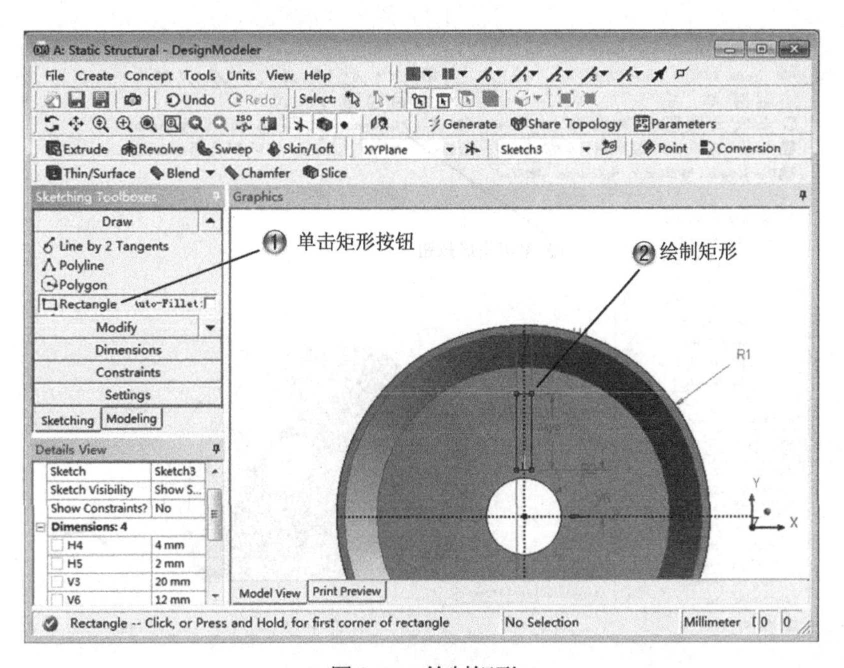

图 9-17　绘制矩形

Step17 拉伸草图，如图 9-18 所示。

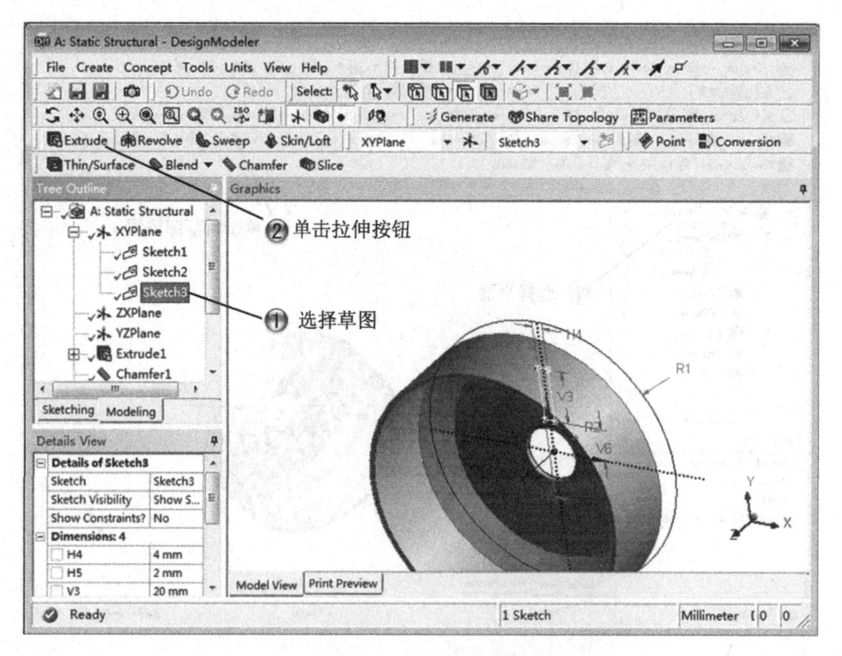

图 9-18　拉伸草图

Step18 设置拉伸参数，如图 9-19 所示。

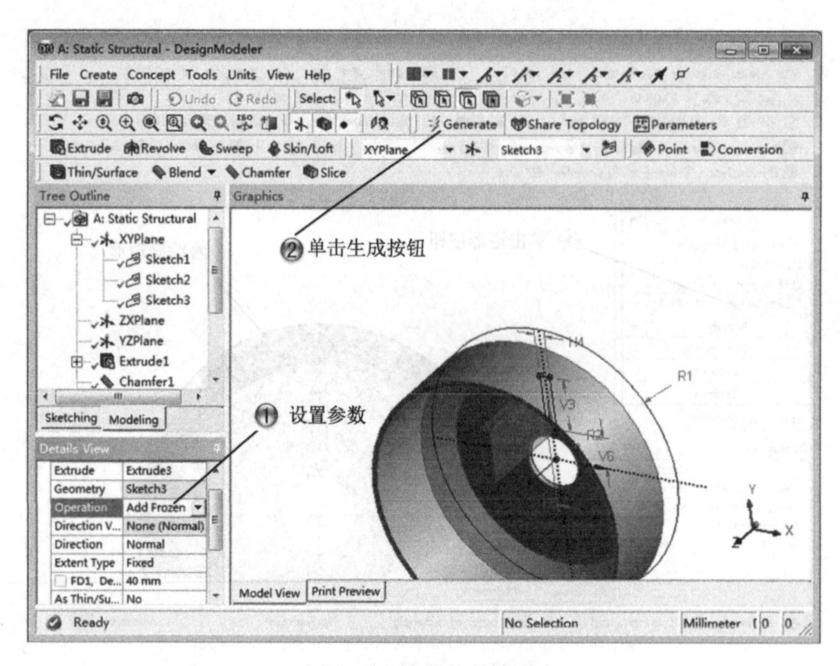

图 9-19　设置拉伸参数

提示：

这里创建的特征是独立的模型，和壳体不是一体的。

Step19 选择阵列命令，如图 9-20 所示。

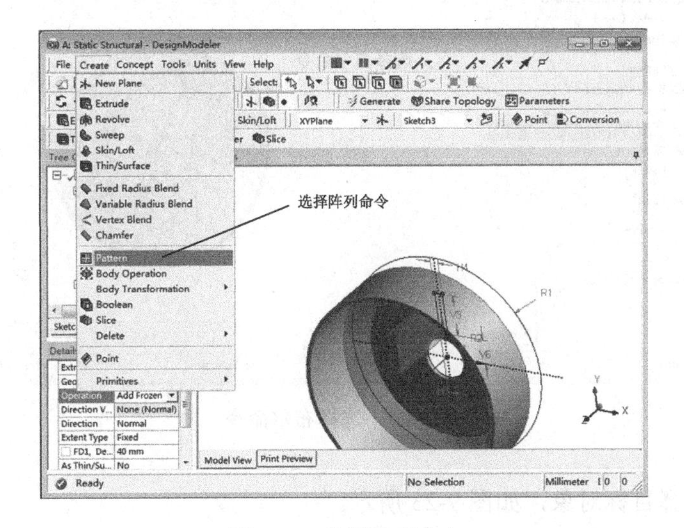

图 9-20　选择阵列命令

Step20 设置阵列参数，如图 9-21 所示。

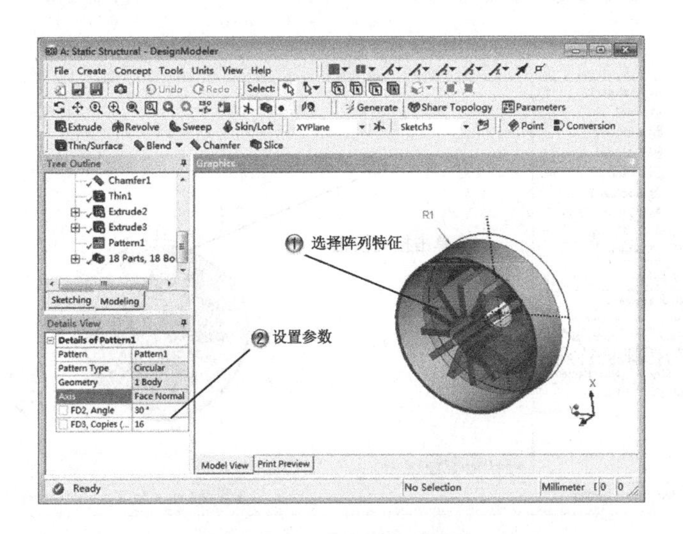

图 9-21　设置阵列参数

Step21 选择布尔命令，如图 9-22 所示。

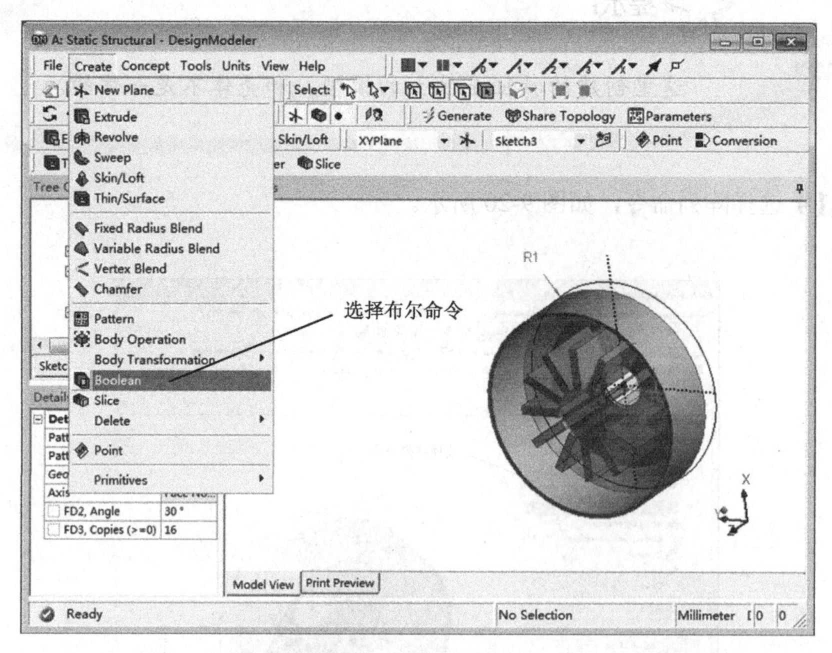

图 9-22　选择布尔命令

Step22 选择目标对象，如图 9-23 所示。

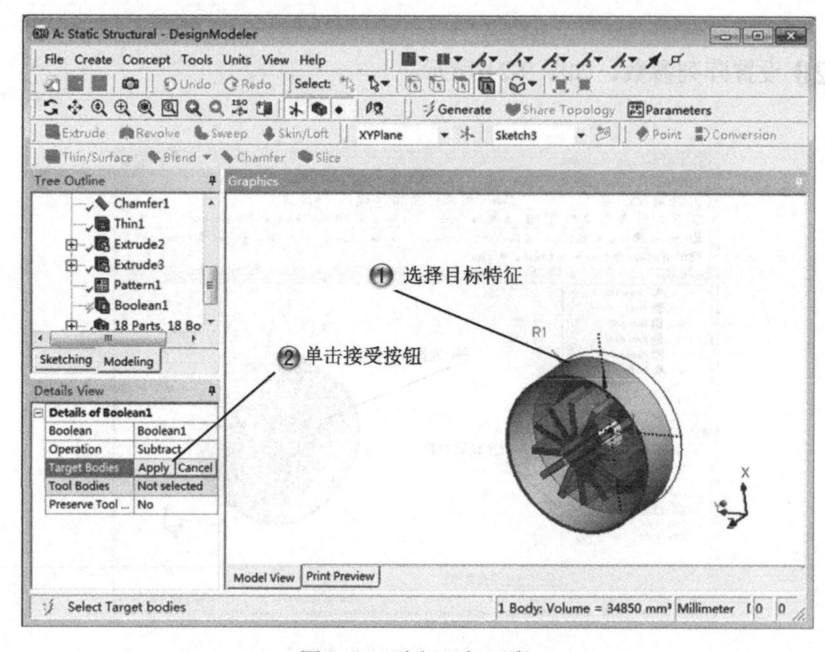

图 9-23　选择目标对象

Step23 选择工具对象，如图 9-24 所示。

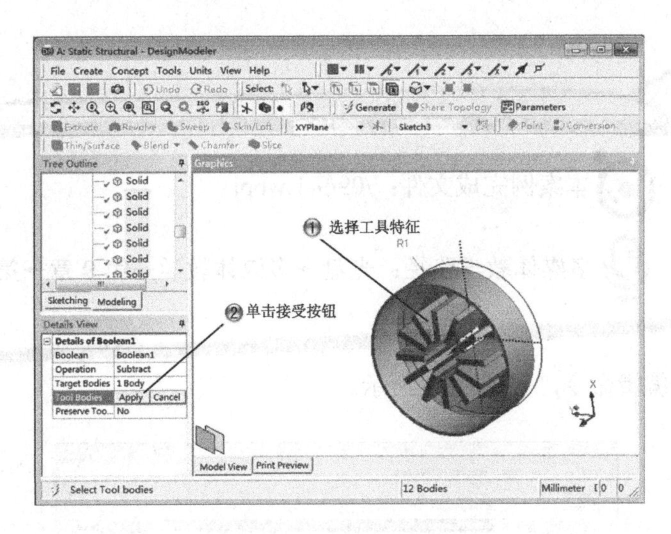

图 9-24　选择工具对象

提示：

结构稳定性分析技术有两类：特征值屈曲分析和非线性屈曲分析。

Step24 完成风机罩模型，如图 9-25 所示。

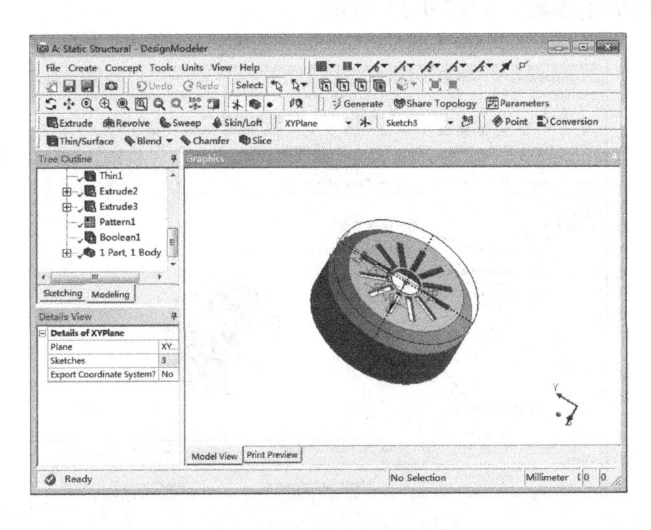

图 9-25　完成风机罩模型

9.3　建立有限元模型

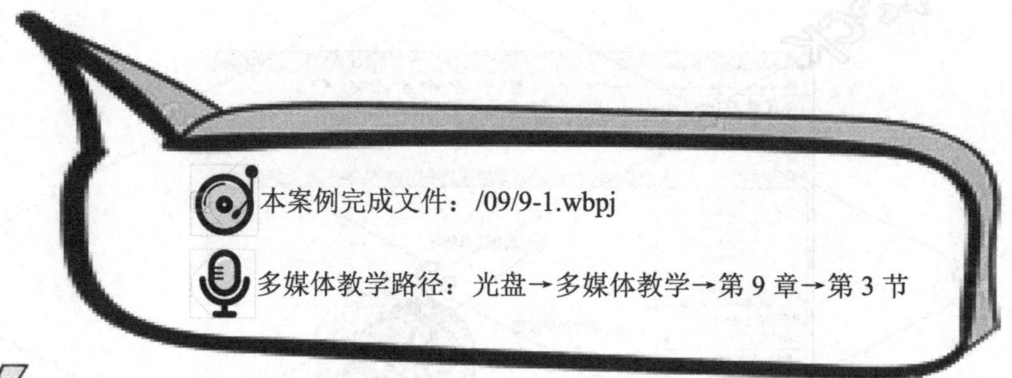

本案例完成文件：/09/9-1.wbpj
多媒体教学路径：光盘→多媒体教学→第 9 章→第 3 节

Step1 选择编辑命令，如图 9-26 所示。

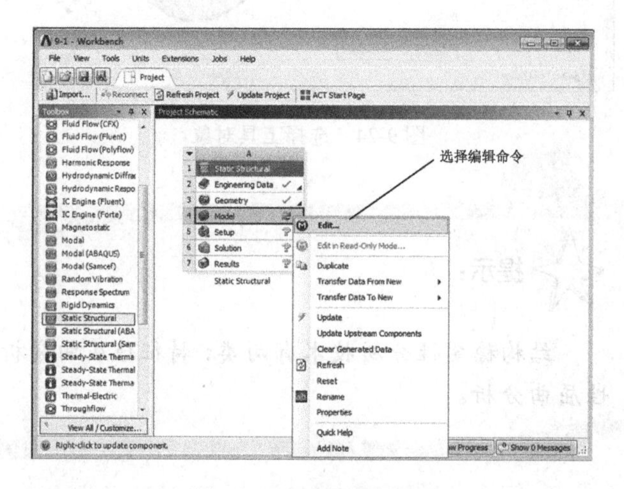

图 9-26　选择编辑命令

Step2 设置网格化参数，如图 9-27 所示。

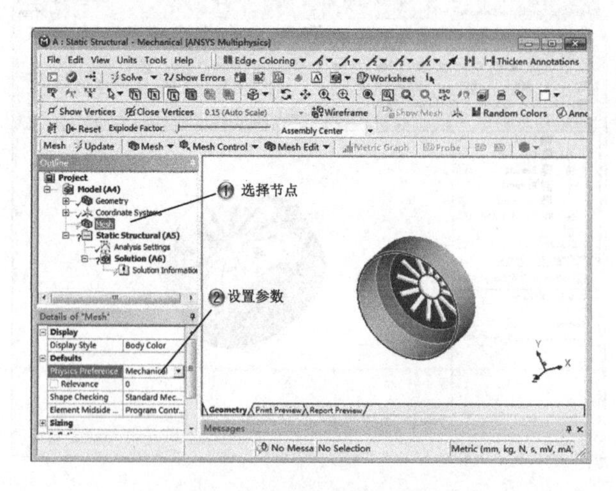

图 9-27　设置网格化参数

Step3 添加网格控制，如图 9-28 所示。

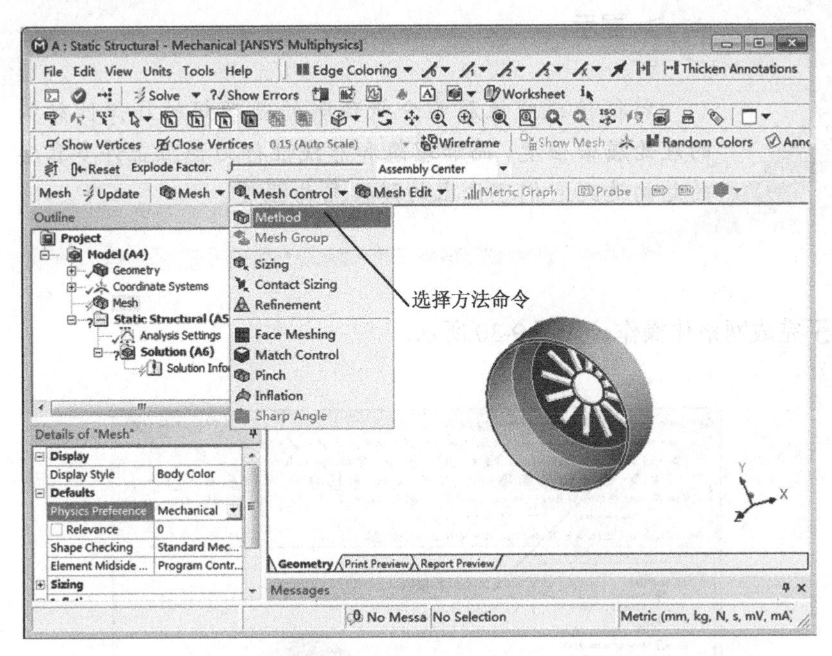

图 9-28　添加网格控制

Step4 选择网格模型，如图 9-29 所示。

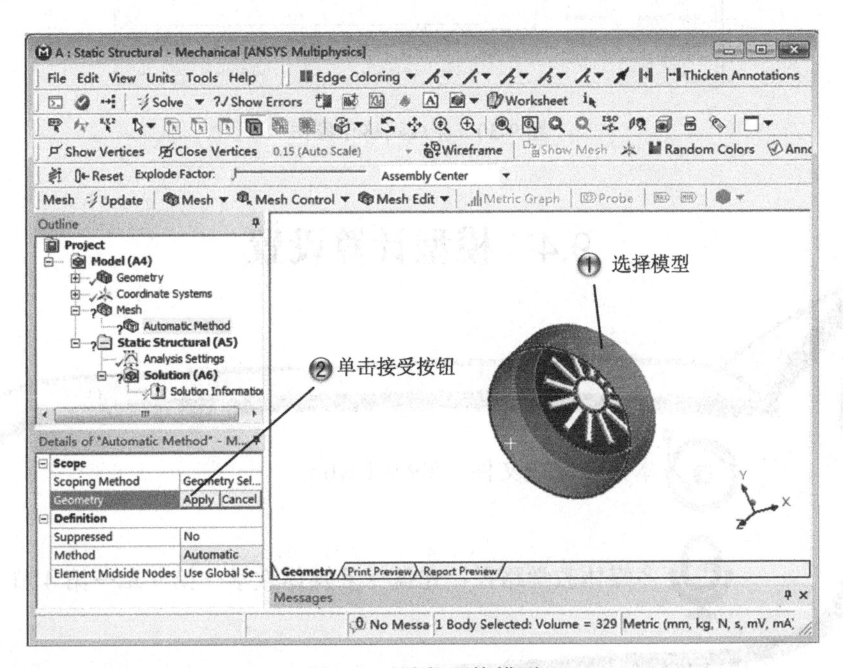

图 9-29　选择网格模型

提示：

特征值或线性屈曲分析预测的是理想的线弹性结构的理论屈曲强度；而非理想和非线性行为会阻止许多真实的结构达到它们理论上的弹性屈曲强度。

Step5 完成网格化操作，如图 9-30 所示。

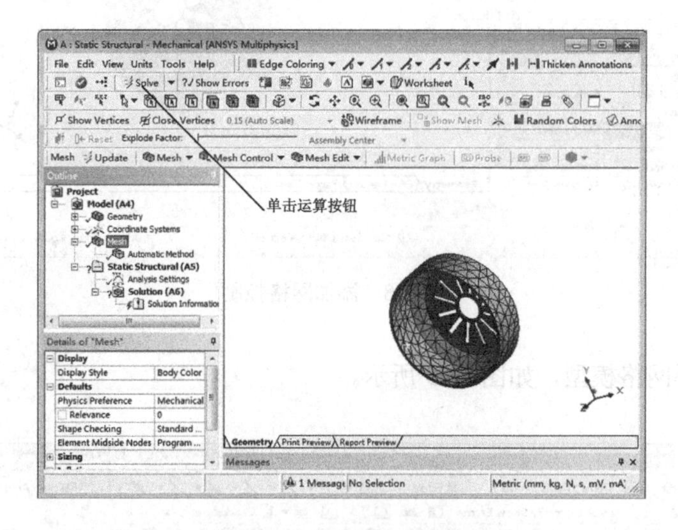

图 9-30　完成网格化操作

9.4　模型计算设置

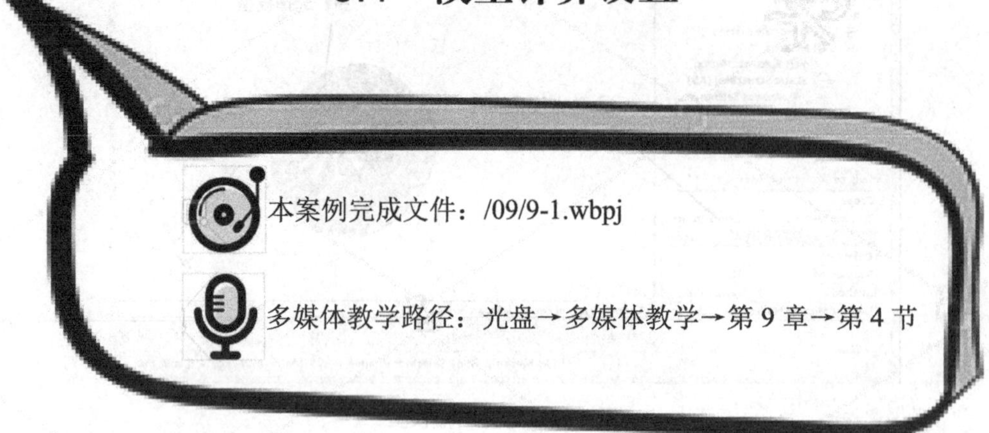

本案例完成文件：/09/9-1.wbpj
多媒体教学路径：光盘→多媒体教学→第 9 章→第 4 节

Step1 选择编辑命令，如图 9-31 所示。

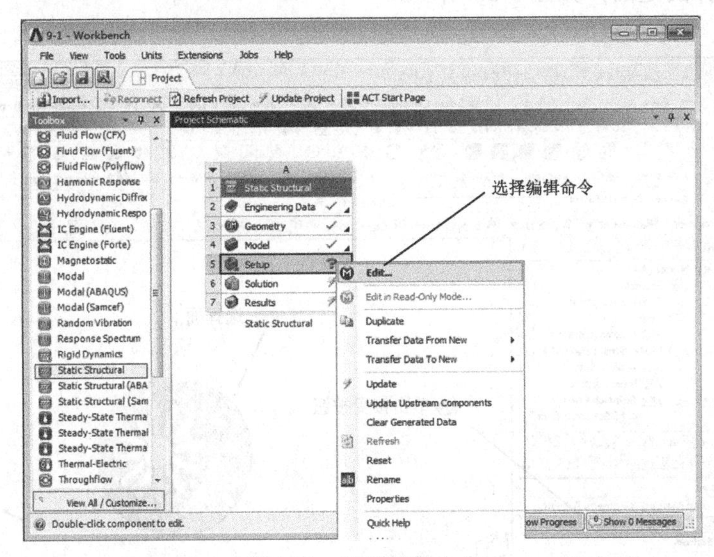

图 9-31　选择编辑命令

提示：

屈曲模态分析步骤和其他有限元分析步骤大同小异，软件支持在模态分析中存在接触对，但是由于屈曲分析是线性分析，所以接触行为不同于非线性接触行为。

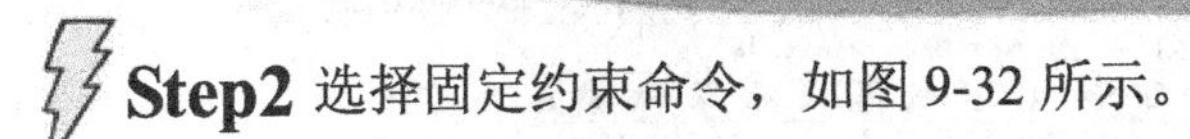

Step2 选择固定约束命令，如图 9-32 所示。

图 9-32　选择固定约束命令

Step3 选择固定面，如图 9-33 所示。

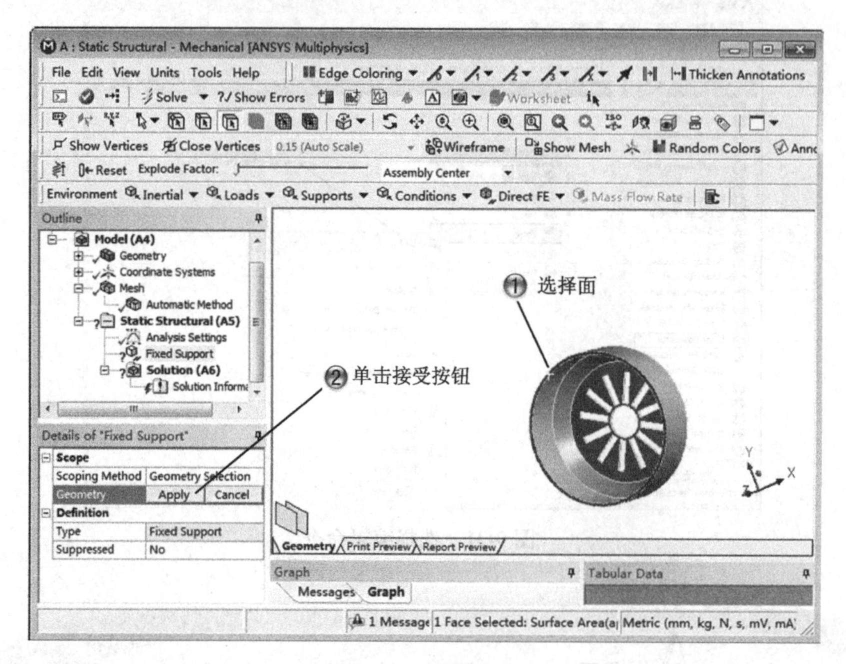

图 9-33　选择固定面

Step4 添加压力载荷，如图 9-34 所示。

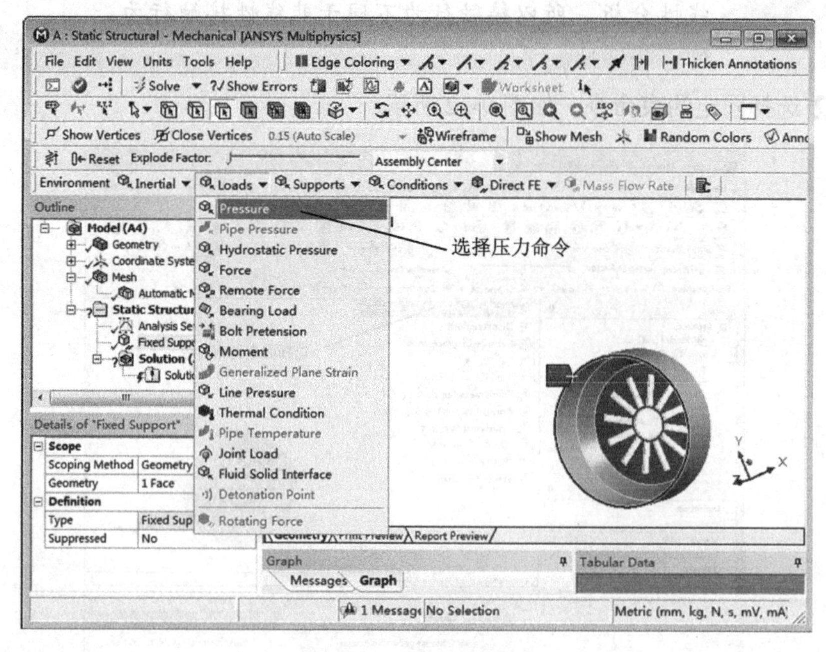

图 9-34　添加压力载荷

Step5 选择压力面，如图 9-35 所示。

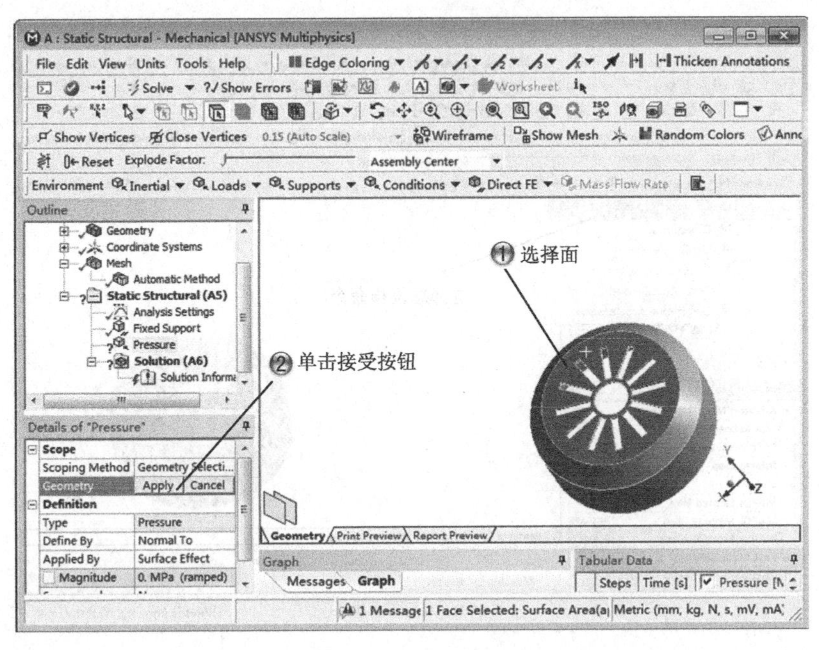

图 9-35　选择压力面

Step6 设置压力参数，如图 9-36 所示。

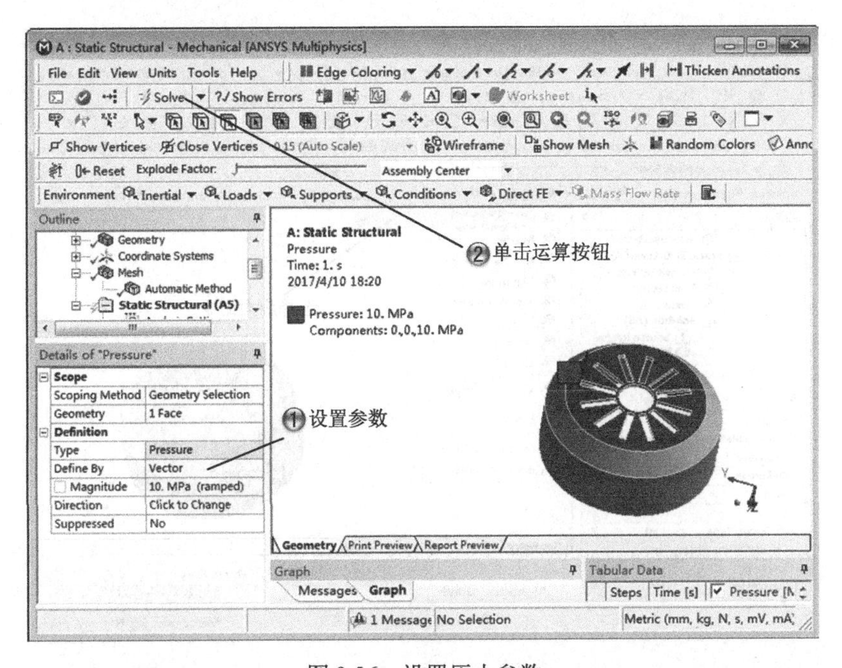

图 9-36　设置压力参数

Step7 添加总位移分析，如图 9-37 所示。

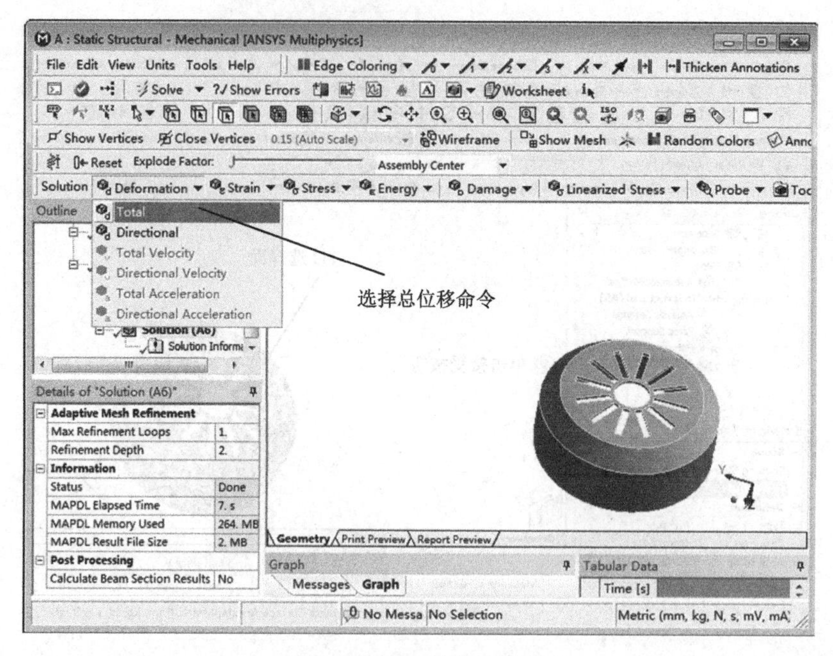

图 9-37　添加总位移分析

Step8 添加应力分析，如图 9-38 所示。

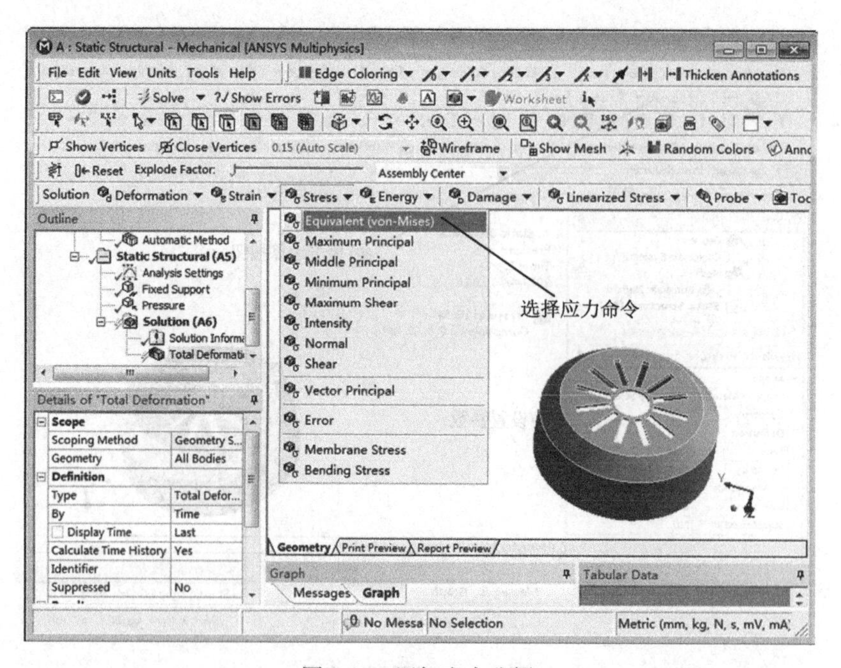

图 9-38　添加应力分析

Step9 添加特征值线性分析，如图 9-39 所示。

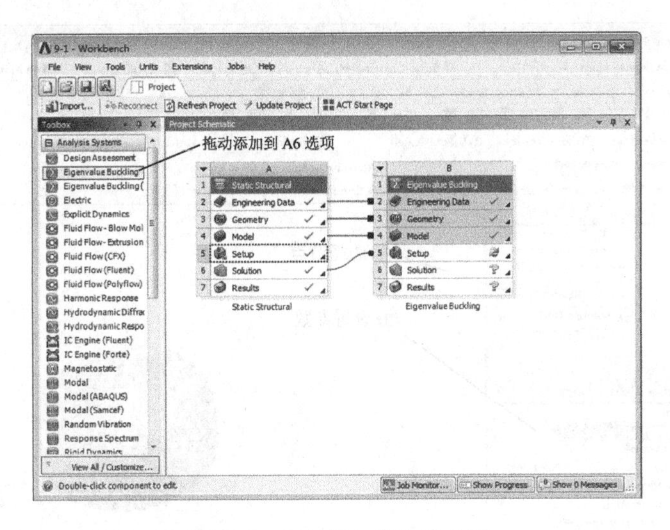

图 9-39　添加特征值线性分析

提示：

线性屈曲分析比非线性屈曲计算更节省时间，并且应当作第一步计算来评估临界载荷。

Step10 选择编辑命令，如图 9-40 所示。

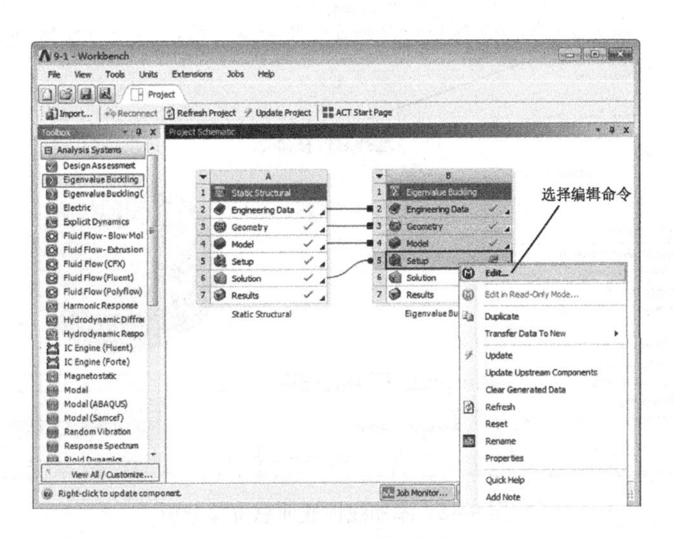

图 9-40　选择编辑命令

Step11 设置阶数，如图 9-41 所示。

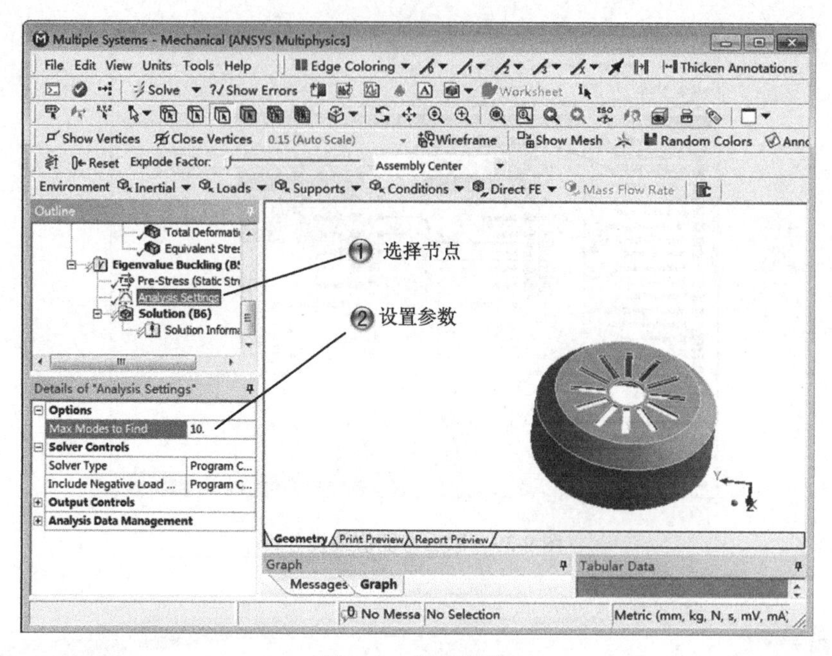

图 9-41　设置阶数

Step12 添加线性屈曲总位移分析，如图 9-42 所示。

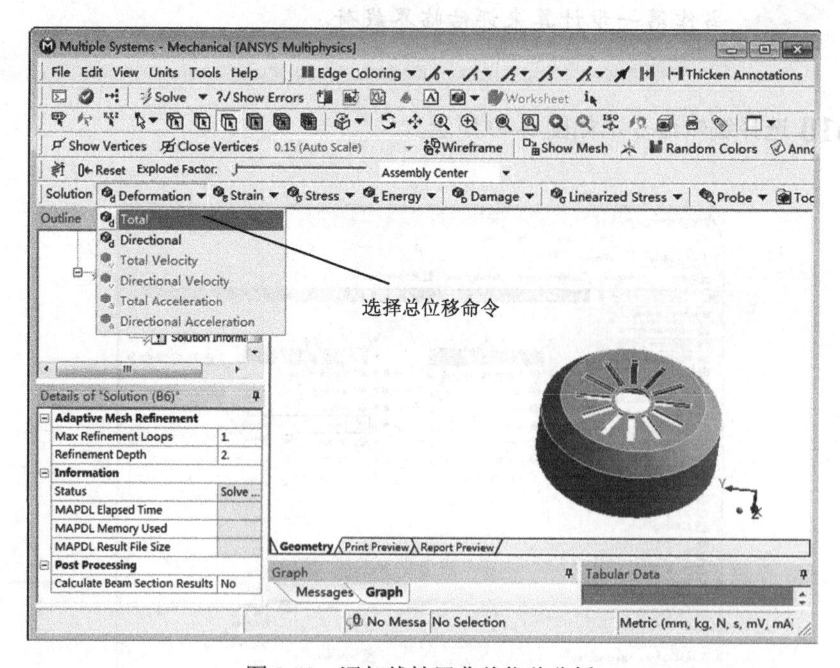

图 9-42　添加线性屈曲总位移分析

Step13 设置频率并运算，如图 9-43 所示。

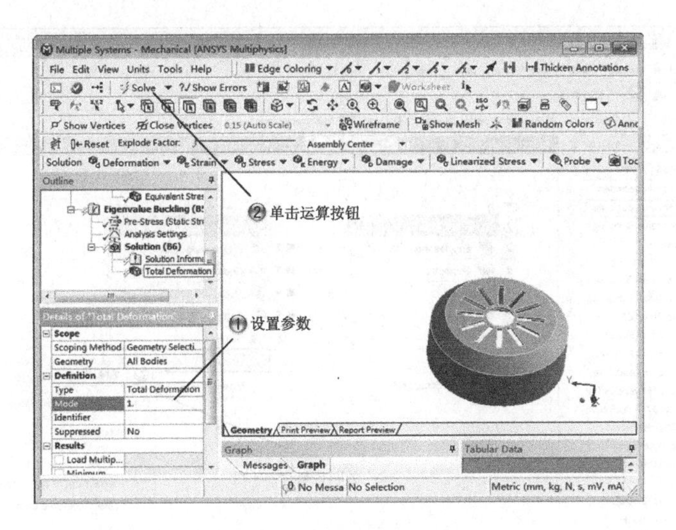

图 9-43　设置频率并运算

提示：

线性屈曲分析可以用来作为决定产生什么样的屈曲模型形状的设计工具，为设计做指导。

9.5　结果后处理

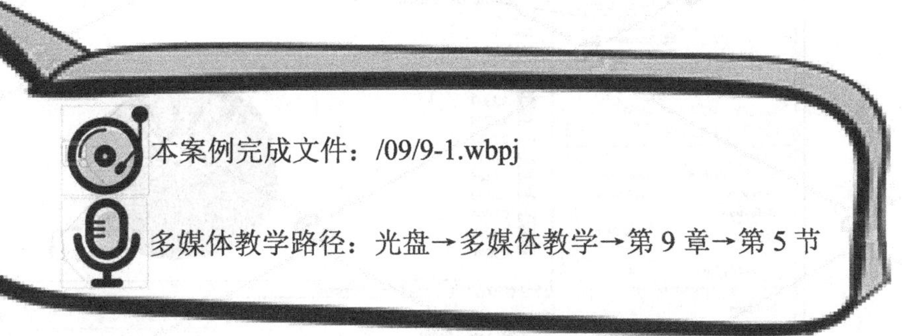

本案例完成文件：/09/9-1.wbpj
多媒体教学路径：光盘→多媒体教学→第 9 章→第 5 节

Step1 选择编辑命令，如图 9-44 所示。

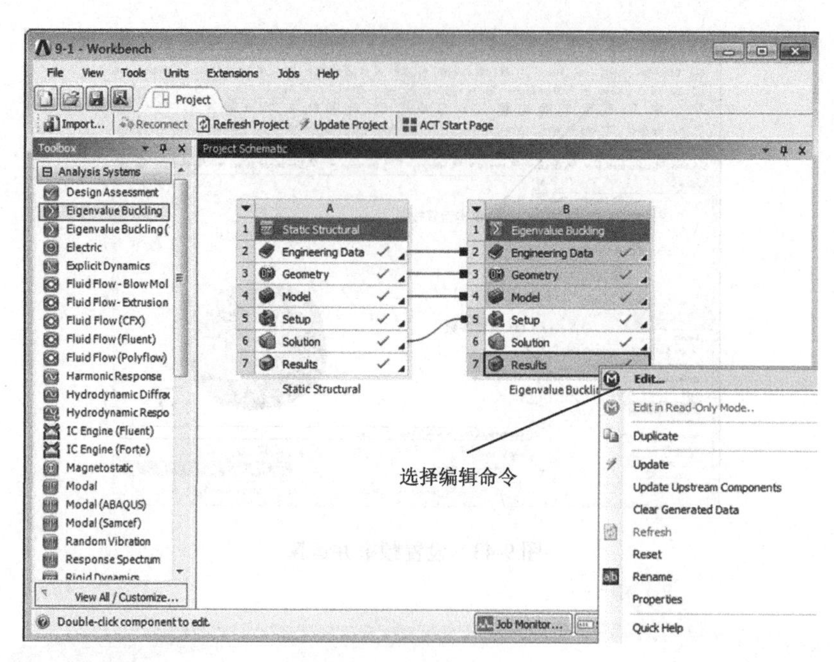

图 9-44　选择编辑命令

Step2 查看总变形结果，如图 9-45 所示。

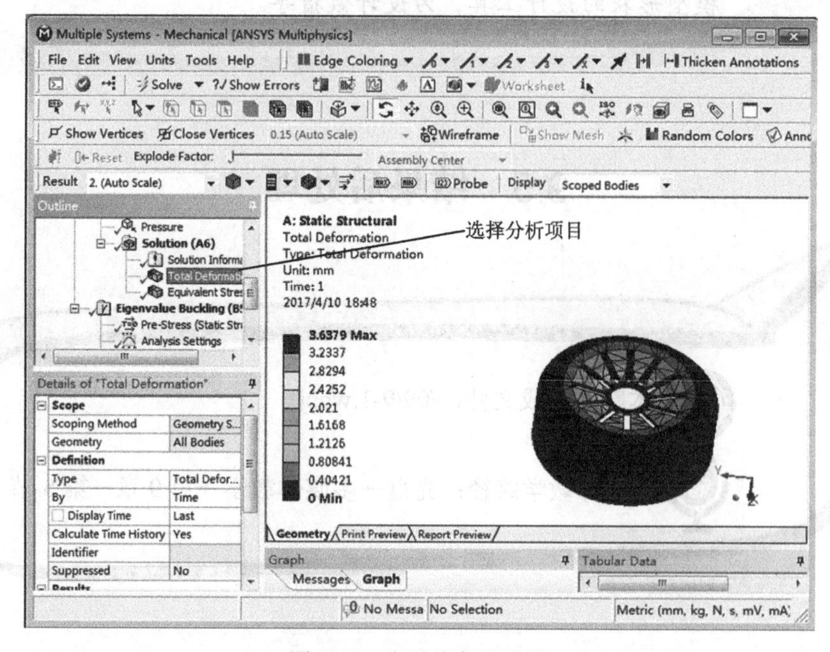

图 9-45　查看总变形结果

Step3 查看应力结果，如图 9-46 所示。

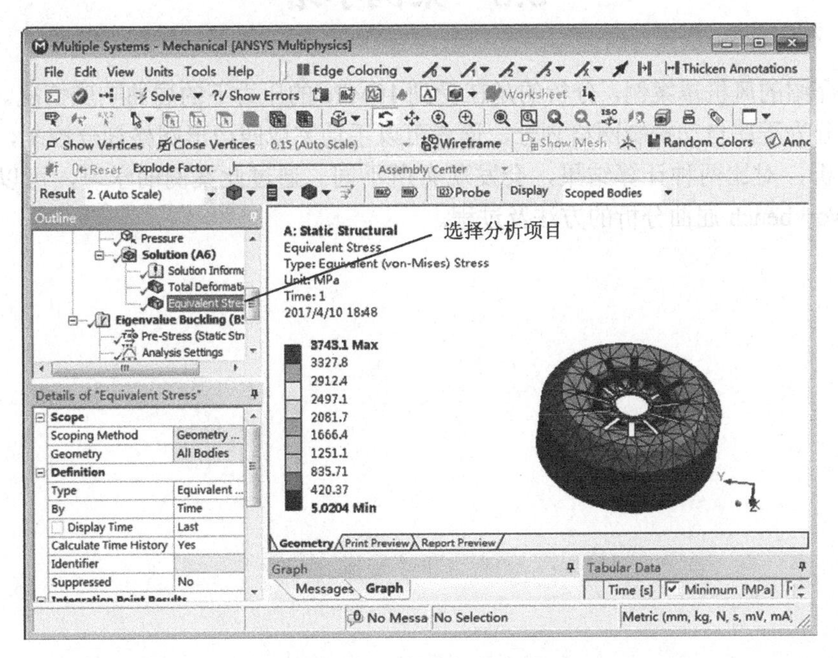

图 9-46　查看应力结果

Step4 查看线性屈曲分析结果，如图 9-47 所示。

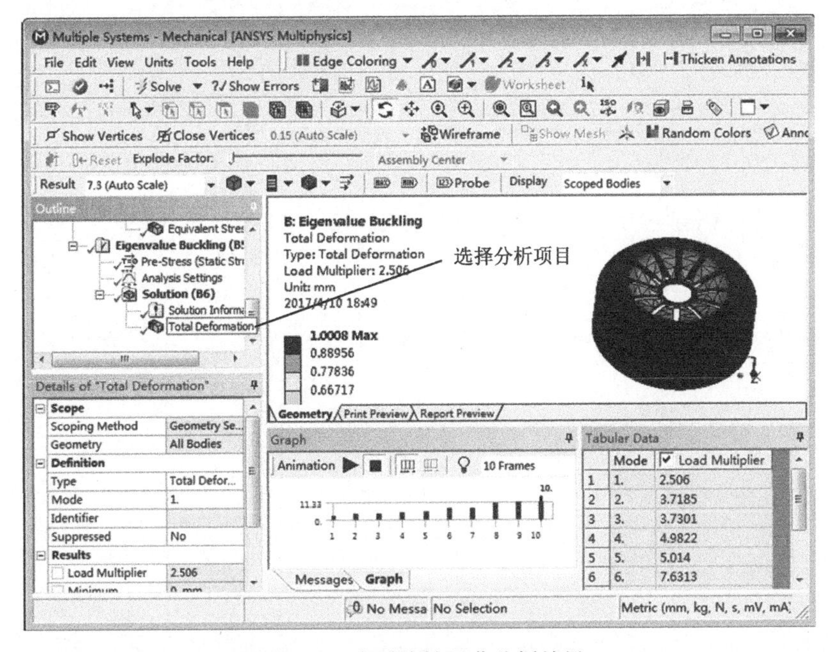

图 9-47　查看线性屈曲分析结果

9.6 案例小结

本章介绍的风机罩案例，分析的是在受到 10MPa 的压力下的屈曲响应情况。本例模型的网格划分为程序自动控制网格划分，读者可以手动完成四边形网格划分控制，并进行线性屈曲分析，对比两种计算结果，会发现有所不同。通过此案例的学习，可以熟练掌握 ANSYS Workbench 屈曲分析的方法及过程。

第 10 章

方梁非线性屈曲分析案例

本章导读

屈曲分析分为线性屈曲分析和非线性屈曲分析，线性屈曲分析得到的是理想线弹性结构的理论极限载荷，然而非理想和非线性行为阻止了实际结构达到该理论的极限载荷。故线性屈曲分析会产生非保守的结果，而非线性屈曲分析可以得到更准确的极限载荷。

本案例通过计算方梁的临界载荷，介绍利用 ANSYS Workbench 进行非线性屈曲分析的方法、步骤和过程。

学习要求	学习目标 知识点	了解	理解	应用	实践
	非线性屈曲分析和线性分析的不同		√		
	非线性分析的步骤		√	√	
	方梁的非线性屈曲分析		√	√	√

10.1　案例分析

10.1.1　知识链接

很多旋转受压结构必须进行屈曲分析，常规结构屈曲分析软件有 Nastran、Abaqus 和 ANSYS，Nastran 对线性大型模型分析效率较高；Abaqus 屈曲分析使用较少；ANSYS 使用比较频繁，其快速建模、与 CAD 软件的良好接口及有限元模型前处理的便捷性（WB 界面）很有吸引力，屈曲分析功能较为完善，可以进行线性、非线性和后屈曲分析。

线性屈曲分析在工业实际中预测的值偏高，有的甚至超过实际实验测试值的几十倍，线性分析唯一优势是其分析速度较快。但在实际中其预测值参考价值不大，仅给定结构屈曲失效的上限值。非线性屈曲分析考虑其他因素：包括结构加工缺陷（几何），材料非线性等，因此较为接近实际情况，但计算耗时较长。

对于规则模型，如旋转壳体，承受外压载荷作用时，进行非线性屈曲分析，必须加上几何缺陷，即关键步添加 APDL 语句。

10.1.2　设计思路

非线性屈曲分析属于非线性的结构分析，可以分析结构的初始缺陷和材料非线性等特性。

本案例的方梁模型如图 10-1 所示。分析其在集中力 P 作用下的非线性临界载荷。梁体的长度为 1m，材质为钢，所以弹性模量为 $E=2\times10^{11}\text{N/m}^2$，泊松比为 0.3。

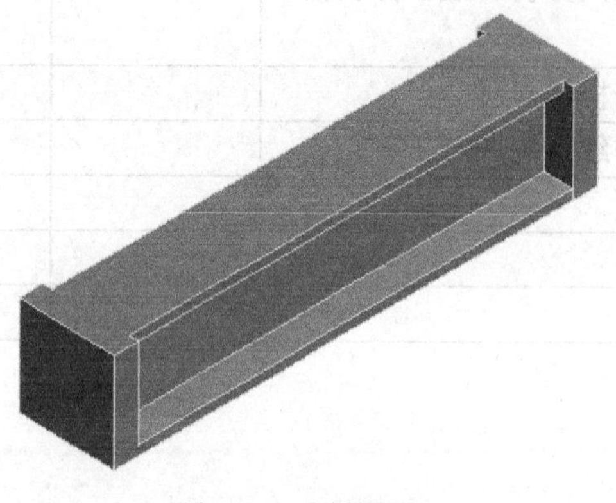

图 10-1　方梁模型

10.2 建立分析模型

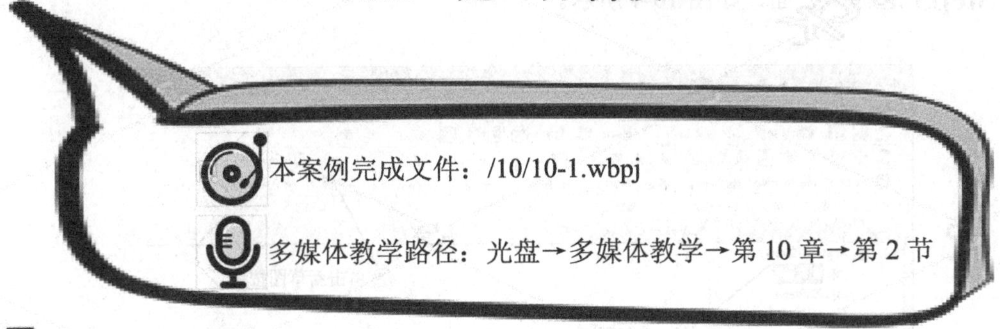

本案例完成文件：/10/10-1.wbpj
多媒体教学路径：光盘→多媒体教学→第 10 章→第 2 节

Step1 创建分析项目，如图 10-2 所示。

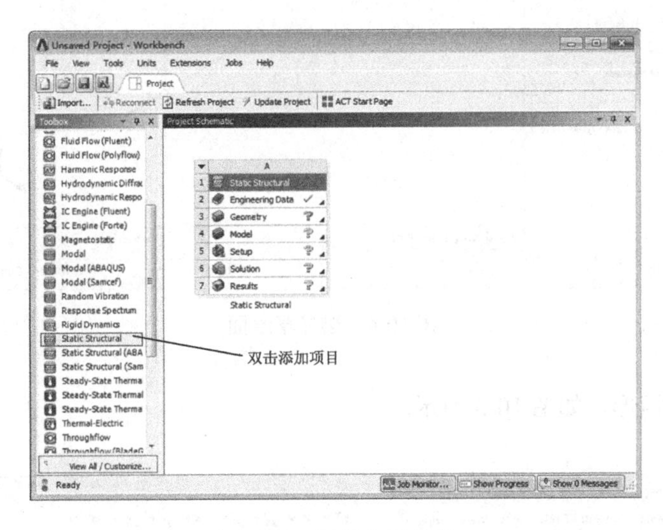

图 10-2　创建分析项目

Step2 进行设计界面，如图 10-3 所示。

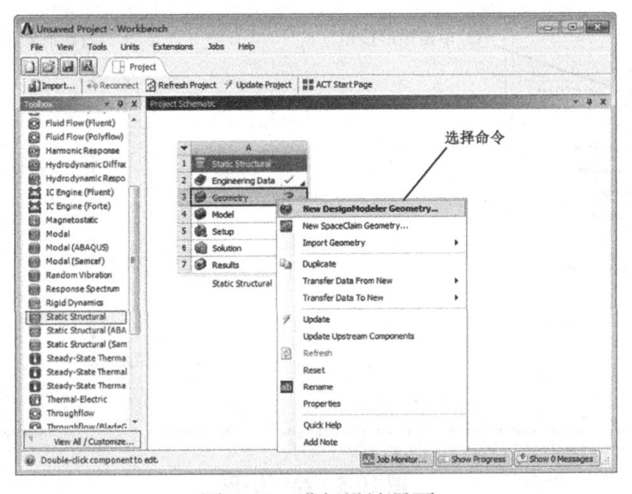

图 10-3　进行设计界面

Step3 选择草绘面，如图 10-4 所示。

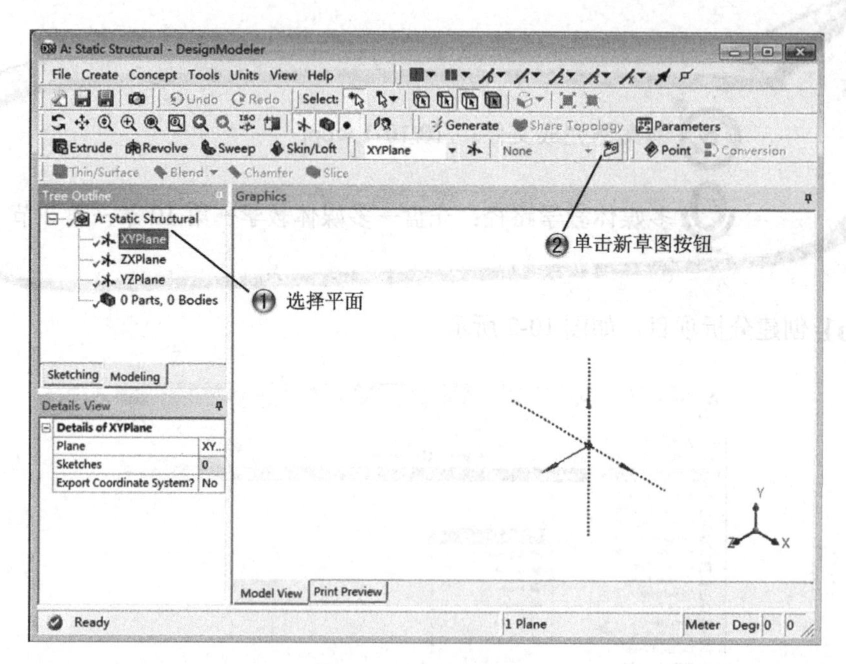

图 10-4　选择草绘面

Step4 绘制矩形，如图 10-5 所示。

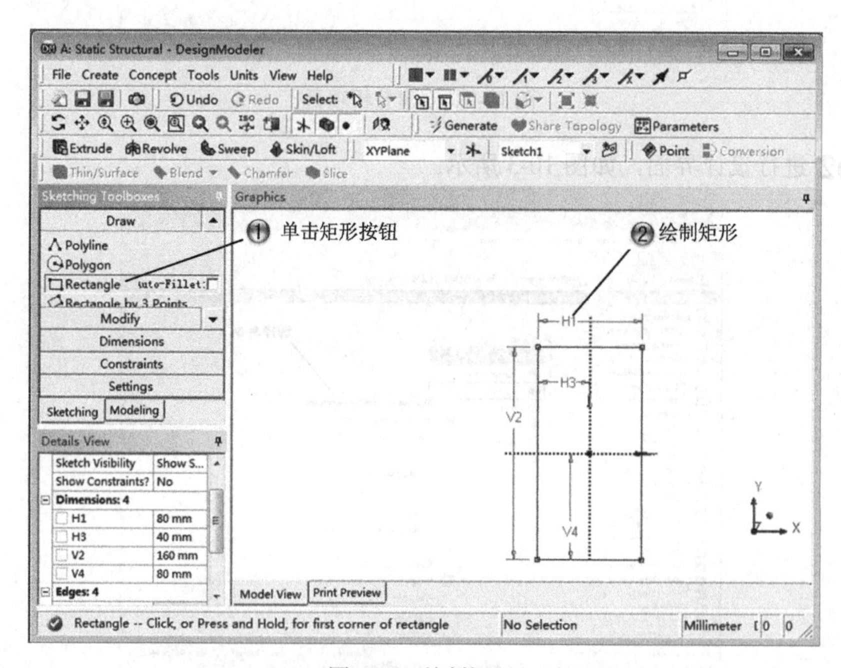

图 10-5　绘制矩形

Step5 拉伸矩形草图，如图 10-6 所示。

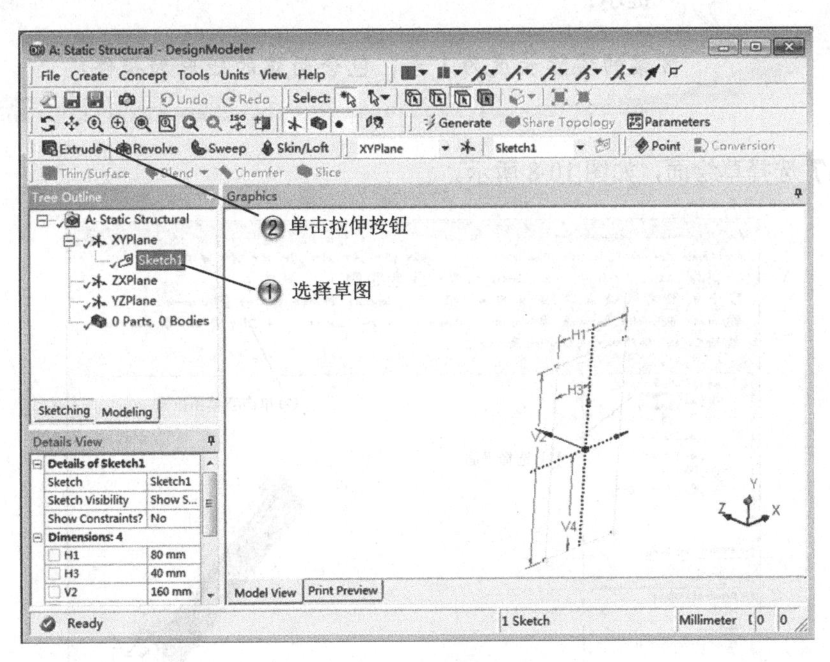

图 10-6 拉伸矩形草图

Step6 设置拉伸参数，如图 10-7 所示。

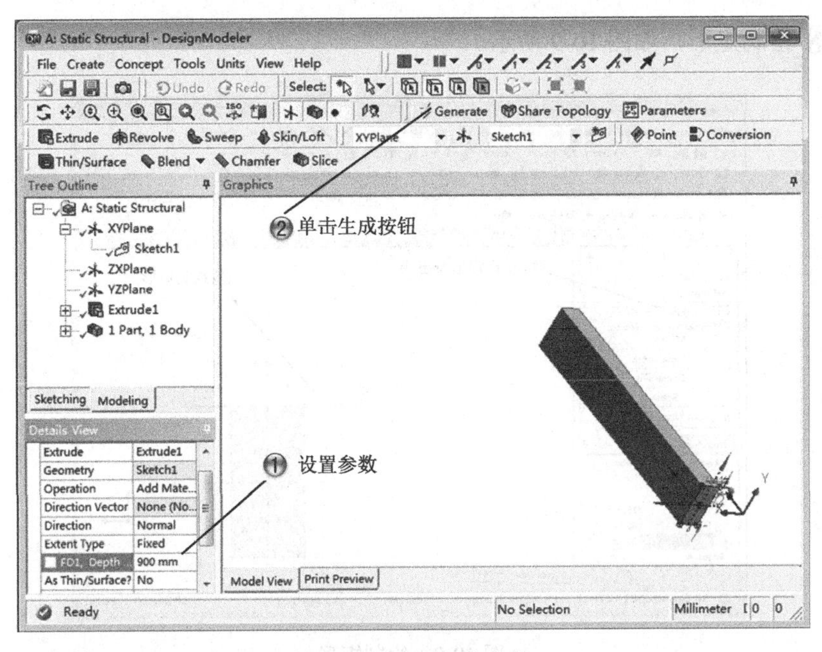

图 10-7 设置拉伸参数

提示：

方梁的实际长度为 1 米，包含两端的矩形加强件。

Step7 选择草绘面，如图 10-8 所示。

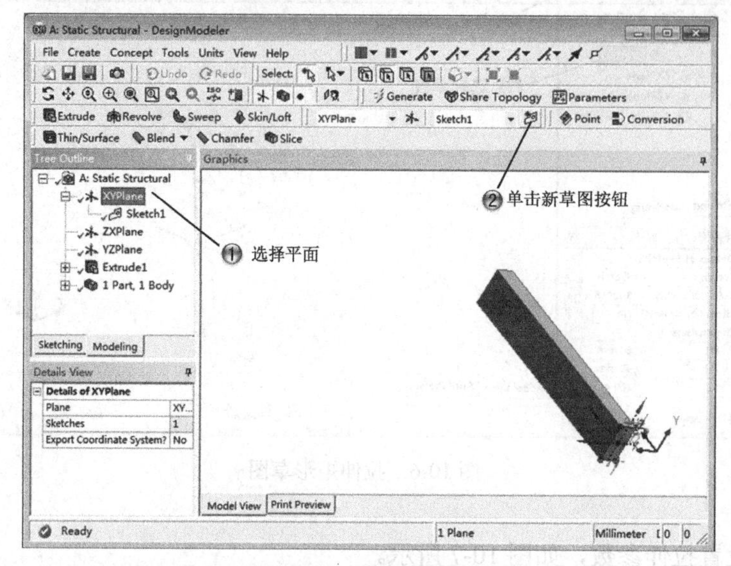

图 10-8　选择草绘面

Step8 绘制矩形，如图 10-9 所示。

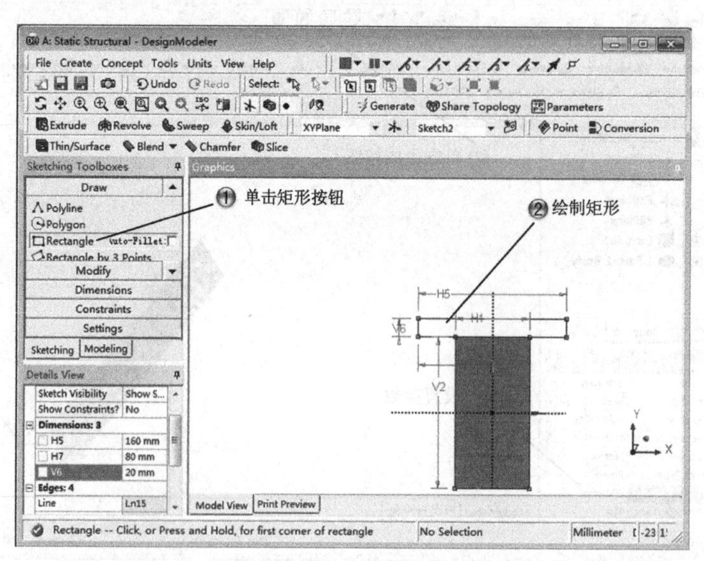

图 10-9　绘制矩形

Step9 拉伸矩形草图，如图 10-10 所示。

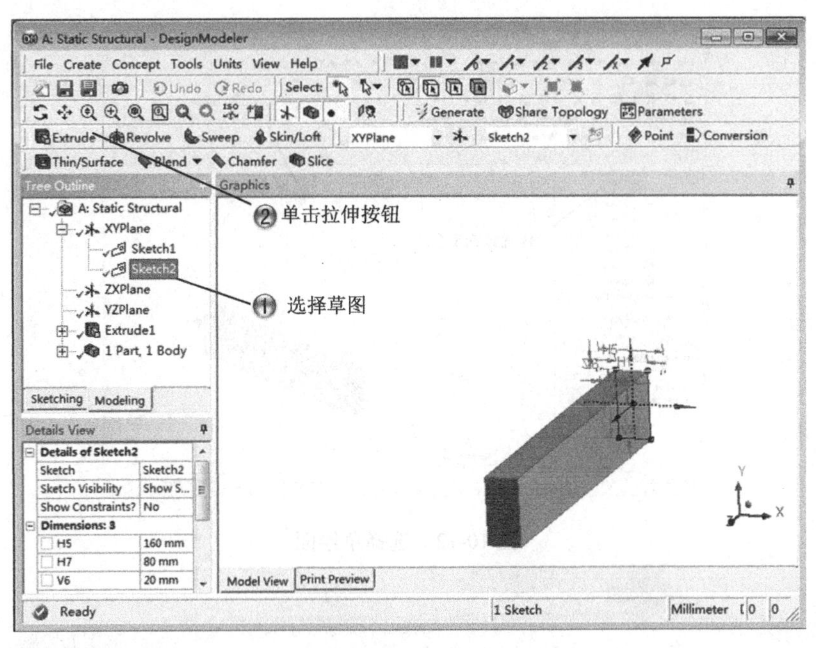

图 10-10　拉伸矩形草图

Step10 设置拉伸参数，如图 10-11 所示。

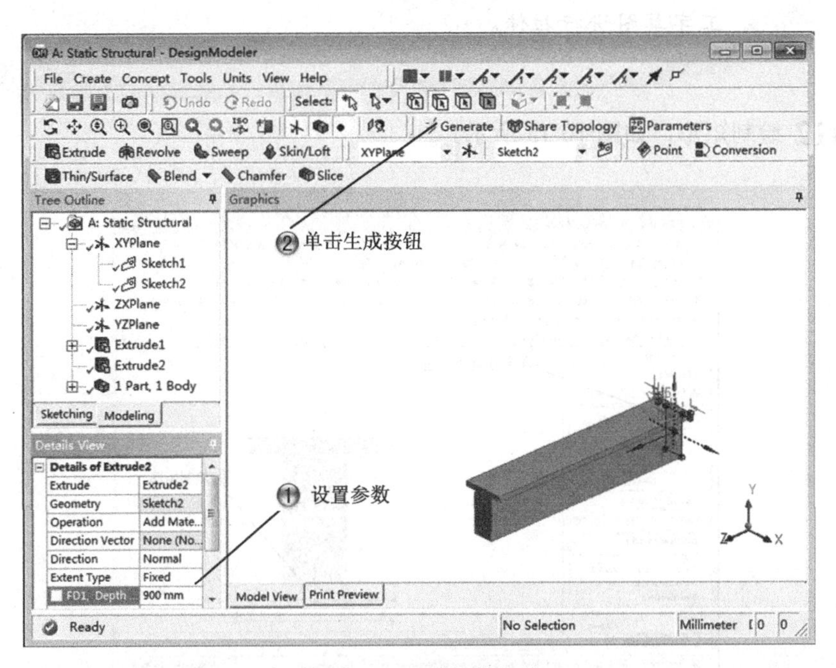

图 10-11　设置拉伸参数

Step11 选择草绘面，如图 10-12 所示。

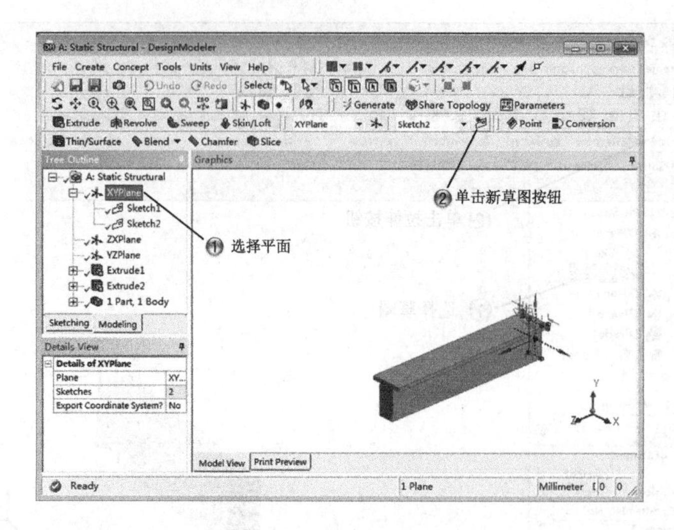

图 10-12　选择草绘面

提示：

两个矩形草图的长度相同，当然也可以绘制 T 形或者工字草图进行拉伸。

Step12 绘制矩形，如图 10-13 所示。

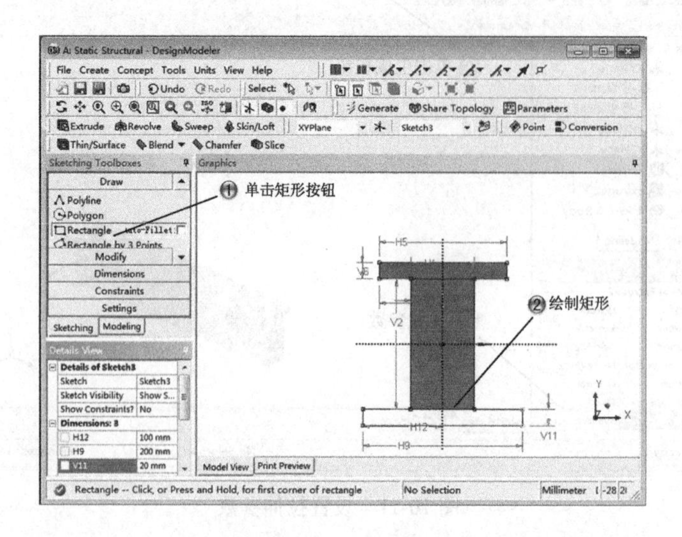

图 10-13　绘制矩形

Step13 拉伸矩形草图，如图 10-14 所示。

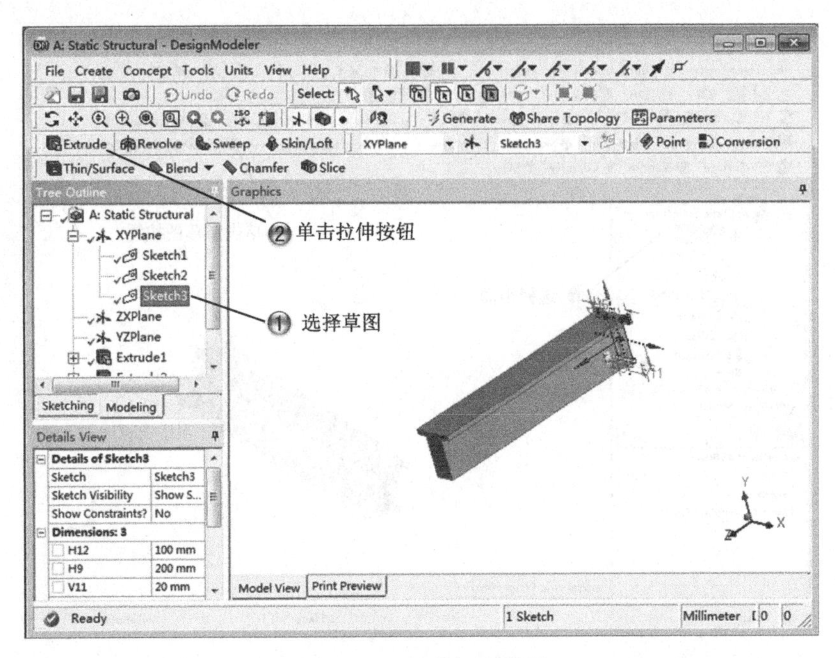

图 10-14　拉伸矩形草图

Step14 设置拉伸参数，如图 10-15 所示。

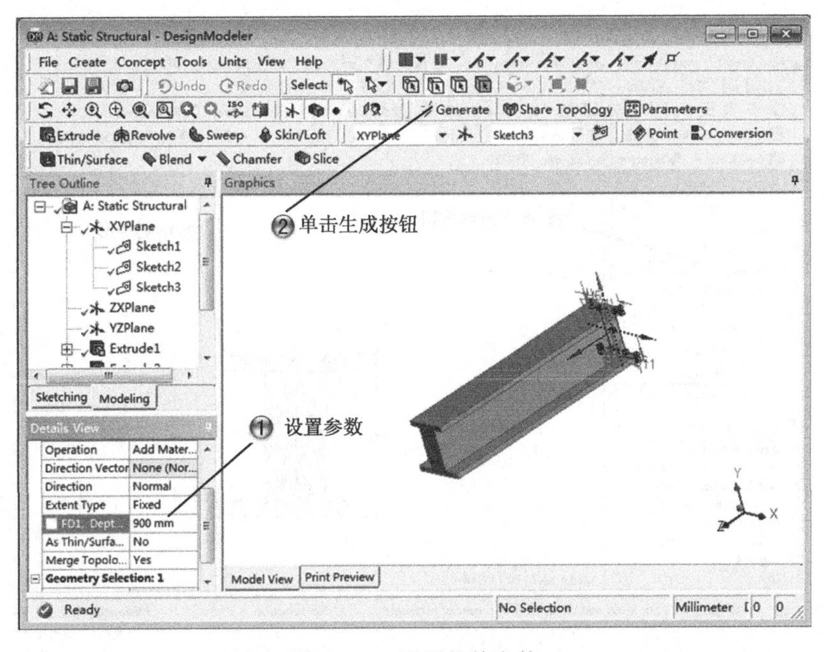

图 10-15　设置拉伸参数

Step15 选择草绘面，如图 10-16 所示。

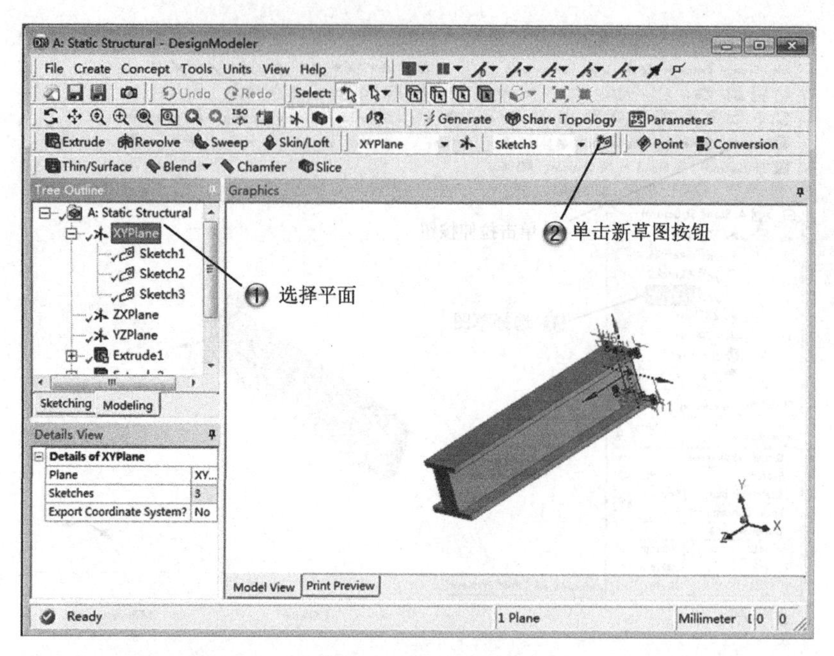

图 10-16　选择草绘面

Step16 绘制矩形，如图 10-17 所示。

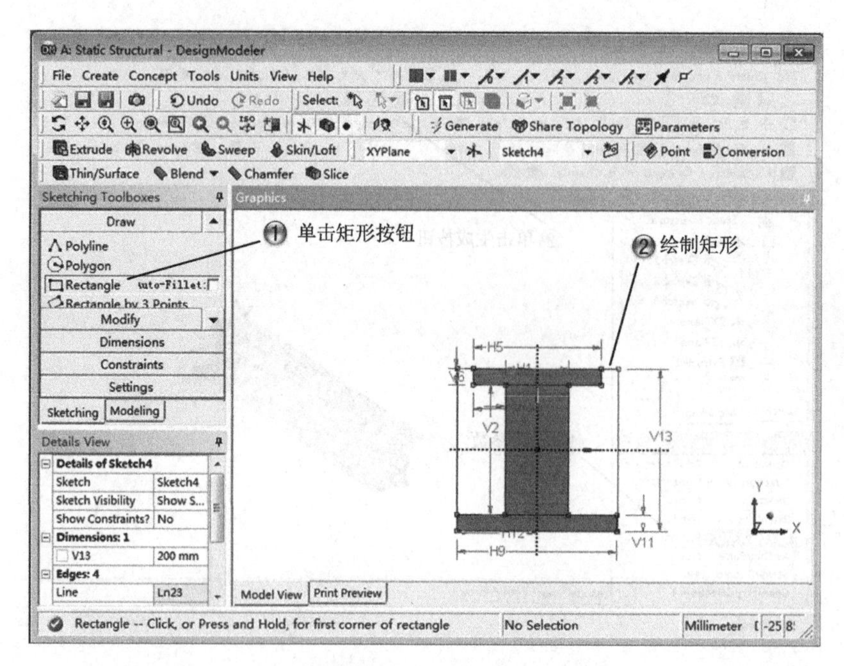

图 10-17　绘制矩形

Step17 拉伸矩形草图，如图 10-18 所示。

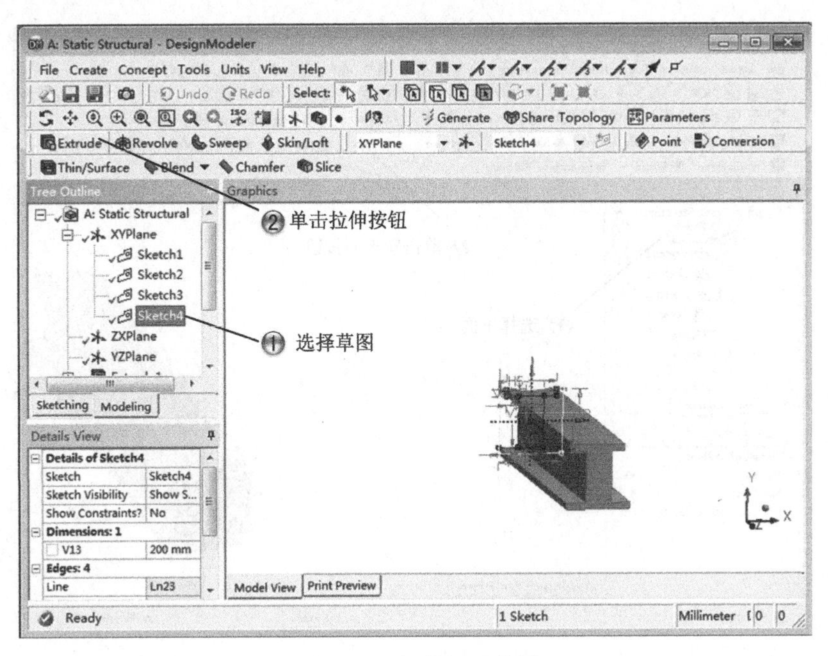

图 10-18 拉伸矩形草图

Step18 设置拉伸参数，如图 10-19 所示。

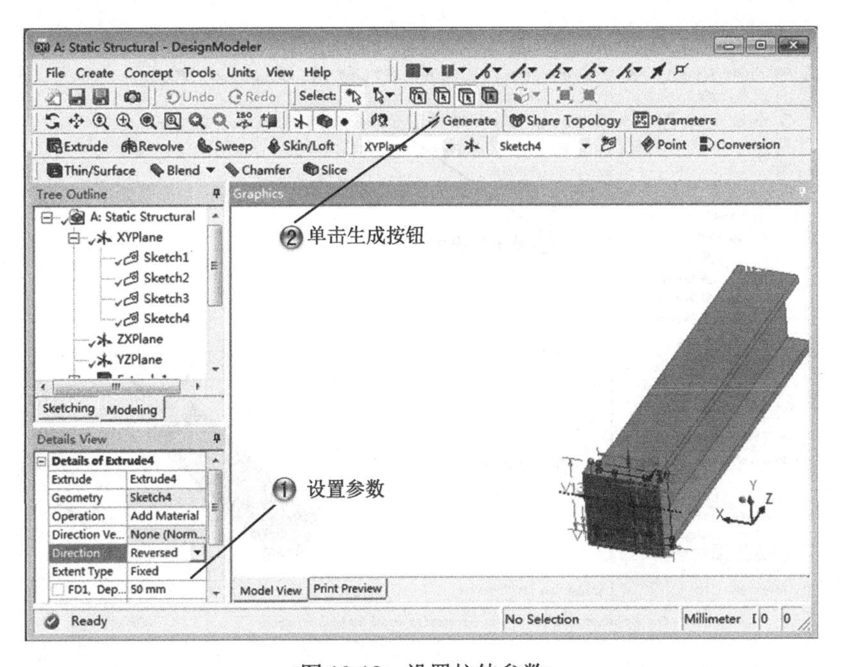

图 10-19 设置拉伸参数

Step19 创建新平面，如图 10-20 所示。

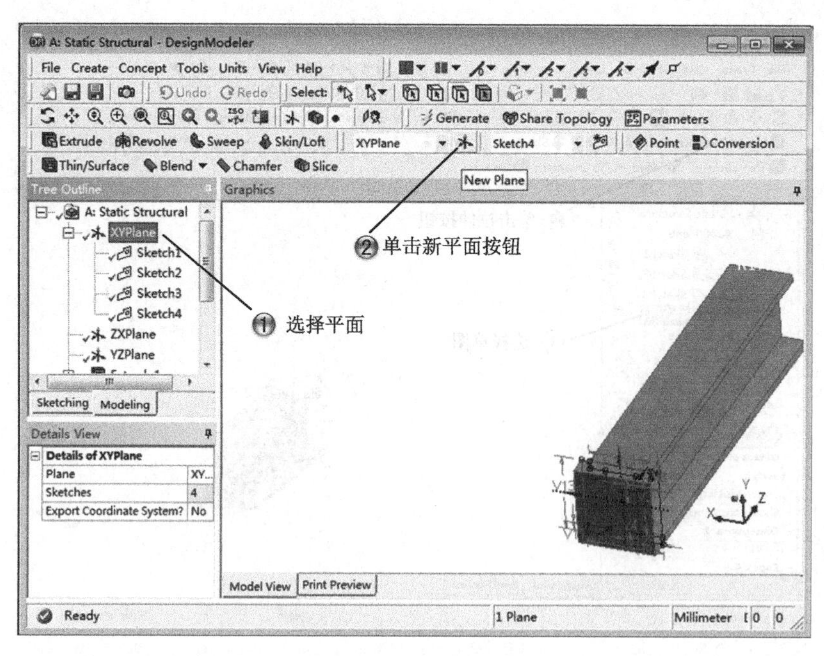

图 10-20　创建新平面

Step20 设置新平面参数，如图 10-21 所示。

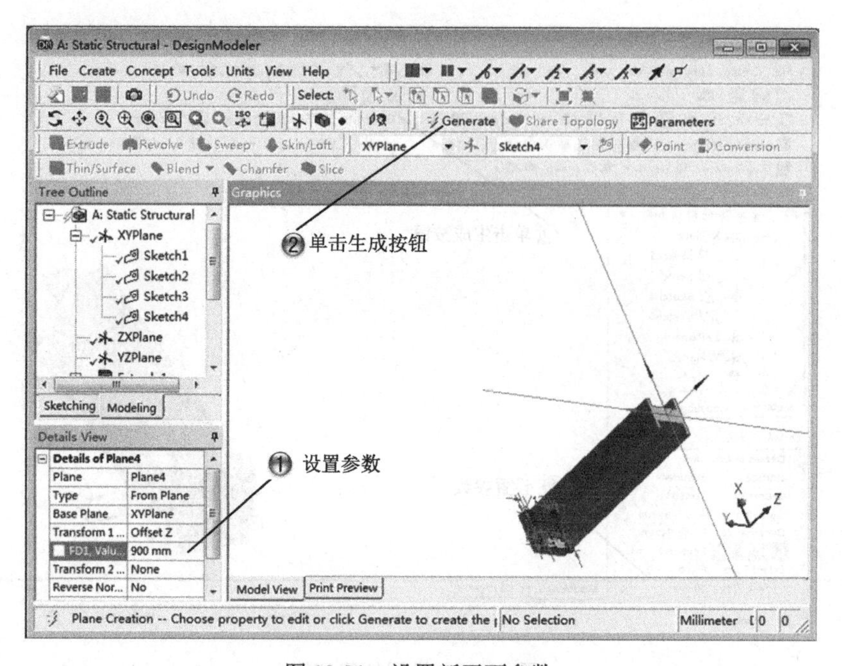

图 10-21　设置新平面参数

Step21 选择草绘面，如图 10-22 所示。

图 10-22　选择草绘面

Step22 绘制矩形，如图 10-23 所示。

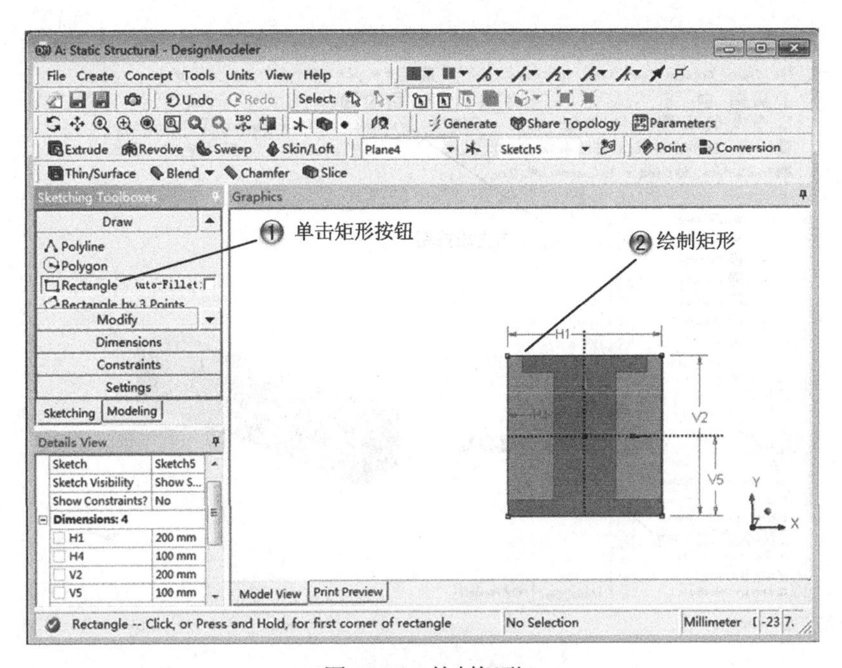

图 10-23　绘制矩形

Step23 拉伸矩形草图，如图 10-24 所示。

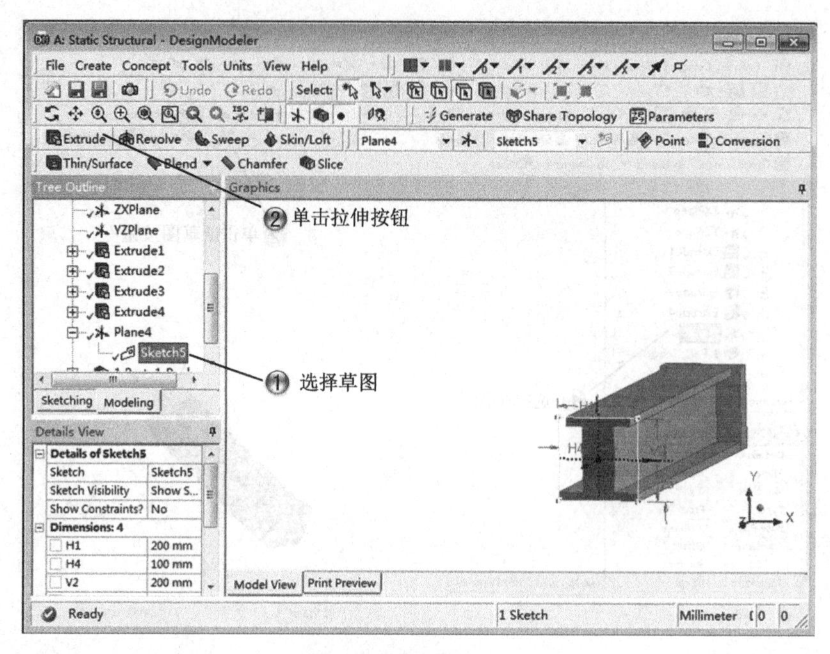

图 10-24　拉伸矩形草图

Step24 设置拉伸参数，如图 10-25 所示。

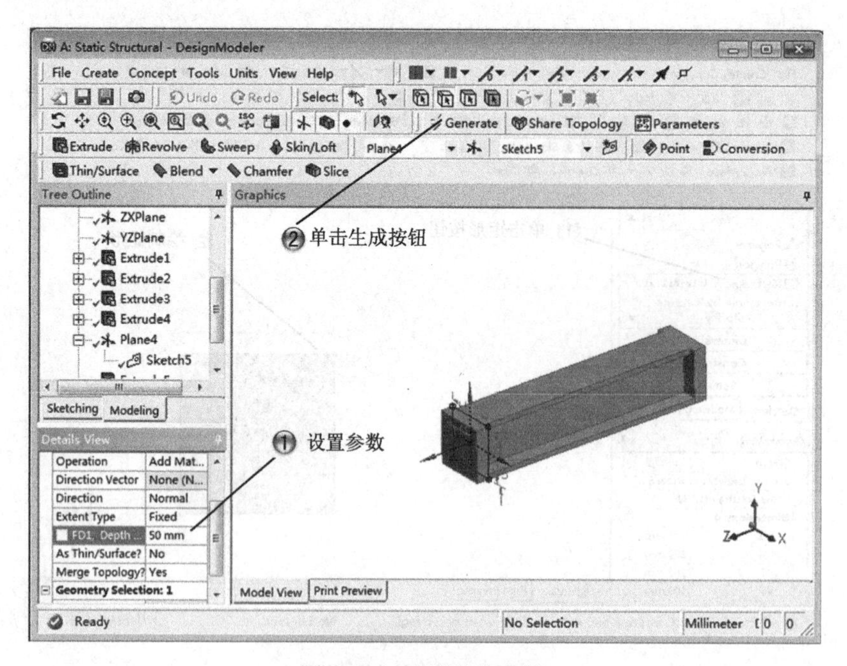

图 10-25　设置拉伸参数

提示：

为了得到真实的效果，创建模型的时候按照真实的尺寸进行绘制即可，但是模拟分析为了提高效率可以绘制比例模型。

10.3 建立有限元模型

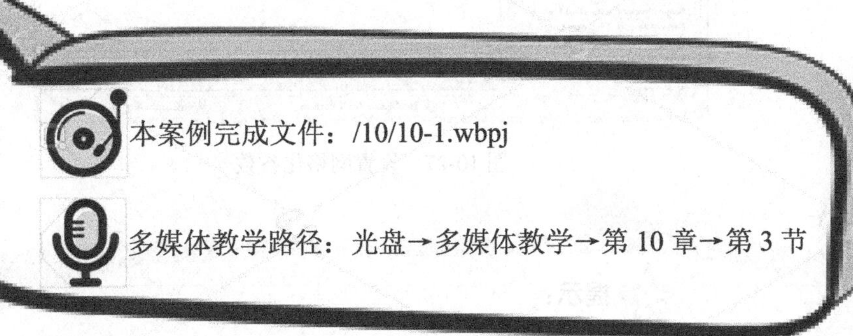

本案例完成文件：/10/10-1.wbpj
多媒体教学路径：光盘→多媒体教学→第 10 章→第 3 节

Step1 选择编辑命令，如图 10-26 所示。

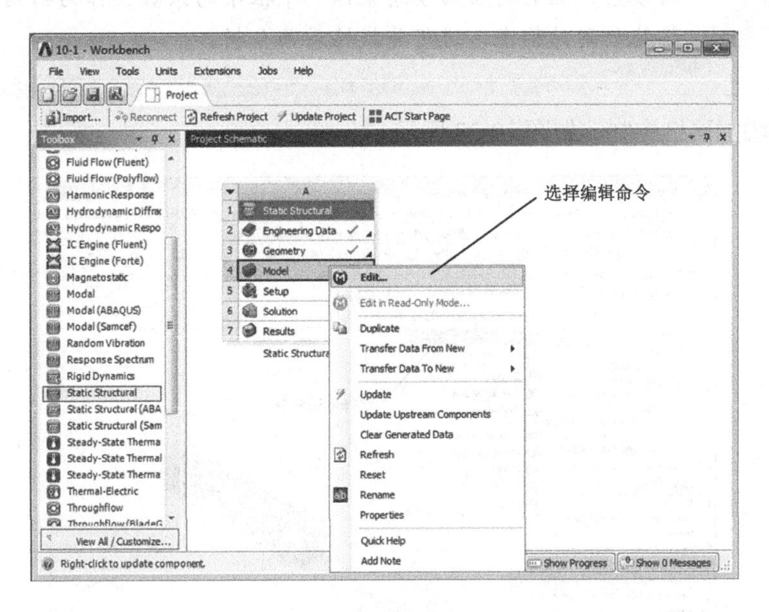

图 10-26　选择编辑命令

Step2 设置网格化参数，如图 10-27 所示。

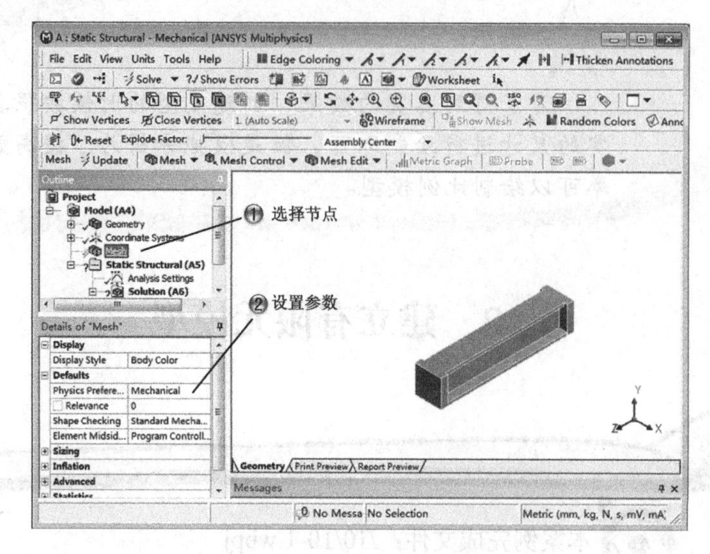

图 10-27　设置网格化参数

提示：

一般先对结构进行线性屈曲分析，以得到临界载荷和屈曲模态，然后将屈曲模态乘以一个很小的系数，作为初始缺陷施加到结构上，进行非线性屈曲分析。

Step3 添加网格控制，如图 10-28 所示。

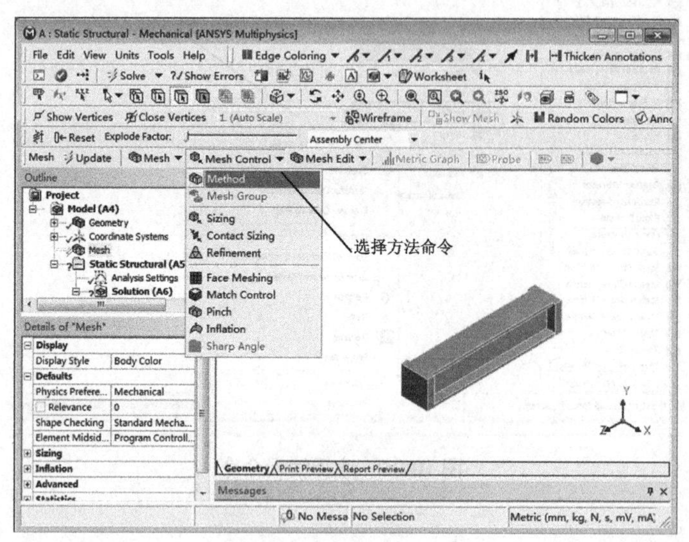

图 10-28　添加网格控制

Step4 选择网格模型，如图 10-29 所示。

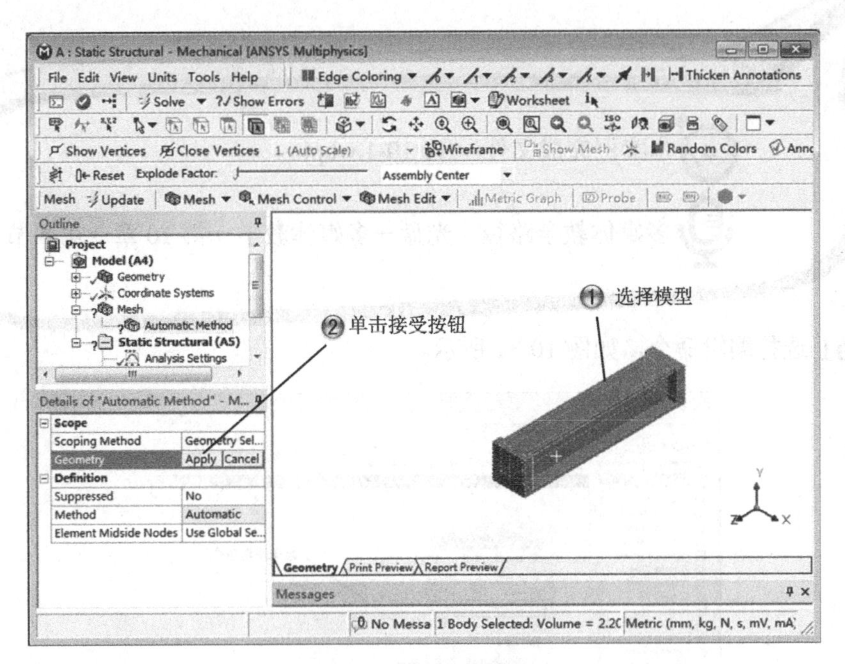

图 10-29　选择网格模型

Step5 完成网格化操作，如图 10-30 所示。

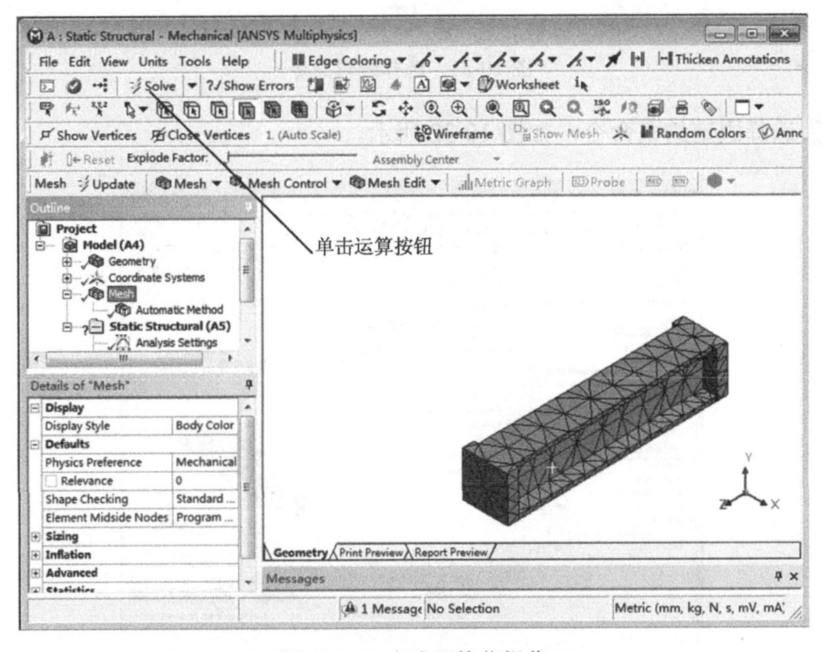

图 10-30　完成网格化操作

10.4　模型计算设置

本案例完成文件：/10/10-1.wbpj

多媒体教学路径：光盘→多媒体教学→第 10 章→第 4 节

Step1 选择编辑命令，如图 10-31 所示。

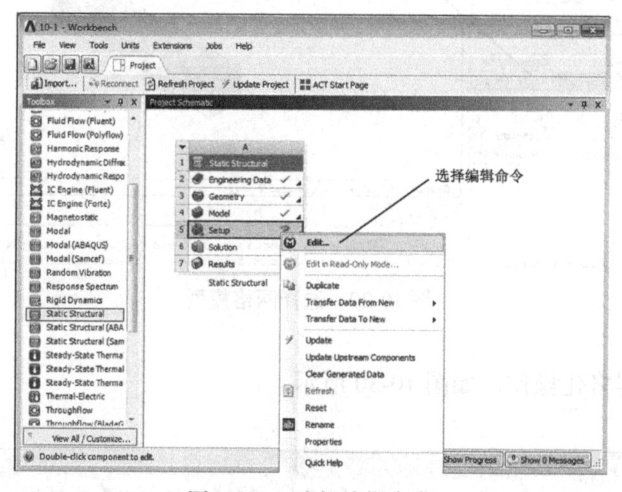

图 10-31　选择编辑命令

Step2 选择固定约束命令，如图 10-32 所示。

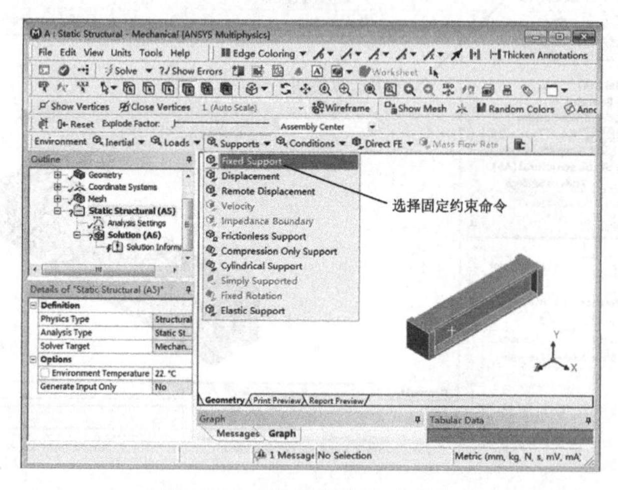

图 10-32　选择固定约束命令

Step3 选择固定面，如图 10-33 所示。

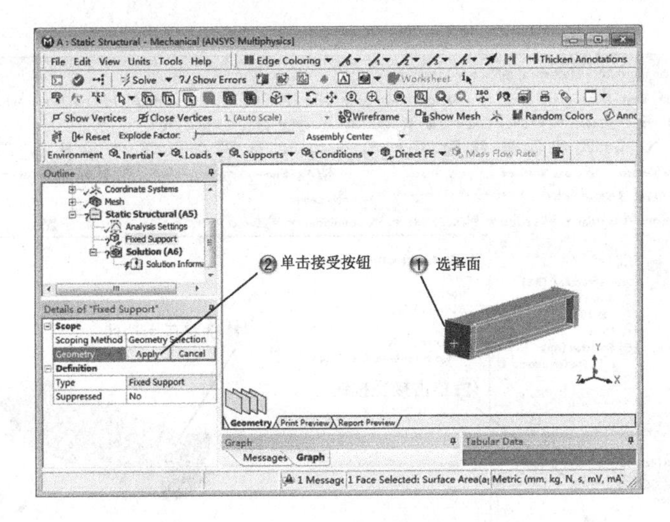

图 10-33 选择固定面

进行非线性屈曲分析时，要参考线性屈曲分析以得到临界载荷逐渐加载。

Step4 添加压力载荷，如图 10-34 所示。

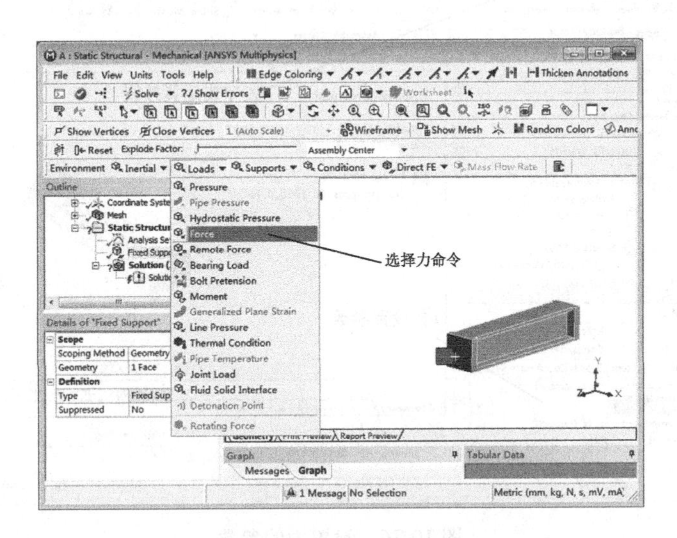

图 10-34 添加压力载荷

Step5 选择压力边线，如图 10-35 所示。

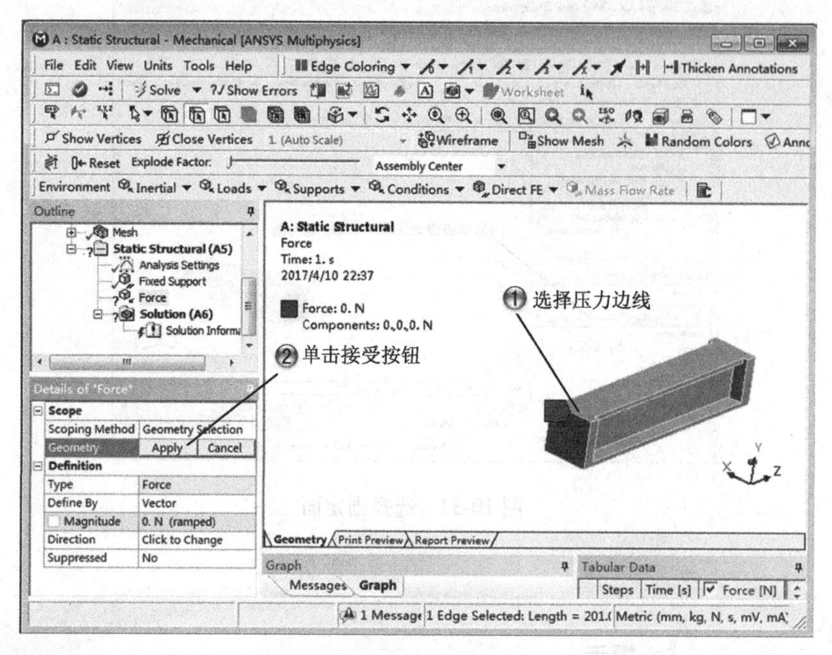

图 10-35　选择压力边线

Step6 设置力的参数，如图 10-36 所示。

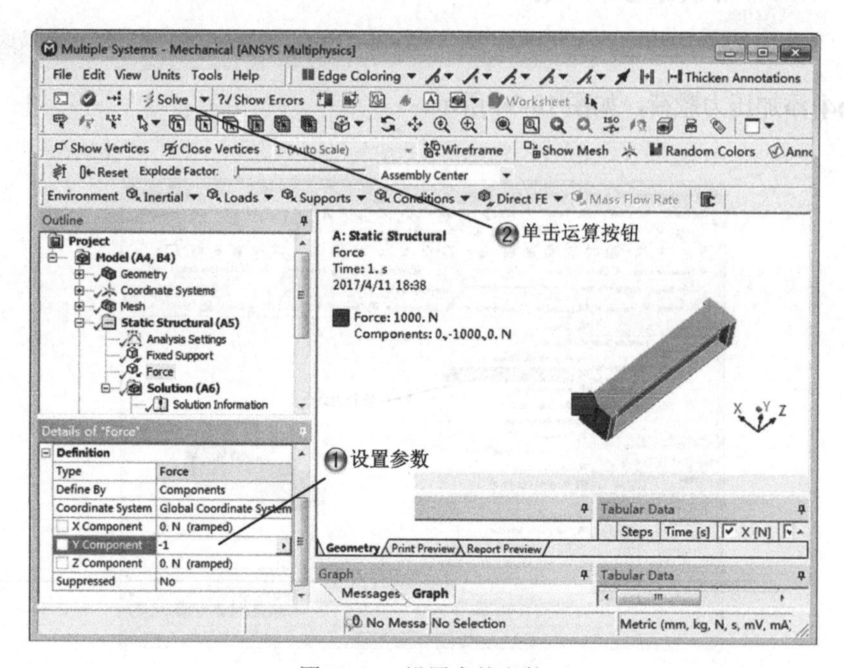

图 10-36　设置力的参数

Step7 添加总位移分析，如图 10-37 所示。

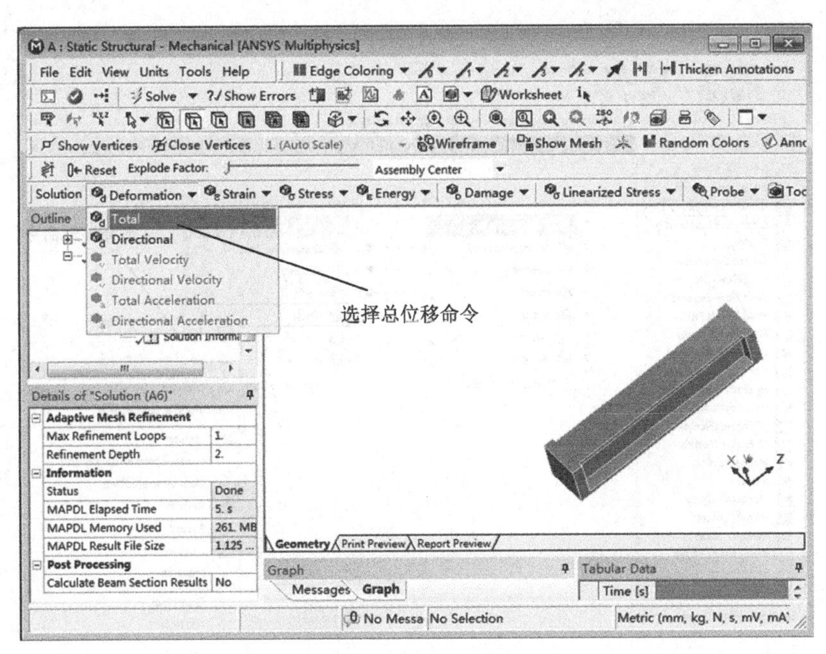

图 10-37　添加总位移分析

Step8 添加特征值线性分析，如图 10-38 所示。

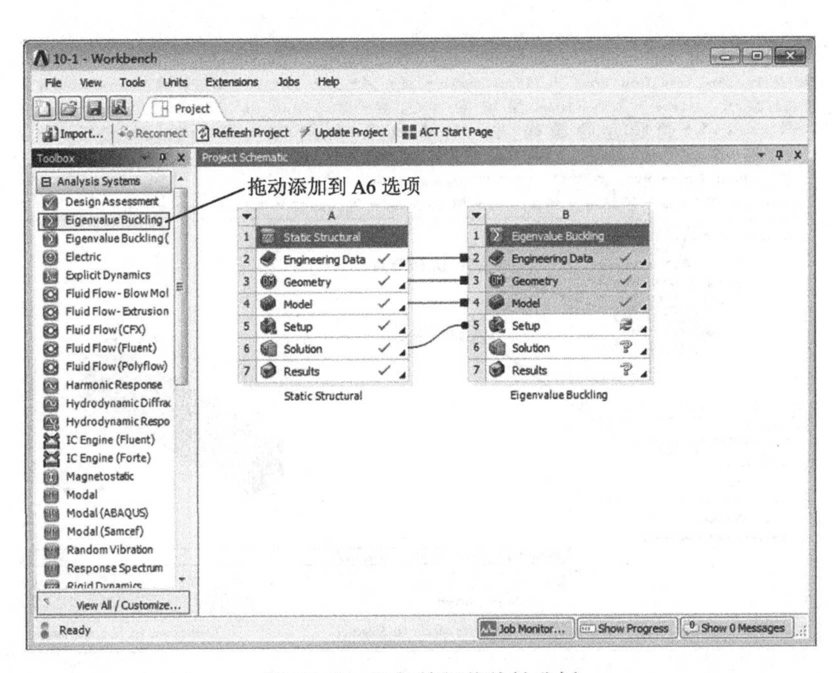

图 10-38　添加特征值线性分析

Step9 选择编辑命令，如图 10-39 所示。

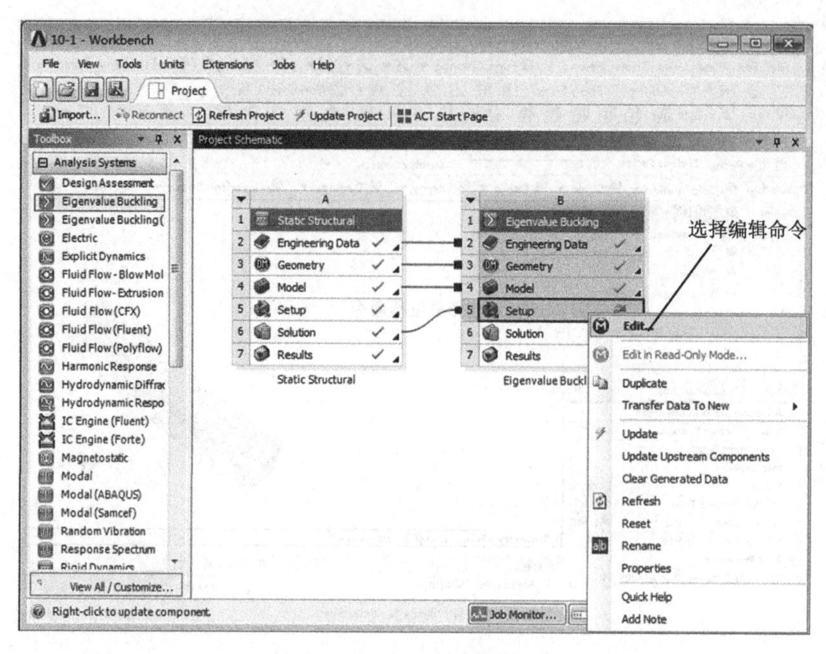

图 10-39 选择编辑命令

Step10 设置阶数，如图 10-40 所示。

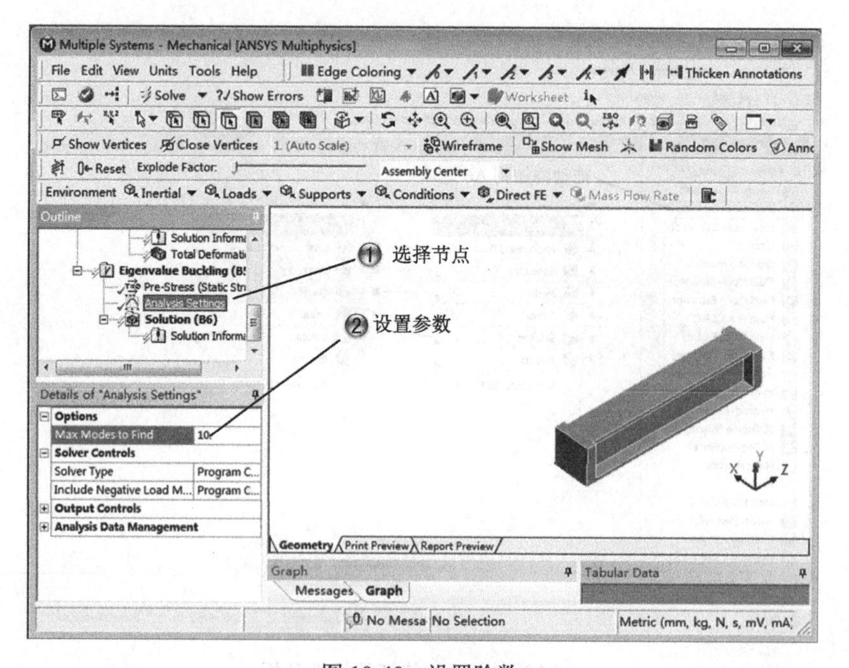

图 10-40 设置阶数

Step11 添加线性屈曲总位移分析，如图 10-41 所示。

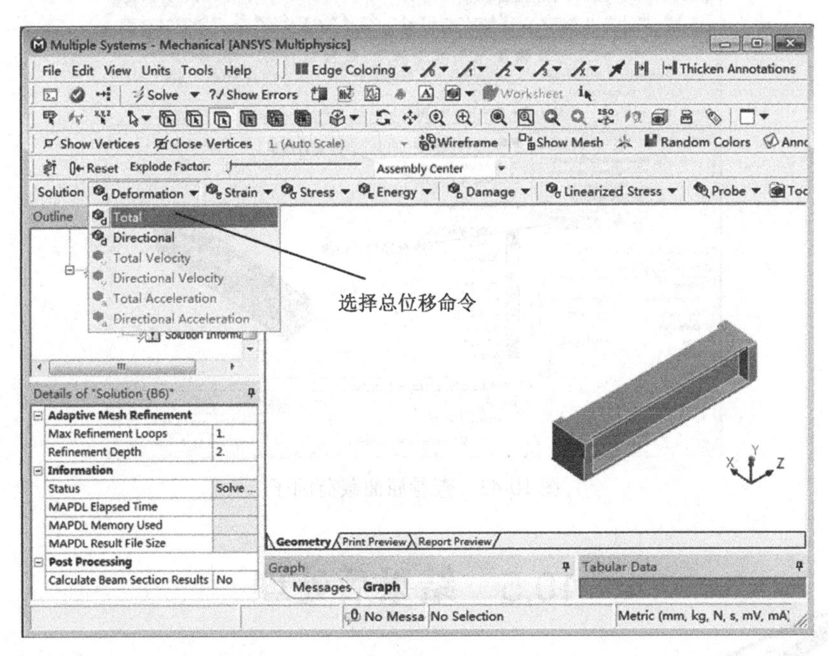

图 10-41　添加线性屈曲总位移分析

Step12 设置频率并运算，如图 10-42 所示。

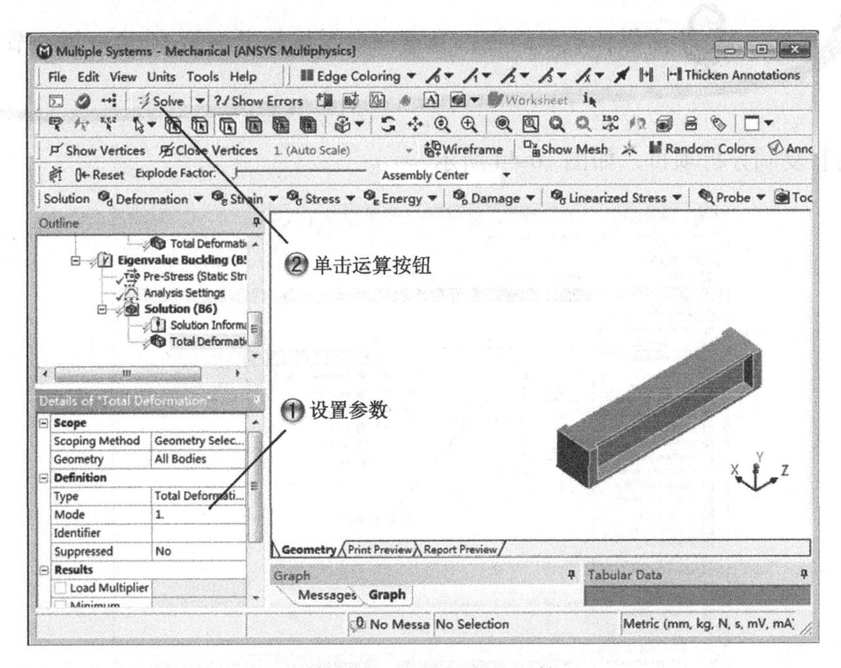

图 10-42　设置频率并运算

Step13 查看屈曲载荷因子，如图 10-43 所示。

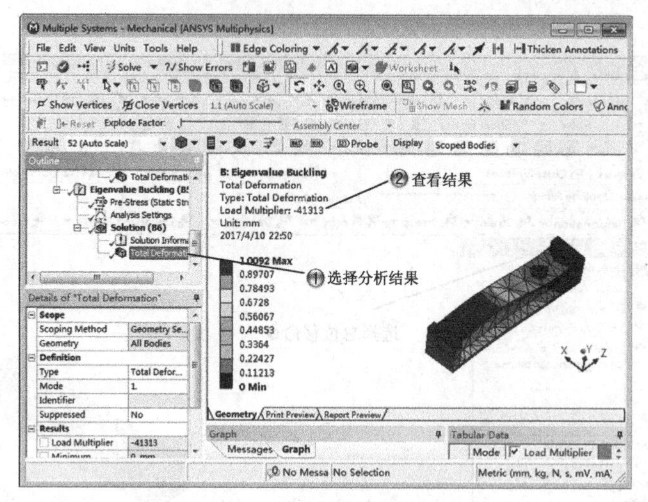

图 10-43　查看屈曲载荷因子

10.5　结果后处理

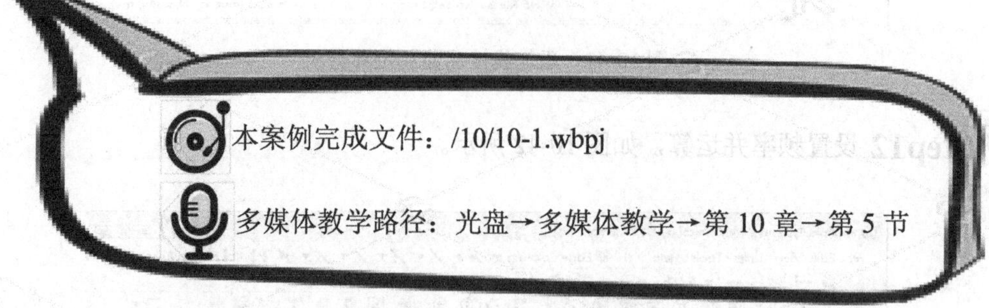

本案例完成文件：/10/10-1.wbpj
多媒体教学路径：光盘→多媒体教学→第 10 章→第 5 节

Step1 复制分析项目，如图 10-44 所示。

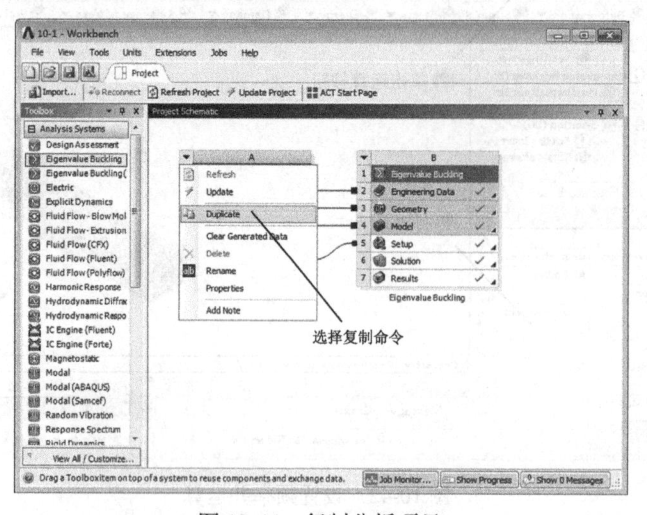

图 10-44　复制分析项目

Step2 修改项目名称，如图 10-45 所示。

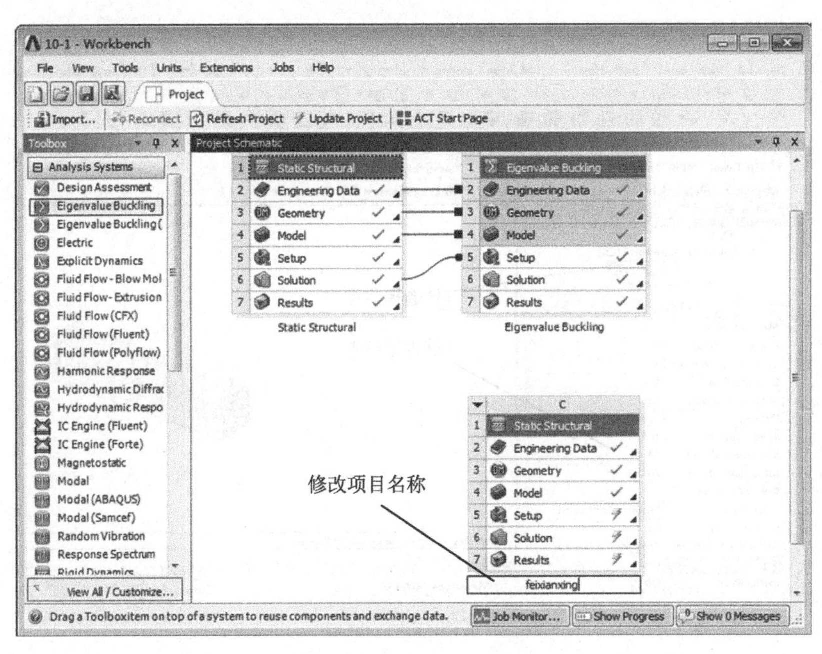

图 10-45 修改项目名称

Step3 选择编辑命令，如图 10-46 所示。

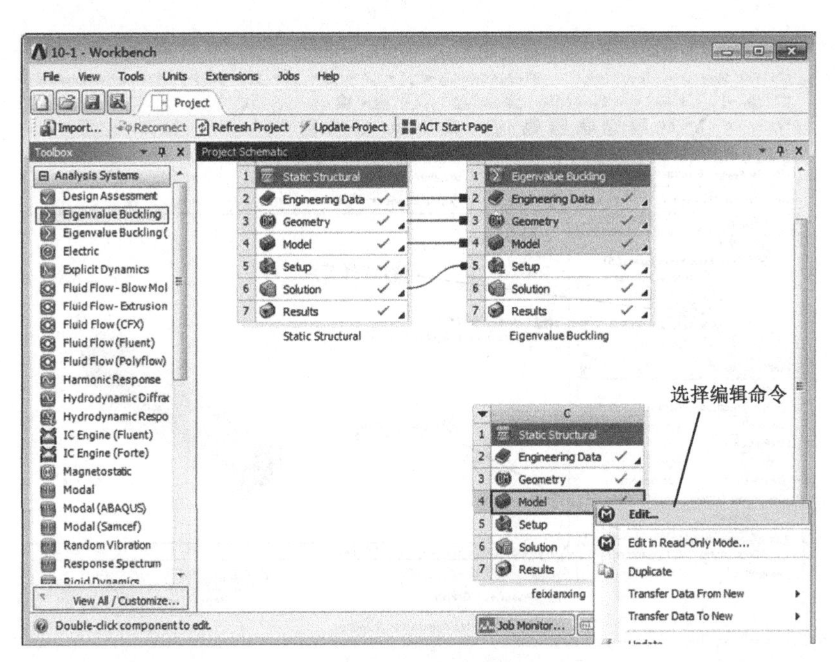

图 10-46 选择编辑命令

Step4 设置自动时间步长，如图 10-47 所示。

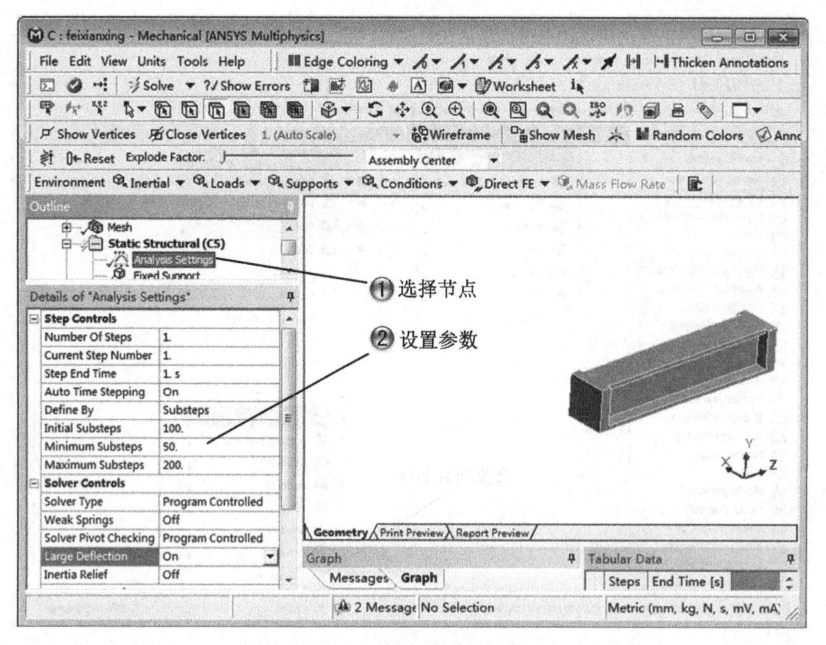

图 10-47　设置自动时间步长

Step5 修改载荷力的大小，如图 10-48 所示。

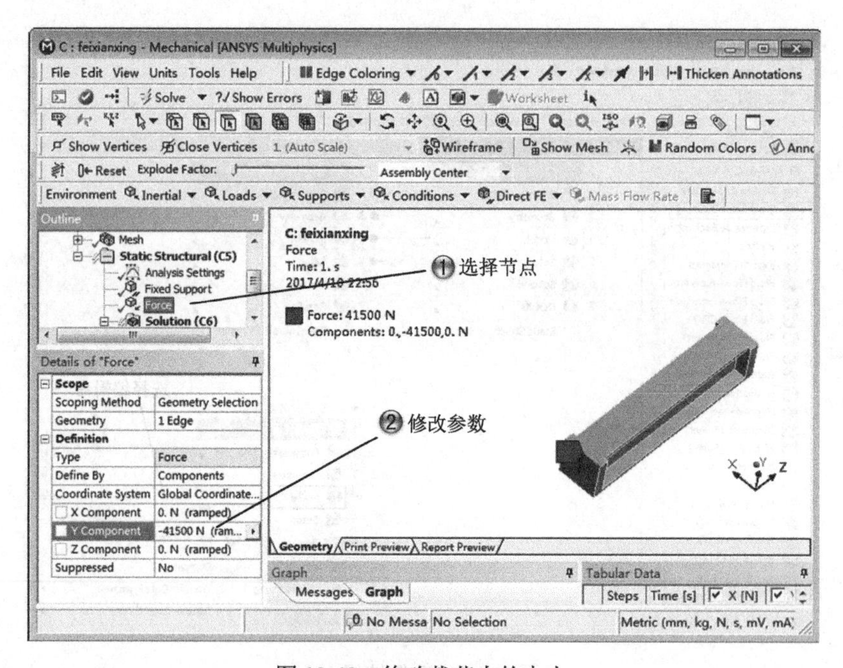

图 10-48　修改载荷力的大小

Step6 插入初始缺陷，如图 10-49 所示。

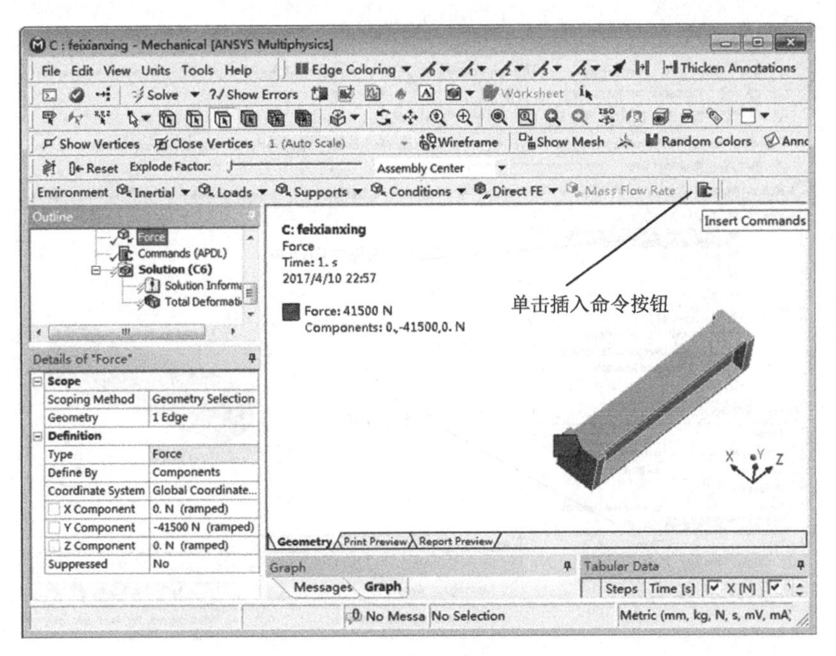

图 10-49　插入初始缺陷

Step7 输入 APDL 语句，如图 10-50 所示。

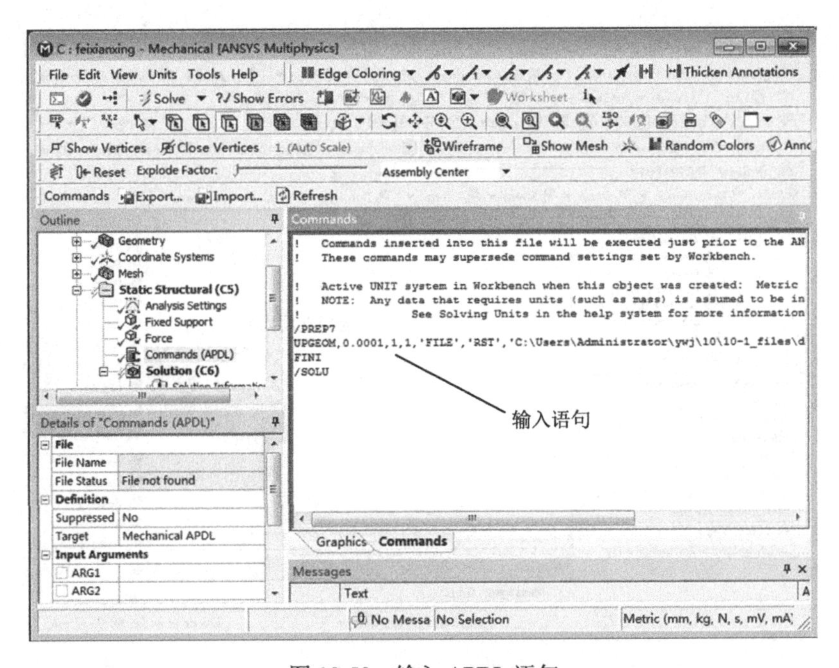

图 10-50　输入 APDL 语句

Step8 指定 Z 方向变形，如图 10-51 所示。

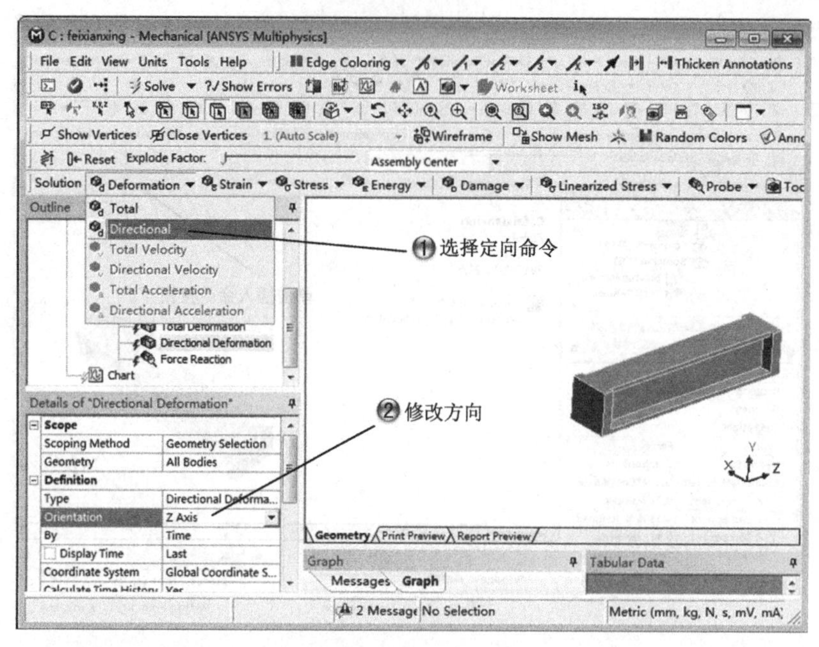

图 10-51 指定 Z 方向变形

Step9 指定支反力，如图 10-52 所示。

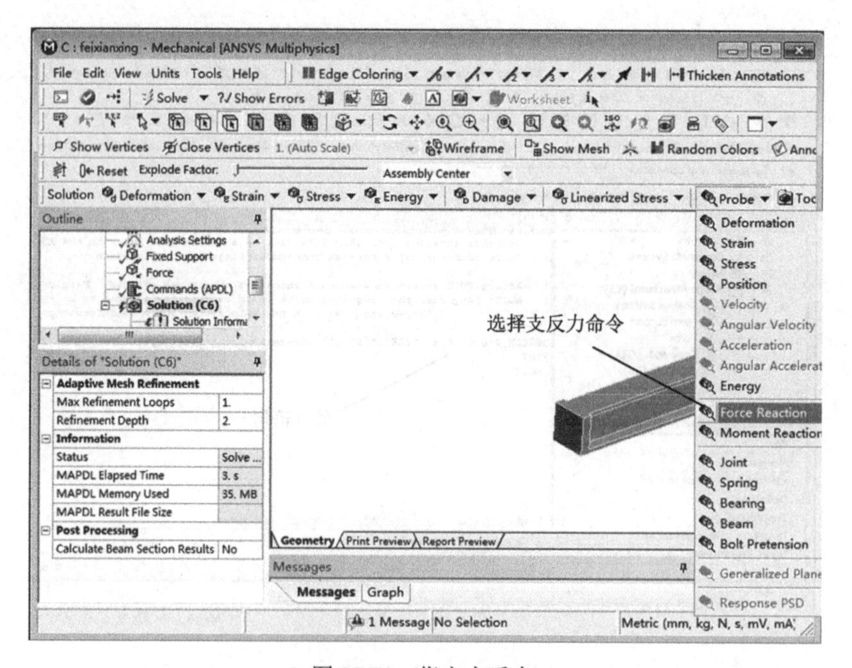

图 10-52 指定支反力

Step10 选择固定支撑，如图 10-53 所示。

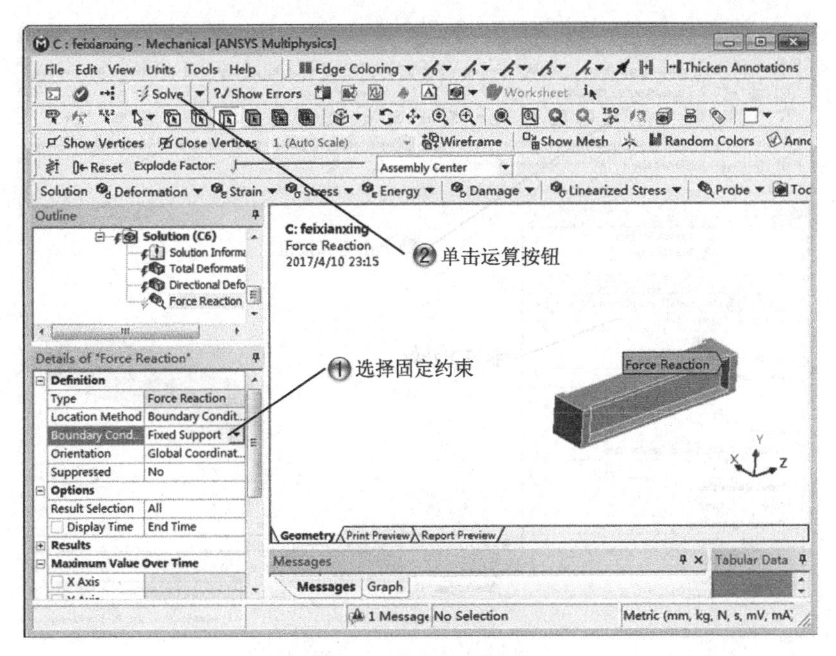

图 10-53 选择固定支撑

Step11 添加支反力-变形图表，如图 10-54 所示。

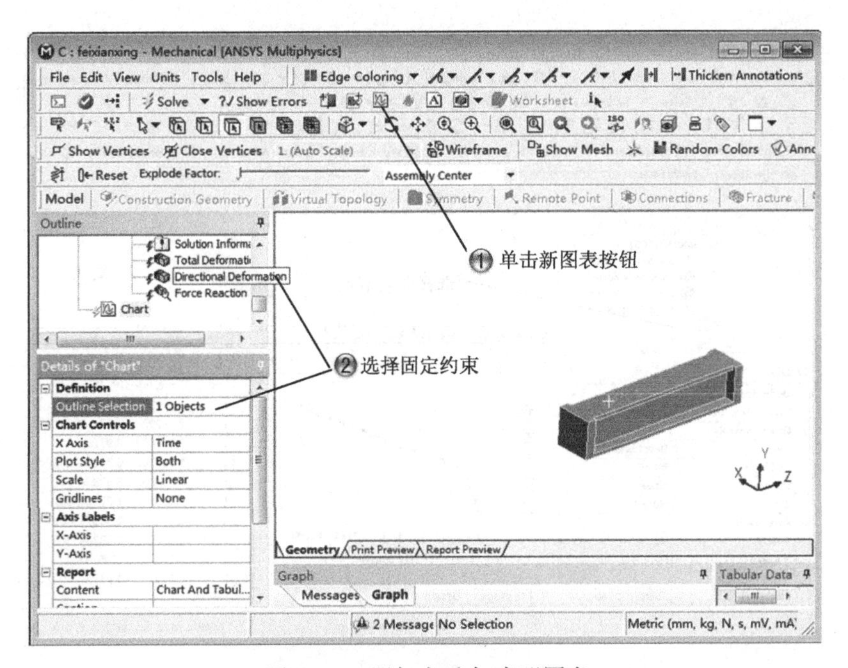

图 10-54 添加支反力-变形图表

Step12 设置图表参数并运算，如图 10-55 所示。

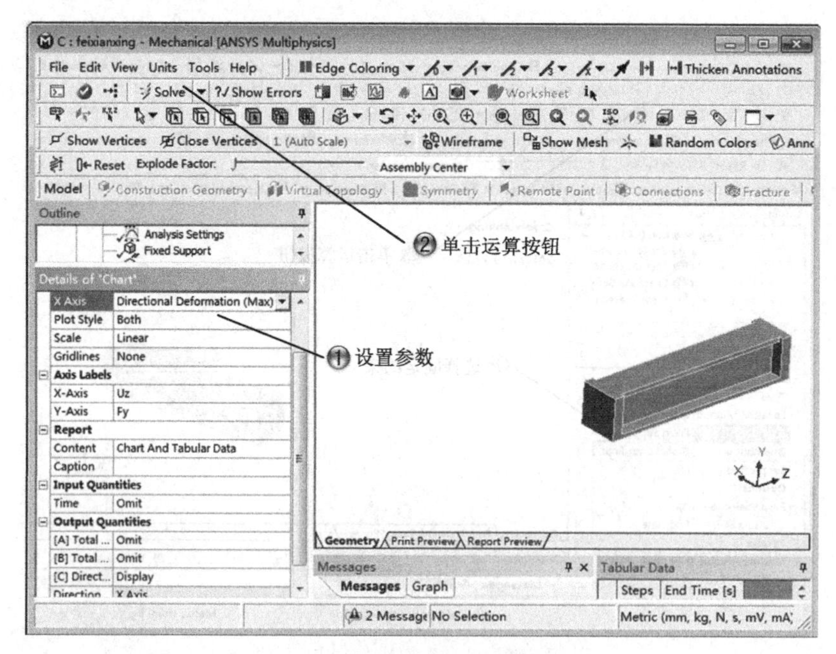

图 10-55　设置图表参数并运算

Step13 查看临界载荷图表，如图 10-56 所示。

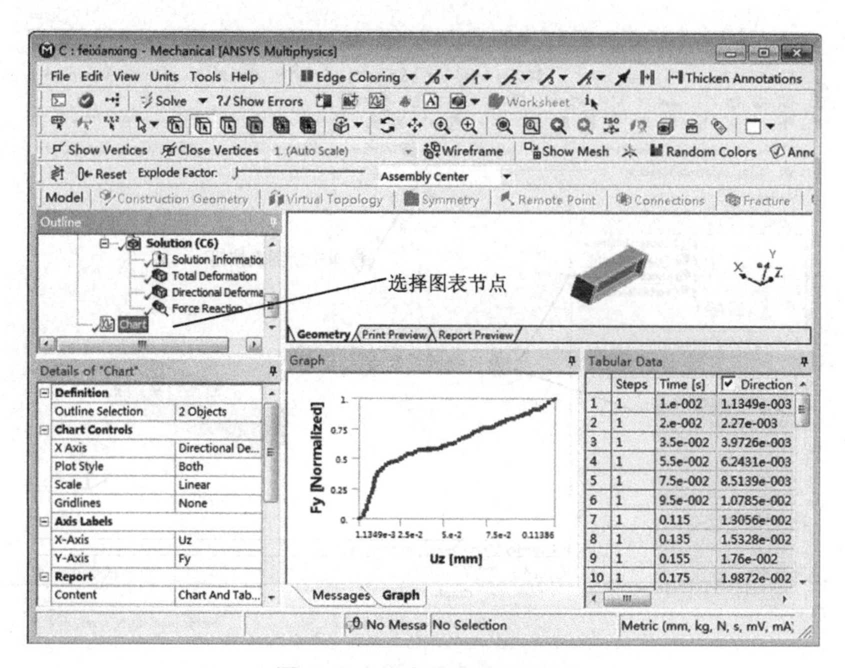

图 10-56　查看临界载荷图表

提示：

在后处理时，需要建立载荷和位移关系曲线，从而确定结构的非线性临界载荷。

10.6 案例小结

本章通过对方梁非线性分析的操作，介绍了利用 ANSYS Workbench 进行非线性屈曲分析的方法和过程。非线性分析最重要的操作是在线性分析的基础上添加初始缺陷，读者可以结合案例进行体会。

第11章

压气机动力学分析案例

本章导读

瞬态动力学分析是时域分析，是分析结构在随时间任意变化的载荷作用下，动力响应过程的技术。其输入数据是作为时间函数的载荷，而输出数据是随时间变化的位移或其他输出量，如应力、应变等，本章案例主要介绍压气机的线性瞬态动力学分析。

学习要求

知识点 \ 学习目标	了解	理解	应用	实践
瞬态动力学的概念		√		
瞬态动力学的分类		√		
压气机动力学分析		√	√	√

11.1 案例分析

11.1.1 知识链接

瞬态动力学分析具有广泛的应用。例如，承受各种冲击载荷的结构，如汽车的门、缓冲器、车架、悬挂系统等；承受各种随时间变化载荷的结构，如桥梁、建筑物等；以及承受撞击和颠簸的家用设备等，如电话、电脑、真空吸尘器等，都可以用瞬态动力学分析对它们的动力响应过程中的刚度、强度进行计算模拟。

由经典力学理论可知，物体的动力学通用方程为：

$$[\boldsymbol{M}]\{\boldsymbol{x}_2\}+[\boldsymbol{C}]\{\boldsymbol{x}_1\}+[\boldsymbol{K}]\{\boldsymbol{x}\}=\{\boldsymbol{F}(t)\}$$

式中，$\boldsymbol{M}$ 是质量矩阵；$\boldsymbol{C}$ 是阻尼矩阵；$\boldsymbol{K}$ 是刚度矩阵；$\boldsymbol{x}$ 是位移矢量；$\boldsymbol{F}$ 是力矢量；$\boldsymbol{x}_1$ 是速度矢量；$\boldsymbol{x}_2$ 是加速度矢量。

11.1.2 设计思路

本章案例介绍 ANSYS Workbench 的瞬态动力学分析，对压气机模型进行瞬态动力学分析，模型如图 11-1 所示。压气机处于一个自身的振动频率下，在设置时需要输入其加速度谱。

图 11-1　压气机模型

11.2 建立分析模型

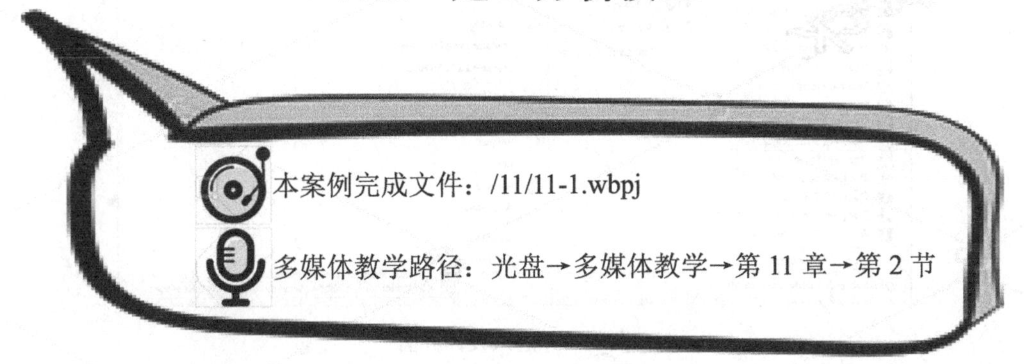

本案例完成文件：/11/11-1.wbpj
多媒体教学路径：光盘→多媒体教学→第 11 章→第 2 节

Step1 创建分析项目，如图 11-2 所示。

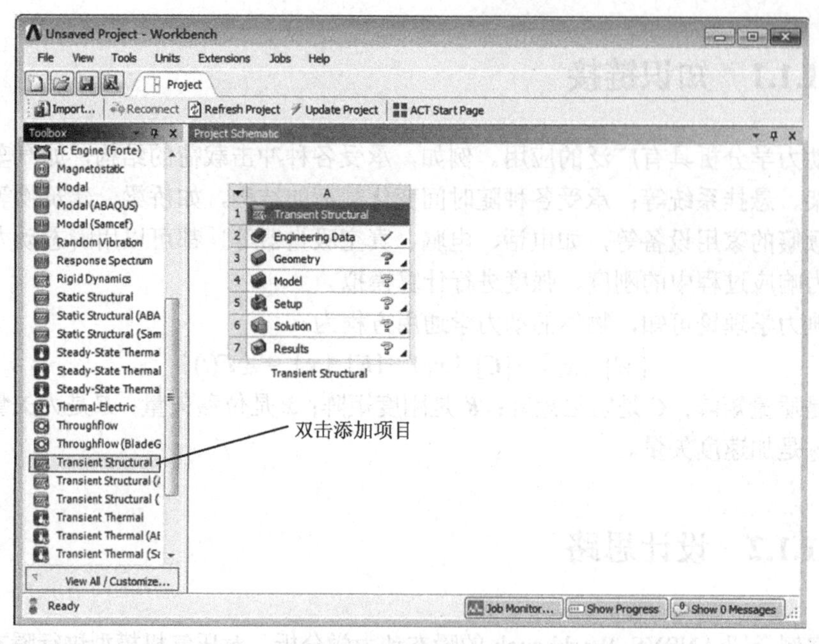

图 11-2　创建分析项目

Step2 进入设计界面，如图 11-3 所示。

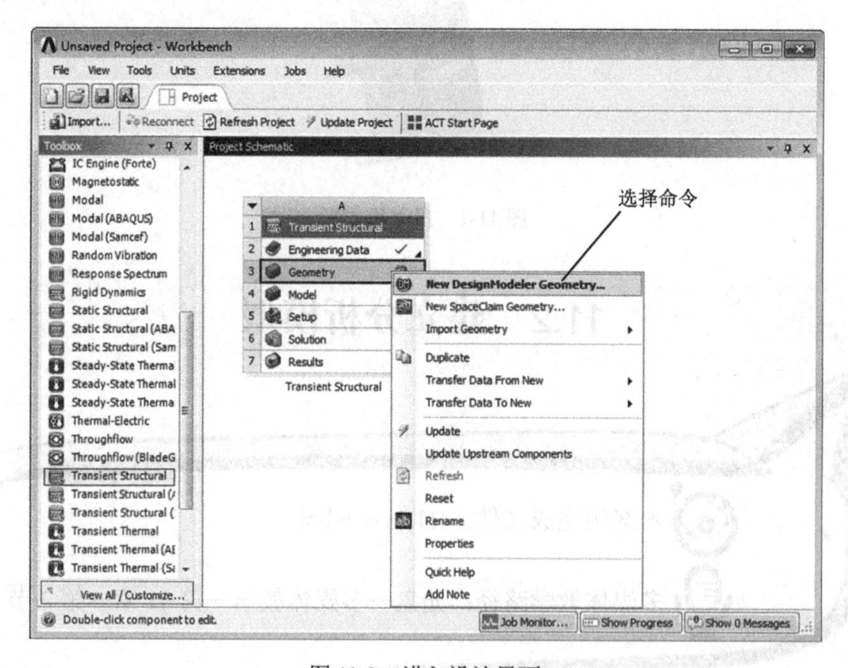

图 11-3　进入设计界面

Step3 选择草绘面，如图 11-4 所示。

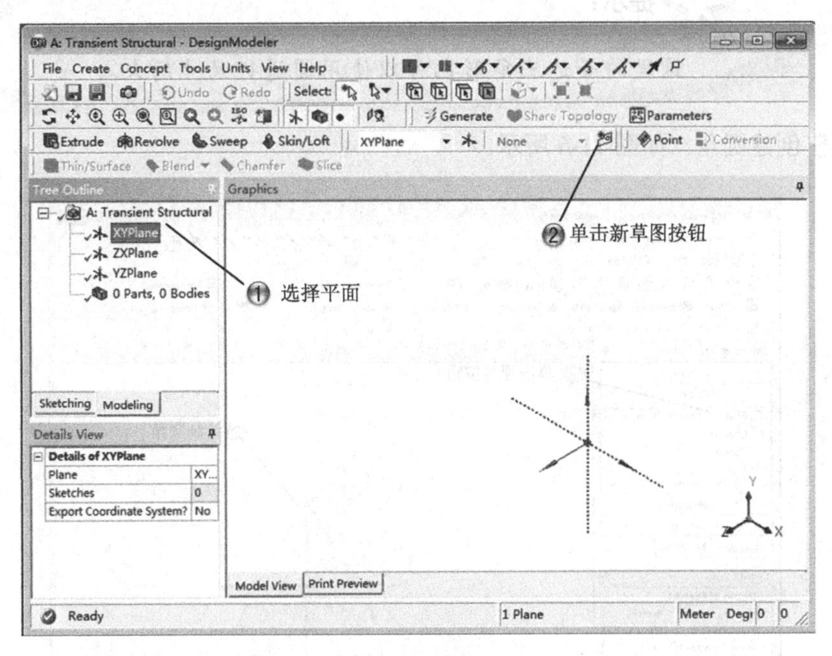

图 11-4　选择草绘面

Step4 绘制等边三角形，如图 11-5 所示。

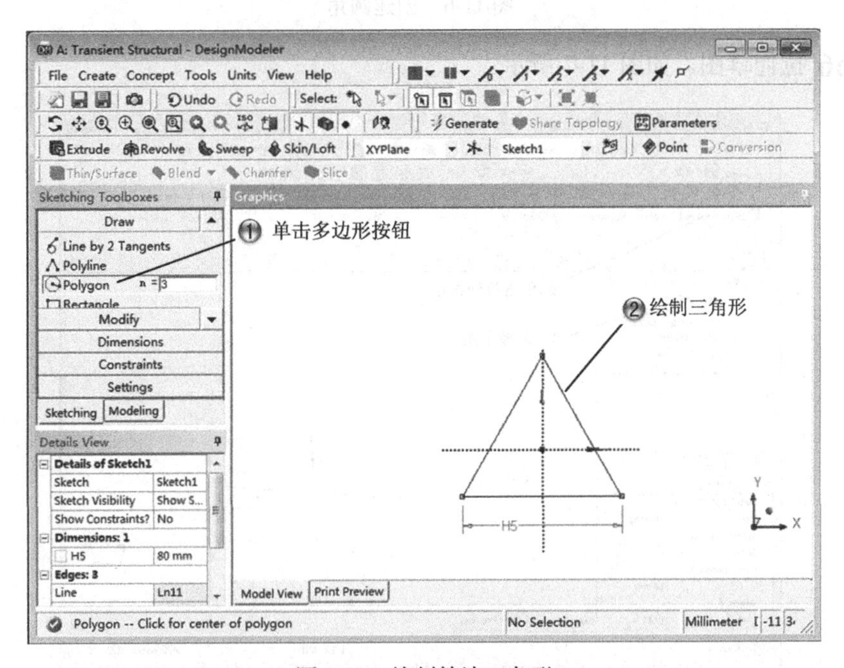

图 11-5　绘制等边三角形

提示：

这里的等边三角形也可以使用圆进行尺寸约束。

Step5 创建圆角，如图 11-6 所示。

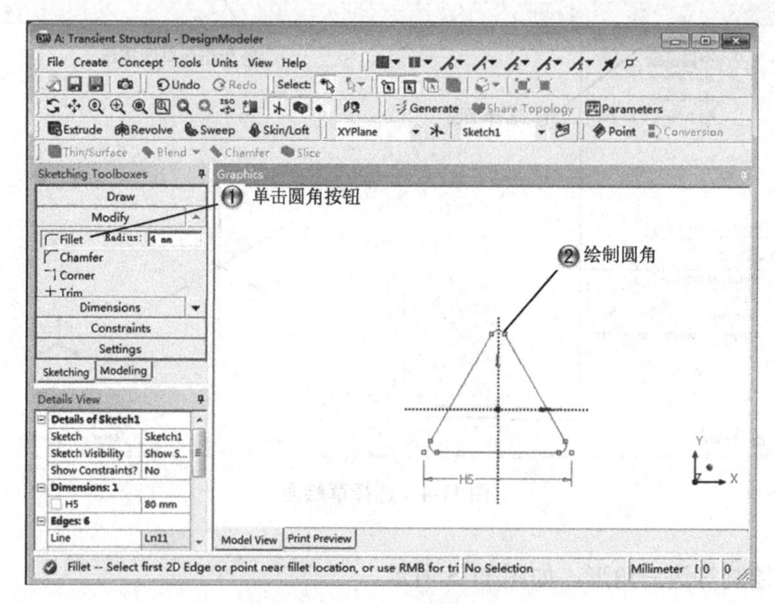

图 11-6　创建圆角

Step6 拉伸草图，如图 11-7 所示。

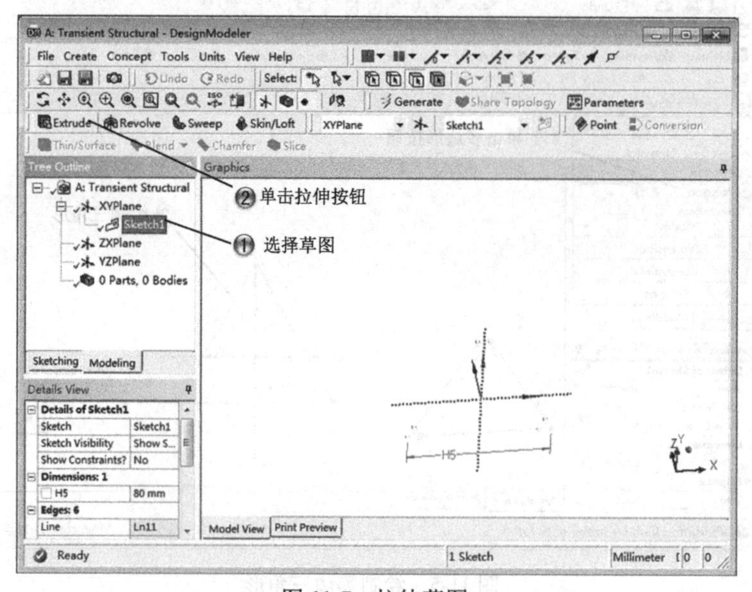

图 11-7　拉伸草图

Step7 设置拉伸参数，如图 11-8 所示。

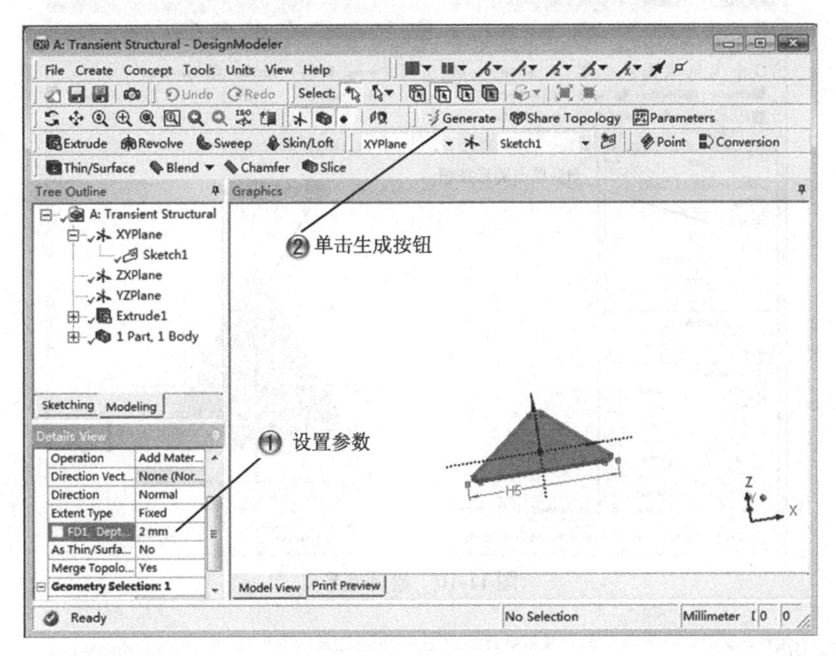

图 11-8　设置拉伸参数

Step8 选择草绘面，如图 11-9 所示。

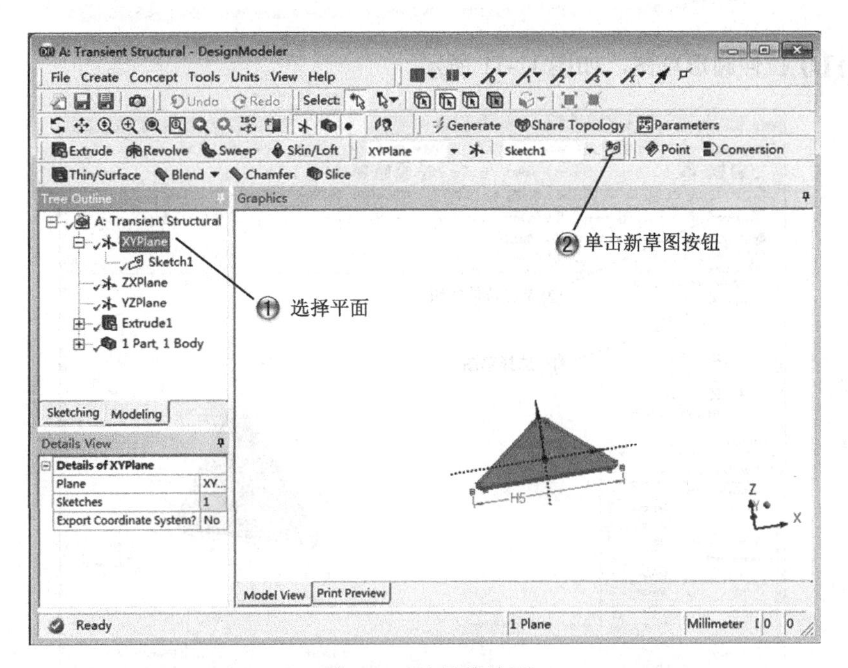

图 11-9　选择草绘面

Step9 绘制圆形，如图 11-10 所示。

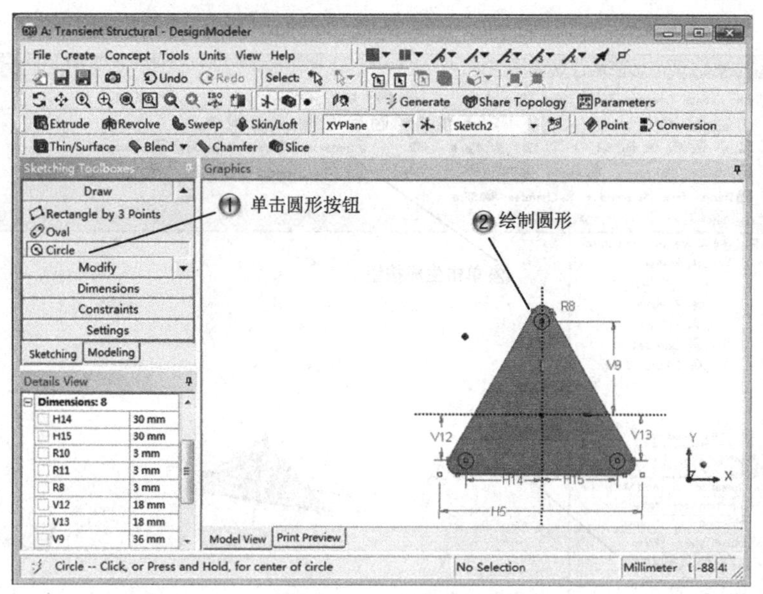

图 11-10　绘制圆形

提示：

3 个圆形位于圆弧的中心延长线上，用于固定底座。

Step10 拉伸圆形草图，如图 11-11 所示。

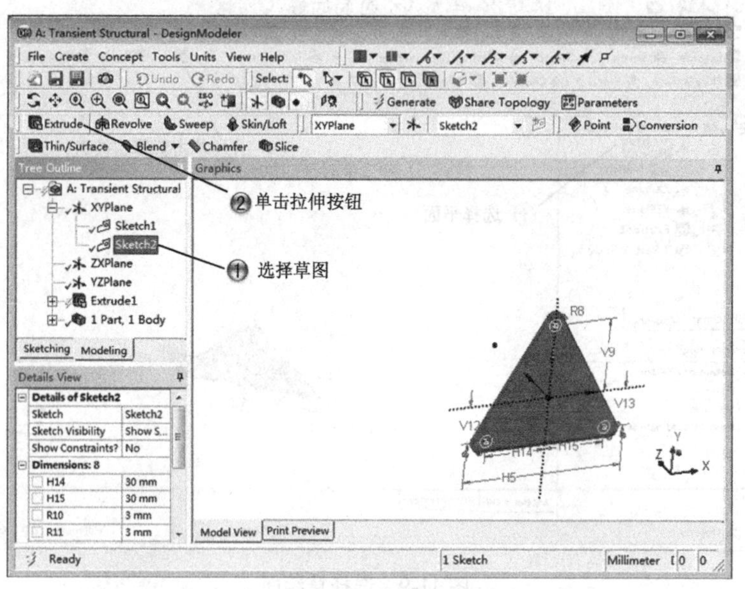

图 11-11　拉伸圆形草图

Step11 设置拉伸参数，如图 11-12 所示。

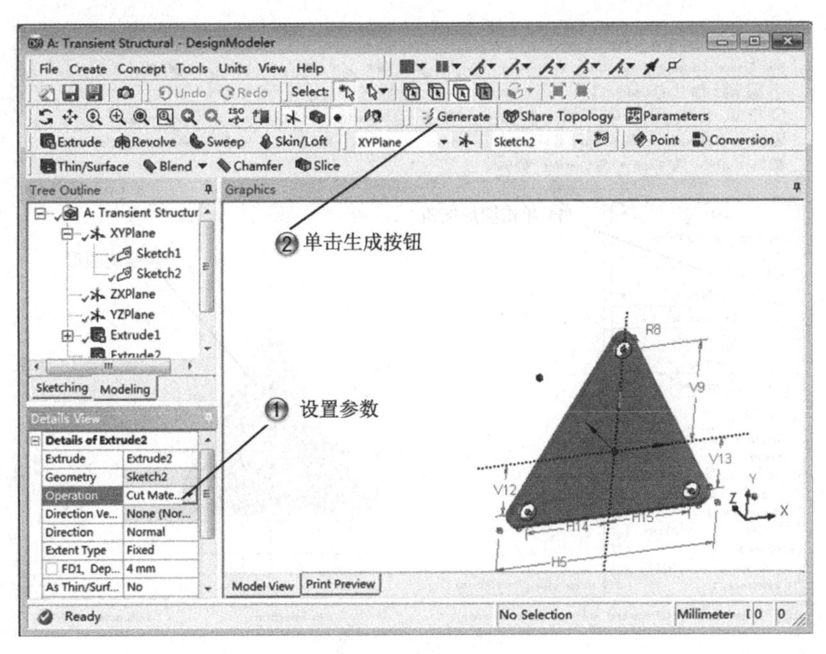

图 11-12 设置拉伸参数

Step12 选择草绘面，如图 11-13 所示。

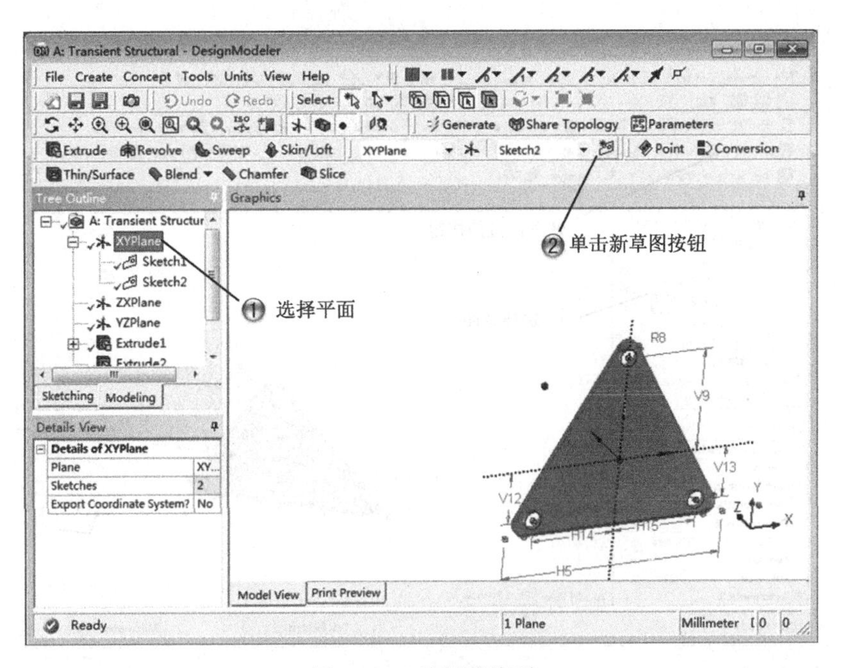

图 11-13 选择草绘面

Step13 绘制圆形，如图 11-14 所示。

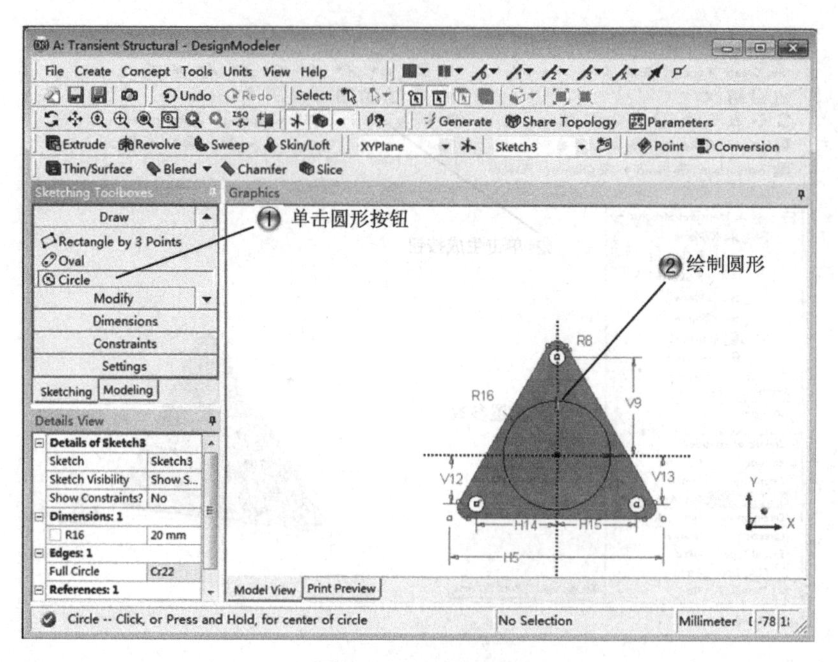

图 11-14　绘制圆形

Step14 拉伸圆形草图，如图 11-15 所示。

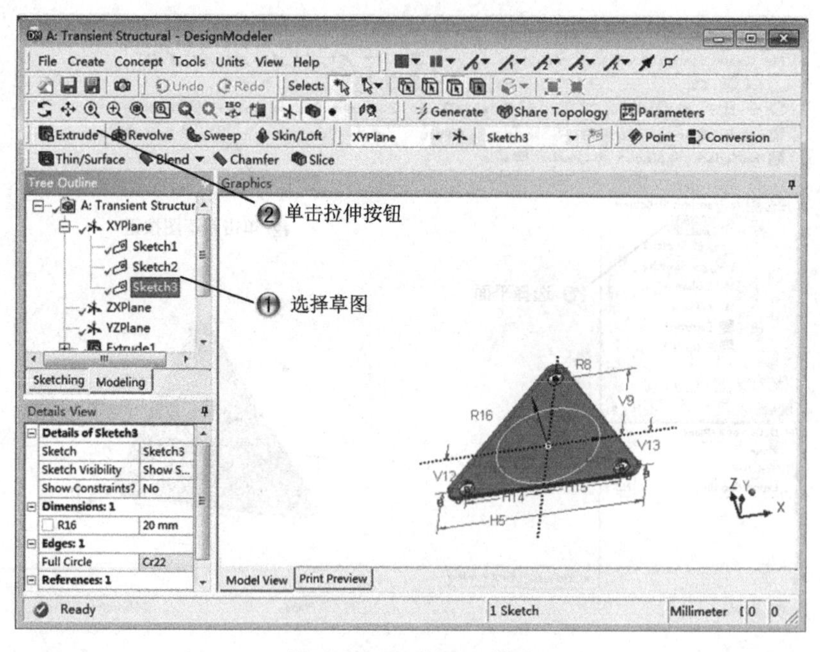

图 11-15　拉伸圆形草图

Step15 设置拉伸参数，如图 11-16 所示。

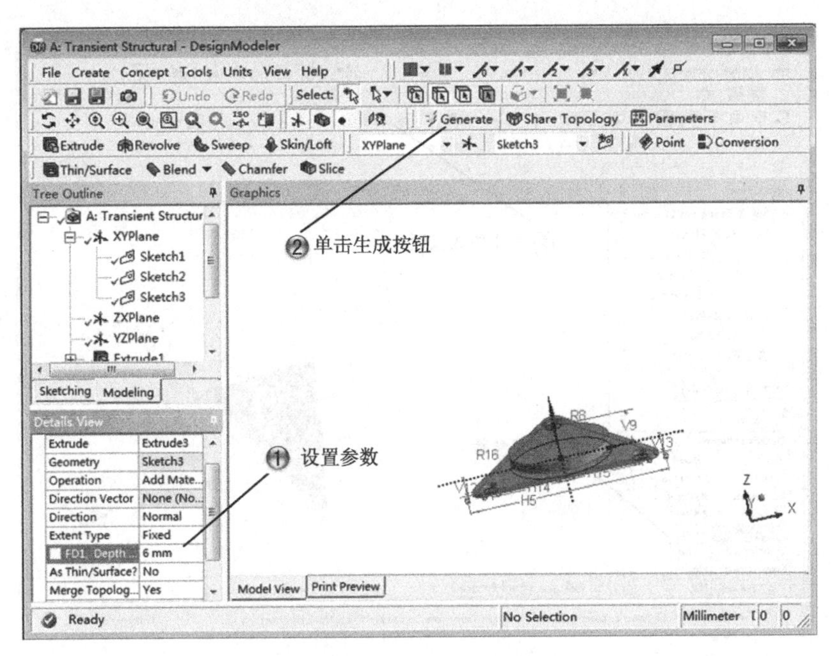

图 11-16　设置拉伸参数

Step16 创建新平面，如图 11-17 所示。

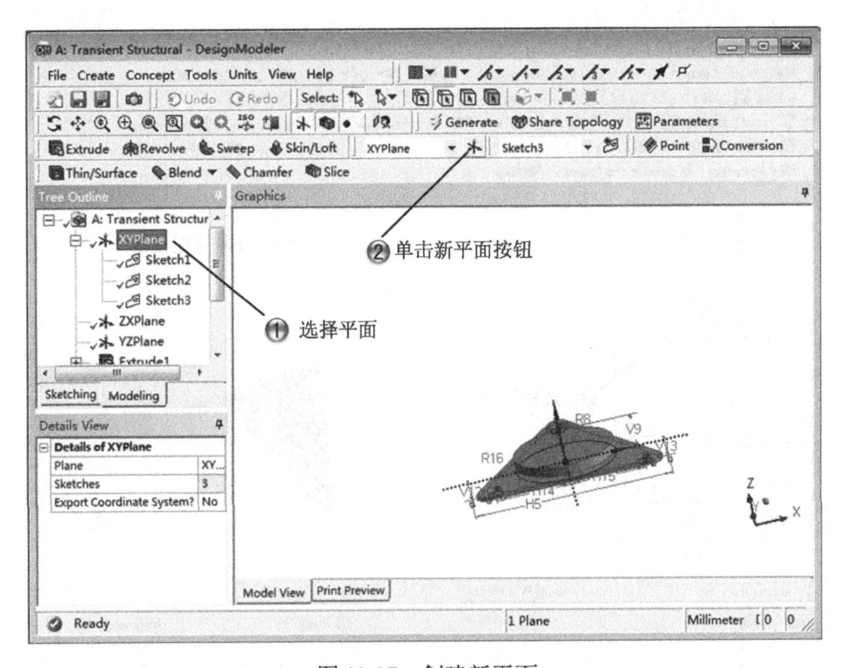

图 11-17　创建新平面

Step17 设置新平面参数，如图 11-18 所示。

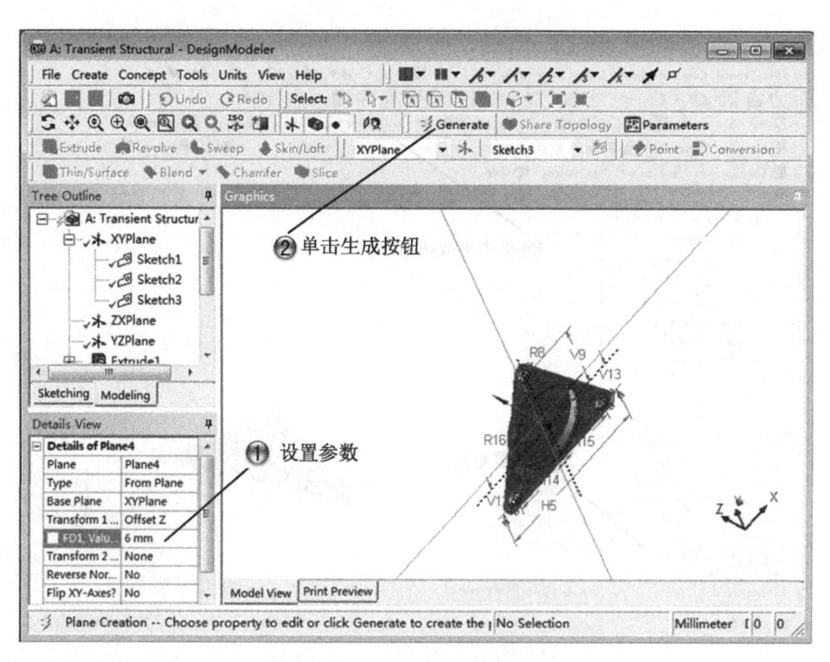

图 11-18　设置新平面参数

Step18 选择草绘面，如图 11-19 所示。

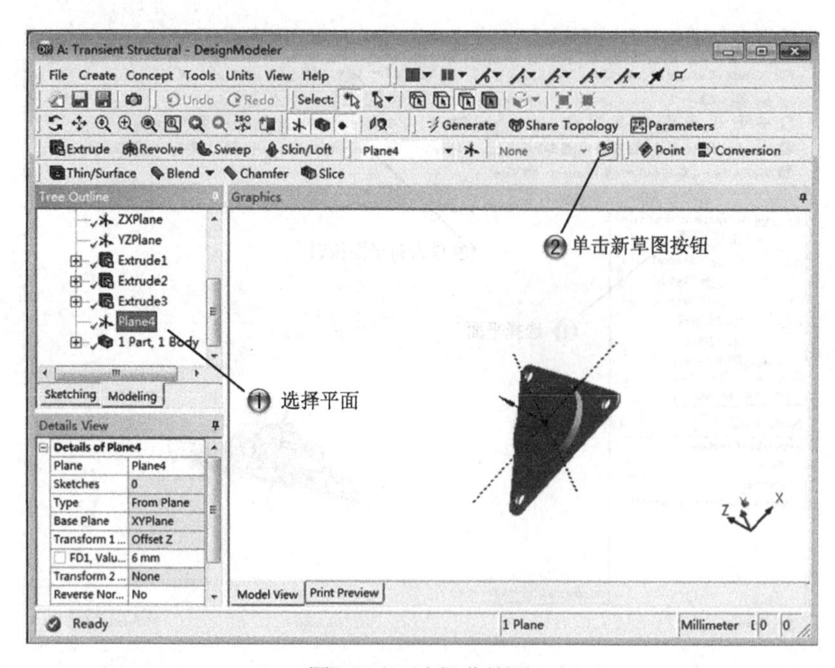

图 11-19　选择草绘面

Step19 绘制圆形，如图 11-20 所示。

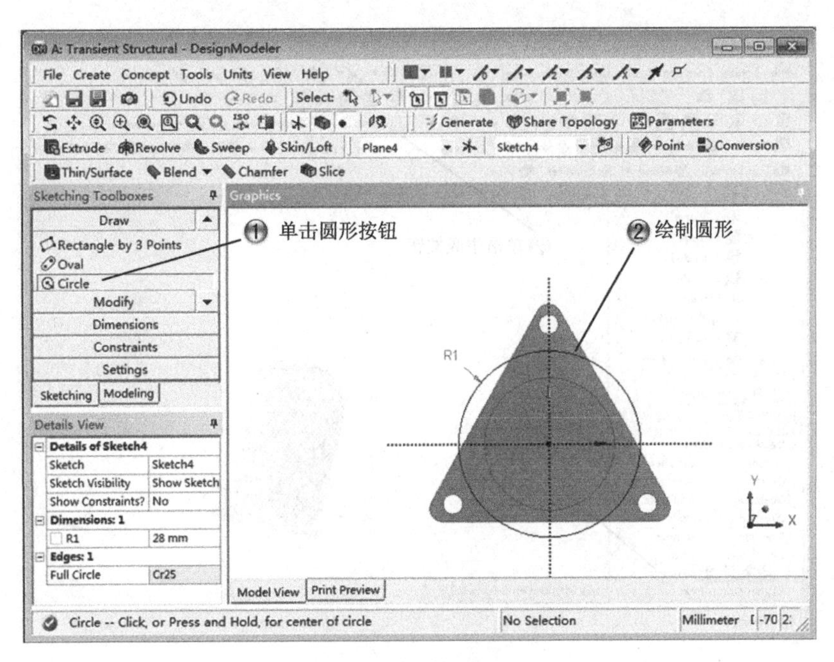

图 11-20　绘制圆形

Step20 拉伸圆形草图，如图 11-21 所示。

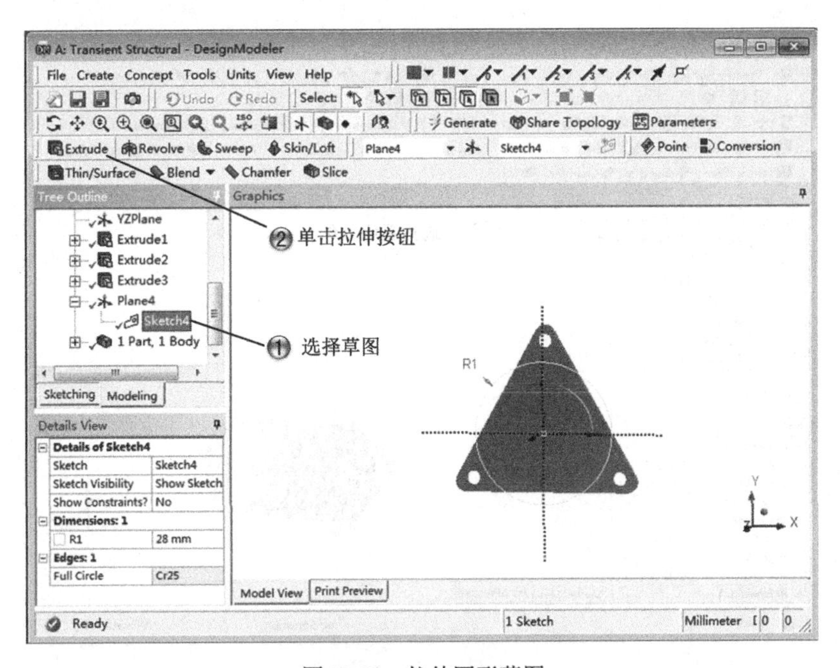

图 11-21　拉伸圆形草图

Step21 设置拉伸参数，如图 11-22 所示。

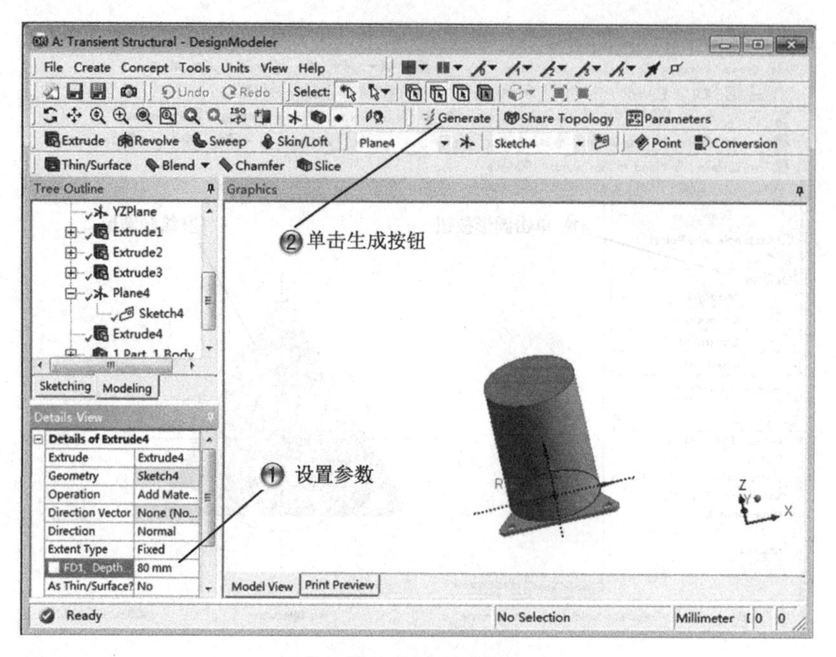

图 11-22 设置拉伸参数

Step22 创建圆角，如图 11-23 所示。

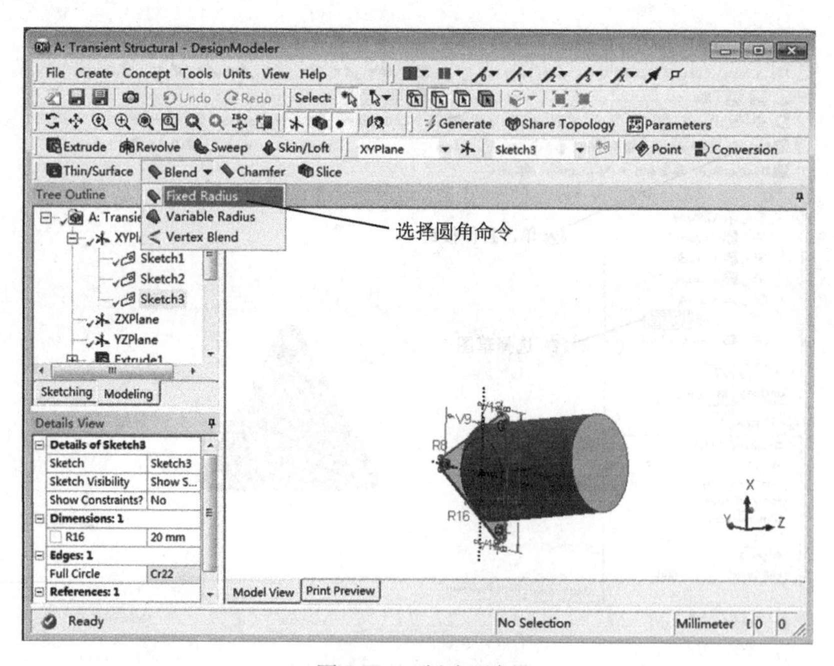

图 11-23 创建圆角

Step23 设置圆角参数，如图 11-24 所示。

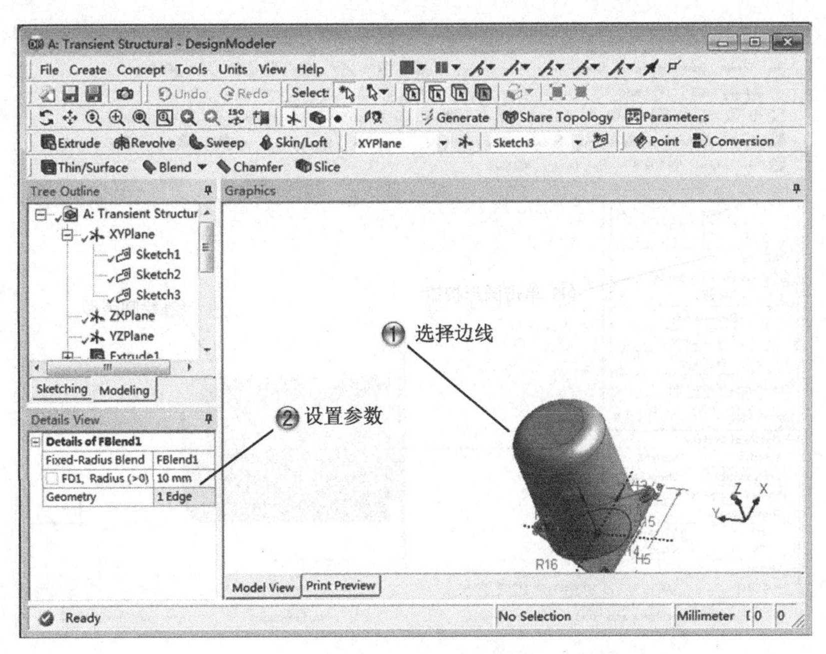

图 11-24　设置圆角参数

Step24 选择草绘面，如图 11-25 所示。

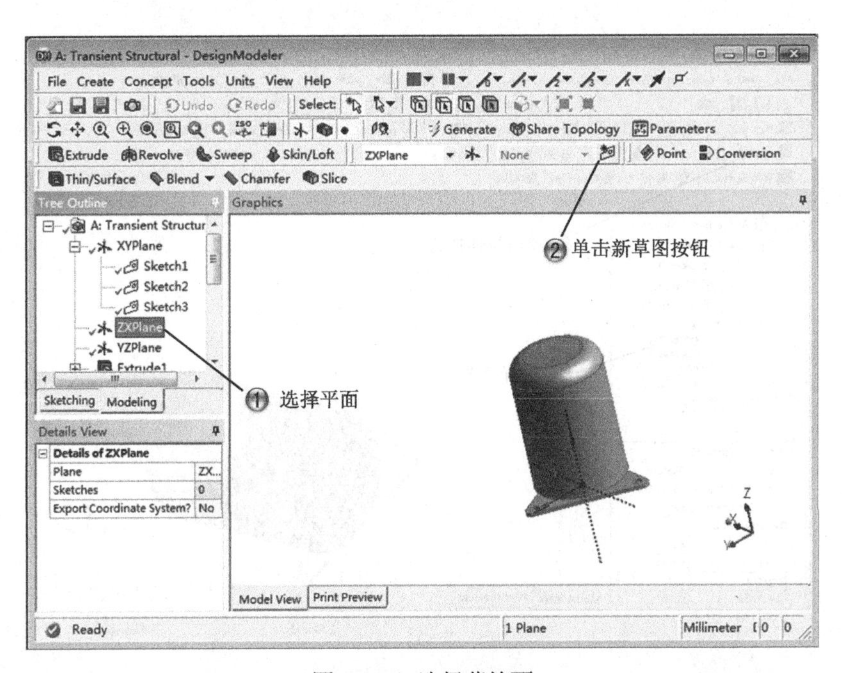

图 11-25　选择草绘面

Step25 绘制圆形，如图 11-26 所示。

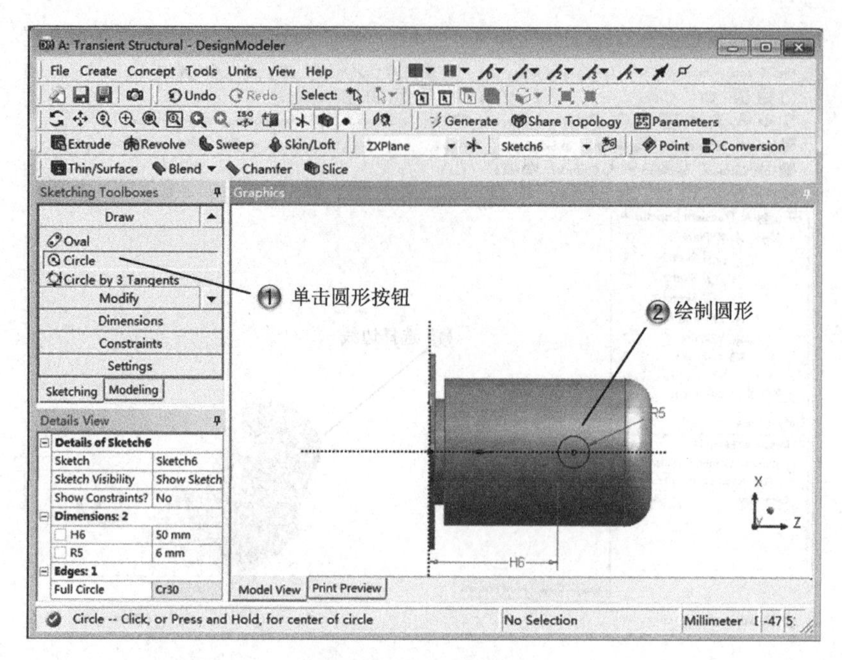

图 11-26　绘制圆形

Step26 拉伸圆形草图，如图 11-27 所示。

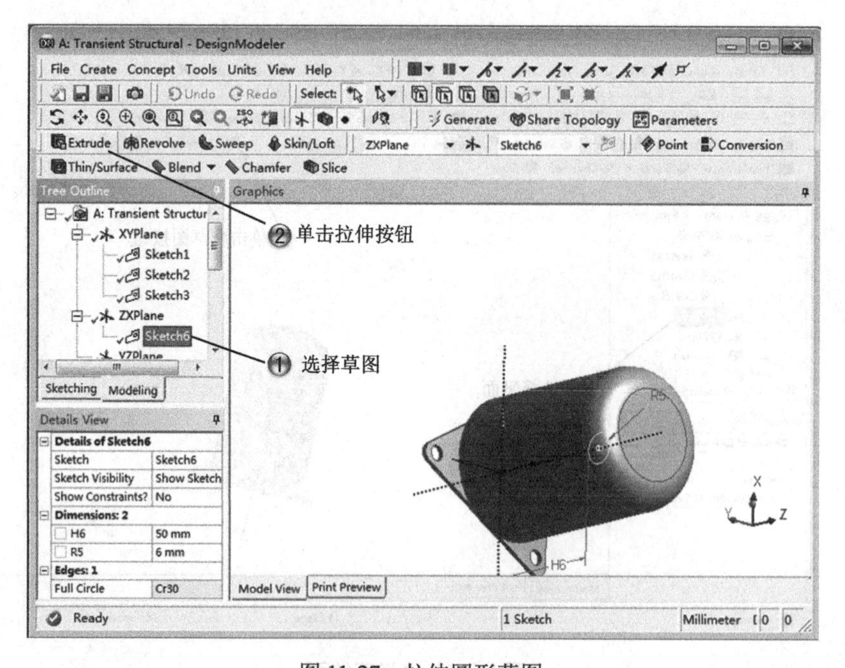

图 11-27　拉伸圆形草图

Step27 设置拉伸参数，如图 11-28 所示。

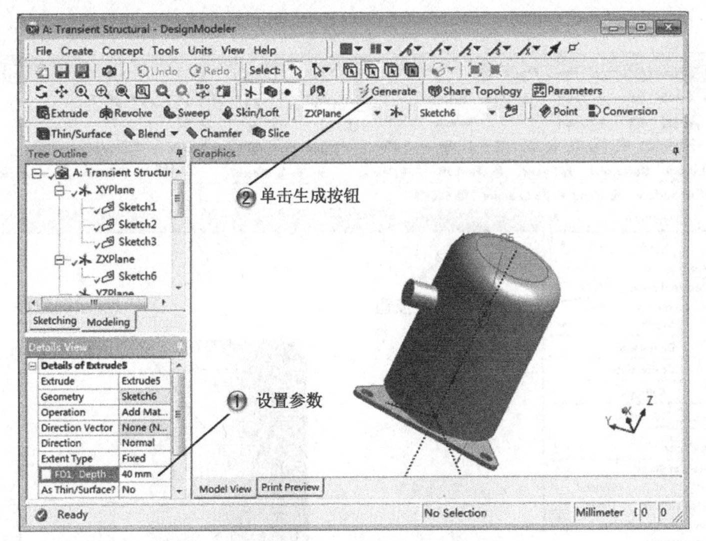

图 11-28　设置拉伸参数

提示：

添加的附属特征对分析影响不大，在实际操作时可根据情况省略。

Step28 选择草绘面，如图 11-29 所示。

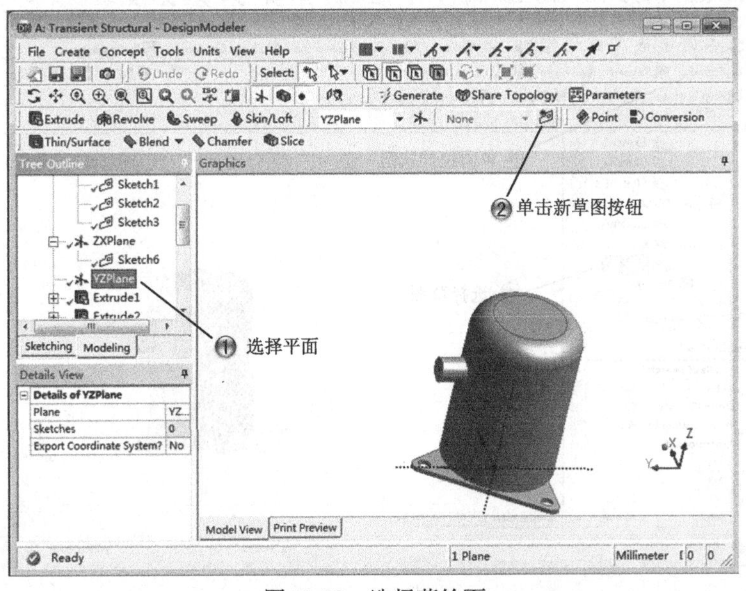

图 11-29　选择草绘面

Step29 绘制矩形，如图 11-30 所示。

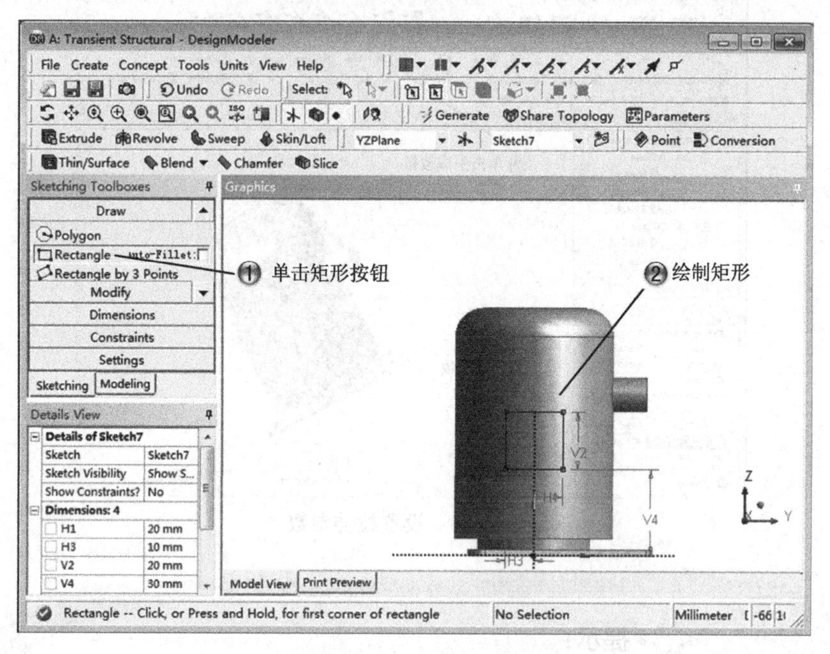

图 11-30　绘制矩形

Step30 拉伸矩形草图，如图 11-31 所示。

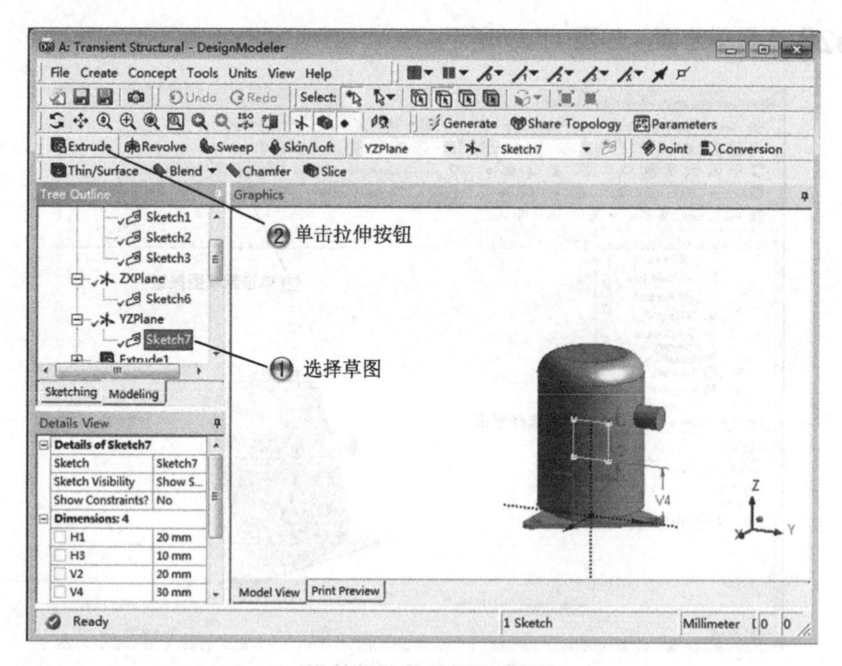

图 11-31　拉伸矩形草图

Step31 设置拉伸参数，如图 11-32 所示。

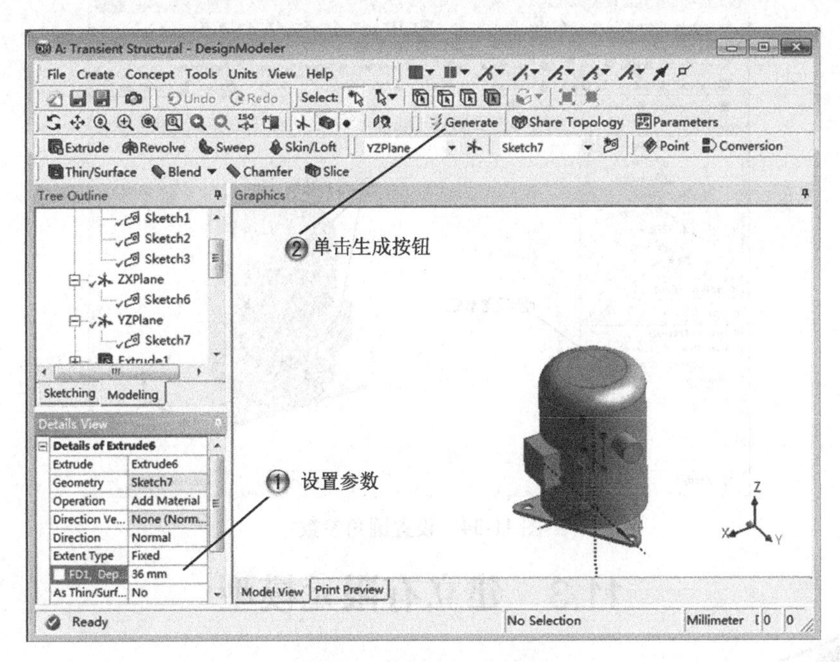

图 11-32　设置拉伸参数

Step32 创建圆角，如图 11-33 所示。

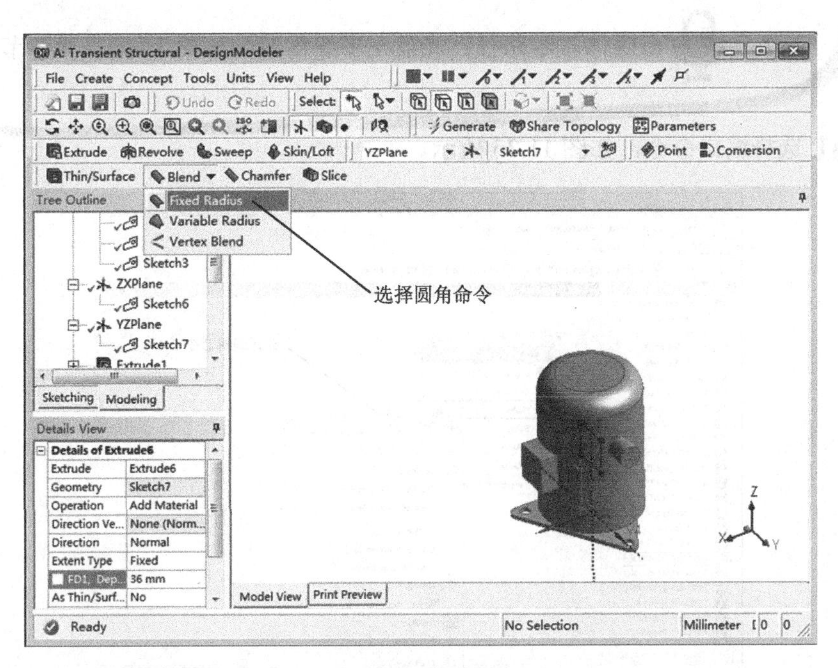

图 11-33　创建圆角

Step33 设置圆角参数，如图 11-34 所示。

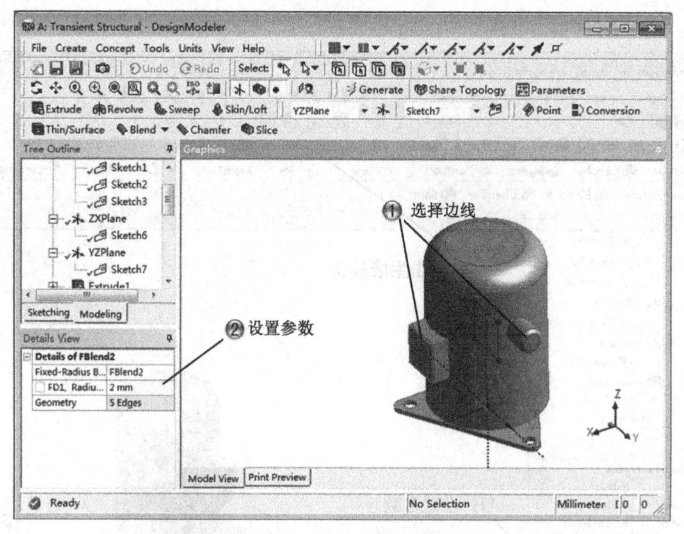

图 11-34　设置圆角参数

11.3　建立有限元模型

本案例完成文件：/11/11-1.wbpj

多媒体教学路径：光盘→多媒体教学→第 11 章→第 3 节

Step1 选择编辑命令，如图 11-35 所示。

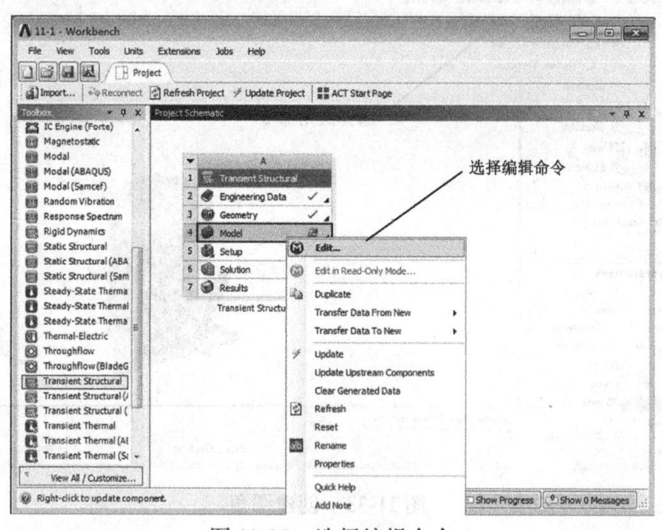

图 11-35　选择编辑命令

Step2 设置网格化参数，如图 11-36 所示。

图 11-36　设置网格化参数

Step3 添加网格控制，如图 11-37 所示。

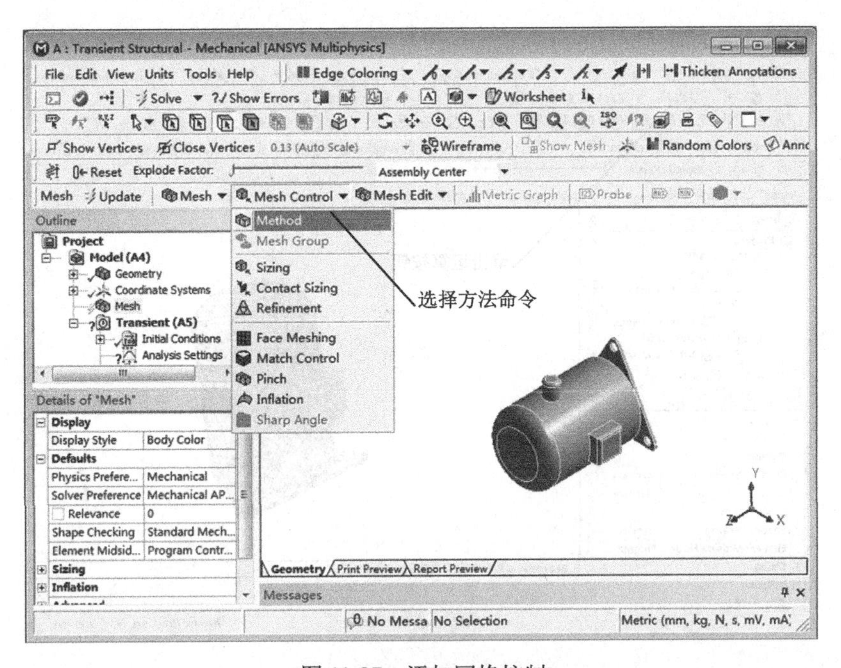

图 11-37　添加网格控制

Step4 选择网格模型，如图 11-38 所示。

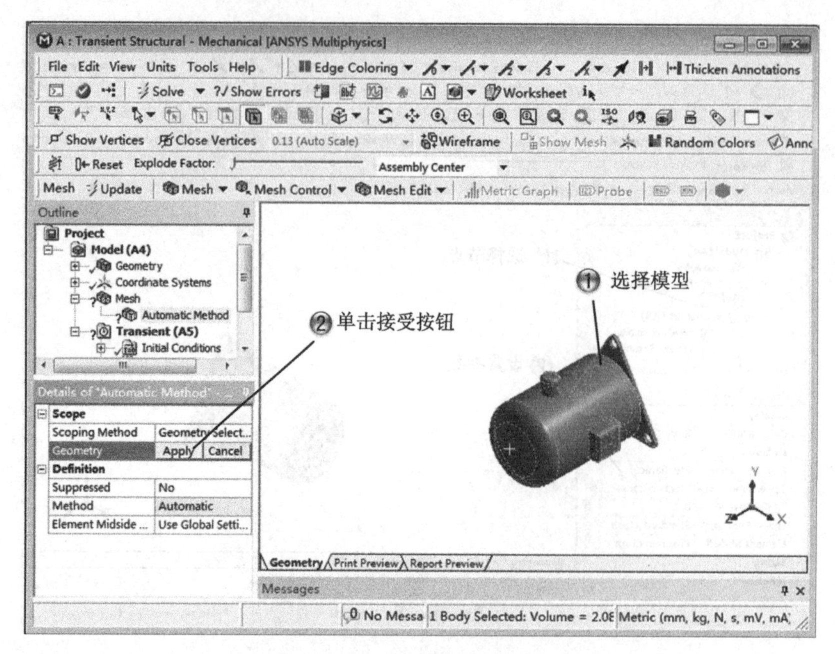

图 11-38　选择网格模型

Step5 网格化操作结果如图 11-39 所示。

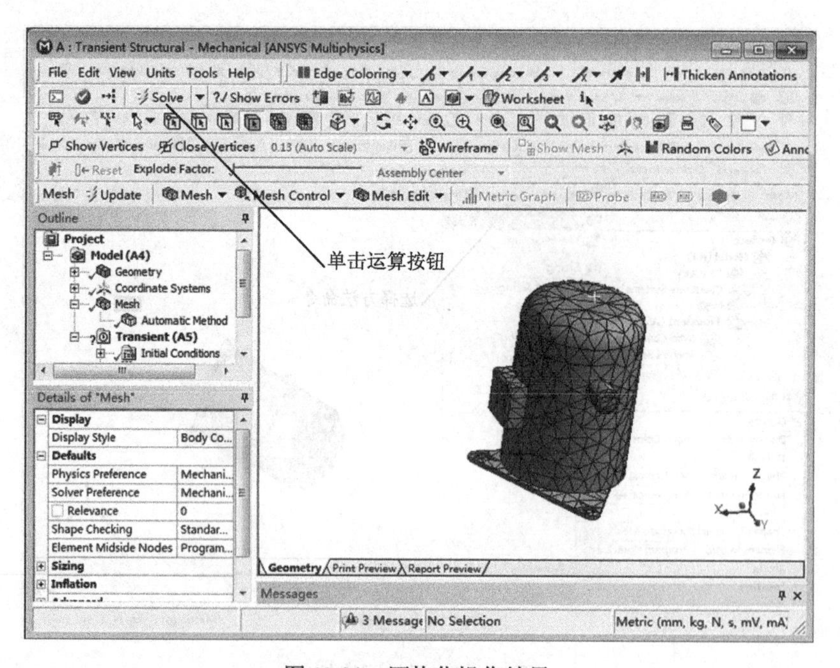

图 11-39　网格化操作结果

11.4　模型计算设置

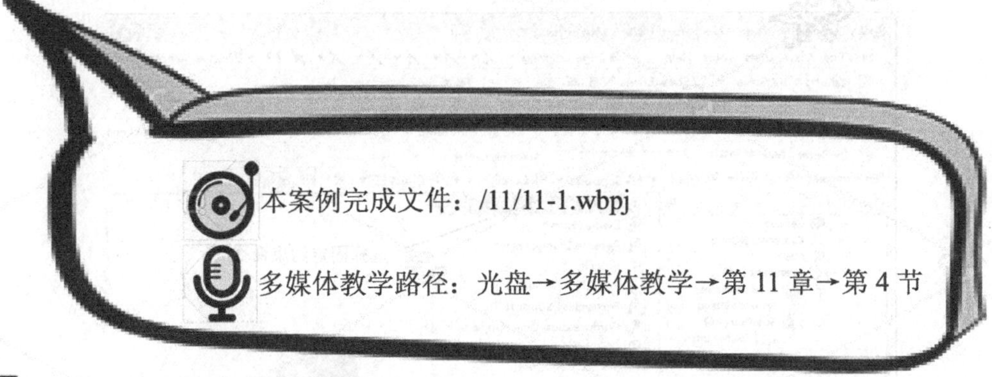

本案例完成文件：/11/11-1.wbpj
多媒体教学路径：光盘→多媒体教学→第 11 章→第 4 节

Step1 选择编辑命令，如图 11-40 所示。

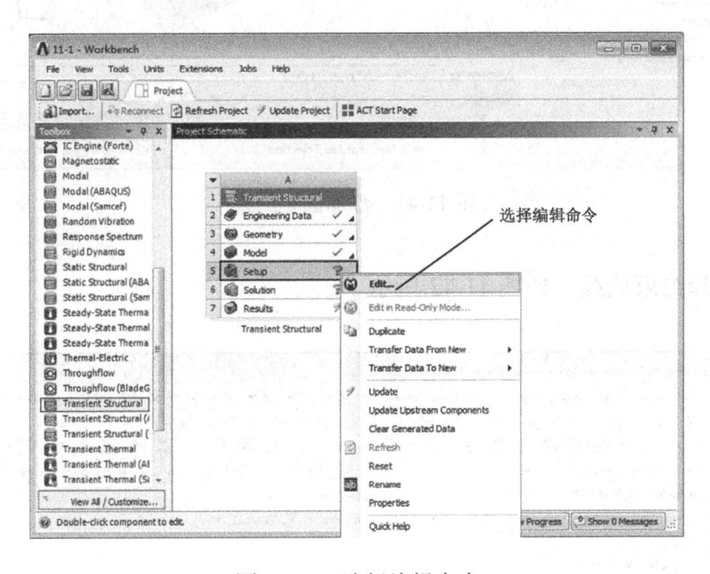

图 11-40　选择编辑命令

提示：

瞬态动力学分析包括线性瞬态动力学分析和非线性瞬态动力学分析两种类型。

Step2 添加固定约束，如图 11-41 所示。

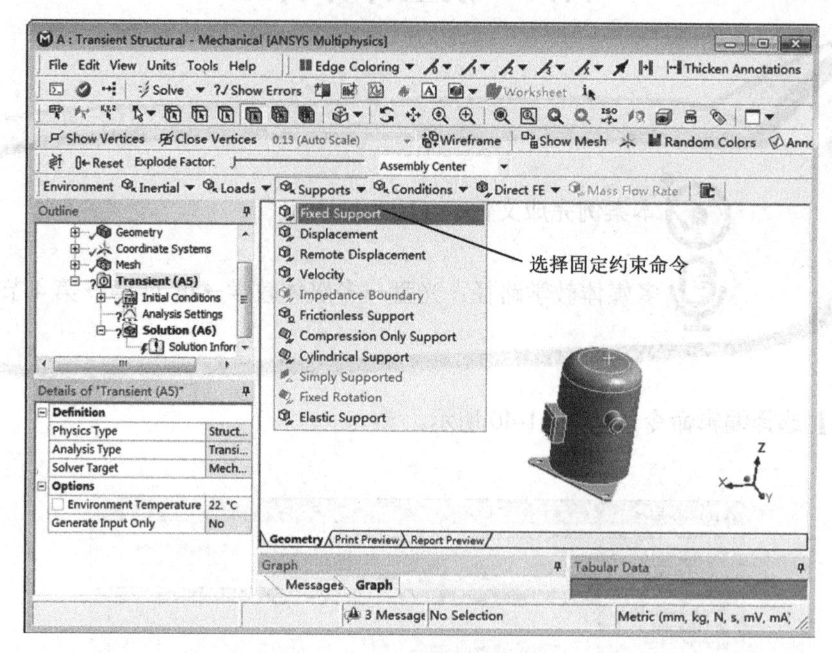

图 11-41　添加固定约束

Step3 选择约束边线，如图 11-42 所示。

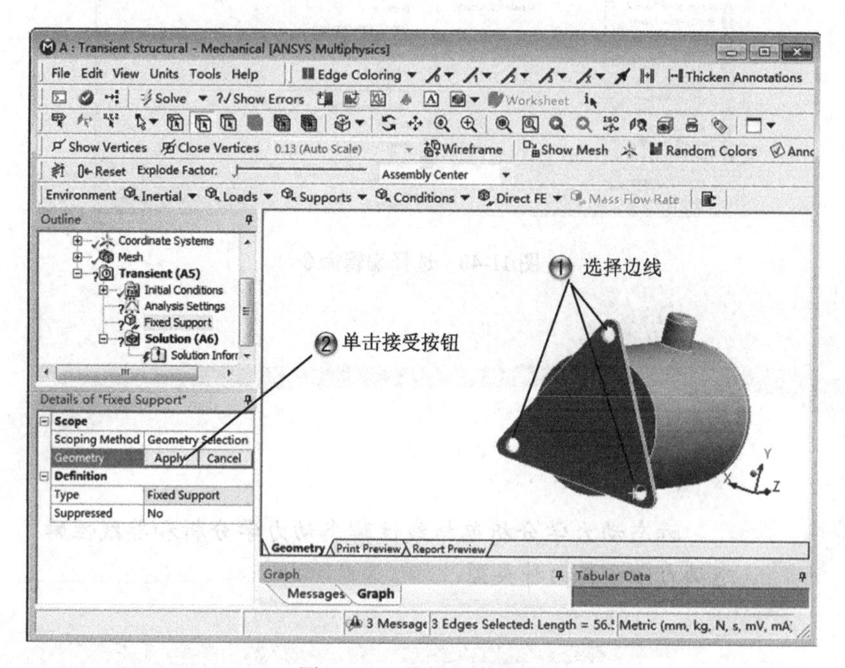

图 11-42　选择约束边线

Step4 设置每一步时间步，如图 11-43 所示。

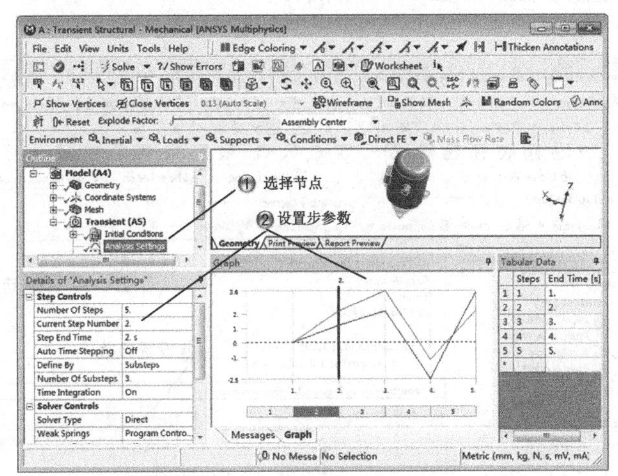

图 11-43　设置每一步时间步

提示：

线性瞬态动力学分析是指模型中不包括任何非线性行为，适用于线性材料、小位移、小应变、刚度不变结构的瞬态动力学分析，其算法有两种：直接法和模态叠加法。

Step5 添加惯性加速度，如图 11-44 所示。

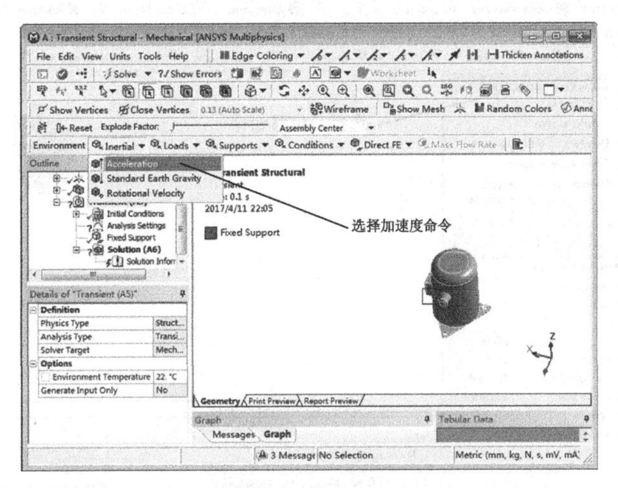

图 11-44　添加惯性加速度

Step6 设置加速度参数，如图 11-45 所示。

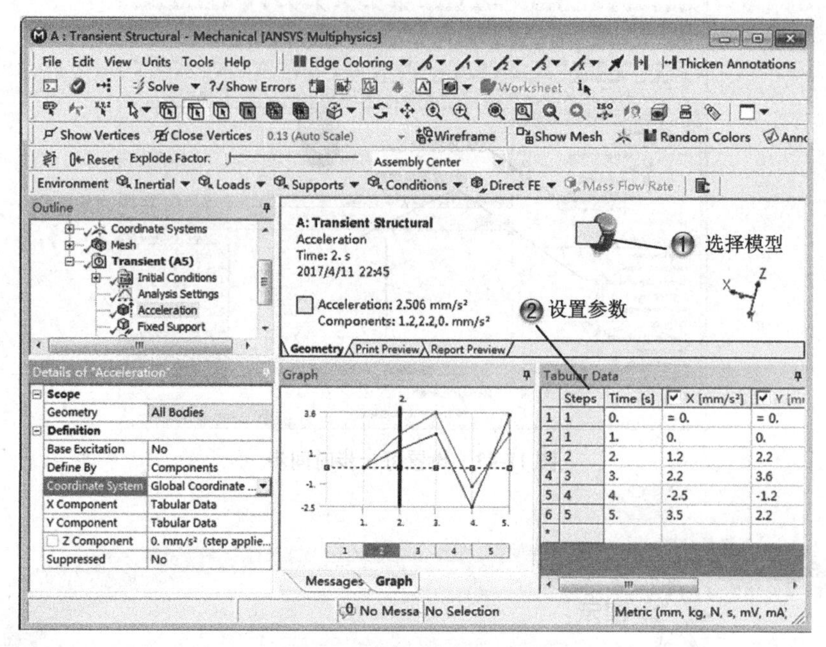

图 11-45 设置加速度参数

Step7 添加总位移分析，如图 11-46 所示。

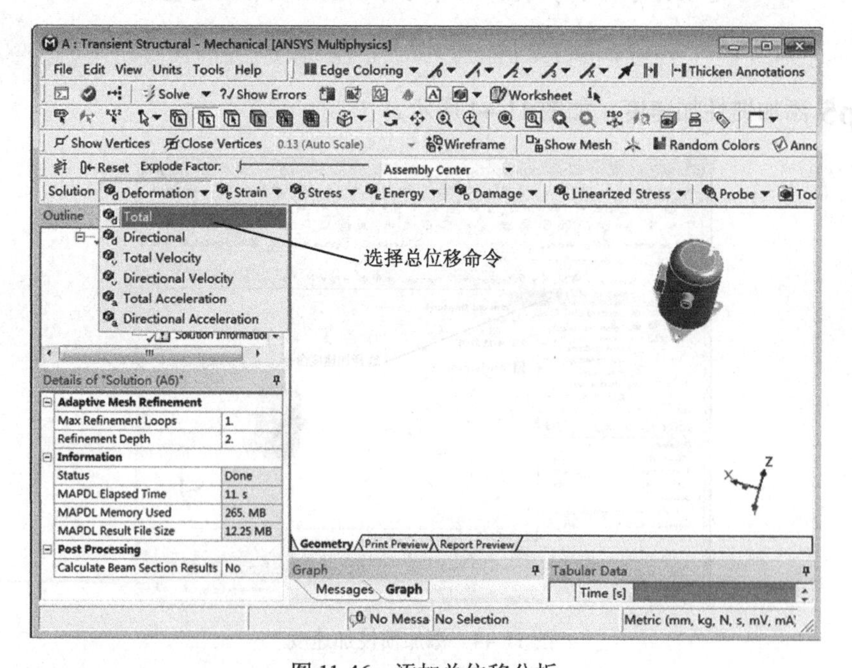

图 11-46 添加总位移分析

Step8 添加总加速度分析，如图 11-47 所示。

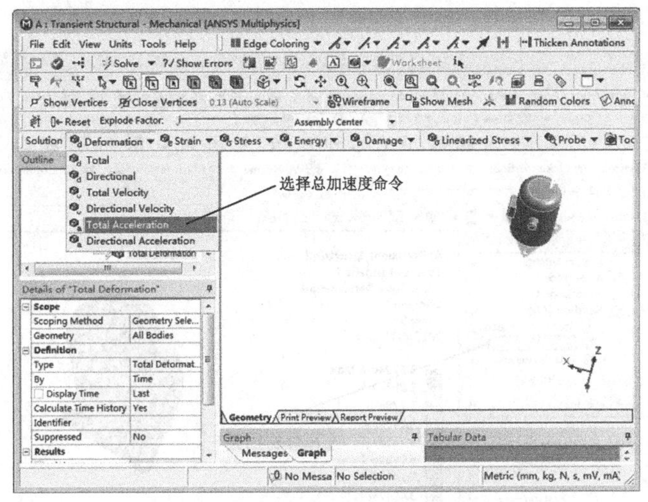

图 11-47　添加总加速度分析

11.5　结果后处理

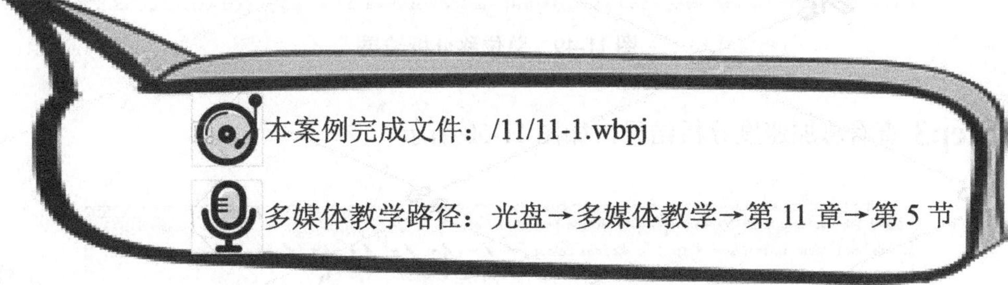

本案例完成文件：/11/11-1.wbpj
多媒体教学路径：光盘→多媒体教学→第 11 章→第 5 节

Step1 选择编辑命令，如图 11-48 所示。

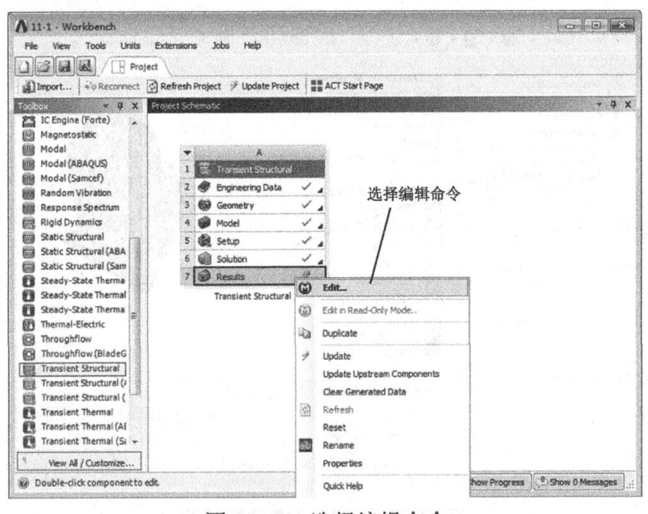

图 11-48　选择编辑命令

Step2 查看总位移分析结果，如图 11-49 所示。

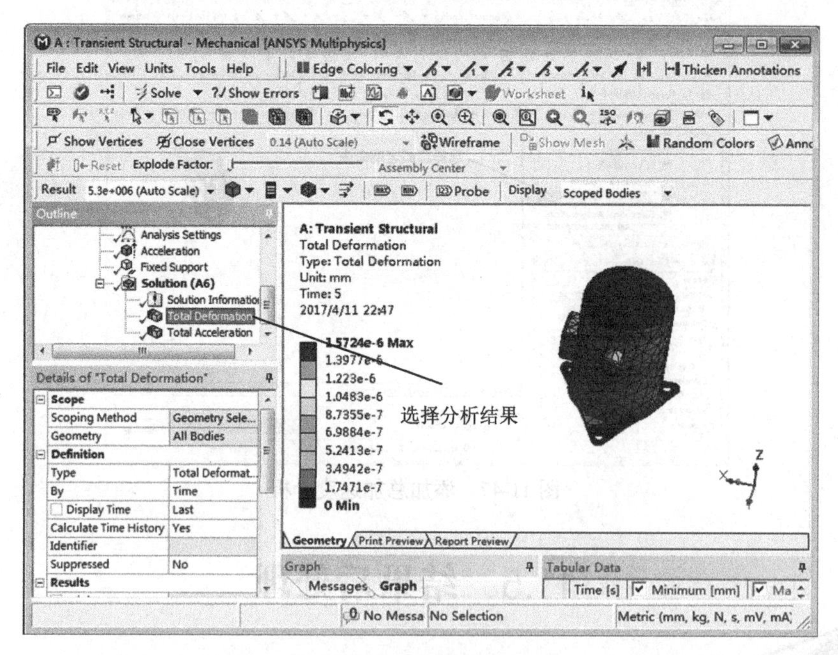

图 11-49　总位移分析结果

Step3 查看总加速度分析结果，如图 11-50 所示。

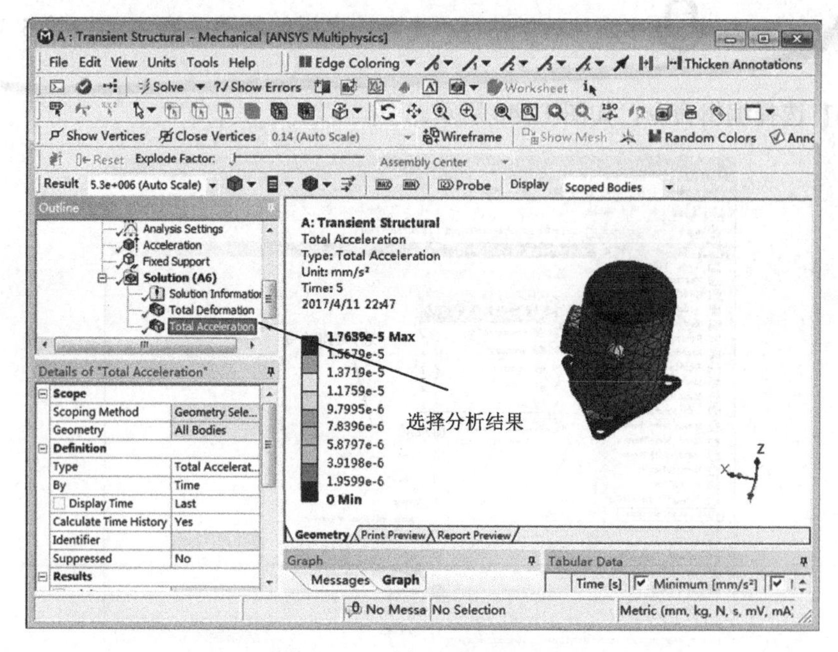

图 11-50　总加速度分析结果

Step4 添加剪切力分析，如图 11-51 所示。

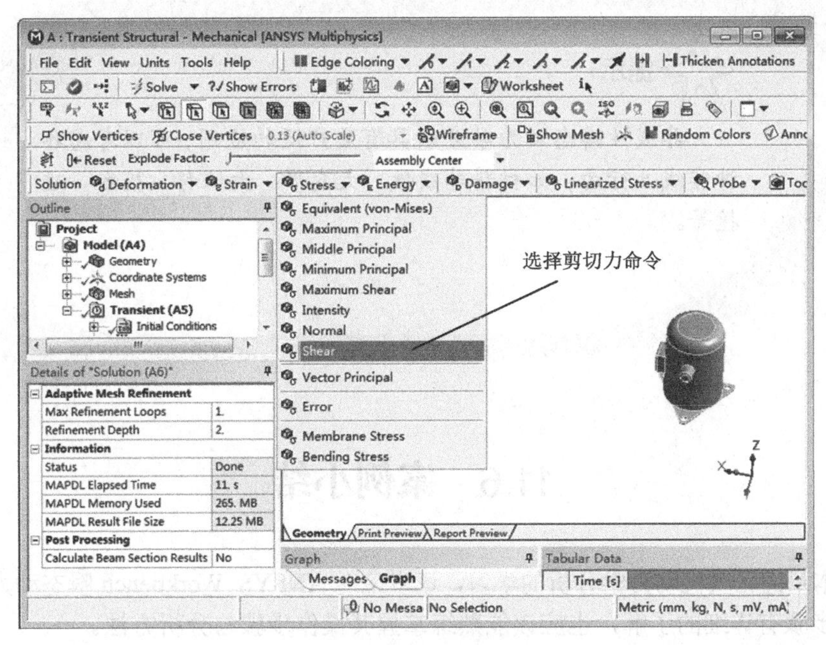

图 11-51　添加剪切力分析

Step5 查看剪切应力分析，如图 11-52 所示。

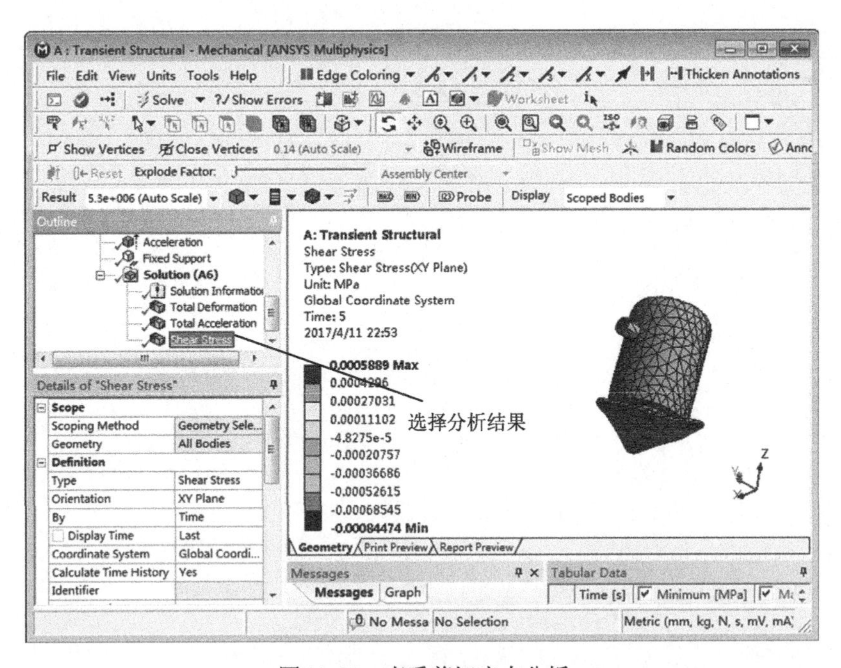

图 11-52　查看剪切应力分析

提示：

非线性瞬态动力学分析具有更广泛的应用，可以考虑各种非线性行为，如材料非线性、大变形、大位移、接触、碰撞等。

11.6 案例小结

通过本章的压气机动力学分析的学习，读者应对 ANSYS Workbench 瞬态动力学分析模块及操作步骤有详细的了解，也应该能熟练掌握其操作步骤与分析方法。

第12章

冷却棒热学分析案例

本章导读

热学是物理场中常见一种现象，在工程分析中热学包括热传导、热对流和热辐射 3 种基本形式，计算热力学在工程应用中至关重要，如在高温作用下的压力容器，如果温度过高会导致内部气体膨胀使压力容器爆裂，刹车片刹车制动会瞬时间产生大量热容易使刹车片产生热应力等。本章主要介绍 ANSYS Workhench 热学分析，讲解瞬态热学计算过程。

学习要求	学习目标 知识点	了解	理解	应用	实践
	热分析模型		√		
	热载荷		√		
	热边界条件		√		
	冷却棒的热学分析		√	√	√

12.1 案例分析

12.1.1 知识链接

在石油化工、动力、核能等许多重要部门中，在变温条件下工作的结构和部件，通常都存在温度应力问题。

在正常工况下存在稳态的温度应力，在启动或关闭过程中还会产生随时间变化的瞬态温度应力。这些应力已经占有相当的比重，甚至成为设计和运行中的控制应力。要计算稳态或者瞬态应力，首先要计算稳态或者瞬态温度场。

热分析用于计算一个系统或看不见的温度及其他热物理参数。热分析在许多工程应用中扮演重要角色，如内燃机、涡轮机、换热器、管路系统、电子元件等。在热分析中，对于一个稳态热分析的模拟，温度矩阵 $\{T\}$ 通过下面的矩阵方程解得：

$$[K(T)]\{T\}=\{Q(T)\}$$

式中，假设在稳态分析中不考虑瞬态影响，$[K]$ 可以是一个常量或是温度的函数；$\{Q\}$ 可以是一个常量或是温度的函数。上述方程基于傅里叶定律：固体内部的热流是 $[K]$ 的基础；热通量、热流率以及对流以 $\{Q\}$ 为边界条件；对流被处理成边界条件，虽然对流换热系数可能与温度相关。

12.1.2 设计思路

热力学分析的目的就是计算模型内部的温度分布以及热梯度、热流密度等物理量。热载荷包括热源、热对流、热辐射、热流量、外部温度场等。

冷却棒模型利用内外的温度不同，对外围的液体进行冷却。本案例将分析一个冷却棒模型的热传导特性。假设外围液体环境温度为 100 ℃，冷却棒内部温度为 20℃，而冷却棒外表面的传热方式为静态液体对流换热，进行其热分析。冷却棒模型如图 12-1 所示。

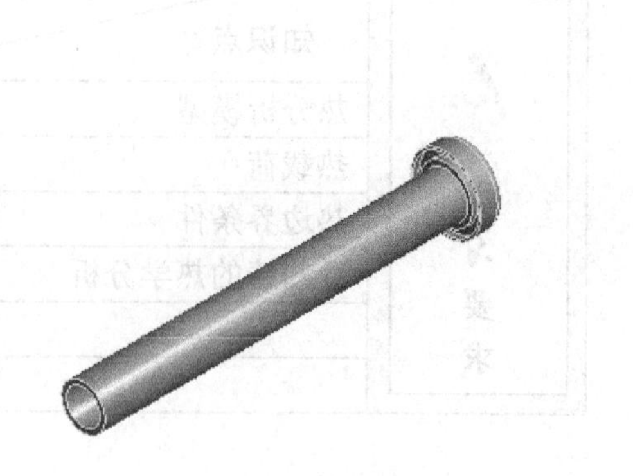

图 12-1　冷却棒模型

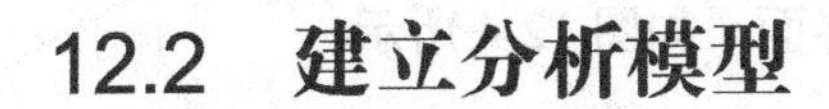

12.2 建立分析模型

本案例完成文件：/12/12-1.wbpj

多媒体教学路径：光盘→多媒体教学→第 12 章→第 2 节

Step1 创建分析模型，如图 12-2 所示。

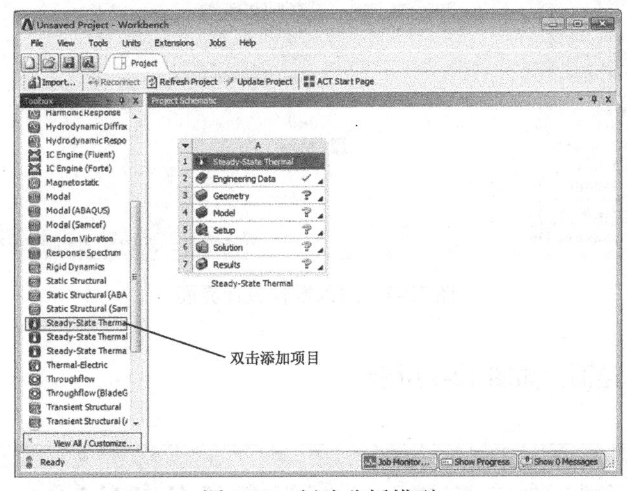

图 12-2　创建分析模型

Step2 设置尺寸单位，如图 12-3 所示。

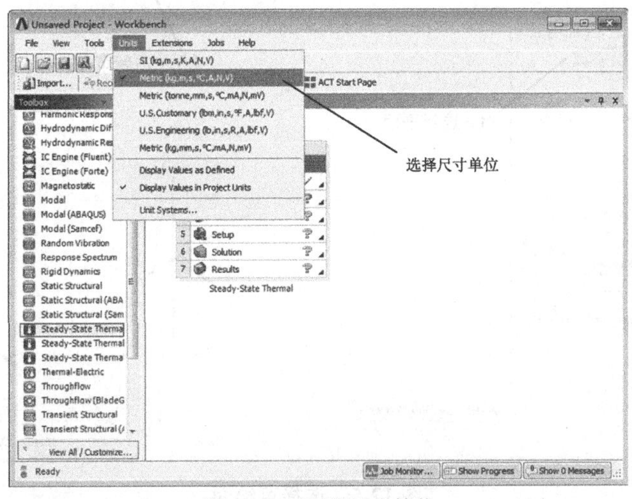

图 12-3　设置尺寸单位

Step3 进入零件设计界面，如图 12-4 所示。

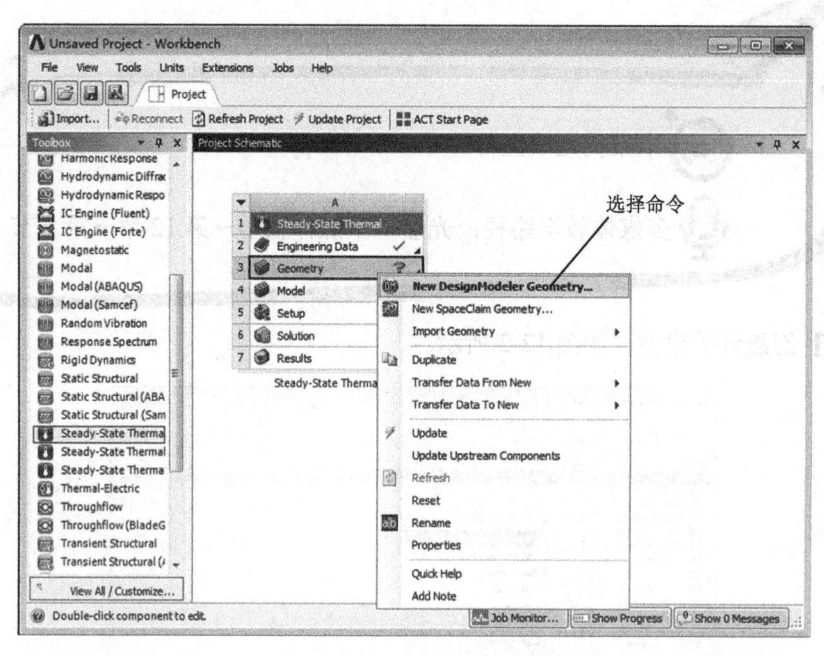

图 12-4 进入零件设计界面

Step4 选择草绘面，如图 12-5 所示。

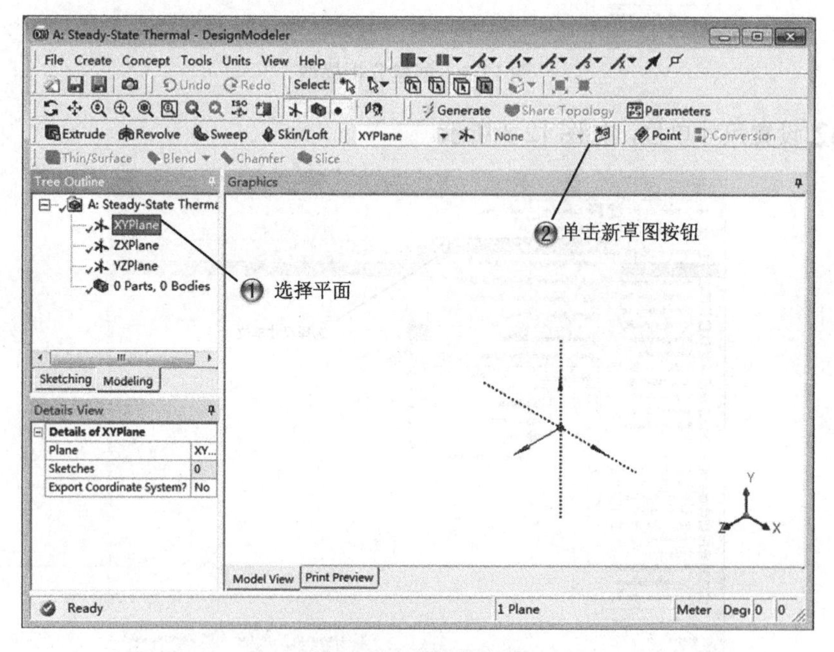

图 12-5 选择草绘面

Step5 绘制圆形，如图 12-6 所示。

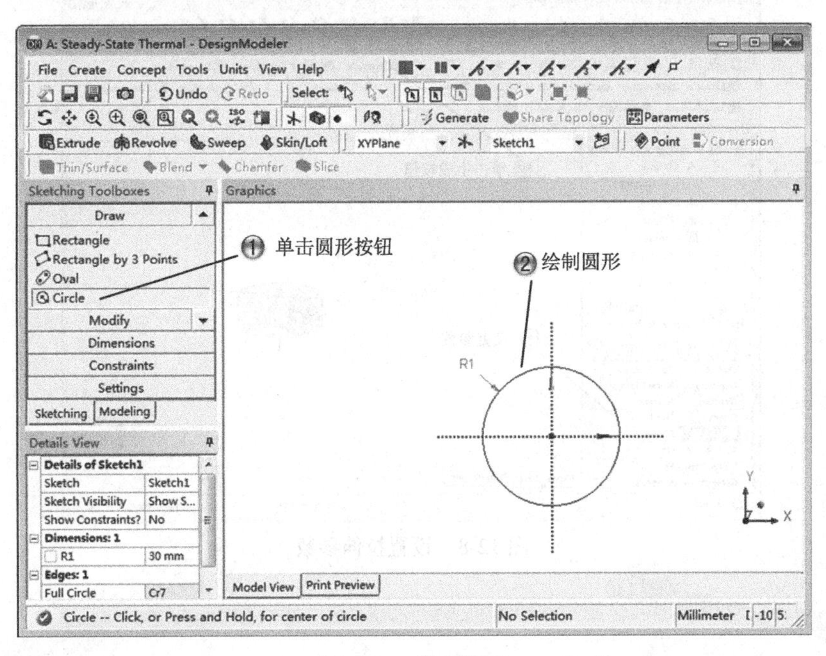

图 12-6　绘制圆形

Step6 拉伸圆形草图，如图 12-7 所示。

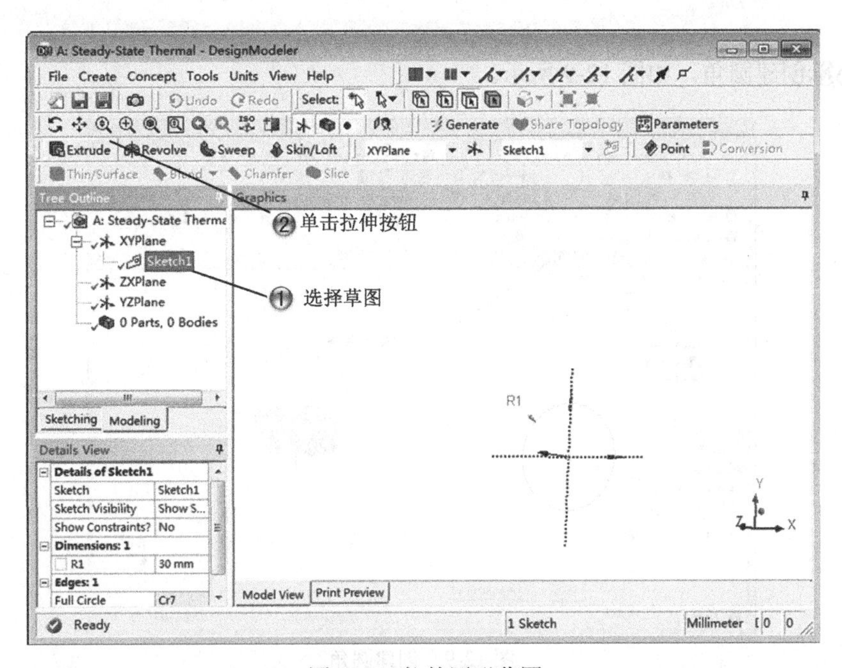

图 12-7　拉伸圆形草图

Step7 设置拉伸参数，如图 12-8 所示。

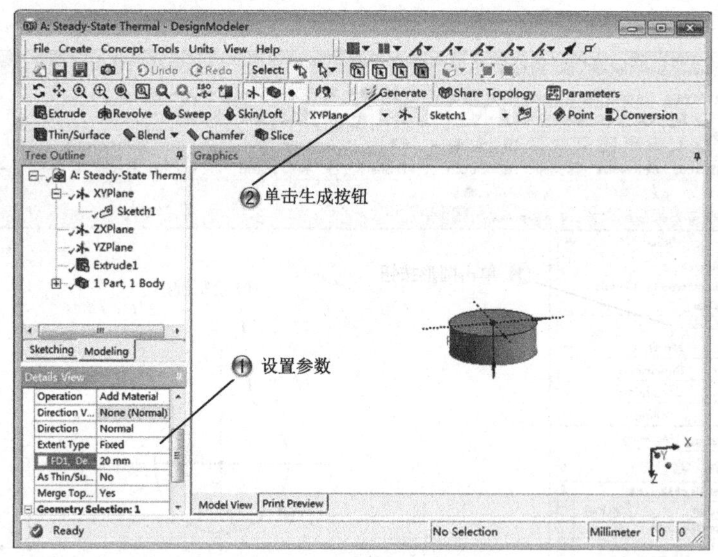

图 12-8　设置拉伸参数

提示：

在装配体热分析中，需要实体接触，此时为确保部件间的热传递，实体间的接触区将被自动创建。

Step8 创建圆角，如图 12-9 所示。

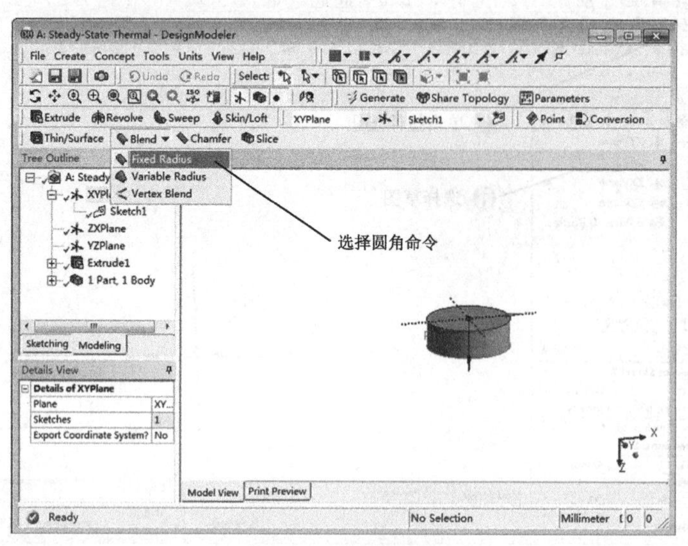

图 12-9　创建圆角

Step9 设置圆角参数，如图 12-10 所示。

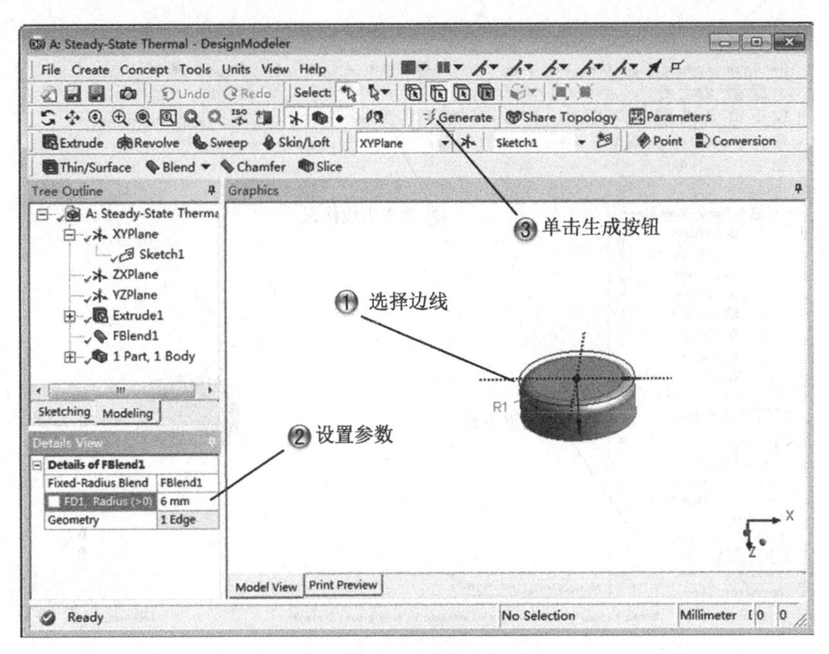

图 12-10 设置圆角参数

Step10 创建新平面，如图 12-11 所示。

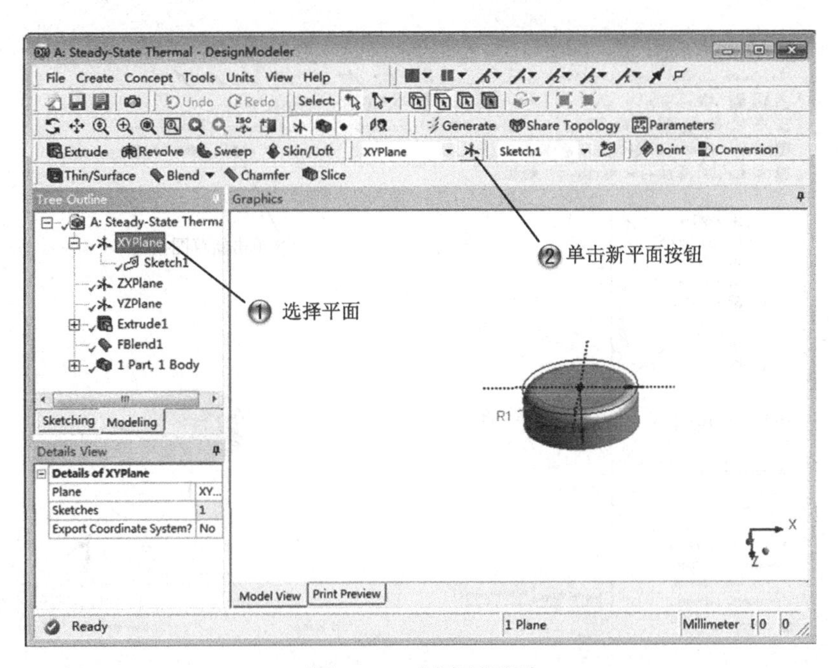

图 12-11 创建新平面

Step11 设置新平面参数，如图 12-12 所示。

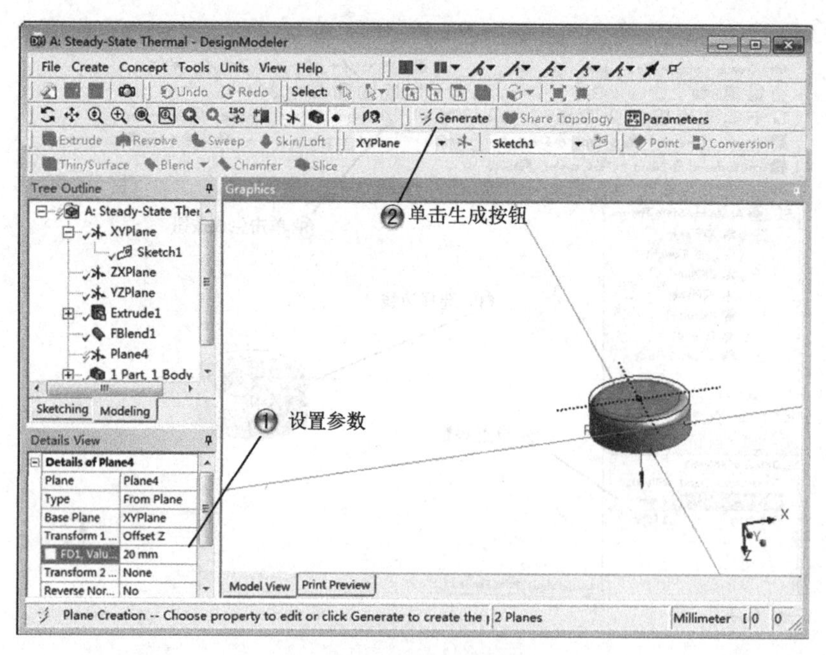

图 12-12 设置新平面参数

Step12 选择草绘面，如图 12-13 所示。

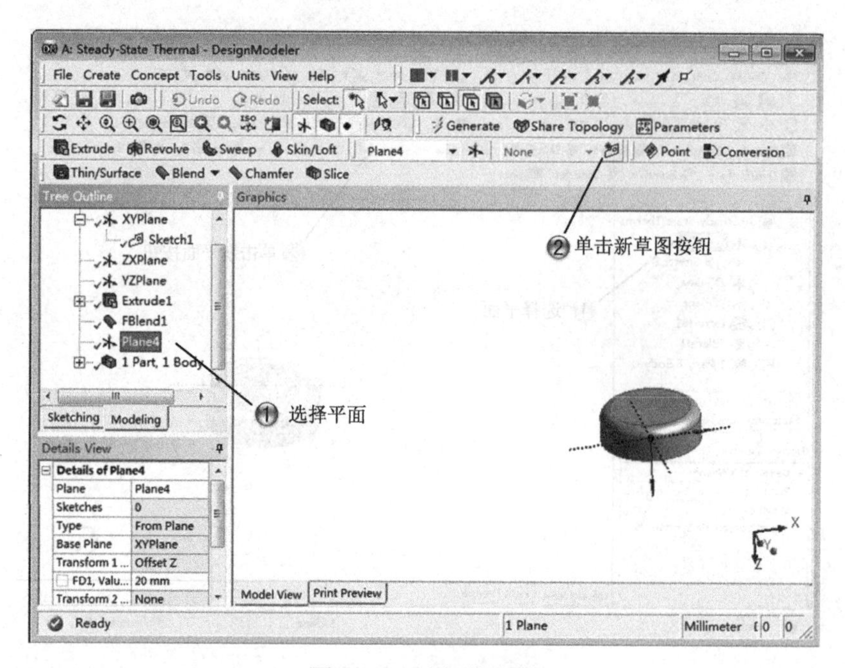

图 12-13 选择草绘面

Step13 绘制圆形，如图 12-14 所示。

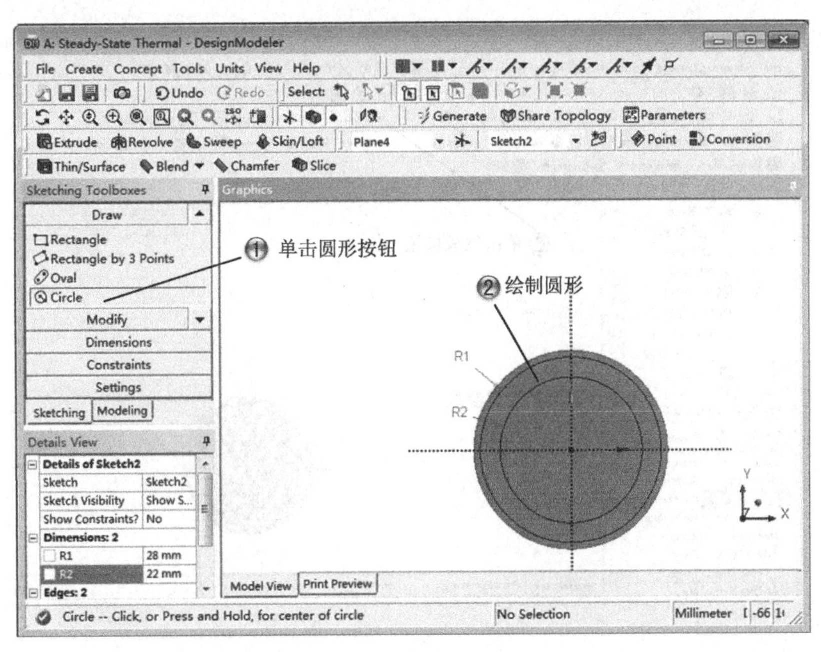

图 12-14　绘制圆形

Step14 拉伸草图，如图 12-15 所示。

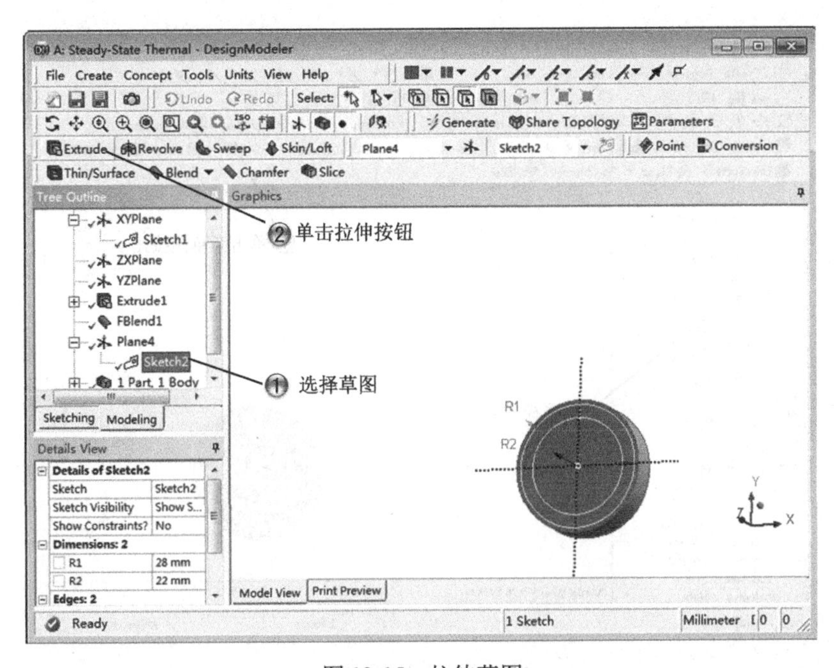

图 12-15　拉伸草图

Step15 设置拉伸切除参数，如图 12-16 所示。

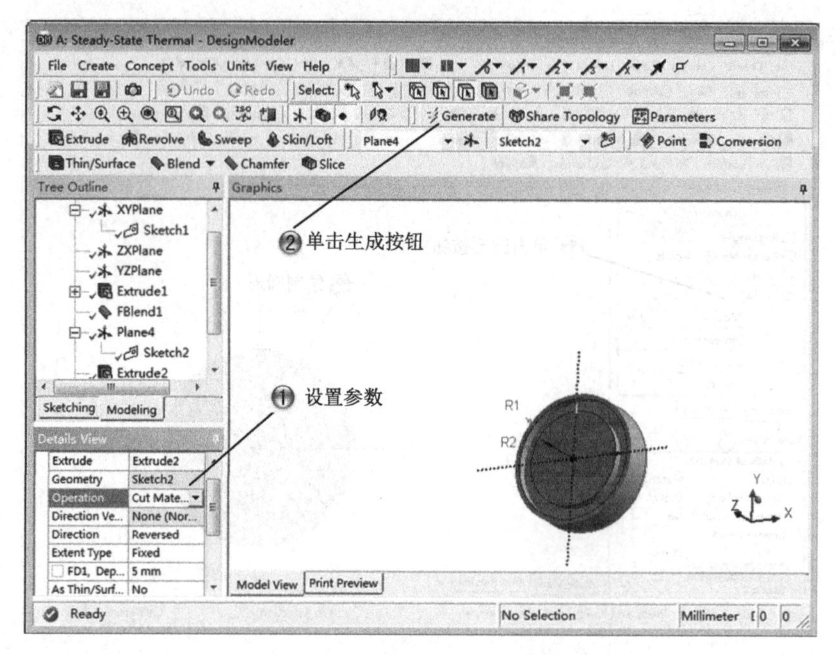

图 12-16 设置拉伸切除参数

Step16 选择草绘面，如图 12-17 所示。

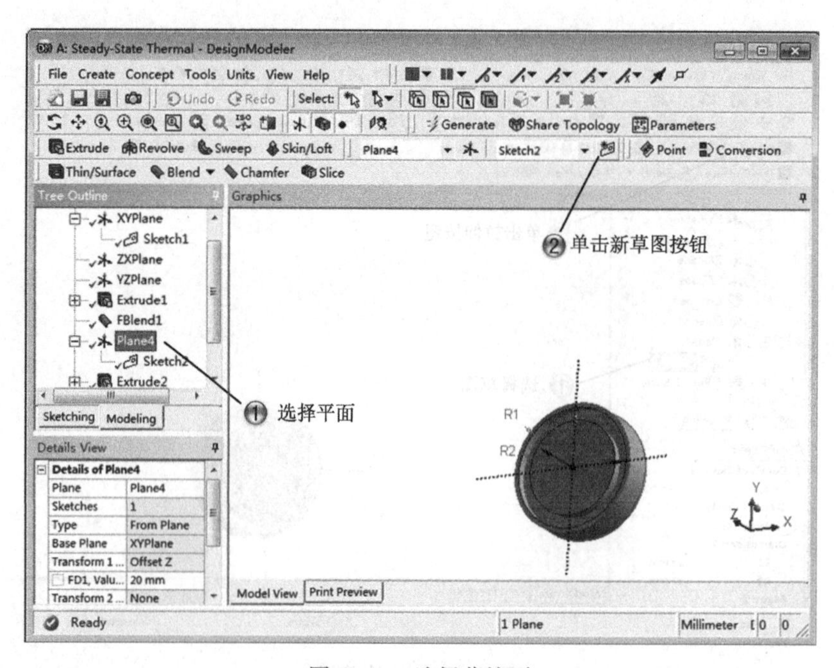

图 12-17 选择草绘面

Step17 绘制圆形，如图 12-18 所示。

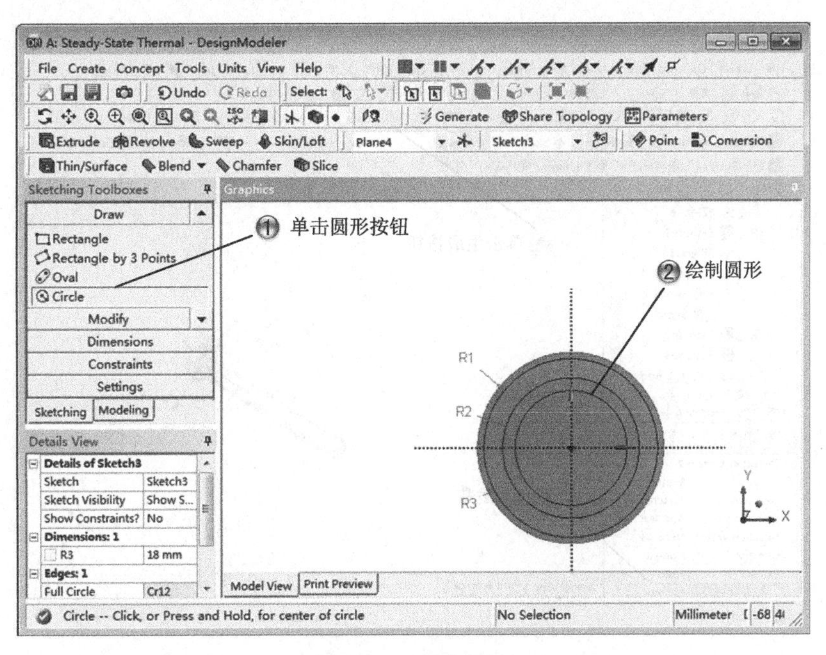

图 12-18　绘制圆形

Step18 拉伸草图，如图 12-19 所示。

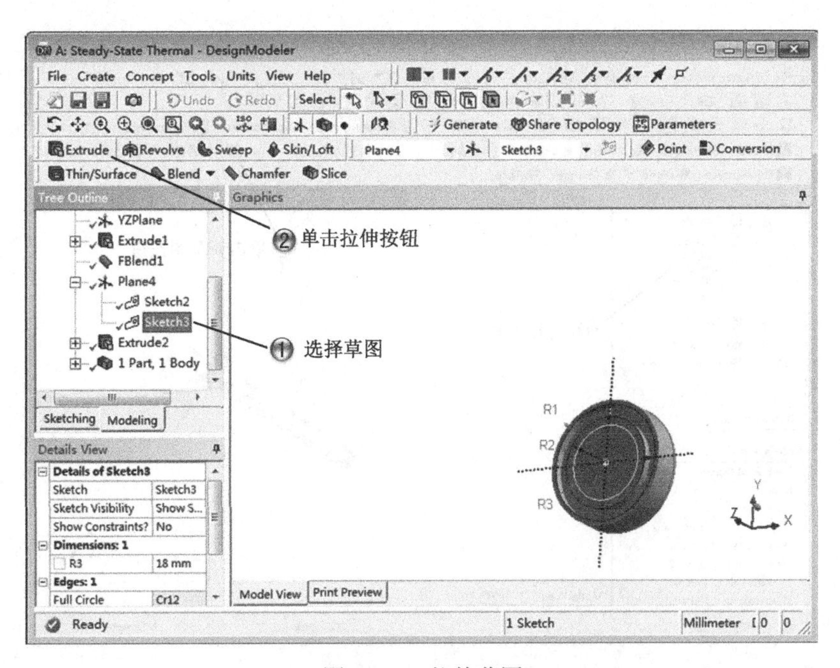

图 12-19　拉伸草图

Step19 设置拉伸参数，如图 12-20 所示。

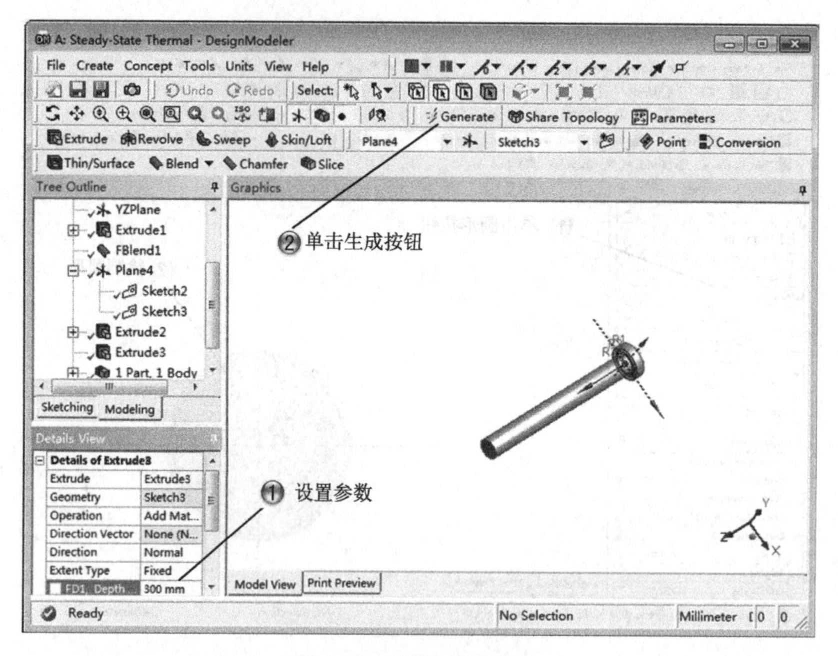

图 12-20 设置拉伸参数

Step20 选择草绘面，如图 12-21 所示。

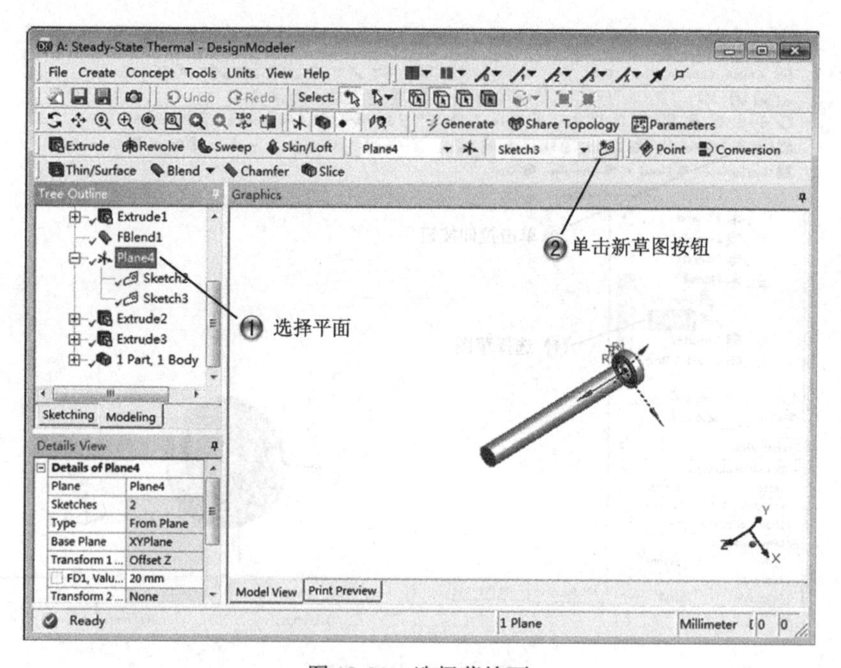

图 12-21 选择草绘面

Step21 绘制圆形，如图 12-22 所示。

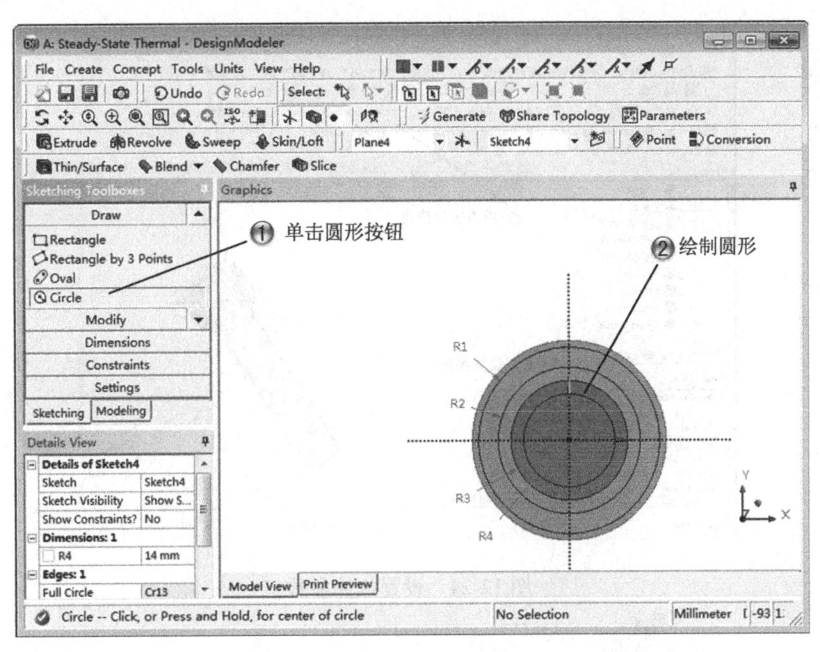

图 12-22　绘制圆形

Step22 拉伸圆形草图，如图 12-23 所示。

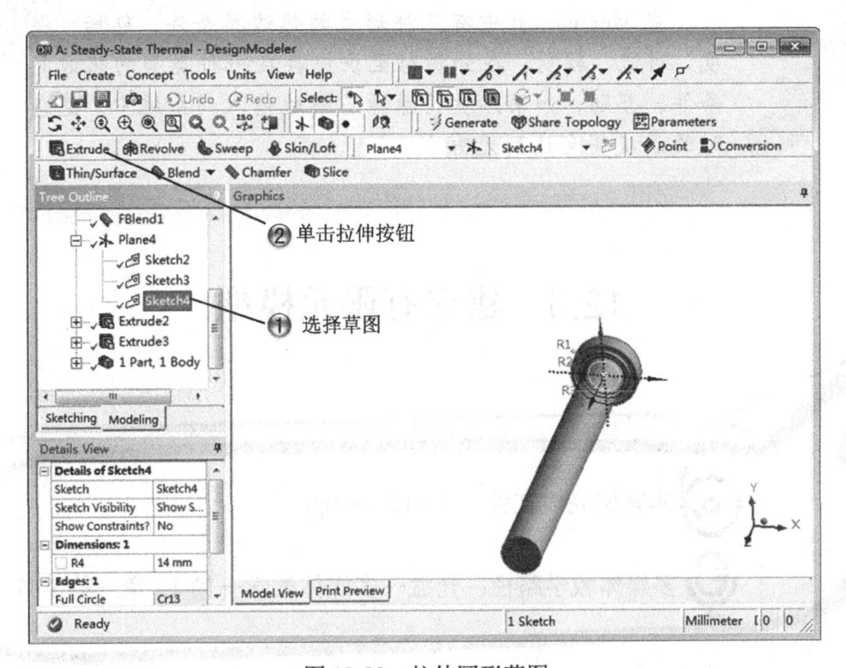

图 12-23　拉伸圆形草图

Step23 设置拉伸参数，如图 12-24 所示。

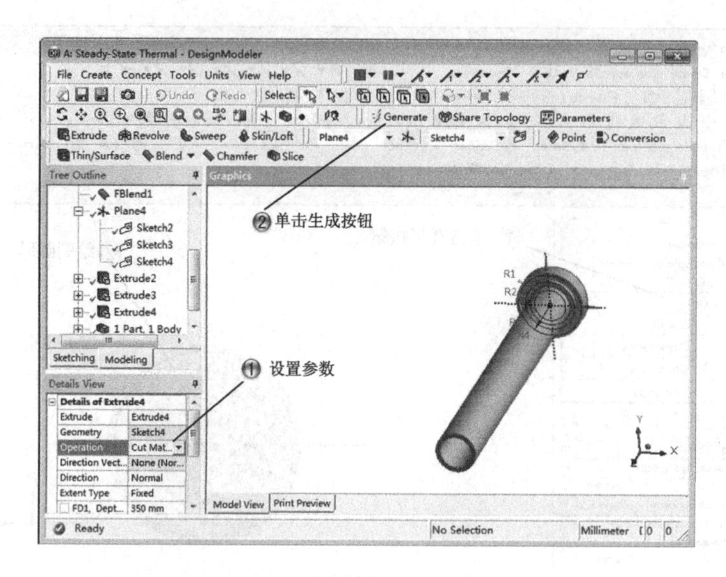

图 12-24　设置拉伸参数

提示：

在 Mechanical 中有三种形式的热边界条件，包括：温度、对流、辐射。在分析时至少应存在一种类型的热边界条件，否则，如果热量将源源不断地输入到系统中，稳态时的温度将会达到无穷大。

12.3　建立有限元模型

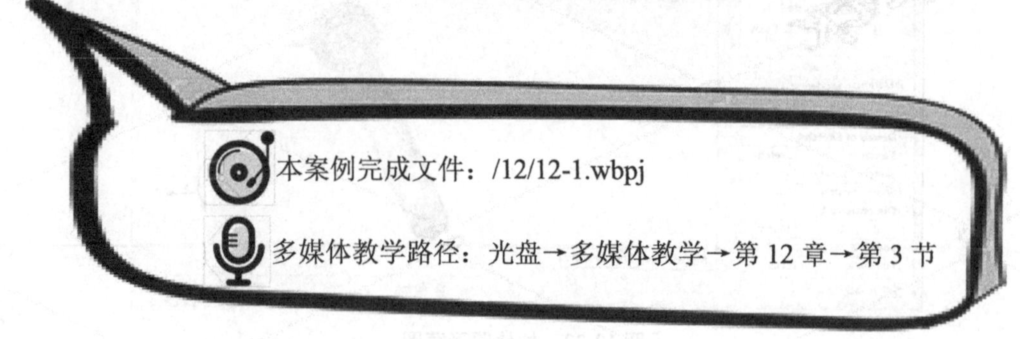

本案例完成文件：/12/12-1.wbpj
多媒体教学路径：光盘→多媒体教学→第 12 章→第 3 节

Step1 选择编辑命令，如图 12-25 所示。

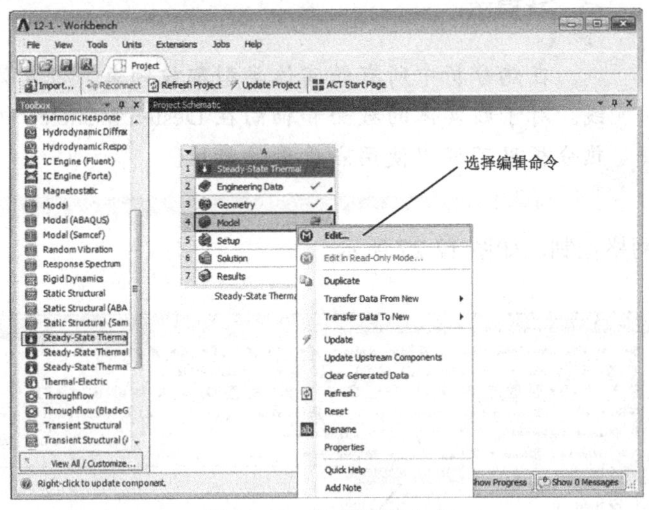

图 12-25 选择编辑命令

提示：

导热性是在 Engineering Date 中输入的。温度相关的导热性以表格形式输入。

Step2 设置网格化参数，如图 12-26 所示。

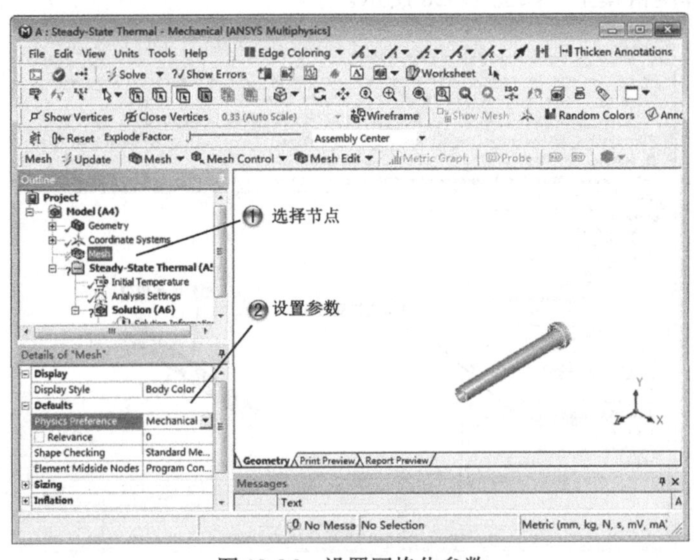

图 12-26 设置网格化参数

提示：

在热分析中所有的实体类型都被约束，包括体、面、线。对于线实体的截面和轴向在 Design Modeler 中定义，热分析里不可以使用点质量的特性。

Step3 添加网格控制，如图 12-27 所示。

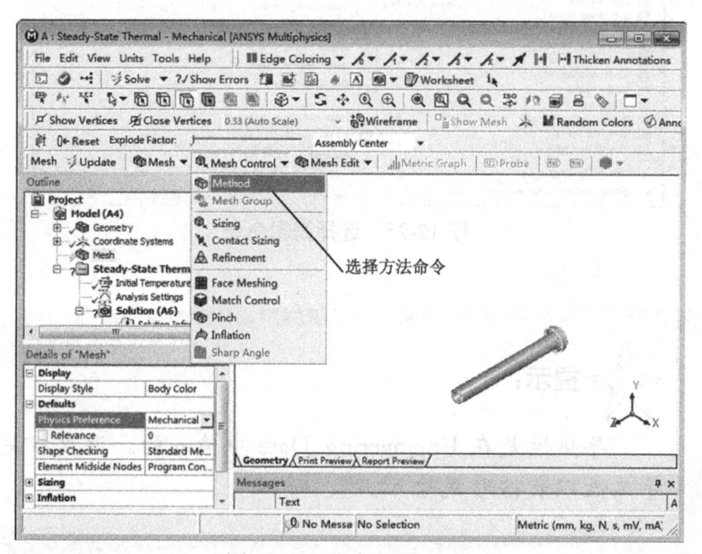

图 12-27　添加网格控制

Step4 选择网格模型，如图 12-28 所示。

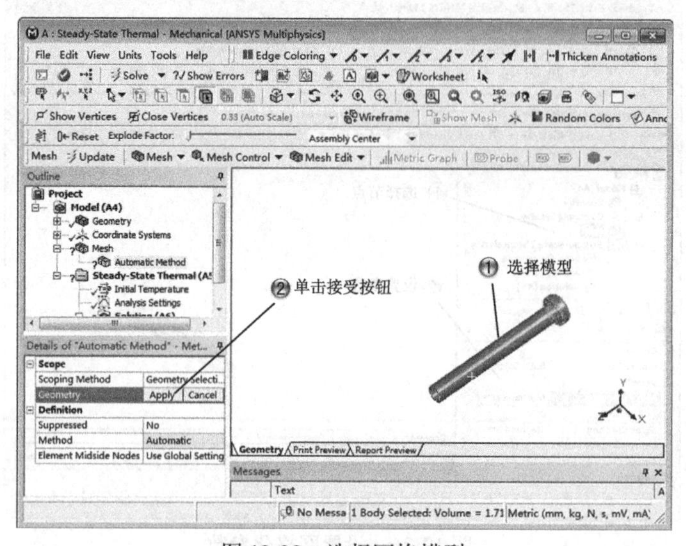

图 12-28　选择网格模型

Step5 完成网格化操作，如图 12-29 所示。

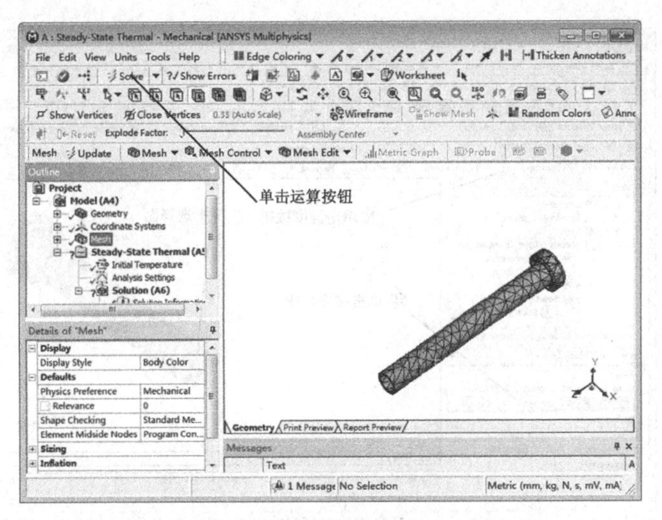

图 12-29　完成网格化操作

12.4　模型计算设置

本案例完成文件：/12/12-1.wbpj

多媒体教学路径：光盘→多媒体教学→第 12 章→第 4 节

Step1 选择编辑命令，如图 12-30 所示。

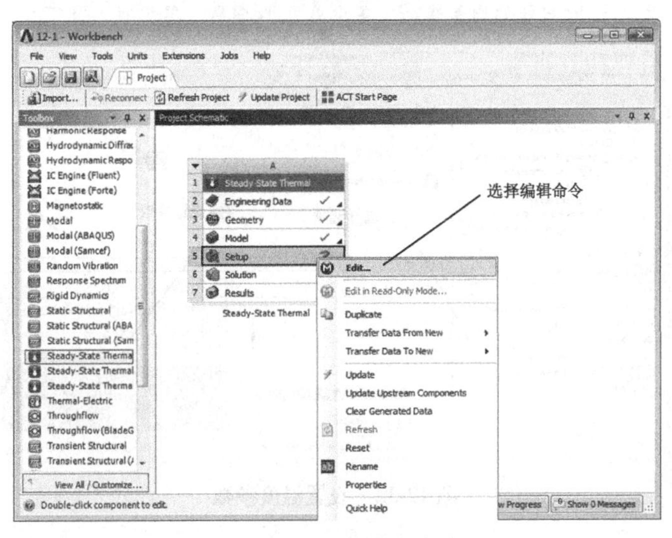

图 12-30　选择编辑命令

Step2 施加温度载荷 1，如图 12-31 所示。

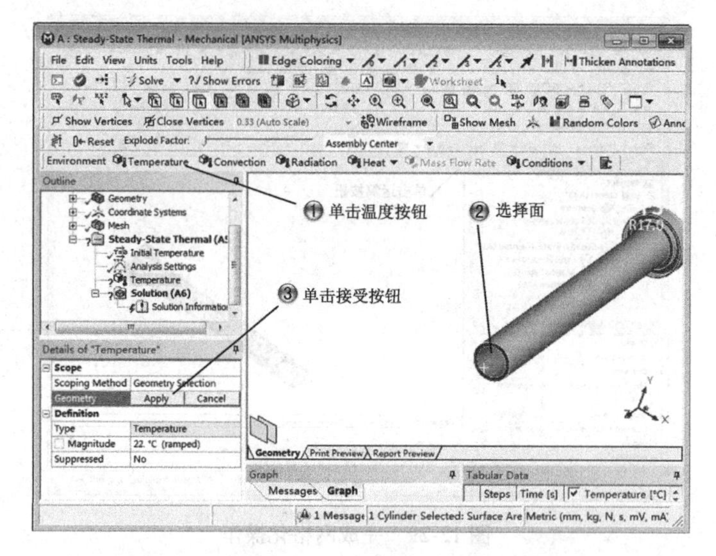

图 12-31 施加温度载荷 1

提示：

在热分析里，壳体没有厚度方向上的温度梯度。

Step3 设置温度参数，如图 12-32 所示。

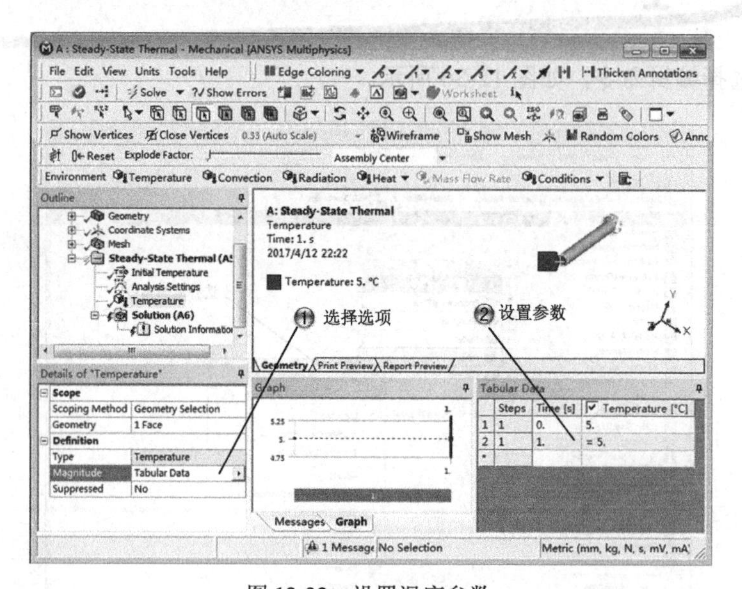

图 12-32 设置温度参数

Step4 施加温度载荷 2，如图 12-33 所示。

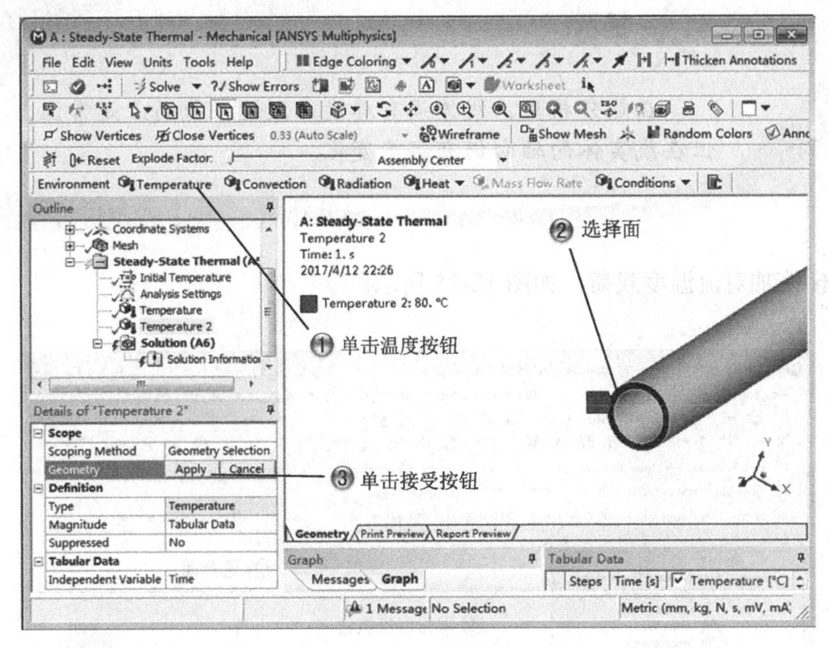

图 12-33　施加温度载荷 2

Step5 设置温度参数，如图 12-34 所示。

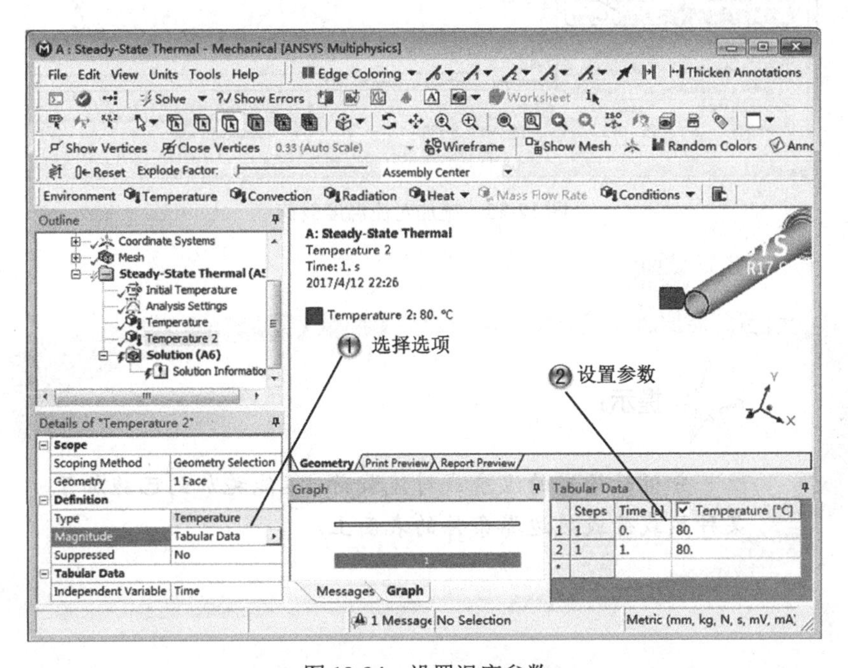

图 12-34　设置温度参数

在热分析里，线体没有厚度，假设在截面上是常温，但在线实体的轴向仍有温度变化。

Step6 施加对流温度载荷，如图 12-35 所示。

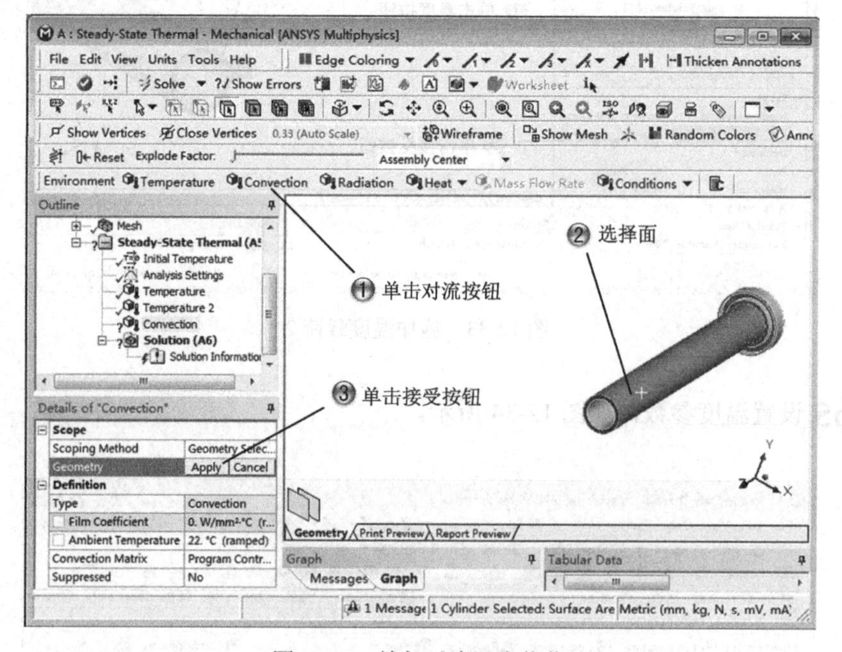

图 12-35　施加对流温度载荷

分析时给定的温度或对流载荷，不能施加到已施加了某种热载荷或热边界条件的表面上。

Step7 选择温度属性，如图 12-36 所示。

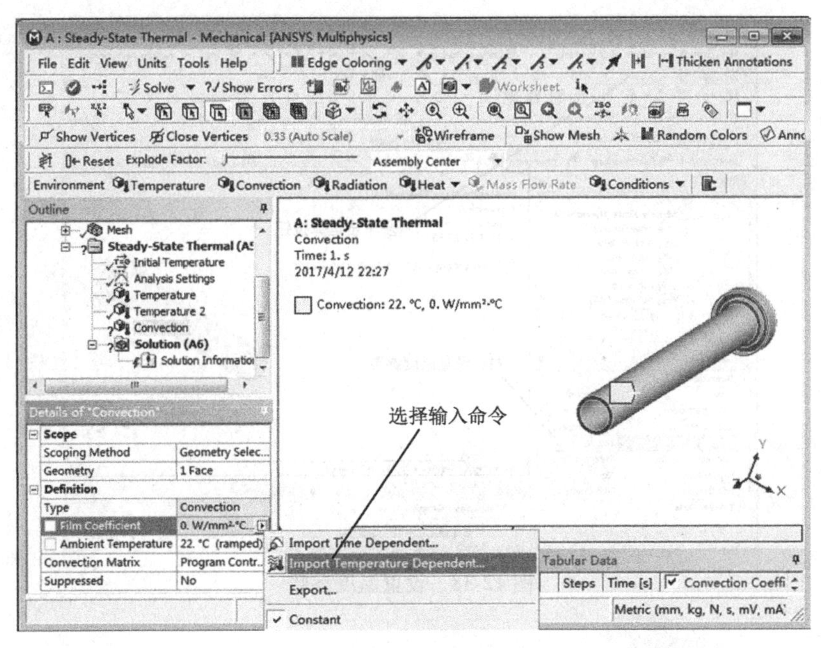

图 12-36　选择温度属性

Step8 选择水媒介，如图 12-37 所示。

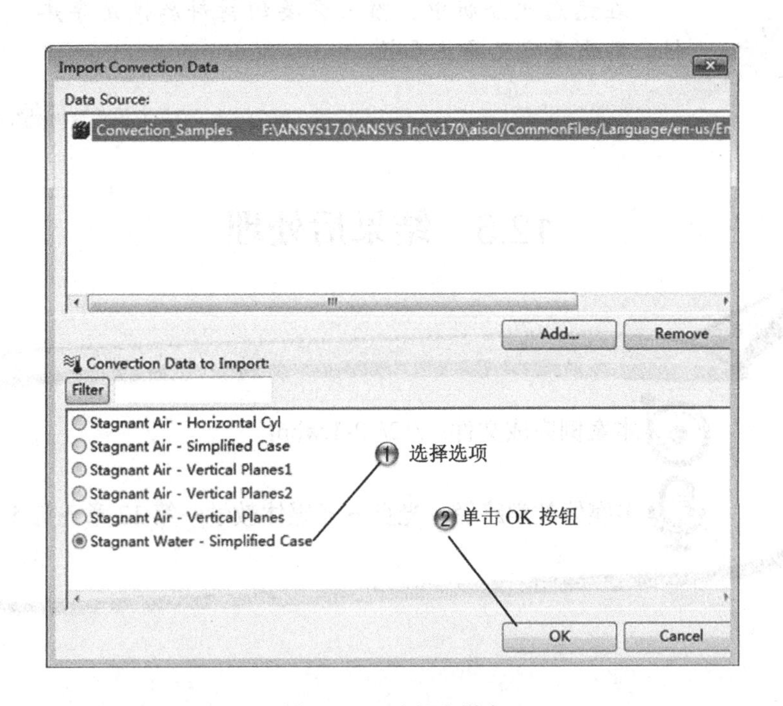

图 12-37　选择水媒介

Step9 设置温度参数，如图 12-38 所示。

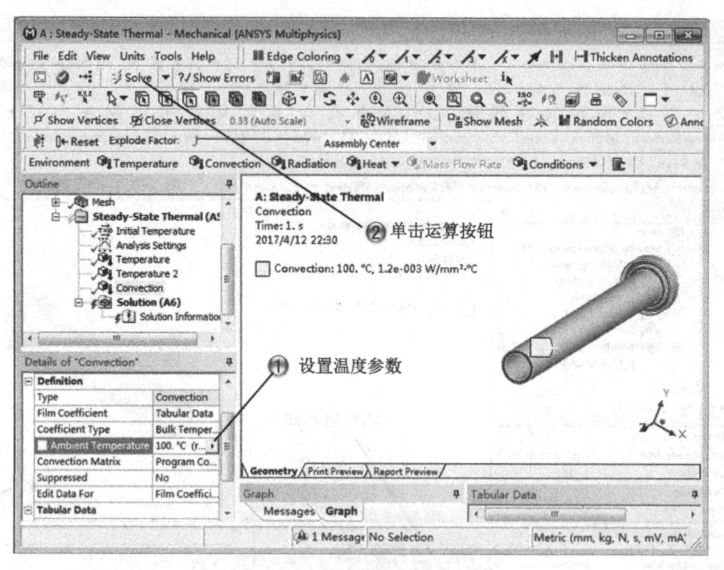

图 12-38　设置温度参数

提示：

在稳态热分析中，唯一需要的材料属性是导热性，即需要定义导热系数。

12.5　结果后处理

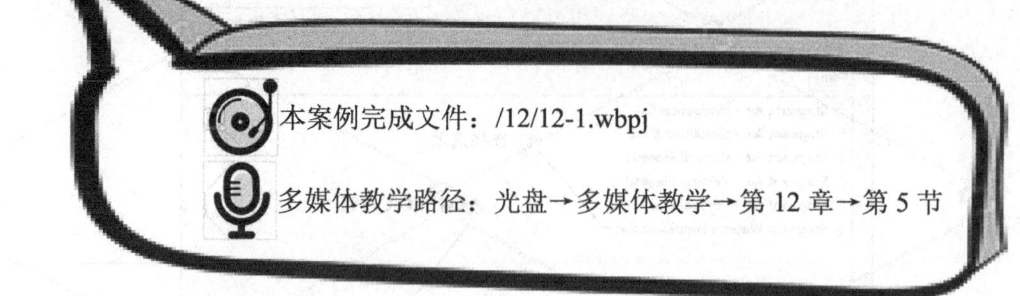

本案例完成文件：/12/12-1.wbpj
多媒体教学路径：光盘→多媒体教学→第 12 章→第 5 节

Step1 选择编辑命令，如图 12-39 所示。

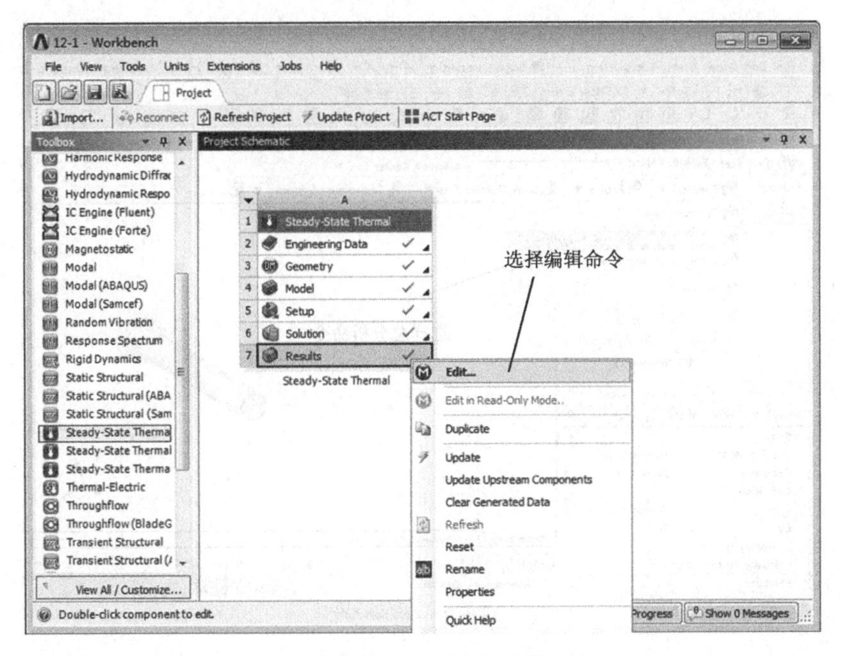

图 12-39 选择编辑命令

Step2 添加温度分析，如图 12-40 所示。

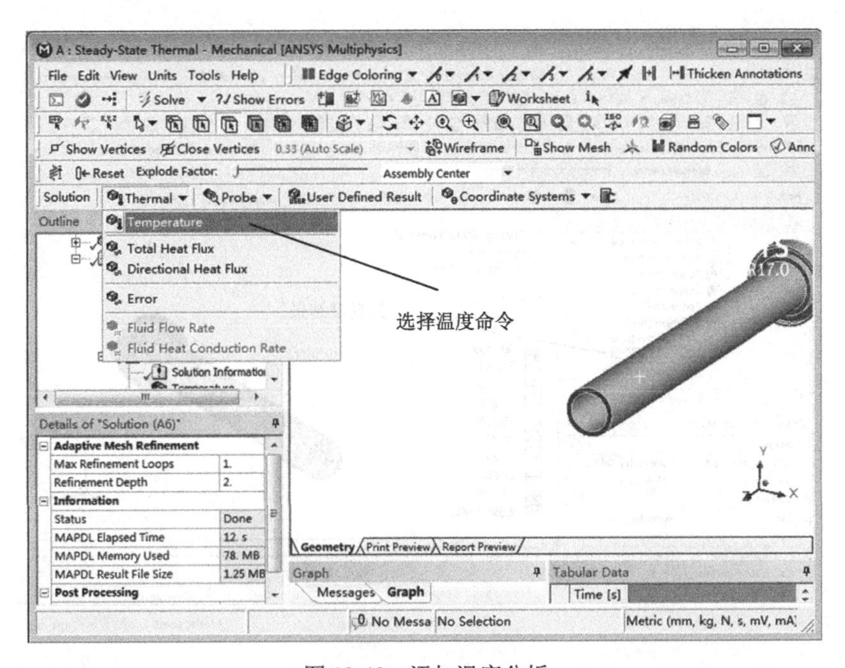

图 12-40 添加温度分析

Step3 添加总分析，如图 12-41 所示。

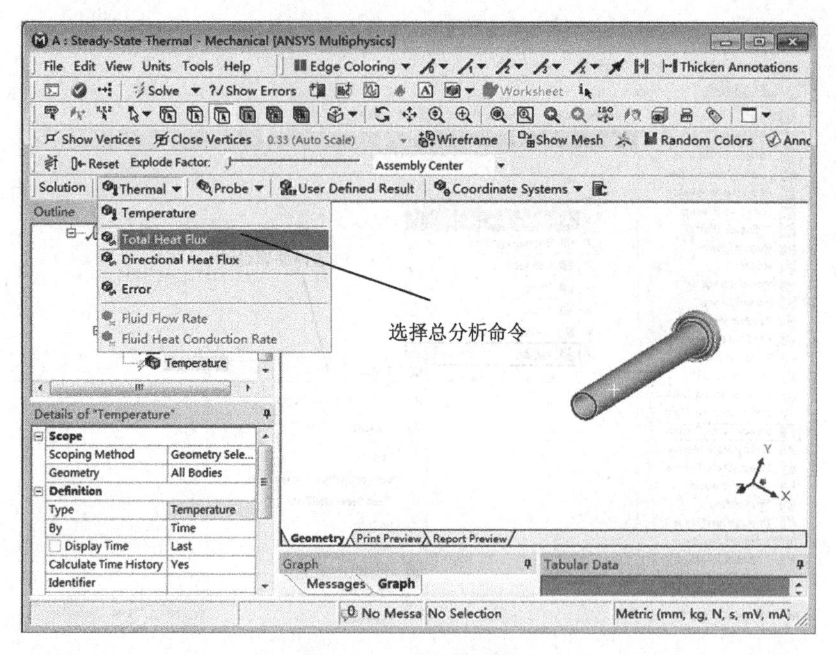

图 12-41　添加总分析

Step4 温度分析结果，如图 12-42 所示。

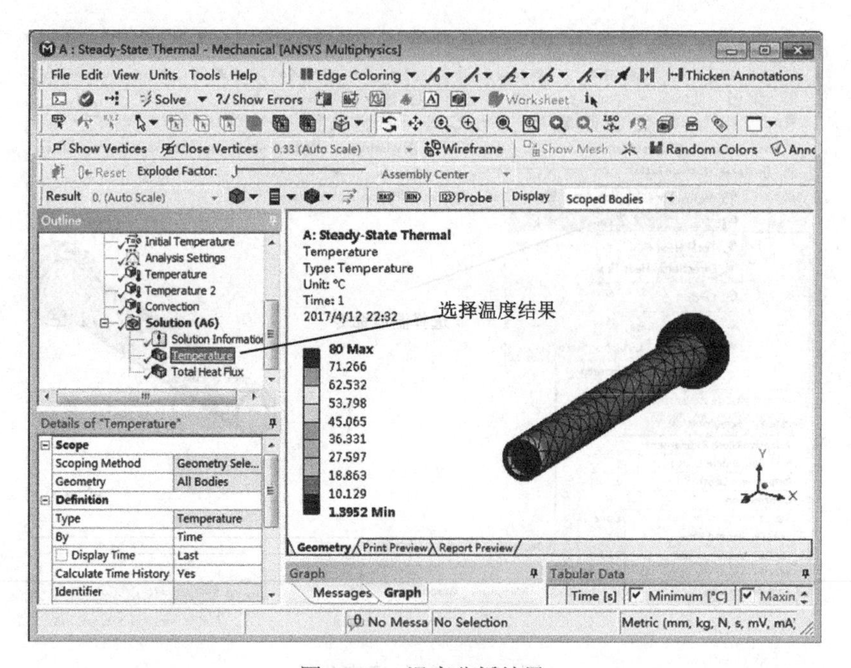

图 12-42　温度分析结果

Step5 总分析结果，如图 12-43 所示。

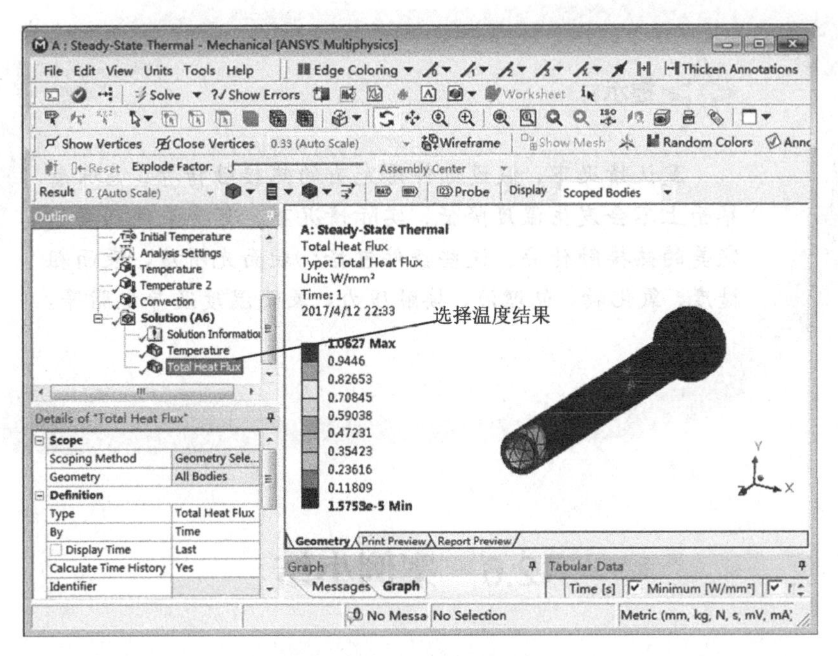

图 12-43　总分析结果

Step6 查看矢量图，如图 12-44 所示。

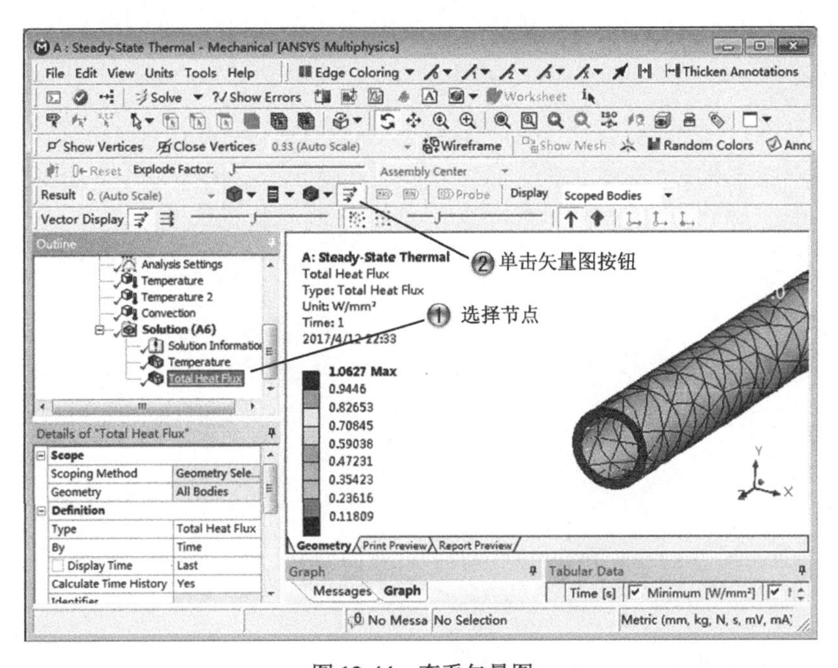

图 12-44　查看矢量图

默认情况下，假设部件是完美的热接触传导，意味着界面上不会发生温度降低，实际情况下，有些条件削弱了完美的热接触传导，这些条件包括：表面光滑度、表面粗糙度、氧化物、包埋液、接触压力、表面温度及导电脂等。

12.6 案例小结

本章主要介绍 ANSYS Workbench 的热分析模块，通过对冷却棒案例的热分析，读者可以对热分析的概念和流程有一个清晰的认识，在实际操作中，要根据需要考虑到会出现的各种情况。

第13章 电磁场分析案例

本章导读

电磁场理论由一套麦克斯韦方程组描述，分析和研究电磁场的出发点就是麦克斯韦方程组的目的，包括这个方面的求解与实验验证。ANSYS Workbench 软件自带 Electric（电场分析）模块及 Magnetostatic（磁场分析）模块，本章通过案例分别讲解电场分析和磁场分析的基本过程，以及这些模块的参数设置。

学习要求	知识点 \ 学习目标	了解	理解	应用	实践
	Electric 电场分析方法		√	√	
	Magnetostatic 磁场分析方法		√	√	
	钢棒的电场分析		√	√	√

13.1 案例分析

13.1.1 知识链接

在电磁学里，电磁场是一种由带电物体产生的一种物理场。处于电磁场中的带电物体会感受到电磁场的作用力。电磁场与带电物体（电荷或电流)之间的相互作用可以用麦克斯韦方程和洛伦兹力定律来描述。电磁场是有内在联系、相互依存的电场和磁场的统一体的总称。随时间变化的电场产生磁场，随时间变化的磁场产生电场，两者互为因果，形成电磁场。

电磁场理论由一套麦克斯韦方程组描述，分析和研究电磁场的出发点就是麦克斯韦方程组的研究方向，包括这个方面的求解与实验验证。麦克斯韦方程组实际上由 4 个定律组成，它们分别是安倍环路定律、法拉第电磁感应定律、高斯电通定律（简称高斯定律）和高斯磁通定律（亦称磁通连续性定律)。

电磁场计算中，经常对上述这些定律的偏微分进行简化，以便能够用分离变量法、格林函数等解得电磁场的解析解，其解得形式为三角函数的指数形式以及一些用特殊函数(如贝塞尔函数、勒计德多项式等）表示的形式。

但工程实践中，要精确得到问题的解析解，除了极个别情况，通常是很困难的。于是只能根据具体情况给定的边界条件和初始条件，用数值解法求其数值解，有限元法就是其中最为有效、应用最广的一种数值计算方法。

13.1.2 设计思路

ANSYS 以麦克斯韦方程组作为电磁场分析的出发点。有限元方法计算未知量（自由度）主要是磁位或通量，其他关心的物理量可以由这些自由度导出。根据用户所选择的单元类型和单元选项的不同。ANSYS 计算的自由度可以是标量磁位、矢量磁位或边界通量。

本章案例主要介绍应用电场分析模块，计算圆形钢棒的电压分布，钢棒模型如图 13-1 所示。棒体一端有电压 50V，一端接地，利用模块分析其电场分布。

图 13-1 钢棒模型

13.2　建立分析模型

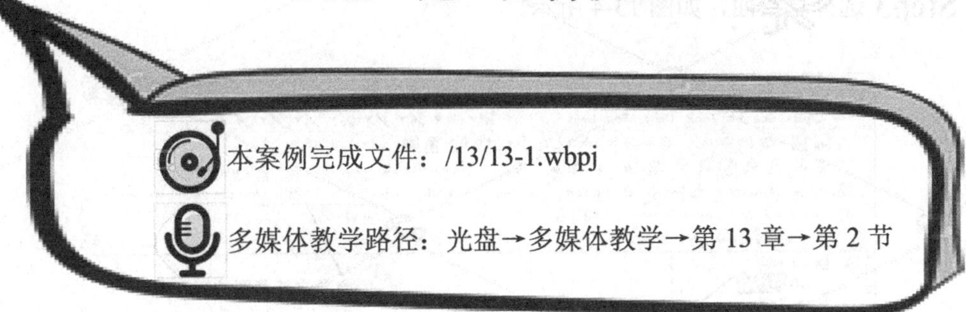

本案例完成文件：/13/13-1.wbpj
多媒体教学路径：光盘→多媒体教学→第 13 章→第 2 节

Step1 创建分析模型，如图 13-2 所示。

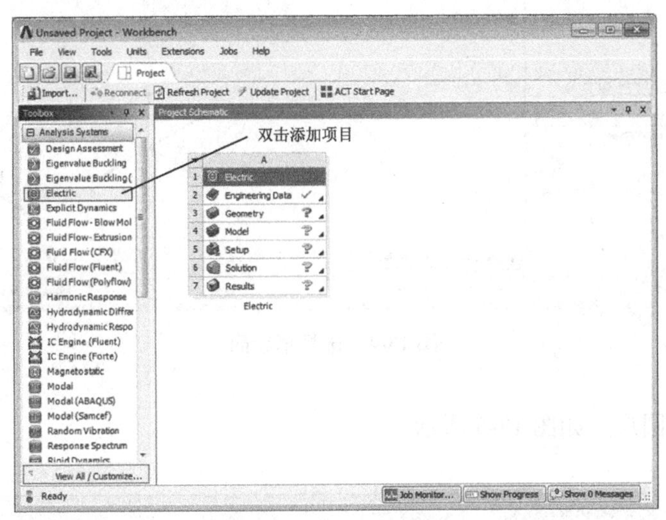

图 13-2　创建分析模型

Step2 进入零件设计界面，如图 13-3 所示。

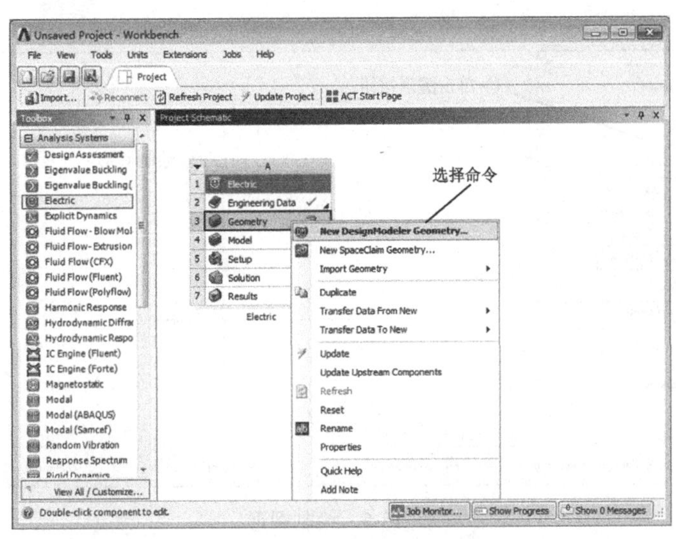

图 13-3　进入零件设计界面

Step3 选择草绘面，如图 13-4 所示。

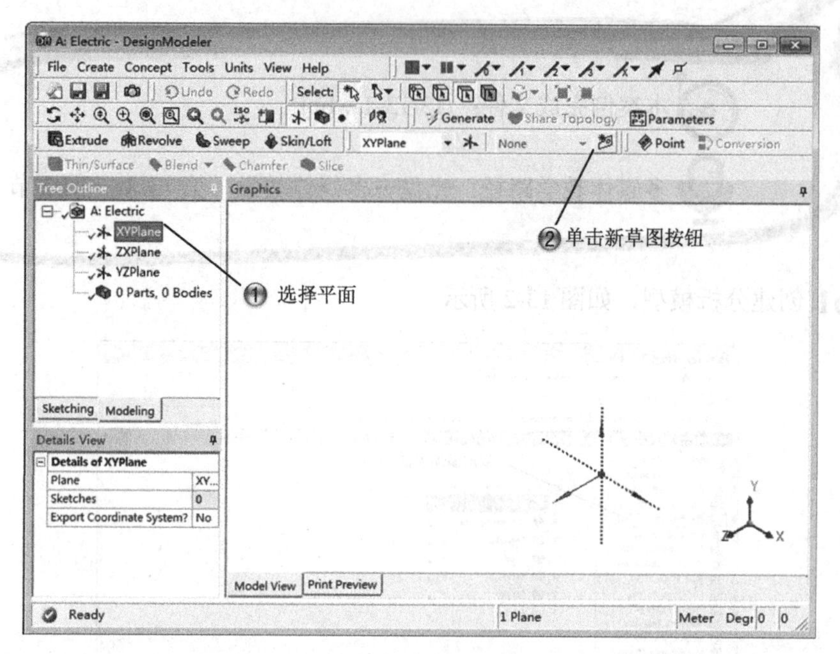

图 13-4 选择草绘面

Step4 绘制圆形，如图 13-5 所示。

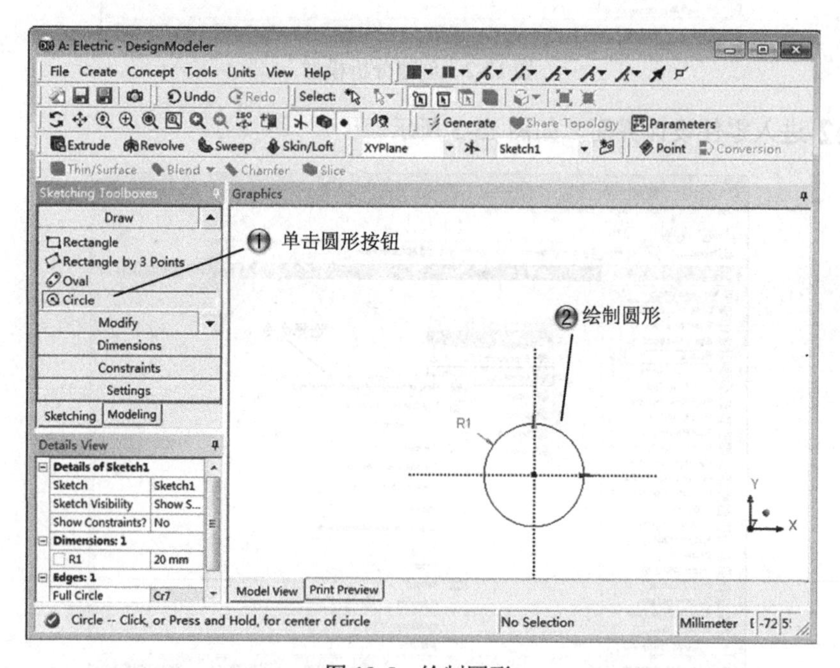

图 13-5 绘制圆形

Step5 拉伸圆形草图，如图 13-6 所示。

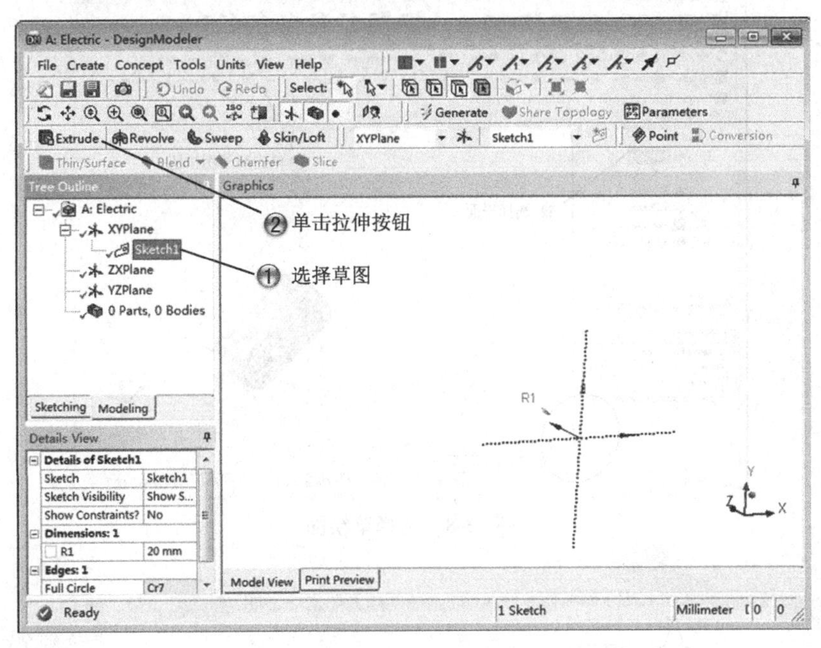

图 13-6 拉伸圆形草图

Step6 设置拉伸参数，如图 13-7 所示。

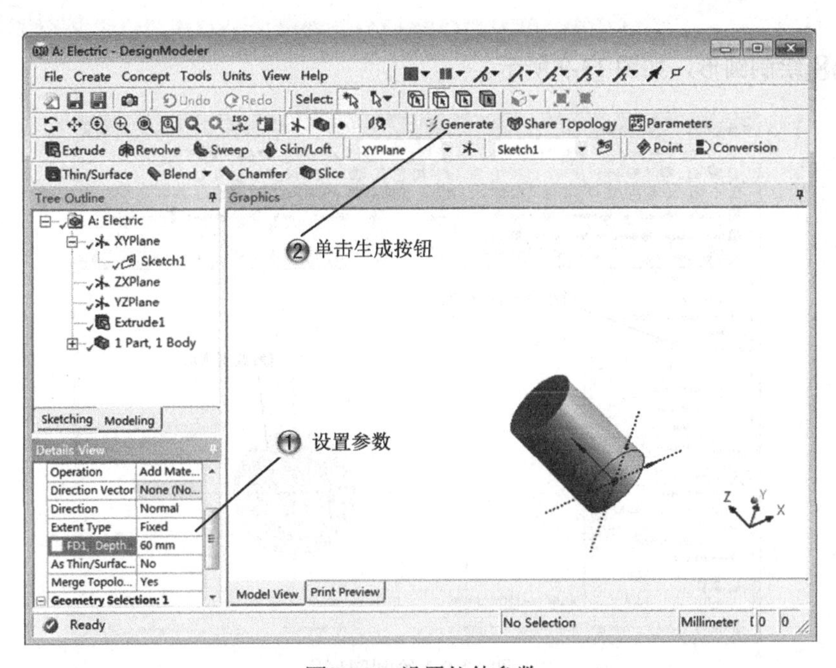

图 13-7 设置拉伸参数

Step7 选择草绘面，如图 13-8 所示。

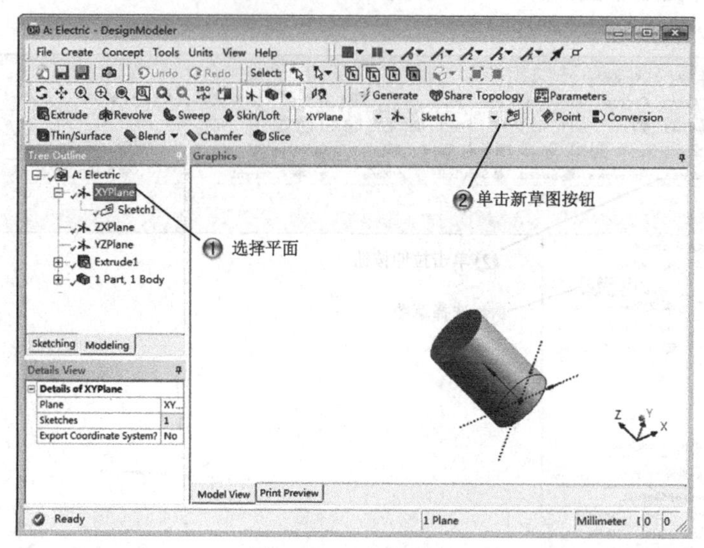

图 13-8　选择草绘面

提示：

圆形模型的创建，也可以绘制侧截面草图，使用旋转命令生成。

Step8 绘制圆形，如图 13-9 所示。

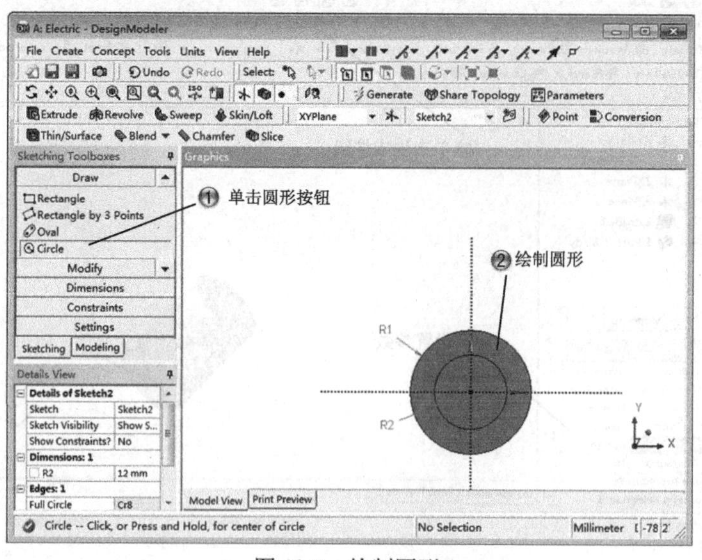

图 13-9　绘制圆形

Step9 拉伸草图，如图 13-10 所示。

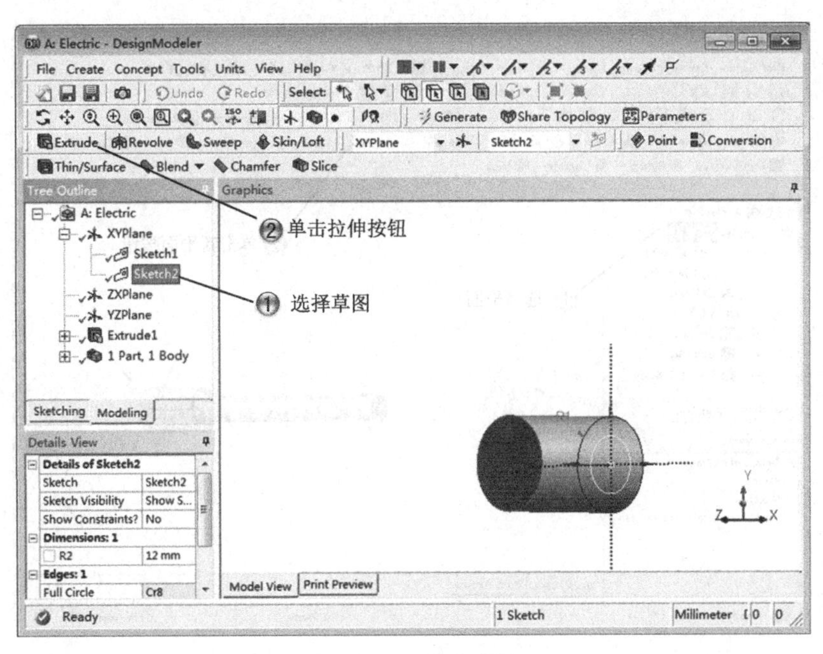

图 13-10　拉伸草图

Step10 设置拉伸参数，如图 13-11 所示。

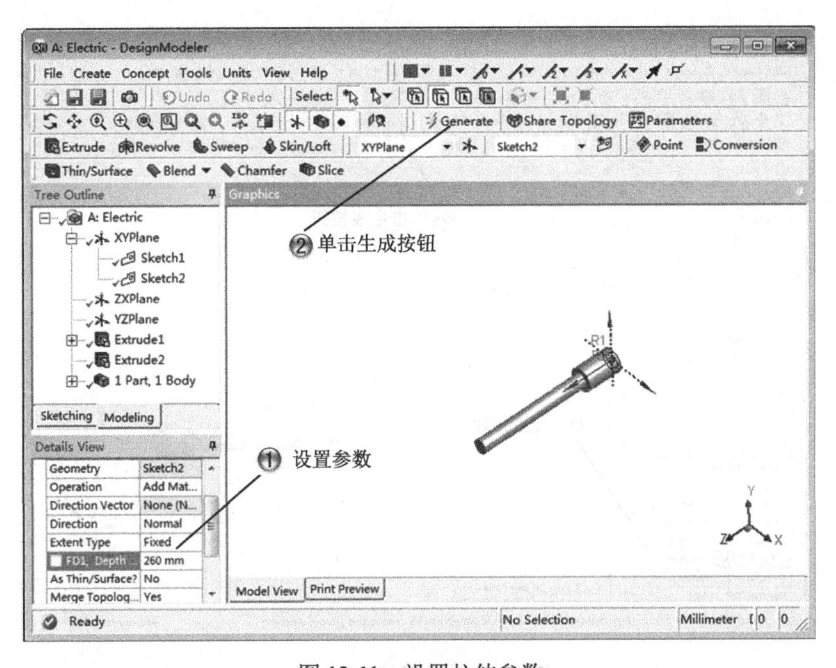

图 13-11　设置拉伸参数

Step11 创建新平面，如图 13-12 所示。

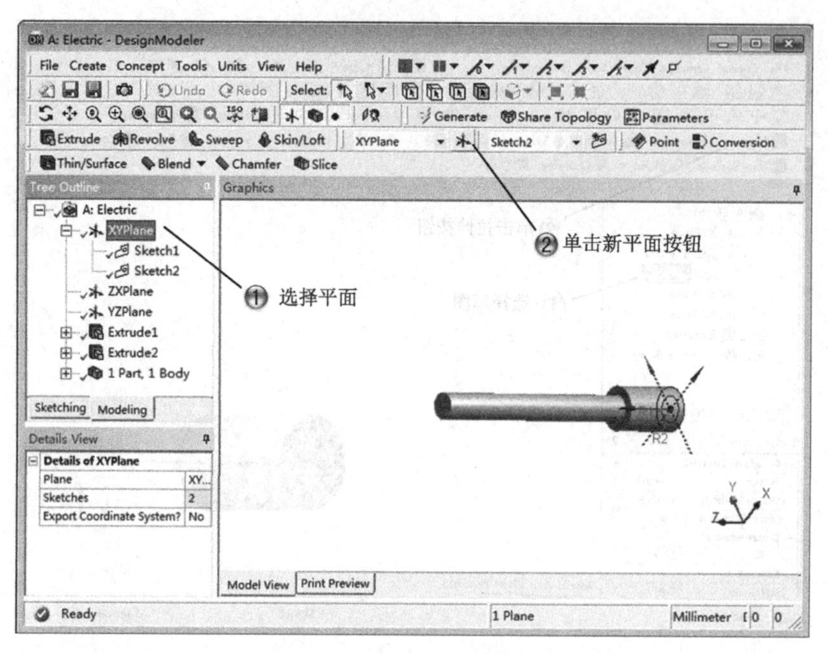

图 13-12　创建新平面

Step12 设置新平面参数，如图 13-13 所示。

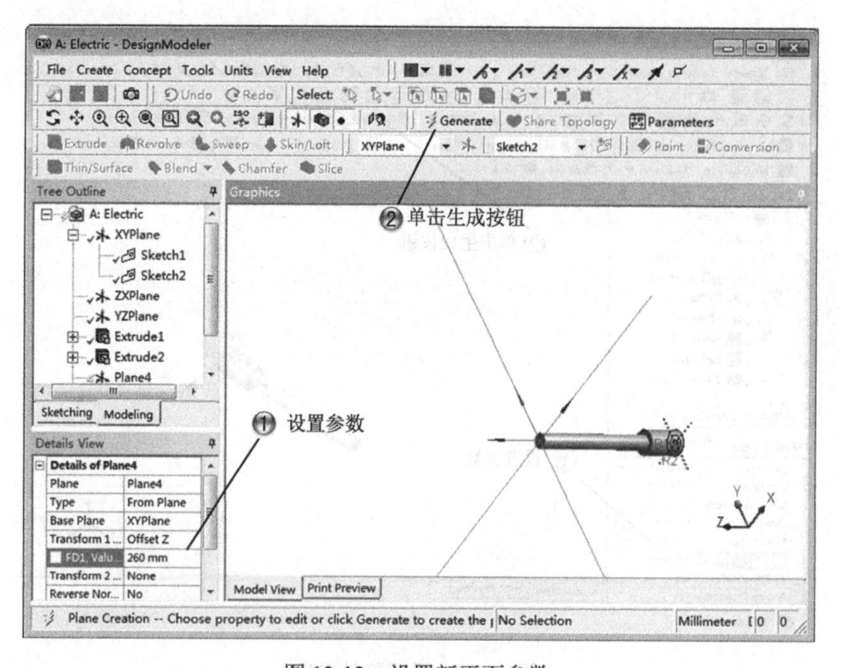

图 13-13　设置新平面参数

Step13 选择草绘面，如图 13-14 所示。

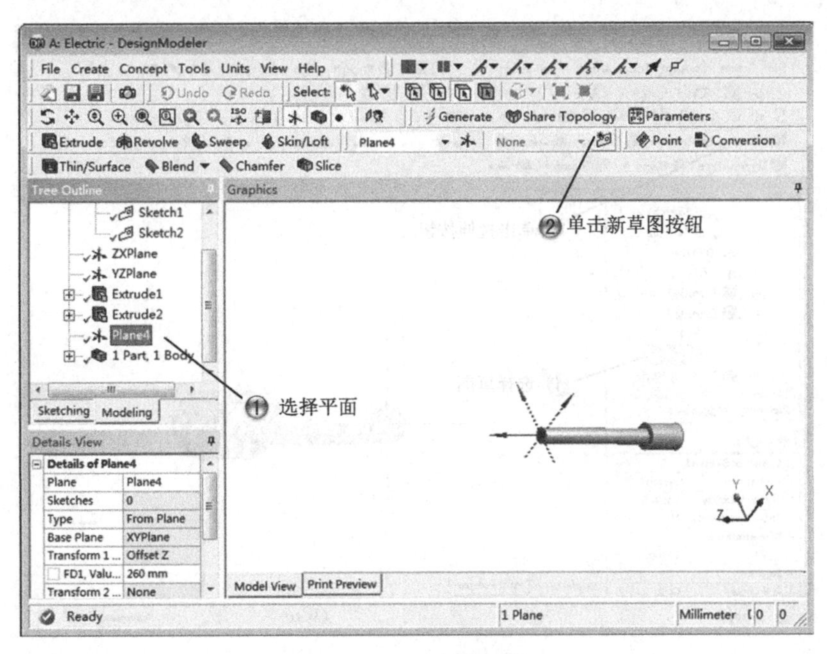

图 13-14　选择草绘面

Step14 绘制圆形，如图 13-15 所示。

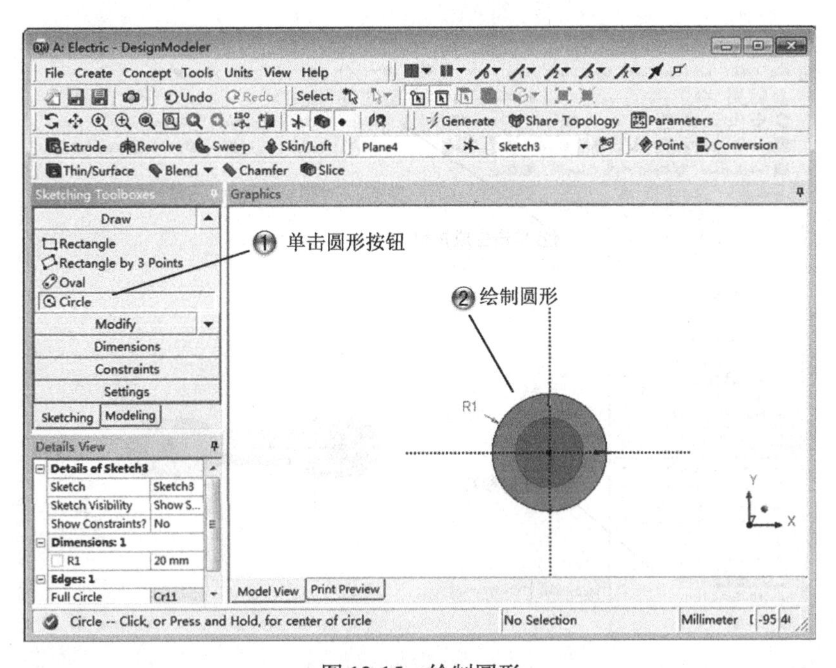

图 13-15　绘制圆形

Step15 拉伸圆形草图，如图 13-16 所示。

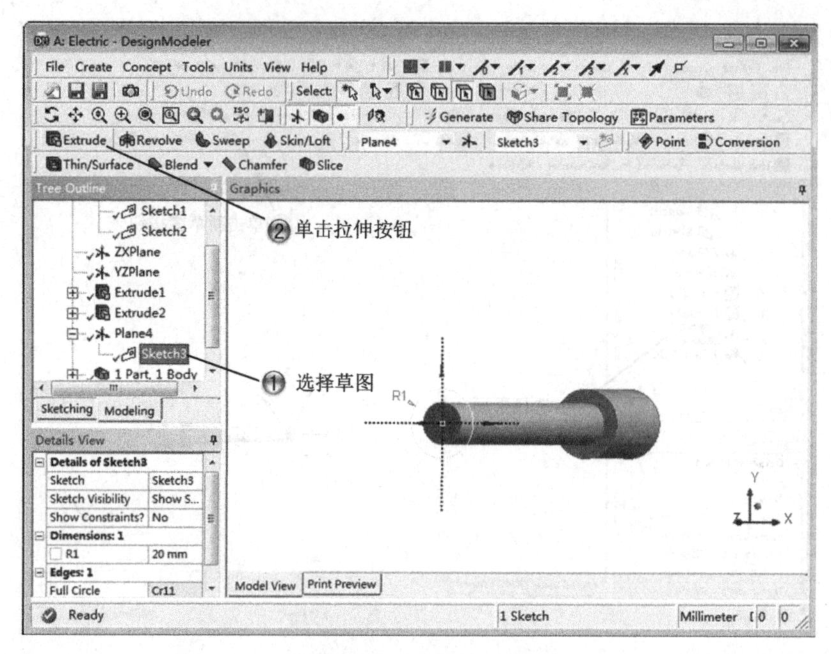

图 13-16　拉伸圆形草图

Step16 设置拉伸参数，如图 13-17 所示。

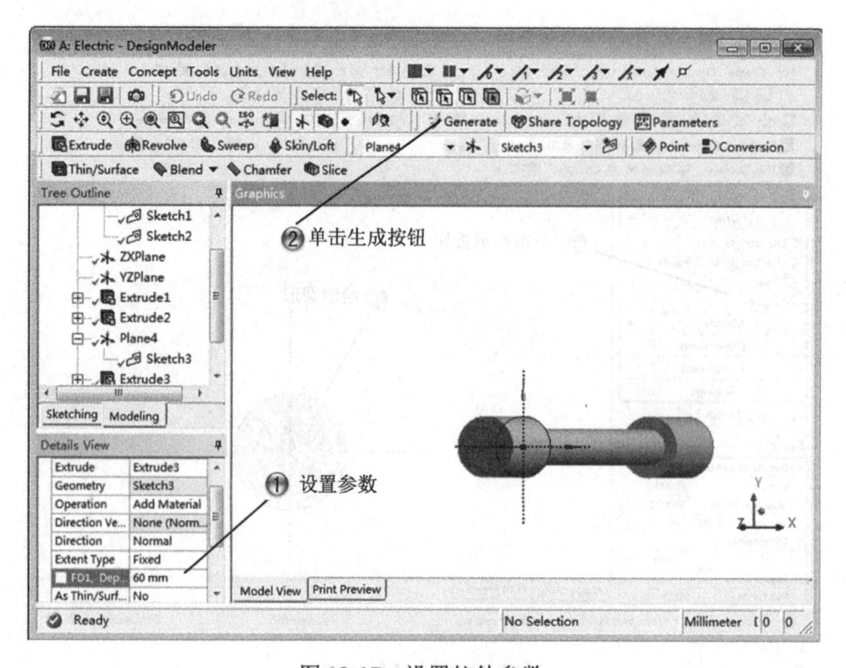

图 13-17　设置拉伸参数

Step17 选择草绘面，如图 13-18 所示。

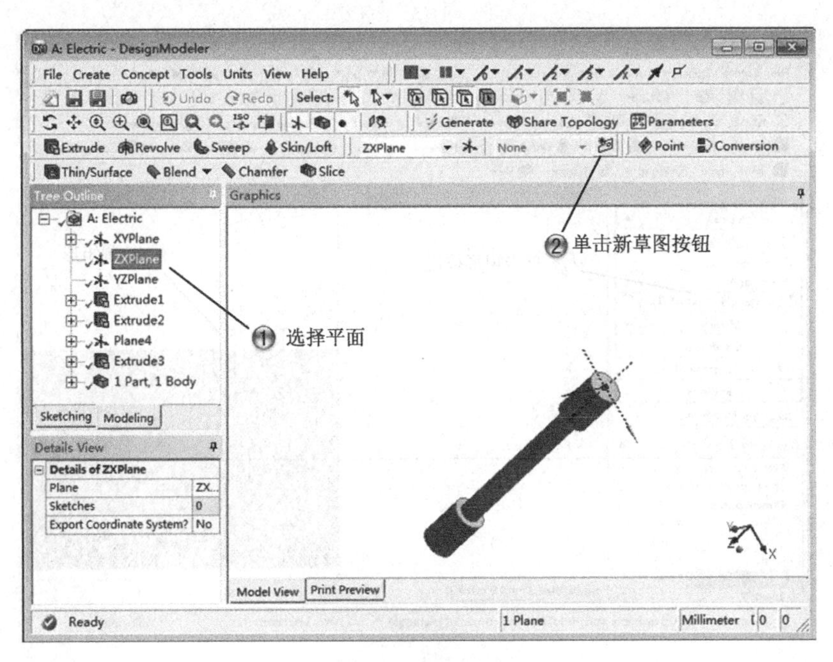

图 13-18　选择草绘面

Step18 绘制矩形 1，如图 13-19 所示。

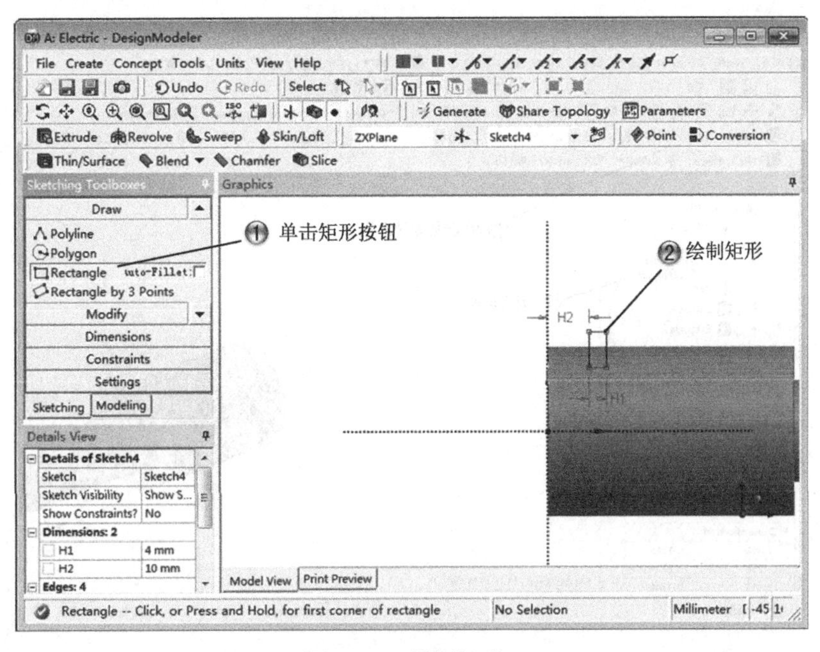

图 13-19　绘制矩形 1

Step19 绘制矩形 2，如图 13-20 所示。

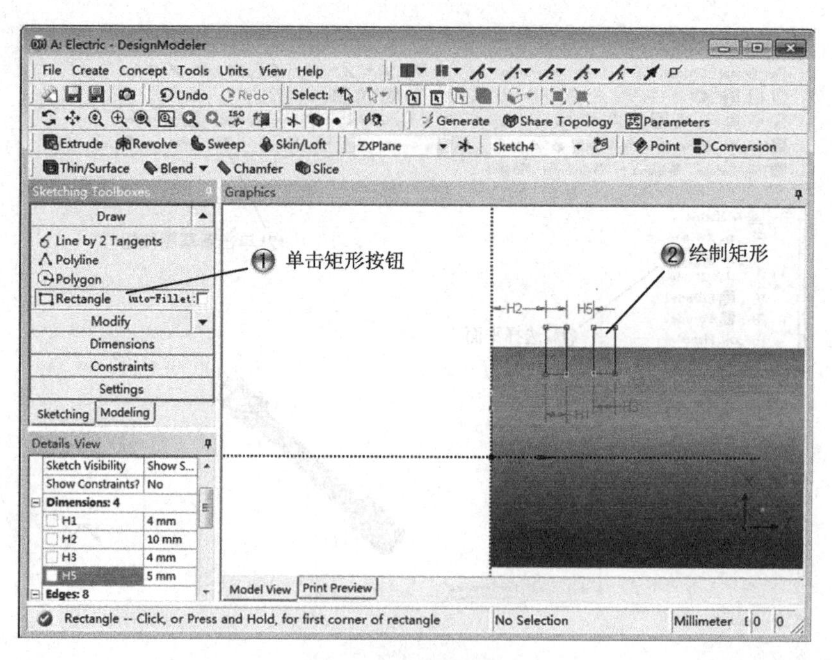

图 13-20　绘制矩形 2

Step20 旋转矩形草图，如图 13-21 所示。

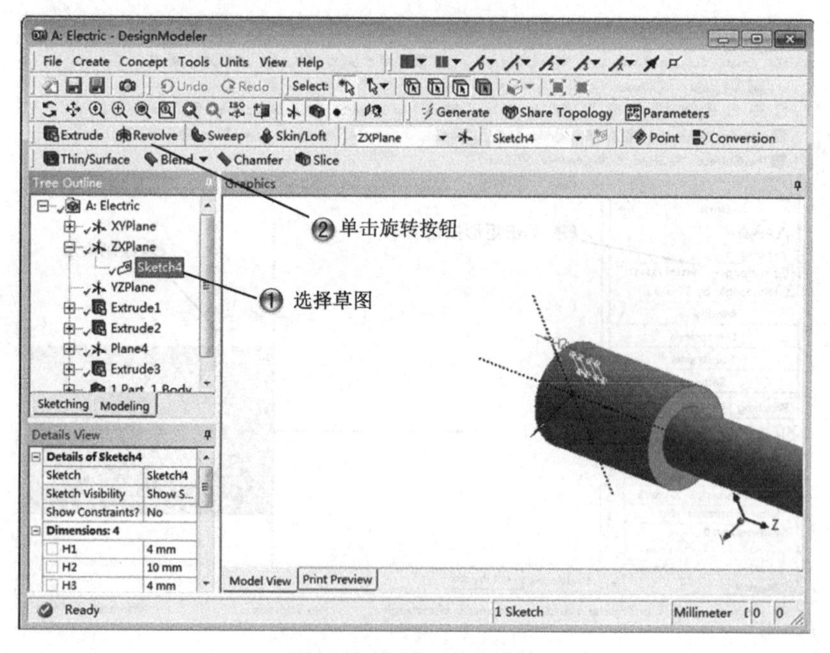

图 13-21　旋转矩形草图

Step21 设置旋转参数，如图 13-22 所示。

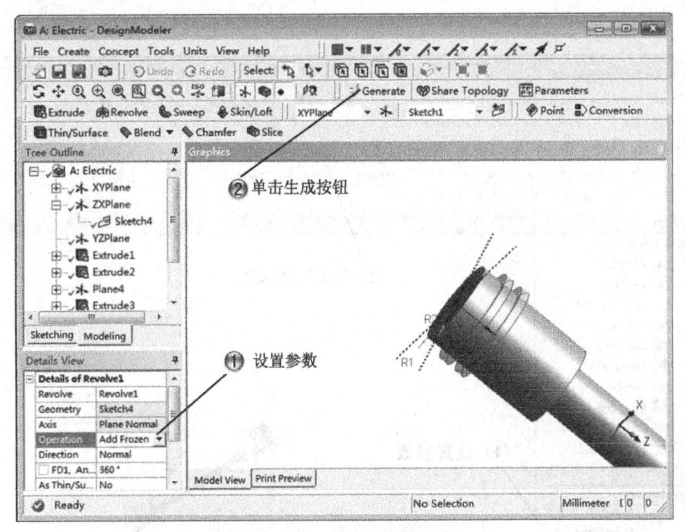

图 13-22　设置旋转参数

提示：

这里创建的选择特征是独立体，和之前的特征没有布尔运算关系。

Step22 创建新平面，如图 13-23 所示。

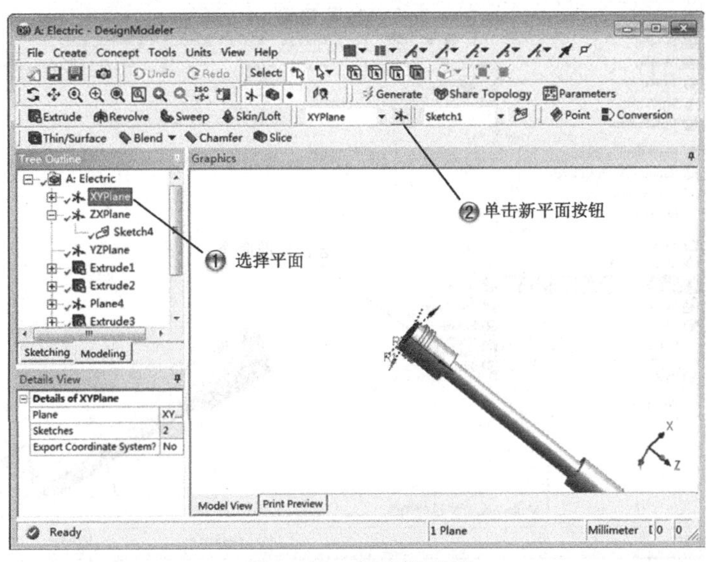

图 13-23　创建新平面

Step23 设置新平面的参数，如图 13-24 所示。

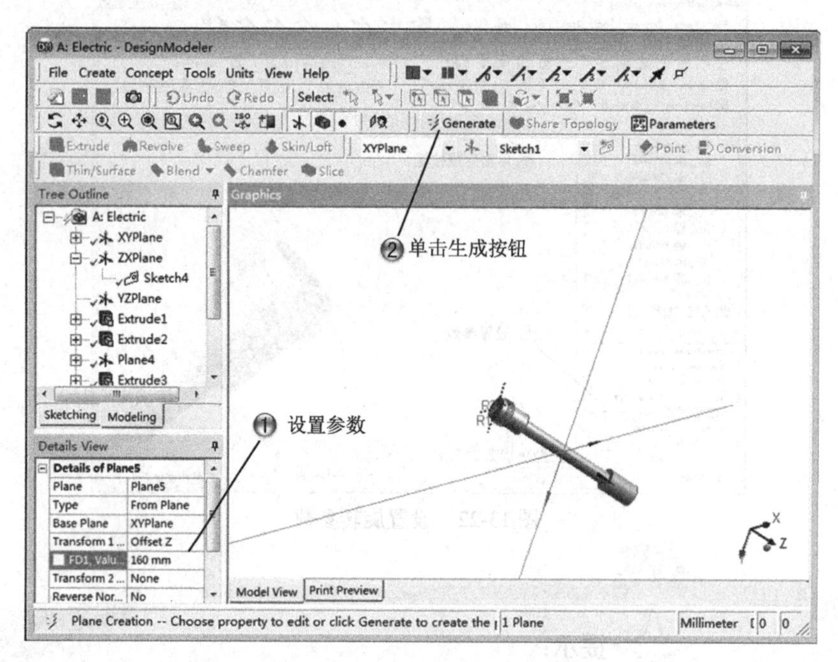

图 13-24　设置新平面的参数

Step24 选择镜像命令，如图 13-25 所示。

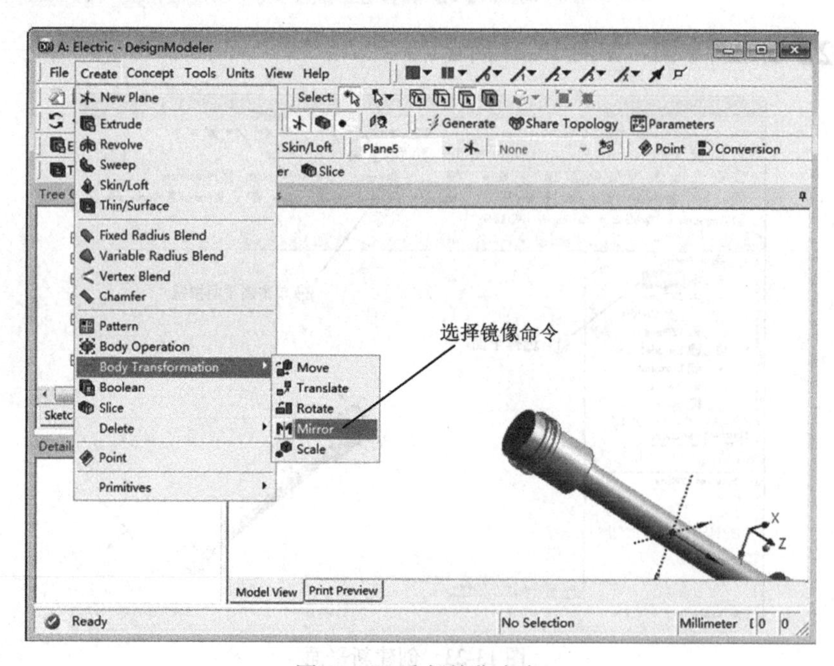

图 13-25　选择镜像命令

Step25 选择镜像对象，如图 13-26 所示。

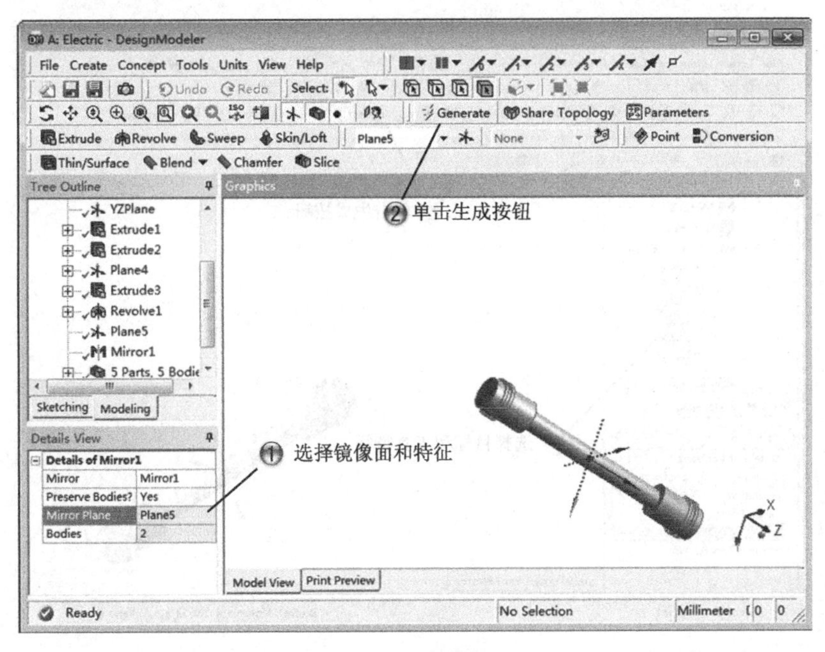

图 13-26　选择镜像对象

Step26 选择布尔命令，如图 13-27 所示。

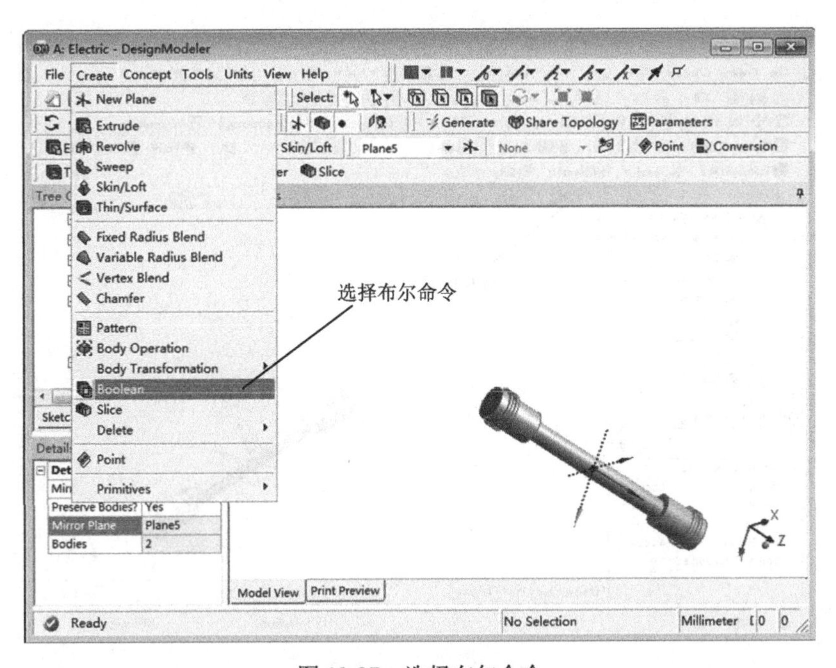

图 13-27　选择布尔命令

Step27 创建布尔减操作，如图 13-28 所示。

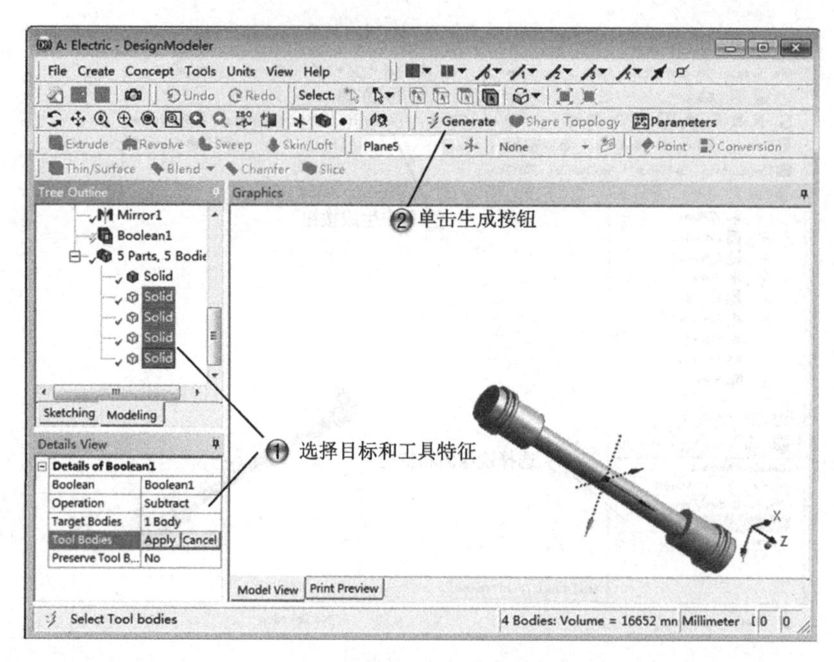

图 13-28　创建布尔减操作

Step28 选择圆角命令，如图 13-29 所示。

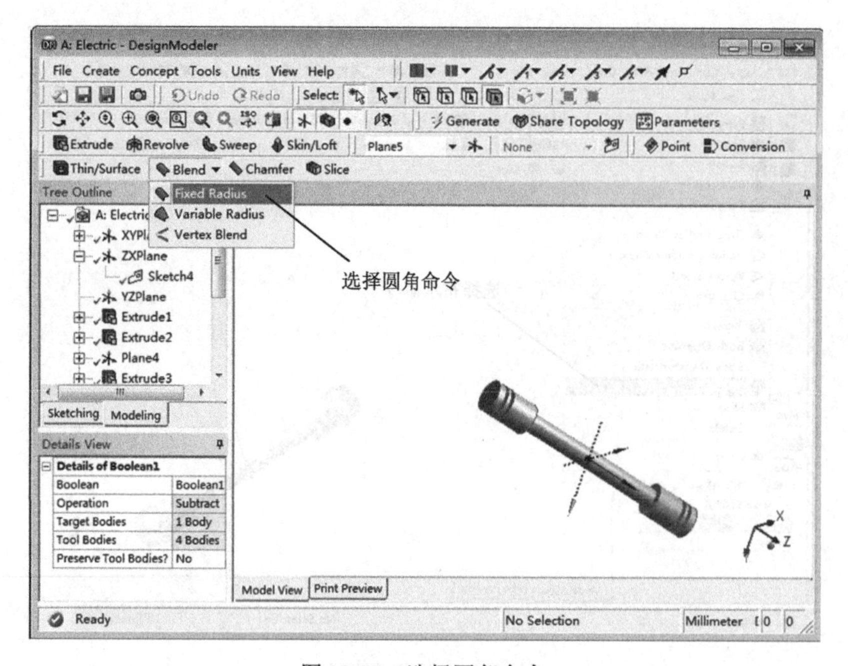

图 13-29　选择圆角命令

Step29 设置圆角参数，如图 13-30 所示。

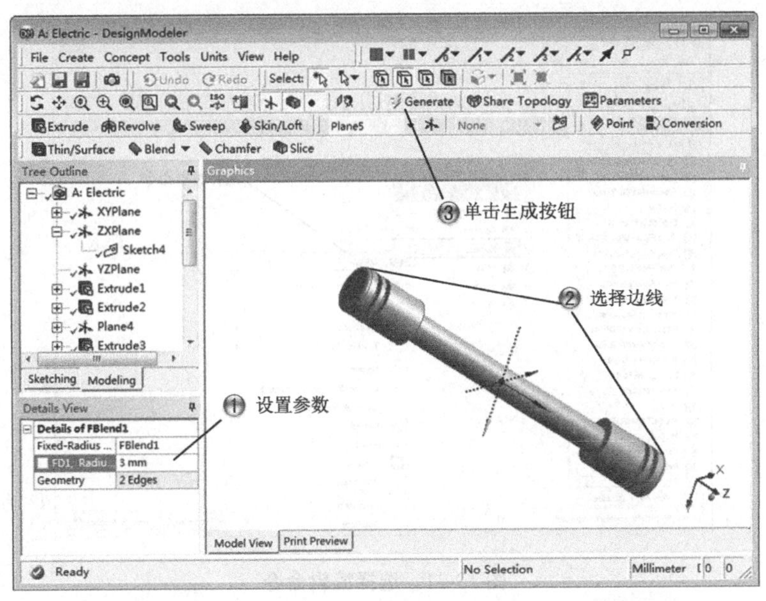

图 13-30　设置圆角参数

提示：

电磁场可由变速运动的带电粒子引起。也可由强弱变化的电流引起，不论原因如何，电磁场总以光速向四周传播，形成电磁波。

13.3　建立有限元模型

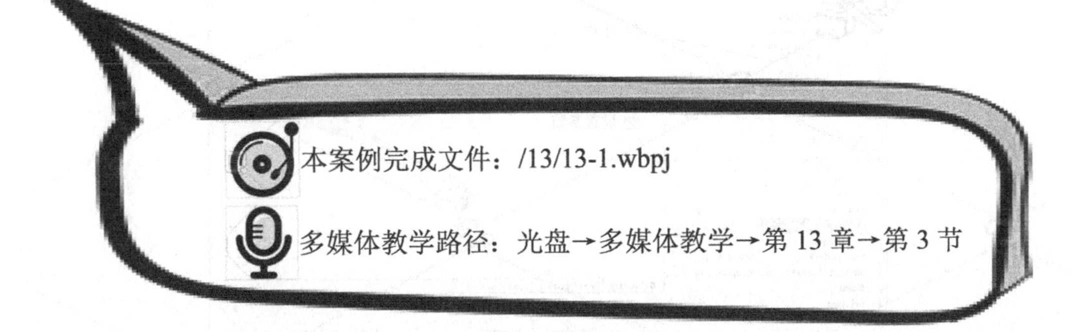

本案例完成文件：/13/13-1.wbpj
多媒体教学路径：光盘→多媒体教学→第 13 章→第 3 节

Step1 选择编辑命令，如图 13-31 所示。

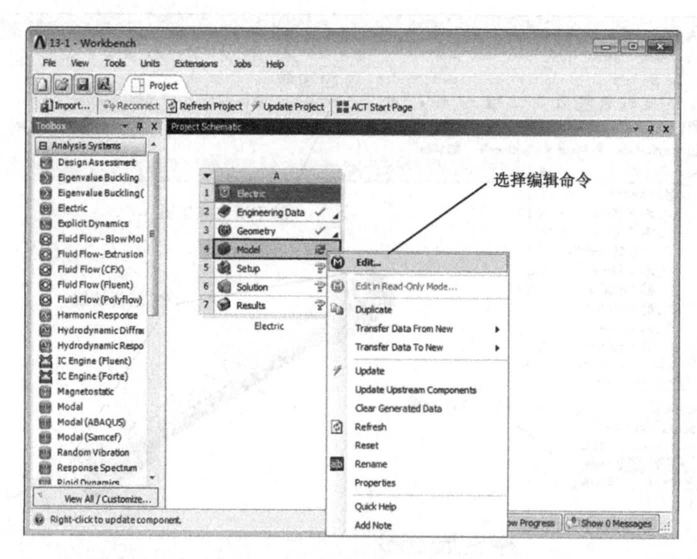

图 13-31　选择编辑命令

提示：

电磁场是电磁作用的媒递物，具有能量和动量，是物质存在的一种形式。电磁场的性质、特征及其运动变化规律由麦克斯韦方程确定。

Step2 设置网格化参数，如图 13-32 所示。

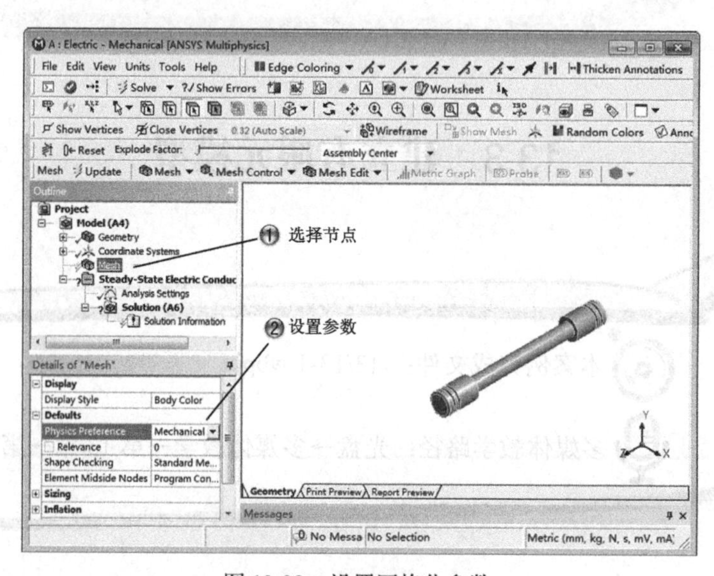

图 13-32　设置网格化参数

提示：

无论介质和磁场轻度 H 的分布如何，磁场中的磁场强度沿任何一条闭合路径的线积分，等于穿过该积分路径所确定的曲面Ω的电流的总和。

Step3 添加网格控制，如图 13-33 所示。

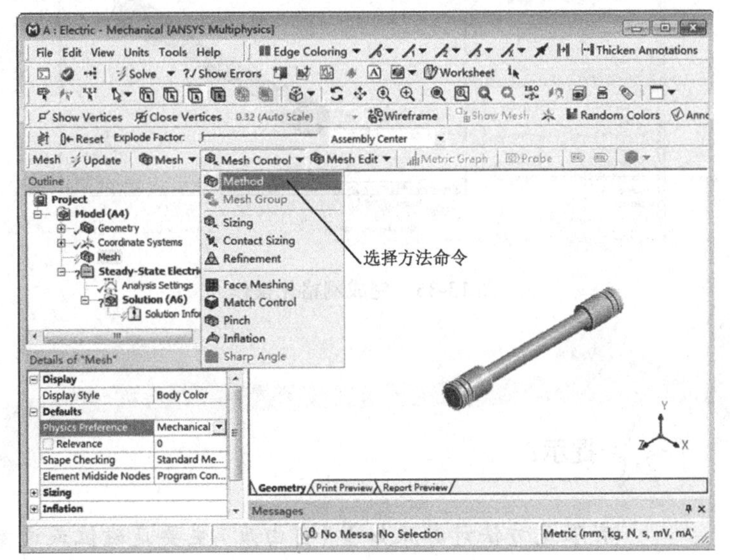

图 13-33　添加网格控制

Step4 选择网格模型，如图 13-34 所示。

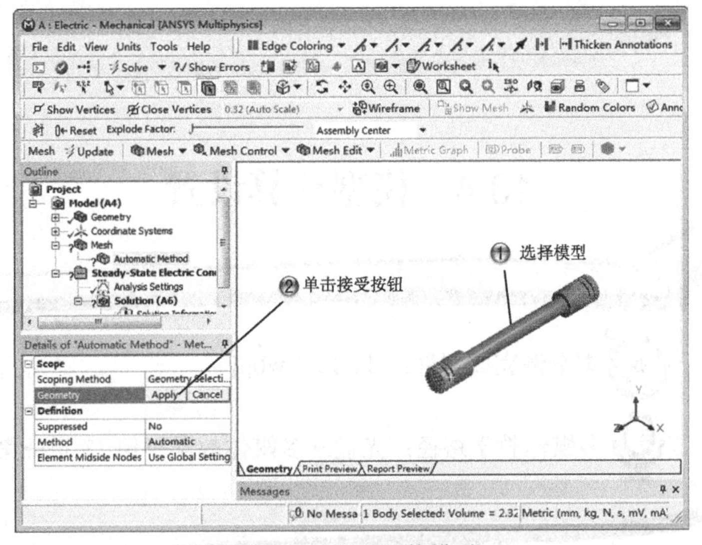

图 13-34　选择网格模型

Step5 完成网格化操作，如图 13-35 所示。

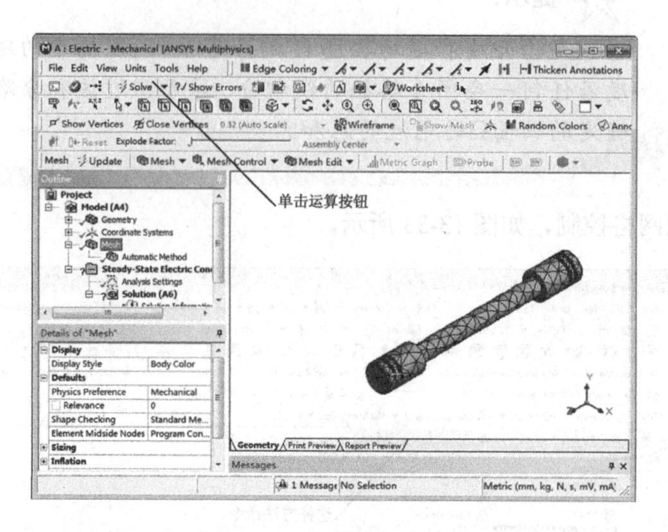

图 13-35　完成网格化操作

提示：

有限元方法计算未知量（自由度）主要是磁位或通量，其他关心的物理量可以由这些自由度到处。根据所选择的单元类型和单元选项的不同，ANSYS 计算的自由度可以是标量磁位、矢量磁位或边界通量。

13.4　模型计算设置

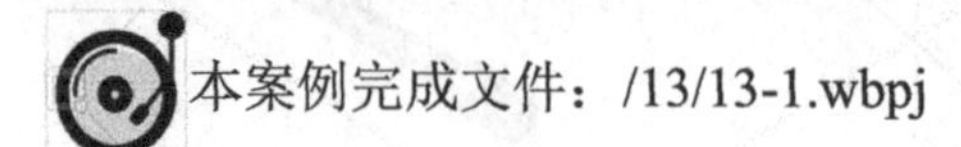

本案例完成文件：/13/13-1.wbpj

多媒体教学路径：光盘→多媒体教学→第 13 章→第 4 节

Step1 选择编辑命令，如图 13-36 所示。

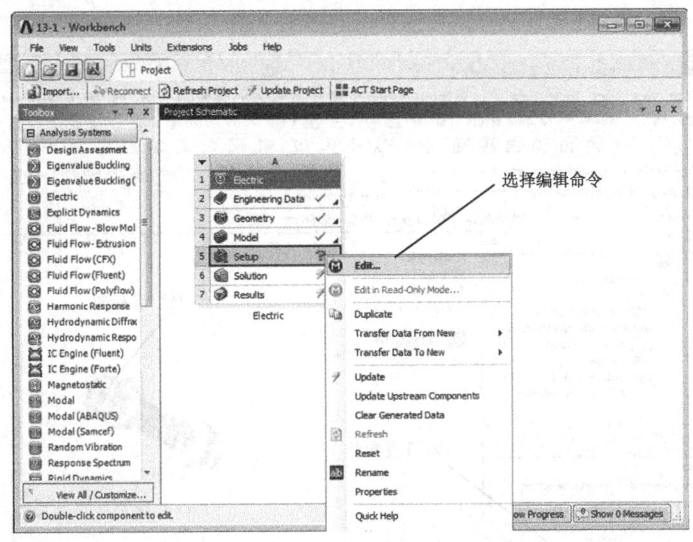

图 13-36 选择编辑命令

提示：

实际上电磁场微分方程的求解中，只有在边界条件和初始条件都限制时，电磁场才有确定解。

Step2 添加电压 1，如图 13-37 所示。

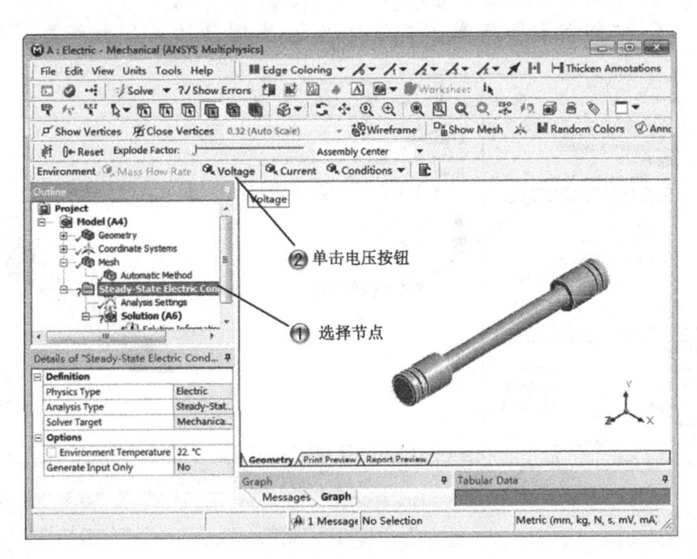

图 13-37 添加电压 1

Step3 设置电压参数及加载面，如图 13-38 所示。

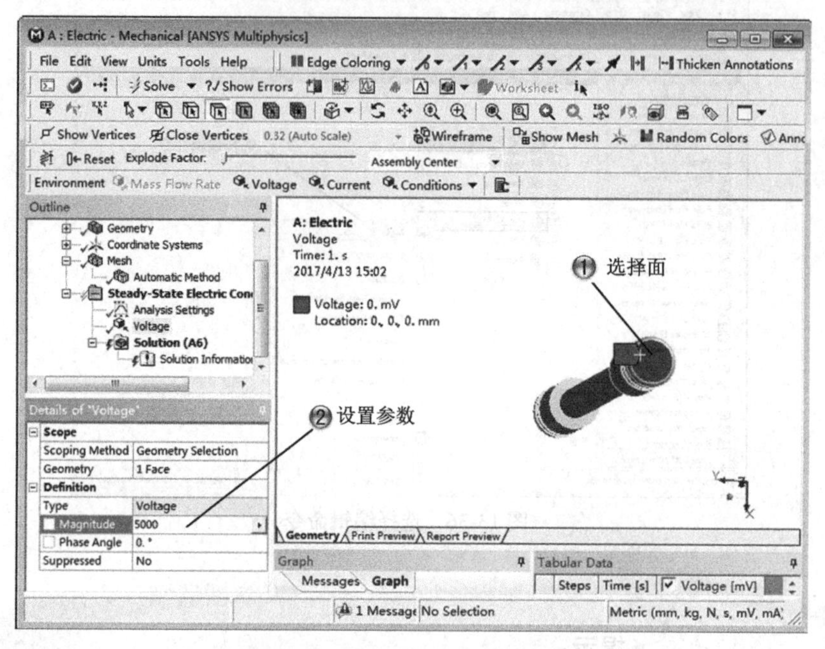

图 13-38 设置电压参数及加载面

Step4 添加电压 2，如图 13-39 所示。

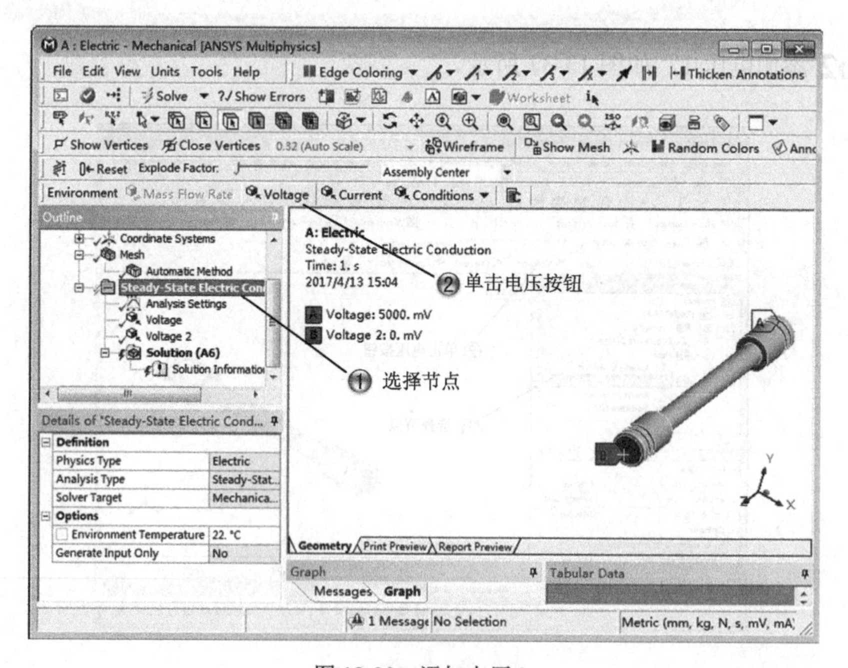

图 13-39 添加电压 2

Step5 设置电压参数及加载面，如图 13-40 所示。

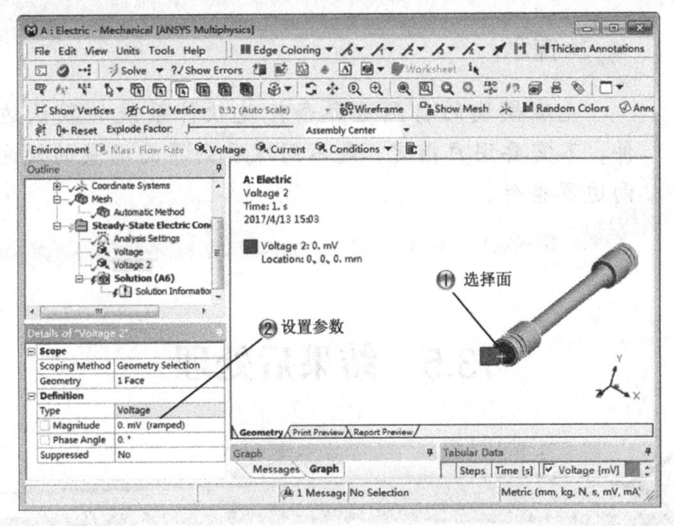

图 13-40　设置电压参数及加载面

提示：

电磁模块的静态磁场求解器用于分析由恒定电流、永磁体及外部激励引起的磁场，适用于激励器、传感器、电机及永磁体等。

Step6 运算求解，如图 13-41 所示。

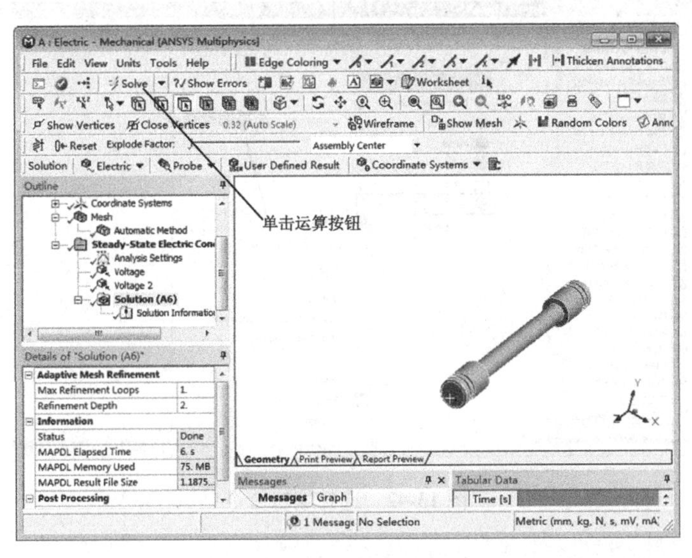

图 13-41　运算求解

提示：

电磁模块的自然边界条件是软件系统的默认边界条件，不需要用户指定，是不同媒质交界面场量的切向和法向边界条件。

13.5 结果后处理

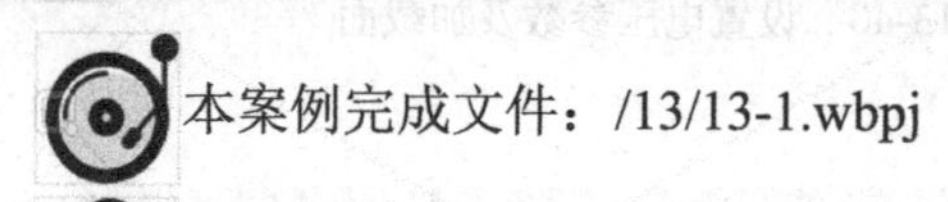

本案例完成文件：/13/13-1.wbpj

多媒体教学路径：光盘→多媒体教学→第 13 章→第 5 节

Step1 选择编辑命令，如图 13-42 所示。

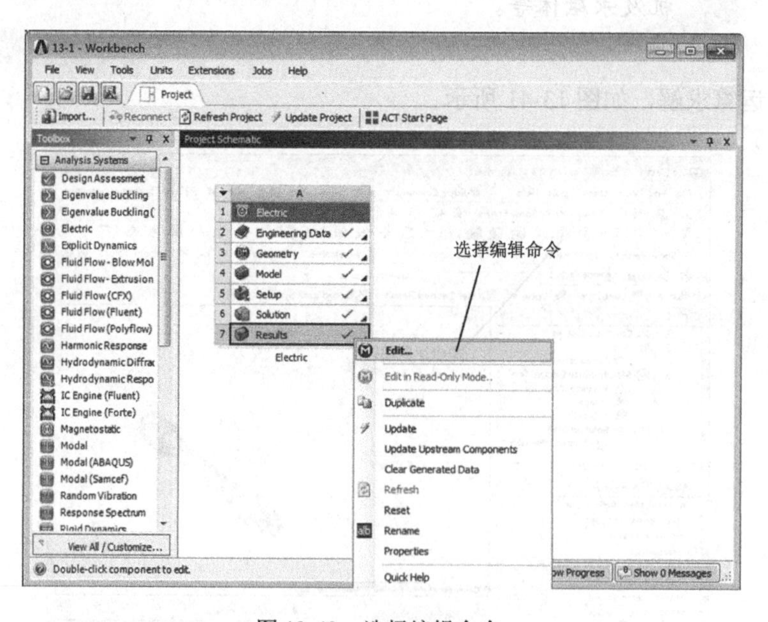

图 13-42 选择编辑命令

Step2 添加电压分布，如图 13-43 所示。

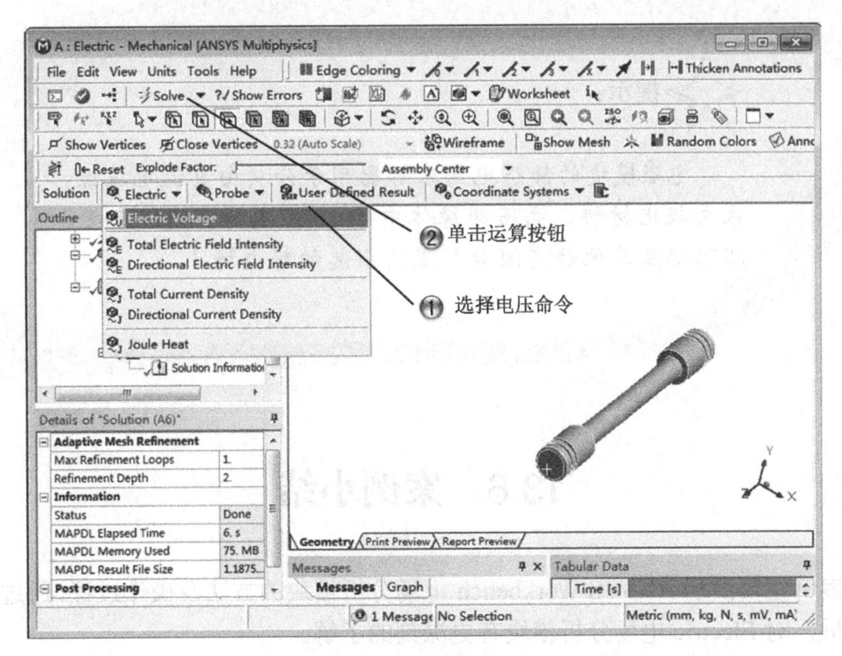

图 13-43　添加电压分布

Step3 显示电压分布梯度结果，如图 13-44 所示。

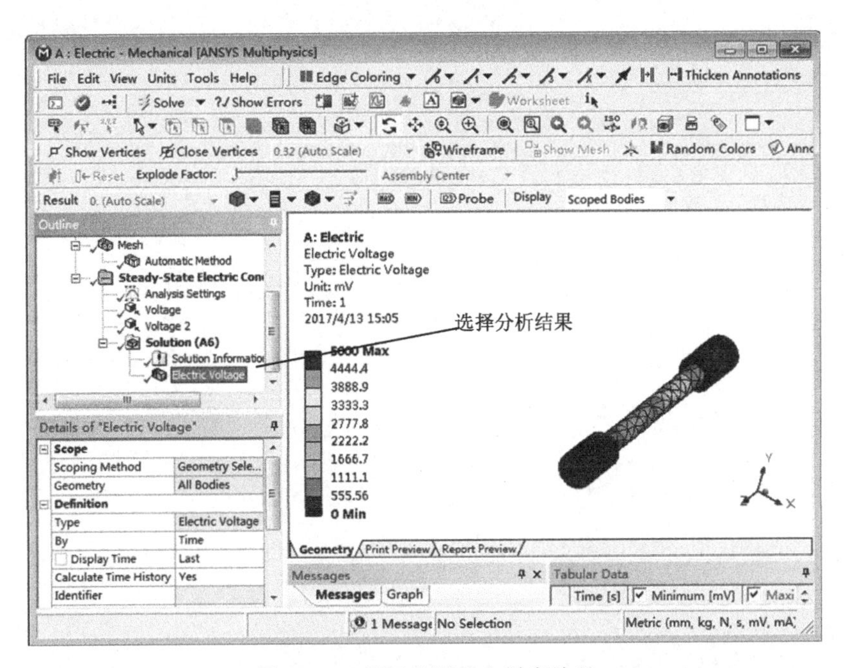

图 13-44　显示电压分布梯度结果

电磁模块的静态电场求解器用于分析由直流电压源、永久极化材料、高压绝缘体中的电荷/电荷密度、套管、断路器及其他静态泄放装置所引起的静电场。

13.6 案例小结

本章案例主要演示 ANSYS Workbench 电场分析模块的方法及操作过程，通过一个钢棒的电场分析，对 Electric 电场分析模块有更深刻的了解。

第 14 章

管道内流体力学分析案例

本章导读

ANSYS Workbench 软件的计算流体动力学分析模块有 ANSYS CFX 和 ANSYS FLUENT 两种，两种流体力学模块各有特点。

本章将通过一个管道流体案例的讲解，介绍 ANSYS CFX 模块的流体动力学分析流程，包括模型创建、网格划分、前处理、求解及后处理等

学习要求	知识点 \ 学习目标	了解	理解	应用	实践
	ANSYS CFX 内流场分析特点		√	√	
	ANSYS CFX 分析的过程		√	√	
	管道内流体力学分析		√	√	√

14.1 案例分析

14.1.1 知识链接

计算流体动力学（CFD）是流体力学的一个分支，它是通过计算机数值计算和图像显示，对包含有流体流动和热传导等相关物理现象的系统所做的分析。C'FD 的基本思想可以归结为：把原来在时间域及空间域上连续的物理量的场，如速度场和压力场，用一系列有限个离散点上的变量值的集合来代替，通过一定的原则和方式建立起关于这些离散点上场变量之间关系的代数方程组，然后求解代数方程组获得场变量的近似值，CFD 可以看作是在流动基本方程（质量守恒方程、动量守恒方程、能量守恒方程）控制下对流动的数值模拟。

CFD 的长处是适应性强、应用面广。首先，流动问题的控制方程，一般是非线性的，自变量多，计算域的几何形状和边界条件复杂，很难求得解析解，而用 CFD 方法则有可能找出满足工程需要的数值解；其次，可利用计算机进行各种数值试验，例如，选择不同流动参数进行物理方程中各项有效性和敏感性试验，从而进行方案比较。再者，它不受物理模型和实验模型的限制，省钱省时，有较多的灵活性，能给出详细和完整的资料，很容易模拟特殊尺寸、高温、有毒、易燃等真实条件和实验中只能接近而无法达到的理想条件。

14.1.2 设计思路

CFD 大体上可分为 3 个分支：有限差分法、有限元法、有限体积法。

本章案例主要介绍 ANSYS Workbench 的流体动力学分析模块 ANSYS CFX，计算管道模型的流动特性，管道模型如图 14-1 所示。模型的进口流量为 1kg/s，默认环境温度，出口设置为标准大气压，需要分析流动特性。

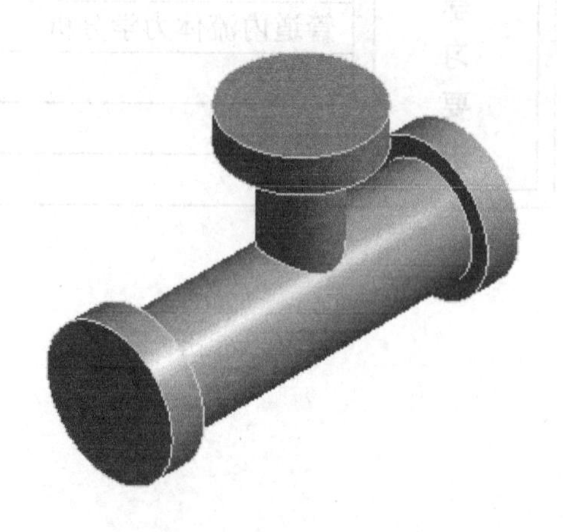

图 14-1　管道模型

14.2 建立分析模型

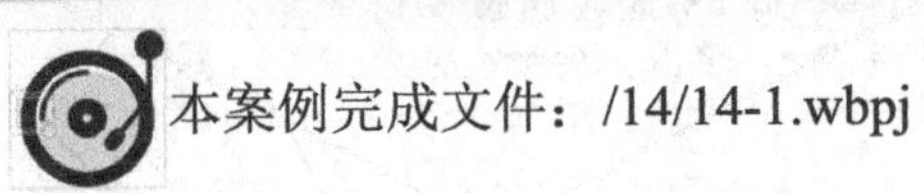

本案例完成文件：/14/14-1.wbpj

多媒体教学路径：光盘→多媒体教学→第 14 章→第 2 节

Step1 新建分析项目，如图 14-2 所示。

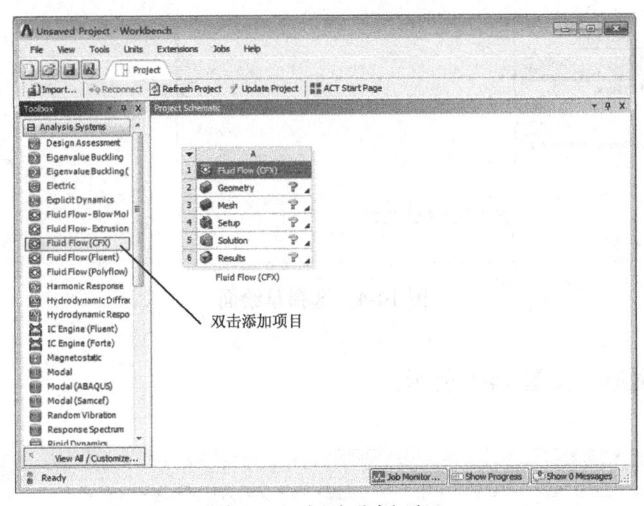

图 14-2　新建分析项目

Step2 进入零件设计界面，如图 14-3 所示。

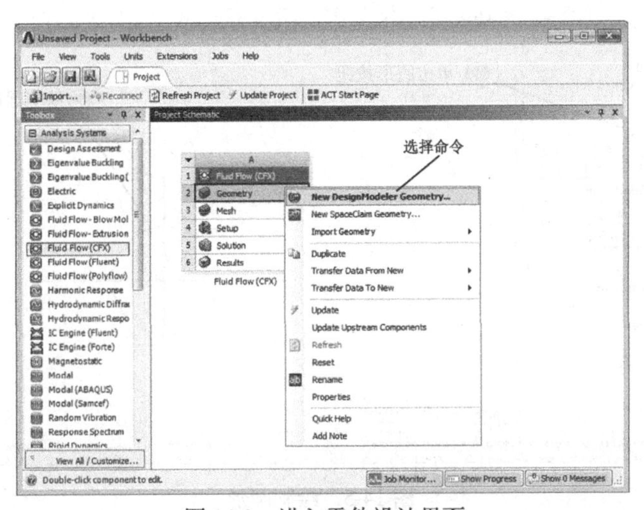

图 14-3　进入零件设计界面

Step3 选择草绘面，如图 14-4 所示。

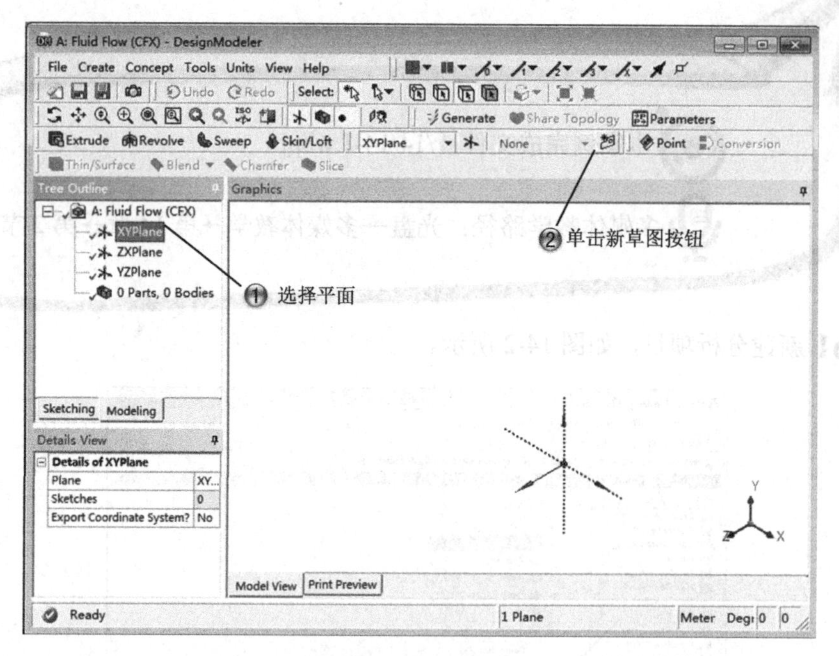

图 14-4 选择草绘面

Step4 绘制圆形，如图 14-5 所示。

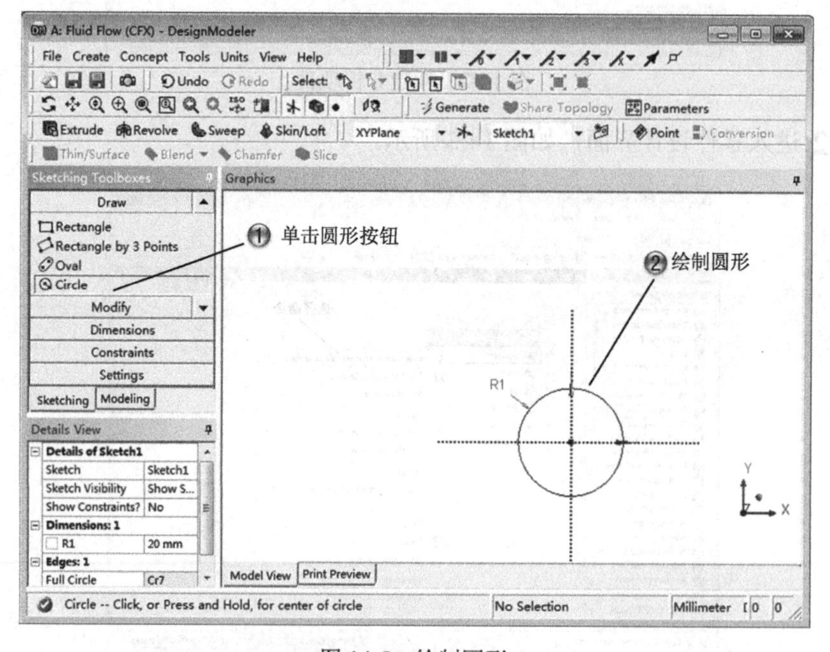

图 14-5 绘制圆形

Step5 拉伸圆形草图，如图 14-6 所示。

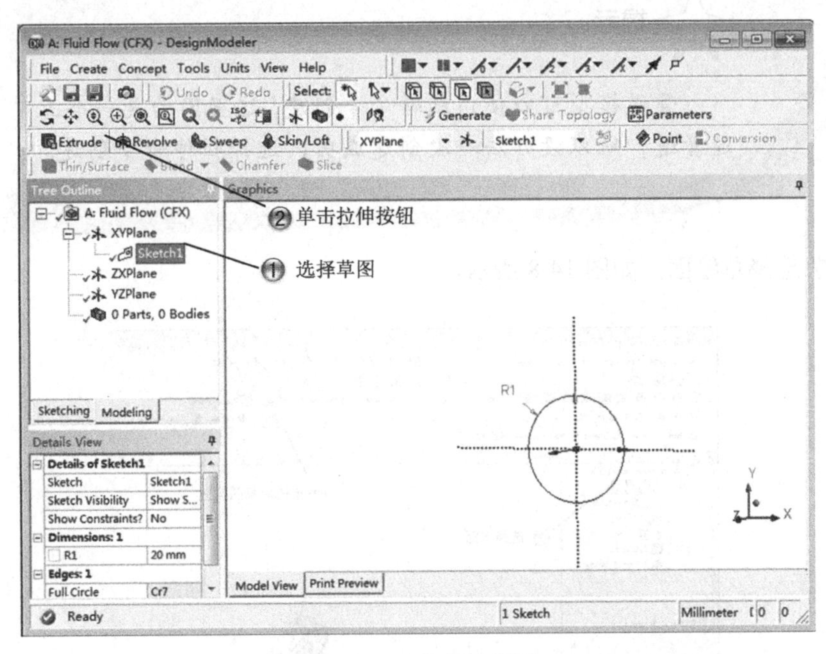

图 14-6　拉伸圆形草图

Step6 设置拉伸参数，如图 14-7 所示。

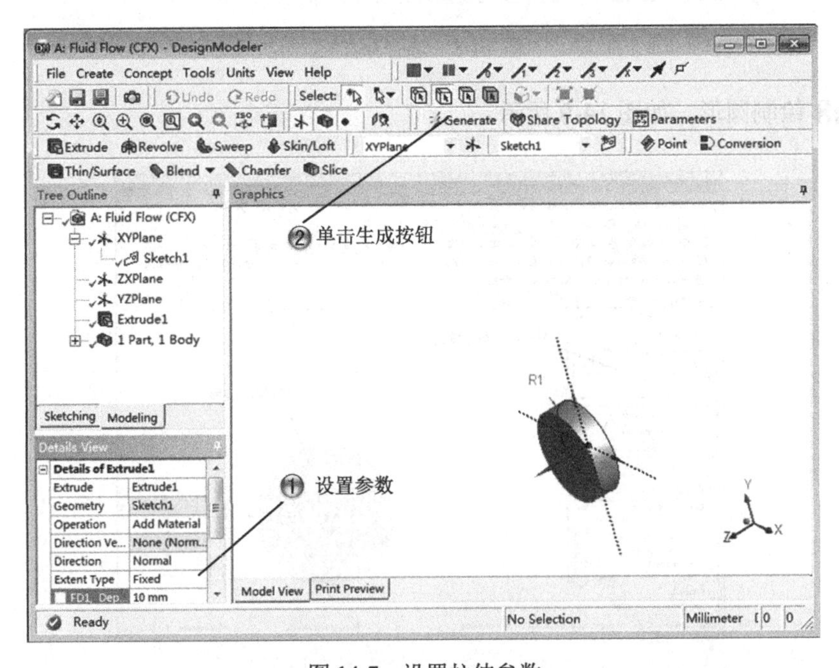

图 14-7　设置拉伸参数

提示：

管道模型可以使用旋转命令创建，这里因为是一个三通管道，所以没办法一次创建成功，选择拉伸命令创建。

Step7 选择草绘面，如图 14-8 所示。

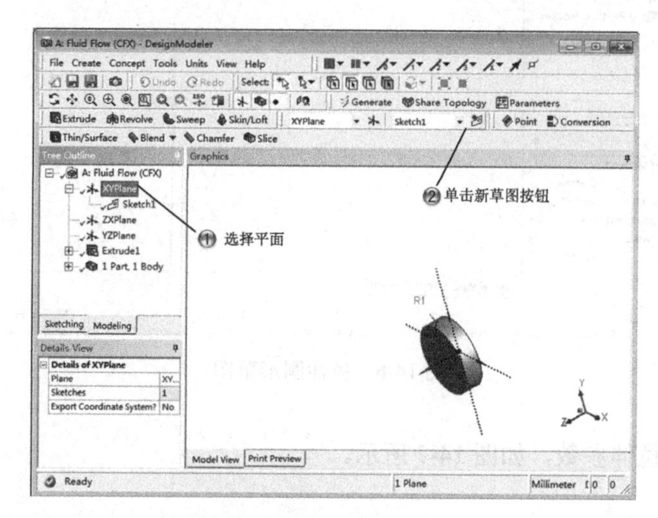

图 14-8　选择草绘面

Step8 绘制圆形，如图 14-9 所示。

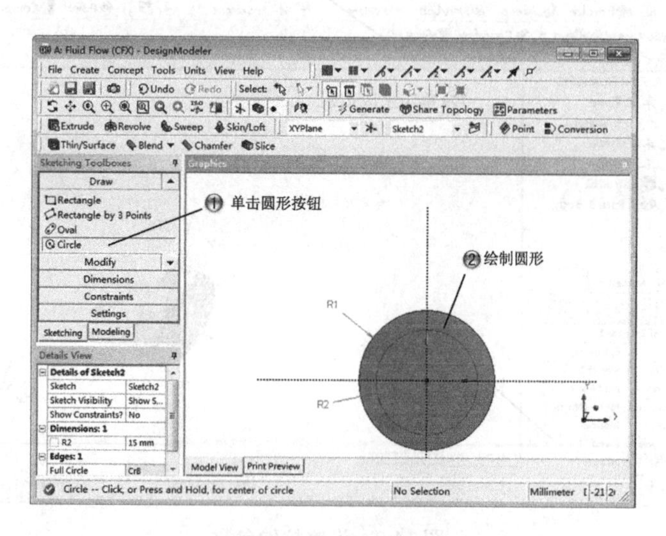

图 14-9　绘制圆形

Step9 拉伸草图，如图 14-10 所示。

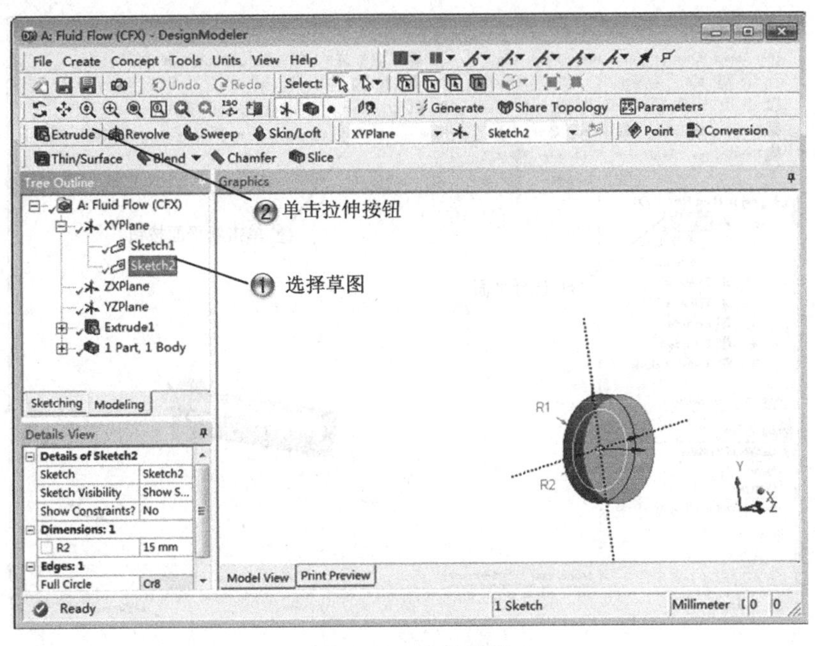

图 14-10 拉伸草图

Step10 设置拉伸参数，如图 14-11 所示。

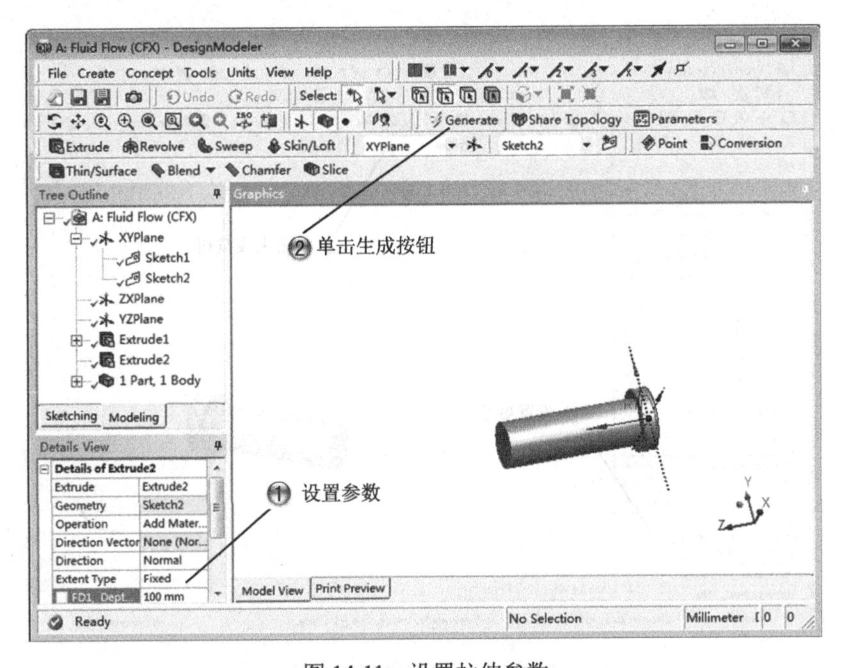

图 14-11 设置拉伸参数

Step11 创建新平面，如图 14-12 所示。

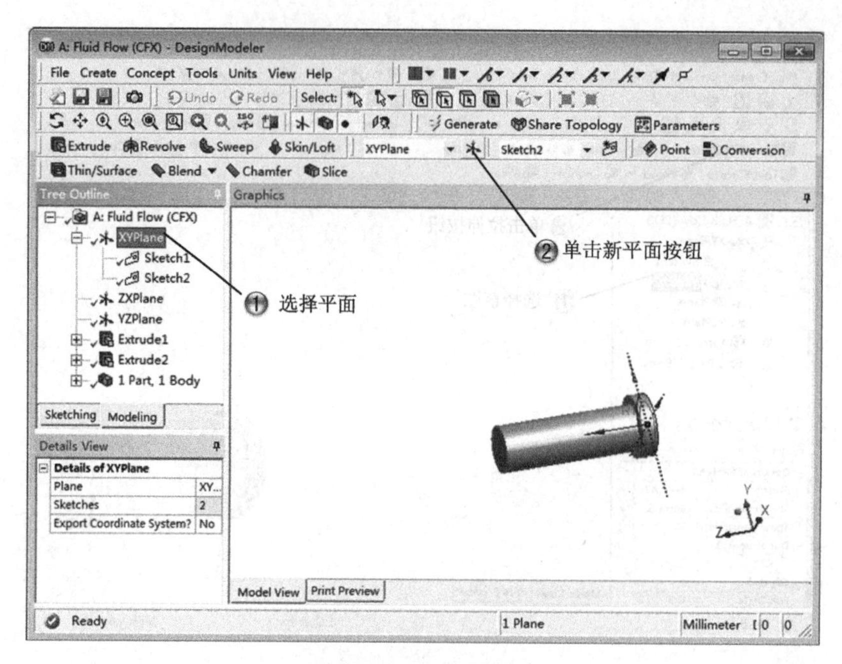

图 14-12　创建新平面

Step12 设置新平面参数，如图 14-13 所示。

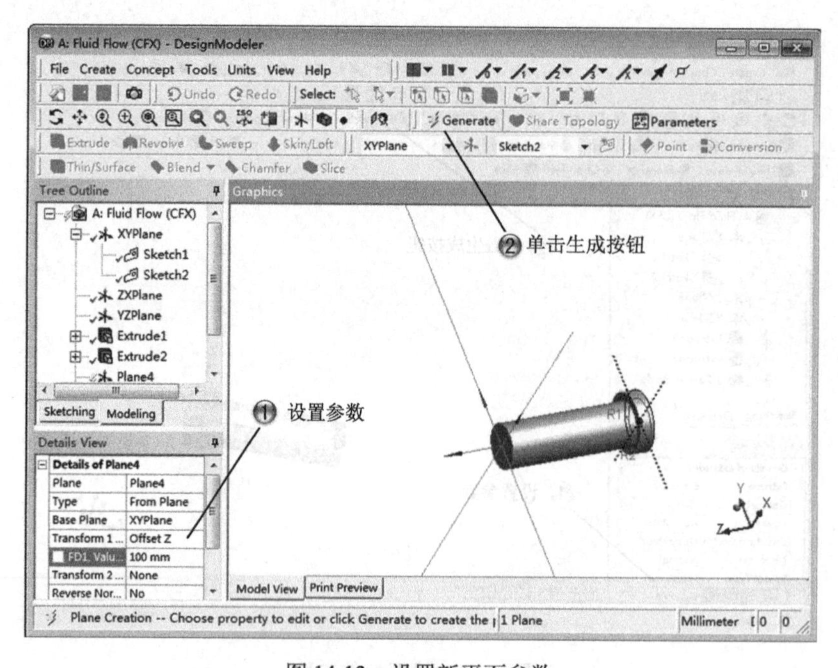

图 14-13　设置新平面参数

Step13 选择草绘面，如图 14-14 所示。

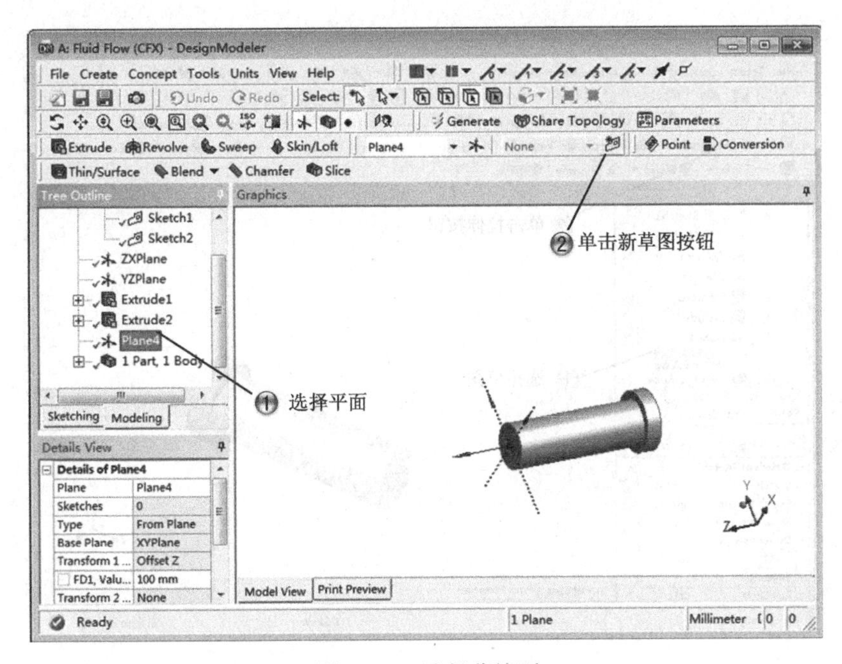

图 14-14　选择草绘面

Step14 绘制圆形，如图 14-15 所示。

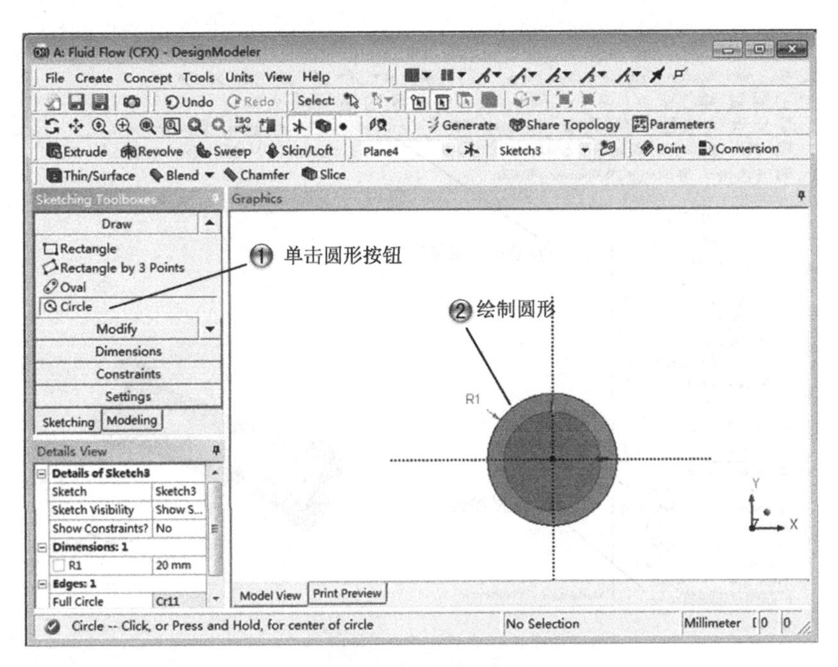

图 14-15　绘制圆形

Step15 拉伸圆形草图，如图 14-16 所示。

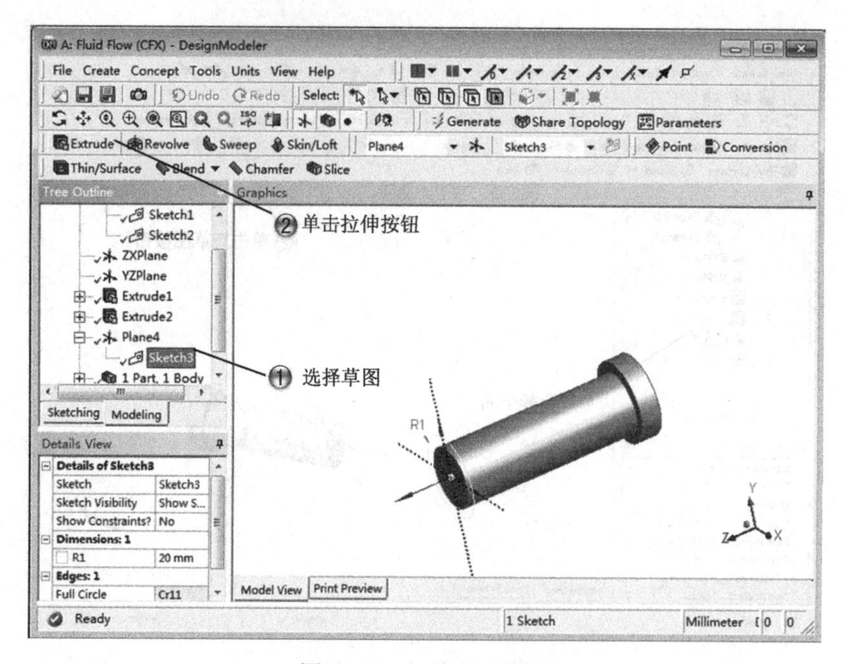

图 14-16　拉伸圆形草图

Step16 设置拉伸参数，如图 14-17 所示。

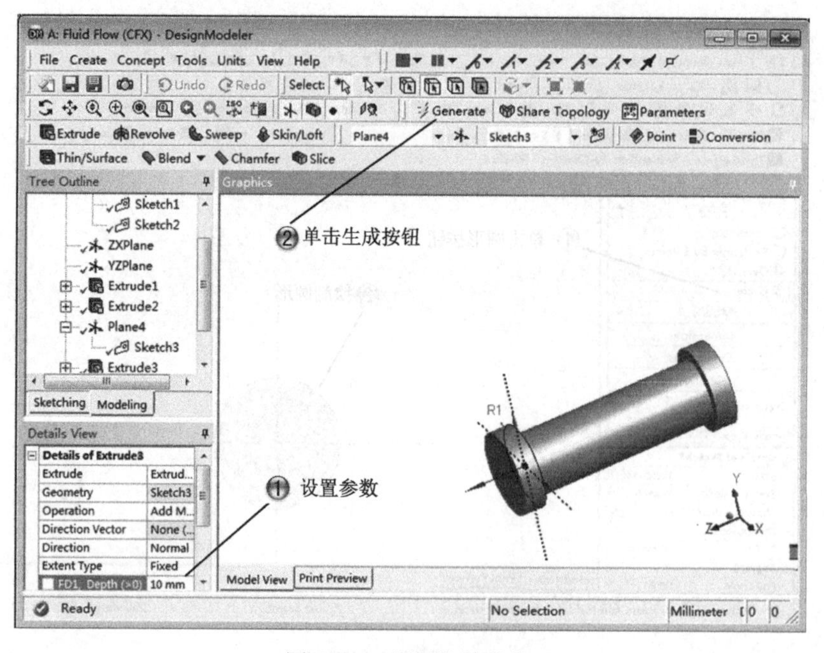

图 14-17　设置拉伸参数

提示：

CFD 的长处是适应性强、应用面广。它不受物理模型和实验模型的限制，省钱省时，有较多的灵活性，能给出详细和完整的资料。

Step17 选择草绘面，如图 14-18 所示。

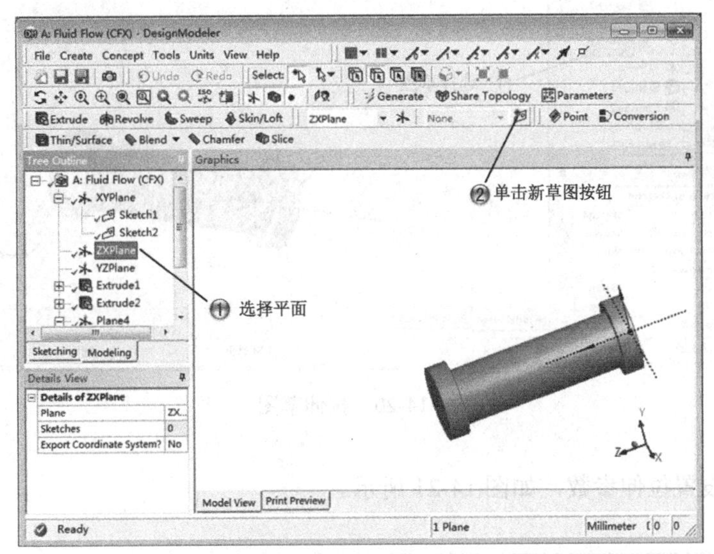

图 14-18　选择草绘面

Step18 绘制圆形，如图 14-19 所示。

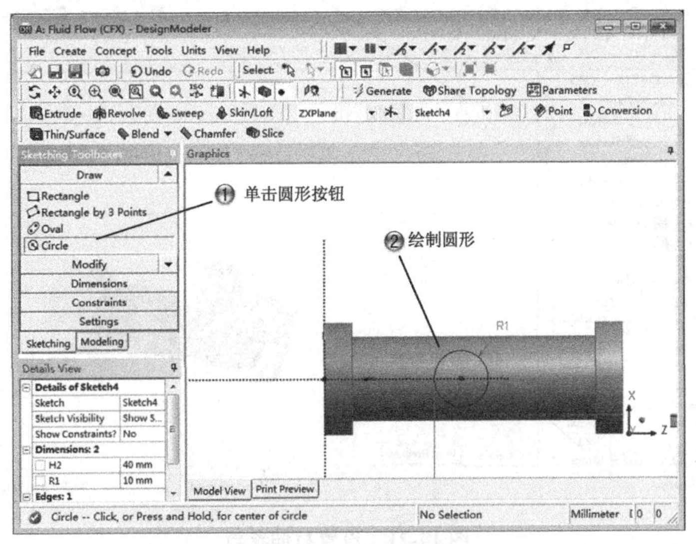

图 14-19　绘制圆形

Step19 拉伸草图，如图 14-20 所示。

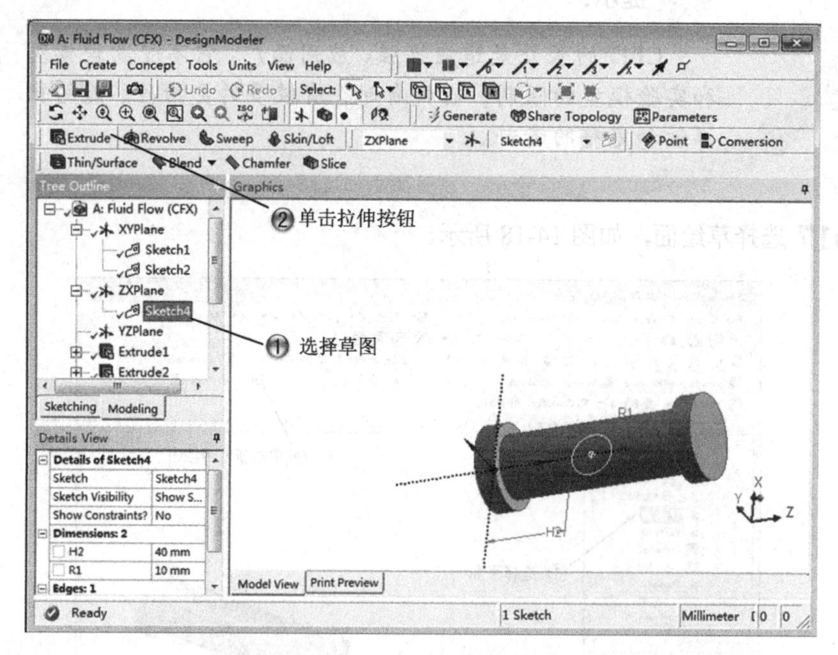

图 14-20　拉伸草图

Step20 设置拉伸参数，如图 14-21 所示。

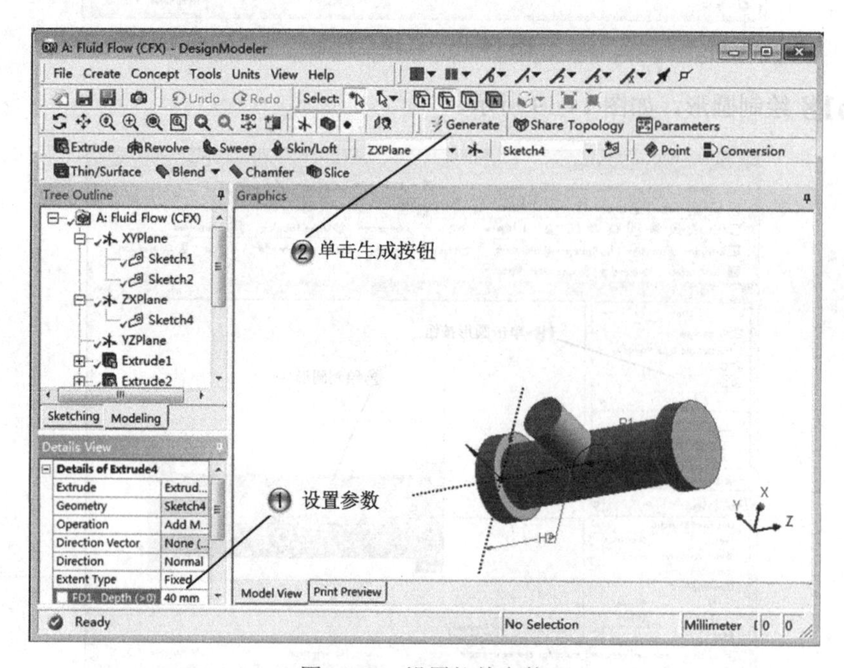

图 14-21　设置拉伸参数

Step21 创建新平面，如图 14-22 所示。

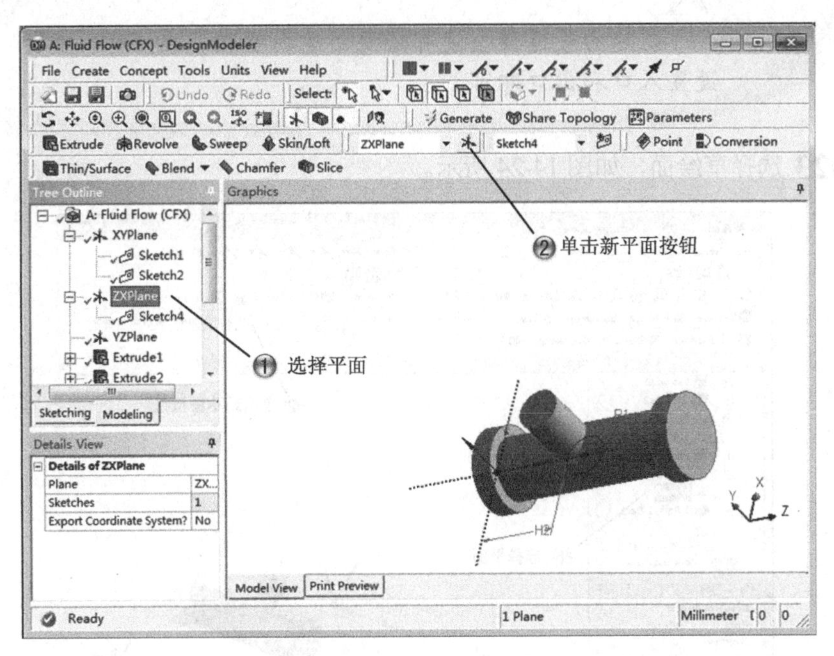

图 14-22 创建新平面

Step22 设置新平面参数，如图 14-23 所示。

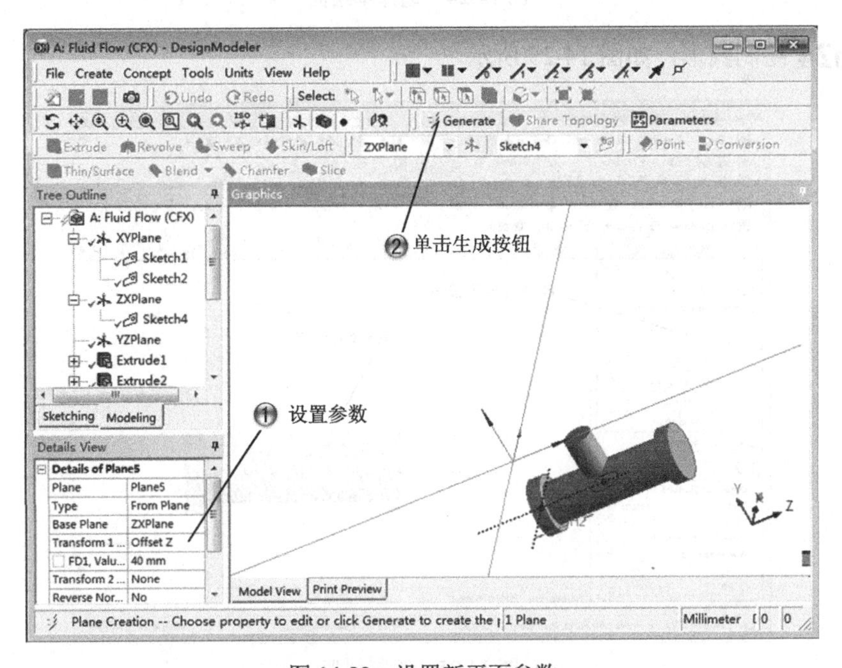

图 14-23 设置新平面参数

提示：

创建的管道模型没有必要创建内空腔，在 CFX 模块设置入口和出口即可。

Step23 选择草绘面，如图 14-24 所示。

图 14-24　选择草绘面

Step24 绘制圆形，如图 14-25 所示。

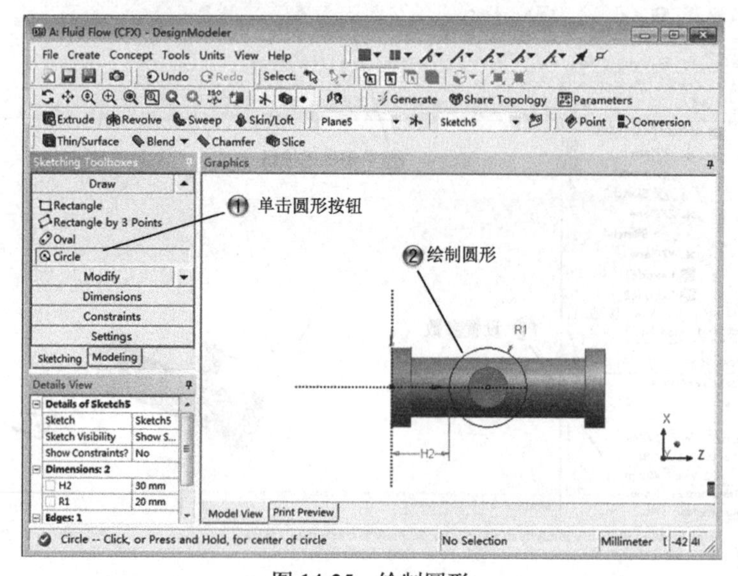

图 14-25　绘制圆形

Step25 拉伸圆形草图，如图 14-26 所示。

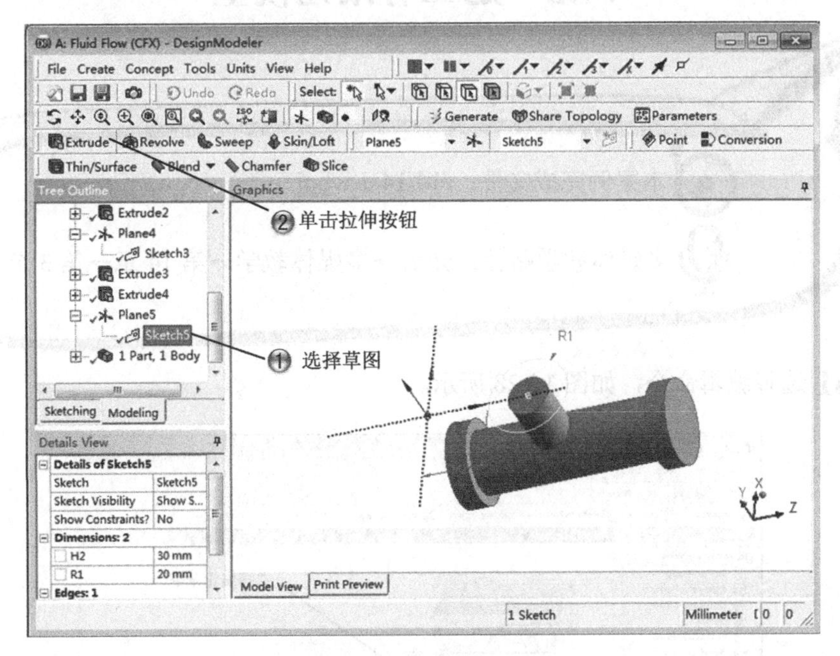

图 14-26　拉伸圆形草图

Step26 设置拉伸参数，如图 14-27 所示。

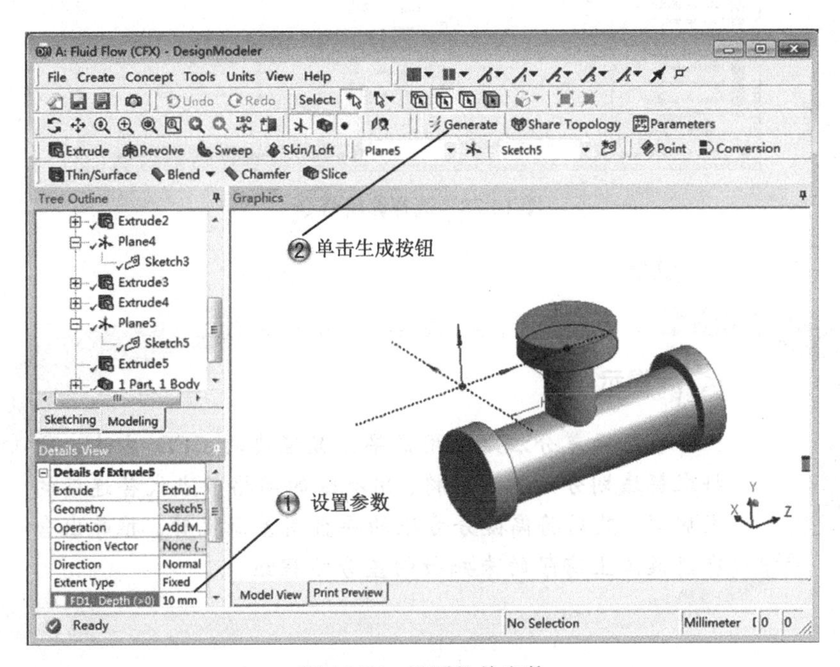

图 14-27　设置拉伸参数

14.3 建立有限元模型

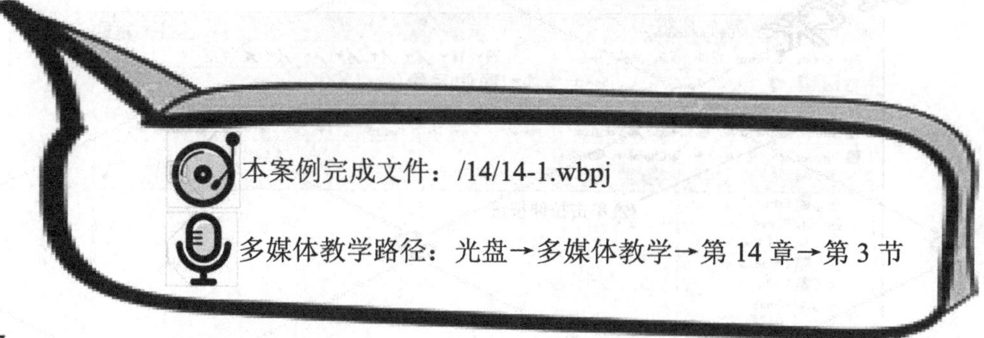

本案例完成文件：/14/14-1.wbpj

多媒体教学路径：光盘→多媒体教学→第 14 章→第 3 节

Step1 选择编辑命令，如图 14-28 所示。

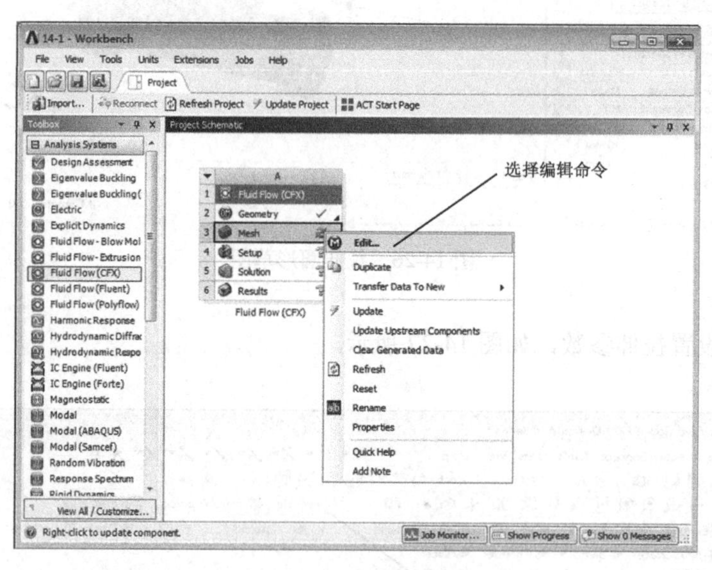

图 14-28 选择编辑命令

提示：

有限元差分法是应用最早、最经典的 CFD 方法，它将求解域划分为差分网格，用有限的网格节点代替连续的求解域，然后将偏微分方程的导数用差商代替，推导出含有离散点上有限的未知数的差分方程组。

Step2 设置网格化参数，如图 14-29 所示。

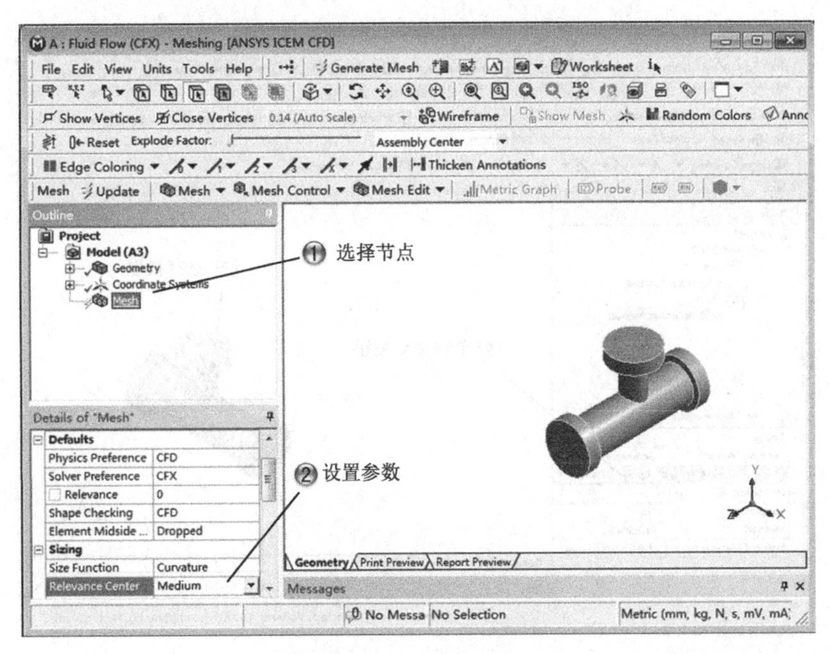

图 14-29　设置网格化参数

Step3 添加网格控制，如图 14-30 所示。

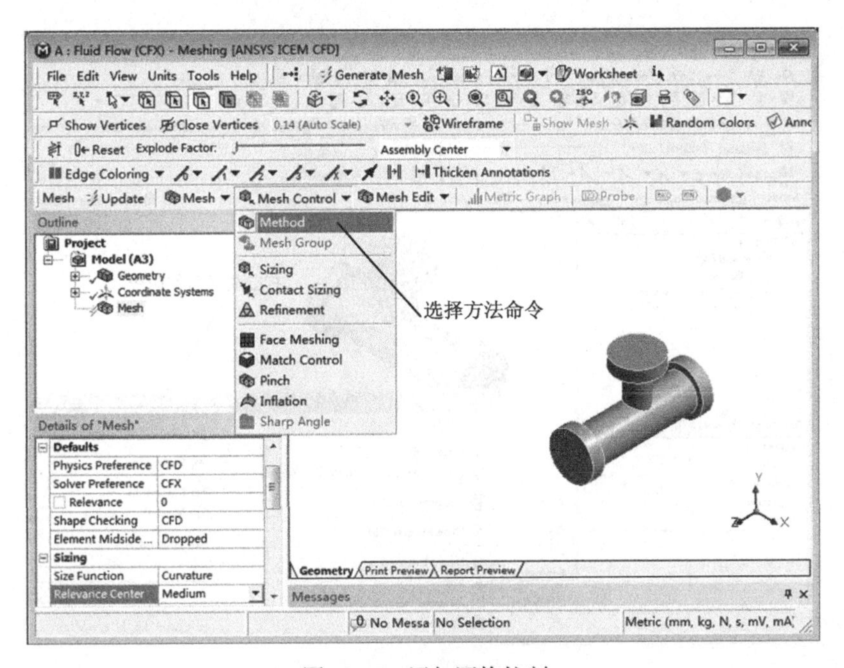

图 14-30　添加网格控制

Step4 选择网格模型，如图 14-31 所示。

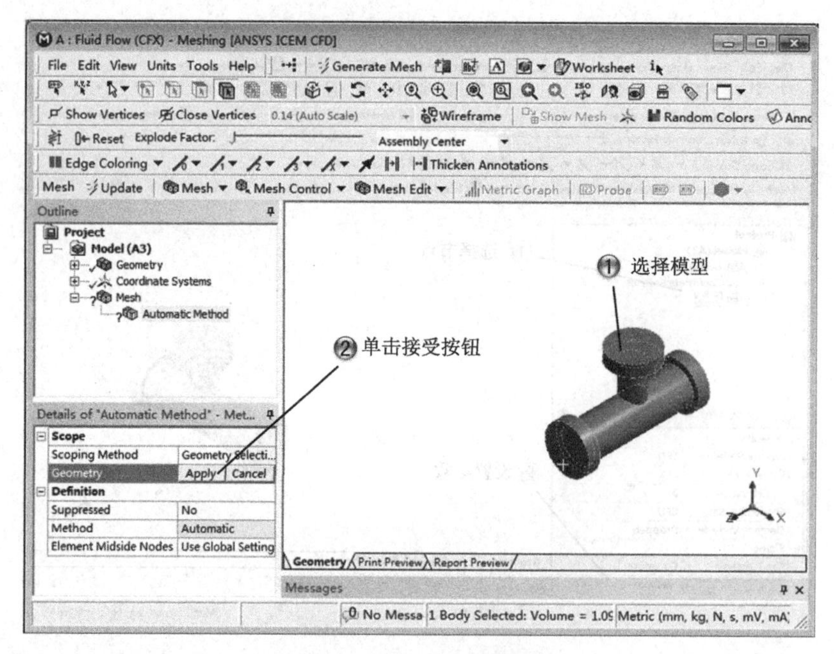

图 14-31　选择网格模型

Step5 创建入口，如图 14-32 所示。

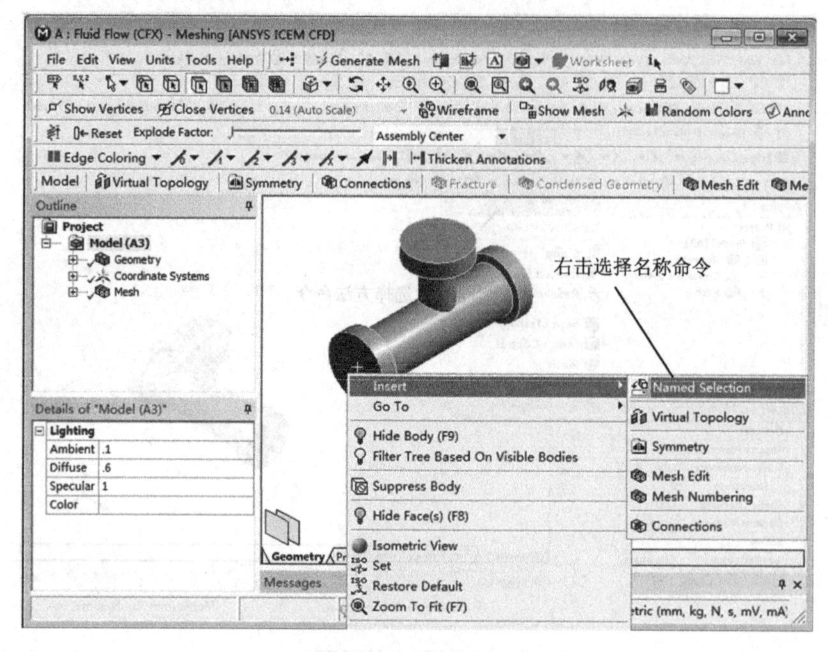

图 14-32　创建入口

Step6 重命名面，如图 14-33 所示。

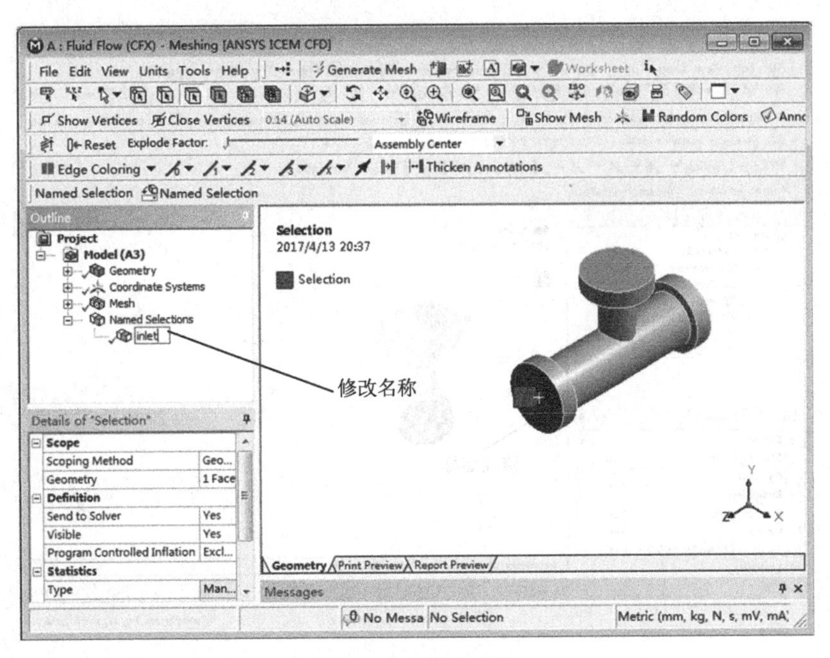

图 14-33　重命名面

Step7 创建出口，如图 14-34 所示。

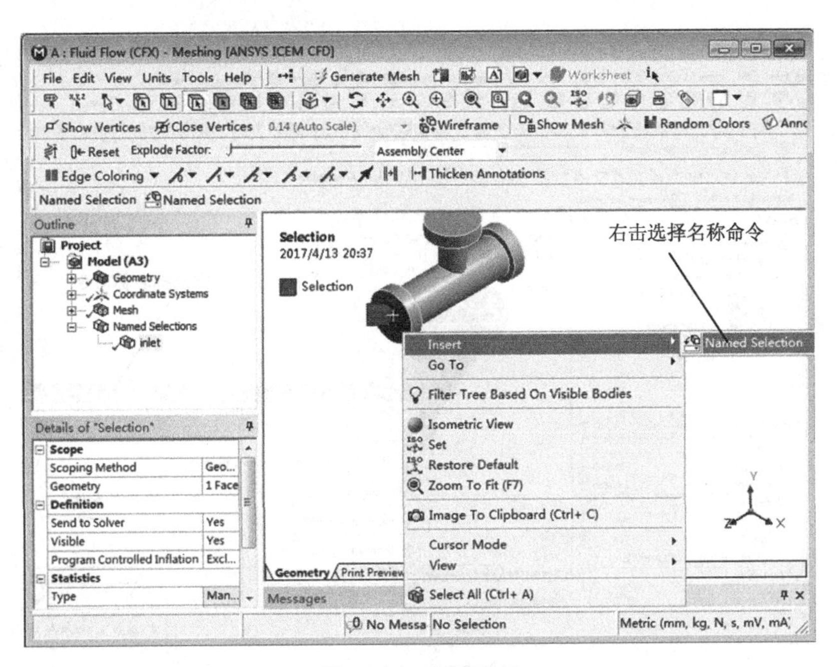

图 14-34　创建出口

Step8 重命名面，如图 14-35 所示。

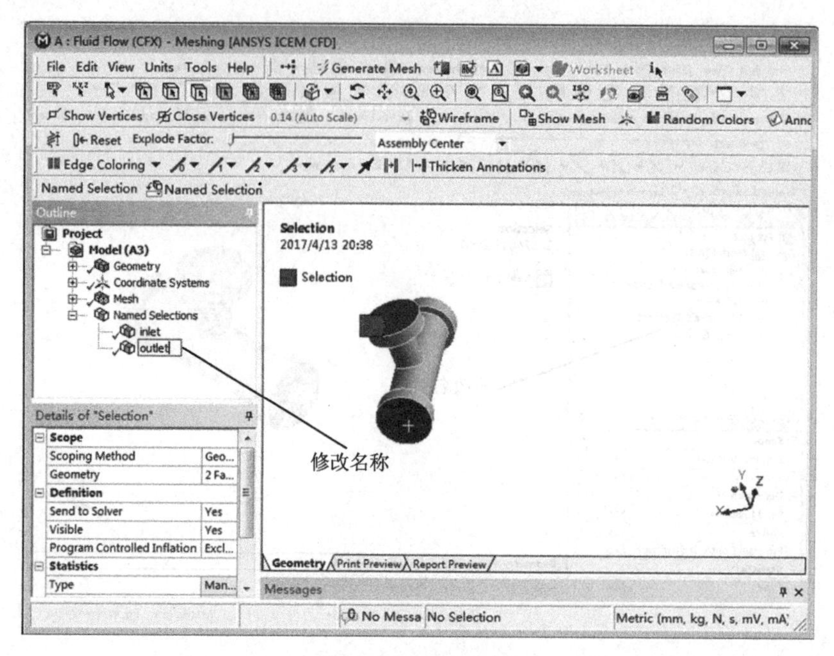

图 14-35　重命名面

Step9 创建固定壁，如图 14-36 所示。

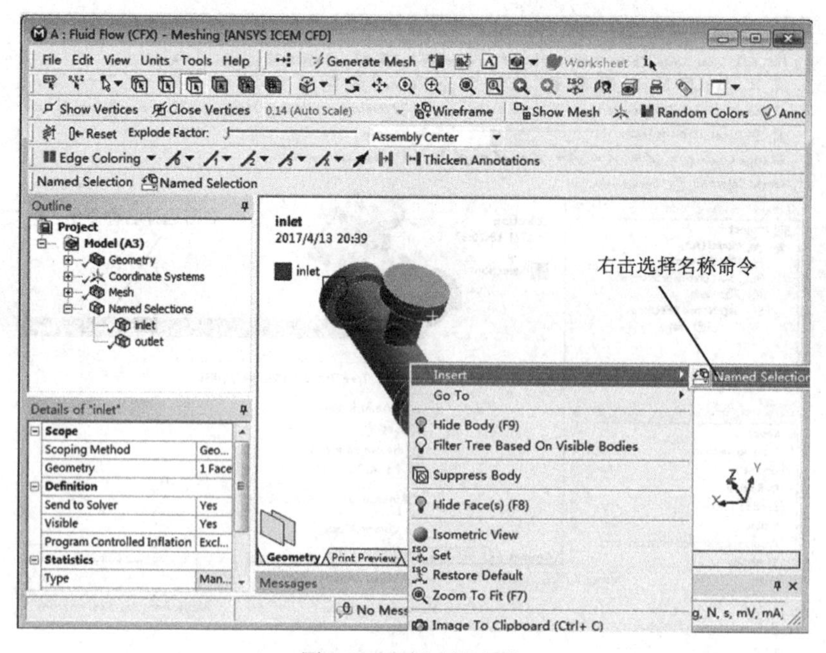

图 14-36　创建固定壁

Step10 重命名面，如图 14-37 所示。

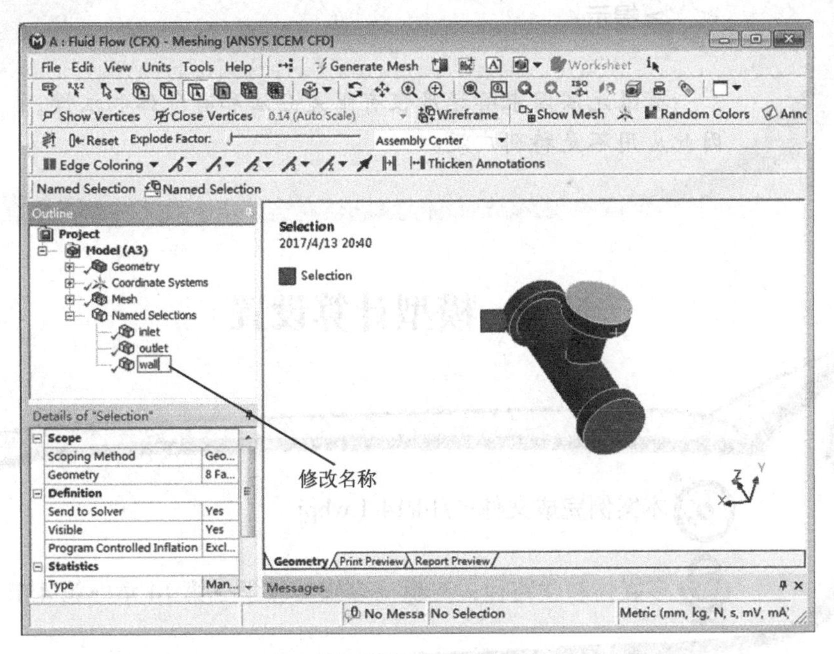

图 14-37　重命名面

Step11 完成网格化操作，如图 14-38 所示。

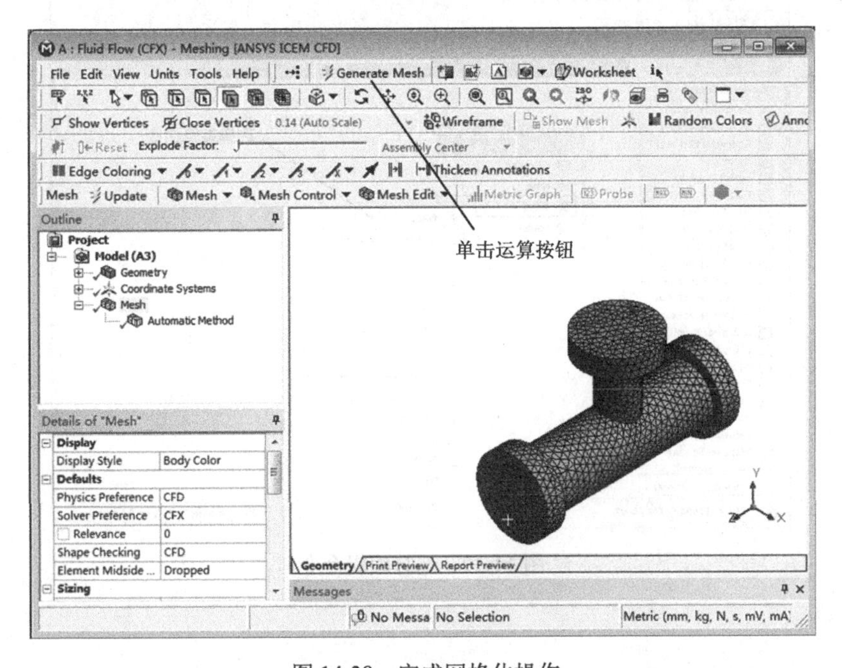

图 14-38　完成网格化操作

提示：

有限元法因求解速度较有限差分法和有限体积法慢，因此应用不是特别广泛。

14.4 模型计算设置

本案例完成文件：/14/14-1.wbpj

多媒体教学路径：光盘→多媒体教学→第 14 章→第 4 节

Step1 选择编辑命令，如图 14-39 所示。

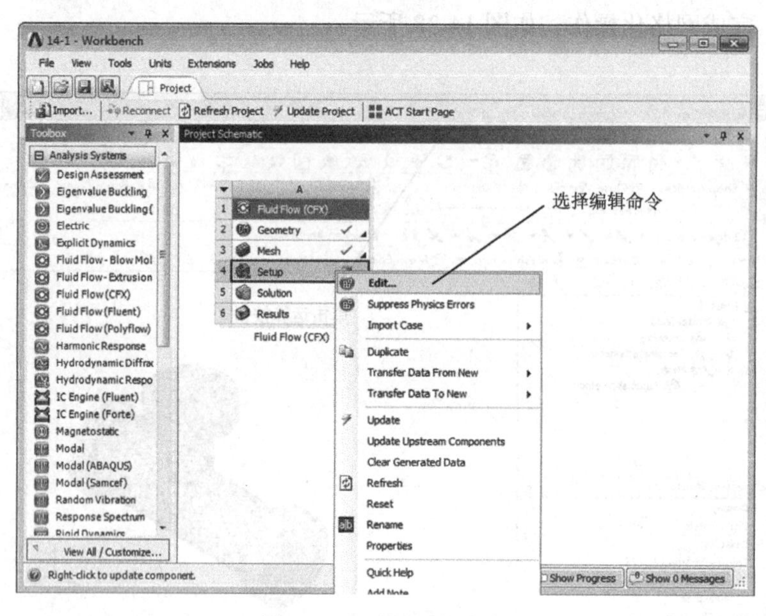

图 14-39 选择编辑命令

Step2 创建入口，如图 14-40 所示。

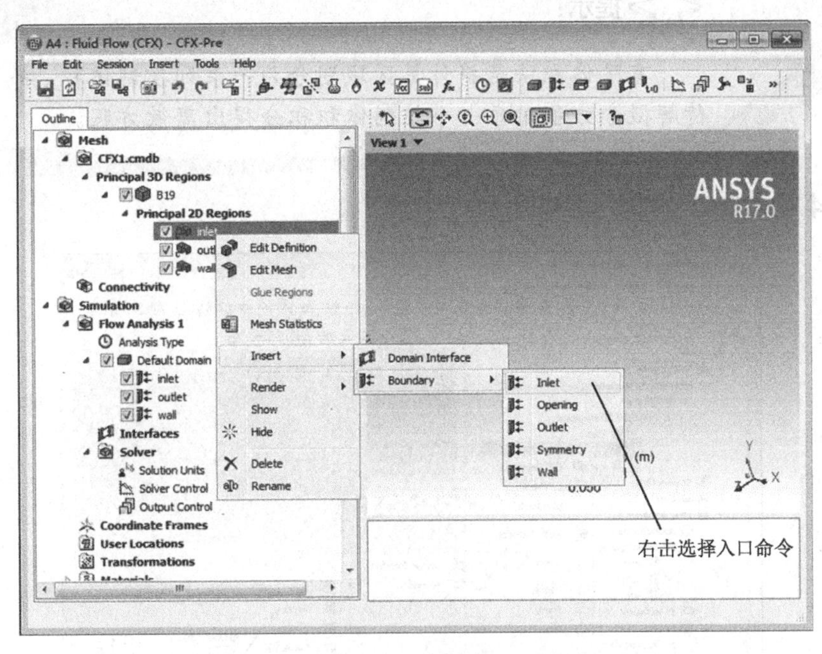

图 14-40 创建入口

Step3 设置入口参数，如图 14-41 所示。

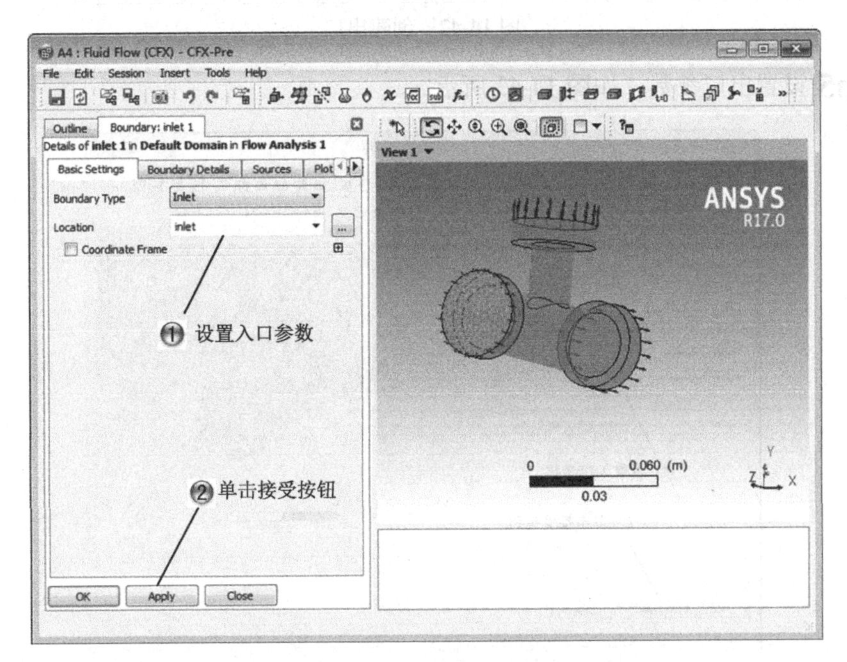

图 14-41 设置入口参数

提示：

有限体积法是将计算区域划分为一系列控制体积，将待解微分方程对每一个控制体积积分得出离散方程。

Step4 创建出口，如图 14-42 所示。

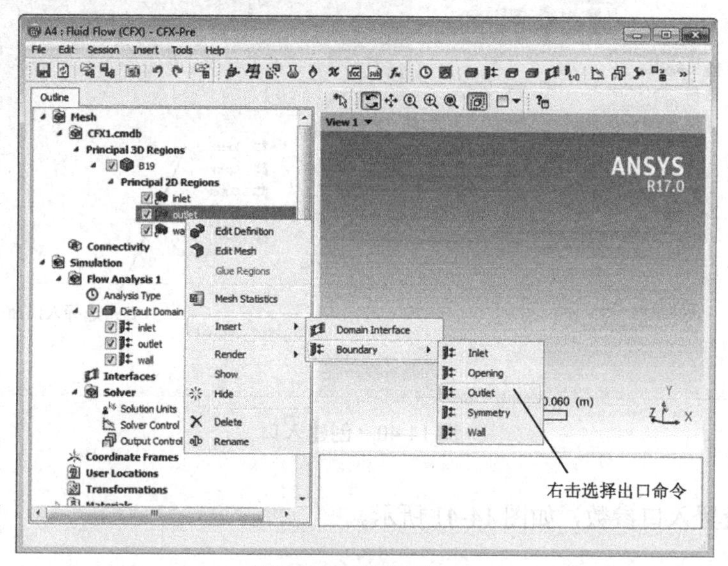

图 14-42　创建出口

Step5 设置出口参数，如图 14-43 所示。

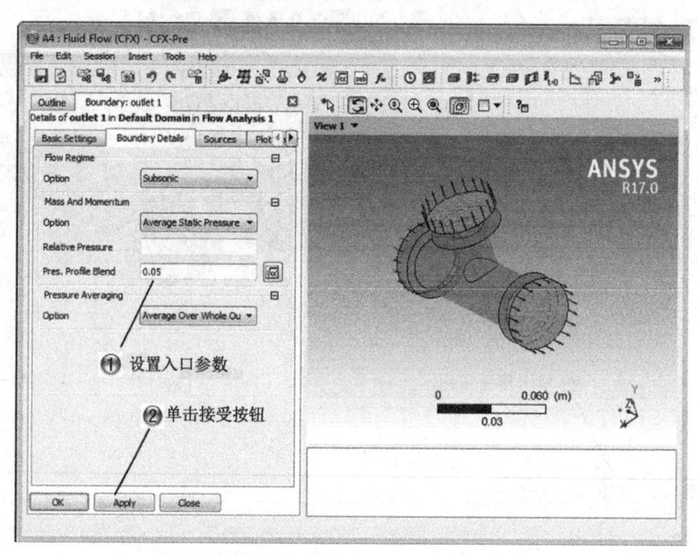

图 14-43　设置出口参数

Step6 创建固定壁，如图 14-44 所示。

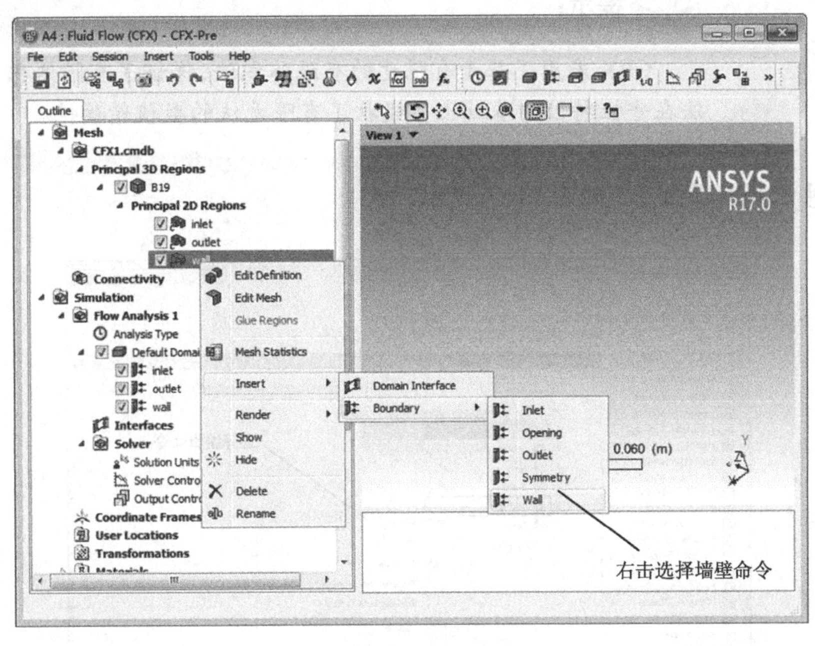

图 14-44　创建固定壁

Step7 设置固定壁参数，如图 14-45 所示。

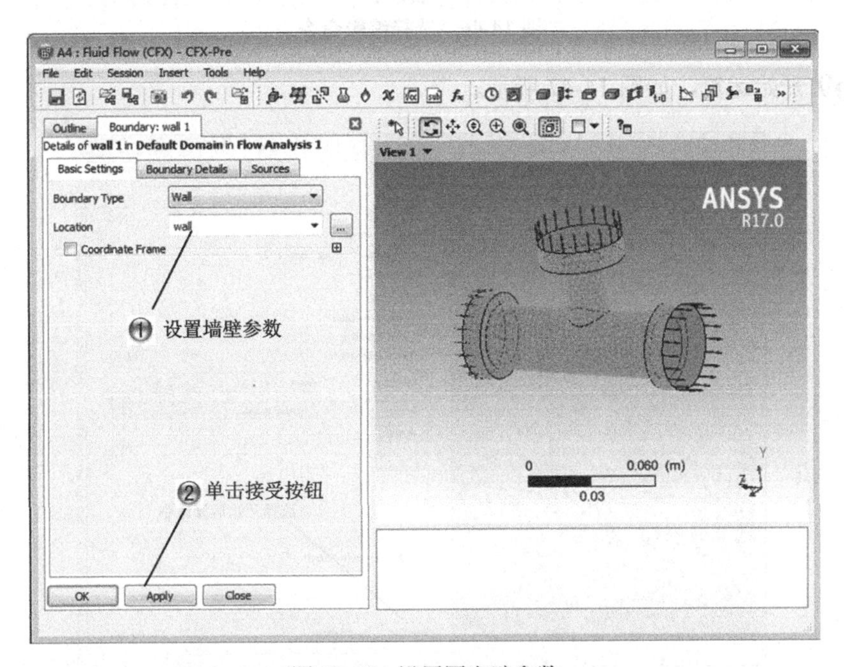

图 14-45　设置固定壁参数

CFX 采用了基于有限元的有限体积法，保证了有限体积法在守恒特性的基础上，吸收了有限元法的数值精确性。

Step8 选择编辑命令，如图 14-46 所示。

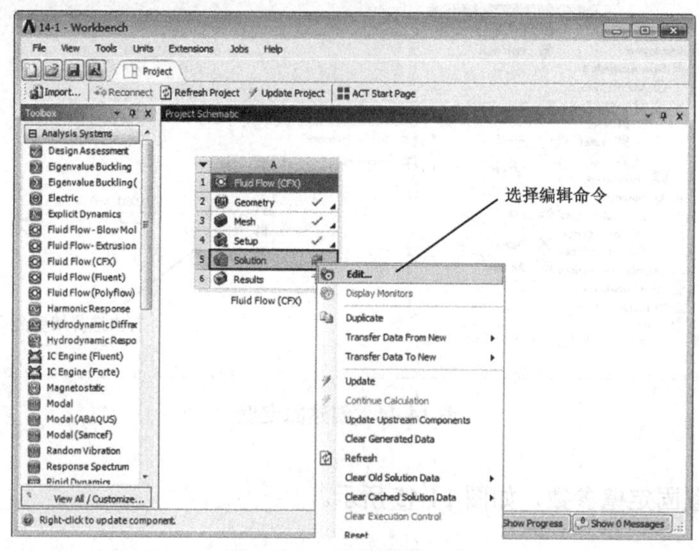

图 14-46　选择编辑命令

Step9 开始运算，如图 14-47 所示。

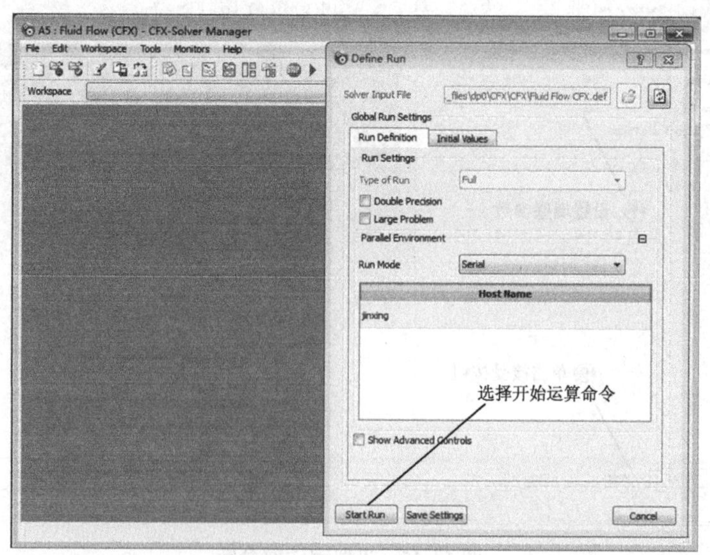

图 14-47　开始运算

Step10 查看运算结果，如图 14-48 所示。

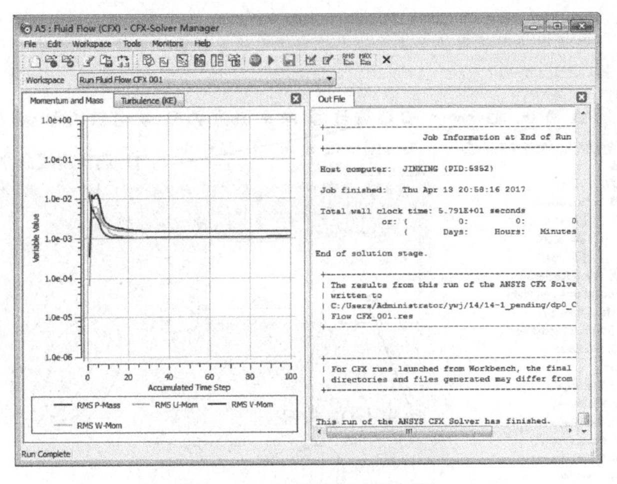

图 14-48 查看运算结果

14.5 结果后处理

本案例完成文件：/14/14-1.wbpj

多媒体教学路径：光盘→多媒体教学→第 14 章→第 5 节

Step1 选择编辑命令，如图 14-49 所示。

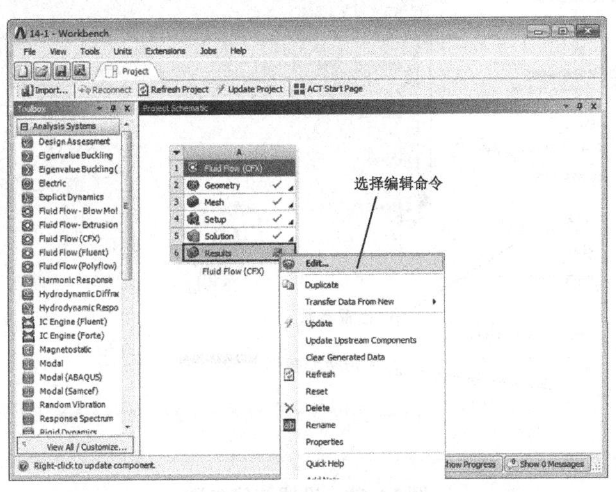

图 14-49 选择编辑命令

Step2 创建液体流线，如图 14-50 所示。

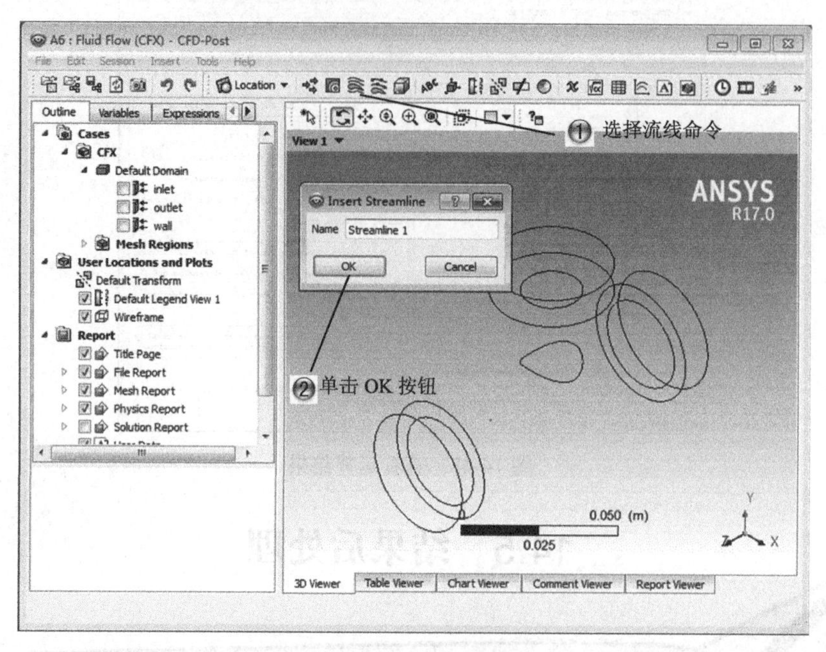

图 14-50　创建液体流线

Step3 设置流线参数，如图 14-51 所示。

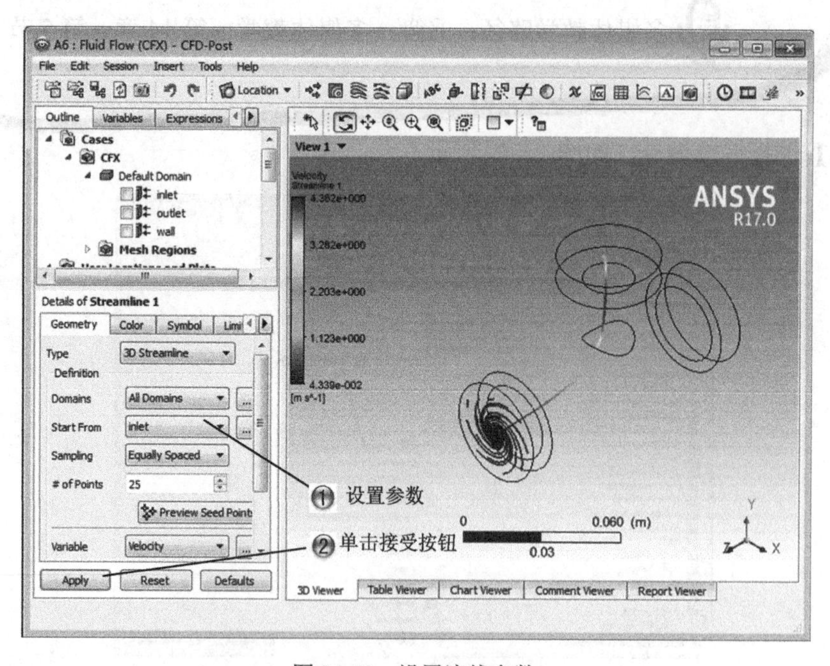

图 14-51　设置流线参数

Step4 创建截面，如图 14-52 所示。

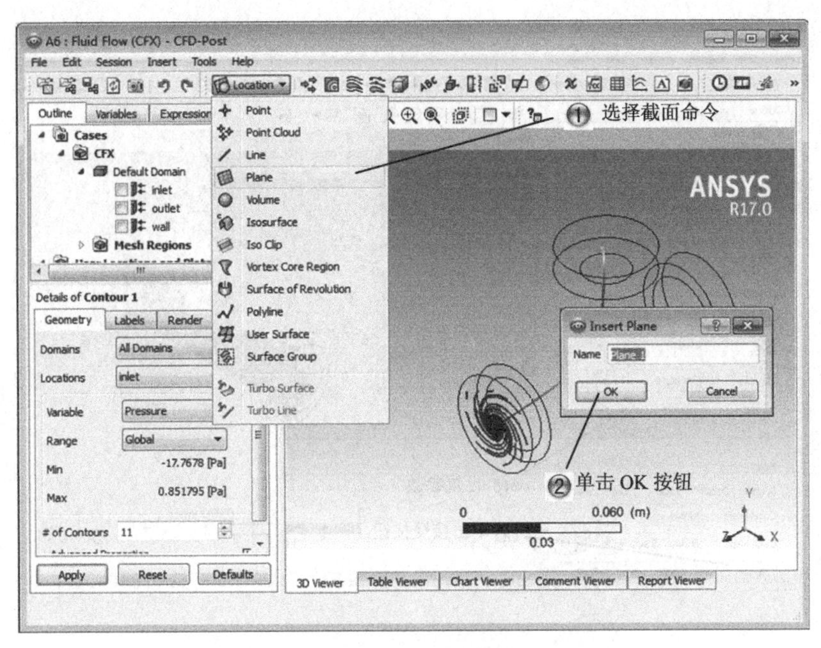

图 14-52　创建截面

Step5 设置平面，如图 14-53 所示。

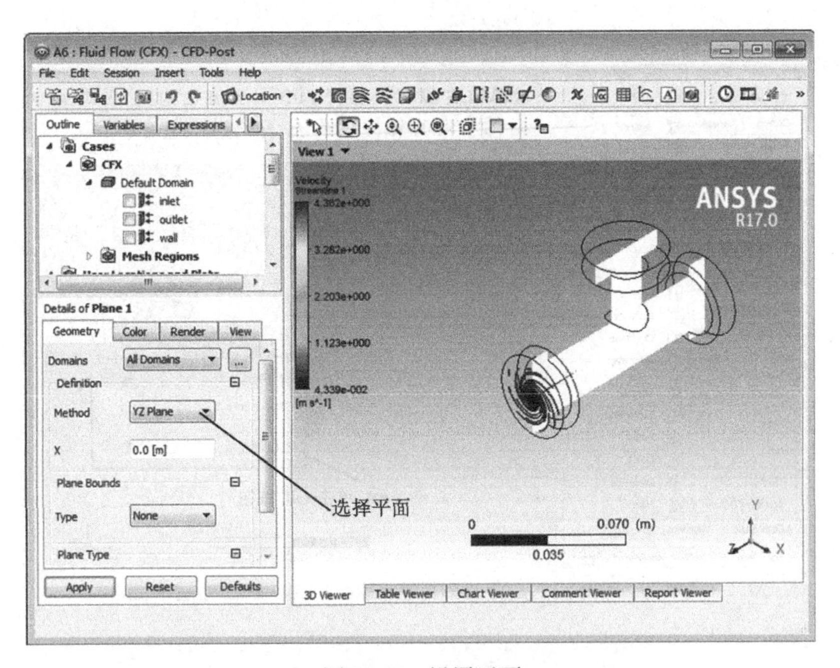

图 14-53　设置平面

Step6 设置压力参数，如图 14-54 所示。

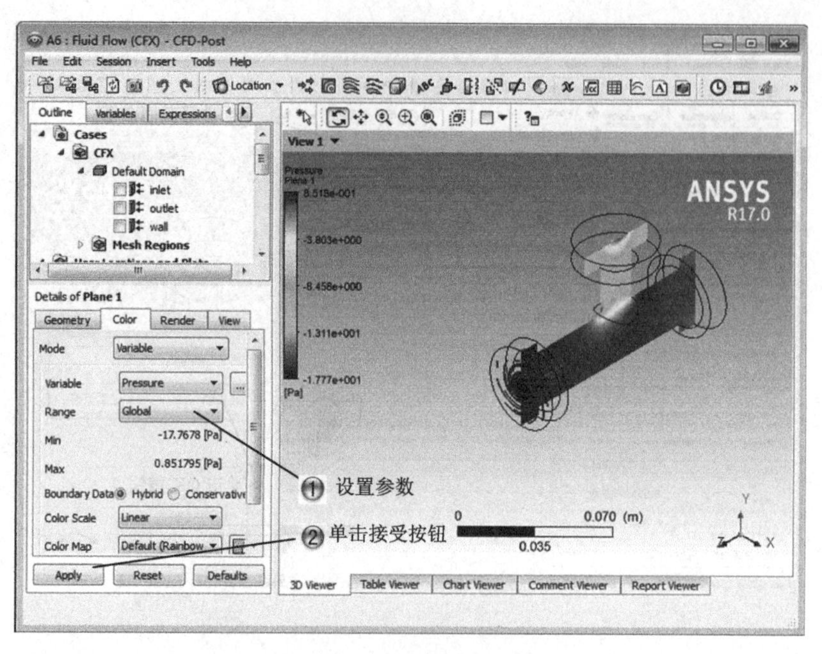

图 14-54　设置压力参数

Step7 创建向量图，如图 14-55 所示。

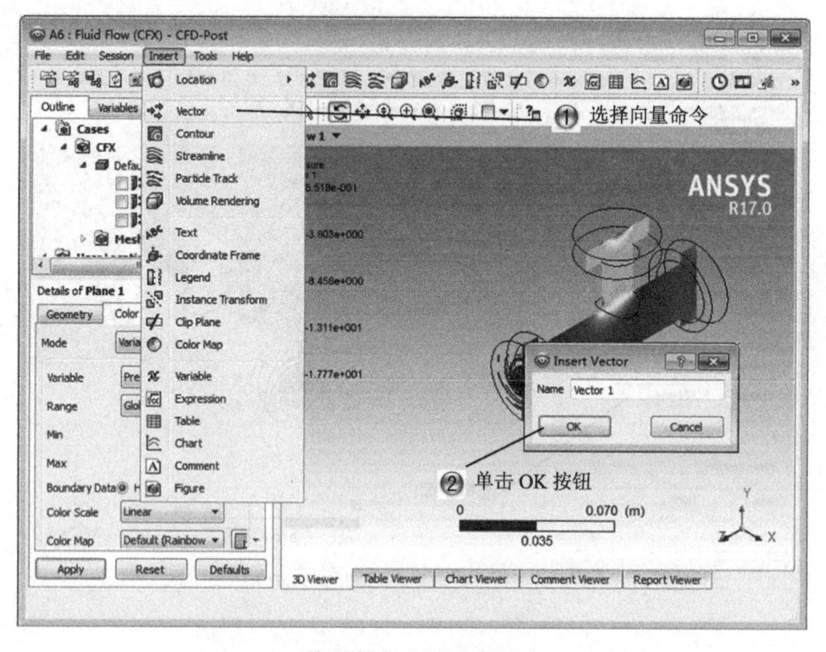

图 14-55　创建向量图

Step8 设置向量参数，如图 14-56 所示。

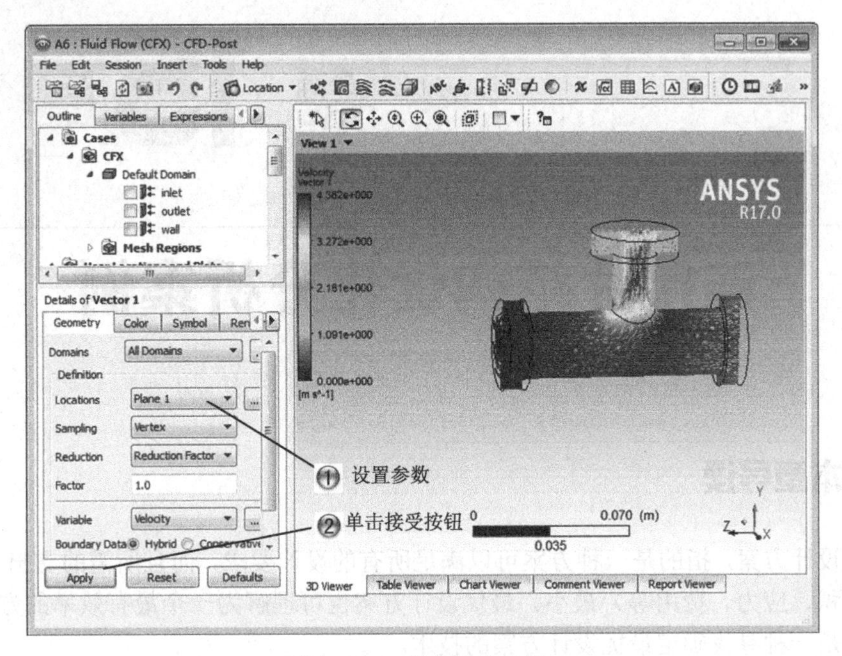

图 14-56　设置向量参数

14.6　案例小结

本章介绍了 ANSYS CFX 模块的流体动力学分析功能，读者需要学习掌握 ANSYS CFX 内流场分析的基本方法及操作过程。流程包括几何模型的创建、网格划分、求解器设置、求解计算及后处理等操作方法。通过本章的学习，读者应该对流体动力学的过程有一个详细的了解。

第 15 章

连接片结构优化分析案例

最优设计方案，指的是一种方案可以满足所有的设计要求，而且所需的支出（如重量、面积、体积、应力、费用等）最小。最优设计方案也可理解为一个最有效率的方案。结构优化设计是一种寻找确定最优设计方案的技术。

本章通过连接片的结构分析案例，介绍 ANSYS 优化设计的整个流程步骤，详细讲解其中各种参数的设置方法，最后通过拓扑优化设计建立新的优化结构。

学习要求	知识点 \ 学习目标	了解	理解	应用	实践
	优化设计概念		√		
	优化设计模块		√	√	
	连接片的结构优化分析		√	√	√

15.1 案例分析

15.1.1 知识链接

ANSYS Workbench Environment（AWE）是 ANSYS 公司开发的新一代前后处理环境，并且定位于一个 CAE 协同平台，该环境提供了与 CAD 软件及设计流程高度的集成性，并且新版本增加了 ANSYS 很多软件模块并实现了很多常用功能，在产品开发中能快速应用 CAE 技术进行分析，从而减少产品设计周期、提高产品附加价值。

从易用性和高效性来说，AWE 下的 DesignXplorer 模块为优化设计提供了一个几乎完美的方案，CAD 模型需改进的设计变量可以传递到 AWE 环境中，并且在 DesignXplorer/VT 下设定好约束条件及设计目标后，可以高度自动化地实现优化设计并返回相关图表。

在保证产品达到某些性能目标并满足一定约束条件的前提下，通过改变某些允许改变的设计变量，使产品的指标或性能达到最期望的目标，就是优化方法。例如，在保证结构刚度、强度满足要求的前提下，通过改变某些设计变量，使结构的重量最合理，这不但使得结构耗材得到了节省，在运输安装方面也提供了方便，降低了运输成本。

在实际设计与生产中，类似这样的实例很多。优化作为一种数学方法，通常是利用对解析函数求极值的方法来达到寻求最优值的目的。基于数值分析技术的 CAE 方法，显然不可能对我们的目标得到一个解析函数，CAE 计算所求得的结果只是一个数值。然而，样条抽值技术又使 CAE 中的优化成为可能，多个数值点可以利用插值技术形成一条连续的可用函数表达的曲线或曲面，如此便回到了数学意义上的极值优化技术上来。

ANSYS 提供了两种优化的方法，这两种方法可以处理绝大多数的优化问题。零阶方法是一个很完善的处理方法，可以很有效地处理大多数的工程问题。一阶方法是基于目标函数对设计变量的敏感程度，因此更加适合于精确的优化分析。

15.1.2 设计思路

设计方案的任何方面都是可以优化的，比如说：尺寸（如厚度）、形状（如过渡圆角的大小）、支撑位置、制造费用、自然频率、材料特性等，实际上，所有可以参数化的 ANSYS 选项均可作优化设计。

在本案例中，需要对模型进行拓扑优化，目的是在确保其承载能力的基础上减小零件的重量。分析使用软件是针对一般设计工程师的快速分析工具 Direct Optimization（直接优化工具），利用其拓扑优化功能，分析得到了在承受固定载荷下的连接片模型，以减少的材料质量为状态变量，保证结构刚度最大的拓扑形状，为后期的详细设计提供了依据。

优化前后的连接片模型，如图 15-1 所示。

图 15-1　连接片结构及优化模型

15.2　建立分析模型

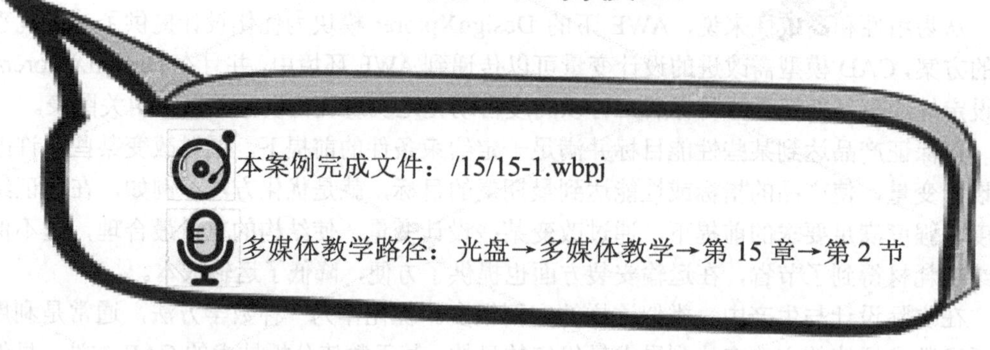

本案例完成文件：/15/15-1.wbpj
多媒体教学路径：光盘→多媒体教学→第 15 章→第 2 节

Step1 设置系统选项，如图 15-2 所示。

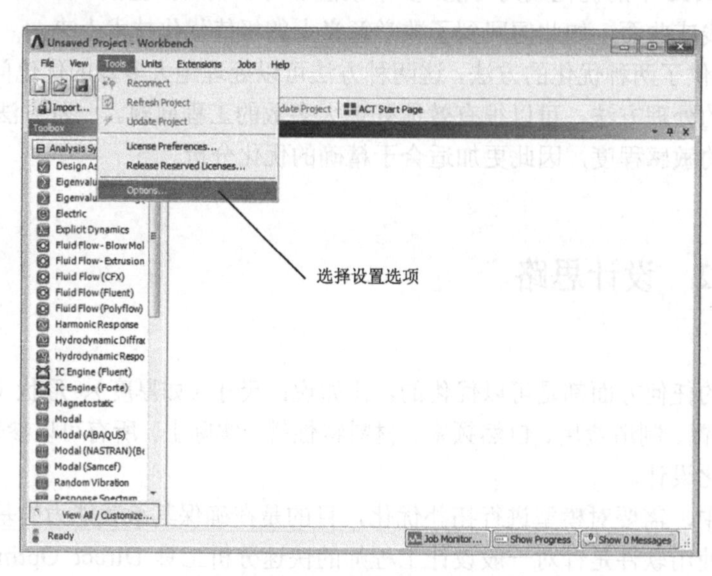

图 15-2　设置系统选项

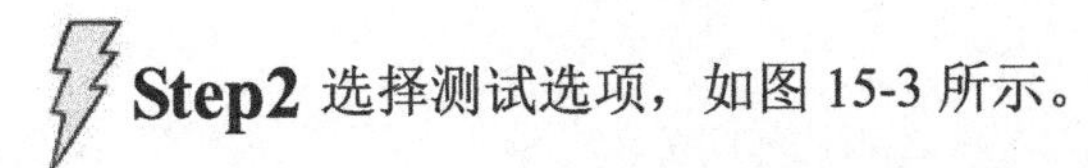

Step2 选择测试选项，如图 15-3 所示。

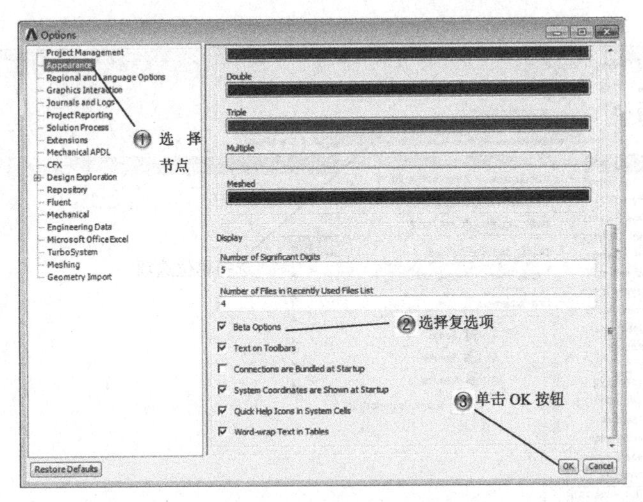

图 15-3　选择测试选项

提示：

ANSYS 的优化设计过程就是对初始设计进行分析，对分析结果就设计要求进行评估，然后修正设计，以此循环往复。

Step3 创建分析项目，如图 15-4 所示。

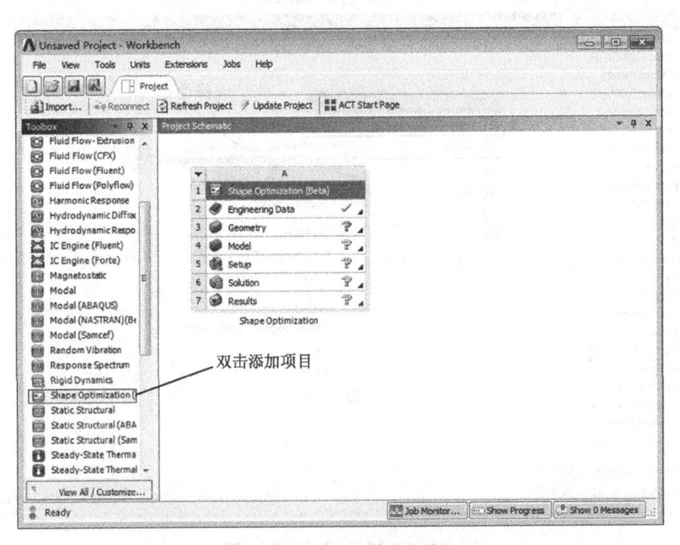

图 15-4　创建分析项目

Step4 选择系统单位，如图 15-5 所示。

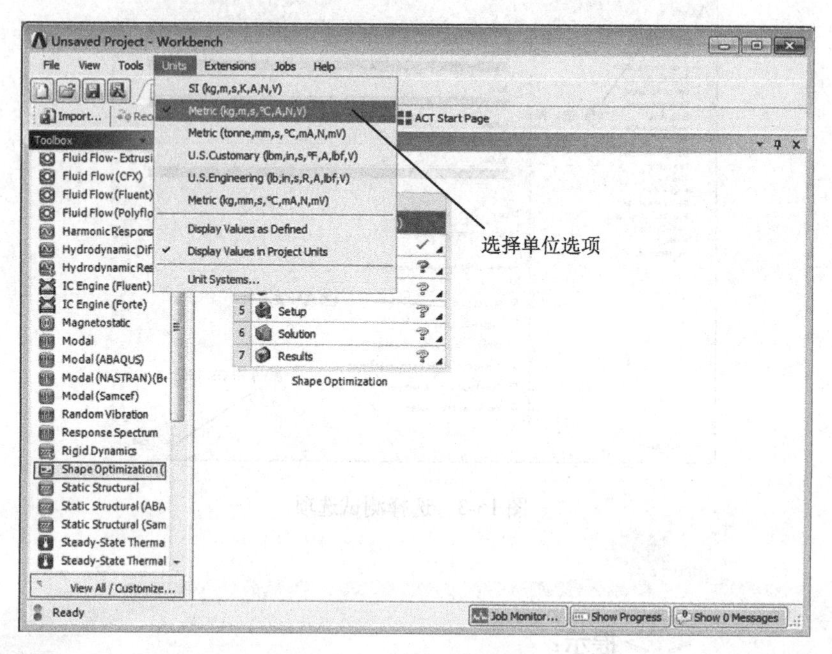

图 15-5 选择系统单位

Step5 进入零件设计界面，如图 15-6 所示。

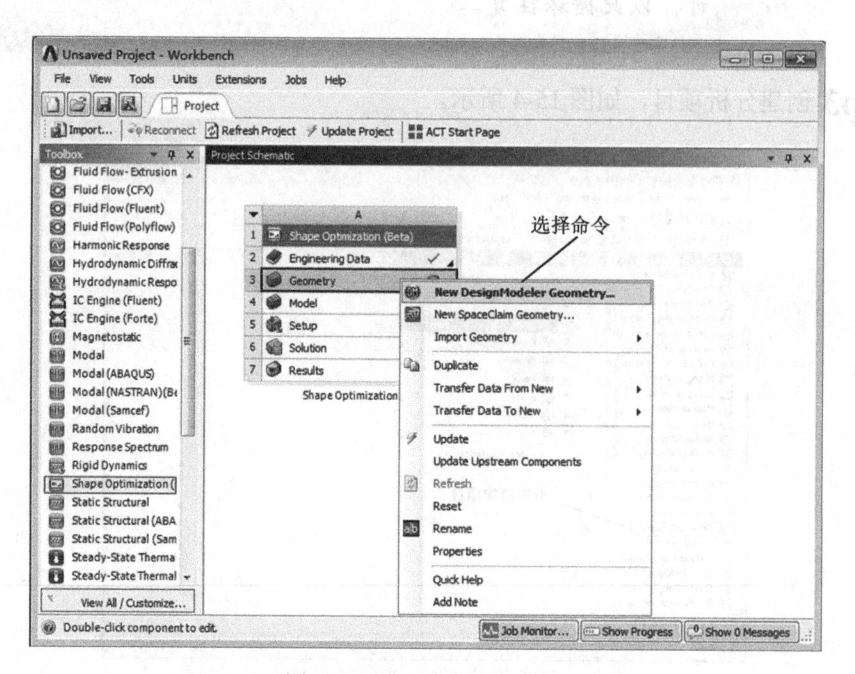

图 15-6 进入零件设计界面

Step6 选择毫米单位，如图 15-7 所示。

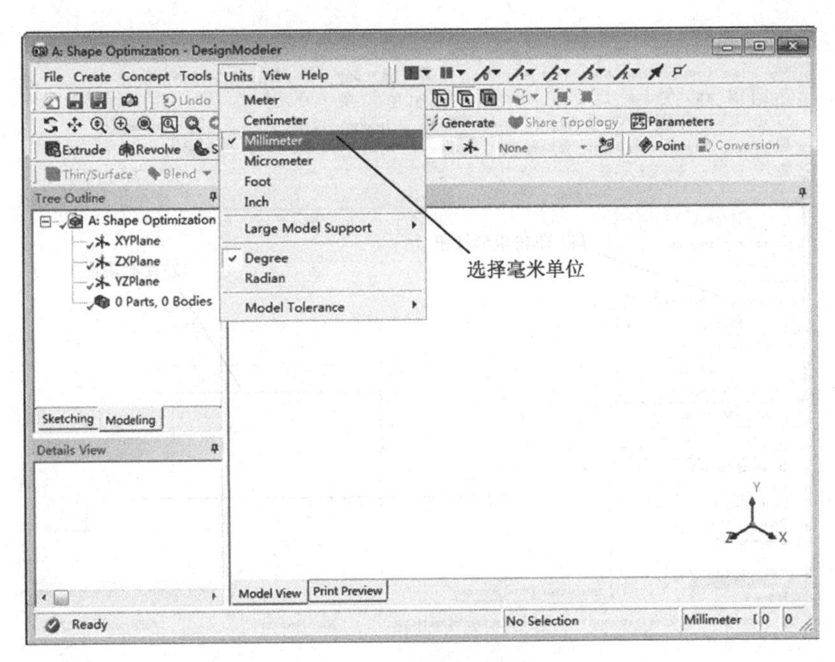

图 15-7　选择毫米单位

Step7 选择草绘面，如图 15-8 所示。

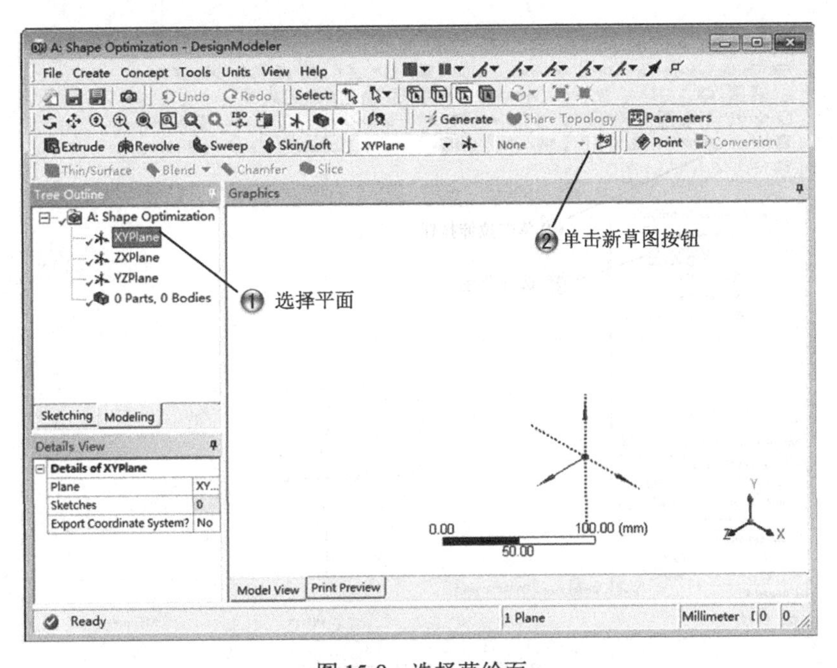

图 15-8　选择草绘面

Step8 绘制矩形，如图 15-9 所示。

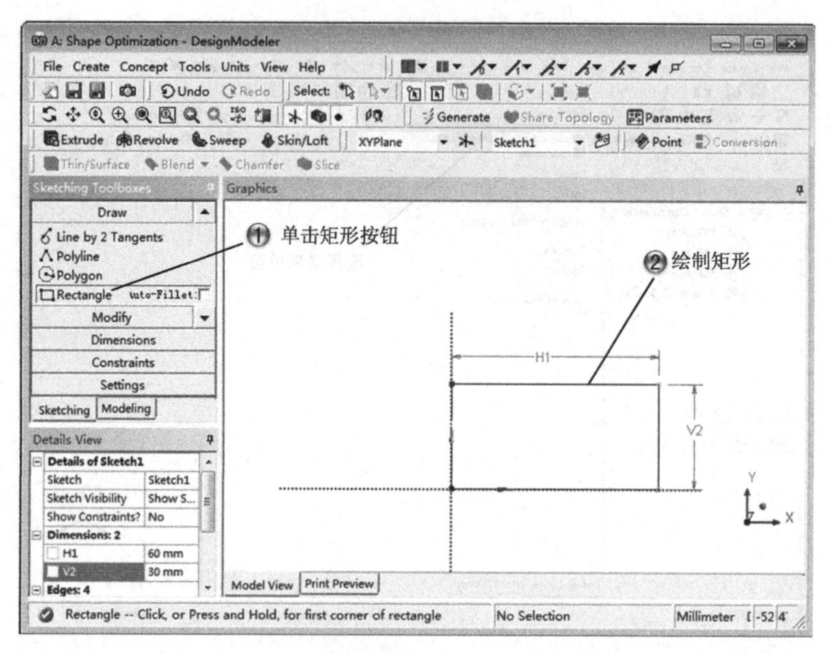

图 15-9　绘制矩形

Step9 拉伸矩形草图，如图 15-10 所示。

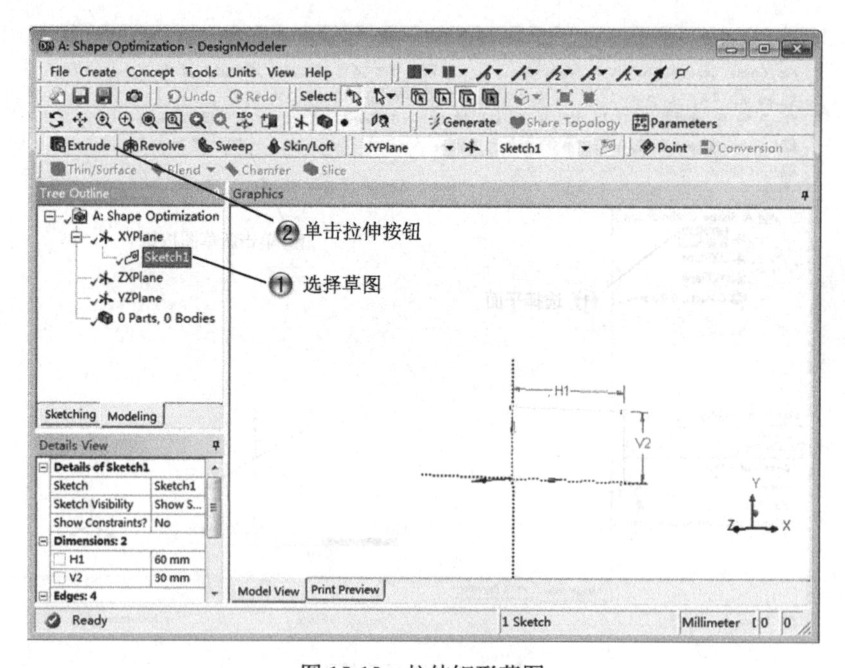

图 15-10　拉伸矩形草图

Step10 设置拉伸参数，如图 15-11 所示。

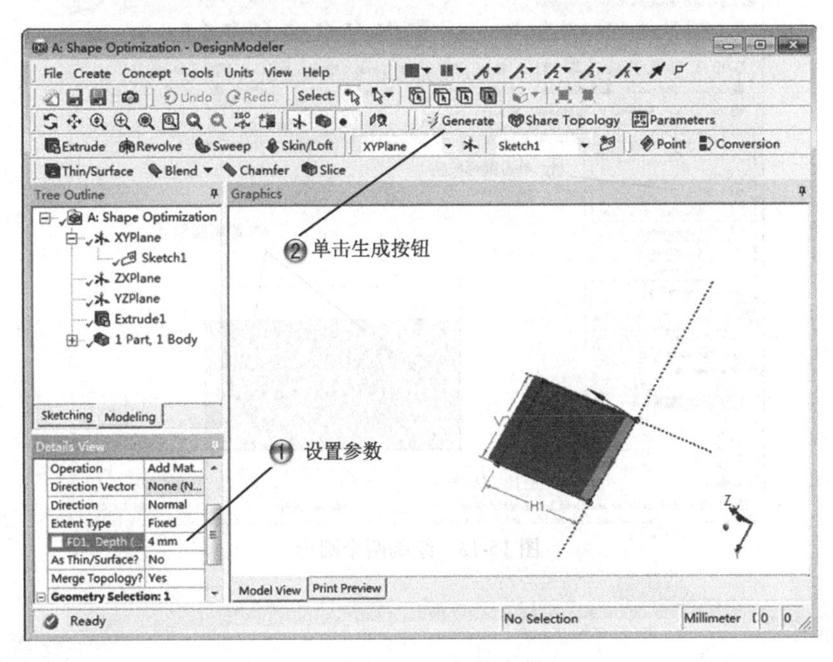

图 15-11 设置拉伸参数

Step11 选择草绘面，如图 15-12 所示。

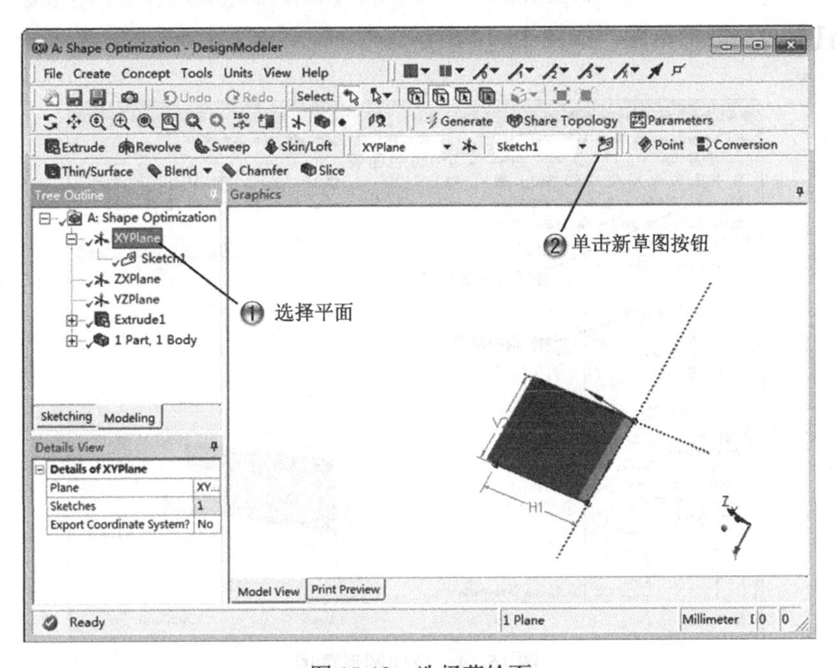

图 15-12 选择草绘面

Step12 绘制两个圆形，如图 15-13 所示。

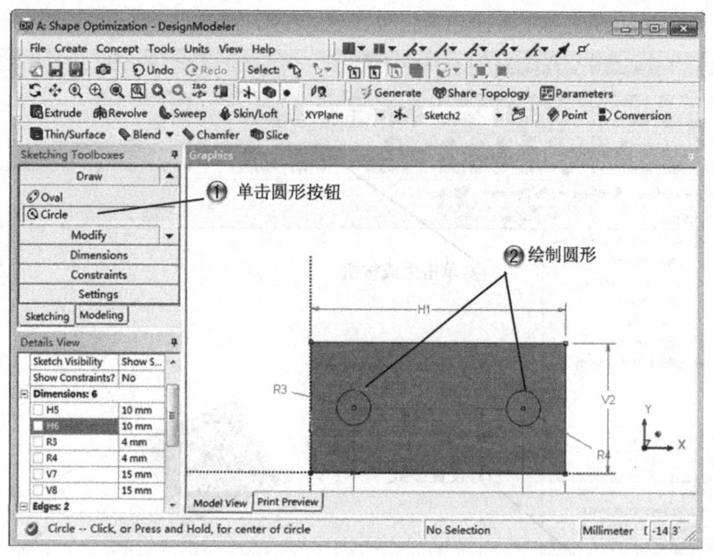

图 15-13　绘制两个圆形

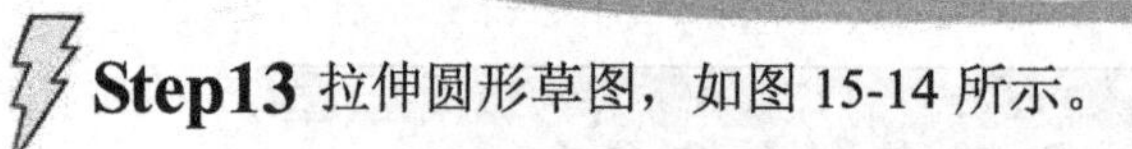

提示：

两个圆在矩形中属于对称结构，是连接片的固定孔。

Step13 拉伸圆形草图，如图 15-14 所示。

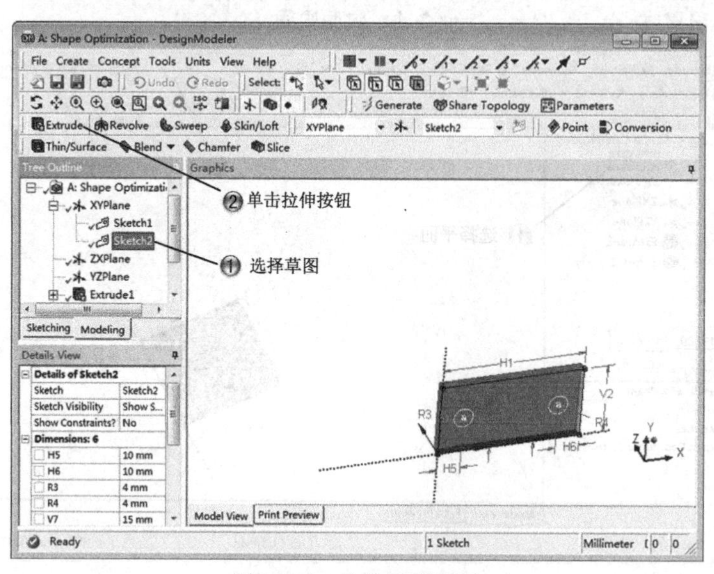

图 15-14　拉伸圆形草图

Step14 设置拉伸切除参数，如图 15-15 所示。

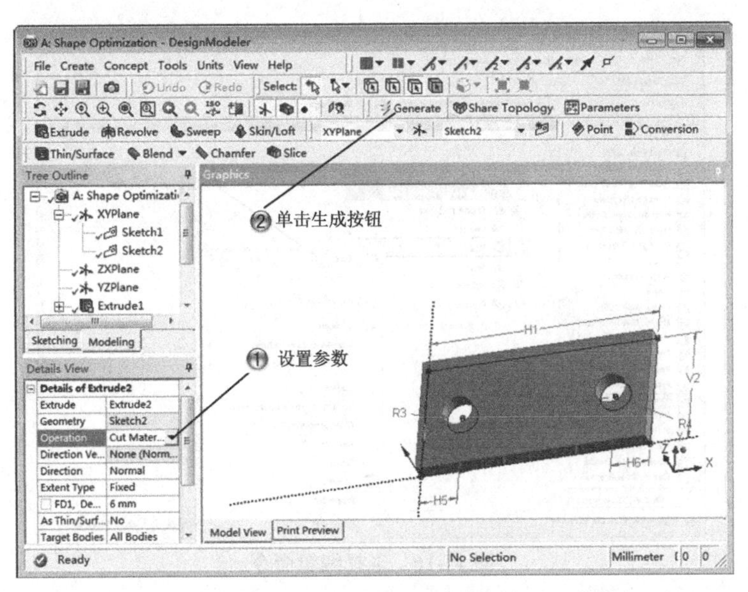

图 15-15　设置拉伸切除参数

提示：

在优化分析之后，还要对零件模型进行新的设计和修改。

15.3　建立有限元模型

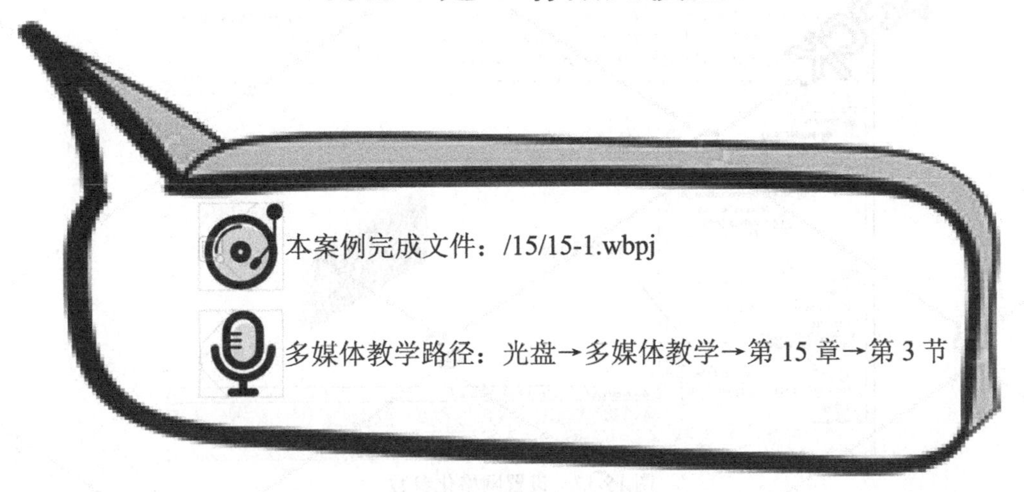

本案例完成文件：/15/15-1.wbpj
多媒体教学路径：光盘→多媒体教学→第 15 章→第 3 节

Step1 选择编辑命令，如图 15-16 所示。

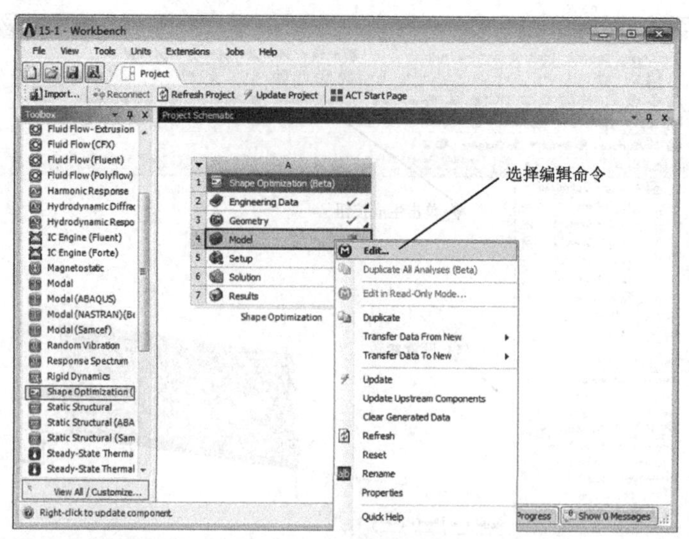

图 15-16　选择编辑命令

提示：

随机优化分析的迭代次数是可以指定的。随机计算结果的初始值可以作为优化过程的起点数值。

Step2 设置网格化参数，如图 15-17 所示。

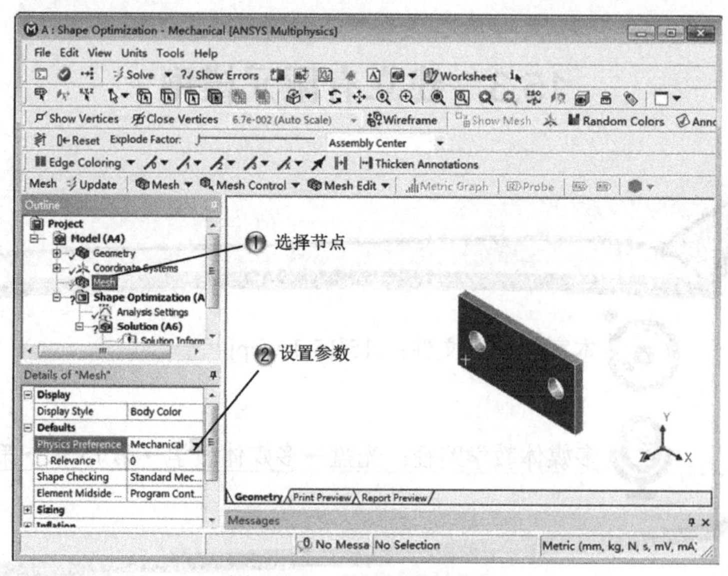

图 15-17　设置网格化参数

Step3 添加网格控制，如图 15-18 所示。

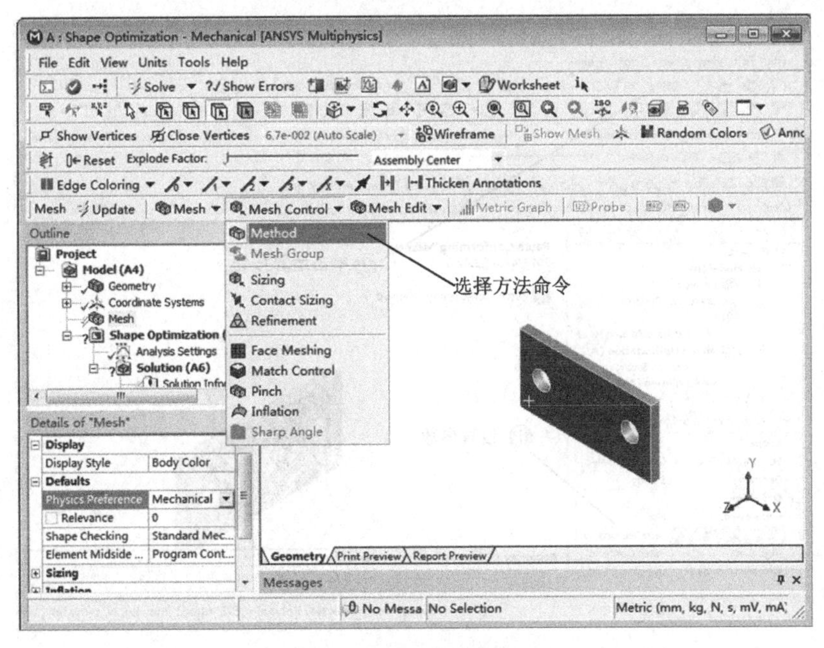

图 15-18　添加网格控制

Step4 选择网格模型，如图 15-19 所示。

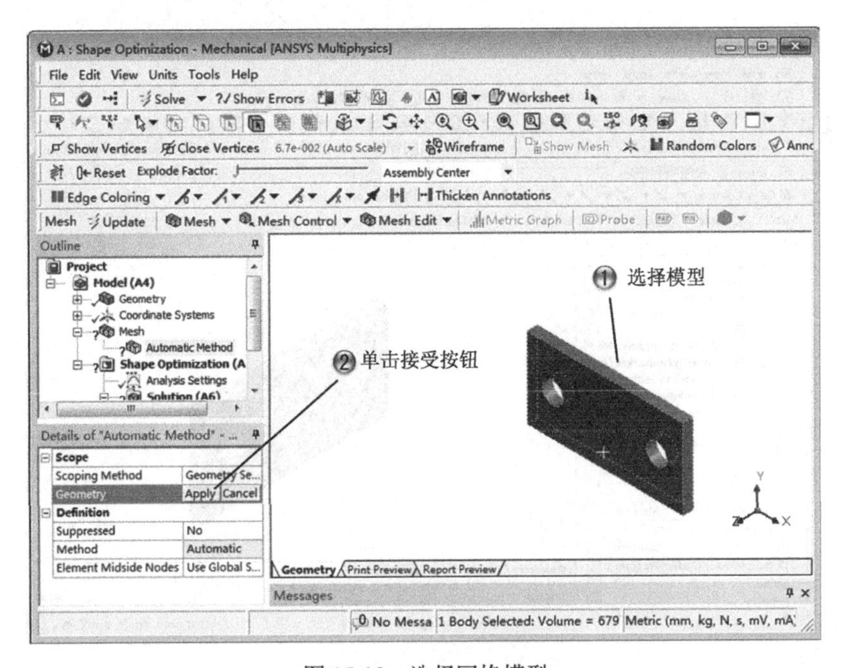

图 15-19　选择网格模型

Step5 设置创建网格类型，如图 15-20 所示。

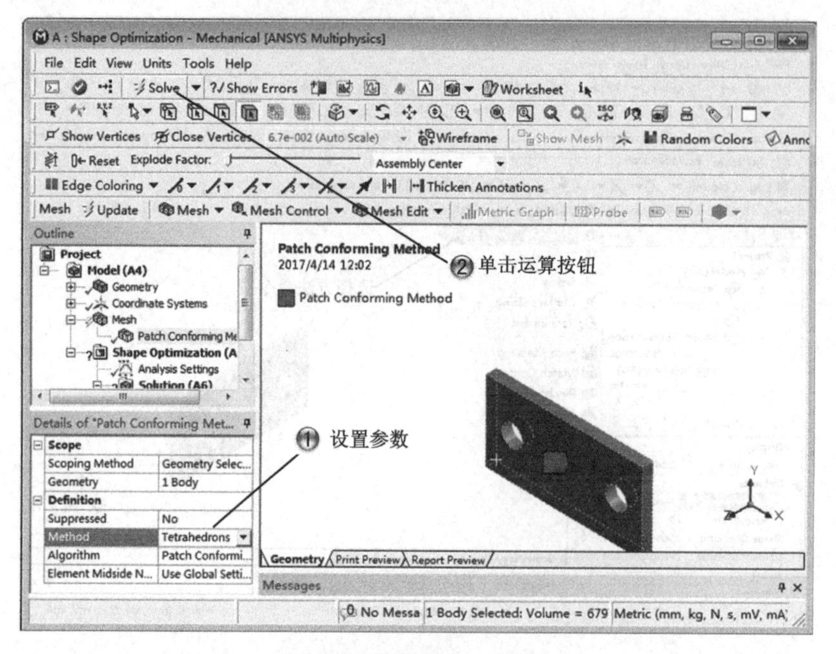

图 15-20　设置创建网格类型

Step6 完成网格化操作，如图 15-21 所示。

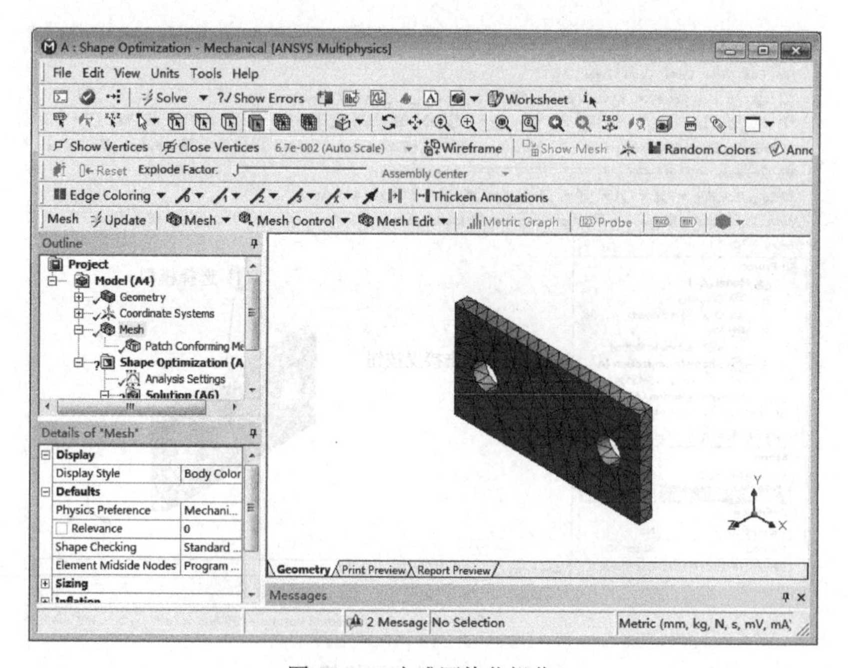

图 15-21　完成网格化操作

提示：

在 ANSYS 优化设计中包括的基本定义有：设计变量、状态变量、目标函数、合理和不合理的设计、分析文件、迭代、循环、设计序列等。

15.4 模型计算设置

本案例完成文件：/15/15-1.wbpj

多媒体教学路径：光盘→多媒体教学→第 15 章→第 4 节

Step1 选择编辑命令，如图 15-22 所示。

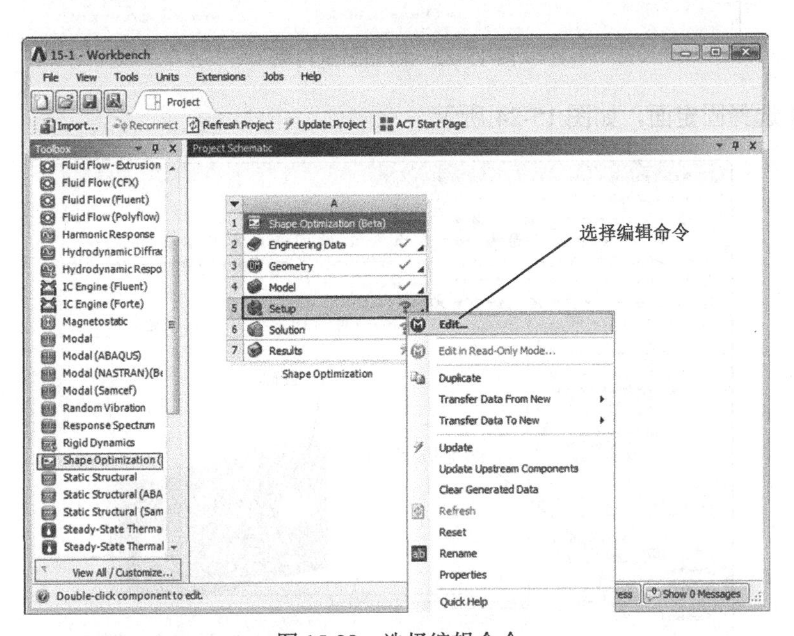

图 15-22 选择编辑命令

在 ANSYS Workbench 中 Design Explorer 主要帮助工程设计人员确定其他因素对产品的影响。

Step2 添加固定约束，如图 15-23 所示。

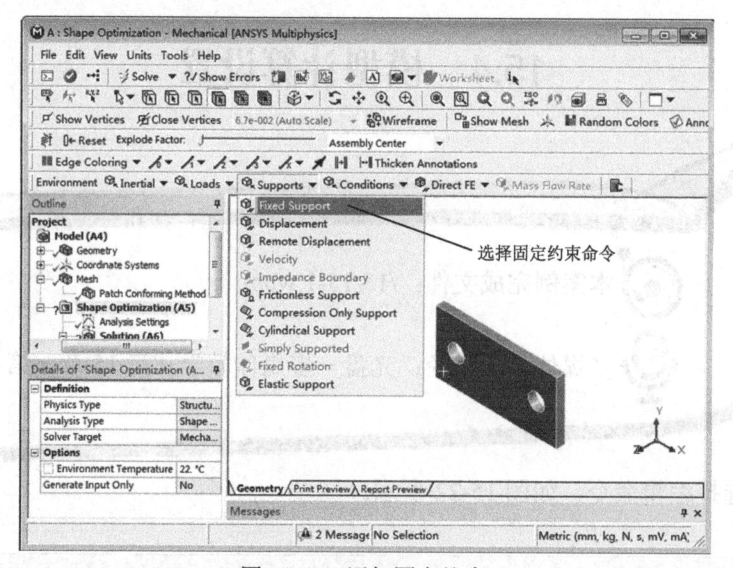

图 15-23　添加固定约束

Step3 选择固定面，如图 15-24 所示。

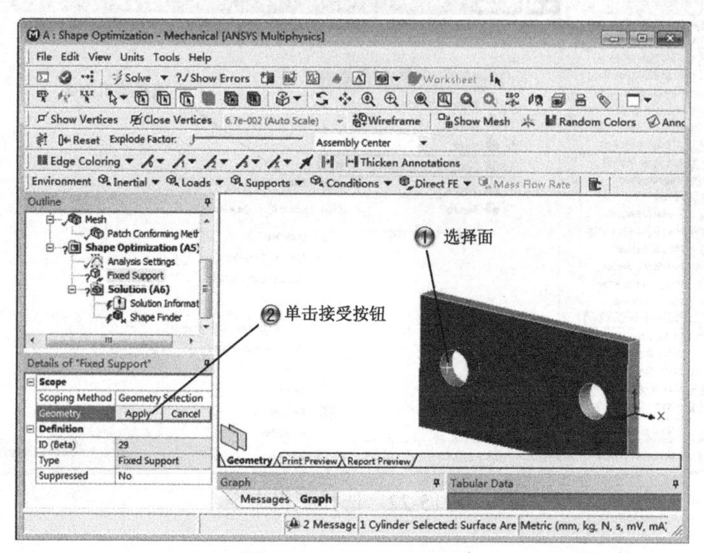

图 15-24　选择固定面

提示：

在 ANSYS Workbench 中的 Design Explorer 优化工具包括 4 种：目标驱动优化、相关参数、响应曲面、六西格玛设计。

Step4 添加力载荷，如图 15-25 所示。

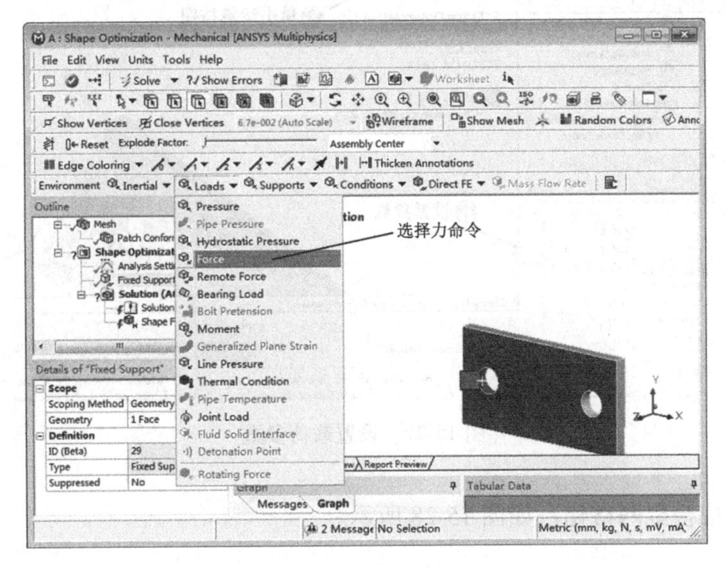

图 15-25　添加力载荷

Step5 选择力加载面，如图 15-26 所示。

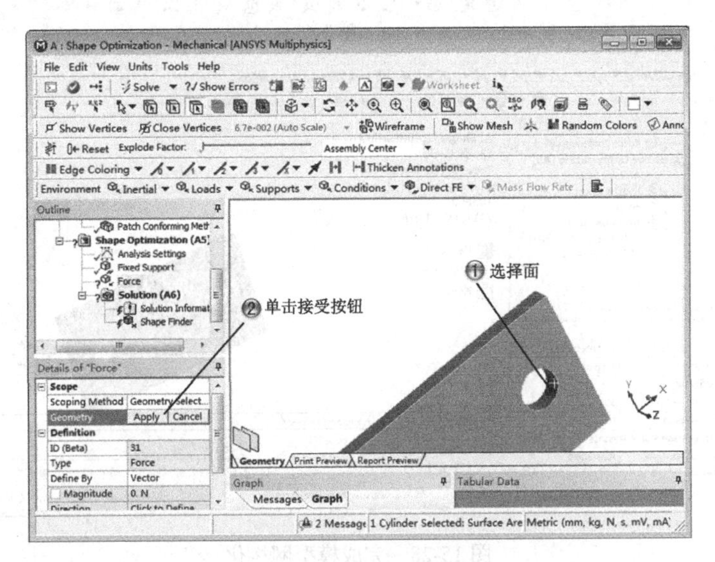

图 15-26　选择力加载面

Step6 设置载荷参数，如图 15-27 所示。

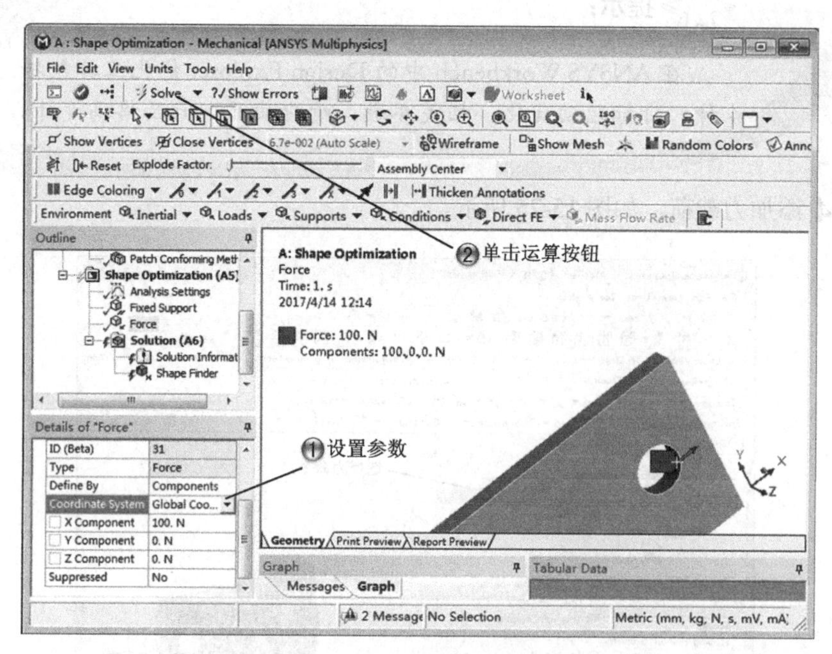

图 15-27　设置载荷参数

Step7 完成模型网格化，如图 15-28 所示。

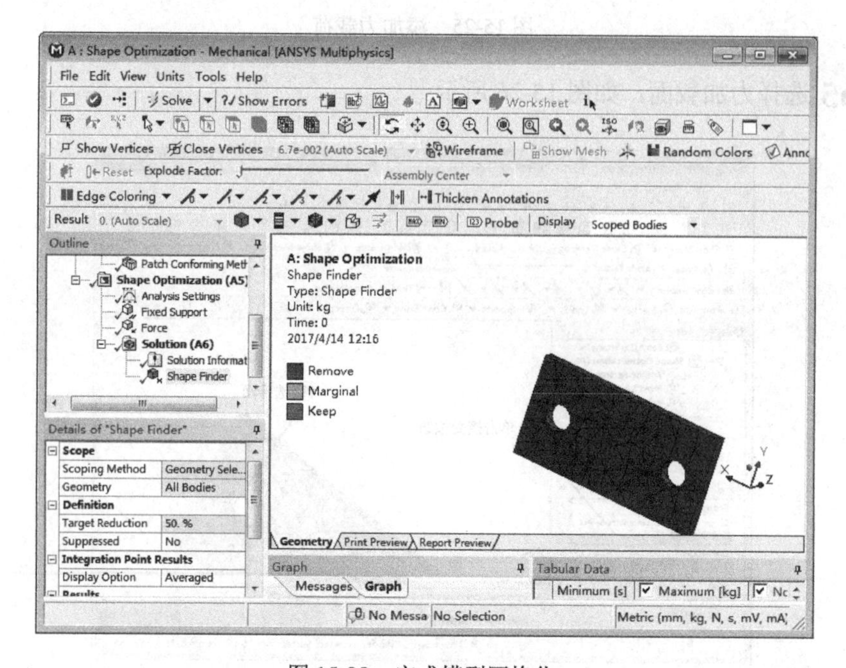

图 15-28　完成模型网格化

提示：

优化输出参数有体积、重量、频率、应力、热流、临界屈曲值、速度和质量流等输出值。

15.5 结果后处理

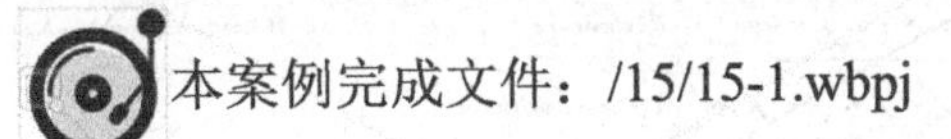

本案例完成文件：/15/15-1.wbpj

多媒体教学路径：光盘→多媒体教学→第 15 章→第 5 节

Step1 选择编辑命令，如图 15-29 所示。

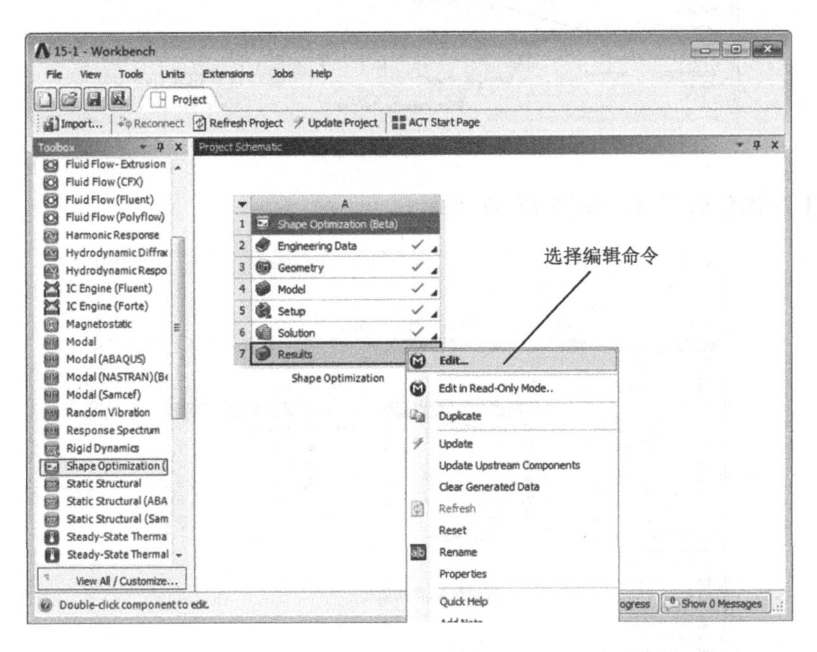

图 15-29　选择编辑命令

拓扑优化是指形状优化，有时也称为外形优化，拓扑优化的目标是寻找承受单载荷或多载荷的物体的最佳材料分配方案。这种方案在拓扑优化中，表现为“最大刚度”设计。

Step2 查看优化分析结果，如图 15-30 所示。

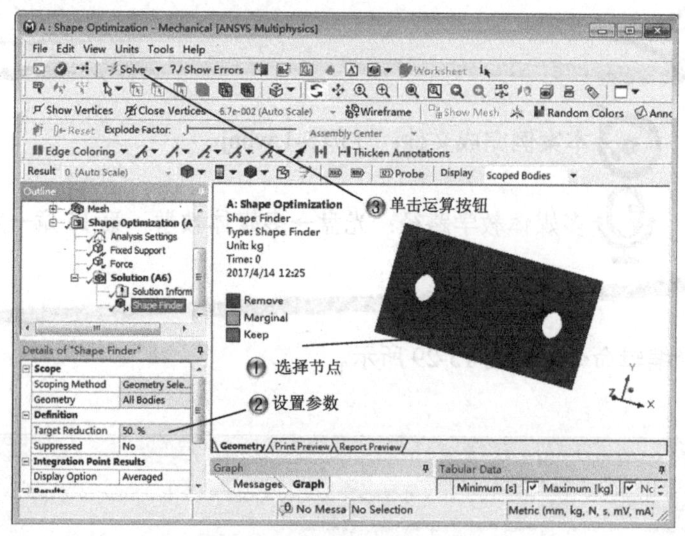

图 15-30　查看优化分析结果

Step3 添加分析项目，如图 15-31 所示。

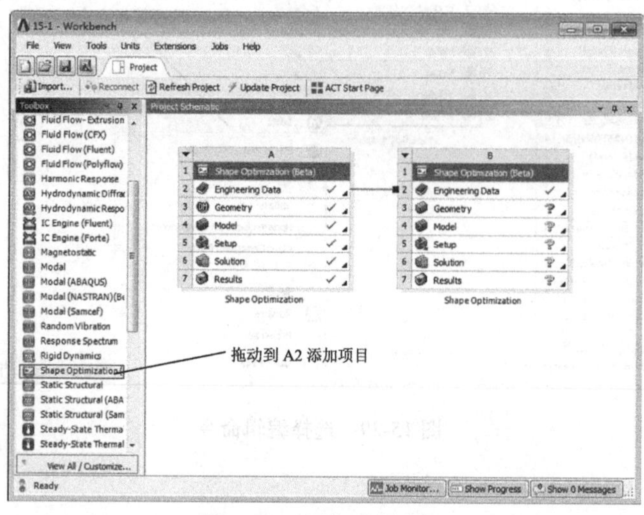

图 15-31　添加分析项目

Step4 进入零件设计界面，如图 15-32 所示。

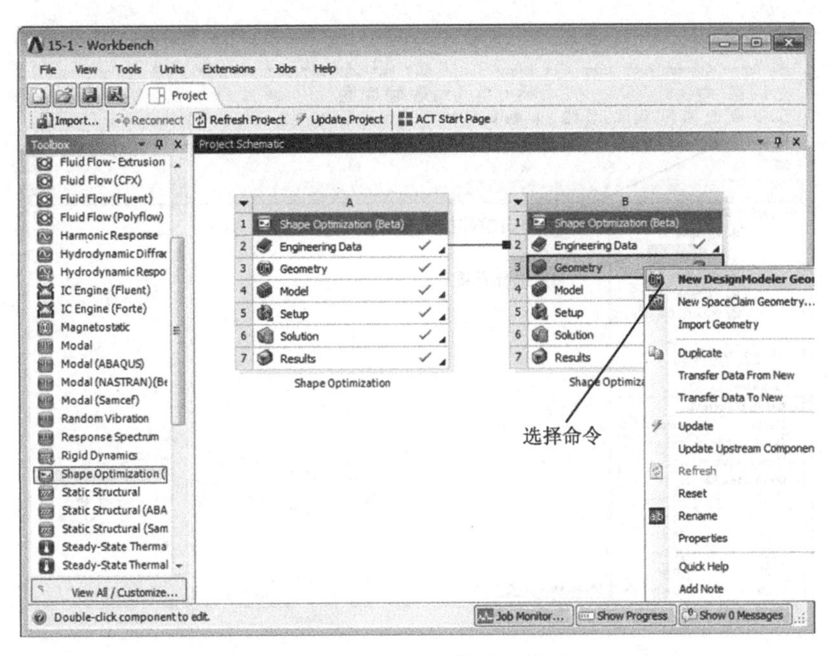

图 15-32　进入零件设计界面

Step5 修改连接片草图，如图 15-33 所示。

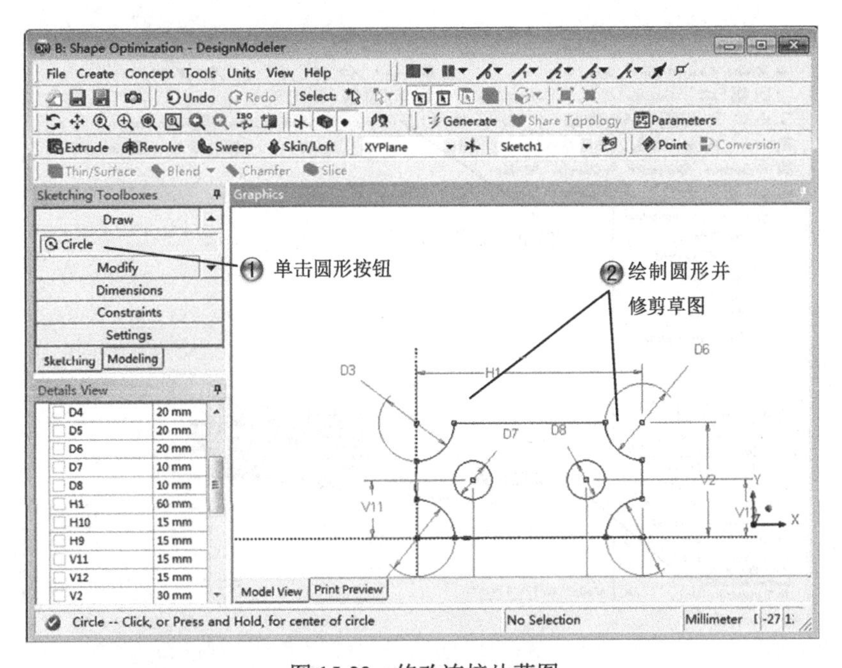

图 15-33　修改连接片草图

Step6 拉伸草图，如图 15-34 所示。

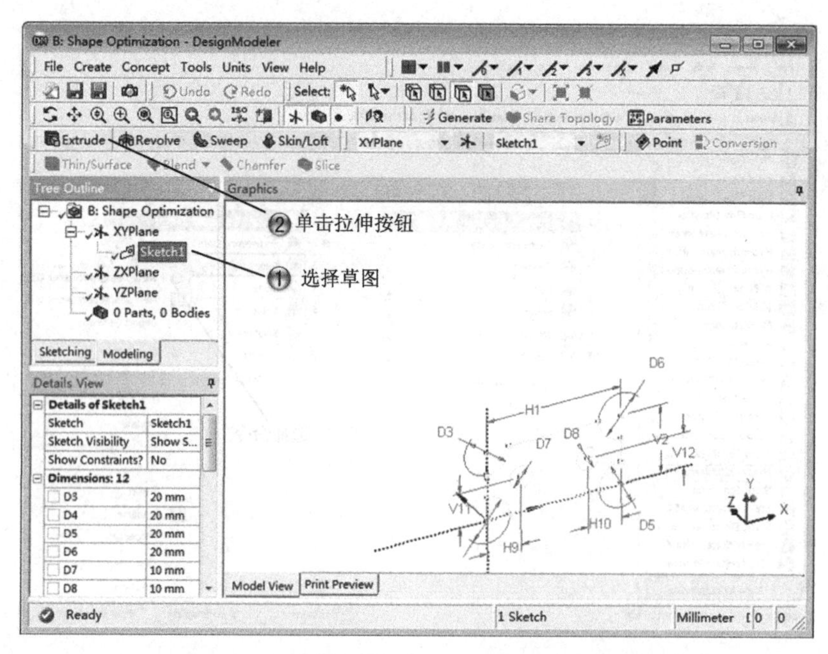

图 15-34　拉伸草图

Step7 设置拉伸参数，如图 15-35 所示。

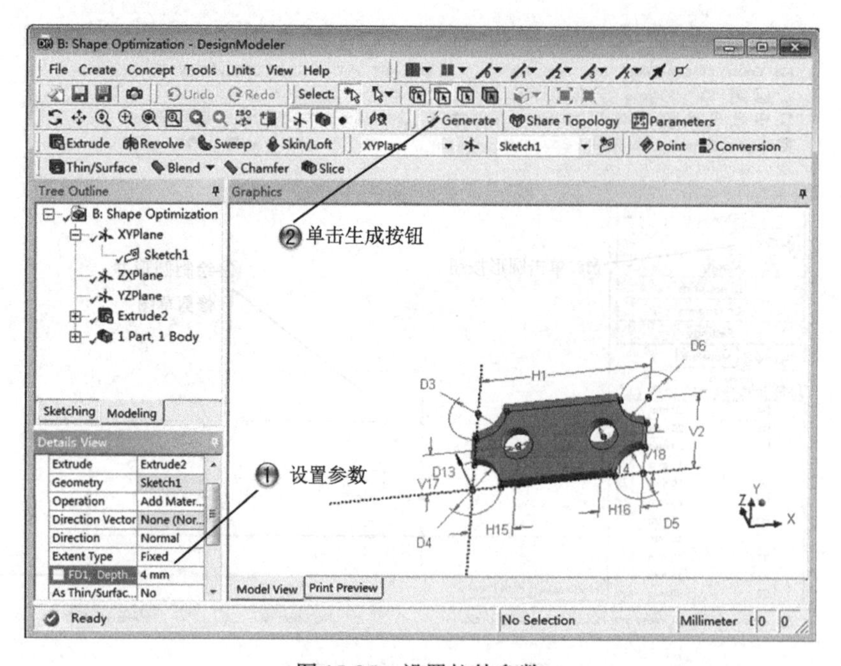

图 15-35　设置拉伸参数

Step8 模型网格化，如图 15-36 所示。

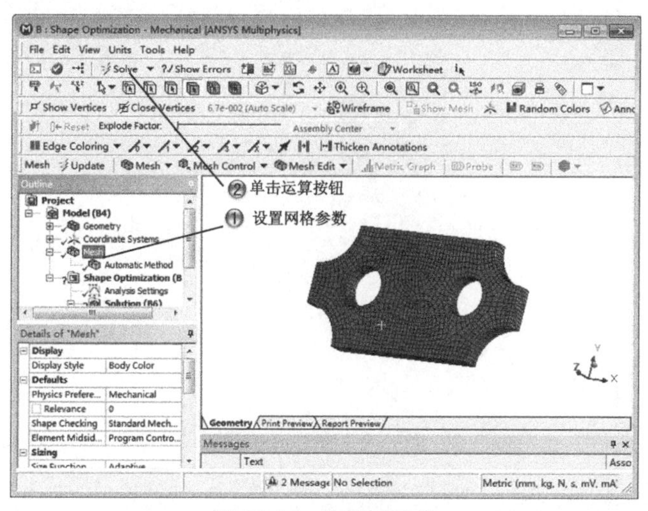

图 15-36　模型网格化

Step9 模型优化并查看结果，如图 15-37 所示。

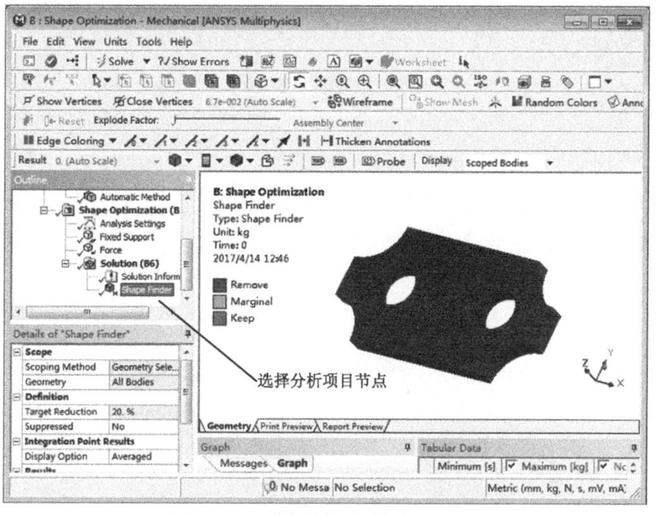

图 15-37　模型优化并查看结果

15.6　案例小结

本章介绍了一个连接片零件的结构优化过程，从设计到分析，到更改优化结构，是一个完整的设计过程。通过本章的学习，可以完整深入地掌握 ANSYS Workbench 优化设计的各种功能和应用方法。